高性能计算技术丛书

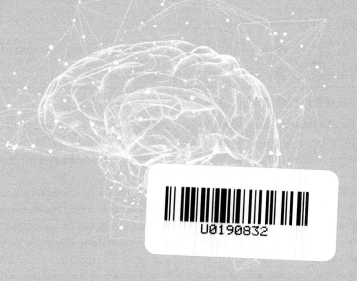

U0190832

GPU Parallel Program Development Using CUDA

# 基于CUDA的
# GPU并行程序开发指南

[美] 托尔加·索亚塔(Tolga Soyata) 著

唐杰 译

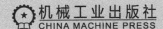

机械工业出版社
CHINA MACHINE PRESS

图书在版编目（CIP）数据

基于 CUDA 的 GPU 并行程序开发指南 /（美）托尔加·索亚塔（Tolga Soyata）著；唐杰译 . —北京：机械工业出版社，2019.6（2024.12 重印）
（高性能计算技术丛书）
书名原文：GPU Parallel Program Development Using CUDA

ISBN 978-7-111-63061-6

I. 基… II. ①托… ②唐… III. 图像处理 - 程序设计 - 指南 IV. TP391.413-62

中国版本图书馆 CIP 数据核字（2019）第 126626 号

北京市版权局著作权合同登记　图字：01-2018-2746 号。

GPU Parallel Program Development Using CUDA by Tolga Soyata（978-1-4987-5075-2）.

© 2018 by Taylor & Francis Group , LLC.

Authorized translation from the English language edition published by CRC Press, part of Taylor & Francis Group LLC. All rights reserved.

China Machine Press is authorized to publish and distribute exclusively the Chinese (Simplified Characters) language edition. This edition is authorized for sale in the Chinese mainland (excluding Hong Kong SAR, Macao SAR and Taiwan). No part of this publication may be reproduced or distributed in any form or by any means, or stored in a database or retrieval system, without the prior written permission of the publisher.

Copies of this book sold without a Taylor & Francis sticker on the cover are unauthorized and illegal.

本书原版由 Taylor & Francis 出版集团旗下 CRC 出版公司出版，并经授权翻译出版。版权所有，侵权必究。

本书中文简体字翻译版授权由机械工业出版社独家出版并仅限在中国大陆地区（不包括香港、澳门特别行政区及台湾地区）销售。未经出版者书面许可，不得以任何方式复制或抄袭本书的任何内容。

本书封面贴有 Taylor & Francis 公司防伪标签，无标签者不得销售。

# 基于 CUDA 的 GPU 并行程序开发指南

出版发行：机械工业出版社（北京市西城区百万庄大街 22 号　邮政编码：100037）

责任编辑：赵　静　　　　　　　　　　责任校对：殷　虹

印　　刷：北京捷迅佳彩印刷有限公司　　版　　次：2024 年 12 月第 1 版第 7 次印刷

开　　本：186mm×240mm　1/16　　　印　　张：27.75

书　　号：ISBN 978-7-111-63061-6　　　定　　价：179.00 元

客服电话：（010）88361066　68326294

近 10 年来，随着大数据、深度学习等相关领域的发展，对计算能力的需求呈几何级数增长。与此同时，大规模集成电路的发展却受到功耗、散热、晶体管尺寸等客观因素的限制，难以继续维持摩尔定律。因此，人们逐渐把目光转向了并行系统。GPU 自诞生之日起就是为计算机的图形图像渲染等大规模并行处理任务而服务的，因而越来越受到研究界和企业界的关注。随着 CUDA 等计算架构模型的出现，这一趋势更加明显。

CUDA（Compute Unified Device Architecture，统一计算设备架构）是 Nvidia（英伟达）提出的并行计算架构，它可以结合 CPU 和 GPU 的优点，处理大规模的计算密集型任务。同时，它采用了基于 C 语言风格的语法，又将 CPU 端和 GPU 端的开发有效地集成到了同一环境中，对于大多数 C 程序员来说，使用十分方便，因而一经推出就迅速占领了 GPU 开发环境的市场。

然而，会写 CUDA 程序与会写好的 CUDA 程序相差甚远！

阻碍 CUDA 程序获得高性能的原因有很多。首先，GPU 属于单指令多数据类型的并行计算，因而任务切分方式非常关键，既要充分挖掘线程级的并行性，也要充分利用流来实现任务级的并行。其次，GPU 的存储类型和访问模式比 CPU 的要丰富得多，一个成功的 CUDA 程序要能充分利用不同类型的存储。再次，Nvidia GPU 的架构还处于高速发展期，新一代 GPU 所推出的新功能也能够有效地提升计算效率。最后，万丈高楼平地起并不是 CUDA 开发的最佳方式，Nvidia 和一些第三方机构都开发了很多基于 CUDA 的支撑库，利用好这些第三方库可以让你的开发过程事半功倍。

Tolga Soyata 结合他 10 多年的 CUDA 教学经验以及与 Nvidia 多年合作的经历精心撰写了本书，针对上述问题进行了详细而生动的阐述。本书最独特的地方是它在第一部分中通过 CPU 多线程解释并行计算，使没有太多并行计算基础的读者也能毫无阻碍地进入 CUDA 天地。第二部分重点介绍了基于 CUDA 的 GPU 大规模并行程序的开发与实现。与现有的同类书籍相比，本书的特点是在多个 Nvidia GPU 平台（Fermi、Kepler、Maxwell 和 Pascal）上并行化，并进行性能分析，帮助读者理解 GPU 架构对程序性能的影响。第三部分介绍了一些重要的 CUDA 库，比如 cuBLAS、cuFFT、NPP 和 Thrust（第 12 章）；OpenCL 编程语言（第 13 章）；使用其他编程语言和 API 库进行 GPU 编程，包括 Python、Metal、Swift、OpenGL、OpenGL ES、OpenCV 和微软 HLSL（第 14 章）；当下流行的深度学习库 cuDNN（第 15 章）。

本书通过生动的类比、大量的代码和详细的解释向读者循序渐进地介绍了基于 CUDA 编程开发的 GPU 并行计算方法，内容丰富翔实，适合所有具备基本的 C 语言知识的程序员阅读，也适合作为 GPU 并行计算相关课程的教材。

在本书的翻译过程中得到了机械工业出版社朱捷先生的大力支持，在此表示由衷的感谢！

限于水平，翻译中难免有错误或不妥之处，真诚希望各位读者批评指正。

唐 杰

2019 年 1 月

　　我经历过在 IBM 大型机上编写汇编语言来开发高性能程序的日子。用穿孔卡片编写程序，编译需要一天时间；你要留下在穿孔卡片上编写的程序，第二天再来拿结果。如果出现错误，你需要重复这些操作。在那些日子里，一位优秀的程序员必须理解底层的机器硬件才能编写出好的代码。当我看到现在的计算机科学专业的学生只学习抽象层次较高的内容以及像 Ruby 这样的语言时，我总会感到有些焦虑。尽管抽象是一件好事，因为它可以避免由于不必要的细节而使程序开发陷入困境，但当你尝试开发高性能代码时，抽象就变成了一件坏事。

　　自第一个 CPU 出现以来，计算机架构师在 CPU 硬件中添加了令人难以置信的功能来"容忍"糟糕的编程技巧。20 年前，你必须手动设置机器指令的执行顺序，而如今在硬件中 CPU 会为你做这些（例如，乱序执行）。在 GPU 世界中也能清晰地看到类似的趋势。由于 GPU 架构师正在改进硬件功能，5 年前我们在 GPU 编程中学习的大多数性能提升技术（例如，线程发散、共享存储体冲突以及减少原子操作的使用）正变得与改进的 GPU 架构越来越不相关，甚至 5～10 年后，即使是一名非常马虎的程序员，这些因素也会变得无关紧要。当然，这只是一个猜测。GPU 架构师可以做的事取决于晶体管总数及客户需求。当说晶体管总数时，是指 GPU 制造商可以将多少个晶体管封装到集成电路（IC）即"芯片"中。当说客户需求时，是指即使 GPU 架构师能够实现某个功能，但如果客户使用的应用程序不能从中受益，就意味着浪费了部分的晶体管数量。

　　从编写教科书的角度出发，我考虑了所有的因素，逐渐明确讲授 GPU 编程的最佳方式是说明不同系列 GPU（如 Fermi、Kepler、Maxwell 和 Pascal）之间的不同并指明发展趋势，这可以让读者准备好迎接即将到来的下一代 GPU，再下一代，……我会重点强调那些相对来说会长期存在的概念，同时也关注那些与平台相关的概念。也就是说，GPU 编程完全关乎性能，如果你了解程序运行的平台架构,编写出了与平台相关的代码,就可以获得更高的性能。所以,提供平台相关的解释与通用的 GPU 概念一样有价值。本书内容的设计方式是,越靠后的章节,内容越具有平台特定性。

我认为本书最独特的地方就是通过第一部分中的 CPU 多线程来解释并行。第二部分介绍了 GPU 的大规模并行(与 CPU 的并行不同)。由于第一部分解释了 CPU 并行的方式,因此读者在第二部分中可以较为容易地理解 GPU 的并行。在过去的 6 年中,我设计了这种方法来讲授 GPU 编程,认识到从未学过并行编程课程的学生并不是很清楚大规模并行的概念。与 GPU 相比,"并行化任务"的概念在 CPU 架构中更容易理解。

本书的组织如下。第一部分(第 1 章至第 5 章)使用一些简单的程序来演示如何将大任务分成多个并行的子任务并将它们映射到 CPU 线程,分析了同一任务的多种并行实现方式,并根据计算核心和存储单元操作来研究这些方法的优缺点。本书的第二部分(第 6 章至第 11 章)将同一个程序在多个 Nvidia GPU 平台(Fermi、Kepler、Maxwell 和 Pascal)上并行化,并进行性能分析。由于 CPU 和 GPU 的核心和内存结构不同,分析结果的差异有时很有趣,有时与直觉相反。本书指出了这些结果的不同之处,并讨论了如何让 GPU 代码运行得更快。本书的最终目标是让程序员了解所有的做法,这样他们就可以应用好的做法,并避免将不好的做法应用到项目中。

尽管第一部分和第二部分已经完全涵盖了编写一个好的 CUDA 程序需要的所有内容,但总会有更多需要了解的东西。本书的第三部分为希望拓宽视野的读者指明了方向。第三部分并不是相关主题的详细参考文档,只是给出了一些入门介绍,读者可以从中获得学习这些内容的动力。这部分主要介绍了一些流行的 CUDA 库,比如 cuBLAS、cuFFT、Nvidia Performance Primitives 和 Thrust(第 12 章);OpenCL 编程语言(第 13 章);使用其他编程语言和 API 库进行 GPU 编程,包括 Python、Metal、Swift、OpenGL、OpenGL ES、OpenCV 和微软 HLSL(第 14 章);深度学习库 cuDNN(第 15 章)。

书中代码的下载地址为:https://www.crcpress.com/GPU-Parallel-ProgramDevelopment-Using-CUDA /Soyata/p/book/9781498750752。

Tolga Soyata

Tolga Soyata 于 1988 年在伊斯坦布尔技术大学电子与通信工程系获得学士学位，1992 年在美国马里兰州巴尔的摩的约翰·霍普金斯大学电气与计算机工程系（ECE）获得硕士学位，2000 年在罗切斯特大学电气与计算机工程系获得博士学位。2000 年至 2015 年间，他成立了一家 IT 外包和复印机销售／服务公司。在运营公司的同时，他重返学术界，在罗切斯特大学电气与计算机工程系担任研究员。之后，他成为助理教授，并一直担任电气与计算机工程系教职研究人员至 2016 年。在罗切斯特大学电气与计算机工程系任职期间，他指导了三名博士研究生。其中两人在他的指导下获得博士学位，另一位在他 2016 年加入纽约州立大学奥尔巴尼分校担任电气与计算机工程系副教授时留在了罗切斯特大学。Soyata 的教学课程包括大规模集成电路、模拟电路以及使用 FPGA 和 GPU 进行并行编程。他的研究兴趣包括信息物理系统、数字健康和高性能医疗移动云计算系统等。

Tolga Soyata 从 2009 年开始从事 GPU 编程的教学，当时他联系 Nvidia 将罗切斯特大学认证为 CUDA 教学中心（CTC）。在 Nvidia 将罗切斯特大学认证为教学中心后，他成为主要负责人。之后，Nvidia 还将罗切斯特大学认证为 CUDA 研究中心（CRC），他也成为项目负责人。Tolga Soyata 在罗切斯特大学担任这些计划的负责人直到他于 2016 年加入纽约州立大学奥尔巴尼分校。这些计划后来被 Nvidia 命名为 GPU 教育中心和 GPU 研究中心。在罗切斯特大学期间，他讲授了 5 年 GPU 编程和高级 GPU 项目开发课程，这些课程同时被列入电气与计算机工程系以及计算机科学与技术系的课程体系。自 2016 年加入纽约州立大学奥尔巴尼分校以来，他一直在讲授类似的课程。本书是他在两所大学讲授 GPU 课程的经验结晶。

# 目　录 *Contents*

# 第二部分 基于 CUDA 的 GPU 编程

第一部分 *Part 1*

# 理解 CPU 的并行性

# CPU 并行编程概述

本书是一本适用于自学 GPU 和 CUDA 编程的教科书，我可以想象当读者发现第 1 章叫"CPU 并行编程概述"时的惊讶。我们的想法是，本书希望读者具备较强的低级编程语言（如 C 语言）的编程能力，但并不需要具备 CPU 并行编程的能力。为了达到这个目标，本书不期望读者有 CPU 并行编程经验，但通过学习本书第一部分中的内容，获得足够多的 CPU 并行编程技巧并不困难。

不用担心，最终目标是学会 GPU 编程，因而在学习 CPU 并行编程的这部分时，我们并不是在浪费时间，因为我在 CPU 世界中介绍的几乎每一个概念都适用于 GPU 世界。如果你对此持怀疑态度，下面是一个例子：线程 ID，或者称之为 tid，是多线程程序中一个正在执行的线程的标识符，无论它是一个 CPU 线程还是 GPU 线程。我们编写的所有 CPU 并行程序都将用到 tid 概念，这将使程序可以直接移植到 GPU 环境。如果你对线程不熟悉，请不要担心。本书的一半内容是关于线程的，因为它是 CPU 或 GPU 如何同时执行多个任务的基础。

## 1.1　并行编程的演化

一个自然而然的问题是：为什么要用并行编程？在 20 世纪 70 年代、80 年代甚至 90 年代的一部分时间里，我们对单线程编程（或者称为串行编程）非常满意。你可以编写一个程序来完成一项任务。执行结束后，它会给你一个结果。任务完成，每个人都会很开心！虽然任务已经完成，但是如果你正在做一个每秒需要数百万甚至数十亿次计算的粒子模拟，或者正在对具有成千上万像素的图像进行处理，你会希望程序运行得更快一些，这意味着你需要更快的 CPU。

在 2004 年以前，CPU 制造商 IBM、英特尔和 AMD 都可以为你提供越来越快的处理器，处理器时钟频率从 16 MHz、20 MHz、66 MHz、100 MHz，逐渐提高到 200 MHz、333 MHz、466 MHz……看起来它们可以不断地提高 CPU 的速度，也就是可以不断地提高 CPU 的性能。但到 2004 年时，由于技术限制，CPU 速度的提高不能持续下去的趋势已经很明显了。这就需要其他技术来继续提供更高的性能。CPU 制造商的解决方案是将两个 CPU 放在一个 CPU 内，即使这两个 CPU 的工作速度都低于单个 CPU。例如，与工作在 300 MHz 速度上的单核 CPU 相比，以 200 MHz 速度工作的两个 CPU（制造商称它们为核心）加在一起每秒可以执行更多的计算（也就是说，直观上看 $2 \times 200 > 300$）。

听上去像梦一样的"单 CPU 多核心"的故事变成了现实，这意味着程序员现在必须学习并行编程方法来利用这两个核心。如果一个 CPU 可以同时执行两个程序，那么程序员必须编写这两个程序。但是，这可以转化为两倍的程序运行速度吗？如果不能，那我们的 $2 \times 200 > 300$ 的想法是有问题的。如果一个核心没有足够的工作会怎么样？也就是说，只有一个核心是真正忙碌的，而另一个核心却什么都不做？这样的话，还不如用一个 300 MHz 的单核。引入多核后，许多类似的问题就非常突出了，只有通过编程才能高效地利用这些核心。

## 1.2　核心越多，并行性越高

程序员不能简单地忽略 CPU 制造商每年推出的更多数量的核心。2015 年，英特尔在市场上推出 8 核台式机处理器 i7-5960X[11] 和 10 核工作站处理器，如 Xeon E7-8870 [14]。很明显，这种多核狂热在可预见的未来会持续下去。并行编程从 2000 年年初的一种奇异的编程模型转变为 2015 年唯一被接受的编程模型。这种现象并不局限于台式电脑。在移动处理器方面，iPhone 和 Android 手机都有 2 个或 4 个核。预计未来几年，移动领域的核心数量将不断增加。

那么，什么是线程？要回答这个问题，让我们来看看 8 核 INTEL CPU i7-5960X [11]。INTEL 的文档说这是一个 8C/16T CPU。换句话说，它有 8 个核心，但可以执行 16 个线程。你也许听到过并行编程被错误地称为多核编程。正确的术语应该是多线程编程。这是因为当 CPU 制造商开始设计多核架构时，他们很快意识到通过共享一些核心资源（如高速缓存）来实现在一个核心中同时执行两项任务并不困难。

---

**类比 1.1：核心与线程**

图 1-1 显示了两个兄弟 Fred 和 Jim，他们是拥有两台拖拉机的农民。每天，他们开车从农舍到椰子树所在的地方，收获椰子并把它们带回农舍。他们用拖拉机内的锤子来收获（处理）椰子。整个收获过程由两个独立但有序的任务组成，每个任务需要 30 秒：任务 1 是

从拖拉机走向椰子树，每次带回 1 颗椰子。任务 2 是用锤子敲碎（处理）它们，并将它们存放在拖拉机内。Fred 每分钟可以处理 1 颗椰子，而 Jim 每分钟也可以处理 1 颗椰子。综合起来，他们俩每分钟可以处理 2 颗椰子。

一天，Fred 的拖拉机发生了故障。他把拖拉机留在修理厂，并把椰子锤忘在了拖拉机内。回到农舍的时候已经太迟了，但他们仍然有工作要做。只使用 Jim 的拖拉机和里面的 1 把椰子锤，他们还能每分钟处理 2 颗椰子吗？

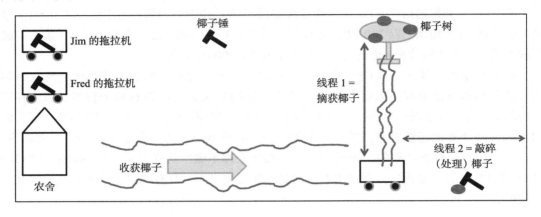

图 1-1　收获每颗椰子需要依次执行两个耗时 30 秒的任务（线程），线程 1：摘获一颗椰子，线程 2：使用椰子锤敲碎（处理）椰子

## 1.3　核心与线程

让我们来看看图 1-1 中描述的类比 1.1。如果收获 1 颗椰子需要完成两个连续的任务（我们将它们称为线程）：线程 1 从树上摘取 1 颗椰子并花费 30 秒将它带回拖拉机，线程 2 花费 30 秒用拖拉机内的锤子敲碎（处理）该椰子，这样可以在 60 秒内收获 1 颗椰子（每分钟 1 颗椰子）。如果 Jim 和 Fred 各自都有自己的拖拉机，他们可以简单地收获两倍多的椰子（每分钟 2 颗椰子），因为在收获每颗椰子时，他们可以共享从拖拉机到椰子树的道路，并且他们各自拥有自己的锤子。

在这个类比中，一台拖拉机就是一个**核心**，收获一颗椰子就是针对一个数据单元的**程序执行**。椰子是**数据单元**，每个人（Jim、Fred）是一个**执行线程**，需要使用椰子锤。椰子锤是**执行单元**，就像核心中的 ALU 一样。该程序由两个互相依赖的线程组成：在线程 1 执行结束之前，你无法执行线程 2。收获的椰子数量意味着**程序性能**。性能越高，Jim 和 Fred 销售椰子挣的钱就越多。可以将椰子树看作**内存**，你可以从中获得一个数据单元（椰子），这样在线程 1 中摘取一颗椰子的过程就类似于**从内存中读取数据单元**。

### 1.3.1 并行化更多的是线程还是核心

现在，让我们看看如果 Fred 的拖拉机发生故障后会发生什么。过去他们每分钟都能收获两颗椰子，但现在他们只有一台拖拉机和一把椰子锤。他们把拖拉机开到椰子树附近，并停在那儿。他们必须依次地执行线程 1（Th1）和线程 2（Th2）来收获 1 颗椰子。他们都离开拖拉机，并在 30 秒内走到椰子树那儿，从而完成了 Th1。他们带回挑好的椰子，现在，他们必须敲碎椰子。但因为只有 1 把椰子锤，他们不能同时执行 Th2。Fred 不得不等 Jim⊖ 先敲碎他的椰子，并且在 Jim⊖ 敲碎后，他才开始敲。这需要另外的 30+30 秒，最终他们在 90 秒内收获 2 颗椰子。虽然效率不如每分钟 2 颗椰子，但他们的性能仍然从每分钟 1 颗提升至每分钟 1.5 颗椰子。

收获一些椰子后，Jim 问了自己一个问题：“为什么我要等 Fred 敲碎椰子？当他敲椰子时，我可以立即走向椰子树，并摘获下 1 颗椰子，因为 Th1 和 Th2 需要的时间完全相同，我们肯定不会遇到需要等待椰子锤空闲的状态。在 Fred 摘取 1 颗椰子回来的时候，我会敲碎我的椰子，这样我们俩都可以是 100% 的忙碌。”这个天才的想法让他们重新回到每分钟 2 颗椰子的速度，甚至不需要额外的拖拉机。重要的是，Jim 重新设计了**程序**，也就是线程执行的顺序，让所有的线程永远都不会陷入等待核心内部共享资源（比如拖拉机内的椰子锤）的状态。正如我们将很快看到的，核心内部的共享资源包括 ALU、FPU、高速缓存等，现在，不要担心这些。

我在这个类比中描述了两个配置场景，一个是 2 个核心（2C），每个核心可以执行一个单线程（1T）；另一个是能够执行 2 个线程（2T）的单个核心（1C）。在 CPU 领域将两种配置称为 2C/2T 与 1C/2T。换句话说，有两种方法可以让一个程序同时执行 2 个线程：2C/2T（2 个核心，每个核心都可以执行 1 个线程——就像 Jim 和 Fred 的两台单独的拖拉机一样）或者 1C/2T（单个核心，能够执行 2 个线程——就像 Jim 和 Fred 共享的单台拖拉机一样）。尽管从程序员的角度来看，它们都意味着具有执行 2 个线程的能力，但从硬件的角度来看，它们是非常不同的，这要求程序员充分意识到需要共享资源的线程的含义。否则，线程数量的性能优势可能会消失。再次提醒一下：全能的 INTEL i7-5960X [11] CPU 是 8C/16T，它有 8 个核心，每个核心能够执行 2 个线程。

图 1-2 显示了三种情况：a）是具有 2 个独立核心的 2C/2T 情况；b）是具有糟糕编程的 1C/2T 情况，每分钟只能收获 1.5 颗椰子；c）是对椰子锤的需求永远不会同时发生的顺序正确版本，每分钟可以收获 2 颗椰子。

---

⊖ 原文为 Fred。——译者注

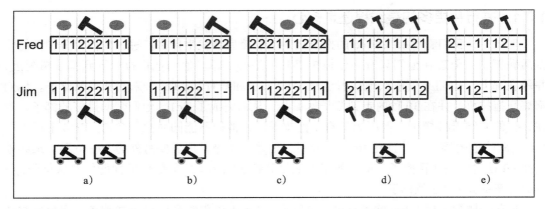

图 1-2 同时执行线程 1（"1"）和线程 2（"2"）。访问共享资源将导致某个线程进入等待（"-"）

### 1.3.2 核心资源共享的影响

Jim 为自己的发现感到自豪，他们的速度提高到每分钟 2 颗椰子，Jim 希望继续创造一些方法来用一台拖拉机完成更多的工作。一天，他对 Fred 说："我买了一把新的自动椰子锤，它在 10 秒内就能敲碎 1 颗椰子。"他们对这一发现非常满意，立即出发并将拖拉机停在椰子树旁。这次他们知道在开始收获前必须先做好计划……

Fred 问道："如果我们的 Th1 需要 30 秒，而 Th2 需要 10 秒，并且我们唯一需要共享资源的任务是 Th2（椰子锤），我们应该如何收获椰子？"答案对他们来说很清楚：唯一重要的是线程的执行顺序（即程序的设计），应确保他们永远不会遇到两人同时执行 Th2 并需要唯一的椰子锤（即共享核心资源）的情况。换句话说，它们的程序由两个互相依赖的线程组成：Th1 需要 30 秒，并且不需要共享（内存）资源，因为两个人可以同时步行到椰子树。Th2 需要 10 秒并且不能同时执行，因为他们需要共享（核心）资源：椰子锤。由于每颗椰子需要 30+10=40 秒的总执行时间，他们能够期望的最好结果是 40 秒收获 2 颗椰子，如图 1-2 d 所示。如果每个人都按顺序执行 Th1 和 Th2，且不等待任何共享资源，则会发生这种情况。所以，他们的平均速度将是每分钟 3 颗椰子（即每颗椰子平均 20 秒）。

### 1.3.3 内存资源共享的影响

用新的椰子锤实现了每分钟收获 3 颗椰子后，Jim 和 Fred 第二天开始工作时看到了可怕的一幕。因为昨晚的一场大雨阻塞了半边道路，从拖拉机到椰子树的道路今天只能由一个人通行。所以，他们再次制订计划……现在，他们有 2 个线程，每个线程都需要一个不能共享的资源。Th1（30 秒——表示为 30s）只能由一人执行，而 Th2（10s）也只能由一人执行。怎么办？

考虑多种选择后，他们意识到其速度的限制因素是 Th1，他们能达到的最好目标是 30 秒收获 1 颗椰子。当可以同时执行 Th1（共享内存访问）时，每个人可以顺序地执行

10+30s，并且两个人都可以持续运行而无须访问共享资源。但是现在没有办法对这些线程进行排序。他们能够期望的最好结果是执行 10+30s 并等待 20s，因为在此期间两人都需要访问内存。他们的速度回到平均每分钟 2 颗椰子，如图 1-2 e 所示。

这场大雨使他们的速度降低到每分钟 2 颗椰子。Th2 不再重要，因为一个人可以不慌不忙地敲椰子，而另一个人正在去摘取椰子的路上。Fred 提出了这样一个想法：他们应该从农舍再拿一把（较慢）椰子锤来帮忙。然而，这对于此时的情况绝对没有帮助，因为收获速度的限制因素是 Th1。这种来自某个资源的限制因素被称为资源竞争。这个例子展示了当访问内存是我们程序执行速度的限制因素时会发生什么。处理数据的速度有多快（即核心运行速度）已无关紧要。我们将受到数据获取速度的限制。即使 Fred 有一把可以在 1 秒钟内敲碎椰子的椰子锤，但如果存在内存访问竞争，他们仍然会被限制为每分钟 2 颗椰子。在本书中，我们将区分两种不同类型的程序：核心密集型，该类型不大依赖于内存访问速度；存储密集型，该类型对内存访问速度高度敏感，正如我刚才提到的那样。

## 1.4　第一个串行程序

我们已经理解了椰子世界中的并行编程，现在是时候将这些知识应用于真实计算机编程了。我会先介绍一个串行（即单线程）程序，然后将其并行化。我们的第一个串行程序 imflip.c 读入图 1-3（左）中的小狗图片并将其水平（中）或垂直（右）翻转。为了简化程序的解释，我们将使用 Bitmap（BMP）图像格式，并将结果也输出为 BMP 格式。这是一种非常容易理解的图像格式，可以让我们专注于程序本身。不要担心本章中的细节，它们很快就会被解释清楚，目前可以只关注高层的功能。

图 1-3　串行（单线程）程序 imflip.c 对一张 640×480 的小狗图片（左侧）进行水平（中间）或
　　　　垂直（右侧）翻转

imflip.c 源文件可以在 Unix 提示符下编译和执行，如下所示：

gcc imflip.c -o imflip

./imflip dogL.bmp dogh.bmp V

在命令行中用"H"指定水平翻转图像（图 1-3 中），用"V"指定垂直翻转（图 1-3 右侧）。你将看到如下所示的输出（数字可能不同，取决于你电脑的速度）：

Input BMP File name : dogL.bmp (3200×2400)

Output BMP File name : dogh.bmp (3200×2400)

Total execution time : 81.0233 ms (10.550 ns per pixel)

运行该程序的 CPU 速度非常快，以致我必须将原始的 640×480 的图像 dog.bmp 扩展为 3200×2400 的 dogL.bmp，这样它的运行时间才能被测量出来；dogL.bmp 的每个维度扩大到原来的 5 倍，因此比 dog.bmp 大 25 倍。统计时间时，我们必须在图像翻转开始和结束时记录 CPU 的时钟。

## 1.4.1　理解数据传输速度

从磁盘读取图像的过程（无论是 SSD 还是硬盘驱动器）应该从执行时间中扣除，这很重要。换句话说，我们从磁盘读取图像，并确保它位于内存中（在我们的数组中），然后只统计翻转操作所需的时间。由于不同硬件部件的数据传输速度存在巨大差异，我们需要分别分析在磁盘、内存和 CPU 上花费的时间。

在本书将要编写的众多并行程序中，我们重点关注 CPU 执行时间和内存访问时间，因为我们可以控制它们。磁盘访问时间（称为 I/O 时间）通常在单线程中就达到极限，因而几乎看不到多线程编程的好处。另外，请记住，当我们开始 GPU 编程时，较慢的 I/O 速度会严重困扰我们，因为 I/O 是计算机中速度最慢的部分，并且从 CPU 到 GPU 的数据传输要通过 I/O 子系统的 PCI express 总线进行，因此我们将面临如何将数据更快地提供给 GPU 的挑战。没有人说 GPU 编程很容易！为了让你了解不同硬件部件的传输速度，我在下面列举了一些：

❑ 典型的网卡（NIC）具有 1 Gbps 的传输速度（千兆比特每秒或一亿比特每秒）。这些卡俗称"千兆网卡"或"Gig 网卡"。请注意，1 Gbps 只是"原始数据"的数量，其中包括大量的校验码和其他同步信号。传输的实际数据量少于此数量的一半。我的目的是给读者一个大致的概念，这个细节对我们来说并不重要。

❑ 即使连接到具有 6 Gbps 峰值传输速度的 SATA3 接口，典型的硬盘驱动器（HDD）也几乎无法达到 1 Gbps ～ 2 Gbps 的传输速度。HDD 的机械读写性质根本不能实现快速的数据访问。传输速度甚至不是硬盘的最大问题，最大问题是定位时间。HDD 的机械磁头需要一段时间在旋转的金属柱面上定位需要的数据，这迫使它在磁头到达数据所在位置前必须等待。如果数据以不规则的方式分布（即碎片式的存放），则可能需要毫秒（ms）级的时间。因此，HDD 的传输速度可能远远低于它所连接的 SATA3 总线的峰值速度。

❑ 连接到 USB 2.0 端口的闪存磁盘的峰值传输速度为 480 Mbps（兆比特每秒或百万比特每秒）。但是，USB 3.0 标准具有更快的 5 Gbps 传输速度。更新的 USB 3.1 可以达到 10 Gbps 左右的传输速率。由于闪存磁盘使用闪存构建，它不需要查找时间，只需提供地址即可直接访问数据。

❑ 典型的固态硬盘（SSD）可以连接在 SATA3 接口上，达到接近 4 Gbps ~ 5 Gbps 的读取速度。因此，实际上 SSD 是唯一可以达到 SATA3 接口峰值速度的设备，即以预期的 6 Gbps 峰值速率传输数据。

❑ 一旦数据从 I/O（SDD、HDD 或闪存磁盘）传输到 CPU 的内存中，传输速度就会大大提高。已发展到第 6 代的 Core i7 系列（i7-6xxx），更高端的 Xeon CPU 使用 DDR2、DDR3 和 DDR4 内存技术，内存到 CPU 的传输速度为 20 GBps ~ 60 GBps（千兆字节每秒）。注意这个速度是千兆字节。一个字节有 8 个比特，为与其他较慢的设备进行比较，转换为存储访问速度时为 160 Gbps ~ 480 Gbps（千兆比特每秒）。

❑ 正如我们将在第二部分及以后所看到的，GPU 内部存储器子系统的传输速度可以达到 100 GBps ~ 1000 GBps。例如，新的 Pascal 系列 GPU 就具有接近后者的内部存储传输速率。转换后为 8000 Gbps，比 CPU 内部存储器快一个数量级，比闪存磁盘快 3 个数量级，比 HDD 快近 4 个数量级。

## 1.4.2　imflip.c 中的 main() 函数

代码 1.1 中所示的程序会读取一些命令行参数，并按照命令行参数垂直或水平地翻转输入图像。命令行参数由 C 放入 argv 数组中。

clock() 函数以毫秒为单位统计时间。重复执行奇数次（例如 129 次）操作可以提高时间统计的准确性，操作重复次数在 "#define REPS 129" 行中指定。该数字可以根据你的系统更改。

ReadBMP() 函数从磁盘读取源图像，WriteBMP() 将处理后的（即翻转的）图像写回磁盘。从磁盘读取图像和将图像写入磁盘的时间定义为 I/O 时间，我们从处理时间中去除它们。这就是为什么我在实际的图像翻转代码之间添加 "start = clock()" 和 "stop = clock()" 行，这些代码对已在内存中的图像进行翻转操作，因此有意地排除了 I/O 时间。

在输出所用时间之前，imflip.c 程序会使用一些 free() 函数释放所有由 ReadBMP() 分配的内存以避免内存泄漏。

---

**代码 1.1：imflip.c 的 main(){…}**

imflip.c 中的 main() 函数读取 3 个命令行参数，用以确定输入和输出的 BMP 图像文件名以及翻转方向（水平或垂直）。该操作会重复执行多次（REPS）以提高计时的准确性。

---

```
#define REPS  129
...
int main(int argc, char** argv)
{
    double timer;      unsigned int a;    clock_t start,stop;
    if(argc != 4){ printf("\n\nUsage: imflip [input][output][h/v]");
                   printf("\n\nExample: imflip square.bmp square_h.bmp h\n\n");
                   return 0;   }
```

```
unsigned char** data = ReadBMP(argv[1]);
start = clock();          // 开始统计除 I/O 部分的时间
switch (argv[3][0]){
  case 'v' :
  case 'V' : for(a=0; a<REPS; a++) data = FlipImageV(data); break;
  case 'h' :
  case 'H' : for(a=0; a<REPS; a++) data = FlipImageH(data); break;
  default : printf("\nINVALID OPTION\n"); return 0;
}
stop = clock();
timer = 1000*((double)(stop-start))/(double)CLOCKS_PER_SEC/(double)REPS;
// 合并文件头并写入文件
WriteBMP(data, argv[2]);
// 释放分配给图像的内存空间
for(int i = 0; i < ip.Vpixels; i++) { free(data[i]); }
free(data);
printf("\n\nTotal execution time: %9.4f ms",timer);
printf(" (%7.3f ns/pixel)\n", 1000000*timer/(double)(ip.Hpixels*ip.Vpixels));
}
```

## 1.4.3　垂直翻转行：FlipImageV()

代码 1.2 中的 FlipImageV( ) 遍历每一列，并交换该列中互为垂直镜像的两个像素的值。有关 Bitmap（BMP）图像的函数存放在另一个名为 ImageStuff.c 的文件中，ImageStuff.h 是对应的头文件，我们将在下一章详细解释它们。图像的每个像素都以"struct Pixel"类型存储，包含 unsigned char 类型的该像素的 R、G 和 B 颜色分量。由于 unsigned char 占用 1 个字节，所以每个像素需要 3 个字节来存储。

ReadBMP( ) 函数将图像的宽度和高度分别放在两个变量 ip.Hpixels 和 ip.Vpixels 中。存储一行图像需要的字节数在 ip.Hbytes 中。FlipImageV( ) 函数包含两层循环：外层循环遍历图像的 ip.Hbytes，也就是每一列，内层循环一次交换一组对应的垂直翻转像素。

---

**代码 1.2：imflip.c　…FlipImageV(){…}**

对图像的行做垂直翻转，每个像素都会被读取并替换为镜像行中的相应像素。

---

```
#include <stdlib.h>
#include <stdio.h>
#include <time.h>
#include "ImageStuff.h"
#define REPS  129
struct ImgProp ip;

unsigned char** FlipImageV(unsigned char** img)
{
    struct Pixel pix; // 临时存放交换的像素
    int row, col;
    for(col=0; col<ip.Hbytes; col+=3){ // 遍历所有的列
```

```
            row = 0;
            while(row<ip.Vpixels/2){      // 遍历所有的行
                pix.B = img[row][col];               pix.G = img[row][col+1];
                pix.R = img[row][col+2];

                img[row][col]   = img[ip.Vpixels-(row+1)][col];
                img[row][col+1] = img[ip.Vpixels-(row+1)][col+1];
                img[row][col+2] = img[ip.Vpixels-(row+1)][col+2];

                img[ip.Vpixels-(row+1)][col]   = pix.B;
                img[ip.Vpixels-(row+1)][col+1] = pix.G;
                img[ip.Vpixels-(row+1)][col+2] = pix.R;

                row++;
            }
        }
        return img;
}
```

## 1.4.4　水平翻转列：FlipImageH( )

imflip.c 的 FlipImageH( ) 实现图像的水平翻转，如代码 1.3 所示。除了内层循环相反，该函数与垂直翻转的操作完全相同。每次交换使用 "struct Pixel" 类型的临时像素变量 pix。

由于每行像素以 3 个字节存储，即 RGB、RGB、RGB······因此访问连续的像素需要一次读取 3 个字节。这些细节将在下一节介绍。现在我们需要知道的是，以下几行代码：

```
pix.B = img[row][col];
pix.G = img[row][col+1];
pix.R = img[row][col+2];
```

只是读取位于垂直的第 row 行和水平的第 col 列处的一个像素。像素的蓝色分量在地址 img[row][col] 处，绿色分量在地址 img[row][col+1] 处，红色分量在 img[row][col+2] 处。在下一章中我们将看到，指向图像起始地址的指针 img 由 ReadBMP( ) 为其分配空间，然后由 main( ) 传递给 FlipImageH( ) 函数。

**代码 1.3：imflip.c　FlipImageH( ){···}**

进行水平翻转时，每个像素都将被读取并替换为镜像列中相应的像素。

```
unsigned char** FlipImageH(unsigned char** img)
{
    struct Pixel pix; // 临时存放交换的像素
    int row, col;

    // 水平翻转
    for(row=0; row<ip.Vpixels; row++){  // 遍历所有的行
        col = 0;
```

```
        while(col<(ip.Hpixels*3)/2){      // 遍历所有的列
            pix.B = img[row][col];
            pix.G = img[row][col+1];
            pix.R = img[row][col+2];

            img[row][col]   = img[row][ip.Hpixels*3-(col+3)];
            img[row][col+1] = img[row][ip.Hpixels*3-(col+2)];
            img[row][col+2] = img[row][ip.Hpixels*3-(col+1)];

            img[row][ip.Hpixels*3-(col+3)] = pix.B;
            img[row][ip.Hpixels*3-(col+2)] = pix.G;
            img[row][ip.Hpixels*3-(col+1)] = pix.R;

            col+=3;
        }
    }
    return img;
}
```

## 1.5　程序的编辑、编译、运行

在本节中，我们将学习如何在以下平台上开发程序：Windows、Mac 或运行诸如 Fedora、CentOS 或 Ubuntu 等系统的 Unix 机器。读者大多会侧重选择其中一个平台，并且能够使用该平台完成第一部分剩余的串行或并行程序的开发。

### 1.5.1　选择编辑器和编译器

要开发一个程序，你需要编辑、编译和执行该程序。我在本书中使用的是普通的、简单的 C 语言，而不是 C++，因为它足够好地展示 CPU 并行性或 GPU 编程。我不希望不必要的复杂性分散我们的注意力，使我们偏离 CPU、GPU 以及并行化等概念。

要编辑一个 C 程序，最简单的方法就是使用编辑器，例如 Notepad++[17]。你可以免费下载，它适用于任何平台。它还能够以不同的颜色显示 C 语言的关键字。当然，还有更复杂的集成开发环境（IDE），如微软的 Visual Studio。但是，我们在第一部分中偏好简单性。第一部分的结果都将输出在 Unix 命令行中。你马上就会看到，即使你是 Windows 7 系统也可以工作。为了编译 C 程序，我们将在第一部分中使用 g++ 编译器，它也适用于任何平台。我将提供一个 Makefile 文件，它将允许我们用适当的命令行参数编译我们的程序。要执行编译好的二进制代码，只需在编译它的同一个平台环境中运行即可。

### 1.5.2　在 Windows 7、8、10 平台上开发

Cygwin64[5] 可以免费下载，它允许你在 Windows 中模拟 Unix 环境。简而言之，Cygwin64 是"Windows 中的 Unix"。请注意获取 Cygwin 的 64 位版本（称为 Cygwin64），因为它含有最新的软件包。你的计算机必须能够支持 64 位 x86。如果你有 Mac 或 Unix 系

统, 你可以跳过本节。如果你的计算机是 Windows 系统 (最好是 Windows x 专业版), 你最好安装 Cygwin64, 它有一个内置的 g++ 编译器。要安装 Cygwin64 [5], 访问 http//www.cygwin.com 并选择 64 位安装版本。如果你的 Internet 连接速度较慢, 此过程需要几个小时。因此, 我强烈建议你将所有内容下载到临时目录中, 然后从本地目录开始安装。如果你直接进行 Internet 安装, 很可能会中断, 然后重新开始。不要安装 Cygwin 的 32 位版本, 因为它已经严重过时了。没有 Cygwin64, 本书中的代码都不能正常工作。此外, 我们正在运行的最新的 GPU 程序也需要 64 位系统来执行。

在 Cygwin64 中, 你将有两种不同类型的 shell : 第一种是一个简单的命令行 (文本) shell, 称为 " Cygwin64 终端"。第二种是 " xterm", 意思是 " X Windows 终端", 能够显示图形。为了在不同类型的计算机上获得最大的兼容性, 我将使用第一种 : 纯文本终端, 即 "Cygwin64 终端", 它也是一种 Unix bash shell。使用文本 shell 还有以下理由:

1. 由于我们将要编写的每个程序都是对图像进行操作, 因此需要一种方法在终端外显示图像。在 Cygwin64 中, 由于你在 Cygwin64 终端上浏览的每个目录都对应一个实际的 Windows 目录, 因此你只需找到该 Windows 目录并使用常用的程序 (如 mspaint 或 Internet Explorer 浏览器) 显示输入和输出图像即可。这两个应用程序都允许你将巨大的 3200 × 2400 图像调整到任何你想要的大小, 并舒适地显示它。

2. Cygwin 命令 ls、md 和 cd 都在 Windows 目录上工作。 cygwin64-Windows 的目录映射是:

**~/Cyg64dir ↔ C:\cygwin64\home\Tolga\Cyg64dir**

Tolga 是我的登录名, 也就是我的 Cygwin64 的根目录名。每个 cygwin64 用户的主目录都位于相同的 C:\cygwin64\home 目录下。在很多情况下, 只有一个用户, 这就是你的名字。

3. 我们需要在 Cygwin64 终端外 (即从 Windows) 运行 Notepad++, 方法是将 C 源文件拖放到 Notepad++ 中并进行编辑。编辑完成后, 我们将在 Cygwin64 终端中对它们进行编译, 然后在终端外显示它们。

4. 还有另一种方式来运行 Notepad++ 并在 Cygwin64 中显示图像, 而无须转到 Windows。 键入以下命令行:

```
cygstart notepad++ imflip.c
gcc imflip.c -o imflip
./imflip dogL.bmp dogh.bmp V
cygstart dogh.bmp
```

命令行 cygstart notepad++ imflip.c 如同你双击 Notepad ++ 图标运行它来编辑名为 imflip.c 的文件。第二行将编译 imflip.c 程序, 第三行将运行它并显示执行时间等。最后一行将运行默认的 Windows 程序来显示图像。Cygwin64 中的 cygstart 命令基本上相当于"在 Windows 中双击"。最后一行命令的结果就像在 Windows 中双击图像 dogh.bmp 一样，这会告诉 Windows 打开照片查看器。你可以通过更改 Windows 资源管理器中的"文件关联"来更改默认查看器。

有一件事看起来很神秘：为什么我在程序名前面加上 ./ 而没有为 cygstart 做同样的事情？输入以下命令：

echo $PATH

在初次安装 Cygwin64 后，当前的 PATH 环境变量中不会有 ./，因此 Cygwin64 将不知道在当前目录中搜索你键入的任何命令。如果你的 PATH 中已经有 ./，则不必担心这一点。如果没有，你可以将它添加到 .bash_profile 文件中的 PATH 中，现在它就会识别。该文件位于你的主目录中，要添加的行是：

export PATH=$PATH:./

由于 cygstart 命令位于 PATH 环境变量中的某个路径中，因此你不需要在它之前添加任何目录名称，例如表示当前目录的 ./。

### 1.5.3 在 Mac 平台上开发

正如我们在 1.5.2 节中讨论过的，在本书第一部分，我们所说的执行程序并显示结果就是如何在图像存放目录中显示一张 BMP 图像。对于 Mac 计算机也如此。Mac 系统有一个内置的 Unix 终端，或者一个可下载的 iterm，所以它不需要 Cygwin64 之类的东西。换句话说，Mac 就是一台 Unix 电脑。如果你在 Mac 中使用像 Xcode 这样的 IDE，那么你可能会看到小差异。如果你使用 Notepad ++，一切都应该和我前面描述的一样。但是，如果需要开发大量的并行程序，Xcode 非常棒，并且在 Apple.com 上创建开发人员账户后可以免费下载。这值得尝试。Mac 系统有自己的显示图像的程序，所以只需双击 BMP 图像即可显示它们。Mac 也会为每个终端目录设置相应的目录。因此，在桌面上找到你正在开发的应用程序的目录，然后双击 BMP 图像。

### 1.5.4 在 Unix 平台上开发

如果你有一个运行图形界面的 Ubuntu、Fedora 或 CentOS 的 Unix 机器，它们都有一个命令行终端。我使用术语"系列"来表示具有 INTEL 或 AMD CPU 的通用计算机或品牌计算机。Unix 系统要么有 xterm，要么有一个纯文本终端，比如 bash。这两个都可以编译和运行此处描述的程序。然后，你可以找出程序运行的目录，然后双击 BMP 图像以显示它们。双击图像而不是拖拽到程序中，就会要求操作系统运行默认程序来显示它们。你可以通过系统设置更改这个默认程序。

# 1.6　Unix 速成

在我过去 5 年的 GPU 教学中，几乎每年都有一半的学生需要 Unix 入门课程。所以，我在本节中介绍这些内容。如果你对 Unix 很熟悉，可以跳过这一节。我们只提供关键概念和命令，这些应该足以让你完成本书中的所有内容。更全面地学习 Unix 需要大量的练习以及一本专门针对 Unix 的书。

## 1.6.1　与目录相关的 Unix 命令

Unix 目录结构从你的主目录开始，它由一个特殊的代字符（～）来表示。你创建的任何目录都在你的"～/"主目录下。例如，如果你在主目录中创建了一个名为 cuda 的目录，则表示此目录的 Unix 方式是：～/cuda。你应该将文件排列整齐，并在目录下创建子目录以使其层次化。例如，本书中的示例可以放在 cuda 目录下，每章的示例都可以放在一个子目录下，例如 ch1、ch2、ch3……它们的目录名称为～/cuda/ch1 等。

Unix 中常用的创建 / 删除目录命令有：

```
ls                    # 列出根目录下的内容
mkdir cuda            # 在这里创建一个名为 cuda 的目录
cd cuda               # 进入（改变目录）cuda
ls                    # 列出这个目录的内容
mkdir ch1             # 创建一个名为 ch1 的子目录
mkdir ch2             # 创建另一个名为 ch2 的子目录
mkdir ch33            # 创建第三个。哎呀，我输错了。我的意思是 ch3。
rmdir ch33            # 太迟了。让我们删除错误的目录 ch33
mkdir ch3             # 现在，创建正确的第三个子目录 ch3
mkdir ch4             # 糟糕，我的意思是创建一个名为 ch5 的目录，而不是 ch4
mv ch4 ch5            # 将目录改为 ch5（即重命名 ch4）
ls -al                # 用 -al 参数列出详细内容
ls ..                 # 列出上一层目录的内容
pwd                   # 输出当前工作目录，我在层级目录中的哪儿?
cd ..                 # 两个特殊目录：. 当前目录，.. 上一级目录
pwd                   # 我又在哪里? 我用 cd 进入"上一级"了吗?
ls -al                # 再次详细列出。我应该在 cuda
cd                    # 进入我的主目录
rm -r dirname         # 删除一个目录，及其所有子目录，即使不是空目录
cat /proc/cpuinfo     # 获取有关你的计算机中的 CPU 的信息
```

无论你处于哪个目录，都可以使用 ls-al 命令查看当前目录下包含的目录和文件（即详细列表）的大小及权限。你还将看到 Unix 为你自动创建的两个有特殊名字的目录，.（意味着当前目录）和 ..（意味着上一层目录），这两个目录与你所处的位置有关。因此，命令 ./ imflip... 告诉 Unix 从当前目录运行 imflip。

用 pwd 命令寻找你的位置时，你会得到一个不是以波浪字符开头的目录，而是看起来像 /home/Tolga/cuda 这样，为什么? 因为 pwd 输出的是相对于 Unix 根目录的路径，而不是相对

于你的主目录 /home/Tolga/ 或缩写符号～ / 的路径。cd 命令会将你带到你的主目录，而 cd / 命令会将你带到 Unix 根目录，你将在其中看到名为 home 的目录。可以使用 cd home/Tolga 命令进入 home/Tolga 目录，也就是你的主目录，但显然，简短的 cd 命令要方便得多。

当某个目录为空时，rmdir 命令可以删除该目录。但如果该目录中包含某个文件或其他目录（即子目录），则会显示一条错误消息，指出目录不为空且不能删除。如果要删除包含文件的目录，请使用文件删除命令 rm 和选项 "-r"，这意味着 "递归"。 rm -r dirname 的含义是：从目录 dirname 中删除所有的文件及其子目录。可能不需要强调这个命令有多危险。一旦你执行该命令，目录就消失了，其中的全部内容也不见了，更不用说所有的子目录了。所以，请谨慎使用此命令。

mv 命令适用于文件和目录。例如，mv dir1 dir2 将目录 dir1 "移动" 到 dir2 中。事实上，这是将目录 dir1 重命名为 dir2，且旧的目录 dir1 不见了。当你执行 ls，你只会看到新的目录 dir2。

## 1.6.2　与文件相关的 Unix 命令

一旦创建了目录（又名文件夹），你可以在其中创建或删除文件。这些文件包括你的程序，程序所需要的输入文件以及程序生成的文件。例如，要运行在 1.4 节提到的串行图像翻转程序 imflip.c，你需要程序本身并编译它，并且当程序输出 BMP 图片时，你需要能够查看那张图片。你还需要将图片带到（复制到）此目录中。该目录下还有一个我创建的用于编译的 Makefile 文件。以下是用于文件操作的常用 Unix 命令：

```
clear                          # 清除屏幕
ls                             # 让我们看看这些文件。dogL.bmp 是狗的照片
cat Makefile                   # 查看名为 Makefile 的文本文件的内容
more Makefile                  # 很适合显示多页文件的内容
cat > mytest.c                 # 创建文件 mytest.c 的最快捷方式，以 ^D 结尾
make imflip                    # 运行 Makefile 中的条目来编译 imflip.c
ls -al                         # 让我们看看要调查的文件大小等
ls -al imflip                  # 显示可执行文件 imflip 的详细信息
cp imflip if1                  # 制作一个名为 if1 的可执行文件的副本
man cp                         # 显示 unix 命令 cp 的手册
imflip                         # 没有命令行参数，我们得到一个警告
imflip dogL.bmp dogH.bmp h     # 使用正确的参数运行 imflip
cat Makefile | grep imflip     # 在 Makefile 文件中寻找字符串 imflip
ls -al | grep imflip           # 将 ls 命令的输出重定向到 grep 以搜索 imflip
ls imf*                        # 列出所有以 imf 开头的文件
rm imf*.exe                    # 删除以 imf 开头并以 .exe 结尾的所有文件
diff f1 f2                     # 比较文件 f1 和 f2，显示差异
touch imflip                   # 将 imflip 的最后访问日期设置为 "现在"
rm imflip                      #Windows 系统中为 imflip.exe，删除该文件
mv f1 f2                       # 将文件从旧文件名 f1 改变为新文件名 f2
mv f1 ../f2                    # 将文件 f1 移动到上层目录并重命名为 f2
mv f1 ../                      # 将文件 f1 移动到上层目录，保持文件名不变
mv ../f1 f2                    # 从上层目录中移动文件 f1 到本目录，且重命名为 f2
history                        # 显示我的命令历史
```

❏ #（井号）是注释符号，它之后的任何内容都会被忽略。

❏ clear 命令清除终端屏幕。

❏ cat Makefile 以命令行显示 Makefile 的内容，而不必使用 Notepad ++ 之类的其他外部程序。

❏ more Makefile 显示 Makefile 更多的内容，并且还可以逐个滚动页面。这对于多页文件非常有用。

❏ cat > filename 是创建名为 filename 的文本文件的最快方式。这使 Unix 进入文本输入模式。文本输入模式将你输入的所有内容发送到你在 > 之后输入的文件（例如 mytest.c）中。输入 CTRL-D（同时按住 CTRL 键和 D 键，这是 EOT 字符，ASCII 码为 4，表示传输结束）可以退出文本输入模式。如果你不想使用像 Notepad ++ 这样的编辑器，那么这种输入文本的方法非常棒。对于只有几行的程序来说，它是完美的，尽管没有什么能够阻止你使用这种方法输入整个程序！

❏ | 是"管道"命令，它将一个 Unix 命令或程序的输出通道（即管道）转换为另一个命令。这允许用户仅使用一个命令行来运行两个单独的命令。第二个命令接受第一个命令的输出作为其输入。管道可以被创建多次，但这不常见。

❏ cat Makefile | grep imflip 将 cat 命令的输出传递给另一个命令 grep，该命令查找并列出包含关键字 imflip 的行。grep 非常适合在文本文件中搜索一些字符串。任何 Unix 命令的输出都可以重定向输入到 grep 中。

❏ ls -al grep imflip 将 ls 命令的输出传递给 grep imflip。实际上这是在 ls 命令的输出中查找字符串 imflip。这在确定包含特定字符串的文件名时非常有用。

❏ make imflip 在 Makefile 中寻找 imflip: file1 file2 file3 …，如果某个文件已被修改，则重新生成 imflip。

❏ cp imflip if1 将刚创建的可执行文件 imflip 复制为另一个名为 if1 的文件，这样你不会丢失它。

❏ man cp 显示 cp 命令的帮助文件。能够显示任意一条 Unix 命令的详细信息，这非常棒。

❏ ls -al 可以用来显示源文件和输入 / 输出文件的权限和文件大小。例如，检查输入和输出 BMP 文件 dogL.bmp 和 dogH.bmp 的大小是否完全相同。如果不是，这是一个错误的早期迹象！

❏ ls imf * 列出名称以 imf 开头的所有文件。这对于列出你知道的包含 imf 前缀的文件很有用，就像我们在本书中创建的名为 imflip、imflipP……（*）是一个通配符，意思是"任何东西"。当然，你可能更喜欢这样使用 *，如：ls imf *12 是指以 imf 开始并以 12 结尾的文件。另一个例子是 ls imf *12*，意思是以 imf 开头并且在文件名中间有 12 的文件。

❏ diff file1 file2 显示两个文本文件之间的差异。这对确定文件是否发生变化很有用。它也可以用于二进制文件。

❑ imflip 或 imflip dog … 如果 ./ 在 $PATH 中，则启动该程序。否则，你必须使用 ./imflip dog。

❑ touch imflip 更新文件 imflip 的"上次访问时间"。

❑ rm imflip 删除 imflip 可执行文件。

❑ mv 命令，就像重命名目录一样，也可以用来重命名文件并真正移动它们。mv file1 file2 将 file1 重命名为 file2 并保留在同一目录中。如果你想将文件从一个目录移动到另一个目录，在文件名之前加上目录名，就会移动到该目录。你也可以移动文件而无须重命名它们。大多数 Unix 命令都具有这种多功能性。例如，可以像使用 mv 命令将文件从一个目录复制到另一个目录一样来使用 cp 命令。

❑ history 列出你打开终端后使用过的命令。

如下所示为编译本书第一个串行程序 imflip.c 并将其转换为可执行的 imflip（或 Windows 中的 imflip.exe）的 Unix 命令。用户输入的重要命令显示在左侧，Unix 的输出显示向右侧缩进了一段距离：

```
ls
        ImageStuff.c ImageStuff.h Makefile dogL.bmp imflip.c
cat Makefile
        imflip  :  imflip.c ImageStuff.c ImageStuff.h
                   g++ imflip.c ImageStuff.c -o imflip
make imflip
ls
        ImageStuff.c ImageStuff.h Makefile dogL.bmp imflip.c imflip
imflip
        Usage : imflip [input][output][v/h]
imflip dogL.bmp dogH.bmp h
         Input BMP File Name : dogL.bmp (3200x2400)
        Output BMP File Name : dogH.bmp (3200x2400)

        Total Execution time : 83.0775 ms (10.817 ns/pixel)
ls -al
        ...
        -rwxr-x  1    Tolga    23020054   Jul 18  15:01  dogL.bmp
        -rwxr-x  1    Tolga    23020054   Jul 18  15:08  dogH.bmp
        ...
rm imflip
history
```

在上述的输出结果中，每个文件的权限显示为 -rwxr-x 等。根据你运行这些命令的计算机不同，输出可能会略有不同。可以用 Unix 命令 chmod 更改这些权限，使其成为只读等。

Unix 的 make 工具使我们能够自动执行若干常用的命令，方便地编译文件。在我们的例子中，"make imflip"要求 Unix 查看 Makefile 文件并执行"gcc imflip.c ImageStuff.c -o imflip"这行命令，它将调用 gcc 编译器编译 imflip.c 和 ImageStuff.c 源文件，并生成一个名为 imflip 的可执行文件。在我们的 Makefile 中，第一行显示了文件依赖关系：它告诉

make，只有当列出的源文件 imflip.c、ImageStuff.c 或 ImageStuff.h 发生更改时才重新生成可执行文件 imflip。要想强制编译，可以先使用 Unix 的 touch 命令。

## 1.7　调试程序

调试代码是你不得不做的事情。有时，你认为编写的代码应该可以正常工作，但却抛出了一个段错误或一些从未见过的错误。这个过程可能会令人非常沮丧，常常是由很难发现的简单的输入错误或逻辑错误造成的。还有一些代码错误甚至可能在运行时也不总是发生，乍一看你不会发现它的影响。这是最糟糕的错误，因为编译器没有发现它们，在运行时也不明显。例如像内存泄漏这样的错误并不会在运行时马上显现出来。在代码开发过程中，一个好的做法是定期运行 gdb 和 valgrind 等调试工具来寻找潜在的发生段错误的位置。要在调试器中运行代码，你需要在编译时设置调试标志，通常为" -g"。这会告诉编译器包含调试符号（包括行号等），以告诉你代码出错的位置。如下所示为一个例子：

```
$ gcc imflip.c imageStuff.c -o imflip -g
```

### 1.7.1　gdb

为了说明当你的代码一团糟时会发生什么，我在 imflip.c 中的数据变量使用完成前的某个位置插入了一条内存 free( ) 语句。显然这将引起一个段错误，如下所示：

```
$ gcc imflip.c imageStuff.c -o imflip -g

$ ./imflip dogL.bmp flipped.bmp V

Segmentation fault (core dumped)
```

由于 imflip 是用调试模式编译的，所以可以用 GNU 的调试器 gdb 来找出段错误发生的位置。gdb 的输出在图 1-4 中给出。执行下述指令可以启动 gdb：

```
$ gdb ./imflip
```
一旦 gdb 启动，程序参数由以下命令设置：
```
set args dogL.bmp flipped.bmp V
```

在此之后，程序使用简单的 run 命令来运行。gdb 会输出一堆错误，说你的代码全部搞砸了，where 命令可以提供代码出错位置的信息。最初，gdb 认为错误出现在 ImageStuff.c 中第 73 行的 WriteBMP( ) 函数中，但 where 命令将范围缩小到 imflip.c 中的第 98 行。进一步检查 imflip.c 代码后发现，在用 WriteBMP( ) 函数将数据写入 BMP 图像之前调用了 free(data) 语句。这只是一个简单的例子，gdb 的功能包括添加断点，查看变量值以及其他一些选项。表 1-1 中列出了一些常用命令。

```
$ gdb imflip
GNU gdb (Ubuntu 7.7.1-0ubuntu5~14.04.2) 7.7.1
Copyright (C) 2014 Free Software Foundation, Inc.
License GPLv3+: GNU GPL version 3 or later <http://gnu.org/licenses/gpl.html>
This is free software: you are free to change and redistribute it.
There is NO WARRANTY, to the extent permitted by law.  Type "show copying"
and "show warranty" for details.
This GDB was configured as "x86_64-linux-gnu".
Type "show configuration" for configuration details.
For bug reporting instructions, please see:
<http://www.gnu.org/software/gdb/bugs/>.
Find the GDB manual and other documentation resources online at:
<http://www.gnu.org/software/gdb/documentation/>.
For help, type "help".
Type "apropos word" to search for commands related to "word"...
Reading symbols from imflip...done.
(gdb) set args dogL.bmp flipped.bmp V
(gdb) run
Starting program: imflip dogL.bmp flipped.bmp V


Program received signal SIGSEGV, Segmentation fault.
0x0000000000401172 in WriteBMP (img=0x603250, filename=0x7fffffffe865 "flipped.bmp")
at ImageStuff.c:73
73                              temp=img[x][y];
(gdb) where
#0  0x0000000000401172 in WriteBMP (img=0x603250, filename=0x7fffffffe865
"flipped.bmp") at ImageStuff.c:73
#1  0x0000000000400e5d in main (argc=4, argv=0x7fffffffe5f8) at imflip.c:98
```

图 1-4　运行 gdb 捕获段错误

表 1-1　gdb 命令和功能列表

| 任务 | 命令 | 实例应用 |
|---|---|---|
| 启动 GDB | gdb | gdb ./imflip |
| 设置程序参数（在 gdb 中设置一次） | set args | set args input.bmp output.bmp H |
| 运行调试 | run | run |
| 列出命令 | help | help |
| 在某行添加一个断点 | break | break 13 |
| 在某个函数入口中断 | break | break FlipImageV |
| 显示错误发生地点 | where | where |

　　大多数集成开发环境（IDE）都有一个内置的调试模块，这使得调试过程非常容易。通常它们的后端仍然是 gdb 或一些专有的调试引擎。无论你是否使用 IDE，都可从命令行使用 gdb，并且与你的 IDE（取决于你选择的 IDE）相比，它包含的功能就算不是更多，也基本一样。

## 1.7.2　古典调试方法

　　这可能是最能体现程序员在过去的年代——40 年代、50 年代、60 年代、70 年代——使用的调试类型的名词了，这些调试方式至今仍被使用。我看不出古典调试方法在可预见的将来会消失。毕竟，我们用来调试代码的"真实"调试器，比如 gdb，只不过是古典调试方法的自动执行版本。我将在 7.9 节的 GPU 编程环境中详细介绍古典调试方法。这些内容也适用于 CPU。所以，你可以选择继续阅读本章或者马上跳到 7.9 节。

每个调试器的主要思想都是在代码中插入断点，以打印 / 显示在该断点处与系统状态有关的各种数值。所谓状态包括变量值或外设的状态，你可以自己定义它们。可以在断点处中止或继续一个程序的执行，同时输出多个状态值。

**指示灯**：在早期阶段，编写机器指令的程序员通过拨动各种开关来逐位编写程序，断点可能是显示某一位值的一个指示灯。今天，FPGA 程序员使用 8 个 LED 显示一个 8 位 Verilog 变量的值（注意：Verilog 是一种硬件描述语言）。但是，从几个比特的显示值推断系统状态需要程序员具备非常丰富的经验。

**printf**：在一个 C 程序中，程序员通常会插入一堆 printf( ) 语句来输出程序运行到某些位置时相关变量的值。这其实同手动设置断点差不多。正如我在 1.7.1 节中所述，如果你觉得很容易发现代码中的错误，那就没有必要使用繁杂的 gdb 操作。在代码中粘贴一堆 printf( )，它们会告诉你发生了什么。一个 printf( ) 可以显示大量关于变量的信息，显然比几个 LED 的功能更强大。

**assert**：除非违反了你指定的条件，否则 assert 语句不会执行任何操作。这与 printf( ) 相反，printf 总是输出某些内容。例如，如果你的代码有以下几行：

```
ImgPtr=malloc(...);
assert(ImgPtr != NULL);
```

此时，你只是试图确保拿到的指针不是 NULL，这是对内存分配的最严重问题的告警。尽管 assert( ) 在正常情况下不会执行任何操作，但如果违反了指定的条件，它将发出如下所示的错误：

Assertion violation: file mycode.c, line 36: ImgPtr != NULL

**注释行**：令人惊讶的是，还有比在代码中添加一堆 printf( ) 更容易的方法。虽然 C 语言并不要求代码按"行"编写，但 C 程序员偏好一行一行地编写代码，这很常见，就像 Python。这也是为什么 Python 受到一些批评，因为它让逐行式的语言成为实际语法，而不是 C 中的可选形式。在注释驱动的调试中，你只需注释掉一条可疑的行，重新编译，重新执行以查看问题是否消失，尽管结果肯定不再正确。这在出现重大错误时是非常有效的。在下面的例子中，如果用户输入速度为 0，你的程序会给你一个除 0 错误。你可以在那里插入 printf( ) 语句来看看它会在哪里崩溃，但用 assert( ) 语句就方便得多，因为 assert( ) 在正常情况下不会做任何事情，这可以避免调试过程中屏幕上出现混乱。

```
scanf(&speed);
    printf("DEBUG: user entered speed=%d\n",speed);
    assert(speed != 0);
distance=100;          time=distance/speed;
```

注释非常实用，如果代码中存在多条 C 语句，你可以将它们插入代码中间，如下所示：

```
scanf(&speed);
distance=100;          // 时间 = 距离 / 速度;
```

### 1.7.3 valgrind

另一种非常有用的调试工具是 valgrind。一旦代码用调试模式编译，valgrind 就很容易运行。它可以设置许多选项，类似于 GDB，但基本用法很简单。图 1-5 显示了在 valgrind 中运行具有内存错误的 imflip 代码的输出。它会捕获更多的错误，甚至可以定位 imflip.c 中发生错误的第 96 行，也就是不合适的 free( ) 命令所在的行。

```
$ valgrind ./imflip dogL.bmp flipped.bmp V
==29048== Memcheck, a memory error detector
==29048== Copyright (C) 2002-2013, and GNU GPL'd, by Julian Seward et al.
==29048== Using Valgrind-3.10.0.SVN and LibVEX; rerun with -h for copyright info
==29048== Command: ./imflip dogL.bmp flipped.bmp V
==29048==
==29048== Invalid read of size 8
==29048==    at 0x401168: WriteBMP (ImageStuff.c:73)
==29048==    by 0x400E5C: main (imflip.c:98)
==29048==  Address 0x51fc2c0 is 0 bytes inside a block of size 19,200 free'd
==29048==    at 0x4C2BDEC: free (in /usr/lib/valgrind/vgpreload_memcheck-amd64-
linux.so)
==29048==    by 0x400E42: main (imflip.c:96)
==29048==
==29048== More than 10000000 total errors detected.  I'm not reporting any more.
==29048== Final error counts will be inaccurate.  Go fix your program!
==29048== Rerun with --error-limit=no to disable this cutoff.  Note
==29048== that errors may occur in your program without prior warning from
==29048== Valgrind, because errors are no longer being displayed.
==29048==
```

图 1-5　运行 valgrind 来捕获内存访问错误

valgrind 还擅长查找运行时不显现的内存错误。通常内存泄漏很难用简单的打印语句或像 gdb 这样的调试器发现。例如，如果最后 imflip 没有释放任何内存，则会出现内存泄漏，而 valgrind 会发现它们。valgrind 还有一个名为 cachegrind 的模块，可以用来模拟代码如何与 CPU 的缓存系统交互。cachegrind 模块可以用 -tool=cachegrind 命令选项来调用。更多的选项和文档可以参考 http://valgrind.org。

## 1.8　第一个串行程序的性能

我们先来看看我们的第一个串行程序 imflip.c 的性能。由于操作系统（OS）会执行许多随机事件，因此一个好办法是多运行几次相同的程序以确保获得一致的结果。所以，通过命令行多运行几次 imflip.c。这样做后，我们得到的结果有 81.022 ms、82.7132 ms、81.9845 ms……我们可以说它大约为 82 ms。非常好，这相当于 10.724 ns/ 像素，因为这个扩展的 dogL.bmp 图像有 3200 × 2400 像素。

为了能够更准确地测量程序的性能，我在代码中增加了一个 for( ) 循环来重复（例如 129 次）执行相同的代码，并将执行时间除以相同的数值 129。这将使我们比正常情况多花费 129 倍的时间，从而能使用不太准确的 UNIX 系统定时来实现更准确的计时。大多数机器提供的硬件时钟精度不会好于 10 ms，甚至更糟糕。如果一个程序只需要执行 50 ms，那么即使你按照上述方法简单地多次重复测量，你也会得到非常不准确的性能结果（在时钟精度为 10 ms 的情况下）。但是，如果你将同一个程序重复 129 次，在 129 次循环的开始和结束时测量时间，并将其除以 129，则 10 ms 实际上变为 10/129 ms 的精度，这对我们的目标来说已经足够了。请注意，循环次数必须是奇数，否则，最终的图片将不会被翻转！

### 1.8.1　可以估计执行时间吗

经过这一改动后，执行水平翻转小狗图片的 imflip.c 程序获得了 81 ~ 82 ms 的结果。我们想知道在较小的 dog.bmp 图片上运行该程序时会发生什么情况，如果在一张 901 KB 的位图图片上运行完全相同的程序，输入为原始的 640×480 的 dog.bmp 文件，我们获得了 3.2636 ms 的运行时间，即 10.624 ns/ 像素。换句话说，当图片缩小到 1/25 时，运行时间也几乎减少到了那么多。然而，一件奇怪的事情是：每次我们都会得到完全相同的执行时间。虽然这表明我们能够以令人难以置信的准确度计算执行时间，但不要高兴太早，因为我们会遇到一个动摇我们世界的复杂情况！

事实上，第一个奇怪的地方已经出现了。你能回答这个问题吗：尽管我们获得了几乎相同的（每像素）执行时间，但为什么处理较小图像的执行时间不会改变？都是完全相同的 4 位十进制小数，而处理较大图像的执行时间会在 1% ~ 2% 内变化。虽然这看起来可能像一个统计上的随机性，但事实并非如此！它有一个非常明确的解释。为防止你睡不着觉，我会马上公布答案，不让你等到下一章了：当我们处理 22 MB 的 dogL.bmp 图像时，与原来的 901 KB 的 dog.bmp 相比，哪些东西改变了？答案是：在处理 dogL.bmp 的过程中，CPU 无法将整个图像保存在最后一级的 L3 缓存（L3$）中，该级缓存的大小为 8 MB。这意味着，要访问该图像，在执行期间它需要不断地清空和填充 L3$。与之对应的是，在处理 901 KB 的 dog.bmp 图像时，只需要一轮处理即可将数据完全装入 L3$，并且在所有 129 个执行循环中 CPU 都拥有该数据。请注意，我将用符号 L3$ 来表示 L3 缓存。

### 1.8.2　代码执行时 OS 在做什么

较大图像的处理时间变化较大的原因是访问内存的不确定性比访问片内数据更大。由于 imflip.c 是一个串行程序，我们确实需要一个 "1T" 来执行我们的程序。另一方面，我们的 CPU 拥有诸如 4C/8T 的豪华资源。这意味着，一旦开始运行，我们只有一个活跃线程的程序，操作系统几乎能立即意识到给我们一个完全专用的 CPU 线程（甚至是核心），以符合所有人的最大利益，因此我们的应用程序可以充分利用此资源。总之，这是操作系统的工作：智能地分配资源。无论是 Windows 系统还是 Unix 系统，当今所有的操作系统代码在理解程序执行中的这些模式时都非常聪明。如果一个程序热衷于寻求一个单独的线程而没有其他要求，除非你正在运行许多其他程序，否则操作系统的最佳操作就是让你像 VIP 一样地访问单个线程（甚至可能是一个完整的核心）。

然而，对于主存储器来说，这个故事是完全不同的，操作系统中的每个活动线程都可以访问主存。想象它只有 1 M！没有 2 M！所以，操作系统必须在每个线程中共享它。主存是所有操作系统数据，以及每个线程的数据所在的地方，主存是所有椰子（即图像数据）所在的地方。所以，操作系统不仅必须弄清楚你的 imflip.c 如何从主存访问图像数据，甚至得弄清楚它自己如何访问数据。操作系统的另一项重要工作是确保公平性。如果一个线程缺少数据，而另一个线程却绰绰有余，那么操作系统并没有很好地完成它的工作。它必须公平对待每个人，包括它自己。当你在主存访问中有如此多的内容需要传输时，你就会知道为什么主存访问时间具有不确定性。相反，当我们在处理较小图像时拥有一个几乎完全专属的核，就可以在该核中运行程序而无须访问主存。我们没有与其他人分享这个核。因此，在确定执行时间方面几乎没有不确定性。如果你对这些概念有些模糊，不要担心，后面会有一整章解释 CPU 架构。以下是 C/T（核心 / 线程）符号的含义：

---

- C/T（核心 / 线程）符号表示：

  例如，4C/8T 表示 4 个核心，8 个线程，

  4C 意味着处理器有 4 个核心，

  8T 意味着每个核心可以执行 2 个线程。

- 因此，4C/8T 处理器可以同时执行 8 个线程。

  然而，每个线程对必须共享内部核心的资源。

---

### 1.8.3　如何并行化

即使在运行串行版本的代码时，仍然需要了解很多细节。我宁愿将并行版本的代码扩展为完整的一章内容，而不是压缩到本小节中。事实上，接下来的几章将完全致力于代码的并行化以及对其性能的深入分析。现在，让我们从椰子这个类比开始，请回答下列问题：

在类比 1.1 中，如果我们拥有两台拖拉机且每台拖拉机中有 2 位农民时会发生什么情况？此时，你有 4 个线程在运行……因为有 2 台物理上独立的拖拉机，拖拉机（即核心）内部的一切都很舒适。然而，现在需要分享从拖拉机到椰子树的道路（即多个线程需要访问主存储器）是 4 个人而不是 2 个人。继续……，如果有 8 位农民去收获椰子怎么办？有 16 位农民又怎么办？换句话说，即使在 8C/16T 的情况下，也就是你有 8 个核心和 16 个线程，相当于你有 8 台拖拉机可以满足农民的需求，其中每 2 位农民需要共享一把椰子锤。但是，主存储器的访问又如何呢？参加收获的农民越多，他们等待通过那条道路获取椰子的时间

就越长。在 CPU 方面，内存带宽迟早会饱和。事实上，在下一章中，我会给出一个发生该情况的程序。这意味着，在我们开始对程序进行并行化之前，必须考虑线程在执行期间会访问哪些资源。

### 1.8.4　关于资源的思考

即使你知道上述问题的答案，还有另一个问题：针对不同的资源，并行性的魔法都会起到同样的作用吗？换句话说，并行性的概念与它所应用的资源是独立的吗？举例来说，无论内存带宽如何，2C/4T 核心配置总能让我们获得相同的性能改进吗？或者说如果内存带宽非常糟糕，那么额外增加核心数量所获得的性能增益是否会消失？现在只是思考一下，本书的第一部分将回答这些问题。所以，现在不要过度强调它们。

好吧，这已经足够让大脑热身了……让我们编写第一个并行程序吧。

第 2 章

# 开发第一个 CPU 并行程序

本章主要关注的是理解第一个 CPU 并行程序 imflipP.c。注意，文件名末尾的"P"表示并行。开发平台对于 CPU 并行程序来说没有任何区别。在本章中，我将逐步介绍有关并行程序最主要的概念，当我们在第二部分开发 GPU 程序时，这些概念将很容易地应用于 GPU 编程。你可能已经注意到，我从不说 GPU 并行编程，而是 GPU 编程。这就像不需要说一辆带轮子的汽车，说一辆车就足够了。换句话说，根本没有 GPU 串行编程，这意味着即使你有 100 000 个可用的 GPU 线程，但却只使用一个！所以，按照定义，GPU 编程就意味着 GPU 并行编程。

## 2.1 第一个并行程序

现在是编写第一个并行程序 imflipP.c 的时候了，它是我们在 1.4 节中介绍的串行程序 imflip.c 的并行版本。为了并行化 imflip.c，我们需要在 main() 函数中创建多个线程并让它们各自完成一部分工作后退出。在最简单的情况下，如果我们尝试运行一个双线程的程序，main() 将创建两个线程，让它们各自完成一半的工作，合并线程然后退出。在这种情况下，main() 不过是各个事件的管理者，它没有做实际的工作。

为了实现我们刚刚描述的内容，main() 需要能够创建、终止和管理线程并将任务分配给线程。Pthreads 库的部分函数可以帮助它完成这些任务。Pthreads 只能在符合 POSIX 标准的操作系统中工作。讽刺的是，Windows 不符合 POSIX 标准！但是，在 POSIX 和 Windows 之间执行某种 API 到 API 的转换后，Cygwin64 允许 Pthreads 代码在 Windows 中运行。这就是为什么本书描述的所有东西都可以在 Windows 中使用，也是在你的计算

机是一台 Windows PC 的情况下,我推荐 Cygwin64 的原因。以下是我们将要使用的一些
Pthreads 库函数:

1. pthread_create( ) 用于创建一个线程。

2. pthread_join( ) 用于将任何给定的线程合并到最初创建它的线程中。你可以将"合并"
过程想象成"毁灭"线程,或者父线程"吞食"刚刚创建的线程。

3. pthread_attr( ) 用于初始化线程的各项属性。

4. pthread_attr_setdetachstate( ) 用于为刚刚初始化的线程设置属性。

## 2.1.1 imflipP.c 中的 main( ) 函数

我们的串行程序 imflip.c(如代码 1.1 所示)读取一些命令行参数,并按照用户的命令
对输入图像进行垂直或水平翻转。同样的翻转操作重复奇数次(例如 129),用以改进由
clock( ) 获取的系统时间的准确性。

代码 2.1 和代码 2.2 显示的都是 imflipP.c 中的 main( ) 函数,不同之处在于:代码 2.1
标注的是"main( ){...",这表示 main( ) 的"第一部分",后面所跟的"..."进一步强调了这
一点。这部分用于命令行参数解析和一些常规操作。在代码 2.2 中,"main( ) ...}"后部的
符号与 2.1 相反,"..."在前,表示这是 main( ) 函数的"第二部分",该部分用于启动线程
和给线程分配任务。

为了提高可读性,我可能在这两部分代码中重复一些代码,例如使用 gettimeofday( ) 获
取时间戳,使用 ReadBMP( ) 进行图像读取等,稍后将详细介绍 ReadBMP( )。这将使读者
能够清楚地了解这两个部分的开始和连接处。你可能已经注意到,如果完全列出一个函数
的代码,就会使用"func( ){...}"来表示。当一个函数和它前后的代码同时被列出时,用
"... func( ){...}"来表示,意思是"一些常规代码 ...func( ) 完整的代码。"

下面是 main( ) 函数中命令行解析的部分,命令行参数在 argv[] 数组中给出(总共有
argc 个)。如果用户输入的参数个数不对时会报错。用户指定的翻转方向存放在一个名为
Flip 的变量中备用。全局变量 NumThreads 也是基于用户输入确定的,稍后将在实际执行翻
转操作的函数中使用。

```c
int main(int argc, char** argv)
{
  ...
  switch (argc){
    case 3: NumThreads=1;          Flip='V';                break;
    case 4: NumThreads=1;          Flip=toupper(argv[3][0]); break;
    case 5: NumThreads=atoi(argv[4]); Flip=toupper(argv[3][0]); break;
    default:printf("Usage: imflipP input output [v/h] [threads]");
        printf("Example: imflipP infile.bmp out.bmp h 8\n\n");
        return 0;
  }
  if((Flip != 'V') && (Flip != 'H')) {
```

```
    printf("Invalid option '%c' ... Exiting...\n",Flip);
    exit(EXIT_FAILURE);
}
if((NumThreads<1) || (NumThreads>MAXTHREADS)){
    printf("Threads must be in [1..%u]... Exiting...\n",MAXTHREADS);
    exit(EXIT_FAILURE);
}else{
...
```

## 2.1.2 运行时间

当有多个线程执行时，我们希望能够量化加速倍数。在串行代码中我们使用 clock( ) 函数，它包含在 time.h 头文件中，精度仅为毫秒级。

我们将在 imflipP.c 中使用的 gettimeofday( ) 函数能够使精度达到 μs。gettimeofday( ) 需要包含 sys/time.h 头文件，并且给一个结构的两个成员变量提供时间：一个是给 .tv_sec 成员变量设置以秒为单位的时间，另一个是给 .tv_usec 成员变量设置以微秒为单位的时间。这两个成员变量都是 int 类型，在输出之前联合生成一个双精度的时间值。

值得注意的是，计时的准确与否不取决于 C 函数本身，而取决于硬件。如果你的计算机的操作系统或硬件无法提供 μs 级的时间戳，gettimeofday( ) 将只提供从操作系统获得的最佳结果（操作系统从硬件的时钟单元获得该值）。例如，即使使用 gettimeofday( ) 函数，由于 Cygwin64 依赖于 Windows API，Cygwin64 的精确度也不会达到 μs。

```
#include <sys/time.h>
...
struct timeval      t;
double              StartTime, EndTime;
double              TimeElapsed;
    ...
  gettimeofday(&t, NULL);
  StartTime = (double)t.tv_sec*1000000.0 + ((double)t.tv_usec);
  // 此处开始工作：创建线程、分配任务 / 数据、合并
  ...
  gettimeofday(&t, NULL);
  EndTime = (double)t.tv_sec*1000000.0 + ((double)t.tv_usec);
  TimeElapsed=(EndTime-StartTime)/1000.00;
  TimeElapsed/=(double)REPS;
  ...
  printf("\n\nTotal execution time: %9.4f ms ...",TimeElapsed,...
```

## 2.1.3 imflipP.c 中 main( ) 函数代码的划分

我有意避免在一个代码片段中列出长长的 main( ) 函数代码。这是因为，从第一个示例中可以看出，代码 2.1 和代码 2.2 的功能完全不同：代码 2.1 用于获取命令行参数，解析它们以及向用户发出警告。而代码 2.2 用于创建与合并线程的"酷动作"。大多数情况下，我会按照类似的方法来安排我的代码，并尽量关注代码的重要部分。

---

**代码 2.1：imflipP.c … main(){…**

imflipP.c 中 main() 函数的第一部分读取和解析命令行选项。如有必要，输出错误告警。BMP 图像被读入主存的数组中并启动计时器。这部分决定多线程代码是否会运行。

---

```c
#define MAXTHREADS 128
...
int main(int argc, char** argv)
{
    char          Flip;
    int           a,i,ThErr;
    struct timeval t;
    double        StartTime, EndTime;
    double        TimeElapsed;

    switch (argc){
      case 3: NumThreads=1;          Flip='V';                    break;
      case 4: NumThreads=1;          Flip=toupper(argv[3][0]); break;
      case 5: NumThreads=atoi(argv[4]); Flip=toupper(argv[3][0]); break;
      default:printf("Usage: imflipP input output [v/h] [threads]");
             printf("Example: imflipP infile.bmp out.bmp h 8\n\n");
             return 0;
    }
    if((Flip != 'V') && (Flip != 'H')) {
       printf("Invalid option '%c' ... Exiting...\n",Flip);
       exit(EXIT_FAILURE);
    }
    if((NumThreads<1) || (NumThreads>MAXTHREADS)){
       printf("Threads must be in [1..%u]... Exiting...\n",MAXTHREADS);
       exit(EXIT_FAILURE);
    }else{
       if(NumThreads != 1){
          printf("\nExecuting %u threads...\n",NumThreads);
          MTFlipFunc = (Flip=='V') ? MTFlipV:MTFlipH;
       }else{
          printf("\nExecuting the serial version ...\n");
          FlipFunc = (Flip=='V') ? FlipImageV:FlipImageH;
       }
    }
    TheImage = ReadBMP(argv[1]);

    gettimeofday(&t, NULL);
    StartTime = (double)t.tv_sec*1000000.0 + ((double)t.tv_usec);
    ...
}
```

---

**代码 2.2：imflipP.c … main() …}**

imflipP.c 中 main() 函数的第二部分创建多个线程并为它们分配任务。每个线程执行其分配的任务并返回。当每个线程完成后，main() 会合并（即终止）线程并报告已用时间。

---

```c
#define REPS     129
...
```

```
int main(int argc, char** argv)
{
    ...
    gettimeofday(&t, NULL);
    StartTime = (double)t.tv_sec*1000000.0 + ((double)t.tv_usec);
    if(NumThreads >1){
        pthread_attr_init(&ThAttr);
        pthread_attr_setdetachstate(&ThAttr, PTHREAD_CREATE_JOINABLE);
        for(a=0; a<REPS; a++){
            for(i=0; i<NumThreads; i++){
                ThParam[i] = i;
                ThErr = pthread_create(&ThHandle[i], &ThAttr,
                                        MTFlipFunc, (void *)&ThParam[i]);
                if(ThErr != 0){
                    printf("Create Error %d. Exiting abruptly...\n",ThErr);
                    exit(EXIT_FAILURE);
                }
            }
            pthread_attr_destroy(&ThAttr);
            for(i=0; i<NumThreads; i++){ pthread_join(ThHandle[i], NULL); }
        }
    }else{
        for(a=0; a<REPS; a++){ (*FlipFunc)(TheImage); }
    }
    gettimeofday(&t, NULL);
    EndTime = (double)t.tv_sec*1000000.0 + ((double)t.tv_usec);
    TimeElapsed=(EndTime-StartTime)/1000.00;
    TimeElapsed/=(double)REPS;
    // 合并文件头并写入文件
    WriteBMP(TheImage, argv[2]);
    // 释放为图像分配的内存
    for(i = 0; i < ip.Vpixels; i++) { free(TheImage[i]); }
    free(TheImage);
    printf("\n\nTotal execution time: %9.4f ms (%s flip)",TimeElapsed,
        Flip=='V'?"Vertical":"Horizontal");
    printf(" (%6.3f ns/pixel)\n",
        1000000*TimeElapsed/(double)(ip.Hpixels*ip.Vpixels));
    return (EXIT_SUCCESS);
}
```

## 2.1.4 线程初始化

以下代码用于初始化线程并多次运行多线程代码。为了初始化线程,通过应用程序接口 pthread_attr_init() 和 pthread_attr_setdetachstate(),我们告诉操作系统准备启动一系列线程,并且稍后将合并它们……将同样的代码重复执行 129 次只是为了"减慢"时间!与计算执行一次需要多长时间相比,执行 129 次并将消耗的总时间除以 129,结果并没有什么变化,除非你对 Unix 计时 API 的不准确性不在意。

```
#include <pthread.h>
...
#define REPS        129
#define MAXTHREADS 128
```

```
...
long            NumThreads;          // 并行线程的总数
int             ThParam[MAXTHREADS]; // 线程参数
pthread_t       ThHandle[MAXTHREADS];// 线程句柄
pthread_attr_t  ThAttr;              // Pthread 的属性
...
  pthread_attr_init(&ThAttr);
  pthread_attr_setdetachstate(&ThAttr, PTHREAD_CREATE_JOINABLE);
  for(a=0; a<REPS; a++){
     ...
  }
```

## 2.1.5　创建线程

这里是好事情发生的地方：请看下面的代码。每个线程都是通过使用 API 函数 pthread_create() 创建的，一旦创建就开始执行。这个线程将做什么？第三个参数将告诉线程要执行的任务：MTFlipFunc。就好像我们调用了一个名为 MTFlipFunc() 的函数，但它自己开始执行，也就是说，与我们并行执行。main() 只是创建了一个名为 MTFlipFunc() 的子线程，并且立即开始并行地执行。问题是，如果 main() 创建了 2 个、4 个或 8 个线程，那么每个线程如何知道它自己是谁？这个问题由第四个参数负责，经过一些指针操作后，该参数指向 ThParam[i]。

```
for(i=0; i<NumThreads; i++){
   ThParam[i] = i;
   ThErr = pthread_create(&ThHandle[i], &ThAttr,
                          MTFlipFunc, (void *)&ThParam[i]);
   if(ThErr != 0){
      printf("Create Error %d. Exiting abruptly...\n",ThErr);
      exit(EXIT_FAILURE);
   }
}
```

OS 需要第一和第二个参数：第二个参数 & ThAttr 对于所有线程都相同，内容是线程属性。第一个参数是每个线程的"句柄"，它对操作系统非常重要，使操作系统能够跟踪线程。如果操作系统无法创建线程，它将返回 NULL（即 0），这意味着我们不能再创建线程。这是致命的错误，所以程序将报告一个运行时错误并退出。

下面是一个有趣的问题：如果 main() 创建两个线程，那么我们的程序是一个双线程的程序吗？正如我们马上就要看到的，当 main() 函数用 pthread_create() 创建 2 个线程时，我们可以期望的最好结果是程序提高 2 倍的运行速度。那么 main() 本身呢？其实，main() 本身也是一个线程。因此，当 main() 创建 2 个子线程后，程序中一共有 **3 个线程**。我们只期望有 2 倍加速的原因是，main() 只做了一些微不足道的工作，而另外的两个线程完成的是繁重的工作。

可以对上述情景进行量化分析：main() 函数创建线程，为它们分配任务，然后合并它们，占大约 1% 的工作量，而其他 99% 的工作是由另外两个线程执行的（各占 49.5%）。在这种情况下，运行 main( ) 函数的第三个线程所花费的时间可以忽略不计。图 2-1 所示为我电脑的 Windows 任务管理器，它显示了 1499 个活跃线程。但是，CPU 负载可以忽略不计（几乎为 0%）。这 1499 个线程是 Windows 操作系统创建的用于侦听网络数据包、键盘敲击、其他中断等事件的。例如，如果操作系统意识到一个网络数据包已到达，它会唤醒相应的线程，立即用很短的时间处理该数据包。然后线程会回到睡眠状态，尽管它仍然是一个活跃线程。请记住：CPU 的速度比网络数据包快得多。

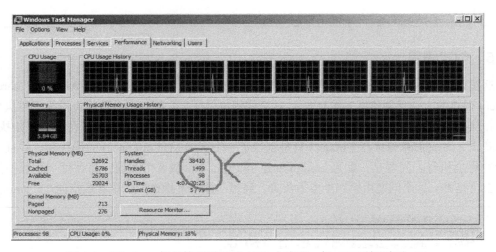

图 2-1　Windows 任务管理器显示 1499 个线程，但 CPU 利用率为 0%

## 2.1.6　线程启动 / 执行

图 1-2 显示，虽然操作系统中有 1499 个休眠的线程，但 main( ) 函数创建的线程具有完全不同的个性：一旦 main( ) 创建好 2 个子线程，线程总数就为 1501。然而，这 2 个子线程执行了 82 ms，在它们执行的过程中，Windows 任务管理器中的两个虚拟 CPU 将显示 100% 的峰值，直到 82 ms 后被 main( ) 函数用 pthread_join( ) 吞噬。那时，系统又回到 1499 个线程。main( ) 函数在运行到最后一行并输出时间之前不会死亡。当 main( ) 退出后，线程数减少到 1498。因此，如果你在代码循环 129 次时查看 Windows 任务管理器，其中有 2 个线程处于肾上腺素状态下的急速增长状态——从线程启动到线程合并，你会看到 8 个 CPU 中的 2 个占用率为 100%。我的电脑的 CPU 有 4 个核心，8 个线程（4C/8T）。Windows 操作系统将此 CPU 视为 "8 个虚拟 CPU"，这就是在任务管理器中看到 8 个 "CPU" 的原因。当你有一台 Mac 或一台 Unix 机器时，情况会很类似。总结一下当我们的 2 线程代码运行时会发生什么，请记住你键入的运行代码的命令行：

    imflipP dogL.bmp dogH.bmp H 2

该命令行指示操作系统加载并执行二进制代码 imflipP。执行过程包括创建第一个线程，为其分配函数 main( )，并将参数 argc 和 argv[] 传递给该线程。这听起来与我们创建子线程非常相似。

当操作系统完成加载可执行二进制文件 imflipP 后，将控制权交给 main( )，就像它调用了 main( ) 函数并将变量 argc 和 argv[] 数组传递给它一样。main( ) 开始运行……在执行过程中的某处，main( ) 要求操作系统创建另外两个线程……

```
...pthread_create(&ThHandle[0], ...,MTFlipFunc, (void *)&ThParam[0]);
...pthread_create(&ThHandle[1], ...,MTFlipFunc, (void *)&ThParam[1]);
```

操作系统设置好内存和栈区并将 2 个虚拟 CPU 分配给这两个超级活跃线程。成功创建线程后，必须启动它们。pthread_create( ) 同时也意味着启动一个刚刚创建的线程。启动线程等同于调用以下函数：

```
(*MTFlipFunc)(ThParam[0]);
(*MTFlipFunc)(ThParam[1]);
```

随后它们将进入水平或垂直翻转函数，这由用户在运行时输入的参数决定。如果用户选择"H"作为翻转选项，那么启动过程等同于：

```
    ...
MTFlipFunc=MTFlipH;
...
(*MTFlipH)(ThParam[0]);
(*MTFlipH)(ThParam[1]);
```

### 2.1.7　线程终止（合并）

线程启动后，一股龙卷风会袭击 CPU！它们会疯狂地使用这两个虚拟 CPU，并且最终会依次地调用 return( )，这会让 main( ) 对每个线程逐一执行 pthread_join( )：

```
pthread_join(ThHandle[0], NULL);
pthread_join(ThHandle[1], NULL);
```

执行第一个 pthread_join( ) 后，线程数减少到 1500 个。第一个子线程被 main( ) 吞噬了。执行第二个 pthread_join( ) 后，线程数减少到 1499 个。第二个子线程也被吞噬了。这将让龙卷风停止！几毫秒后，main( ) 报告时间并退出。正如我们将在代码 2.5 中看到的，imageStuff.c 中的部分代码用来动态分配用于存放从磁盘读取的图像数据的存储空间。malloc( ) 函数用于动态（即在运行时）的内存分配。在 main( ) 退出之前，所有这些存储空间都要用 free( ) 来释放，如下所示。

```
    ...
// 释放为图像分配的内存
for(i = 0; i < ip.Vpixels; i++) { free(TheImage[i]); }
free(TheImage);
```

```
printf("\n\nTotal execution time: %9.4f ms (%s flip)",TimeElapsed,
    Flip=='V'?"Vertical":"Horizontal");
printf(" (%6.3f ns/pixel)\n",
    1000000*TimeElapsed/(double)(ip.Hpixels*ip.Vpixels));
return (EXIT_SUCCESS);
}
```

当 main() 函数退出时,它在操作系统中的父线程会结束运行 main() 的子线程。这些线程是一种有趣的生命形式,它们就像某种细菌一样创造和吞噬其他线程!

## 2.1.8 线程任务和数据划分

好了,这些被称为线程的"细菌"的各种操作我们现在已经很清楚了。数据呢?创建多个线程的最终目的是更快地执行任务。根据定义,这意味着我们创建的线程越多,任务划分也越多,我们处理的数据划分也越多。要理解这一点,请看类比 2.1。

---

**类比 2.1:多线程中的任务和数据划分**

Cocotown 是椰子的主要生产地,每年收获 1800 棵树。树木从 0 到 1799 编号。每年,整个城镇都在收割椰子。由于参与收割椰子的人越来越多,该镇制定了以下加快收割速度的策略:

愿意帮助的农民需要出现在收割地点,并将获得一页指导手册。该手册分为上、下两个部分。对于每位农民来说,上半部分都是一样的:"敲碎外壳、剥皮……对后面的椰子树做同样的事。"

当只有两位农民时,手册的下半部分写道:第一位农民只处理编号为 [0 ... 899] 的树,第二位农民只处理编号为 [900 ... 1799] 的树。但是,如果有五位农民时,手册的下半部分将会是以下数字:第一位农民 [0 ... 359],第二位农民 [360 ... 719],……,最后一位农民 [1440 ... 1799]。

---

在类比 2.1 中,无论有多少农民参与,**每个线程的任务**都是收获一部分椰子树,这对每位农民来说都是一样的。农民就是**正在执行的线程**。需要给每位农民一个唯一的 ID,以知道他们应该收获哪些椰子树。这个唯一的 ID 类似于线程 ID 或 tid。椰子树的数量是 1800 棵,这是**要处理的所有数据**。最有意思的是,**任务**(即指导手册的上半部分)可以与**数据**分离(即指导手册的下半部分)。虽然每位农民的任务都是一样的,但数据是完全不同的。所以,从某种意义上说,任务只有一个,但要处理由 tid 确定的不同数据。

很显然,这个任务在编译时完全可以预先确定,也就是说,在准备指导手册时。但是,看起来数据部分必须在运行时才能确定,即每个人都出现时,我们才能确切知道有多少农民参加。关键问题是数据部分是否也可以在编译时确定。换句话说,镇长只能写 1 份指导手册,然后复印 60 份(即可预计的最多的农民数量),而且当不同数量的农民参加时不需要准备任何其他的东西。如果有 2 位农民出现,镇长会发出 2 份指导手册,并将 tid=0 和

tid=1 分配给他们。如果有 5 位农民出现，他会发出 5 份指导手册，并指定 tid=0、tid=1、tid=2、tid=3、tid=4。

更一般地说，唯一必须在运行时确定的是 tid 的赋值，即 tid=0, ..., tid=$N$−1。其他的一切都是在编译时确定的，包括任务参数。这可能吗？事实证明，这是绝对可能的。最终，对于 $N$ 位农民来说，我们清楚地知道数据划分将会是什么样子：每位农民将分配 1800/$N$ 棵椰子树来收割，而第 tid 位农民必须收割如下范围内的椰子树：

$$\frac{1800}{N} \times tid \dots \frac{1800}{N} \times (tid+1) - 1 \qquad (2.1)$$

为了验证这一点，让我们计算 tid=[0 ... 4]（5 位农民）的数据划分。对于给定的 tid，式 2.1 的结果是 [360×tid, ..., 360×tid+359]。因此，对于 5 位农民来说，数据划分结果为 [0, ..., 359]、[360, ..., 719]、[720, ..., 1079]、[1080, ..., 1439] 和 [1440, ..., 1799]。这正是我们想要的。这意味着对于一个 $N$ 线程程序，例如对图像做水平翻转，我们确实需要编写一个函数，在运行时将其分配给启动的线程。我们需要做的就是让启动的线程知道它的 tid 是什么。然后，线程将能够使用类似于式 2.1 的公式准确计算出在运行时要处理的数据部分。

重要的一点是，这里的数据元素互相之间没有依赖关系，即它们可以被独立地、并行地处理。因此，我们预计，当我们启动 $N$ 个线程时，整个任务（即 1800 棵椰子树）的执行速度可以提高 $N$ 倍。换句话说，如果 1800 棵椰子树需要 1800 小时才能收获，那么当 5 位农民出现时，我们预计需要 360 小时。正如我们将很快看到的，这种完美的结果是难以实现的。并行化任务存在隐含的开销，称为并行开销。由于这种开销的存在，5 位农民可能需要 400 小时才能完成这项工作。其中的细节取决于硬件和我们为每个线程编写的函数。在接下来的章节中，我们将更多地关注这个问题。

## 2.2 位图文件

了解了多线程程序必须进行任务划分和数据划分后，让我们将这些知识应用到第一个并行程序 imflipP.c 中。在开始前，我们需要了解位图（BMP）图像文件的格式以及如何读取 / 写入这些文件。

### 2.2.1 BMP 是一种无损 / 不压缩的文件格式

BMP 文件是一种不压缩的图像文件。这意味着知道图像大小，可以轻松确定存储该图像的文件大小。例如，每像素 24 位的 BMP 图像每个像素占用 3 个字节（即 R、G 和 B 各一字节）。这种格式还需要 54 个额外的字节来存储"头"信息。我将在 2.2.2 节给出并解释相应的公式，但现在让我们关注压缩的概念。

---

**类比 2.2：数据压缩**

Cocotown 的档案管理部门想要保存在 2015 年年初和年末收获 1800 棵椰子树的照片。办公室职员将以下信息存储在一个名为 1800trees.txt 的文件中。

2015 年 1 月 1 日，共有 1800 棵相同的树木，分布在一个宽 40、长 45 的矩形中。我拍下一棵树的图片，并将其保存在名为 OneTree.BMP 的文件中。用这张照片按 40×45 的方式平铺复制。我注意到只有在位置（30, 35）处有一棵不同的树，并将其图片存储在另一个图片文件 DifferentTree.BMP 中。其他 1799 棵是相同的。

2015 年 12 月 31 日，树木看起来不同了，因为它们长大了。我拍下一棵树的照片并保存在 GrownTree.BMP 中。尽管它们长大了，但在 2015 年 12 月 31 日，其中的 1798 棵仍然相同，另 2 棵不同。用 GrownTree.BMP 文件中的树创建一个 40×45 的平铺复制，并使用 Grown3236.BMP 和 Grown3238.BMP 文件替换位置（32, 36）和（32, 38）处两棵不同的树。

---

如果你看看类比 2.2 就会发现，职员可以通过一棵椰子树的照片（OneTree.BMP）和另一棵与其他 1799 棵稍有不同的椰子树照片（DifferentTree.BMP）来获得绘制整张 40×45 林场图片所需的所有信息。假设每张这样的图片都要占用 1KB 的存储空间。包括职员提供的文本文件，这些信息在 2015 年 1 月 1 日约为 3KB。如果我们要将整个 40×45 林场制作成一个 BMP 文件，我们需要 1800 KB，因为每棵树需要 1KB。重复的（即冗余的）数据允许职员大大减少我们传递该信息时所需文件的大小。

这个概念称为**数据压缩**，可以应用于任何有冗余的数据。这就是为什么像 BMP 这样未压缩的图像文件大小会比采用 JPEG（或 JPG）格式的压缩文件大很多，JPEG 格式会在存放图像前先进行压缩。压缩技术包括频率域分析等，抽象出的概念其实很简单，就是类比 2.2 中给出的思路。

BMP 文件存储"原始"图像像素而不压缩它们。因为没有压缩，所以在将每个像素存储在 BMP 文件中之前不需要额外的处理。这与 JPEG 文件格式形成对比，JPEG 格式首先需要进行像余弦变换之类的频域转换。JPEG 文件的另一个有趣之处在于只保存了 90% ～ 99% 的图像信息，这种丢失部分图像信息的概念——虽然我们的眼睛察觉不到——意味着 JPEG 文件是一种有损图像存储格式，而 BMP 文件中没有信息丢失，因为每个像素都是在没有任何转换的情况下存储的。考虑到如果我们可以容忍 1% 的图像数据损失，20 MB 的 BMP 文件可以存储为 1 MB 的 JPG 文件，这种妥协几乎可以被任何用户接受。这就是为什么几乎每部智能手机都以 JPG 格式存储图像以避免过快地占满存储空间。

## 2.2.2 BMP 图像文件格式

虽然 BMP 文件支持灰度和各种颜色深度（例如 8 位或 24 位），但在我们的程序中只使用 24 位 RGB 文件。该文件有一个 54 字节的文件头，接着存放每个像素的 RGB 颜色。与 JPEG 文件不同，BMP 文件不进行压缩，因此每个像素占用 3 个字节，可以根据以下公式确定 BMP 文件的确切大小：

$$Hbytes = (Hpixels \times 3 + 3) \wedge (11...1100)_2$$

$$24b\ RGB\ BMP\ 文件大小 = 54 + Vpixels \times Hbytes \qquad (2.2)$$

其中 Vpixels 和 Hpixels 是图像的高度和宽度（例如，对于 640×480 的 dog.bmp 图像文件来说，Vpixels = 480，Hpixels = 640）。根据式 2.2，dog.bmp 占用 54+3×640×480 = 921 654 个字节，而 3200×2400 的 dogL.bmp 图像文件的大小为 23 040 054 个字节（≈ 22 MB）。

从 Hpixels 到 Hbytes 字节的转换如下式所示，非常简单：

$$Hbytes = 3 \times Hpixels$$

然而，Hbytes 必须舍入为下一个可以被 4 整除的整数以确保 BMP 图像大小是 4 的倍数。可以通过在公式 2.2 的第一行中加 3 并将结果的两位最低有效位清零来实现（即，将最后 2 位与 00 进行与运算）。

下面是一些计算 BMP 大小的示例：

❏ 24 位 1024×1024 的 BMP 文件需要 3 145 782 字节的存储空间（54+1024×1024×3）。
❏ 24 位 321×127 的 BMP 文件需要 122 482 字节（54+（321×3+1）×127）。

### 2.2.3 头文件 ImageStuff.h

由于我在本书第一部分使用完全相同的图像格式，因此我将所有 BMP 图像处理文件和关联的头文件放在实际代码之外。ImageStuff.h 头文件包含与图像相关的函数声明和结构定义，需要被我们的所有程序包含，如代码 2.3 所示。除了 ImageStuff.h 文件，你还可以使用更多专业级图像软件包，如 ImageMagick。但是，由于 ImageStuff.h 在某种意义上是"开源的"，我强烈建议读者在开始使用 ImageMagick 或 OpenCV 之类的其他软件包之前了解此文件。这将使你能够很好地掌握与图像相关的底层概念。我们将在本书第二部分使用其他易用的软件包。

在 ImageStuff.h 中，为图像定义了一个结构（struct），成员变量包括前面提到的图像的 Hpixels 和 Vpixels。当前处理的图像的文件头信息保存在 HeaderInfo[54] 中，以便翻转操作后写回图像时被恢复。Hbytes 是每行图像数据在内存中占据的字节数，舍入到下一个可以被 4 整除的整数。例如，如果一个 BMP 图像具有 640 个水平像素，则 Hbytes = 3×640 = 1920。然而，对于有 201 个水平像素的图像，Hbytes=3×201=603 → 604。因此，每行将占用 604 字节，将会有一个浪费的字节。

ImageStuff.h 文件还包含 ImageStuff.c 文件中提供的 BMP 图像读取和写入函数 ReadBMP() 和 WriteBMP() 的声明。C 变量 ip 保存的是当前图像的属性，也就是我们许多示例中的小狗图片。由于该变量是在本章的程序 imflipP.c 中定义的，因此它必须作为外部结构包含在 ImageStuff.h 中，这样 ReadBMP() 和 WriteBMP() 函数才可以正确地引用它们。

---

**代码 2.3：ImageStuff.h**

头文件 ImageStuff.h 包含两个 BMP 图像处理函数的声明以及用于表示图像的结构定义。

---

```
struct ImgProp{
    int Hpixels;
    int Vpixels;
    unsigned char HeaderInfo[54];
    unsigned long int Hbytes;
};
struct Pixel{
    unsigned char R;
    unsigned char G;
    unsigned char B;
};

unsigned char** ReadBMP(char* );
void WriteBMP(unsigned char** , char*);

extern struct ImgProp  ip;
```

---

## 2.2.4　ImageStuff.c 中的图像操作函数

ImageStuff.c 文件包含两个函数，分别负责读取和写入 BMP 文件。将这两个函数和相关的变量定义等封装到 ImageStuff.c 和 ImageStuff.h 文件中，这样，在本书的第一部分，我们只需要在此处关注这些代码细节就可以了。无论开发 CPU 还是 GPU 程序，我们都会使用这些函数读取 BMP 图像。即使在开发 GPU 程序时，图像也会被先读入 CPU，然后再传送到 GPU 内存中，这些将在本书的第二部分详细介绍。

代码 2.4 显示了 WriteBMP() 函数，它将处理后的 BMP 图像写回磁盘。该函数的输入参数包括一个指向需要输出的图像结构的指针变量 img，以及一个存放输出文件名的字符串变量 filename。输出 BMP 文件的文件头为 54 字节，在读取 BMP 时被保存起来。

---

**代码 2.4：ImageStuff.c　WriteBMP(){...}**

WriteBMP() 将一个处理后的 BMP 图像写入文件。变量 img 是指向将要被写入文件的图像结构的指针。

---

```
void WriteBMP(unsigned char** img, char* filename)
{
   FILE* f = fopen(filename, "wb");
   if(f == NULL){
      printf("\n\nFILE CREATION ERROR: %s\n\n",filename);
      exit(1);
   }
   unsigned long int x,y;
   char temp;
   // 写文件头
   for(x=0; x<54; x++) {  fputc(ip.HeaderInfo[x],f);  }
   // 写图像数据，一次写一个字节
```

```
  for(x=0; x<ip.Vpixels; x++){
    for(y=0; y<ip.Hbytes; y++){
      temp=img[x][y];
      fputc(temp,f);
    }
  }
  printf("\n Output BMP File name: %20s (%u x %u)",filename,ip.Hpixels,ip.Vpixels);
  fclose(f);
}
```

代码 2.5 中显示的 ReadBMP( ) 函数使用关键字 new 每次一行地为图像分配内存。在处理过程中，每个像素都是一个 3 字节的结构，包含该像素的 RGB 值。但是，从磁盘读取图像时，我们可以一次读取一整行的 Hbytes 字节，并将其写入长度为 Hbytes 的 unsigned char 数组中，不用考虑单个像素。

<hr/>

**代码 2.5：ImageStuff.c　... ReadBMP( ){...}**

ReadBMP( ) 函数读取 BMP 图像并为其分配内存。所需的图像参数（如 Hpixels 和 Vpixels）从 BMP 文件中提取并写入结构变量。Hbytes 使用公式 2.2 进行计算。

<hr/>

```
#include <stdlib.h>
#include <stdio.h>
#include <time.h>
#include "ImageStuff.h"

unsigned char** ReadBMP(char* filename)
{
  int i;
  FILE* f = fopen(filename, "rb");
  if(f == NULL){    printf("\n\n%s NOT FOUND\n\n",filename); exit(1);  }

  unsigned char HeaderInfo[54];
  fread(HeaderInfo, sizeof(unsigned char), 54, f); // read 54b header
  // 从文件头中提取图像高度和宽度
  int width = *(int*)&HeaderInfo[18];
  int height = *(int*)&HeaderInfo[22];
  // 复制文件头以备用
  for(i=0; i<54; i++){        ip.HeaderInfo[i]=HeaderInfo[i];          }

  ip.Vpixels = height;
  ip.Hpixels = width;
  int RowBytes = (width*3 + 3) & (~3);
  ip.Hbytes = RowBytes;
  printf("\n Input BMP File name: %20s (%u x %u)",filename,ip.Hpixels,ip.Vpixels);
  unsigned char tmp;
  unsigned char **TheImage = (unsigned char **)malloc(height *
                            sizeof(unsigned char*));
  for(i=0; i<height; i++) {
    TheImage[i] = (unsigned char *)malloc(RowBytes * sizeof(unsigned char));
  }
  for(i = 0; i < height; i++) {
    fread(TheImage[i], sizeof(unsigned char), RowBytes, f);
```

```
    }
    fclose(f);
    return TheImage; // 记住在调用者函数中释放它
}
```

ReadBMP() 函数从 BMP 文件的文件头 (即 BMP 文件的前 54 个字节) 中提取 Hpixels 和 Vpixels 值, 并用公式 2.2 计算 Hbytes。它用 malloc() 函数为图像动态分配足够的内存, 这些动态分配的内存将在 main() 的末尾用 free() 函数释放。读取的图像文件名由用户指定, 存放在传递给 ReadBMP() 的字符串参数变量 filename 中。BMP 文件的文件头保存在 HeaderInfo[] 中, 以便在将处理后的文件写回磁盘时使用。

ReadBMP() 和 WriteBMP() 函数用 C 库函数 fopen() 和 " rb " 或 " wb " 选项读取或写入二进制文件。如果操作系统不能打开文件, fopen() 的返回值为 NULL, 并向用户报告错误。这种情况往往是由文件名错误或文件已存在引起的。fopen() 为新文件分配一个文件句柄和一个读/写缓冲区并将其返回给调用者。

根据 fopen() 参数的不同, 还会对文件进行锁定, 以防止多个程序因同时访问而破坏文件。通过使用缓冲区, 每个字节数据可以一次一个地 (即 C 变量类型 unsigned char) 从文件读取或写入文件。fclose() 函数释放分配的缓冲区并取消对该文件的锁定 (如果有的话)。

## 2.3 执行线程任务

现在我们已经知道了如何计算 CPU 代码运行的时间以及如何读取/写入 BMP 图像, 让我们使用多线程来实现图像的翻转吧。多线程程序中各部分责任如下:

❑ main() 负责创建线程并在运行时为每个线程分配唯一的 tid (例如, 下面显示的 ThParam [i])。

❑ main() 为每个线程调用一个函数 (函数指针 MTFlipFunc)。

❑ main() 还必须将其他必要的参数 (如果有的话) 传递给线程 (也是通过 ThParam[i] 传递)。

```
for(i=0; i<NumThreads; i++){
    ThParam[i] = i;
    ThErr = pthread_create(&ThHandle[i], &ThAttr, MTFlipFunc,
                           (void *)&ThParam[i]);
```

❑ main() 还负责让操作系统知道它正在创建什么类型的线程 (即线程属性, 由 &ThAttr 传入)。最后, main() 只不过是另一个线程, 代表它将创建的子线程发言。

❑ 操作系统决定是否可以创建一个线程。线程其实是操作系统管理的资源。如果可以创建线程, 操作系统就负责为该线程分配句柄 (ThHandle[i])。如果不能, 操作系统返回 NULL (ThErr)。

❑ 如果操作系统不能创建某个线程，main()负责退出或实施其他操作。

```
if(ThErr != 0){
  printf("\nThread Creation Error %d. Exiting abruptly...
      \n",ThErr);
  exit(EXIT_FAILURE);
}
```

❑ 每个线程的职责是接收 tid，执行任务 MTFlipFunc()，处理需要自己处理的那部分数据。在这个方面我们会多做一些介绍。

❑ main()最后的任务是等待线程完成并合并它们。这将告诉操作系统释放分配给线程的资源。

```
pthread_attr_destroy(&ThAttr);
for(i=0; i<NumThreads; i++){
  pthread_join(ThHandle[i], NULL);
}
```

## 2.3.1　启动线程

让我们看看函数指针是如何启动线程的。pthread_create()函数期望一个函数指针作为其第三个参数，即 MTFlipFunc。这个指针从何而来？为了能够确定这一点，让我们列出参与"计算"变量 MTFlipFunc 的 imflipP.c 中的所有代码。代码 2.6 中列出了它们。我们的目标是为 main()提供足够的灵活性，这样可以使用任何我们想要的函数来启动线程。代码 2.6 列出了四种不同的函数：

```
void FlipImageV(unsigned char** img)
void FlipImageH(unsigned char** img)
void *MTFlipV(void* tid)
void *MTFlipH(void* tid)
```

前两个函数正是我们在 1.1 节中介绍的。它们是在垂直或水平方向上对图像进行翻转的串行函数。刚刚我们介绍了它们的多线程版本（上述代码的后两行），它将完成与串行版本相同的工作，除了因为使用多线程而变得更快（希望如此）！请注意，多线程版本将需要我们之前描述的 tid，而串行版本不需要。

现在，我们的目标是了解如何将函数指针和数据传递给每个启动的线程。该函数的串行版本被稍作修改以消除返回值（即 void），这样与没有返回值的多线程版本保持一致。这四个函数都只是对指针 TheImage 指向的图像稍作修改。事实证明，我们并不需要将函数指针传递给线程。相反，我们必须调用函数指针指向的函数。这个过程称为线程启动。

传递数据并启动线程的方式根据启动的是串行函数还是多线程版本的函数而有所不同。我设计的 imflipP.c 能够根据用户命令行参数运行旧版本的代码或新的多线程版本。由于两个函数的输入变量略有不同，因此定义两个单独的函数指针 FlipFunc 和 MTFlipFunc 会更容易，它们分别负责启动串行函数和多线程版本的函数。我使用了两个函数指针，如下所示：

```
void (*FlipFunc)(unsigned char** img);   // 串行翻转函数指针
void* (*MTFlipFunc)(void *arg);          // 多线程版本翻转函数指针
```

让我们来澄清创建和启动一个线程之间的区别，两者都隐含在 pthread_create( ) 中。创建一个线程涉及父线程 main( ) 和操作系统之间的请求 / 授权机制。如果操作系统说不，什么都不会发生。因此，正是操作系统实际创建了一个线程，并为它建立了内存空间、句柄、虚拟 CPU 和栈区，还将一个非零的线程句柄返回给父线程，从而授权父线程启动（又名运行）另一个并行线程。

**代码 2.6：imflipP.c　线程函数指针**

定义作为参数传递到启动线程的函数指针的代码。这是线程知道要执行什么的方式。

```
...
void (*FlipFunc)(unsigned char** img);   // 串行翻转函数指针
void* (*MTFlipFunc)(void *arg);          // 多线程版本翻转函数指针
...
void FlipImageV(unsigned char** img)
{
  ...

void FlipImageH(unsigned char** img)
{
  ...

void *MTFlipV(void* tid)
{
  ...

void *MTFlipH(void* tid)
{
  ...

int main(int argc, char** argv)
{
  char        Flip;
  ...
  ...   if(NumThreads != 1){ // 多线程版本
          printf("\nExecuting the multi-threaded version..."...);
          MTFlipFunc = (Flip=='V') ? MTFlipV:MTFlipH;
        }else{ // 串行版本
          printf("\nExecuting the serial version ...\n");
          FlipFunc = (Flip=='V') ? FlipImageV:FlipImageH;
     ...
  if(NumThreads >1){ // 多线程版本
       ...
```

```
            for(i=0; i<NumThreads; i++){
                ThParam[i] = i;
                ThErr=pthread_create( , , MTFlipFunc,(void *)&ThParam[i]);
                ...
        }else{ // 如果运行串行版本
            ...
            (*FlipFunc)(TheImage);
            ...
```

注意，虽然父线程现在已被许可运行一个子线程，但还没有发生任何事情。启动一个线程实际上是一个并行函数调用。换句话说，main() 知道另一个子线程在启动后正在运行，并且可以在需要时与它通信。

main() 函数也许永远不会与它的子线程通信（例如来回传递数据），如代码 2.2 所示，因为它不需要。子线程修改所需的内存区域并返回。在这种特定情况下，分配给子线程的任务只需要 main() 负责一件事情：等待子线程完成并终止（合并）它们。因此，main() 唯一关心的事情是：它有新线程的句柄，并且可以通过使用 pthread_join() 来确定该线程何时完成执行（即返回）。所以，实际上，pthread_join(x) 意味着等待句柄为 x 的线程运行结束。当该线程完成时，意味着它执行了 return 并完成了它的工作。没有理由让它继续存在。

当线程（带有句柄 x）与 main() 合并时，操作系统释放分配给该线程的所有内存、虚拟 CPU 和栈，然后该线程消失。然而，main() 仍然活着，直到它到达最后一行代码并返回（代码 2.2 中的最后一行）。当 main() 执行返回操作时，操作系统将释放分配给 main()（即 imflipP 程序）的所有资源。程序完成运行。然后，你将在 Unix 中获得提示符，等待下一个 Unix 命令，因为 imflipP 的执行刚刚完成。

## 2.3.2 多线程垂直翻转函数 MTFlipV()

我们已经知道多线程程序应该如何工作了，现在来看一看每个线程在多线程版本的程序中执行的任务。这就像类比 2.1，如果是独自一人，一位农民必须收获所有的 1800 棵树（从 0 到 1799），而如果有两位农民来收获，他们就可以分成两部分 [0 ... 899 ] 和 [900 ... 1799]，随着农民人数的增加，每个区域的椰子树会越来越少（数据范围）。神奇的公式是公式 2.1，它仅基于名为 tid 的单一参数来指定这些划分范围。因此，为每个单独的线程分配相同的任务（即编写每个线程将在运行时执行的函数），并在运行时为每个线程分配唯一的 tid，这对于编写多线程程序足够了。

如果我们记得代码 1.2 中显示的垂直翻转代码的串行版本，它会逐列遍历，并将每列中的每个像素与其垂直镜像的像素交换。例如，在名为 dog.bmp 的 640 × 480 的图像中，行 0（第一行）包含水平像素 [0][0 ... 639]，其垂直镜像行 479（最后一行）包含像素 [479][0 ... 639]。所以，为了垂直翻转图像，我们的串行函数 FlipImageV() 必须按照以下方式逐一交换每行的像素。⟷符号表示交换。

| | | | | |
|---|---|---|---|---|
| Row | [0]: | [0][0]⟷[479][0] , | [0][1]⟷[479][1] ... | [0][639]⟷[479][639] |
| Row | [1]: | [1][0]⟷[478][0] , | [1][1]⟷[478][1] ... | [1][639]⟷[478][639] |
| Row | [2]: | [2][0]⟷[477][0] , | [2][1]⟷[477][1] ... | [2][639]⟷[477][639] |
| Row | [3]: | [3][0]⟷[476][0] , | [3][1]⟷[476][1] ... | [3][639]⟷[476][639] |
| | ... | ... | ... ... | ... |
| Row | [239]: | [239][0]⟷[240][0] , | [239][1]⟷[240][1] ... | [239][639]⟷[240][639] |

代码 1.2 用于更新内存, 交换像素的 FlipImageV( ) 函数看起来像下面这样。注意: 返回值类型被改为 void, 与该程序的多线程版本保持一致。除此之外, 下面列出的代码的剩余部分看起来和代码 1.2 完全一样。

```
void FlipImageV(unsigned char** img)
{
    struct Pixel pix; // 临时交换像素
    int row, col;

    // 垂直翻转
    for(col=0; col<ip.Hbytes; col+=3){
        row = 0;
        while(row<ip.Vpixels/2){
            pix.B = img[row][col];
            ...
            row++;
        }
    }
    return img;
}
```

问题是: 如何修改 FlipImageV( ) 函数使它能够以多线程运行? 正如我们之前强调的那样, 该函数的多线程版本 MTFlipV( ) 将接收一个名为 tid 的参数。它将处理的图像保存在全局变量 TheImage 中, 因此不需要作为额外的输入参数进行传递。由于我们的老朋友 pthread_create( ) 期望我们给它一个函数指针, 所以我们将这样定义 MTFlipV( ):

```
void *MTFlipV(void* tid)
{
    ...
}
```

在本书中, 我们会遇到一些不适合并行化的函数。不容易并行化的函数通常称为不易线程化函数。在这一点上, 任何读者都不应该怀疑, 如果一个函数不易线程化, 那么它很可能是 GPU 不友好的。在本节中, 我认为这样的函数可能也是 CPU 多线程不友好的。

那么, 当一项任务是"天生的串行"时, 我们该怎么做? 显然你不会在 GPU 上运行此任务。你应该把它放在 CPU 上，保持串行，让它快速地运行。大多数现代 CPU，比如我在 1.1 节中提到的 i7-5960x[11]，都有一个称为 Turbo Boost 的特性，它允许 CPU 在运行串行（单线程）代码时在单线程上实现非常高的性能。为了实现这一目标，CPU 可以将其中一个核心的时钟频率设为 4 GHz，而其他核心的频率为 3 GHz，从而大大提高单线程代码的性能。这使得现代和老式的串行代码都可以在 CPU 上获得良好的性能。

代码 2.7 给出了 MTFlipV( ) 的完整代码清单。与代码 1.2 给出的该函数的串行版本相比，除了充当数据分块代理的 tid 外，没有太多差别。请注意，这段代码是一段非常简单的多线程代码。通常，每个线程的工作完全取决于程序员的逻辑。就我们的目的而言，这个简单的例子非常适合展示基本的思想。此外，FlipImageV( ) 函数是一个非常友好且适合多线程的函数。

---

**代码 2.7：imflipP.c ... MTflipV( ){...}**

FlipImageV( ) 在代码 1.2 中，它的多线程版本需要提供 tid。它和串行版本之间的唯一区别在于它处理的是部分数据，而不是全部数据。

---

```c
...
long            NumThreads;     // 并行工作线程的总数
unsigned char** TheImage;       // 主图像
struct ImgProp  ip;
...
void *MTFlipV(void* tid)
{
    struct Pixel pix; // 临时交换像素
    int row, col;

    long ts = *((int *) tid);        // 在这儿存放我的线程 ID
    ts *= ip.Hbytes/NumThreads;      // 开始的索引值
    long te = ts+ip.Hbytes/NumThreads-1; // 结束的索引值

    for(col=ts; col<=te; col+=3)
    {
        row=0;
        while(row<ip.Vpixels/2)
        {
            pix.B = TheImage[row][col];
            pix.G = TheImage[row][col+1];
            pix.R = TheImage[row][col+2];

            TheImage[row][col] = TheImage[ip.Vpixels-(row+1)][col];
            TheImage[row][col+1] = TheImage[ip.Vpixels-(row+1)][col+1];
            TheImage[row][col+2] = TheImage[ip.Vpixels-(row+1)][col+2];

            TheImage[ip.Vpixels-(row+1)][col] = pix.B;
            TheImage[ip.Vpixels-(row+1)][col+1] = pix.G;
            TheImage[ip.Vpixels-(row+1)][col+2] = pix.R;

            row++;
        }
    }
```

```
    }
    pthread_exit(NULL);
}
```

### 2.3.3 FlipImageV( ) 和 MTFlipV( ) 的比较

以下是串行垂直翻转函数 FlipImageV( ) 和其并行版本 MTFlipV( ) 之间的主要区别：

❑ FlipImageV( ) 定义为函数，而 MTFlipV( ) 定义为函数指针。这是为了让我们在使用 pthread_create( ) 启动线程时更加容易地使用这个指针。

```
void (*FlipFunc)(unsigned char** img);   // 串行翻转函数指针
void* (*MTFlipFunc)(void *arg);          // 多线程版本翻转函数指针
...
void FlipImageV(unsigned char** img)
{
    ...
}

void *MTFlipV(void* tid)
{
    ...
}
```

❑ FlipImageV( ) 处理全部图像数据，而并行版本的 MTFlipV( ) 仅处理通过与式 2.1 类似的公式计算出的部分图像数据。因此，MTFlipV( ) 需要一个传递给它的变量 tid 以知道它是谁。这在用 pthread_create( ) 启动线程时完成。

❑ 除了在 pthread_create( ) 启动线程函数中使用 MTFlipFunc 函数指针，我们还可以通过 MTFlipFunc 函数指针（及其串行版本 FlipFunc）自己调用该函数。要调用这些指针所指向的函数，必须使用以下表示法：

```
FlipFunc = FlipImageV;
MTFlipFunc = MTFlipV;
...
(*FlipFunc)(TheImage);              // 调用串行版本
(*MTFlipFunc)(void *(&ThParam[0]));  // 调用多线程版本
```

❑ 图像的每行占用 ip.Hbytes 字节。例如，根据公式 2.2，对于 640 × 480 的图像 dog.bmp，ip.Hbytes=1920 字节。串行函数 FlipImageV( ) 显然必须遍历范围 [0 ... 1919] 中的每个字节。但多线程版本 MTFlipV( ) 会根据 tid 对这些水平的 1920 字节进行分块。如果启动了 4 个线程，则每个线程需要处理的字节（和像素）范围为：

| tid = 0 : | Pixels [0...159] | Hbytes [0...477] |
| tid = 1 : | Pixels [160...319] | Hbytes [480...959] |
| tid = 2 : | Pixels [320...479] | Hbytes [960...1439] |
| tid = 3 : | Pixels [480...639] | Hbytes [1440...1919] |

❑ 多线程函数的第一个任务是计算它必须处理的数据范围。如果每个线程都这样做，那么上面显示的 4 个像素范围就可以并行处理了。以下是每个线程如何计算其自己的范围：

```
void *MTFlipV(void* tid)
{
    struct Pixel pix; // 临时交换像素
    int row, col;

    long ts = *((int *) tid);      // 在这儿存放我的线程 ID
    ts *= ip.Hbytes/NumThreads;    // 开始的索引值
    long te = ts+ip.Hbytes/NumThreads-1;  // 结束的索引值

    for(col=ts; col<=te; col+=3)
    {
        row=0;
    ...
```

线程的第一个任务是计算它的 ts 值和 te 值（线程开始和线程结束）。这是 Hbytes 中的范围，与上面列出的类似，基于公式 2.1 计算分块。由于每个像素占用 3 个字节（每个 RGB 颜色分量需要一个字节），因此函数将 for 循环中的 col 变量加 3。FlipImageV( ) 函数不需要做这样的计算，因为它需要处理所有的数据，即 Hbytes 的范围是 0 到 1919。

❑ 在串行的 FliplmageV( ) 函数中，待处理的图像通过局部变量 img 传递，与 1.1 节中介绍的版本兼容，而在 MTFlipV( ) 中则使用全局变量（TheImage），原因将在后面的章节中介绍。

❑ 多线程函数执行 pthread_exit( ) 让 main( ) 知道它已经完成。此时，pthread_join( ) 函数才会继续执行下一行，处理已完成的线程。

一个有趣的情况是，如果我们用 pthread_create( ) 只启动一个线程，那么技术上我们正在运行一个多线程程序，其中 tid 的范围是 [0 ... 0]。这个线程仍然会计算它的数据范围，但它发现它必须处理整个范围。在 imflipP.c 程序中，FlipImageV( ) 函数被称为串行版本，而使用 1 个线程的多线程版本是允许的，这被称为 1 线程版本。

通过比较串行代码 1.2 及其并行版本代码 2.7，很容易看出，只要一开始就小心编写函数，通过一些小改动就能很容易地对它进行并行化。当我们对某些串行 CPU 代码实施 GPU 并行化时，这种思想非常有用。根据定义，GPU 代码意味着并行代码，因此这种思想允许我们以最小的努力将 CPU 代码移植到 GPU 环境下。当然，这种情况只在某些时候成立，并不总是成立！

## 2.3.4 多线程水平翻转函数 MTFlipH( )

代码 2.8 中所示为代码 1.3 中的串行函数 FlipImageH( ) 的多线程并行化版本 MTFlipH( )。

与垂直翻转函数类似，多线程的水平翻转函数也需要查看 tid 以确定它必须处理哪部分数据。对于使用 4 个线程的 640 × 480 图像（480 行），像素分块为：

| | |
|---|---|
| tid=0 : Rows   [0...119] | tid=1 : Rows [120...239] |
| tid=2 : Rows [240...359] | tid=3 : Rows [360...479] |

对于线程负责的每一行数据来说，每个像素 3 个字节的 RGB 值都会与其水平镜像的像素进行交换。该交换从存放第 0 个像素 RGB 值的 col = [0 ... 2] 开始，并一直持续到最后的 RGB（3 字节）值被交换。对于 640 × 480 的图像来说，由于 Hbytes=1920，并且没有浪费的字节，所以最后一个像素（即像素 639）在 col = [1917 ... 1919] 处。

### 代码 2.8：imflipP.c ... MTFlipH(){...}

代码 1.3 中 FliplmageH( ) 函数的多线程版本。

```
...
long            NumThreads;   // 并行工作线程的总数
unsigned char** TheImage;     // 这是主图像
struct ImgProp  ip;
...
void *MTFlipH(void* tid)
{
    struct Pixel pix; // 临时交换像素
    int row, col;

    long ts = *((int *) tid);      // 在这儿存放我的线程 ID
    ts *= ip.Vpixels/NumThreads;   // 开始的索引值
    long te = ts+ip.Vpixels/NumThreads-1;  // 结束的索引值

    for(row=ts; row<=te; row++)
    {
        col=0;
        while(col<ip.Hpixels*3/2)
        {
            pix.B = TheImage[row][col];
            pix.G = TheImage[row][col+1];
            pix.R = TheImage[row][col+2];

            TheImage[row][col] = TheImage[row][ip.Hpixels*3-(col+3)];
            TheImage[row][col+1] = TheImage[row][ip.Hpixels*3-(col+2)];
            TheImage[row][col+2] = TheImage[row][ip.Hpixels*3-(col+1)];

            TheImage[row][ip.Hpixels*3-(col+3)] = pix.B;
            TheImage[row][ip.Hpixels*3-(col+2)] = pix.G;
            TheImage[row][ip.Hpixels*3-(col+1)] = pix.R;

            col+=3;
        }
    }
    pthread_exit(NULL);
}
```

## 2.4　多线程代码的测试 / 计时

我们已经知道了 imflipP 程序是如何工作的，现在是时候测试它了。程序的命令行语法是通过 main() 的解析部分来确定的，如代码 2.1 所示。要运行 imflipP，一般的命令行语法是：

```
imflipP InputfileName OutputfileName [v/h/V/H] [1-128]
```

其中，InputFileName 和 OutputFileName 分别是要读取和写入的 BMP 文件名。可选的命令行参数 [v/h/V/H] 用于指定翻转方向（默认值是 'V'）。下一个可选参数是线程数，可以在 1 和 MAXTHREADS（128）之间指定，默认值为 1（串行）。

表 2-1 显示了同一程序在拥有 4C/8T（4 个核心 /8 个线程）的 Intel i7-960 CPU 上使用 1 到 10 个线程时的运行时间。我们一直测试到 10 个线程，并不是希望超过 8 个线程后，程序还能提速，而是作为完备性检查。这些检查有助于快速发现潜在的错误。功能性测试可以通过查看输出图片，检查文件大小以及运行比较两个二进制文件的比较程序（Unix diff 命令）来完成。

表 2-1　在 i7-960（4C/8T）CPU 上，imflipP.c 的串行和多线程程序分别执行垂直翻转和水平翻转的运行时间

| 线程 | 命令行参数 | 运行时间（ms） |
| --- | --- | --- |
| 串行 | imflipP dogL.bmp dogV.bmp v | 131 |
| 2 | imflipP dogL.bmp dogV2.bmp v 2 | 70 |
| 3 | imflipP dogL.bmp dogV3.bmp v 3 | 46 |
| 4 | imflipP dogL.bmp dogV4.bmp v 4 | 67 |
| 5 | imflipP dogL.bmp dogV5.bmp v 5 | 55 |
| 6 | imflipP dogL.bmp dogV6.bmp v 6 | 51 |
| 8 | imflipP dogL.bmp dogV8.bmp v 8 | 52 |
| 9 | imflipP dogL.bmp dogV9.bmp v 9 | 47 |
| 10 | imflipP dogL.bmp dogV10.bmp v 10 | 51 |
| 12 | imflipP dogL.bmp dogV10.bmp v 12 | 44 |
| 串行 | imflipP dogL.bmp dogH.bmp h | 81 |
| 2 | imflipP dogL.bmp dogH2.bmp h 2 | 41 |
| 3 | imflipP dogL.bmp dogH3.bmp h 3 | 28 |
| 4 | imflipP dogL.bmp dogH4.bmp h 4 | 41 |
| 5 | imflipP dogL.bmp dogH5.bmp h 5 | 33 |
| 6 | imflipP dogL.bmp dogH6.bmp h 6 | 28 |
| 8 | imflipP dogL.bmp dogH8.bmp h 8 | 32 |
| 9 | imflipP dogL.bmp dogH9.bmp h 9 | 30 |
| 10 | imflipP dogL.bmp dogH10.bmp h 10 | 33 |
| 12 | imflipP dogL.bmp dogH7.bmp h 12 | 29 |

那么，这些结果告诉我们什么？首先，在垂直和水平翻转的情况下，使用多个线程很明显是有帮助的。所以，我们对该程序进行并行化并非没有用处。然而，令人不安的消息

是，超过 3 个线程后，水平和垂直翻转似乎都没有性能的提升。对于 ≥ 4 个线程的情况，你可以将结果数据简单地视为噪声！

表 2-1 清楚地表明，在小于 3 个线程时，多线程是有效果的。当然，这个结论不具普遍性。当我在 i7-960 CPU（4C/8T）上运行代码 2.7 和代码 2.8 中所示的代码时，该结论是满足的，代码 2.7 和代码 2.8 是 imflipP.c 的核心代码。现在，你心里应该有一千个问题。下面也许是其中的一些：

❑ 在 2C/2T 这样功能较弱的 CPU 上，结果会不同吗？

❑ 在功能更强大的 CPU 上，如 6C/12T，结果会怎样？

❑ 在表 2-1 中，考虑到我们是在 4C/8T 的 CPU 上进行测试，在 8 个线程的配置上不是应该获得更好的结果吗？或者，至少在 6 个线程上获得最好的结果？为什么超过 3 个线程时，性能会退化？

❑ 如果我们处理较小的 640×480 图像（如 dog.bmp），而不是巨大的 3200×2400 图像 dogL.bmp，结果会怎样？性能增长的拐点会是一个不同的线程数吗？

❑ 或者，对于较小的图像，是否会出现拐点？

❑ 同样是处理相同数量的 3200×2400 个像素为什么水平翻转比垂直翻转操作更快？

❑ ……

上述列表还可以继续。不要因为表 2-1 失眠。对于本章，我们已经实现了我们的目标。我们知道了如何编写多线程程序，并且使程序获得了一些加速。在我们的并行编程之旅中，这已经足够了。我可以保证你会想到 1000 个关于为什么这个程序没有我们所希望的那么快的问题。我也可以保证，你**不会**想到实际上导致这种平淡表现的关键问题。回答这些问题需要一整章的内容，这就是我将要做的。在第 3 章中，我将回答上述所有问题以及更多你没有问的问题。现在，请你思考一下你可能**不会**问的问题……

# 改进第一个 CPU 并行程序

我们并行化了第一个串行程序 imflip.c，并在第 2 章中开发了它的并行版本 imflipP.c。并行版本使用 pthreads 实现了合理的加速，如表 2-1 所示。当我们在具有 4C/8T 的 i7-960 CPU 上分别启动 2 个和 3 个线程时，多线程将执行时间从 131 ms（串行版本）分别降低到 70 ms 和 46 ms。然而引入更多的线程（即 ≥ 4）并没有帮助。在本章中，我们想让读者了解影响表 2-1 中结果数据的各种因素。我们可能无法改进它们，但我们必须能够解释为什么无法改进它们。我们不想仅仅因为运气而取得好的性能表现！

## 3.1 程序员对性能的影响

理解硬件和编译器可以帮助程序员编写好的代码。多年来，CPU 架构师和编译器设计人员不断改进其 CPU 架构和编译器的优化功能。许多这些努力有助于减轻软件程序员的负担，因此，程序员在编写代码时不用担心底层的硬件细节。但是，正如我们将在本章中看到的，了解底层硬件和高效利用硬件也许会让程序员在某些情况下开发出性能提升 10 倍的代码。

这种说法不仅对 CPU 来说是正确的，当硬件得到有效的利用时，潜在的 GPU 性能改进更加明显，因为许多 GPU 性能的显著提升来自软件。本章将介绍所有与性能有关的因素及其相互之间的关系：程序员、编译器、操作系统和硬件（以及某种程度上的用户）。

❏ **程序员**拥有根本的智慧，应该理解其他部分的功能。没有任何软件或硬件可以与程序员所能做的相提并论，因为程序员具有最宝贵的资产：逻辑。良好的编程逻辑需要完全理解难题的所有方面。

❑ **编译器**是一个庞大的软件包，它的常规功能有两个：编译和优化。编译是编译器的工作，优化是编译器在编译时必须执行的额外工作，以优化程序员可能编写的低效代码。所以编译器在进行编译时是"组织者"。编译时，时间是静止的，这意味着编译器可以仔细考虑在运行时可能发生的许多情况，并为运行时选择最好的代码。当我们运行程序时，时钟开始滴答滴答。编译器唯一无法知道的是数据，它们可能会完全改变程序的流程。只有在操作系统和 CPU 工作时，才能在运行时知道数据的情况。

❑ 在运行时，**操作系统**（OS）可以看作是硬件的"老板"或"经理"。它的工作是在运行时有效地分配和映射硬件资源。硬件资源包括虚拟 CPU（即线程）、内存、硬盘、闪存驱动器（通过通用串行总线 [USB] 端口）、网卡、键盘、显示器、GPU（一定程度）等。好的操作系统知道它的资源以及如何很好地映射它们。为什么这很重要？因为资源本身（例如 CPU）不知道该怎么做。它们只是遵循命令。操作系统是司令，线程是士兵。

❑ **硬件**是 CPU+ 内存 + 外围设备。操作系统接受编译器生成的二进制代码，并在运行时将它们分配给虚拟核心。虚拟核心在运行时尽可能快地执行它们。操作系统还要负责 CPU 与内存、磁盘、键盘、网卡等之间的数据传输。

❑ **用户**是难题的最后一部分：了解用户对编写好的代码也很重要。一个程序的用户不是程序员，但程序员必须向用户提出建议，并且必须与他们沟通。这不是一件容易的事情！

本书主要关注硬件，尤其是 CPU 和内存（以及在后面第二部分中要讲的 GPU 和显存）。理解硬件是开发高性能代码的关键，无论是 CPU 还是 GPU。在本章中，我们将发现是否有可能加速我们的第一个并行程序 imflipP.c。如果可以的话，如何实现？唯一的问题是：我们不知道可以使用哪些硬件来更高效地提高性能。所以，我们会查看所有可能。

## 3.2 CPU 对性能的影响

在 2.3.3 节中，我解释了当我们启动多线程代码时发生的事件序列。在 2.4 节中，我还列出了许多你可能会想到的如何解释表 2-1 的问题。让我们来回答第一类也是最明显的一类问题：

❑ 当 CPU 不同时，这些结果会如何变化？

❑ 取决于 CPU 的速度，还是核心数量，线程数？

❑ 或者是其他与 CPU 有关的属性？比如高速缓存？

也许，回答这个问题最有趣的方法是在许多不同的 CPU 上运行相同的程序。一旦得到结果，我们可以尝试从它们中发现点什么。测试这些代码的 CPU 越多，得到的答案可能也会越好。我将在表 3-1 中列出的 6 个不同的 CPU 上运行此程序。

表 3-1 列出了一些重要的 CPU 参数，如核心数和线程数（C/T），每个核心拥有的 L1$ 和 L2$ 高速缓存的大小，分别表示为 L1$/C 和 L2$/C，共享的 L3$ 高速缓存大小（由所有的 4 个、6 个或 8 个核心共享）。表 3-1 还列出了每台计算机的内存大小和内存带宽（BW），内存带宽以千兆字节每秒（GBps）为单位。在本节中，我们将重点关注 CPU 对性能的影响，但对内存在决定性能方面的作用的解释将贯穿本书。我们也将在本章中介绍内存的操作。目前，为了防止性能指标与内存而不是 CPU 有关，内存参数也被列在表 3-1 中。

表 3-1 用于测试 imflipP.c 程序的不同 CPU

| 参数 | CPU1 | CPU2 | CPU3 | CPU4 | CPU5 | CPU6 |
|---|---|---|---|---|---|---|
| 名称 | i5-4200M | i7-960 | i7-4770K | i7-3820 | i7-5930K | E5-2650 |
| C/T | 2C/4T | 4C/8T | 4C/8T | 4C/8T | 6C/12T | 8C/16T |
| 速度 :GHz | 2.5 ~ 3.1 | 3.2 ~ 3.46 | 3.5 ~ 3.9 | 3.6 ~ 3.8 | 3.5 ~ 3.7 | 2.0 ~ 2.8 |
| L1$/C | 64 KB | 64 KB | 64 KB | 64 KB | 64 KB | 64 KB |
| L2$/C | 256 KB | 256 KB | 256 KB | 256 KB | 256 KB | 256 KB |
| 共享 L3$ | 3 MB | 8 MB | 8 MB | 10 MB | 15 MB | 20 MB |
| 内存 | 8 GB | 12 GB | 32 GB | 32 GB | 64 GB | 16 GB |
| BW:GBps | 25.6 | 25.6 | 25.6 | 51.2 | 68 | 51.2 |

在本节中，我们不会评估这 6 个 CPU 的性能结果如何不同。我们只是想看 CPU 竞赛来开心一下！当看到这些数值时，我们可以得出哪些才是决定程序整体性能最关键因素的结论。换句话说，我们正在从远距离观察事物。稍后我们会深入探讨细节，但收集的实验数据将帮助我们找到一些方法来提高程序性能。

### 3.2.1 按序核心与乱序核心

除了 CPU 有多少个核心之外，还有另一个与核心相关的因素。几乎每个 CPU 制造商开始时都是制造**按序**（In-Order，inO）核心，然后将其设计升级到更先进的系列产品中的乱序（Out-of-Order，OoO）核心。例如，MIPS R2000 是一个 inO 型 CPU，而更先进的 R10000 是 OoO。同样的，Intel 8086、80286、80386 以及更新的 Atom CPU 都是 inO，而 Core i3、i5、i7 以及 Xeon 都是 OoO。

inO 和 OoO 之间的区别在于 CPU 执行给定指令的方式，inO 类型的 CPU 只能按照二进制代码中列出的顺序来执行指令，而 OoO 类型的 CPU 可以按照操作数可用性的顺序执行指令。换句话说，OoO 型 CPU 可以在后面的指令中找到很多可做的工作。与之相对的是，当按照给定的指令顺序执行时，如果下一条指令没有可用的数据（可能是因为内存控制器还没有从内存中读取必要的数据），inO 类型的 CPU 只是处于空闲状态。

OoO 型 CPU 执行指令的速度更快，因为当下一条指令在操作数可用之前不能立即执行时，它可以避免被卡住。然而，这种奢侈的代价昂贵：inO 型 CPU 需要的芯片面积更小，因此允许制造商在同一个集成电路芯片中安装更多的 inO 核心。由于这个原因，每个 inO 核心的时钟实际上可能会更快一些，因为它们更简单。

---

**类比 3.1：按序执行与乱序执行**

Cocotown 举办了一个比赛，两队农民比赛做椰子布丁。这是提供给他们的指导书：（1）用自动破碎机敲碎椰子；（2）用研磨机研磨从破碎机敲碎的椰子；（3）煮牛奶；（4）放入可可粉并继续煮沸；（5）将研磨后的椰子粉放入混有可可的牛奶中，继续煮沸。

每一步都要花费 10 分钟。第一队在 50 分钟内完成了他们的布丁，而第二队在 30 分钟内完成，震惊了所有人。他们获胜的秘密在赛后公开：他们同时开始敲椰子（步骤 1）和煮牛奶（步骤 3）。这两项任务并不相互依赖，可以同时开始。10 分钟后，这两项工作都完成了，可以开始研磨椰子（步骤 2）。与此同时，将可可与牛奶混合并煮沸（步骤 4）。所以，在 20 分钟内，他们完成了步骤 1～4。

不幸的是，步骤 5 必须等待步骤 1～4 完成后才能开始，使其总执行时间为 30 分钟。所以，第二队的秘诀就是乱序执行任务，而不是按照指定的顺序执行。换句话说，他们可以执行任何不依赖于前一步结果的步骤。

---

类比 3.1 强调了 OoO 运行的性能优势。一个 OoO 核心可以并行地执行独立的依赖链（即互不依赖的 CPU 指令链），而无须等待下一条指令完成，实现了健康的加速。但是，采用两种类型中的一种设计 CPU 时，还存在一些需要妥协的地方。人们想知道哪一种是更好的设计思路：（1）多一些 inO 核心；（2）少一些 OoO 核心。如果我们将这个想法推向极致，将 CPU 中的 60 个核心都设计为 inO 核心会怎么样？这会比拥有 8 个 OoO 核心的 CPU 更快吗？答案并不像选择其中的一种那么简单。

下面是一些 inO 型与 OoO 型 CPU 比较的真实情况：

❑ 这两种设计思路都是可行的，也有一个真正按照 inO 类型设计的 CPU，称为 Xeon Phi，由 Intel 制造。Xeon Phi 5110P 在每个 CPU[⊖]中有 60 个 inO 核心，每个核心有 4 个线程，使其能够执行 240 个线程。它被看成集成众核（MIC）而非 CPU，每个核心的工作速度都非常低，如 1 GHz，但是它的核心和线程的数量很大，从而可以获得计算优势。inO 核心的功耗非常低，60C/240T 的 Xeon Phi 的功耗仅略高于差不多拥有 6C/12T 的 Core i7 CPU。稍后，我将给出在 Xeon 5110P 上的执行时间。

❑ inO 类型 CPU 只对某些特殊的应用程序有好处，并非每个应用程序都可以利用如此多的核心或线程。对于大多数应用程序来说，当核心或线程数量超过某一特定值后，我们获得的回报就会不断减少。一般来说，图像和信号处理应用程序非常适合 inO 类型 CPU 或 MIC。高性能科学计算类的应用程序通常也是使用 inO 类型 CPU 的候选对象。

---

⊖　原书为 core。——译者注

❑ inO 核心的另一个优势是低功耗。由于每个核心都简单得多，它消耗的功率比同档次的 OoO 核心要少。这就是当今大多数上网本都采用英特尔 Atom 处理器（具有 inO 核心）的原因。一个 Atom CPU 只消耗 2 ～ 10 瓦。Xeon Phi MIC 一般有 60 个 Atom 核心，每个核心有 4 个线程，全部封装在一块芯片中。

❑ 如果拥有较多的核心和线程能够使一些应用程序受益，那么为什么不让这种想法更进一步，将数千个核心都放入计算单元中，同时让每个核心可以执行超过 4 个的线程呢？事实证明，这种想法也是可行的。类似地，可以在大约数千个核心中执行数十万个线程的处理器称为 GPU，也就是本书关注的对象！

### 3.2.2　瘦线程与胖线程

在执行多线程程序（如 imflipP.c）时，可以在运行时给一个核心分配多个线程来执行。例如，在一个 4C/8T 的 CPU 上，两个线程运行在两个独立的核心上，也可以运行在一个核心上，这有什么区别吗？答案是：当两个线程共享一个核心时，它们必须共享所有的核心资源，例如高速缓存、整数计算单元和浮点计算单元。

如果需要大量高速缓存的两个线程被分配给同一个核心，那它们会把时间浪费在将数据从高速缓存中移进或移出，从而无法从多线程中获益。假设一个线程需要大量的高速缓存访问，而另一个线程只需要整数计算单元而不需要高速缓存访问。这样的两个线程在执行期间是放在同一核心中运行的优秀候选者，因为它们在执行期间不需要相同的资源。

另一方面，如果程序员设计的一个线程对核心资源的需求较少，那么它从多线程中的获益就会很大。这样的线程称为瘦线程，而那些需要大量核心资源的线程称为胖线程。程序员的责任是认真地设计这些线程以避免占用过多的核心资源，如果每个线程都是胖线程，增加线程数量就不会带来什么好处了。这就是为什么像微软这样的操作系统设计人员在设计线程时要考虑避免影响多线程应用程序的性能。最后要说的是，操作系统是一个终极多线程应用程序。

## 3.3　imflipP 的性能

表 3-2 列出了 imflipP.c 在一些 CPU（表 3-1 中列出）上的执行时间（以毫秒为单位）。列出线程总数只是为了显示不同的数值。CPU2 一栏的结果与表 2-1 中的一样。每个 CPU 上的结果趋势似乎非常相似：开始性能会有所提升，但线程数达到一定数量时，性能的提升就会遇到一堵墙！当超过由 CPU 决定的某个拐点后，启动更多的线程对性能提升不会有帮助。

表 3-2 展现出了不少问题，比如：

❑ 在已知最多能执行 8 个线程（.../8T）的 4C/8T CPU 上启动 9 个线程意味着什么？

❑ 这个问题的正确问法也许是：启动和执行一个线程有什么不同？

❑ 当我们将一个程序设计为"8 线程"时，我们期待运行时会发生什么？我们是否假设全部 8 个线程都会被执行？

❑ 2.1.5 节中提到：某计算机上启动了 1499 个线程，但 CPU 利用率为 0%。所以，不是每个线程都在并行地执行。否则，CPU 利用率将达到峰值。如果一个线程没有被执行，它在做什么？运行时谁在管理这些线程？

表 3-2　imflipP.c 在表 3-1 中列出的 CPU 上的执行时间（ms）

| 线程数 | | CPU1 | CPU2 | CPU3 | CPU4 | CPU5 | CPU6 |
|---|---|---|---|---|---|---|---|
| 串行 | V | 109 | 131 | 159 | 117 | 181 | 185 |
| 2 | V | 93 | 70 | 50 | 58 | 104 | 95 |
| 3 | V | 78 | 46 | 33 | 43 | 75 | 64 |
| 4 | V | 78 | 67 | 49 | 59 | 54 | 49 |
| 5 | V | 93 | 55 | 40 | 52 | 35 | 57 |
| 6 | V | 78 | 51 | 35 | 55 | 35 | 48 |
| 8 | V | 78 | 52 | 37 | 53 | 26 | 37 |
| 9 | V | | 47 | 34 | 52 | 25 | 49 |
| 10 | V | | | 40 | | 23 | 45 |
| 12 | V | | | 35 | | 28 | 38 |
| 串行 | H | 62 | 81 | 50 | 60 | 66 | 73 |
| 2 | H | 31 | 41 | 25 | 36 | 57 | 38 |
| 3 | H | 46 | 28 | 16 | 29 | 39 | 25 |
| 4 | H | 46 | 41 | 25 | 41 | 23 | 19 |
| 5 | H | | 33 | 20 | 34 | 13 | 28 |
| 6 | H | | 28 | 18 | 31 | 17 | 24 |
| 8 | H | | 32 | 20 | 23 | 13 | 18 |
| 9 | H | | 30 | 19 | 21 | 12 | 24 |
| 10 | H | | | 20 | | 11 | 22 |
| 12 | H | | | 18 | | 14 | 19 |

❑ 上面这些问题也许可以回答为什么超过 4 个以上的线程不能帮助我们提高表 3-2 中的性能结果。

❑ 还有一个问题是，胖线程或瘦线程否可以改变这些结果。

❑ 很明显的是：表 3-1 中的所有 CPU 都是 OoO。

## 3.4　操作系统对性能的影响

我们还可以提出很多其他问题，这些问题的本质都是一样的：线程在运行时会发生什么？换句话说，我们知道操作系统负责管理虚拟 CPU（线程）的创建 / 关联，但现在是了解细节的时候了。回到我们前面提及的与性能有关的因素列表：

❑ **程序员**通过为每个线程编写函数来确定一个线程需要做什么。这在**编译时**就决定了，此时没有任何运行时信息可用。编写该函数的语言比机器代码高级得多，而机器代码是 CPU 唯一能理解的语言。在过去，程序员直接编写机器代码，这使得程序开发可能困难 100 倍。现在我们有了高级语言和编译器，所以我们可以将负担转移给编译器。程序员的最终产品是一个程序，它是一组按指定顺序执行的任务，包含各种假设场景。使用假设场景的目的是对**运行时**各种不同的事件做出很好的响应。

❑ **编译器**在**编译时**将线程创建函数编译为机器代码（CPU 语言）。编译器的最终产品是可执行指令序列或二进制可执行文件。请注意，编译器将编程语言编译为机器代码时基本上不知道**运行时**会发生什么。

❑ **操作系统**负责**运行时**的问题。为什么我们需要这样的中间软件？因为执行由编译器生成的二进制文件时会发生许多不同的事情。可能发生的不好的事情有以下几种情况：（1）磁盘可能已满；（2）内存可能已满；（3）用户的输入可能导致程序崩溃；（4）程序可能请求了过多的线程数目，但已没有可用的线程句柄。另外，即使没有出错，也必须对资源效率负责，也就是说，要高效地运行程序，需要注意以下几点：（1）谁获得了虚拟 CPU；（2）当程序申请内存时，是否应该获得，如果是的话，指针是什么；（3）如果一个程序想创建一个子线程，我们是否有足够的资源来创建它？如果有，线程句柄是什么；（4）访问磁盘资源；（5）网络资源；（6）其他任何你可以想象的资源。资源是在**运行时**管理的，无法在编译时精确地知道它们。

❑ **硬件**负责执行机器代码。操作系统在**运行时**将需要执行的机器代码分配给 CPU。类似地，存储器主要由在 OS 控制下的外围设备（例如，直接存储器访问——DMA 控制器）进行读取和传送。

❑ **用户**负责享受这些程序，如果程序写得很好并且运行时一切正常，将能够产生出色的结果。

### 3.4.1　创建线程

操作系统知道它拥有哪些资源，因为一旦计算机打开，大多数资源都是确定的。虚拟 CPU 的数量就是其中之一，也是我们最感兴趣的一个。如果操作系统确定它正在拥有 8 个虚拟 CPU 的处理器上运行（正如我们在 4C/8T 机器上的情况），它会给这些虚拟 CPU 分配名称，如 vCPU0、vCPU1、vCPU2、vCPU3、……、vCPU7。在这种情况下，操作系统拥有 8 个虚拟 CPU 的资源并负责管理它们。

当程序用 pthread_create( ) 启动一个线程时，操作系统会为该线程分配一个线程句柄，比如 1763。这样，程序在运行时会看到 ThHandle[1]=1763。该程序将此解释为"tid=1 被分配了句柄 ThHandle [1]=1763。"该程序只关心 tid=1，操作系统只关心其句柄列表中的 1763。尽管这样，程序必须保存该句柄（1763），因为这个句柄是告诉操作系统它正在和哪个线程进行对话的唯一方式，tid=1 或 ThHandle[] 只不过是一些程序变量，而且对操作系统的内部工作并不重要。

### 3.4.2　线程启动和执行

操作系统在运行时将 ThHandle[l]=1763 分配给一个父线程后，父线程就会明白它获得了使用该子线程执行某个函数的授权。它会使用在 pthread_create( ) 中设置的函数名来启动相关代码。这是告诉操作系统，除了创建该线程，现在父线程想要启动该线程。创建一个线程需要一个线程句柄，启动一个线程则需要分配一个虚拟 CPU（即找到某人完成这项工作）。换句话说，父线程说：查找一个虚拟 CPU，并在该 CPU 上运行此代码。

在这之后，操作系统尝试查找可用于执行此代码的虚拟 CPU 资源。父线程不关心操作系统选择哪个虚拟 CPU，因为这是操作系统负责的资源管理问题。操作系统会在运行时将刚分配的线程句柄映射到一个可用的虚拟 CPU 上（例如，句柄 1763 → vCPU 4），如果虚拟 CPU 4（vCPU4）在 pthread_create( ) 被调用时正好可用。

### 3.4.3 线程状态

在 2.1.5 节提到过，计算机上启动了 1499 个线程，但 CPU 利用率为 0%。因此，不是每个线程都在并行地执行着。如果一个线程没有执行，那么它在做什么？一般来说，如果一个 CPU 有 8 个虚拟 CPU（如 4C/8T 处理器），那么处于**运行**状态的线程不会超过 8 个。正在执行的线程状态是这样的：操作系统不仅认为它是**就绪**的，并且该线程此刻正在 CPU 上执行（即正在**运行**）。除了运行，一个线程的状态还可以是就绪、阻塞，或者在其作业完成时**终止**，如图 3-1 所示。

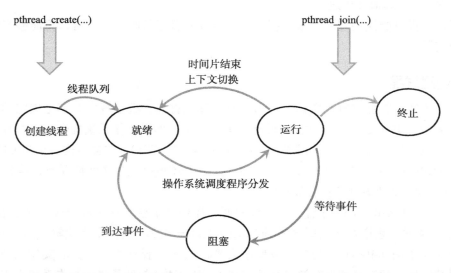

图 3-1　线程的生命周期。从创建到终止，一个线程的生命周期会经历由 OS 分配的多种状态

当应用程序调用 pthread_create( ) 来启动一个线程时，操作系统会立即确定一件事情：我是否拥有足够的资源来分配句柄并创建此线程？如果答案为"是"，则为该线程分配一个线程句柄，并创建所有必需的内存和栈区。此时，线程的状态为就绪，并被记录在该句柄中。这意味着该线程可以运行，但尚未运行。通常它会进入可运行线程队列并等待运行。在未来的某个时刻，操作系统会决定开始执行这个线程。为此，必须发生两件事情：

（1）找到能够执行该线程的虚拟CPU（vCPU）；（2）线程的状态更改为**运行**。

**就绪**→**运行**状态的改变由称为分发器的隶属于操作系统的一个模块来处理。操作系统将每个可用的CPU线程视为虚拟CPU（vCPU），例如，一个8C/16T的CPU有16个vCPU。在队列中等待的线程可以在vCPU上开始运行。一个成熟的操作系统会关注在哪里运行线程以优化性能。这种称为核心亲和性的分发策略实际上可以由用户手动修改，以覆盖操作系统默认的不太优化的分发策略。

操作系统允许每个线程运行一段时间（称为时间片），然后切换到另一个已处于**就绪**状态下等待的线程。这样做是为了避免饥饿现象，即一个线程永远停留在**就绪**状态。当一个线程从**运行**切换到**就绪**状态时，它所有的寄存器信息，甚至更多信息，必须被保存在某个地方，这些信息称为线程的上下文。同样，从**运行**到**就绪**状态的更改称为上下文切换。上下文切换需要一定的时间才能完成，并对性能有影响，但这是不可避免的现实。

在执行过程中（处于**运行**状态），线程可能会调用函数（如scanf()）来读取键盘输入。读取键盘比任何其他的CPU操作要慢得多。所以，没有理由让操作系统在等待键盘输入时让我们的线程保持**运行**状态，这会使其他线程饥饿。在这种情况下，操作系统也无法将此线程切换为**就绪**状态，因为**就绪**队列存放的线程在时间允许时可立即切换到**运行**状态。一个正在等待键盘输入的线程可能会等待一段无法预知的时间，这个输入可能会立刻发生，也可能在10分钟后发生，因为用户可能离开去喝咖啡！所以，把这种状态称为**阻塞**。

当一个线程正在一段时间内请求某个无法使用的资源时，或者它必须等待某个不确定何时会发生的事件时，它会从**就绪**状态切换到**阻塞**状态。当所请求的资源（或数据）变得可用时，线程又会从**阻塞**状态切换回**就绪**状态，并被放入**就绪**线程的队列中，即等待被再次执行。操作系统直接把这个线程切换到**运行**状态是没有意义的，因为这意味着另一个正在平静地执行的线程被胡乱地调度，即将它踢出核心！因此，为了有序地运行，操作系统将已**阻塞**的线程放回**就绪**队列中，并决定何时允许它再次执行。但是，操作系统可能会因为某个原因给该线程分配一个不同的优先级，以保证它能够在其他线程之前被调度。

最后，当一个线程执行完成并调用pthread_join()函数后，操作系统会执行**运行**→**终止**的状态切换，该线程被永久地排除在**就绪**队列外。一旦该线程的存储区域等被清除，该线程的句柄就会被释放，并可用于其他pthread_create()。

### 3.4.4 将软件线程映射到硬件线程

3.4.3节回答了关于图2-1中的1499个线程的问题：我们知道在图2-1中看到的1499个线程中，至少有1491个线程在4C/8T的CPU上处于**就绪**或**阻塞**状态，因为处于**运行**状态的线程不能超过8个。可以把1499看作要完成的任务数量，但一共只有8个人来做！在任何时刻，操作系统都没有足够的物理资源来同时"做"（即执行）超过8件事情。它挑选1499个任务中的一个，并指定一个人来完成。如果另一项任务对于这个人来说更加紧迫（例如，如果网络数据包到达，需要立即处理），则操作系统会切换为执行更紧急的任务并暂停他当前正在执行的任务。

我们很好奇这些状态切换如何影响应用程序的性能。对于图 2-1 中的 1499 个线程，其中的 1495 个线程很可能是**阻塞**或**就绪**的，它们在等待你敲击键盘上的某个键，或者等待某个网络包的到达，只有 4 个线程正处于**运行状态**，也许就是你的多线程应用程序代码。下面是一个类比：

---

**类比 3.2：线程状态**

透过窗户，你在路边看到 1499 张纸片，上面写着任务。你还看到外面有 8 名员工都坐在椅子上，等待经理给他们分派执行任务。在某个时刻，经理告诉 #1 号员工去拿起 #1256 号纸片。然后，#1 号员工开始执行写在 #1256 号纸片上的任务。突然，经理告诉 #1 号员工将 #1256 号纸片放回原处，停止执行 #1256 号任务并拿起 #867 号纸片，开始执行 #867 号纸片上的任务……

由于 #1256 号任务尚未执行完成，所以 #1 号员工执行 #1256 号任务的所有笔记都必须写在经理的笔记本中的某个地方，以便 #1 号员工稍后能回忆起它们。事实上，该任务甚至可能会由不同的员工来继续完成。如果 #867 号纸片上的任务已经完成，它可能会被揉成一团并扔进废纸篓，表明该任务已完成。

---

在类比 3.2 中，坐在椅子上对应线程的**就绪**状态，执行写在纸上的任务对应线程的**运行状态**，员工是虚拟 CPU。批准员工切换状态的经理是操作系统，而经理的笔记本是保存线程上下文的地方，以供稍后在上下文切换期间使用。销毁纸片（任务）等同于将线程切换到**终止状态**。

所启动的线程数量可以从 1499 增加到 1505 或减小到 1365 等，但是可用的虚拟 CPU 的数量不会改变（例如，在这个例子中为 8），因为它们是"物理"实体。一种好的方式是将这 1499 个线程定义为**软件线程**，即操作系统创建的线程。可用的物理线程（虚拟 CPU）数量是**硬件线程**，即 CPU 制造商设计 CPU 能够执行的最大线程数。这容易让人有点困惑，因为它们都被称为"线程"，因为软件线程只不过是一种数据结构，包含关于线程将执行的任务以及线程句柄、内存区等信息，而硬件线程是正在执行机器代码（即程序的编译版本）的 CPU 的物理硬件部件。操作系统的工作是为每个软件线程找到一个可用的硬件线程。操作系统负责管理硬件资源，如虚拟 CPU、可用的内存等。

### 3.4.5 程序性能与启动的线程

软件线程的最大数量仅受内部操作系统的参数限制，而硬件线程的数量在 CPU 设计时就固定下来。当你启动一个执行 2 个高度活跃线程的程序时，操作系统会尽可能快地使它们进入**运行状态**。操作系统中执行线程调度程序的线程可能也是另一个非常活跃的线程，从而使高度活跃的线程数为 3。

那么，这如何帮助解释表 3-2 中的结果？虽然准确的答案取决于 CPU 的架构，但有一些明显的现象可以用我们刚刚学到的知识来解释。让我们选择 CPU2 作为例子。虽然 CPU2 应该能够并行执行 8 个线程（它是一个 4C/8T），但程序启动 3 个以上的线程后，性能会显著下降。为什么？我们先通过类比来进行推测：

❏ 回忆类比 1.1，两位农民共用一台拖拉机。通过完美的任务安排，他们总共可以完成 2 倍的工作量。这是 4C/8T 能够获得 8T 性能的理论支持，否则，实际上你只有 4 个物理核心（即拖拉机）。

❏ 如果代码 2.1 和代码 2.2 中发生了这种最好的情况，我们应该期望性能提升现象能够持续到 8 个线程，或者至少是 6 个或 7 个线程。但我们在表 3-2 中看到的不是这样！

❏ 那么，如果其中一项任务要求其中一位农民以乱序的方式使用拖拉机的锤子和其他资源呢？此时，另一位农民不能做任何有用的事情，因为他们之间会不断产生冲突并导致效率持续下降。性能甚至不会接近 2 倍（即，1+1=2）！性能会更接近 0.9 倍！就效率而言，1+1=0.9 听起来很糟糕！换句话说，如果 2 个线程都是"胖线程"，它们并不会与同一个核心中的另一个线程同时工作，我的意思是，*高效率地……*这就是代码 2.1 和代码 2.2 所发生情况的原因，因为从每个核心运行双线程中我们没有获得任何性能提升……

❏ 内存又如何呢？我们将在第 4 章介绍完整的核心和内存的体系结构和组织。但是，现在可以说，无论 CPU 拥有多少核心 / 线程，所有线程只能共享一个主存。所以，如果某个线程是内存不友好的，它会扰乱每个人的内存访问。这是另一种解释，即为什么线程数 ≥ 4 时，性能提升会遇到一堵墙。

❏ 假设我们解释了为什么我们无法在每个核心中使用双线程（称为超线程）的问题，但为什么性能提升在 4 线程上停止？4 线程的性能比 3 线程的性能低，这是违反直觉的。这些线程是否无法使用所有核心？几乎每一个 CPU 都可以看到类似的情况，尽管确切的数字取决于最大可用线程数，并且因 CPU 而异。

## 3.5　改进 imflipP

与其回答所有这些问题，不如看看在我们不知道答案，而只是猜测问题原因的情况下，我们是否可以改进程序。毕竟，我们有足够的直觉能够做出有根据的猜测。在本节中，我们将分析代码，尝试确定代码中可能导致效率低下的部分，并提出修改建议。修改完成后，我们会看到它的效果如何，并将解释它为什么起作用（或不起作用）。

从什么地方开始最好呢？如果你想提高计算机程序的性能，最好从最内层循环开始。让我们从代码 2.8 中的 MTFlipH() 函数开始。该函数读入一个像素并将其移动到另一个存储位置，一次一个字节。代码 2.7 中显示的 MTFlipV() 函数也非常相似。对于每个像素，这两个函数需要一次移动一个字节的 R、G 和 B 值。这张照片有什么问题？太多问题了！当我们在第 4 章中详细讨论 CPU 和内存架构时，你会对代码 2.7 和代码 2.8 的效率低下感到惊讶。但是现在，我们只是想找到明显的修改方法，并定量地分析这些改进。在我们在第 4 章中更多地了解内存 / 核心架构之前，我们不会对它们发表评论。

### 3.5.1 分析 MTFlipH( ) 中的内存访问模式

MTFlipH( ) 函数显然是一个"存储密集型"函数。对于每个像素来说，确实没有进行"计算"，而只是将一个字节从一个存储位置移动到另一个存储位置。当我说"计算"时，我的意思是通过减小 RGB 的值使每个像素值变暗，或者通过重新计算每个像素的新值将图像变成 B & W 图像等。这里没有执行这些类似的计算。MTFlipH( ) 的最内层循环如下所示：

```
...
for(row=ts; row<=te; row++) {
  col=0;
  while(col<ip.Hpixels*3/2){
    // 例如：交换 pixel[42][0], pixel[42][3199]
    pix.B = TheImage[row][col];
    pix.G = TheImage[row][col+1];
    pix.R = TheImage[row][col+2];
    TheImage[row][col] = TheImage[row][ip.Hpixels*3-(col+3)];
    ...
```

所以，要改进这个程序，我们必须仔细地分析内存访问模式。图 3-2 显示了在处理 22 MB 图像 dogL.bmp 期间 MTFlipH( ) 函数的内存访问模式。这张小狗图片由 2400 行和 3200 列组成。当水平翻转第 42 行（选择这个数字没有什么特定的原因）时，像素的交换模式如下所示（如图 3-2 所示）：

[42][0]↔[42][3199]，[42][1]↔[42][3198] ... [42][1598]↔[42][1601]，[42][1599]↔[42][1600]

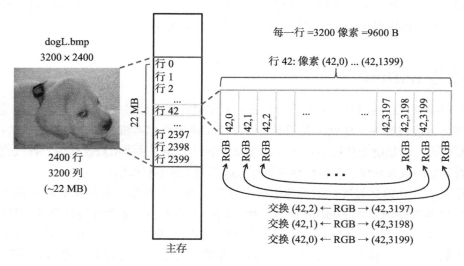

图 3-2　代码 2.8 中 MTFlipH( ) 的存储器访问模式。总共 3200 个像素的 RGB 值（9600 字节）执行翻转操作

### 3.5.2　MTFlipH()的多线程内存访问

不仅是MTFlipH()的逐字节内存访问听起来很糟糕，还要记住这个函数是在多线程环境中运行的。首先，如果我们只启动一个线程，让我们来看看单线程的内存访问模式是怎样的：这个单线程会自行翻转所有2400行，从第0行开始，继续执行第1、2、…、2399行。在这个循环中，当它处理第42行时，MTHFlip()真正交换的是哪个"字节"？我们以第一个像素交换为例。它涉及以下操作：交换pixel[42][0]和pixel[42][3199]，也就是依次交换第42行的bytes[0..2]和第42行的bytes [9597..9599]。

在图3-2中，请注意每个像素对应保存该像素RGB值的3个连续字节。在一次像素交换过程中，MTFlipH()函数请求了6次内存访问，3次读取字节[0..2]和3次将它们写入在字节[9597..9599]处翻转后的像素位置。这意味着，仅为了翻转一行数据，我们的MTFlipH()函数请求了3200 × 6=19 200次内存访问，包括读取和写入。现在，让我们看看当4个线程启动时会发生什么。每个线程都努力完成600行数据的翻转任务。

```
tid=0 : Flip Row[0]    , Flip Row[1]    ...  Flip Row [598]  , Flip Row [599]
tid=1 : Flip Row[600]  , Flip Row[601]  ...  Flip Row [1198] , Flip Row [1199]
tid=2 : Flip Row[1200] , Flip Row[1201] ...  Flip Row [1798] , Flip Row [1799]
tid=3 : Flip Row[1800] , Flip Row[1801] ...  Flip Row [2398] , Flip Row [2399]
```

请注意，这4个线程中的每个线程请求内存访问的频率都和单线程一样。如果每个线程的设计不当，导致混乱的内存访问请求，那它们将会产生4倍的混乱！让我们看一下执行的最初部分，main()启动所有4个线程并把MTHFlip()函数分配给它们来执行。如果我们假设这4个线程在同一时间开始执行，这就是所有4个线程在处理最初几个字节时试图同时执行的操作：

```
tid=0 : Flip Row[0]    : mem(00000000..00000002)⟷mem(00009597..00009599) , ...
tid=1 : Flip Row[600]  : mem(05760000..05760002)⟷mem(05769597..05769599) , ...
tid=2 : Flip Row[1200] : mem(11520000..11520002)⟷mem(11529597..11529599) , ...
tid=3 : Flip Row[1800] : mem(17280000..17280002)⟷mem(17289597..17289599) , ...
```

虽然每个线程的执行会有细微的变化，但并不会改变故事。当你查看这些内存访问模式时，你会看到什么？第一个线程tid=0正在尝试读取pixel[0][0]，它的值位于内存地址mem(00000000..00000002)。这是任务tid = 0的开始，处理完第0行后，它将继续处理第1行。

当tid=0正在等待它的3个字节从存储器中读入时，恰好在同一时间，tid=1正试图读取位于存储器中第600行的第一个像素pixel[600][0]，内存地址是mem(05760000 .. 05760002)，即距离第一个请求5.5 MB（兆字节）处。等一下，tid=2也没闲着。它也在努力完成自己的工作，也就是交换第1200行的整行数据。第一个要读取的像素是pixel[1200][0]，位于内存地址mem(11520000..11520002)的3个连续字节，即距离tid=0读取的3

个字节 11 MB 处。类似地，tid=3 正在尝试读取距离前 3 个字节 16.5 MB 处的 3 个字节……请记住总图像为 22 MB，并将其处理为 4 个线程，每个线程负责 5.5 MB 的数据块（即 600 行）。

当我们在第 4 章中学习 DRAM（动态随机存取存储器）的详细内部工作机制时，我们将理解为什么这种存储器访问模式是一场灾难，但现在针对这个问题，我们可以找到一个非常简单的修复方法。对于那些渴望进入 GPU 世界的人来说，请允许我在这里发表一个看法，CPU 和 GPU 中的 DRAM 在操作上几乎相同。因此，我们在这里学到的任何东西都可以很容易地应用到 GPU 内存上，但也会由于 GPU 的大规模并行性而导致一些例外。一个相同的"灾难性的内存访问"示例可以应用到 GPU 上，并且你将能够依靠在 CPU 世界中学到的知识立即猜出问题所在。

### 3.5.3　DRAM 访问的规则

虽然第 4 章的很大一部分会用来解释为什么这些不连续的内存访问对 DRAM 性能不利，但解决这个问题的方法却非常简单和直观。所有你需要知道的就是表 3-3 中的规则，它们对于获得良好的 DRAM 性能是很好的指导。让我们看看这张表格并从中理解些什么。这些规则基于 DRAM 架构，该架构旨在允许每个 CPU 核心都能共享数据，并且它们都以这样或那样的方式表达同样的观点：

- 当你访问 DRAM 时，应该访问大块连续数据，例如 1 KB、4 KB，而不是只访问很小的 1 个或 2 个字节……

虽然这是改进第一个并行程序 imflipP.c 的非常好的指导，但我们首先检查一下原来的代码是否遵守这些规则。以下是 MTFlipH() 函数的内存访问模式（代码 2.8）的总结：

- ❏ 明显违反**粒度**规则，因为我们试图一次访问一个字节。
- ❏ 如果只有一个线程，则不会违反**局部性**规则。但是，若有多个不同线程同时（和远程）访问则会导致违规。
- ❏ **L1、L2、L3 高速缓存**对我们根本没有帮助，因为该场景下没有好的"数据重用"。这是因为我们不需要多次使用某个数据元素。

几乎所有的规则都被违反了，因此不难理解 imflipP.c 的性能为什么这么糟糕了。除非我们遵守 DRAM 的访问规则，否则我们只会创建大量低效的内存访问，进而影响整体性能。

表 3-3　获得良好的 DRAM 性能的规则

| 规则 | 理想值 | 描述 |
|---|---|---|
| 粒度 | 8 B ... 6 4B | 每次读 / 写的大小。"太小"会导致非常低效（例如，一次一个字节） |
| 局部性 | 1 KB ... 4 KB | 如果连续访问的内存地址彼此间相距太远，它们会迫使行缓冲器冲刷（即它们触发新的 DRAM 行读取） |

（续）

| 规则 | 理想值 | 描述 |
|------|--------|------|
| L1、L2 高速缓存 | 64 KB<br>...<br>256 KB | 如果由单个线程重复读取 / 写入的字节总数被限制在这么大的区域中，则数据可以被 L1 或 L2 高速缓存，从而显著提高该线程重新访问这些数据的速度 |
| L3 高速缓存 | 8 MB<br>...<br>20 MB | 如果所有线程重复读取 / 写入的字节总数被限制在这么大的区域中，则数据可以被 L3 高速缓存，从而显著提高每个核心的重新访问速度 |

## 3.6　imflipPM：遵循 DRAM 的规则

现在是通过遵循表 3-3 中的规则来改进 imflipP.c 的时候了。改进的程序名为 imflipPM.c（"M"表示"内存友好"）。

### 3.6.1　imflipP 的混乱内存访问模式

我们再来分析一下 MTFlipH( )，它是 imflipP.c 中一个内存不友好的函数。当我们读取字节并用其他字节替换时，每个像素都会单独地访问 DRAM 来读取它的每个字节，如下所示：

```
for(row=ts; row<=te; row++) {
    col=0;
    while(col<ip.Hpixels*3/2){
        pix.B = TheImage[row][col];
        pix.G = TheImage[row][col+1];
        pix.R = TheImage[row][col+2];
        TheImage[row][col] = TheImage[row][ip.Hpixels*3-(col+3)];
        TheImage[row][col+1] = TheImage[row][ip.Hpixels*3-(col+2)];
        TheImage[row][col+2] = TheImage[row][ip.Hpixels*3-(col+1)];
        TheImage[row][ip.Hpixels*3-(col+3)] = pix.B;
        TheImage[row][ip.Hpixels*3-(col+2)] = pix.G;
        TheImage[row][ip.Hpixels*3-(col+1)] = pix.R;
        col+=3;
    }
    ...
```

关键一点在于，由于小狗图片位于主存储器（即 DRAM）中，因此每个单独的像素读取都会触发对 DRAM 的访问。根据表 3-3，我们知道 DRAM 不喜欢被频繁地打扰。

### 3.6.2　改进 imflipP 的内存访问模式

如果我们将整行图像（全部 3200 个像素，总计 9600 个字节）读入一个临时区域（DRAM 以外的某个区域），然后在该区域内处理它，在处理该行期间不再打扰 DRAM，这会怎样？我们将这个区域称为缓冲区。因为这个缓冲区很小，它将被高速缓存在 L1$ 内，可以让我们很好地利用 L1 高速缓存。这样，至少我们现在正在使用高速缓存并遵守了

表 3-3 中的高速缓存友好规则。

```
unsigned char Buffer[16384];  // 用于获取整个行数据的缓冲区
...
for(row=ts; row<=te; row++) {
    // 从 DRAM 到高速缓存的批量复制
    memcpy((void *) Buffer, (void *) TheImage[row], (size_t) ip.Hbytes);
    col=0;
    while(col<ip.Hpixels*3/2){
        pix.B = Buffer[col];
        pix.G = Buffer[col+1];
        pix.R = Buffer[col+2];
        Buffer[col]   = Buffer[ip.Hpixels*3-(col+3)];
        Buffer[col+1] = Buffer[ip.Hpixels*3-(col+2)];
        Buffer[col+2] = Buffer[ip.Hpixels*3-(col+1)];
        Buffer[ip.Hpixels*3-(col+3)] = pix.B;
        Buffer[ip.Hpixels*3-(col+2)] = pix.G;
        Buffer[ip.Hpixels*3-(col+1)] = pix.R;
        col+=3;
    }
    // 从高速缓存批量复制回 DRAM
    memcpy((void *) TheImage[row], (void *) Buffer, (size_t) ip.Hbytes);
    ...
```

当我们将 9600 B 从主存传输到 Buffer 时，我们依赖 memcpy() 函数的效率，该函数由标准 C 语言库提供。在执行 memcpy() 期间，9600 字节从主存储器传输到我们称为 Buffer 的存储区。这种访问是非常高效的，因为它只有一个连续的内存传输，遵循表 3-3 中的每个规则。

我们不要自欺欺人：Buffer 也位于主存。然而，使用这 9600 个字节的方式存在巨大的差异。由于我们将连续地访问它们，因此它们将被高速缓存且不再打扰 DRAM。这就是为什么访问 Buffer 的效率能够显著提升，并符合表 3-3 中的大部分规则的原因。现在让我们重新设计代码来使用 Buffer。

### 3.6.3 MTFlipHM()：内存友好的 MTFlipH()

MTFlipH() 函数（代码 2.8 中）的内存友好版本是代码 3.1 中的 MTFlipHM() 函数。除了一个较为明显的不同，它们基本一样：在对每行像素进行翻转操作时，MTFlipHM() 只访问一次 DRAM，它使用 memcpy() 函数读取大块数据（图像的一整行，比如 dogL.bmp 图像中的 9600 B）。定义了一个 16 KB 的缓冲区存储数组作为局部数组变量，在代码运行到最内层循环开始进行交换像素操作之前，整行数据会被复制到该缓冲区中。我们也可以只定义 9600 B 的缓冲区，因为这是 dogL.bmp 图像需要的缓冲区大小，但较大的缓冲区可以满足其他较大图像的需要。

---

**代码 3.1：imflipPM.c　MTFlipHM(){ ... }**

内存友好版本且符合表 3-3 中各项规则的 MTFlipH()（代码 2.8）。

---

```
void *MTFlipHM(void* tid)
{
   struct Pixel pix; // 临时交换像素
   int row, col;
   unsigned char Buffer[16384]; // 用于获取整个行数据的缓冲区

   long ts = *((int *) tid);       // 在这儿存放我的线程 ID
   ts *= ip.Vpixels/NumThreads;    // 开始的索引值
   long te = ts+ip.Vpixels/NumThreads-1;  // 结束的索引值

   for(row=ts; row<=te; row++){
      // 从 DRAM 到高速缓存的批量复制
      memcpy((void *) Buffer, (void *) TheImage[row], (size_t) ip.Hbytes);
      col=0;
      while(col<ip.Hpixels*3/2){
         pix.B = Buffer[col];
         pix.G = Buffer[col+1];
         pix.R = Buffer[col+2];
          Buffer[col]   = Buffer[ip.Hpixels*3-(col+3)];
          Buffer[col+1] = Buffer[ip.Hpixels*3-(col+2)];
          Buffer[col+2] = Buffer[ip.Hpixels*3-(col+1)];
         Buffer[ip.Hpixels*3-(col+3)] = pix.B;
         Buffer[ip.Hpixels*3-(col+2)] = pix.G;
         Buffer[ip.Hpixels*3-(col+1)] = pix.R;
         col+=3;
      }
      // 从高速缓存批量复制回 DRAM
      memcpy((void *) TheImage[row], (void *) Buffer, (size_t) ip.Hbytes);
   }
   pthread_exit(NULL);
}
```

尽管两个函数中的最内层循环都是相同的,但请注意,MTFlipHM() 的 while 循环体只访问 Buffer[] 数组。我们知道操作系统会在栈区为所有的局部变量分配一块区域,我将在第 5 章详细介绍这一点。但是现在需要注意的是该函数定义了一个 16 KB 大小的局部存储区域,这将使 MTFlipHM() 函数符合表 3-3 中的 L1 缓存规则。

以下是代码 3.1 的部分代码,主要显示了 MTFlipHM() 中的缓冲区操作。请注意,全局数组 TheImage[] 在 DRAM 中,因为它是通过 ReadBMP() 函数读入 DRAM 的(见代码 2.5)。该变量应严格遵守表 3-3 中的 DRAM 规则。我认为最好的方法是一次性读取 9600 B 数据并将这些数据复制到本地存储区域。这使其 100% 的 DRAM 友好。

```
unsigned char Buffer[16384]; // 用于获取整个行数据的缓冲区
...
for(...){
   // 从 DRAM 到高速缓存的批量复制
   memcpy((void *) Buffer, (void *) TheImage[row], (size_t) ip.Hbytes);
   ...
   while(...){
   ...   =Buffer[...]
   ...   =Buffer[...]
```

```
    ...   =Buffer[...]
    Buffer[...]=Buffer[...]
    ...
    Buffer[...]=...
    Buffer[...]=...
    ...
}
// 从高速缓存批量复制回 DRAM
memcpy((void *) TheImage[row], (void *) Buffer, (size_t) ip.Hbytes);
...
```

最大的问题是：为什么局部变量 Buffer [] 能起作用？我们修改了最内层的循环，并使其按照之前访问 TheImage[] 的方式来访问 Buffer[] 数组。Buffer[] 数组到底有什么不同？此外，另一个令人费解的问题是 Buffer[] 数组的内容将被"高速缓存"，这是从哪里体现出来的？代码中并没有暗示"将这 9600 个字节放入高速缓存"，我们如何确信它会进入高速缓存？答案实际上非常简单：与 CPU 的架构设计有关。

CPU 高速缓存算法可以预测 DRAM（"不好的位置"）中的哪些部分应该暂时进入高速缓存（"较好的位置"）。这些预测不需要是 100% 准确的，因为如果某次预测不准确，总是可以稍后再对其进行纠正。后果只不过是效率上的惩罚，而不至于造成系统崩溃或其他什么。将"最近使用的 DRAM 内容"引入高速缓冲存储器的这个过程称为**缓存**。理论上，CPU 可以偷懒，将所有内容都放入缓存中，但实际上这是不可能的，因为只有少量的高速缓存可用。在 i7 系列处理器中，L1 高速缓存为 32 KB，L2 高速缓存为 256 KB。L1 的访问速度比 L2 快。缓存有益于性能主要有以下三个原因：

❏ **访问模式**：高速缓冲存储器是 SRAM（静态随机存取存储器），而不是像主存储器那样的 DRAM。与表 3-3 中列出的 DRAM 效率规则相比，主导 SRAM 访问模式的规则要宽松得多。

❏ **速度**：由于 SRAM 比 DRAM 快得多，一旦某些内容被缓存，访问它们的速度就会快很多。

❏ **隔离**：每个核心都有自己的缓存（L1$ 和 L2$）。因此，如果每个线程频繁地访问不多于 256 KB 的数据，这些数据将非常有效地缓存在核心的高速缓存中，不会再去麻烦 DRAM。

我们将在第 4 章中详细介绍 CPU 核心和内存如何协同工作。但是，我们已经学到了很多关于缓冲的知识，现在可以开始改进我们的代码了。请注意，缓存对于 CPU 和 GPU 都很重要，对 GPU 更为突出一些。因此，理解缓冲区概念，也就是数据被缓存非常重要。尽管有一些理论研究，但目前没有办法显式地让 CPU 将某些指定内容载入高速缓存。它完全由 CPU 自动完成。但是，程序员可以通过代码的内存访问模式来影响缓存过程。在代码 2.7 和代码 2.8 中，我们亲身体验到了当内存访问模式混乱时会发生什么情况。CPU 的缓存算法根本无力纠正这些混乱的模式，因为它们简单的缓存 / 替换算法已经彻底投降。编译器也无法纠正这些问题，因为在很多情况下，它需要编译器理解程序员的想法！唯一对性能有帮助的是程序员的逻辑。

### 3.6.4　MTFlipVM()：内存友好的 MTFlipV()

现在，让我们看一下代码 3.2 中重新设计的 MTFlipVM() 函数。我们可以看到此代码与代码 2.7 中低效率的 MTFlipV() 函数之间的一些主要差异。下面是 MTFlipVM() 和 MTFlipV() 之间的区别：

❏ 改进版中使用了两个缓冲区：每个缓冲区 16 KB。
❏ 在最外层循环中，第一个缓冲区用于读取图像起始行的整行数据，第二个缓冲区用于读取图像终止行的整行数据。随后这两行数据被交换。
❏ 尽管最外层的循环完全相同，但最内层的循环被删除，改为使用缓冲区的批量内存传输。

**代码 3.2：imflipPM.c　MTFlipHM(){ ... }**

内存友好版本且符合表 3-3 中各项规则的 MTFlipH()（代码 2.7）。

```
void *MTFlipVM(void* tid)
{
   struct Pixel pix;                  // 临时交换像素
   int row, row2, col;                // 需要另一个索引指针
   unsigned char Buffer[16384];  // 用于获取第一行数据的缓冲区
   unsigned char Buffer2[16384]; // 用于获取第二行数据的缓冲区

   long ts = *((int *) tid);                   // 在这儿存放我的线程 ID
   ts *= ip.Vpixels/NumThreads/2;              // 开始的索引值
   long te = ts+(ip.Vpixels/NumThreads/2)-1;   // 结束的索引值

   for(row=ts; row<=te; row++){
      memcpy((void *) Buffer, (void *) TheImage[row], (size_t) ip.Hbytes);
      row2=ip.Vpixels-(row+1);
      memcpy((void *) Buffer2, (void *) TheImage[row2], (size_t) ip.Hbytes);
      // 用第二行交换行
      memcpy((void *) TheImage[row], (void *) Buffer2, (size_t) ip.Hbytes);
      memcpy((void *) TheImage[row2], (void *) Buffer, (size_t) ip.Hbytes);
   }
   pthread_exit(NULL);
}
```

## 3.7　imflipPM.C 的性能

使用以下命令行运行改进的程序 imflipPM.c：

imflipPM InputfileName OutputfileName [v/V/h/H/w/W/i/I] [1-128]

新添加的命令行选项 W 和 I 分别用于选择使用内存友好的 MTFlipVM() 和 MTFlipHM()

函数。大写或小写无关紧要，因此选项列出 W/w 和 I/i。原有的 V 和 H 选项仍然有效，并且分别表示调用内存不友好的函数 MTFlipV( ) 和 MTFlipH( )。这让我们运行一个程序就可以将两个系列的函数进行比较。

表 3-4 所示为改进后的程序 imflipPM.c 的运行时间。当我们将这些结果与相应的"内存不友好"的 imflipP.c（表 3-2 中列出）进行比较时，我们发现所有的性能均有显著的改进。这对读者来说不足为奇，因为用一整章的内容只展现一些微小的改进，这不会使读者开心！

表 3-4　imflipPM.c 在表 3-1 中列出的 CPU 上的执行时间（ms）

| 线程数 | | CPU1 | CPU2 | CPU3 | CPU4 | CPU5 | CPU6 |
|---|---|---|---|---|---|---|---|
| 串行 | W | 4.116 | 5.49 | 3.35 | 4.11 | 5.24 | 3.87 |
| 2 | W | 3.3861 | 3.32 | 2.76 | 2.43 | 3.51 | 2.41 |
| 3 | W | 3.0233 | 2.90 | 2.66 | 1.96 | 2.78 | 2.52 |
| 4 | W | 3.1442 | 3.48 | 2.81 | 2.21 | 1.57 | 1.95 |
| 5 | W | 3.1442 | 3.27 | 2.71 | 2.17 | 1.47 | 2.07 |
| 6 | W | | 3.05 | 2.73 | 2.04 | 1.69 | 2.00 |
| 8 | W | | 3.02 | 2.75 | 2.03 | 1.45 | 2.09 |
| 9 | W | | | 2.74 | | 1.45 | 2.26 |
| 10 | W | | | 2.74 | 1.98 | 1.45 | 1.93 |
| 12 | W | | | 2.75 | | 1.33 | 1.91 |
| 串行 | I | 35.8 | 49.4 | 29.0 | 34.6 | 45.3 | 42.6 |
| 2 | I | 23.7 | 25.2 | 14.7 | 17.6 | 34.5 | 21.4 |
| 3 | I | 21.2 | 17.4 | 9.8 | 12.3 | 19.5 | 14.3 |
| 4 | I | 22.7 | 20.1 | 14.6 | 17.6 | 12.5 | 10.9 |
| 5 | I | 22.3 | 17.1 | 11.8 | 14.3 | 8.8 | 15.8 |
| 6 | I | 21.8 | 15.8 | 10.5 | 11.8 | 10.5 | 13.2 |
| 8 | I | | 18.4 | 10.4 | 12.1 | 8.3 | 10.0 |
| 9 | I | | | 9.8 | | 7.5 | 13.5 |
| 10 | I | | 16.6 | 9.5 | 11.6 | 6.9 | 12.3 |
| 12 | I | | | 9.2 | | 8.6 | 11.2 |

除了改进效果很明显，另一个很明显的地方是改进的效果会基于是垂直翻转还是水平翻转而大不相同。因此，我们不做泛泛的评论，而是选择一个示例 CPU，并列出内存友好和内存不友好的结果来进行深入的研究。由于几乎每个 CPU 都展现出了相同的性能改进模式，因此讨论一个具有代表性的 CPU 不会产生误导。最好的选择是 CPU5，因为它的结果更丰富并可以将分析进行扩展，而非只针对几个核心。

## 3.7.1　imflipP.c 和 imflipPM.c 的性能比较

表 3-5 列出了 imflipP.c 和 imflipPM.c 在 CPU5 上的实验结果。内存友好的函数 MTFlipVM( ) 和 MTFlipHM( ) 与内存不友好的函数 MTFlipV( ) 和 MTFlipH( ) 之间的加速比（即"加速"）在新增加的一列中给出。很难做出类似"全面改善"的评论，因为这不是我们在这里看到的情况。水平方向和垂直方向的加速趋势差别很大，需要单独对它们进行评论。

表 3-5　imflipP.c 执行时间（表 3-2 中的 H、V 类型操作）与 imflipPM.c 执行时间（表 3-4 中的 I、W 类型操作）的比较

| 线程数 | CPU5 V | CPU5 W | 加速比 V → W | CPU5 H | CPU5 I | 加速比 H → I |
|---|---|---|---|---|---|---|
| 串行 | 181 | 5.24 | 34 × | 66 | 45.3 | 1.5 × |
| 2 | 104 | 3.51 | 30 × | 57 | 34.5 | 1.7 × |
| 3 | 75 | 2.78 | 27 × | 39 | 19.5 | 2 × |
| 4 | 54 | 1.57 | 34 × | 23 | 12.5 | 1.8 × |
| 5 | 35 | 1.47 | 24 × | 16 | 8.8 | 1.5 × |
| 6 | 35 | 1.69 | 20 × | 17 | 10.5 | 1.6 × |
| 8 | 26 | 1.45 | 18 × | 13 | 8.3 | 1.6 × |
| 9 | 25 | 1.45 | 17 × | 12 | 7.5 | 1.6 × |
| 10 | 23 | 1.45 | 16 × | 11 | 6.9 | 1.6 × |
| 12 | 28 | 1.33 | 21 × | 14 | 8.6 | 1.6 × |

### 3.7.2　速度提升：MTFlipV( ) 与 MTFlipVM( )

首先我们来看垂直翻转函数 MTFlipVM( )。从表 3-5 中的 MTFlipV( ) 函数（"V"列）转化到 MTFlipVM( ) 函数（"W"列）时有几点值得注意：

❑ 加速比会随着启动线程的数量而变化。

❑ 线程数越多，加速比可能会下降（34 倍降至 16 倍）。

❑ 即使线程数超过了 CPU 物理上可支持的线程数（例如，9、10），加速仍会继续。

### 3.7.3　速度提升：MTFlipH( ) 与 MTFlipHM( )

接下来，我们来看看水平翻转函数 MTFlipHM( )。以下是从表 3-5 中的 MTFlipH( ) 函数（"H"列）变化到 MTFlipHM( ) 函数（"I"列）时的观察结果：

❑ 与垂直系列相比，加速比的变化要小得多。

❑ 启动更多线程会稍微改变加速比，但确切的趋势很难量化。

❑ 几乎可以将加速比确定为"固定值 1.6"，稍微有一些小的波动。

### 3.7.4　理解加速：MTFlipH( ) 与 MTFlipHM( )

表 3-5 中的内容需要一点时间来消化。只有仔细阅读第 4 章后才能理解正在发生的事情。但是，在本章我们可以先做一些猜测。为了能够得到有根据的猜测，我们先来看看实际情况。首先，让我们解释一下为什么垂直和水平翻转系列会有不同，尽管这两个函数最终翻转了数量完全相同的像素。

比较代码 2.8 中的 MTFlipH( ) 和代码 3.1 中的内存友好版本 MTFlipHM( )，我们看到的唯一区别是本地缓冲，其他的代码是相同的。换句话说，如果这两个函数之间有任何的加速，则肯定是由缓冲引起的。所以，下面这种说法是很公正的：

---

- 本地缓冲使我们能够充分利用高速缓存，这导致了 1.6 倍的加速。
- 这个数字随线程数的增加而轻微地波动。

---

另一方面，将代码 2.7 中的 MTFlipV() 与代码 3.2 中的内存友好版本 MTFlipVM() 进行比较，我们看到函数从核心密集型转换为存储密集型。MTFlipV() 一次只处理一个字节的数据，并且保持核心的内部资源处于忙碌状态，而 MTFlipVM() 使用 memcpy() 的批量内存复制函数，并通过批量内存数据传输完成所有操作，这样有可能完全避免核心的参与。当你读取大块数据时，神奇的 memcpy() 函数可以从 DRAM 中非常高效地复制某些内容，就像我们在这里一样。这也符合表 3-3 中的 DRAM 效率规则。

如果这些说法是正确的，为什么提速现象会饱和？换句话说，当我们启动更多的线程时，为什么会得到更低的加速比？看起来不管线程数是多少，程序执行时间不会低于大约 1.5 倍的加速比。直觉上，这可以解释如下：

---

- 当程序是存储密集型时，其性能将严格地由内存的带宽决定。
- 我们似乎在大约 4 个线程时就达到了内存带宽的极限。

---

## 3.8 进程内存映像

在命令行提示符启动以下程序会发生什么？

imflipPM dogL.bmp Output.bmp V 4

首先，我们请求启动可执行程序 imflipPM（或 Windows 中的 imflipPM.exe）。为了启动这个程序（即开始执行），操作系统创建一个进程并为其分配一个进程 ID。当这个程序执行时，它需要三个不同的内存区域：

❑ 栈，用于存储函数调用时的返回地址和参数，包括传递给函数的参数，或从函数返回的参数。该区域自上而下（从高地址到低地址）增长，这是所有微处理器使用栈的方式。

❑ 堆，用于存放使用 malloc() 函数动态分配的内存内容。该内存区域沿着与栈相反的方向增长，以便操作系统使用每个可能的内存字节而不会与栈区冲突。

❑ 代码区，用于存储程序代码和程序中声明的常量。代码区是不能被修改的。程序中的常量存储在这里，因为它们也不需要被修改。

操作系统创建的进程内存映像如图 3-3 所示：首先，由于程序只启动了运行 main() 的单个线程，因此内存映像如图 3-3（左）所示。当用 pthread_create() 启动了四个线程后，内存映像如图 3-3（右）所示。即使操作系统决定将某个线程替换出去以允许另一个线程运行（即上下文切换），该线程的栈也会被保存。线程的上下文信息保存在同一片内存区域。此外，代码位于内存空间的底部，所有线程共享的堆区位于代码区之上。当线程经过调度得以重新运行，并完成上下文切换后，这些是它恢复工作所需要的全部内容。

第一次启动 imflipPM.c 时，操作系统不知道栈和堆的大小。这些都有默认的设置，你也可以修改这些默认设置。Unix 和 Mac OS 在命令提示符下使用参数来设定，而 Windows 通过单击右键修改应用程序属性来更改。由于程序员是最了解一个程序需要多少堆和栈的，应该给应用程序分配足够多的栈和堆区，以避免因无效内存地址访问而发生核心崩溃，这种情况大多由于内存的不同区域产生冲突而导致访问无效的内存地址。

让我们再看看我们最喜欢的图 2-1，它显示了 1499 个启动的线程和 98 个进程。这意味着操作系统内部启动的许多进程甚至所有线程都是多线程的，此时的内存映像类似于图 3-3。每个进程平均启动了 15 个线程，这些线程的活跃度都比较低。我们看到当 5、6 个线程在一段时间内超级活跃时会发生什么。在图 2-1 中，如果所有的 1499 个线程的活跃度都像迄今为止我们所写的线程那样高，那么你的 CPU 可能会窒息，你甚至无法在计算机上移动鼠标。

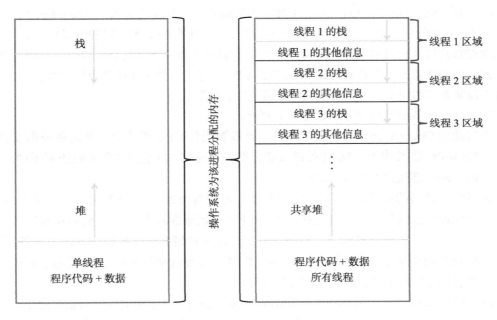

图 3-3　只有一个线程在运行时进程的内存映像（左）或多个线程在运行（右）时进程的内存映像

当涉及 1499 个线程时，还有一点需要注意：操作系统编写人员必须尽可能地将他们的线程设计得"瘦"一些，以避免操作系统影响应用程序的性能。换句话说，如果任何一个操作系统的线程在从**就绪**状态变为**运行**状态时产生过多的干扰，那么它们将使一些核心资源的负担过重，当你的线程与操作系统线程同时处于运行状态时，超线程机制将不能有效地工作。当然，并不是每项任务都可以被设计得非常"瘦"，刚才我对操作系统的描述也有一定的局限性。另一方面，应用程序的设计者也应该注意尽量使应用程序的线程"瘦"一些。我们只会简单地介绍这一点，因为本书不是一本关于 CPU 并行编程的书，而是一本关于 GPU 的书。当然，当我有机会介绍如何使 CPU 线程变得更"瘦"时，我会在书中阐述。

## 3.9 英特尔 MIC 架构：Xeon Phi

集成众核（Many Integrated Core，MIC）是一个与 GPU 类似的非常有趣的并行计算平台，它是英特尔为了与 Nvidia 和 AMD GPU 架构竞争而推出的一种架构。型号名为 Xeon Phi 的 MIC 体系结构包含很多与 x86 兼容的 inO 核心，这些核心可以运行的线程比 Intel Core i7 OoO 体系结构中标准的每核心两线程更多。例如，我将要测试的 Xeon Phi 5110P 处理器包含 60 个核心和 4 个线程 / 核心。因此，它能够执行 240 个并发线程。

与 Core i7 CPU 核心的工作频率接近 4 GHz 相比，每个 Xeon Phi 核心仅工作在 1.053 GHz，大约慢了近 4 倍。为了弥补这个不足，Xeon Phi 架构采用了 30 MB 的高速缓存，它有 16 个内存通道，而不是现代 core i7 处理器中的 4 个，并且它引入了 320 GBps 的内存带宽，比 Core i7 的内存带宽高出 5 ～ 10 倍。此外，它还有一个 512 位的向量引擎，每个时钟周期能够执行 8 个双精度浮点运算。因此，它具有非常高的 TFLOP（Tera-Floating Point Operating）处理能力。与其将 Xeon Phi 看作 CPU，将其归类为吞吐量引擎更为合适，该引擎旨在以非常高的速度处理大量数据（特别是科学数据）。

Xeon Phi 设备的使用方式通常有以下两种：

❑ 当使用 OpenCL 语言时，它"几乎"可以被当作 GPU 来使用。在这种操作模式下，Xeon Phi 将被视为 CPU 的外部设备，即一个通过 I/O 总线（在我们的例子中是 PCI Express）连接到 CPU 的设备。

❑ 当使用自己的编译器 icc 时，它"几乎"可以被当作 CPU 来使用。编译完成后，你可以远程连接到 mic0（即连接到 Xeon Phi 中轻量级操作系统），然后在 mic0 中运行代码。在这种操作模式下，Xeon Phi 仍然是一种拥有自己的操作系统的设备，因此必须将数据从 CPU 传输到 Xeon 的工作区。该传输使用 Unix 命令完成，scp（安全复制）命令将数据从主机传输到 Xeon Phi。

以下是在 Xeon Phi 上编译和执行 imflipPM.c 以获得表 3-6 中的性能数据的命令：

```
$ icc -mmic -pthread imflipPM.c ImageStuff.c -o imflipPM
$ scp imflipPM dogL.bmp mic0:~
$ ssh mic0
$ ./imflipPM dogL.bmp flipped.bmp H 60
Executing the multi-threaded version with 60 threads ...
Output BMP File name: flipped.bmp (3200 x 2400)
Total execution time: 27.4374 ms. (0.4573 ms per thread).
Flip Type = 'Horizontal' (H) (3.573 ns/pixel)
```

　　imflipPM.c 程序在 Xeon Phi 5110P 上运行的性能结果如表 3-6 所示。虽然从几个线程到多达 16 或 32 个线程，性能都有较好的提升，但性能提升的上限为 32 个线程。启动 64 个线程不会提供额外的性能改进。主要是因为我们的 imflipPM.c 程序中的线程太"胖"，以致无法充分利用每个核心中的多个线程。

表 3-6　imflipP.c（表 3-2 中的 H、V 类型翻转）与 imflipPM.c（表 3-4 中的 I、W 类型翻转）
　　　　在 Xeon Phi 5110P 上运行时间的比较

| Xeon Phi 线程数 | V | W | 加速比 V→W | H | I | 加速比 H→I |
|---|---|---|---|---|---|---|
| 串行 | 673 | 60.9 | 11× | 358 | 150 | 2.4× |
| 2 | 330 | 30.8 | 10.7× | 179 | 75 | 2.4× |
| 4 | 183 | 16.4 | 11.1× | 90 | 38 | 2.35× |
| 8 | 110 | 11.1 | 9.9× | 52 | 22 | 2.35× |
| 16 | 54 | 11.9 | 4.6× | 27 | 15 | 1.8× |
| 32 | 38 | 16.1 | 2.4× | 22 | 18 | 1.18× |
| 64 | 39 | 29.0 | 1.3× | 28.6 | 29.4 | 0.98× |
| 128 | 68 | 56.7 | 1.2× | 48 | 53 | 0.91× |
| 256 | 133 | 114 | 1.15× | 90 | 130 | 0.69× |
| 512 | 224 | 234 | 0.95× | 205 | 234 | 0.87× |

## 3.10　GPU 是怎样的

　　现在我们已经了解了 CPU 并行编程的故事，GPU 又是怎样的呢？我可以保证我们在 CPU 世界中学到的所有东西都适用于 GPU 世界。现在，想象你有一个可以运行 1000 个或更多核心/线程的 CPU。这就是最简单化的 GPU 故事。但是，如你所见，继续增加线程数并不容易，因为性能最终会在某个点之后停止提升。所以，GPU 不仅仅是一个拥有数千核心的 CPU。GPU 内部必须进行重大的架构改进，以消除本章刚刚讨论的各种核心和内存瓶颈问题。此外，即使在架构改进之后，GPU 程序员也需要承担更多的责任以确保程序不会遇到这些瓶颈。

　　本书的第一部分致力于理解什么是"并行思维"，实际上这还不够。你必须开始思考"大规模并行"。当我们在前面所示的例子中有 2 个、4 个或 8 个线程运行时，调整执行的顺序以便每个线程都能发挥作用并不是一件难事。但是，在 GPU 世界中，你将处理数千个线程。要理解如何在疯狂的并行世界中思考问题应该首先学习如何合理地调度 2 个线程！这就是为什么讲解 CPU 环境非常适合用来对学习并行性进行热身的原因，也是本书的理念。当你完成本书的第一部分时，你不仅学会了 CPU 的并行，而且也完全准备好去接受本书第二部分中介绍的 GPU 大规模并行。

　　如果你仍然没有信服，那么我可以告诉你：GPU 实际上可以支持数十万个线程，而不仅仅是数千个线程！相不相信？就好比 IBM 这样拥有数十万名员工的公司可以像只有 1 或 2 名员工的公司一样运行，而且 IBM 能够从中获益。但是，大规模并行程序需要极端严格的纪律和系统论方法。这就是 GPU 编程的全部内容。如果你已迫不及待地想去第二部分学习 GPU 编程，那么现在你就可以开始尝试。但是，除非你已经理解了第一部分介绍的概念，否则总会错过某些东西。

GPU 的存在给我们提供了强大的计算能力。比同类 CPU 程序速度快 10 倍的 GPU 程序要比仅快 5 倍的 GPU 程序好。如果有人可以重写这个 GPU 程序，并把速度提高 20 倍，那么这个人就是国王（或女王）。编写 GPU 程序的目标就是高速，否则没有任何意义。GPU 程序中有三件事很重要：速度，速度，还是速度！所以，本书的目标是让你成为编写超快 GPU 代码的 GPU 程序员。实现这个目标很难，除非我们系统地学习每一个重要的概念，这样当我们在程序中遇到一些奇怪的瓶颈问题时，可以解释并解决这些瓶颈问题。否则，如果你打算编写较慢的 GPU 代码，那么不妨花时间学习更好的 CPU 多线程技术，因为除非你的代码希望竭尽所能地提高速度，否则使用 GPU 没有任何意义。这就是为什么在整本书中我们都会统计代码运行的时间，并且找到让 GPU 代码更快的方法。

## 3.11　本章小结

现在我们基本了解了如何编写高效的多线程代码。下一步该做什么呢？首先，我们需要能够量化本章中讨论的所有内容：什么是内存带宽？核心如何真正运行？核心如何从内存中获取数据？线程如何共享数据？如果不了解这些问题，我们只能猜测为什么速度会有提升。

现在是量化所有这些问题并全面了解架构的时候了。这就是第 4 章将要介绍的内容。同样，尽管会有明显的不同，我们学到的所有 CPU 内容都可以很容易地应用到 GPU 世界，我将在不同之处出现时加以说明。

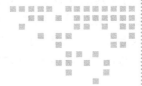

第 4 章　*Chapter 4*

# 理解核心和内存

当我们提到硬件架构时，指的是什么呢？

答案是：所有物质上存在的东西。"所有物质上存在的东西"包括什么？CPU、内存、I/O 控制器、PCIe 总线、DMA 控制器、硬盘控制器、硬盘、SSD、CPU 芯片组、USB 端口、网卡、CD-ROM 控制器、DVDRW……最大的问题是：作为程序员，我们需要关心哪些呢？

答案是：CPU 和内存，更具体地说，CPU 中的核心和内存。特别是如果你正在编写高性能计算程序（如本书中的程序），那么超过 99% 的程序性能将由这两样东西决定。由于本书主要针对的是高性能编程，因此我们将在本章详细介绍核心和内存。

## 4.1　曾经的英特尔

20 世纪 70 年代早期，一个名为英特尔（INTEL）的微型硅谷公司雇用了约 150 名雇员，在"微处理器"或"CPU"概念刚出现时，设计了一种可编程芯片。该芯片是一种可以执行存储在内存中的程序的数字设备。每个 CPU 都可以寻址一定数量的内存，这主要由 CPU 设计人员在设计时根据技术和商业上的限制因素来决定。

程序（也就是 CPU 指令）和数据（被输入程序）必须存储在某个地方。INTEL 设计的 4004 处理器拥有 12 位地址，能够寻址 4096（即 $2^{12}$）字节。每条信息存放在一个 8 位的单元中（一个字节）。因此，4004 可以执行一个如 1 KB 的程序，并且可以处理存放在剩余的 3 KB 中的数据。或者，也许有些用户只需要存储 1 KB 的程序和 1 KB 的数据，这样的话，他们必须购买相应的内存芯片并将其与 4004 相连。

尽管英特尔设计了相关的支持芯片，例如 I/O 控制器和内存控制器，以允许其客户将

4004 CPU 与他们在其他地方购买的内存芯片连接起来，但 INTEL 本身并不特别专注于制造内存芯片。起初看起来这可能有点违反直觉，但从商业角度来看很有道理。在 4004 发布时，至少需要六七个其他类型的接口芯片才能将其他重要设备正确地连接到 4004 CPU。在这六七种不同的芯片中，有一种非常特别：内存芯片。

## 4.2  CPU 和内存制造商

直到本书出版时，英特尔仍然如同三四十年前一样不生产内存芯片。内存制造领域的企业有金士顿科技、三星和 Crucial Technology 等。所以，从 4004 开始的趋势 40 多年来并未改变。尽管许多 CPU 制造商制造自己的支持芯片（芯片组），但内存制造商与 CPU 制造商仍然属于不同的企业。图 4-1 显示了一个配置了表 3-1 中 CPU5 的个人电脑的内部。该 CPU 是英特尔制造的 i7-5930K[10]。然而，这款电脑中的内存芯片（图 4-1 左上方）是由一家完全不同的制造商生产的：金士顿科技公司。GPU 制造商也没有什么意外：Nvidia 公司！ SSD（固态硬盘）由 Crucial Technology 制造。电源是 Corsair 的。具有讽刺意味的是，图 4-1 中 CPU 的水冷散热器也不是由英特尔制造的，它由生产机箱和电源的同一家公司生产（Corsair）。

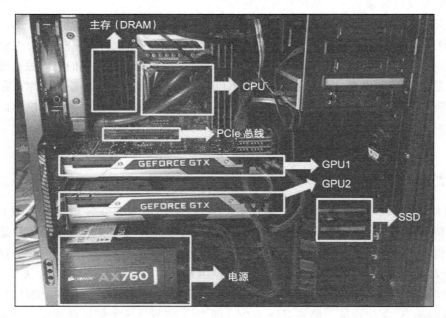

图 4-1  配置 i7-5930K 型 CPU[10]（表 3-1 中的 CPU5）和 64 GB DDR4 内存的计算机内部。该电脑配有 GTX Titan Z GPU，可以用来测试第二部分中的很多程序

支持芯片（后来被称为芯片组）由逻辑门、AND、OR、XOR 等构成。它们的主要成分是金属氧化物半导体（MOS）晶体管。例如，图 4-1 中的 X99 芯片组由英特尔制造（未在图

中标出）。该芯片还负责控制将 GPU 连接到 CPU 的 PCIe 总线（图 4-1 中标记），以及连接
到 SSD 的 SATA3 总线。

## 4.3  动态存储器与静态存储器

虽然 CPU 制造商对设计和制造芯片组很感兴趣，但为什么内存芯片如此特殊呢？为什
么 CPU 制造商对制造内存芯片没有兴趣？要回答这个问题，首先让我们看看不同类型的存
储器。

### 4.3.1  静态随机存取存储器（SRAM）

这种类型的存储器仍然是用 MOS 晶体管制造的，它们也是 CPU 和芯片组的基材。
CPU 制造商很容易将这种类型的内存集成到其 CPU 设计中，因为它们是由相同的材料制
成的。在第一代 CPU 出现之后大约 10 年，CPU 设计人员推出了一种可集成在 CPU 中的
SRAM——*高速缓冲存储器*（简称为高速缓存），它能够缓冲主存储器的一小部分数据。由
于大多数计算机程序需要以重复的方式访问一小部分数据，尽管 CPU 中只能集成非常少量
的此类内存，但引入高速缓存后加速效果仍然非常明显。

### 4.3.2  动态随机存取存储器（DRAM）

这种类型的存储器是制造大容量存储器的唯一选择。例如，截至目前，CPU 内置的高
速缓存只有 8 MB～30 MB，而 32 GB 主存（DRAM）的计算机已成为主流（相差 1000 倍）。
制造 DRAM 必须采用完全不同的技术：虽然芯片组和 CPU 的主要材料都是 MOS 晶体管，
但 DRAM 的主要构成是存储电荷的小电容。这些电荷在合适的接口电路配合下被解释为数
据。对于 DRAM 来说，有几件事非常不同：

- ❏ 由于电荷存储在非常小的电容中，因此它会在一段时间（如 50 ms）后泄漏。
- ❏ 由于这种泄漏，数据必须被读取并写回 DRAM（即刷新）。
- ❏ 考虑到刷新的缺点，允许逐字节访问数据是没有意义的。因此，数据一次以整行的
  方式访问（例如，一次 4 KB）。
- ❏ 尽管一旦完成读取，对该行的访问速度会非常快，但读取一行数据会有较长的延迟。
- ❏ 除了行访问外，DRAM 还有各种其他延迟，如行到行的延迟等。这些参数由企业联
  盟定义的内存接口标准指定。

### 4.3.3  DRAM 接口标准

CPU 制造商该如何控制其他公司生产的内存芯片的兼容性？答案是：*内存接口标准*。
从几十年前推出内存芯片的第一天开始，就需要定义内存芯片标准，例如，SDRAM、DDR
（双倍数据速率）、DDR2、DDR3，以及在 2015 年制定的 DDR4 标准（包含在图 4-1 所示的

个人电脑中）。这些标准是由一个大的芯片制造商联盟决定的，它定义了这些标准以及存储芯片的精确时序。如果存储器制造商设计的存储器完全符合这些标准，并且 INTEL 设计的 CPU 也完全兼容，则不需要由同一家公司生产这两种芯片。

在过去的 40 年里，主存始终是由 DRAM 构成的。每 2 ～ 3 年会有一个新的 DRAM 标准发布，让 DRAM 制造中那些令人兴奋的技术得以实用化。CPU 在不断发展，DRAM 也一样。但是，CPU 技术和 DRAM 技术的改进不仅遵循了不同的模式，对于 CPU 和 DRAM 来说也意味着不同的内容：

❑ 对于 CPU 而言，改进意味着每秒完成更多的工作。

❑ 对于 DRAM 而言，改进意味着每秒读取更多的数据（带宽）以及更多的存储（容量）。

CPU 制造商使用更好的架构设计，只要技术可用就尽可能地利用更多的 MOS 晶体管（从 130 nm、90 nm 一直到 2016 年的 14 nm），从而提升 CPU 的性能。另一方面，DRAM 制造商通过在相同面积的区域中封装更多的电容来提升存储容量。此外，能够通过新的标准（如 DDR3、DDR4）不断提高带宽。

### 4.3.4　DRAM 对程序性能的影响

对程序员来说，最重要的问题是：CPU 与 DRAM 制造技术的不同如何影响程序的性能？ 4.3 节中列出的 SRAM 与 DRAM 的特性在可预见的未来将保持不变。CPU 制造商会一直尝试通过使用更多基于 SRAM 的高速缓存来增加 CPU 内部的高速缓存容量，而 DRAM 制造商则会努力提高 DRAM 的带宽和存储容量。但它们不太关心对少量内存数据的访问速度，因为这可以通过增加 CPU 内部的缓存容量来弥补。DRAM 存取速度的特点如下：

❑ DRAM 一次访问一整行，因而行是 DRAM 内存的最小存取单位。现代 DRAM 中的行为 2 KB ～ 8 KB。

❑ 访问某一行需要一定的时间（延迟）。但是，一旦该行被访问（由 DRAM 引入内部的行高速缓存区内），访问该行就不再需要什么消耗。

❑ 访问 DRAM 的延迟为 CPU 的 200 ～ 400 个时钟周期，而访问同一行中后续的元素只需要几个时钟周期。

考虑到所有这些关于 DRAM 的特点，程序员应该明确的是：

---

● 按照下列方式编写程序：

i）应该以批量的方式访问远处的存储器，因为我们知道这些数据将存储在 DRAM 中。

ii）访问零碎数据应该保证高度的局部性和重用性，因为我们知道这些数据将存储在 SRAM（缓存）中。

iii）要特别注意多线程，因为内存只有一个，但对于多线程来说：并发的线程可能导致不良的 DRAM 访问模式，尽管它们在一个线程中看起来没问题。

---

### 4.3.5　SRAM 对程序性能的影响

由于主存（DRAM）只有一个，只要遵守表 3-3 中规定的规则并注意 4.3.4 节中的相关内容，就应该具有相当不错的 DRAM 性能。但是，由 SRAM 组成的高速缓冲存储器有些不同。首先，高速缓冲存储器有多种类型，这使得它们的设计具有层次性。对于像图 4-1 中个人电脑所示的 CPU 来说，它内置了三种不同类型的高速缓存：

❏ L1\$ 有 32 KB 的数据缓存（L1D\$）和 32 KB 的指令缓存（L1I\$）。L1\$ 的总容量是 64 KB。访问 L1\$ 的速度非常快（读取到使用的延迟为 4 个时钟周期）。每个核心都有自己独立的 L1\$。

❏ L2\$ 的容量是 256 KB，不分数据或指令。访问 L2\$ 也相当快（11 ～ 12 个时钟周期）。每个核心都有自己独立的 L2\$。

❏ L3\$ 的容量为 15 MB。访问 L3\$ 比访问 DRAM 快，但比访问 L2\$ 慢得多（约为 22 个时钟周期）。所有核心共享 L3\$（该 CPU 有 6 个核心）。

L1\$、L2\$ 和 L3\$ 中数据的载入和替换完全由 CPU 控制，不受程序员的控制。但是，程序员可以通过将数据操作限制在一个较小的循环中来充分利用高速缓存的作用。

相反，如果违背了缓存效率规则，程序员几乎可以使缓存机制毫无用处。

利用缓存的最佳方式是了解每个高速缓存层次的确切大小，并尽量使程序保持在这些范围内。

考虑到 SRAM 的特点，程序员应该明确的是：

---

● 为了利用高速缓存，应该让你的程序：

i)　每个线程尽量重复地访问 32 KB 范围内的数据。

ii)　尽可能将更大范围的访问限制在 256 KB 内。

iii)　在考虑所有启动的线程时，尽量将整体的数据访问规模限制在 L3\$ 范围内（例如 15 MB）。

iv)　如果必须超出此范围，请确保在超出该范围之前 L3\$ 的使用率很高。

---

## 4.4　图像旋转程序：imrotate.c

我们介绍了很多关于高速缓存（SRAM）和主存（DRAM）的内容，现在是时候好好利用它们了。在本节中，介绍一个将图像旋转指定角度的程序 imrotate.c。该程序会给 CPU 的核心和内存带来很大的挑战，从而让我们理解这两者对程序整体性能的影响。我们将讨论由于核心或内存负担过重而导致的性能瓶颈问题，并改进这个程序。改进的程序 imrotateMC.c 是 imrotate.c 的内存友好（M）版本和核心友好（C）版本，它将通过多个步骤以递增的方式实现各种改进，每一步都将详细讨论。

### 4.4.1 imrotate.c 的说明

imrotate.c 的目的是创建一个既是内存密集型又是核心密集型的程序。imrotate.c 以图 4-2 所示的图像（左上）为输入，并将其顺时针旋转一个指定的角度（以度为单位）。该程序的输出示例如图 4-2 所示：旋转 +10°（右上），旋转 +45°（左下），旋转 −75°（右下）。这些角度都是顺时针的，因此最后旋转 −75° 等价于逆时针旋转 +75°。要运行该程序，请使用以下命令行：

imrotate InputfileName OutputfileName [degrees] [1-128]

其中 degrees 指定了顺时针旋转的度数，下一个参数 [1-128] 是要启动的线程数量，与前面的程序类似。

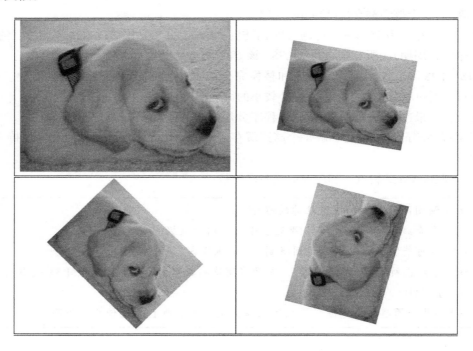

图 4-2　imrotate.c 程序将图像旋转指定的角度：初始的狗（左上），顺时针旋转 +10°（右上）、
+45°（左下）和 −75°（右下）。缩放是为了避免裁剪原始图像区域

### 4.4.2 imrotate.c：参数限制和简化

为了避免不必要的麻烦和注意力被分散到不相关的问题上，必须对程序进行一些简化，包括：

❑ 对于宽度和高度不相等的矩形图像，旋转后图像的底部会在原始图像区域外。

❑ 为了避免裁剪，对结果图像进行缩放，以保证其始终适合原始尺寸。

❑ 缩放会在结果图像中产生空白区域（用 RGB = 000 的黑色像素填充空白像素）。

❑ 缩放程度不是自适应的，在程序开始时就确定了缩放量，这样对于某些旋转角度来说会留下更多的空白区域，正如图 4-2 中表明的那样。

### 4.4.3 imrotate.c：实现原理

通过将原始坐标 $(x, y)$ 乘以旋转矩阵，得到旋转后的坐标 $(x', y')$ 来实现像素的旋转，如下所示：

$$\begin{bmatrix} x' \\ y' \end{bmatrix} = \begin{bmatrix} \cos\theta & \sin\theta \\ -\sin\theta & \cos\theta \end{bmatrix} \times \begin{bmatrix} x \\ y \end{bmatrix} \tag{4.1}$$

其中 $\theta$ 是旋转角度（以弧度指定，$\theta_{rad}$），可以从用户指定的度数转换而来：

$$\theta = \theta_{rad} = \frac{2\pi}{360} \times \theta_{deg} \tag{4.2}$$

当像素的最终坐标 $(x', y')$ 被确定时，该像素的所有三个颜色分量 RGB 被移动到 $(x', y')$ 位置。图像的缩放（更准确地说，预缩放）通过以下公式完成：

$$d = \sqrt{w^2 + h^2} \Rightarrow \begin{cases} \text{ScaleFactor} = \dfrac{w}{d}, & h > w \\ \text{ScaleFactor} = \dfrac{h}{d}, & w \leq h \end{cases} \tag{4.3}$$

其中，宽度和高度分别是之前介绍的 Hpixels 和 Vpixels 属性。缩放比例因子的确定准则是避免式 4.3 中的任何一个值因为过大而需要进行图像裁剪。该程序需要关注的一个地方是，如果不使用额外的存储单元就无法简单地实现旋转。为此，在 ImageStuff.c 中引入了一个名为 CreateBlankBMP( ) 的附加图像函数（如代码 4.1 所示），并将其声明放在 ImageStuff.h 中。

---

**代码 4.1：ImageStuff.c CreateBlankBMP( ){...}**

CreateBlankBMP( ) 函数创建一个由零填充（空白像素）的图像。

---

```
unsigned char** CreateBlankBMP()
{
int i,j;

    unsigned char** img=(unsigned char **)malloc(ip.Vpixels*sizeof(unsigned char*));
    for(i=0; i<ip.Vpixels; i++){
       img[i] = (unsigned char *)malloc(ip.Hbytes * sizeof(unsigned char));
       memset((void *)img[i],0,(size_t)ip.Hbytes); // 将每个像素值设置为 0
    }
    return img;
}
```

---

**代码 4.2：imrotate.c　… main(){…**

imrotate.c 中 main( ) 函数的第一部分将用户提供的旋转度数转换为弧度，并调用 Rotate( ) 函数旋转图像。

---

```c
#include <pthread.h>
#include <stdint.h>
#include <ctype.h>
#include <stdlib.h>
#include <stdio.h>
#include <string.h>
#include <math.h>
#include <sys/time.h>
#include "ImageStuff.h"
#define REPS        1
#define MAXTHREADS 128
long            NumThreads;              // 线程总数
int             ThParam[MAXTHREADS];     // 线程参数
double          RotAngle;                // 旋转角度
pthread_t       ThHandle[MAXTHREADS];    // 线程句柄
pthread_attr_t  ThAttr;                  // Pthread 属性
void* (*RotateFunc)(void *arg);          // 旋转 img 的函数指针
unsigned char** TheImage;                // 主图像
unsigned char** CopyImage;               // 图像副本
struct ImgProp  ip;
...
int main(int argc, char** argv)
{
  int             RotDegrees, a, i, ThErr;
  struct timeval  t;
  double          StartTime, EndTime, TimeElapsed;

  switch (argc){
    case 3 : NumThreads=1;                RotDegrees=45;                break;
    case 4 : NumThreads=1;                RotDegrees=atoi(argv[3]);     break;
    case 5 : NumThreads=atoi(argv[4]);    RotDegrees = atoi(argv[3]);   break;
    default: printf("\n\nUsage: imrotate inputBMP outputBMP [RotAngle] [1-128]");
             printf("\n\nExample: imrotate infilename.bmp outname.bmp 45 8\n\n");
             printf("\n\nNothing executed ... Exiting ...\n\n");
             exit(EXIT_FAILURE);
  }
  if((NumThreads<1) || (NumThreads>MAXTHREADS)){
    printf("\nNumber of threads must be between 1 and %u... \n",MAXTHREADS);
    printf("\n'1' means Pthreads version with a single thread\n");
    printf("\n\nNothing executed ... Exiting ...\n\n");    exit(EXIT_FAILURE);
  }
  if((RotDegrees<-360) || (RotDegrees>360)){
    printf("\nRotation angle of %d degrees is invalid ...\n",RotDegrees);
    printf("\nPlease enter an angle between -360 and +360 degrees ...\n");
    printf("\n\nNothing executed ... Exiting ...\n\n");    exit(EXIT_FAILURE);
  }
  ...
```

**代码 4.3: imrotate.c main() …}**

imrotate.c 中 main( ) 函数的第二部分创建一个空白图像并启动多线程来旋转 TheImage[], 然后将其存放在 CopyImage[] 中。

```
...
if((RotDegrees<-360) || (RotDegrees>360)){
    ...
}
printf("\nExecuting the Pthreads version with %u threads ...\n",NumThreads);
RotAngle=2*3.141592/360.000*(double) RotDegrees; // 将角度转换为弧度
printf("\nRotating %d deg (%5.4f rad) ...\n",RotDegrees,RotAngle);
RotateFunc=Rotate;

TheImage = ReadBMP(argv[1]);
CopyImage = CreateBlankBMP();
gettimeofday(&t, NULL);
StartTime = (double)t.tv_sec*1000000.0 + ((double)t.tv_usec);
pthread_attr_init(&ThAttr);
pthread_attr_setdetachstate(&ThAttr, PTHREAD_CREATE_JOINABLE);
for(a=0; a<REPS; a++){
    for(i=0; i<NumThreads; i++){
        ThParam[i] = i;
        ThErr = pthread_create(&ThHandle[i], &ThAttr, RotateFunc,
                        (void *)&ThParam[i]);
        if(ThErr != 0){
            printf("\nThread Creation Error %d. Exiting abruptly... \n",ThErr);
            exit(EXIT_FAILURE);
        }
    }
    pthread_attr_destroy(&ThAttr);
    for(i=0; i<NumThreads; i++){ pthread_join(ThHandle[i], NULL); }
}
gettimeofday(&t, NULL);
EndTime = (double)t.tv_sec*1000000.0 + ((double)t.tv_usec);
TimeElapsed=(EndTime-StartTime)/1000.00;
TimeElapsed/=(double)REPS;
// 与文件头合并后写入文件
WriteBMP(CopyImage, argv[2]);

// 释放为图像分配的存储区域
for(i = 0; i < ip.Vpixels; i++) { free(TheImage[i]); free(CopyImage[i]); }
free(TheImage); free(CopyImage);
printf("\n\nTotal execution time: %9.4f ms. ",TimeElapsed);
if(NumThreads>1) printf("(%9.4f ms per thread). ",
                        TimeElapsed/(double)NumThreads);
printf("\n (%6.3f ns/pixel)\n",
        1000000*TimeElapsed/(double)(ip.Hpixels*ip.Vpixels));
return (EXIT_SUCCESS);
}
```

**代码 4.4：imrotate.c Rotate( ){…}**

Rotate( ) 函数从 TheImage[] 数组读取每个像素，对其进行缩放，应用公式 4.1 中的旋转矩阵，并将新像素写入 CopyImage[] 数组。

```c
void *Rotate(void* tid)
{
    long        tn;
    int         row,col,h,v,c, NewRow,NewCol;
    double      X, Y, newX, newY, ScaleFactor, Diagonal, H, V;
    struct      Pixel pix;

    tn = *((int *) tid);
    tn *= ip.Vpixels/NumThreads;

    for(row=tn; row<tn+ip.Vpixels/NumThreads; row++)
    {
        col=0;
        while(col<ip.Hpixels*3){
            // 将图像坐标转换为直角坐标
            c=col/3;      h=ip.Hpixels/2; v=ip.Vpixels/2; // 整数除法
            X=(double)c-(double)h;
            Y=(double)v-(double)row;

            // 图像旋转矩阵
            newX=cos(RotAngle)*X-sin(RotAngle)*Y;
            newY=sin(RotAngle)*X+cos(RotAngle)*Y;

            // 将所有内容缩放进图像的包围盒
            H=(double)ip.Hpixels;
            V=(double)ip.Vpixels;
            Diagonal=sqrt(H*H+V*V);
            ScaleFactor=(ip.Hpixels>ip.Vpixels) ? V/Diagonal : H/Diagonal;
            newX=newX*ScaleFactor;
            newY=newY*ScaleFactor;

            // 从直角坐标转换回图像坐标
            NewCol=((int) newX+h);
            NewRow=v-(int)newY;
            if((NewCol>=0) && (NewRow>=0) && (NewCol<ip.Hpixels)
                                    && (NewRow<ip.Vpixels)){
                NewCol*=3;
                CopyImage[NewRow][NewCol] = TheImage[row][col];
                CopyImage[NewRow][NewCol+1] = TheImage[row][col+1];
                CopyImage[NewRow][NewCol+2] = TheImage[row][col+2];
            }
            col+=3;
        }
    }
    pthread_exit(NULL);
}
```

## 4.5　imrotate 的性能

表 4-1 列出了 imrotate.c 在表 3-1 中的 CPU 上的执行时间。

表 4-1　imrotate.c 在表 3-1 中的 CPU 上的执行时间（旋转 +45°）

| HW 线程数 | 2C/4T<br>i5-4200M<br>CPU1 | 4C/8T<br>i7-960<br>CPU2 | 4C/8T<br>i7-4770K<br>CPU3 | 4C/8T<br>i7-3820<br>CPU4 | 6C/12T<br>i7-5930K<br>CPU5 | 8C/16T<br>E5-2650<br>CPU6 |
|---|---|---|---|---|---|---|
| SW 线程数 | | | | | | |
| 1 | 951 | 1365 | 782 | 1090 | 1027 | 845 |
| 2 | 530 | 696 | 389 | 546 | 548 | 423 |
| 3 | 514 | 462 | 261 | 368 | 365 | 282 |
| 4 | 499 | 399 | 253 | 322 | 272 | 227 |
| 5 | 499 | 422 | 216 | 295 | 231 | 248 |
| 6 | | 387 | 283 | 338 | 214 | 213 |
| 8 | | 374 | 237 | 297 | 188 | 163 |
| 9 | | | 237 | | 177 | 199 |
| 10 | | 341 | 228 | 285 | 163 | 201 |
| 12 | | | 217 | | 158 | 171 |

### 4.5.1　线程效率的定性分析

这是执行顺时针旋转图像 +45° 的结果。除了比相应的水平 / 垂直翻转程序慢得多以外，从表 4-1 还可以看出一些问题：

- 看一下 CPU5 的表现（图 4-1 中的个人计算机内的 CPU），其性能的提升看上去还是比较持续和稳定的，尽管线程效率随着硬件线程（表 4-1 中的 HW 线程）数量的增加而显著下降。
- 这是我们看到的第一个似乎利用了 6C/12T CPU（CPU5）的所有 12 个硬件线程的程序，尽管线程效率因软件线程（表 4-1 中的 SW 线程）数量过多而下降。
- 尽管某些 CPU 最初具有相对优势（例如，CPU3 的 788 ms），但与具有较多 HW 线程的 CPU 相比，随着 SW 线程数量的增加，丧失了这一优势（例如，CPU5 上用 8 个软件线程的速度更快，计算时间为 188 ms，而 CPU3 的计算时间为 237 ms）。
- 现在暂时忽略 CPU6，因为亚马逊环境是一个多用户环境，解释性能不是那么简单。

### 4.5.2　定量分析：定义线程效率

定义一个多线程效率（或简称为线程效率）的度量标准来量化软件线程数量的增加如何提高程序性能是非常有用的。如果以表 4-1 中的 CPU5 为例，并以 1027 ms 的单线程执行时间为基准（即效率值为 100%），那么当我们启动两个线程时，理想情况下期望的执行时间下降为一半（1027/2=513.5 ms）。但是，我们看到的是 548 ms。表现还不错，但只达到期望性能的 94%。

换句话说，启动额外的线程可以缩短执行时间，但会影响 CPU 的效率。量化该效率度量（$\eta$）非常简单，如公式 4.4 所示。公式 4.4 的一个推论是并行化的开销可以由公式 4.5 定义。

$$\eta= 线程效率 = \frac{单线程执行时间}{N \text{个线程的执行时间} \times N} \qquad (4.4)$$

$$并行开销 = 1- 线程效率 = 1-\eta \qquad (4.5)$$

在我们的例子中，在 CPU5 中启动 2 个线程需要 6% 的开销（即 $1-0.94 = 0.06$）作为并行化的代价。表 4-2 列出了 imrotate.c 在 CPU3 和 CPU5 上的线程效率。CPU3 有 4 个核心、8 个硬件线程，其峰值 DRAM 内存带宽为 25.6 GBps（千兆字节每秒），如表 3-1 所示。另一方面，CPU5 有 6 个核心、12 个硬件线程，其峰值 DRAM 内存带宽为 68 GBps。内存带宽增加应该允许更多的硬件线程更快地将数据读入核心，从而避免当大量启动的软件线程同时向 DRAM 主存请求数据时发生内存带宽饱和。表 4-2 的观察结果恰恰表明了这一点。

表 4-2　运行在 CPU3、CPU5 上的 imrotate.c 的线程效率（$\eta$）和并行开销（$1-\eta$）。最后一列报告了使用具有更多核心 / 线程的 CPU5 的加速比，尽管启动的 SW 线程数小于 6 时没有产生加速

| SW 线程数 | CPU3：i7-4770K 4C/8T | | | CPU5：i7-5930K 6C/12T | | | 加速比 CPU5 → CPU3 |
|---|---|---|---|---|---|---|---|
| | 时间 | $\eta$ | $1-\eta$ | 时间 | $\eta$ | $1-\eta$ | |
| 1 | 782 | 100% | 0% | 1027 | 100% | 0% | 0.76 × |
| 2 | 389 | 100% | 0% | 548 | 94% | 6% | 0.71 × |
| 3 | 261 | 100% | 0% | 365 | 94% | 6% | 0.72 × |
| 4 | 253 | 77% | 23% | 272 | 95% | 5% | 0.93 × |
| 5 | 216 | 72% | 28% | 231 | 89% | 11% | 0.94 × |
| 6 | 283 | 46% | 54% | 214 | 80% | 20% | 1.32 × |
| 8 | 237 | 42% | 58% | 188 | 68% | 32% | 1.26 × |
| 9 | 237 | 41% | 69% | 177 | 65% | 35% | 1.34 × |
| 10 | 228 | 34% | 66% | 163 | 63% | 37% | 1.4 × |
| 12 | 217 | 30% | 70% | 158 | 54% | 46% | 1.37 × |

在表 4-2 中，当我们启动更多的软件线程时，虽然线程效率（$\eta$）下降对于两个 CPU 都很明显，但 CPU5 的下降程度要小得多。如果我们认为 89% 是"高效"的，那么从表 4-2 中可以看出，CPU3 在 3 个软件线程时是高效的，而 CPU5 在 5 个软件线程时是高效的。或者，如果我们将 67% 定义为"非常低效"（即浪费 3 个线程中的 1 个），那么 CPU3 在超过 5 个线程时会变得非常低效，而 CPU5 在超过 8 个线程时会变得非常低效。

为了能对 CPU3 和 CPU5 进行直接的性能比较，在表 4-2 的最后一列显示了在 CPU5（性能应该更高）和 CPU3 上运行相同的程序时获得的加速比。当启动的软件线程数低于 5 个（即在 CPU3 开始变得非常低效之前）时，我们看到 CPU3 击败了 CPU5。但是，当启动

的软件线程数超过 5 个时，CPU5 击败了任何线程数的 CPU3。这个原因与核心和内存有关，我们将在下一节中学习。imrotate.c 程序由于设计上的原因，本身效率很低，没有充分利用 CPU5 的先进架构。

很快我们就会涉及架构细节，但现在可以确定的是，尽管 CPU 是新一代的，也不意味着每个程序在它上面都能更快地工作。新一代 CPU 架构的改进通常适用于写得很好的程序。像 imrotate.c 这样容易导致内存和核心访问模式不稳定的程序，将不会从新一代 CPU 架构改进中受益。INTEL 给程序员的信息很明确：

- 当遵守表 3-3 中的规则时，新一代的 CPU 和内存总能更有效地工作。
- 这些规则对下一代产品的影响将继续增加。
- CPU 说：如果你是一个糟糕的程序设计师，我就会成为一个糟糕的 CPU！

## 4.6　计算机的体系结构

在本节中，我们将详细介绍 CPU 和内存中发生的事情。理解了这些之后，我们将改进 imrotate.c 程序的结果。如前所述，代码 4.4 中名为 Rotate( ) 的函数对于该程序的性能至关重要。所以，我们将只对该函数进行改进。为了做到这一点，让我们了解在运行时执行该函数会发生什么。

### 4.6.1　核心、L1\$ 和 L2\$

首先，我们来看一下 CPU 核心的结构。以 i7-5930K 为例（表 4-2 中的 CPU5），图 4-3 显示了 i7-5930K 核心的内部结构。每个核心都有一个 64 KB 的 L1 和一个 256 KB 的 L2 高速缓存。让我们来看看这些高速缓存的功能：

❏ L1\$ 分为 32 KB 的指令缓存（L1I\$）和 32 KB 的数据缓存（L1D\$）。与 L2\$ 和 L3\$ 相比，这两个高速缓存都是最快的。访问它们只需要几个 CPU 时钟周期（例如 4 个时钟周期）。

❏ L1I\$ 存储最近使用的 CPU 指令，以避免连续不断地读取那些已被读取的内容，存储指令的副本称为缓存。

❏ L1D\$ 用于缓存数据的副本，例如从内存中读取的像素。

❏ L2\$ 用于缓存指令或数据。它是第二快的高速缓存。处理器访问 L2\$ 大约需要 11 个时钟周期。这就是为什么 L1\$ 缓存中的内容总是先通过 L2\$。

❏ 来自 L3\$ 的数据或指令首先进入 L2\$，然后进入 L1\$。如果高速缓存控制器确定它不再需要某些数据，则将其清除（即将其从缓存中替换出去）。然而，由于 L2\$ 大于 L1\$，被替换出去的数据 / 指令的副本可能仍然在 L2\$ 中，并且可以重新载入 L1\$。

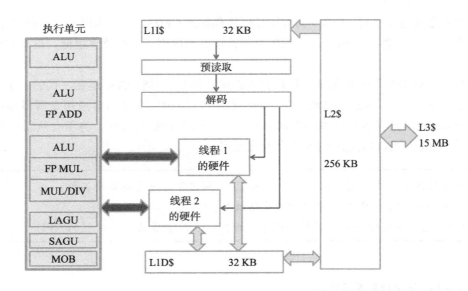

图 4-3 i7-5930K 型 CPU 的一个核心的架构（图 4-1 中的 PC）。该核心能够执行两个线程（即英特尔定义的超线程）。这两个线程共享大部分核心资源，但拥有各自的寄存器文件

## 4.6.2 核心内部资源

图 4-3 中的一个重要发现是，尽管该核心能够执行两个线程，但这两个线程共享 90% 的核心资源，自己只拥有非常少量的专有硬件。专有硬件主要是独立的寄存器文件。由于每个线程执行不同的指令（例如，不同的函数）并产生可能完全不相关的结果，因此每个线程（如图 4-3 所示的线程 1 和线程 2）需要专有寄存器来保存其结果。例如，当一个线程正在执行 Rotate() 函数时，另一个线程可能正在执行一个操作系统的函数，与我们的 Rotate() 函数完全无关。一个例子是当操作系统处理刚刚到达的网络数据包时，我们则正在运行 Rotate() 函数。图 4-3 显示了该核心架构的效率。这两个线程在核心中共享以下部件：

- ❏ 两个线程共享 L2$，可以通过 L3$ 接收来自主存的指令（将很快解释 L3$）。
- ❏ 两个线程共享 L1I$，接收属于各自线程的来自 L2$ 的指令。
- ❏ 两个线程共享 L1D$，可以接收或发送各自线程的数据。
- ❏ 执行单元分为两类：ALU（算术逻辑单元）负责整数操作和逻辑操作（如 OR、AND、XOR 等）。FPU（浮点单元）负责浮点（FP）操作，例如 FP ADD 和 FP MUL（乘法）。除法（无论是整数还是浮点数）比加法和乘法复杂得多，所以有一个独立的除法单元。所有这些执行单元都由两个线程共享。
- ❏ 在每一代 CPU 中，越来越复杂的计算单元被用作共享执行单元。但是，需要多个单元协同工作来应对两个线程都可能执行的公共操作，例如 ALU。此外，图 4-3 过于简化，每一代 CPU 的具体细节可能有所改变。然而，在过去三四十年的 CPU 设计

中，ALU-FPU 的功能独立从未改变过。

❑ 必须计算两个线程各自生成的地址，以便将两个线程各自的数据写回内存。对于地址计算，两个线程共享读取和存储地址生成单元（LAGU 和 SAGU），以及目标内存地址控制单元（MOB）。

❑ 指令被预读取，经过一次解码，发送到所有者线程。因此，预读取部件和解码部件由两个线程共享。

❑ 一些缩略语是：

ALU= 算术逻辑单元

FPU= 浮点单元

FPMUL= 浮点专用乘法器

FPADD = FP 加法器

MUL/DIV = 专用乘法器 / 除法器

LAGU= 读取地址生成单元

SAGU= 存储地址生成单元

MOB= 内存顺序缓冲区

图 4-3 给出的最重要的信息如下：

---

● 如果一个核心中的两个线程同时请求完全相同的共享核心资源，程序性能将受到影响。

● 例如，如果两个线程都需要大量的浮点运算，它们会给浮点处理资源带来很大压力。

● 在数据方面，如果两个线程都是存储密集型的，它们将给 L1D$ 或 L2$ 乃至最终给 L3$ 和内存带来压力。

---

## 4.6.3　共享 L3 高速缓存（L3 $）

图 4-4 显示了 i7-5930K 型 CPU 的内部架构。该 CPU 包含 6 个核心，每个核心可以执行 2 个线程，如 4.6.2 节所述。每个核心中的这些 "孪生" 线程和平共享其内部资源，所有 12 个线程共享 15 MB 的 L3$。L3$ 的影响非常大，INTEL 将 CPU 芯片面积的 20% 用于 L3$。尽管每个核心平均可以获得大约 2.5 MB，但对 L3$ 需求更强烈的核心可能占用 L3$ 的大部分。i7-5930K 内的 L3$ 缓存设计被 INTEL 称为智能缓存，完全由 CPU 管理。

尽管程序员（也即程序）无法直接控制高速缓存来管理其数据，但是通过控制程序的数据访问模式可以提高高速缓存的效率。线程的数据存取模式决定了访问 DRAM 的模式，正如在代码 3.1 和代码 3.2 的开发中所强调的那样。

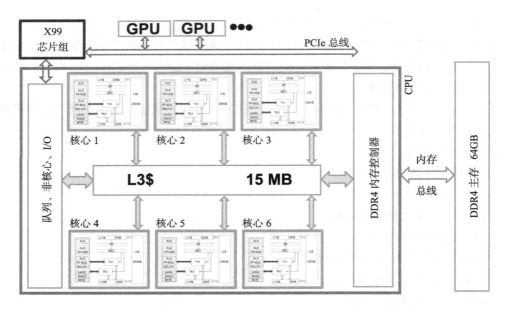

图 4-4 i7-5930K 型 CPU 架构（6C/12T）。该 CPU 通过外部 PCIe 总线连接到 GPU，通过内存
总线与内存相连

### 4.6.4 内存控制器

从核心到内存没有直接的访问路径。从 DRAM 传输到核心的任何内容都必须先通过
L3$。 DRAM 存储器的操作时序非常复杂（无论是 DDR2、DDR3 还是 DDR4），i7-5930K
型 CPU 架构将 18% 的芯片面积用于称为内存控制器的单元。内存控制器对来自 L3$ 的
数据进行缓冲及合并，以减轻由 DRAM 的块传输特性所导致的低效率。此外，内存控制
器负责将 L3$ 和 DRAM 之间的数据流转换为目的设备所需的适当格式（无论是 L3$ 还是
DRAM）。例如，当 DRAM 以行为单位处理数据时，L3$ 是相关联的一次读取一行数据的
缓存单元。

### 4.6.5 主存

图 4-1 中的个人电脑所配备的 64 GB DDR4 DRAM 内存能够提供峰值为 68 GBps 的数
据吞吐量。只有当程序正在读取大量连续的数据块时才能达到这么高的吞吐量。到目前为
止，我们所学习的所有程序中，离这个指标有多近？让我们来查找一下。迄今为止我们编
写的最快的程序是 imflipPM.c，它将 MTFlipVM() 函数作为其最内层循环，如代码 3.2 所
示。执行结果如表 3-4 所示。CPU5 能够在 1.33 ms 内完成图像翻转。如果我们分析最内层
的循环，概括起来就是，MTFlipVM() 函数读取整个图像（即读取 22 MB）并将垂直翻转后
的图像写回文件（另一个 22 MB）。所以总体上，这是一个 44 MB 的数据传输。使用 12 个

线程，imflipPM.c 能够在 1.33 ms 内完成整个操作。

如果我们在 1.33 ms 内传输了 44 MB，那么这种数据传输率说明了什么？

$$带宽利用率 = \frac{传输的数据}{需要的时间} \Rightarrow \frac{44\ \text{MB}}{1.33\ \text{ms}} \approx 33\ \text{GBps（CPU5）} \tag{4.6}$$

虽然这只达到了 CPU5 68 GBps 峰值内存带宽的 49%，但它比我们在本书中见过的其他任何程序都更接近峰值。这个计算也阐明了另一个事实，即增加该程序的线程数并不像其他程序那么有效，因为内存总线的带宽已经接近饱和了，如图 4-4 所示。我们知道无法超过 68 GBps，因为内存控制器（和内存）根本无法这么快速地传输数据。

现在，一个自然而然的问题是与其他 CPU 进行比较。为什么不与 CPU3 比呢？因为在 CPU3 和 CPU5 上运行的 MTFlipVM() 函数完全相同，所以运行 MTFlipVM() 时，我们可以预期 CPU3 也会遇到类似的内存带宽饱和问题。从表 3-4 中可以看出，CPU3 的执行时间比 2.66 ms 长，这相当于 16.5 GBps 的内存带宽。从表 3-1 可以知道 CPU3 的内存带宽峰值为 25.6 GBps。所以在运行同一个程序时，CPU3 实际上达到了峰值带宽的 65%。CPU3 和 CPU5 之间的区别在于 CPU3 所在的电脑具有 DDR3 的内存：DDR3 更适合较小的数据块传输，而 CPU5 所在电脑中的 DDR4 内存旨在高效地传输更大的块，提供更高的带宽。这引出了一个问题，即如果我们增加了缓冲区的大小并使每个线程负责处理更大的块，CPU5 是否会做得更好？答案是肯定的，将在第 5 章中给出一个例子。这里的问题是，如果 Yugo 车和保时捷都以 30 英里 / 小时⊖的速度行驶，没办法比较它们！直到速度超过 80 英里 / 小时的时候，你才会看到两者的区别！

代码 3.2 几乎没有达到 CPU5 峰值带宽的一半。要想达到峰值带宽需要更多的工作。首先，每个 DRAM 都要有一个完美的"行尺寸"（之前称之为"块尺寸"，它对应于 DRAM 的某些物理特征）。尽管代码 3.2 在大块数据传输时做得很好，但我们不确定这些数据块的尺寸是否与 DRAM 的最佳块尺寸完全匹配。此外，由于多个线程同时请求数据，因此它们可能会破坏数据访问的良好模式，而以较少的线程运行时也许不会。从表 3-4 中可以很容易地看出，较多的线程数量有时会导致性能下降。找出最佳的块尺寸工作留给读者作为练习，当我们进入 GPU 编码部分时，将详细地分析 GPU 的 DRAM 细节。CPU 的 DRAM 和 GPU 的 DRAM 在操作上几乎完全相同，但 GPU 需要向大量的线程并行地提供数据，这里还是存在一些差异。

## 4.6.6 队列、非核心和 I/O

根据英特尔的专业术语，核心通过 CPU 中被称为非核心的部分连接到外部世界。非核心包含不属于核心的 CPU 部分，但必须位于 CPU 内部才能实现高性能。内存控制器和 L3$ 缓存控制器是非核心功能中最重要的两个组件。PCIe 控制器位于针对此 CPU 设计的

---

⊖　1 英里 / 小时 =0.447 04 米 / 秒。——编辑注

X99 芯片组内, 如图 4-4 所示。尽管 PCIe 总线由芯片组管理, 但 CPU 中有负责与芯片组连接的组件。

CPU 的这个组件占用了内部芯片面积的 22%, 负责在 PCIe 总线和 L3$ 之间进行排队并高效地传输数据。举例来说, 当我们在 CPU 和 GPU 之间传输数据时, 需要大量使用 CPU 的这个组件: X99 芯片组负责在 GPU 之间以及 GPU 与其自身之间传递 PCIe 数据。它还负责通过 CPU 的 "I/O" 部分在其自身和 CPU 之间传递同一批数据。我们可以有一个硬盘控制器、一块网卡或几个 GPU 连接到 I/O。

所以, 在本书后面描述数据传输时, 将关注内存、核心和 I/O。我们将要开发的程序是核心密集型、存储密集型或 I/O 密集型。通过查看图 4-4, 你可以了解它们的含义。核心密集型程序将大量地使用核心资源, 如图 4-3 所示。而存储密集型程序将大量地使用内存控制器, 如图 4-4 右侧所示。I/O 密集型程序将使用 CPU 的 I/O 控制器, 如图 4-4 左侧所示。

CPU 的这些部件可以并行工作, 所以一个程序可以同时是核心、内存和 I/O 密集型程序, 充分使用 CPU 的每个部分。唯一的问题是, 与仅使用其中一种资源相比, 高强度地同时使用所有资源可能会降低它们的速度。例如, 从主存传输到 GPU 的数据需要经过 L3$, 从而产生由 L3$ 引起的瓶颈。第二部分将详细描述这一点。

## 4.7 imrotateMC: 让 imrotate 更高效

让我们看一下表 4-1 中 imrotate.c 程序的执行时间。该程序中对性能影响最大的部分是名为 Rotate() 的最内层函数。在本节中, 我们将研究这个函数, 并改进其性能。我们将修改 main() 以允许运行名为 Rotate2() 的不同版本的 Rotate() 函数。我们会不断改进这个对程序性能有直接影响的函数, 并将它们分别命名为 Rotate3()、Rotate4()、Rotate5()、Rotate6() 和 Rotate7()。为了达到这个目标, 在我们的 imflip.c 程序中定义了一个名为 RotateFunc 的变量, 如下所示:

```
...
void* (*RotateFunc)(void *arg);  // 旋转图像的函数指针（多线程）
...
void *Rotate(void* tid)
{
  ...
}

int main(int argc, char** argv)
{
  ...
  RotateFunc=Rotate;
  ...
}
```

为了不断改进该函数, 我们将设计该函数的不同版本, 并允许用户通过命令行选择所需要执行的函数。要运行 imrotateMC.c 程序，可以使用以下命令行：

imrotateMC InputfileName OutputfileName [degrees] [threads] [func]

其中，degrees 指定顺时针旋转的角度，[threads] 与前文一样指定要启动的线程个数，新增加的 [func] 参数（1～7）指定要运行的函数（即 1 要运行 Rotate()，2 要运行 Rotate2() 等）。改进后的函数命名为 Rotate2()、Rotate3() 等，并且基于命令行参数输入为 RotateFunc 分配相应的函数指针，如代码 4.5 所示。程序文件名中的 MC 意思是"内存和核心友好"。

### 代码 4.5：imrotateMC.c main(){...

imrotateMC.c 中 的 main() 函 数 允 许 用 户 指 定 要 运 行 的 函 数 —— 从 Rotate() 到 Rotate7()。与代码 4.2 和代码 4.3 中列出的 imrotate.c 完全相同的代码不再重复。

```
int main(int argc, char** argv)
{
    int           RotDegrees, Function;
    int           a,i,ThErr;
    struct timeval    t;
    double        StartTime, EndTime;
    double        TimeElapsed;
    char          FuncName[50];

    switch (argc){
        case 3 : NumThreads=1;       RotDegrees=45;    Function=1;                 break;
        case 4 : NumThreads=1;       RotDegrees=at... Function=1;                 break;
        case 5 : NumThreads=at...    RotDegrees=at... Function=1;                 break;
        case 6 : NumThreads=at...    RotDegrees=at... Function=atoi(argv[5]); break;
        default: printf("\nUsage: %s inputBMP outBMP [RotAngle] [1-128] [1-7]...");
                 printf("Example: %s infilename.bmp outname.bmp 125 4 3\n\n",argv[0]);
                 printf("Nothing executed ... Exiting ...\n\n");
                 exit(EXIT_FAILURE);
    }
    if((NumThreads<1) || (NumThreads>MAXTHREADS)){
        ...
    }
    if((RotDegrees<-360) || (RotDegrees>360)){
        ...
    }
    switch(Function){
        case 1: strcpy(FuncName,"Rotate()");      RotateFunc=Rotate;  break;
        case 2: strcpy(FuncName,"Rotate2()");     RotateFunc=Rotate2; break;
        case 3: strcpy(FuncName,"Rotate3()");     RotateFunc=Rotate3; break;
        case 4: strcpy(FuncName,"Rotate4()");     RotateFunc=Rotate4; break;
        case 5: strcpy(FuncName,"Rotate5()");     RotateFunc=Rotate5; break;
        case 6: strcpy(FuncName,"Rotate6()");     RotateFunc=Rotate6; break;
        case 7: strcpy(FuncName,"Rotate7()");     RotateFunc=Rotate7; break;
        // case 8: strcpy(FuncName,"Rotate8()"); RotateFunc=Rotate8; break;
        // case 9: strcpy(FuncName,"Rotate9()"); RotateFunc=Rotate9; break;
        default: printf("Wrong function %d ... \n",Function);
             printf("\n\nNothing executed ... Exiting ...\n\n");
             exit(EXIT_FAILURE);
    }
```

```
    printf("\nLaunching %d Pthreads using function: %s\n",NumThreads,FuncName);
    RotAngle=2*3.141592/360.000*(double) RotDegrees; // 将角度转换为弧度
    printf("\nRotating image by %d degrees ...\n",RotDegrees);
    TheImage = ReadBMP(argv[1]);
    ...
}
```

## 4.7.1　Rotate2()：平方根和浮点除法有多差

现在，我们来看看代码 4.4 中的 Rotate() 函数。它计算经过比例变换后的 $X$、$Y$ 坐标，并将它们分别保存在变量 newX 和 newY 中。为此，它首先必须根据公式 4.3 计算 ScaleFactor 和 $d$（对角线）。这些计算涉及以下代码：

```
    H=(double)ip.Hpixels;
    V=(double)ip.Vpixels;
    Diagonal=sqrt(H*H+V*V);
    ScaleFactor=(ip.Hpixels>ip.Vpixels) ? V/Diagonal : H/Diagonal;
```

将这些代码移出两层循环根本不会改变功能，因为实际上它们只需要计算一次。我们特别感兴趣的是这些计算使用的是图 4-3 中 CPU 核心的哪些部分以及这种改动能够带来多少加速。改进后的 Rotate2() 函数如代码 4.6 所示。与原始函数 Rotate() 相同的代码不再重复，只表示为 "..." 以提高可读性。

**代码 4.6：imrotateMC.c　Rotate2(){...}**

在 Rotate2() 函数中，计算 H、V、Diagonal 和 ScaleFactor 的四行代码被移到两个 for 循环外，因为它们只需要计算一次。

```
void *Rotate2(void* tid)
{
    int       row,col,h,v,c, NewRow,NewCol;
    double    X, Y, newX, newY, ScaleFactor, Diagonal, H, V;
    ...
    H=(double)ip.Hpixels;       // 上移到这里
    V=(double)ip.Vpixels;       // 上移到这里
    Diagonal=sqrt(H*H+V*V);     // 上移到这里
    ScaleFactor=(ip.Hpixels>ip.Vpixels) ? V/Diagonal : H/Diagonal;  // 上移到这里
    for(row=tn; row<tn+ip.Vpixels/NumThreads; row++){
        col=0;
        while(col<ip.Hpixels*3){
            ...
            newY=sin(RotAngle)*X+cos(RotAngle)*Y;
            //     将这 4 条指令移出两层循环
            //     H=(double)ip.Hpixels;          V=(double)ip.Vpixels;
            //     Diagonal=sqrt(H*H+V*V);
            //     ScaleFactor=(ip.Hpixels>ip.Vpixels) ? V/Diagonal : H/Diagonal;
            newX=newX*ScaleFactor;
            ...
}
```

该函数的不同版本的执行时间将在表 4-3 中提供。现在，让我们快速比较 CPU5 上单线程的 Rotate2( ) 和 Rotate( ) 的性能。要运行 Rotate2( ) 的单线程版本，请键入：

imrotateMC dogL.bmp d.bmp 45 1 2

其中 45、1 和 2 分别是旋转角度、线程数（单线程）和函数 ID（Rotate2( )）。我们将单线程的运行时间从 1027 ms 降低到 498 ms，提高了 2.06 倍。现在，让我们来分析被移动的 4 行代码所涉及的指令，以了解为什么会有 2.06 倍的提速。前两个操作是我们计算 H 和 V 时进行的整数到双精度浮点（FP）的类型转换。它们非常简单，但会使用 FPU 资源（如图 4-3 所示）。下一行代码计算对角线，需要耗费较多的资源，因为计算平方根是典型的计算密集型操作。这行看上去无害的代码需要进行两次浮点乘法（FP-MUL）来计算 H×H 和 V×V，以及一次浮点加法（FP-ADD）来计算它们的总和。之后还执行了超级昂贵的平方根操作。就好像 sqrt 对核心的折磨还不够，接下来我们又看到一个浮点数除法，这与平方根一样糟糕，然后是整数比较！所以，一旦 CPU 核心运行到这 4 行代码的指令时，核心资源就会被反复地使用！当我们将它们移出两个循环时，获得 2.06 倍的加速比也就不奇怪了。

## 4.7.2 Rotate3( ) 和 Rotate4( )：sin( ) 和 cos( ) 有多差

为什么要在这儿停下来？我们还有什么可以预计算吗？看看代码中的这些行：

```
newX=cos(RotAngle)*X-sin(RotAngle)*Y;
newY=sin(RotAngle)*X+cos(RotAngle)*Y;
```

我们在强迫 CPU 为每个像素计算 sin( ) 和 cos( )。没有必要，Rotate3( ) 函数定义了一个名为 CRA（意思是预计算的 RotAngle 的余弦值）的预计算好的变量，并在最内层的循环中需要使用 cos(RotAngle) 时使用它。改进后的 Rotate3( ) 函数如代码 4.7 所示，它在 CPU5 上的单线程运行时间从 498 ms 减少到 376 ms，提高了 1.32 倍。

**代码 4.7：imrotateMC.c Rotate3( ){…}**

函数 Rotate3( ) 在循环体外预计算好 cos(RotAngle)，并保存为 CRA。

```
void *Rotate3(void* tid)
{
    int NewRow,NewCol;
    double X, Y, newX, newY, ScaleFactor;
    double Diagonal, H, V;
    double CRA;
    ...
    H=(double)ip.Hpixels;
    V=(double)ip.Vpixels;
    Diagonal=sqrt(H*H+V*V);
    ScaleFactor=(ip.Hpixels>ip.Vpixels) ? V/Diagonal : H/Diagonal;
    CRA=cos(RotAngle);   /// 上移到这里
    for(row=tn; row<tn+ip.Vpixels/NumThreads; row++){
        col=0;
```

```
while(col<ip.Hpixels*3){
  ...
  newX=CRA*X-sin(RotAngle)*Y;   // 使用预计算的 CRA
  newY=sin(RotAngle)*X+CRA*Y;   // 使用预计算的 CRA
  //    newX=cos(RotAngle)*X-sin(RotAngle)*Y; // 修改
  //    newY=sin(RotAngle)*X+cos(RotAngle)*Y; // 修改
  newX=newX*ScaleFactor;
  ...
```

函数 Rotate4()（如代码 4.8 所示）的处理也差不多，即将 sin(RotAngle) 预计算为 SRA。Rotate4() 单线程运行时间从 376 ms 减少到 235 ms，又提高了 1.6 倍。代码 4.8 中 Rotate4() 函数的简化代码是

```
newX=CRA*X-SRA*Y;
newY=SRA*X+CRA*Y;
```

当我们将这两行代码与上面两行进行比较时，总结如下：

❑ Rotate3() 需要计算 sin()、cos()。

❑ Rotate3() 执行了 4 次双精度浮点乘法。

❑ Rotate3() 执行了 2 次双精度浮点加 / 减。

❑ Rotate4() 需要上述所有内容，除了 sin()、cos()。

### 代码 4.8：imrotateMC.c　Rotate4(){…}

函数 Rotate4() 在循环体外预计算好 sin(RotAngle)，并保存为 SRA。

```
void *Rotate4(void* tid)
{
  ...
  double CRA, SRA;
  ...
  ScaleFactor=(ip.Hpixels>ip.Vpixels) ? V/Diagonal : H/Diagonal;
  CRA=cos(RotAngle);
  SRA=sin(RotAngle);   /// 上移到这里
  for(row=tn; row<tn+ip.Vpixels/NumThreads; row++){
    col=0;
    while(col<ip.Hpixels*3){
      ...
      newX=CRA*X-SRA*Y;   // 使用预计算的 SRA、CRA
      newY=SRA*X+CRA*Y;   // 使用预计算的 SRA、CRA
      //      newX=cos(RotAngle)*X-sin(RotAngle)*Y; // 修改
      //      newY=sin(RotAngle)*X+cos(RotAngle)*Y; // 修改
  ...
```

## 4.7.3　Rotate5()：整数除法 / 乘法有多差

我们几乎处理了所有可以预计算的浮点操作。现在是时候看看整数运算了。我们知道整数除法比整数乘法要慢很多。由于测试中使用的 CPU 都是 64 位的，因此计算 32 位和 64

位乘法的性能差异不会太大。但是，不同的 CPU，除法性能可能会有所不同。现在我们来验证这些想法。改进后的 Rotate5( ) 函数如代码 4.9 所示。

---

**代码 4.9：imrotateMC.c Rotate5( ){...}**

在 Rotate5( ) 中，整数除法、乘法运算被移到两层循环之外进行。

---

```
void *Rotate5(void* tid)
{
    int hp3;
    double CRA,SRA;
    ...
    CRA=cos(RotAngle);      SRA=sin(RotAngle);
    h=ip.Hpixels/2;         v=ip.Vpixels/2;      // 移到两层循环之外
    hp3=ip.Hpixels*3;                            // 预计算 ip.Hpixels*3
    for(row=tn; row<tn+ip.Vpixels/NumThreads; row++){
        col=0;
        c=0;                    // 必须执行该操作
        while(col<hp3){         // 代替 col<ip.Hpixels*3
            // c=col/3; h=ip.Hpixels/2; v=ip.Vpixels/2;  // 移出循环体
            X=(double)c-(double)h;
            Y=(double)v-(double)row;
            // 像素旋转矩阵
            newX=CRA*X-SRA*Y;               newY=SRA*X+CRA*Y;
            newX=newX*ScaleFactor;          newY=newY*ScaleFactor;
            ...
            col+=3;            c++;
            ...
```

---

对于 Rotate5( ) 函数，我们的目标是包含整数计算的这几行代码：

---

```
for(row=tn; row<tn+ip.Vpixels/NumThreads; row++){
    col=0;
    while(col<ip.Hpixels*3){   // 使用预计算好的 hp3 值
        // 将图像坐标转换为直角坐标
        c=col/3; h=ip.Hpixels/2; v=ip.Vpixels/2;  // 整数除法
```

---

我们注意到，我们计算了 ip.Hpixels*3 的值，但在下面几行又要将其除以 3。既然知道整数的除法代价很高，为什么不想办法去掉整数除法操作？要做到这一点，我们观察到变量 c 没有做任何事情，只是保存了 col/3 的值。在进入 while( ) 循环之前，col 从 0 开始增加，为什么不让变量 c 也从 0 开始呢？ while 循环结束时，col 变量的值增加了 3，我们可以简单地将 c 变量加 1。这将创建两个完全互相关联的变量，关系为 col=3×c，从而不必使用整数除法。

实现此想法的 Rotate5( ) 函数如代码 4.9 所示，整数除法操作 c = col/3 被替换为整数自增操作 c++。此外，要找到图像的中间位置，需要将 ip.Hpixels 和 ip.Vpixels 除以 2，如上所示。这也可以预计算好，因此在执行 Rotate5( ) 时将其移出循环体。完成这些改动后，Rotate5( ) 的运行时间从 235 ms 减少到 210 ms，提高了 1.12 倍。

### 4.7.4 Rotate6()：合并计算

设计 Rotate6() 时，我们的目标是这几行代码：

```
X=(double)c-(double)h;              Y=(double)v-(double)row;
// 像素旋转矩阵
newX=CRA*X-SRA*Y;                   newY=SRA*X+CRA*Y;
newX=newX*ScaleFactor;              newY=newY*ScaleFactor;
```

经过前面所有的修改之后，这些代码的顺序如上所示。此时你可以问自己一个问题：是否可以合并 newX 和 newY 的计算，并且能否预计算好变量 X 或 Y 的值？仔细观察循环体后可以发现，虽然 X 被限制在最内层循环中，但我们可以将 Y 的计算移到最内层循环之外，只是不能将它移到两层循环体之外。考虑到这会节省多次重复计算 Y 的消耗（3200 行图像为 3200 次！），这个做法是值得的。改进后的 Rotate6() 在代码 4.10 中给出，通过使用两个名为 SRAYS 和 CRAYS 的附加变量来实现上述想法。Rotate6() 的运行时间从 210 ms 减少到 185 ms（大于 1.14 倍）。

**代码 4.10：imrotateMC.c　Rotate6(){...}**

在 Rotate6() 中，合并部分浮点操作以减少浮点操作个数。

```
void *Rotate6(void* tid)
{
  double CRA,SRA, CRAS, SRAS, SRAYS, CRAYS;
  ...
  CRA=cos(RotAngle);     SRA=sin(RotAngle);
  CRAS=ScaleFactor*CRA; SRAS=ScaleFactor*SRA;  // 预计算 ScaleFactor*SRA、CRA
  ...
  for(row=tn; row<tn+ip.Vpixels/NumThreads; row++){
    col=0;        c=0;
    Y=(double)v-(double)row;              // 上移到这里
    SRAYS=SRAS*Y;          CRAYS=CRAS*Y;  // 新的预计算值
    while(col<hp3){
      X=(double)c-(double)h;
      // Y=(double)v-(double)row;         // 移出该行
      // 像素旋转矩阵
      newX=CRAS*X-SRAYS;    // 使用预计算的值计算 NewX
      newY=SRAS*X+CRAYS;    // 使用预计算的值计算 NewY
      ...
```

### 4.7.5 Rotate7()：合并更多计算

最后，Rotate7() 函数会查看每个可能的计算，看看它是否可以使用预计算好的值。代码 4.11 中的 Rotate7() 函数实现了 161 ms 的运行时间，与需要 185 ms 的 Rotate6() 相比，提高了 1.15 倍。

**代码 4.11：imrotateMC.c Rotate7(){...}**

在 Rotate7() 中，每个计算都被展开以避免冗余的计算。

```
void *Rotate7(void* tid)
{
  long tn;
  int row, col, h, v, c, hp3, NewRow, NewCol;

  double cc, ss, k1, k2, X, Y, newX, newY, ScaleFactor;
  double Diagonal, H, V, CRA, SRA, CRAS, SRAS, SRAYS, CRAYS;
  struct Pixel pix;

  tn = *((int *) tid);     tn *= ip.Vpixels/NumThreads;
  H=(double)ip.Hpixels;    V=(double)ip.Vpixels;    Diagonal=sqrt(H*H+V*V);
  ScaleFactor=(ip.Hpixels>ip.Vpixels) ? V/Diagonal : H/Diagonal;
  CRA=cos(RotAngle);       CRAS=ScaleFactor*CRA;
  SRA=sin(RotAngle);       SRAS=ScaleFactor*SRA;
  h=ip.Hpixels/2;          v=ip.Vpixels/2;          hp3=ip.Hpixels*3;
  for(row=tn; row<tn+ip.Vpixels/NumThreads; row++){
    col=0;                 cc=0.00;                 ss=0.00;
    Y=(double)v-(double)row;  SRAYS=SRAS*Y;         CRAYS=CRAS*Y;
    k1=CRAS*(double)h + SRAYS;  k2=SRAS*(double)h - CRAYS;
    while(col<hp3){
      newX=cc-k1;                   newY=ss-k2;
      NewCol=((int) newX+h);        NewRow=v-(int)newY;
      if((NewCol>=0) && (NewRow>=0) && (NewCol<ip.Hpixels) &&
          (NewRow<ip.Vpixels)){
        NewCol*=3;
        CopyImage[NewRow][NewCol] = TheImage[row][col];
        CopyImage[NewRow][NewCol+1] = TheImage[row][col+1];
        CopyImage[NewRow][NewCol+2] = TheImage[row][col+2];
      }
      col+=3;         cc += CRAS;       ss += SRAS;
    }
  }
  pthread_exit(NULL);
}
```

## 4.7.6 imrotateMC 的总体性能

7 个旋转函数的执行结果如表 4-3 所示。以 CPU5 为例，所有的改进都可以使单线程执行时获得 6.4 倍的加速。对于 8 个线程，我们知道它是 CPU5 比较合适的运行状态，加速比为 7.8 倍。这种额外的加速表明，对于像 Rotate() 这样的核心密集型函数，启动更多线程可以提高程序的核心利用率。

表 4-3 imrotateMC.c 在表 3-1 中列出的 CPU 上的执行时间

| 线程数 | 函数 | CPU1 | CPU2 | CPU3 | CPU4 | CPU5 | CPU6 |
|---|---|---|---|---|---|---|---|
| 1 | | 951 | 1365 | 782 | 1090 | 1027 | 845 |
| 2 | Rotate() | 530 | 696 | 389 | 546 | 548 | 423 |
| 3 | | 514 | 462 | 261 | 368 | 365 | 282 |
| 4 | | 499 | 399 | 253 | 322 | 272 | 227 |

（续）

| 线程数 | 函数 | CPU1 | CPU2 | CPU3 | CPU4 | CPU5 | CPU6 |
|---|---|---|---|---|---|---|---|
| 6 |  |  | 387 | 283 | 338 | 214 | 213 |
| 8 | Rotate( ) |  | 374 | 237 | 297 | 188 | 163 |
| 10 |  |  | 341 | 228 | 285 | 163 | 201 |
| 1 |  | 468 | 580 | 364 | 441 | 498 | 659 |
| 2 |  | 280 | 301 | 182 | 222 | 267 | 330 |
| 3 |  | 249 | 197 | 123 | 148 | 194 | 220 |
| 4 | Rotate2( ) | 280 | 174 | 126 | 165 | 137 | 165 |
| 6 |  |  | 207 | 127 | 138 | 101 | 176 |
| 8 |  |  | 195 | 138 | 134 | 84 | 138 |
| 10 |  |  |  | 125 | 141 | 67 |  |
| 1 |  | 327 | 363 | 264 | 301 | 376 | 446 |
| 2 |  | 218 | 189 | 131 | 151 | 202 | 223 |
| 3 |  | 187 | 123 | 88 | 101 | 142 | 149 |
| 4 | Rotate3( ) | 202 | 93 | 106 | 108 | 101 | 112 |
| 6 |  |  | 123 | 97 | 106 | 75 | 116 |
| 8 |  |  | 117 | 101 | 110 | 59 | 89 |
| 10 |  |  |  | 106 | 92 | 47 |  |
| 1 |  | 202 | 227 | 161 | 182 | 235 | 240 |
| 2 |  | 140 | 124 | 80 | 91 | 135 | 120 |
| 3 |  | 109 | 80 | 54 | 61 | 92 | 80 |
| 4 | Rotate4( ) | 109 | 65 | 73 | 54 | 69 | 60 |
| 8 |  |  | 88 | 62 | 69 | 37 | 47 |
| 10 |  |  |  | 58 | 55 | 29 |  |
| 1 |  | 171 | 209 | 145 | 158 | 210 | 207 |
| 2 |  | 140 | 108 | 73 | 78 | 117 | 104 |
| 3 |  | 93 | 73 | 49 | 53 | 80 | 69 |
| 4 | Rotate5( ) | 93 | 61 | 69 | 72 | 61 | 52 |
| 6 |  |  | 72 | 51 | 62 | 44 | 53 |
| 8 |  |  | 81 | 56 | 60 | 36 | 40 |
| 10 |  |  |  | 59 | 48 | 29 |  |
| 1 |  | 156 | 180 | 125 | 128 | 185 | 176 |
| 2 |  | 124 | 92 | 63 | 64 | 109 | 88 |
| 3 |  | 93 | 78 | 43 | 45 | 78 | 59 |
| 4 | Rotate6( ) | 93 | 57 | 63 | 65 | 55 | 44 |
| 6 |  |  | 60 | 43 | 43 | 37 | 44 |
| 8 |  |  | 65 | 51 | 49 | 30 | 33 |
| 1 |  | 140 | 155 | 107 | 110 | 161 | 156 |
| 2 |  | 109 | 75 | 53 | 55 | 97 | 78 |
| 3 |  | 93 | 52 | 36 | 37 | 64 | 52 |
| 4 | Rotate7( ) | 62 | 70 | 53 | 56 | 46 | 39 |
| 6 |  |  | 61 | 36 | 38 | 36 | 39 |
| 8 |  |  | 56 | 40 | 42 | 24 | 29 |
| 10 |  |  |  | 43 | 45 | 21 |  |

## 4.8 本章小结

在本章中，我们考察了 CPU 的核心内部发生了什么，也考察了数据从 CPU 到内存的传输过程中发生了什么。利用这些信息我们可以让示例程序运行得更快。概括起来，规则很简单：

- 远离复杂的核心指令，如 sin( )、sqrt( )。

  如果必须使用它们，请尽量保持较少的使用次数。
- ALU 执行整数指令，FPU 执行浮点指令。

  尽量在内层循环中混合使用这些指令以使用两个处理单元。

  如果只能使用一种类型，请使用整数。
- 避免混乱的内存访问。如果可能，请使用批量传输。

  尽量在内层循环体之外进行大量的计算。

除了这些简单的规则，表 4-3 表明如果我们设计的线程是胖线程，将无法利用核心可以执行多线程这个优势。在我们的代码中，即使改进的 Rotate7( ) 函数也是胖线程。所以，当启动的线程接近物理核心的数量或者内存带宽达到饱和时，性能就会急剧下降。这引出了"木桶原理"的概念。换句话说，当我们修改程序以改进它的性能时，可能会减轻一个瓶颈（例如，核心内的 FPU）的影响，但是会引发另一个完全不同的瓶颈（例如，主存带宽饱和）。

"木桶原理"成为设计 GPU 代码的关键因素，因为在 GPU 内部存在多种可能达到极限的约束条件，程序员必须充分意识到每一个约束条件。例如，程序员可能在内存带宽达到饱和之前已经让启动线程的总数达到饱和。GPU 内部的约束生态系统非常像我们在 CPU 中学习的系统。

在我们进入 GPU 世界之前，还有一个知识点要学习：第 5 章的线程同步。然后，我们就可以准备好从第 6 章开始接受 GPU 的挑战。

# 线程管理和同步

当说到硬件架构时，我们在谈论什么？

答案是所有物理设备：CPU、内存、I/O 控制器、PCIe 总线、DMA 控制器、硬盘控制器、硬盘、SSD、CPU 芯片组、USB 端口、网卡、CD-ROM 控制器、DVDRW⋯⋯

当说到软件架构时，我们又在谈论什么？

答案是在硬件上运行的所有代码。代码无处不在：你的硬盘控制模块、SSD 控制模块、USB 控制模块、CD-ROM 控制模块，甚至是你的廉价键盘的控制模块、操作系统，当然还有你自己编写的程序。

核心问题是：作为一名高性能程序员，我们应该关注哪一个？答案是：CPU 核心和线程、硬件体系结构中的内存，以及软件体系结构中的操作系统（OS）和应用程序代码。特别是如果你正在编写高性能程序（例如本书中的程序），那么程序的性能很大程度上将由这些东西决定。磁盘性能对整体性能通常不会有太大影响，因为大多数现代计算机都有足够的 RAM 来缓存磁盘数据。操作系统希望能高效地分配 CPU 的核心和内存以最大限度地提高性能，同时你的应用程序代码从操作系统请求这两个资源并希望能高效地使用它们。本书主要用于高性能编程，本章主要讨论在分配或使用核心和内存资源时，用户代码和操作系统之间是如何相互作用的。

## 5.1　边缘检测程序：imedge.c

在本节中，我将介绍一个图像边缘检测程序 imedge.c，它用于检测图像中的边缘，如图 5-1 所示。我们将该程序作为一个模板并不断改进。事实上，边缘检测是最常见的图像处理任务之一，并且也是人类视网膜执行的基本操作之一。和前面章节介绍的程序一样，该程序也是资源密集型的。因此，我将介绍 imedgeMC.c 的内存友好版本（M）和核心友好版本（C）。我还将增加一个有趣的版本，即 imedgeMCT.c，它可以利用 MUTEX 结构实现多线程之间的通信，进而提高该程序的线程友好性（T）。

图 5-1　imedge.c 程序用于检测原始图像 astronaut.bmp（左上）中的边缘。中间处理步骤包括：GaussianFilter()（右上）、Sobel()（左下）和 Threshold()（右下）

### 5.1.1　imedge.c 的说明

imedge.c 的目的是创建一个核心密集型、存储密集型，并且由多个独立操作（函数）组成的程序：

❑ GaussianFilter()：初始平滑滤波器，用于减少原始图像中的噪声。

❑ Sobel()：边缘检测核心处理步骤，用于对边进行增强。

❑ Threshold()：将灰度图像转换为二值（黑白）图像（下文表示为 B & W）的操作，从而"检测"出边缘。

将图 5-1 所示的图像（左上）输入 imedge.c，并依次应用这三种操作，最终生成仅由边（右下）组成的图像。请使用以下命令行运行该程序：

imege InputfileName OutputfileName [1-128] [ThreshLo] [ThreshHi]

其中，[1-128] 和前面一样是要启动的线程个数，[ThreshLo]、[Thresh Hi] 确定 Threshold( ) 函数要使用的阈值。

## 5.1.2 imedge.c：参数限制和简化

为了避免不必要的麻烦和把注意力分散到不相关的问题上，必须对程序进行一些简化。该程序有许多可以改进的地方，读者应该尝试去发现它们。当然，该程序的很多操作是出于提高本章教学效果考虑的，而不是为了提高 imedge.c 程序的最终性能。具体来说，包括以下几点：

- ❏ 可以通过添加其他后处理步骤来设计更强大的边缘检测程序。本章程序没有考虑这些。
- ❏ 在本章最后运行 MCT 版本（imedgeMCT.c）时，处理的粒度被限制为单行数据。尽管处理的粒度还可以更加精细，但这样做不会增加任何教学指导意义。
- ❏ 在计算一些像素值时，使用 double 型变量有点浪费。然而，本章程序仍然使用了 double 类型，因为它提高了代码的教学效果。
- ❏ 在计算最终边缘检测结果之前，使用了多个数组来存储图像不同阶段的中间处理结果：TheImage 数组存储原始图像，BWImage 数组存储原始图像的 B & W 图像，GaussImage 数组存储高斯滤波后的图像，Gradient 和 Theta 数组存储 Sobel 计算后的图像，最终的边缘检测图像存储在 CopyImage 中。虽然可以合并一些数组，但使用独立的数组主要是为了提高代码的可读性。

## 5.1.3 imedge.c：实现原理

imedge.c 边缘检测程序包含了 5.1 节中介绍的三种不同的操作。其实，可以将这些操作结合起来，生成一个更高效的程序，但从教学的角度来看，分开实现有助于了解如何对每个单独的操作进行加速。这三种操作具有不同的资源消耗特征，将它们分开编写，我们就可以对每一种操作分别进行分析。稍后，当我们开发改进的版本时（就像我们在前面的章节中所做的那样），我们将以不同的方式改进每个操作。下面先分别介绍每个操作。

GaussianFilter( )：你可以不执行该操作，代价是将一些噪声误判为边缘。如图 5-1 所示，高斯滤波器对原始图像进行了模糊操作，这会降低图像质量，可被视为无用的操作。然而，模糊操作潜在的益处是去除可能存在于图像中的噪声，这些噪声有可能被错误地检测为边缘。另外，请记住，我们的最终图像将变成只包含两个值的二进制图像，对应于边缘或非边缘。二进制图像的每个像素深度仅有 1 比特，其质量比 24 比特深度的原始图像（即 R、G 和 B 每分量 8 比特）的质量低得多。由于边缘检测操作总是会将图像的像素深度从每像素 24 比特降到每像素 1 比特，因而模糊操作导致的深度减少对我们只有正面作用。尽管如此，出于同样的道理，模糊程度过大可能会使该操作的效果恶化，最终将实际的边缘融入其周围的图像，从而使它们无法辨认。定量地来说，GaussianFilter( ) 根据下面的公式将原始的 24 位图像变成模糊后的每像素 8 位的 B&W 图像：

$$BWImage = \frac{TheImage_R + TheImage_G + TheImage_B}{3} \qquad (5.1)$$

其中，TheImage 是原始的 24 位 / 像素图像，由 R、G 和 B 部分组成。通过求 R、G 和 B 的平均值可以将该彩色图像转换为保存在 BWImage 中的 8 位 / 像素 B&W 图像。

高斯滤波由以下的卷积操作组成：

$$Gauss = \frac{1}{159} \begin{bmatrix} 2 & 4 & 5 & 4 & 2 \\ 4 & 9 & 12 & 9 & 4 \\ 5 & 12 & 15 & 12 & 5 \\ 4 & 9 & 12 & 9 & 4 \\ 2 & 4 & 5 & 4 & 2 \end{bmatrix} \Rightarrow GaussImage = BWImage * Gauss \qquad (5.2)$$

其中 Gauss 是滤波器核，* 是卷积操作，它是数字信号处理（DSP）中最常见的操作之一。公式 5.2 将我们用公式 5.1[⊖]创建的 B&W 图像（存放在变量 BWImage 中）与高斯滤波掩模（存放在变量 Gauss 中）进行卷积从而得到模糊图像，存放在变量 GaussImage 中。请注意，不同的滤波器核可以产生不同的模糊效果，但此处的滤波器核用于验证已经足够。在这一步结束时，我们的图像如图 5-1（右上）所示。

Sobel()：这一步操作的目的是在每个像素上使用 Sobel 梯度算子确定边的方向以及边是否存在。根据公式 5.3，Sobel 算子的核是：

$$G_x = \begin{bmatrix} -1 & 0 & 1 \\ -2 & 0 & 2 \\ -1 & 0 & 1 \end{bmatrix}, \quad G_y = \begin{bmatrix} -1 & -2 & -1 \\ 0 & 0 & 0 \\ -1 & -2 & -1 \end{bmatrix} \qquad (5.3)$$

其中 $G_x$ 和 $G_y$ 是 Sobel 核，用于确定每个像素处沿 $x$ 和 $y$ 方向的边缘梯度。这些核与前面计算出的 GaussImage 进行卷积运算生成梯度图像：

$$GX = Im \times G_x, \ GY = Im \times G_y, \ G = \sqrt{GX^2 + GY^2}, \ \theta = \tan^{-1}\left(\frac{GX}{GY}\right) \qquad (5.4)$$

其中 Im 是变量 GaussImage 中计算好的模糊图像，* 是卷积操作，GX 和 GY 是沿 $x$ 和 $y$ 方向上的边缘梯度。这些临时的梯度向量对我们来说并不重要，但梯度的量值很重要。公式 5.4 中的变量 G 是每个像素的梯度大小，存储在变量 Gradient 中。另外，我们有时也想知道在某个像素处边的方向（$\theta$）是什么。变量 Theta 存储这些信息——也是由公式 5.4 计算——并将用于后续的阈值过滤处理。在 Sobel 步骤结束时，我们的图像如图 5-1 所示（左下角）。该图像就是 Gradient 数组的值，它是一个灰度图像，存储的是边的量值。

Threshold()：阈值过滤步骤输入 Gradient 数组，并基于两个阈值将其转换为 1 个比特的边 / 非边图像：低于阈值 ThreshLo 的像素肯定被认为是"非边"。同时，高于阈值

---

⊖ 原书为 5.2，应为 5.1。——译者注

ThreshHi 的像素可以确定是"边"。在这两种情况下，使用变量 Gradient 就足够了，如下面公式所示：

$$\text{pixel at}[x, y] \Rightarrow \begin{cases} \text{Gradient}[x, y] < \text{ThreshLo}, & \text{CopyImage}[x, y] = \text{NOEDGE} \\ \text{Gradient}[x, y] > \text{ThreshHi}, & \text{CopyImage}[x, y] = \text{EDGE} \end{cases} \quad (5.5)$$

其中 CopyImage 数组存放的是最终的二进制图像。如果一个像素的梯度值处于这两个阈值之间，使用第二个数组 Theta 来确定边的方向。边的方向有四种可能：水平（EW）、垂直（NS）、左对角线（SW-NE）和右对角线（SE-NW）。该方法的思想是，如果边的方向 Theta 是垂直（即上/下）的，通过查看它上面或下面的像素来确定这个像素是否是边缘。同样，对于边的方向是水平的像素，我们看看它的水平方向上的邻居。这个非常成熟的方法如下：

$$L < \Delta[x, y] < H \Rightarrow \begin{cases} \Theta < -\dfrac{3}{8}\pi \ \text{or} \ \Theta > \dfrac{3}{8}\pi & \Rightarrow \ \text{EW neighbor} \\[2mm] \Theta \geq -\dfrac{1}{8}\pi \ \text{and} \ \Theta \leq \dfrac{1}{8}\pi & \Rightarrow \ \text{NS neighbor} \\[2mm] \Theta > \dfrac{1}{8}\pi \ \text{and} \ \Theta \leq \dfrac{3}{8}\pi & \Rightarrow \ \text{SW - NE neighbor} \\[2mm] \Theta \geq -\dfrac{3}{8}\pi \ \text{and} \ \Theta < -\dfrac{1}{8}\pi & \Rightarrow \ \text{SE - NW neighbor} \end{cases} \quad (5.6)$$

其中 $\Theta = \Theta[x, y]$ 是边 $[x, y]$ 的角度，L 和 H 分别是低、高阈值。梯度表示为 $\Delta$。imedge.c 程序输出的最终结果如图 5-1（右下）所示。#define 语句定义了边/非边如何着色。在该程序中，我将边指定为 0（黑色），非边指定为 255（白色）。这使得边的打印较为容易。

## 5.2　imedge.c：实现

表 5-1 给出了执行 imedge.c 期间使用的不同数组的名称和类型。图像最初读入 TheImage 数组，用无符号字符类型（图 5-1 左上）表示每个像素的 RGB 值。根据公式 5.1 将该图像转换为 B&W 图像并保存在 BWImage 数组中（图 5-1 右上）。BWImage 数组中的每个像素值都是 double 类型的，尽管使用低精度的数据类型也能满足要求。高斯滤波以 BWImage 数组为输入，并将其滤波（即模糊）后的结果分别存储在 Gradient 和 Theta 数组中，分别表示梯度值和角度。图 5-1 显示了梯度数组（左下），它表示某个像素是边缘的可能性。最后的阈值过滤步骤以这两个数组为输入，并将产生的最终结果保存在 CopyImage 数组中，也就是二进制的边/非边图像（图 5-1 右下）。

表 5-1　边的检测中使用的数组变量及其类型

| 功能 | 输入数组变量 | 目标数组变量 | 目标类型 |
| --- | --- | --- | --- |
| 将图像转换为灰度图像 | TheImage | BWImage | unsigned char |

（续）

| 功能 | 输入数组变量 | 目标数组变量 | 目标类型 |
|------|-------------|-------------|----------|
| 高斯滤波器 | BWImage | GaussImage | double |
| 滤波器 | GaussImage | Gradient<br>Theta | double<br>double |
| 阈值过滤 | Gradient<br>(Theta if needed) | CopyImage | unsigned char |

尽管一个比特的像素深度对于 CopyImage 已经足够，但事实上 CopyImage 中的每个像素都用 RGB 像素值（EDGE、EDGE、EDGE）表示是边或用（NOEDGE、NOEDGE、NOEDGE）表示不是边。这使我们可以使用同一个函数将最终的二进制图像保存为 BMP 图像。边的默认值 #define 为 0，因此每条边看起来都是黑色的，即 RGB 值（0、0、0）。类似地，非边是 255，它看起来是白色的，即 RGB 值（255、255、255）。图 5-1（右下）中的边图像仅包含这两个 RGB 值。当保存最后的边图像时，也可以使用 1 比特深度的 BMP 文件格式来节省存储空间，这留给读者作为练习。

## 5.2.1 初始化和时间戳

imedge.c 用于创建前面提到的各数组的初始化部分以及三种处理操作都单独进行了计时，以更好地评估程序的性能。代码 5.1 中显示了初始化和时间戳代码。每个时间戳用 GetDoubleTime( ) 辅助函数获得，用 ReportTimeDelta( ) 函数计算并输出两个时间戳之间的时间差，该函数还输出一组字符串来说明在该时间戳处执行的功能。

---

**代码 5.1：imedge.c ... main( ){...**

main 函数中的计时代码，用于记录部分执行时间。

---

```
unsigned char**    TheImage;              // 主图像
unsigned char**    CopyImage;             // 主图像的副本 (用于存放边缘)
double             **BWImage;             // TheImage 的 B&W 副本 (每个像素都是 double 类型)
double             **GaussImage;          // B&W 图像经过 Gauss 滤波后的版本
double             **Gradient, **Theta;   // 每个像素的梯度和角度
struct ImgProp     ip;
...
double GetDoubleTime()                    // 返回以 ms 为单位的时间戳结果
{
  struct timeval     tnow;
  gettimeofday(&tnow, NULL);
  return ((double)tnow.tv_sec*1000000.0 + ((double)tnow.tv_usec))/1000.00;
}

double ReportTimeDelta(double PreviousTime, char *Message)
{
  double  Tnow,TimeDelta;
  Tnow=GetDoubleTime();
```

```
    TimeDelta=Tnow-PreviousTime;
    printf("\n.....%-30s ... %7.0f ms\n",Message,TimeDelta);
    return Tnow;
}

int main(int argc, char** argv)
{
    int      a,i,ThErr;            double  t1,t2,t3,t4,t5,t6,t7,t8;
    ...
    printf("\nExecuting the Pthreads version with %li threads ...\n",NumThreads);
    t1 = GetDoubleTime();
    TheImage=ReadBMP(argv[1]);   printf("\n");
    t2 = ReportTimeDelta(t1,"ReadBMP complete");  // 开始计时, 不包含 IO 时间
    CopyImage = CreateBlankBMP(NOEDGE);           // 将边保存为 RGB
    BWImage   = CreateBWCopy(TheImage);
    GaussImage = CreateBlankDouble();
    Gradient = CreateBlankDouble();
    Theta    = CreateBlankDouble();
    t3=ReportTimeDelta(t2, "Auxiliary images created");
    ...
```

## 5.2.2 不同图像表示的初始化函数

ReadBMP() 函数（代码 2.5）将源图像读入 TheImage，每个 RGB 值用无符号字符型变量表示。CreateBlankBMP() 函数（代码 5.2）创建一个初始化的 BMP 图像，每个像素的初始值为 R=G=B=0，使用无符号字符型变量，用于初始化 Copy Image 数组。CreateBWCopy() 函数用于初始化 BWImage 数组，它将 24 位图像转换为 B&W 图像（使用公式 5.1），其中每个像素为 double 类型。CreateBlankDouble() 函数（代码 5.2）创建一个图像数组，用 0.0 的 double 值填充，用于初始化 GaussImage、Gradient 和 Theta 数组。

**代码 5.2：imageStuff.c 图像初始化函数**

初始化各图像数组变量。

```
double** CreateBlankDouble()
{
    int i;
    double** img = (double **)malloc(ip.Vpixels * sizeof(double*));
    for(i=0; i<ip.Vpixels; i++){
        img[i] = (double *)malloc(ip.Hpixels*sizeof(double));
        memset((void *)img[i],0,(size_t)ip.Hpixels*sizeof(double));
    }
    return img;
}

double** CreateBWCopy(unsigned char** img)
{
    int i,j,k;
    double** imgBW = (double **)malloc(ip.Vpixels * sizeof(double*));
    for(i=0; i<ip.Vpixels; i++){
```

```
    imgBW[i] = (double *)malloc(ip.Hpixels*sizeof(double));
    for(j=0; j<ip.Hpixels; j++){  // 将每个像素转换为 B&W = (R + G + B)/3
       k=3*j;
          imgBW[i][j]=((double)img[i][k]+(double)img[i][k+1]+(double)img[i][k+2])/3.0;
       }
    }
    return imgBW;
}

unsigned char** CreateBlankBMP(unsigned char FILL)
{
    int i,j;
    unsigned char** img=(unsigned char **)malloc(ip.Vpixels*sizeof(unsigned char*));
    for(i=0; i<ip.Vpixels; i++){
       img[i] = (unsigned char *)malloc(ip.Hbytes * sizeof(unsigned char));
       memset((void *)img[i],FILL,(size_t)ip.Hbytes); // 将每个像素值清零
    }
    return img;
}
```

## 5.2.3　启动和终止线程

代码 5.3 显示了 main() 的一部分，该部分代码为 GaussianFilter()、Sobel() 和 Threshold() 等三个函数启动并终止了多个线程。时间戳变量 t4、t5 和 t6 用于确定这三个函数各自的执行时间。这将在后面进行各种分析时派上用场，因为这些函数具有不同的核心 / 内存资源需求。

**代码 5.3**：imedge.c　main() ...}

为三个独立的函数启动多线程。

```
int main(int argc, char** argv)
{
    ...
    pthread_attr_init(&ThAttr);
    pthread_attr_setdetachstate(&ThAttr, PTHREAD_CREATE_JOINABLE);
    for(i=0; i<NumThreads; i++){
       ThParam[i] = i;
       ThErr = pthread_create(&ThHandle[i], &ThAttr, GaussianFilter, (void *)...
       if(ThErr != 0){
          printf("\nThread Creation Error %d. Exiting abruptly... \n",ThErr);
          exit(EXIT_FAILURE);
       }
    }
    for(i=0; i<NumThreads; i++){  pthread_join(ThHandle[i], NULL); }
    t4=ReportTimeDelta(t3, "Gauss Image created");
    for(i=0; i<NumThreads; i++){
       ThParam[i] = i;
       ThErr = pthread_create(&ThHandle[i], &ThAttr, Sobel, (void *)&ThParam[i]);
       if(ThErr != 0){ ... }
    }
    for(i=0; i<NumThreads; i++){  pthread_join(ThHandle[i], NULL); }
    t5=ReportTimeDelta(t4, "Gradient, Theta calculated");
```

```
for(i=0; i<NumThreads; i++){
    ThParam[i] = i;
    ThErr = pthread_create(&ThHandle[i], &ThAttr, Threshold, (void *)&ThParam[i]);
    if(ThErr != 0){ ... }
}
pthread_attr_destroy(&ThAttr);
for(i=0; i<NumThreads; i++){ pthread_join(ThHandle[i], NULL); }
t6=ReportTimeDelta(t5, "Thresholding completed");
WriteBMP(CopyImage, argv[2]); printf("\n");      // 与文件头合并，写入文件
t7=ReportTimeDelta(t6, "WriteBMP completed");
for(i = 0; i < ip.Vpixels; i++) {               // 释放图像存储空间和指针
    free(TheImage[i]);   free(CopyImage[i]);  free(BWImage[i]);
    free(GaussImage[i]); free(Gradient[i]);   free(Theta[i]);
}
free(TheImage);      ...          free(Theta);
t8=ReportTimeDelta(t2, "Program Runtime without IO"); return (EXIT_SUCCESS);
}
```

### 5.2.4　高斯滤波

代码 5.4 所示为高斯滤波的实现，它将公式 5.2 应用于 BWImage 数组以生成 GaussImage 数组。高斯滤波核（如公式 5.2 所示）被定义为 imedge.c 内部的 2D 全局 double 型数组 Gauss[][]。为了提高效率，每个像素滤波操作后的值保存在变量 G 中，位于两层 for 循环体内。G 的最终值在被写入 GaussImage 数组之前要执行一次除以 159。

让我们分析一下 GaussianFilter( ) 函数的资源需求：

❑ 数组 Gauss 只有 25 个 double 类型的元素（200 字节），可以很容易地载入核心的 L1$ 或 L2$。因此，核心 / 线程可以非常有效地使用高速缓存来存储 Gauss 数组。

❑ 对于每个像素的计算，需要访问 25 次 BWImage 数组，由于重用率非常高，因而可以有效地利用缓存体系结构。

❑ GaussImage 中的每个像素需要执行一次写操作，没有充分利用高速缓存。

---

**代码 5.4：imedge.c　...　GaussianFilter( ){...**

该函数将 BWImage 转换为高斯滤波后的结果，GaussImage。

---

```
double Gauss[5][5] = { { 2,   4,   5,   4,   2 },
                       { 4,   9,  12,   9,   4 },
                       { 5,  12,  15,  12,   5 },
                       { 4,   9,  12,   9,   4 },
                       { 2,   4,   5,   4,   2 }  };
// 从 BW 图像计算其高斯滤波后的结果，存放于 GaussImage[][]⊖中
void *GaussianFilter(void* tid)
{
    long tn;         // 在这儿存放本线程的 ID
    int row,col,i,j;
```

---

⊖　应为 GaussImage，原书为 GaussFilter。——译者注

```
double G;          // 临时存放高斯滤波结果
tn = *((int *) tid);          // 计算本线程的 ID
tn *= ip.Vpixels/NumThreads;

for(row=tn; row<tn+ip.Vpixels/NumThreads; row++){
    if((row<2) || (row>(ip.Vpixels-3))) continue;
    col=2;
    while(col<=(ip.Hpixels-3)){
        G=0.0;
        for(i=-2; i<=2; i++){
            for(j=-2; j<=2; j++){
                G+=BWImage[row+i][col+j]*Gauss[i+2][j+2];
            }
        }
        GaussImage[row][col]=G/159.00D;
        col++;
    }
}
pthread_exit(NULL);
}
```

## 5.2.5　Sobel

代码 5.5 实现了梯度计算。它通过将等式 5.3 应用于 GaussImage 数组并生成两个结果数组来实现，Gradient 数组包含边梯度的大小，而 Theta 数组则包含边的角度。

Sobel( ) 函数的资源使用特性是：

❑ Gx 和 Gy 数组很小，应该能很好地被高速缓存。

❑ 处理每个像素需要访问 18 次 GaussImage 数组，应该对高速缓存非常友好。

❑ 每个像素需要写入 Gradient 和 Theta 数组写入，不能利用核心中的高速缓存。

**代码 5.5**：imedge.c ...Sobel(){⋯

该函数将 GaussImage 转换为 Gradient 和 Theta。

```
double Gx[3][3] = {    { -1,    0,    1 },
                       { -2,    0,    2 },
                       { -1,    0,    1 }    };

double Gy[3][3] = {    { -1,   -2,   -1 },
                       {  0,    0,    0 },
                       {  1,    2,    1 }    };
...
// 计算每个像素的 Gradient 和 Theta 值的函数
// 输入 GaussImage[][]，创建 Gradient[][] 和 Theta[][] 数组
void *Sobel(void* tid)
{
    int row,col,i,j;                double GX,GY;
    long tn = *((int *) tid);       tn *= ip.Vpixels/NumThreads;

    for(row=tn; row<tn+ip.Vpixels/NumThreads; row++){
```

```
    if((row<1) || (row>(ip.Vpixels-2))) continue;
    col=1;
    while(col<=(ip.Hpixels-2)){
      // 计算 Gx 和 Gy
      GX=0.0; GY=0.0;
      for(i=-1; i<=1; i++){
        for(j=-1; j<=1; j++){
          GX+=GaussImage[row+i][col+j]*Gx[i+1][j+1];
          GY+=GaussImage[row+i][col+j]*Gy[i+1][j+1];
        }
      }
      Gradient[row][col]=sqrt(GX*GX+GY*GY);
      Theta[row][col]=atan(GX/GY)*180.0/PI;
      col++;
    }
  }
  pthread_exit(NULL);
}
```

## 5.2.6　阈值过滤

代码 5.6 所示为阈值过滤函数的实现，该函数确定位置 [x, y] 处的给定像素应归类为边还是非边。如果梯度值低于 ThreshLo 或高于 ThreshHi，则只需要公式 5.5 和 Gradient 数组就可以确定是边还是非边。处于这两个值之间的梯度值需要基于公式 5.6 做更复杂的计算。

if 语句使 Threshold( ) 中的资源确定更加复杂：

❑ Gradient 具有良好的重用率，因此它应该被很好地缓存。

❑ 访问 Theta 数组需要根据像素值和边值。因此，很难确定它的缓存友好性。

❑ 每个像素只访问一次 CopyImage 数组，这使得它是缓存不友好的。

**代码 5.6：imedge.c　...Threshold( ){...**

该函数找出边并将结果二进制图像保存在 CopyImage 中。

```
void *Threshold(void* tid)
{
  int row,col; unsigned char PIXVAL;    double L,H,G,T;
  long tn = *((int *) tid);          tn *= ip.Vpixels/NumThreads;
  for(row=tn; row<tn+ip.Vpixels/NumThreads; row++){
    if((row<1) || (row>(ip.Vpixels-2))) continue;
    col=1;
    while(col<=(ip.Hpixels-2)){
      L=(double)ThreshLo;            H=(double)ThreshHi;
      G=Gradient[row][col];          PIXVAL=NOEDGE;
      if(G<=L)   PIXVAL=NOEDGE; else if(G>=H){PIXVAL=EDGE;} else {
        T=Theta[row][col];
        if((T<-67.5) || (T>67.5)){              // 查看左边和右边
          PIXVAL=((Gradient[row][col-1]>H) ||
                  (Gradient[row][col+1]>H)) ? EDGE:NOEDGE;
        }else if((T>=-22.5) && (T<=22.5)){    // 查看上边和下边
```

```
        PIXVAL=((Gradient[row-1][col]>H) ||
                (Gradient[row+1][col]>H)) ? EDGE:NOEDGE;
      }else if((T>22.5) && (T<=67.5)){      // 查看右上角和左下角
        PIXVAL=((Gradient[row-1][col+1]>H) ||
                (Gradient[row+1][col-1]>H)) ? EDGE:NOEDGE;
      }else if((T>=-67.5) && (T<-22.5)){    // 查看左上角和右下角
        PIXVAL=((Gradient[row-1][col-1]>H) ||
                (Gradient[row+1][col+1]>H)) ? EDGE:NOEDGE;
      }
    }
    CopyImage[row][col*3]=PIXVAL;          CopyImage[row][col*3+1]=PIXVAL;
    CopyImage[row][col*3+2]=PIXVAL;           col++;
    }
  }
  pthread_exit(NULL);
}
```

## 5.3  imedge 的性能

表 5-2 显示了 imedge.c 程序的运行时间。

**表 5-2   imedge.c 在 W3690 CPU（6C/12T）上的执行时间**

| 线程数 / 函数 | 1 | 2 | 4 | 8 | 10 | 12 |
|---|---|---|---|---|---|---|
| ReadBMP() | 73 | 70 | 71 | 72 | 73 | 72 |
| Create arrays | 749 | 722 | 741 | 724 | 740 | 734 |
| GaussianFilter() | 5329 | 2643 | 1399 | 1002 | 954 | 880 |
| Sobel() | 18197 | 9127 | 4671 | 2874 | 2459 | 2184 |
| Threshold() | 499 | 260 | 147 | 132 | 95 | 92 |
| WriteBMP() | 70 | 70 | 66 | 60 | 61 | 62 |
| Total without IO | 24850 | 12829 | 7030 | 4798 | 4313 | 3957 |

以下是对表中结果的观察与总结：

❑ ReadBMP()：显然，从磁盘读取 BMP 图像的性能并不取决于使用的线程数，因为瓶颈是磁盘访问速度。

❑ Create arrays：由于代码 2.5 使用高效的 memset() 函数进行数组初始化，因此使用多线程并没有带来显著的改进。即使使用单线程，memset() 函数的调用也会使内存子系统的性能达到饱和。

❑ GaussianFilter()：该函数似乎充分利用了启动的多个线程！这是一个完美地利用了多线程的函数，因为它在存储和核心资源之间具有均衡的使用模式。换句话说，它兼具核心密集型和存储密集型。因此，增加的线程有足够的工作量来增加对内存系统和核心资源的利用。但是，当线程数量增加时，加速幅度的递减现象是显而易见的。

❑ Sobel()：这一步骤的特征几乎与高斯滤波完全相同，因为处理过程非常相似。

❑ Threshold()：这一操作显然更加偏向计算密集型，因此它比前两个操作更不平衡。
正因为如此，加速幅度的衰减现象出现得更早，从 4 到 8 个线程，就几乎没有改进。

❑ WriteBMP()：与读取文件非常相似，由于操作是 I/O 密集型的，写入操作不会从多
线程中获益。

总结表 5-2，I/O 密集型的图像读取和图像写入函数以及达到内存带宽极限的图像数组
初始化函数不能从多线程中获益，尽管它们只占用不到 5% 的执行时间。另一方面，内存与
核心密集型的滤波函数消耗了大于 95% 的执行时间，并且可以从多个线程中获益。这表明
为了提高 imedge.c 的性能，我们应该把重点放在提高滤波函数 GaussianFilter()、Sobel() 和
Threshold() 的性能上。

# 5.4　imedgeMC：让 imedge 更高效

为了提高 imedge.c 的整体计算速度，让我们仔细看看公式 5.1。在计算 B&W 图像时，
公式 5.1 需要将每个像素的 R、G 和 B 分量求和，并将结果值除以 3。随后，在进行高斯滤
波时，如公式 5.2 所示，B&W 图像的每个像素值乘以 2、4、5、9、12 和 15，并生成高斯核。
该高斯核——本质上是一个 5×5 的矩阵——具有良好的对称性，只包含 6 个不同的值（2、
4、5、9、12 和 15）。

仔细观察公式 5.2，可以发现 BWImage 数组的常数因子 1/3 以及 Gauss 数组的常数因
子 1/159 可以被移出计算，在结束时进行处理。这样，整个公式只处理一次，而不是每个像
素都要执行。因此，要计算公式 5.1 和公式 5.2，可以将每个像素值乘以简单的整数。

事情正在变得更好……看看高斯滤波的核，角上的值为 2，这意味着某个点上的某个像
素被乘以 2。由于另一个角上的值也是 2，因此前面（水平方向）四列处的像素也会乘以 2。
同样，对于上面四行处以及下面四行和后面四列处的像素也一样。这种大量的对称性使得
我们可以用以下想法来加速整个卷积操作：

对于 B&W 图像中值为 $X$ 的某个像素，只要我们知道该像素的值是多少，为什么不预
先计算 $X$ 的不同倍数并将它们保存在某个位置呢？这些倍数显然是 $2X$、$4X$、$5X$、$9X$、$12X$
和 $15X$。细心的读者会想出另一个优化方法：不是将 $X$ 乘以 2，而是简单地将 $X$ 与它自己想
加，并将结果保存到另一个地方。一旦我们有了 $2X$ 的值，为什么不将它与它自己相加来获
得 $4X$，并继续将 $4X$ 与 $X$ 相加来获得 $5X$，从而完全避免乘法呢？

由于我们将每个像素的 B&W 的值保存为 double 类型，因此每次乘法和加法操作都是
双精度浮点操作。那么，减少乘法操作次数明显有助于降低核心的计算强度。另外，在方
程 5.2 规定的卷积运算期间，每个像素只被访问一次，而不是 25 次。

## 5.4.1　利用预计算降低带宽

根据我们提出的想法，需要为每个像素存储多个值。代码 5.7 列出了更新后的 imageStuff.h

文件，该文件将每个像素的 R、G 和 B 值存储为无符号字符型变量，并将预计算的 B&W 像素值存储在名为 BW 的 float 型变量中。虽然不是 double 类型，float 类型具有足够的精度。当然，我们鼓励读者亲自尝试一下 double 类型。

预计算的值分别存储在变量 BW2、BW4、…、BW15 中。Gauss、Gauss2、Theta 和 Gradient 值也是预计算好的，稍后会解释。预计算不一定只是减少内存带宽的消耗（M），还会减少核心的计算带宽（C）。首先，B&W 图像的计算可以与实际的预计算操作结合。这可以通过避免一次又一次地执行相同的乘法操作来显著减少存储器访问次数和核心负担。

## 5.4.2 存储预计算的像素值

代码 5.7 显示了包含用于存储预计算的像素值的新结构。RGB 值存储在通常的 unsigned char 型变量中，总共占用 3 个字节，随后是名为 x 的"空间填充"变量，将存储大小规整为 4 个字节，以便在 32 位加载操作中能够被高效地访问。预计算的像素 B&W 值存储在变量 BW 中，而该值的整数倍的值存储在 BW2、BW4、…、BW15 中。高斯滤波值和 Sobel 滤波核的预计算结果也存储在同一个结构中，将在稍后进行解释。

---

**代码 5.7：imageStuff.h** …
包含用于存储预计算像素值的变量 struct 的头文件。

---

```
#define EDGE        0
#define NOEDGE      255
#define MAXTHREADS 128

struct ImgProp{
  int Hpixels;
  int Vpixels;
  unsigned char HeaderInfo[54];
  unsigned long int Hbytes;
};
struct Pixel{
  unsigned char   R;
  unsigned char   G;
  unsigned char   B;
};
struct PrPixel{
  unsigned char   R;
  unsigned char   G;
  unsigned char   B;
  unsigned char   x;        // 未使用，用于使其保持为偶数的 4B
  float           BW;
  float           BW2,BW4,BW5,BW9,BW12,BW15;
  float           Gauss, Gauss2;
  float           Theta,Gradient;
};

double** CreateBWCopy(unsigned char** img);
```

```
double** CreateBlankDouble();
unsigned char** CreateBlankBMP(unsigned char FILL);
struct PrPixel** PrAMTReadBMP(char*);
struct PrPixel** PrReadBMP(char*);
unsigned char** ReadBMP(char*);
void WriteBMP(unsigned char** , char*);

extern struct ImgProp  ip;
extern long    NumThreads, PrThreads;
extern int     ThreadCtr[];
```

### 5.4.3  预计算像素值

在代码 5.8 中我们用 PrReadBMP( ) 函数读取图像及其预计算的像素值。CreateBlankBMP( ) 函数已经在代码 5.2 中解释过。除此之外，唯一的区别是用 PrGaussianFilter( )、PrSobel( ) 和 PrThreshold( ) 函数代替 GaussianFilter( )、Sobel( ) 和 Threshold( ) 函数。增加的结构数组 PrPixel 的表示如代码 5.7 所述。

**代码 5.8：imedgeMC.c　...main() ...}**

预计算像素值。

```
struct PrPixel **PrImage;              // 预计算的图像数据
...
int main(int argc, char** argv)
{
  ...
  printf("\nExecuting the Pthreads version with %li threads ...\n",NumThreads);
  t1 = GetDoubleTime();
  PrImage=PrReadBMP(argv[1]);  printf("\n");
  t2 = ReportTimeDelta(t1,"PrReadBMP complete"); // 开始计时，不包含 IO
  CopyImage = CreateBlankBMP(NOEDGE);   // 存储 RGB 的边
  t3=ReportTimeDelta(t2, "Auxiliary images created");
  pthread_attr_init(&ThAttr);
  pthread_attr_setdetachstate(&ThAttr, PTHREAD_CREATE_JOINABLE);
  for(i=0; i<NumThreads; i++){
    ThParam[i] = i;
    ThErr = pthread_create(&ThHandle[i], &ThAttr, PrGaussianFilter, ...);
    if(ThErr != 0){ ... }
  }
  for(i=0; i<NumThreads; i++){ pthread_join(ThHandle[i], NULL); }
  t4=ReportTimeDelta(t3, "Gauss Image created");
  for(i=0; i<NumThreads; i++){
    ThParam[i] = i;  ThErr = pth...(..., PrSobel, ...);  if(ThErr != 0){ ... }
  }
  for(i=0; i<NumThreads; i++){ pthread_join(ThHandle[i], NULL); }
  t5=ReportTimeDelta(t4, "Gradient, Theta calculated");
  for(i=0; i<NumThreads; i++){
    ThParam[i] = i;  ThErr = pth...(..., PrThreshold, ...);  if(ThErr != 0){ ... }
  }
  pthread_attr_destroy(&ThAttr);
```

```
for(i=0; i<NumThreads; i++){ pthread_join(ThHandle[i], NULL); }
t6=ReportTimeDelta(t5, "Thresholding completed");
WriteBMP(CopyImage, argv[2]); printf("\n"); // 与文件头合并并写入文件
t7=ReportTimeDelta(t6, "WriteBMP completed");
// 释放为图像分配的存储区域
for(i = 0; i < ip.Vpixels; i++) {  free(CopyImage[i]); free(PrImage[i]); }
free(CopyImage);   free(PrImage);
t8=ReportTimeDelta(t2, "Program Runtime without IO");
return (EXIT_SUCCESS);
}
```

## 5.4.4　读取图像并预计算像素值

　　PrReadBMP() 函数从磁盘读取图像，用 RGB 值以及预计算的值初始化每个像素，如代码 5.9 所示。该函数一个有趣的地方是它的预计算步骤和磁盘读取操作重叠进行。因此，PrReadBMP() 不再仅包含一组无穷无尽的 I/O 操作。当它从磁盘读取数据时它执行核心密集型和存储密集型操作。PrReadBMP() 函数是核心、存储和 I/O 密集型的这一事实提示我们可以通过多线程技术加速该函数。实际上该函数并不计算 Gauss、Gauss2、Gradient 或 Theta。它只是初始化它们。

**代码 5.9：imageStuff.c　PrReadBMP(){...}**

从磁盘读取图像并预计算像素值。

```
struct PrPixel** PrReadBMP(char* filename)
{
    int i,j,k;          unsigned char r, g, b;      unsigned char Buffer[24576];
    float R, G, B, BW, BW2, BW3, BW4, BW5, BW9, BW12, Z=0.0;
    FILE* f = fopen(filename, "rb"); if(f == NULL){ printf(...); exit(1); }
    unsigned char HeaderInfo[54];
    fread(HeaderInfo, sizeof(unsigned char), 54, f); // 读取 54 字节的文件头
    // 从文件头中提取文件高度和宽度
    int width = *(int*)&HeaderInfo[18];   ip.Hpixels = width;
    int height = *(int*)&HeaderInfo[22];  ip.Vpixels = height;
    int RowBytes = (width*3 + 3) & (~3);  ip.Hbytes = RowBytes;
    // 复制文件头以备用
    for(i=0; i<54; i++) { ip.HeaderInfo[i] = HeaderInfo[i]; }
    printf("\n Input BMP File name: %20s (%u x %u)",filename,ip.Hpixels,ip.Vpixels);
    // 分配用于存储主图像的内存
    struct PrPixel **PrIm=(struct PrPixel **)malloc(height*sizeof(struct PrPixel *));
    for(i=0; i<height; i++) PrIm[i]=(struct...)malloc(width*sizeof(struct PrPixel));
    for(i = 0; i < height; i++) { // 读取图像，预计算 PrIm 数组
        fread(Buffer, sizeof(unsigned char), RowBytes, f);
        for(j=0,k=0; j<width; j++, k+=3){
            b=PrIm[i][j].B=Buffer[k];         B=(float)b;
            g=PrIm[i][j].G=Buffer[k+1];       G=(float)g;
            r=PrIm[i][j].R=Buffer[k+2];       R=(float)r;
            BW3=R+G+B;                        PrIm[i][j].BW  = BW  = BW3*0.33333;
            PrIm[i][j].BW2  = BW2 = BW+BW;    PrIm[i][j].BW4  = BW4 = BW2+BW2;
```

```
        PrIm[i][j].BW5   = BW5 = BW4+BW;         PrIm[i][j].BW9   = BW9 = BW5+BW4;
        PrIm[i][j].BW12  = BW12 = BW9+BW3;       PrIm[i][j].BW15  = BW12+BW3;
        PrIm[i][j].Gauss = PrIm[i][j].Gauss2 = Z;
        PrIm[i][j].Theta = PrIm[i][j].Gradient = Z;
    }
  }
  fclose(f);              return PrIm; // 返回指向主图像的指针
}
```

### 5.4.5 PrGaussianFilter

代码 5.10 中显示的 PrGaussianFilter( ) 函数的功能与代码 5.4 中的相同，代码 5.4 是不使用预计算值的版本。GaussianFilter( ) 和 PrGaussianFilter( ) 之间的区别在于，后者通过累加相关像素的预计算值，而不是通过进行真正的计算来得到同样的计算结果。

内层循环通过使用存储在代码 5.7 中 struct 中的预计算的值，简单地根据公式 5.2 计算高斯滤波后的像素值。

**代码 5.10：imedgeMC.c   ...PrGaussianFilter( ){...}**

用预计算的像素值进行高斯滤波。

```
#define ONEOVER159 0.00628931
...
// 该函数利用预计算的 .BW、.BW2、.BW4……像素值计算 .Gauss 的值

void *PrGaussianFilter(void* tid)
{
  long tn;                        int row,col,i,j;
  tn = *((int *) tid);            tn *= ip.Vpixels/NumThreads;
  float G;            // 临时计算高斯滤波值

  for(row=tn; row<tn+ip.Vpixels/NumThreads; row++){
    if((row<2) || (row>(ip.Vpixels-3))) continue;
    col=2;
    while(col<=(ip.Hpixels-3)){
      G=PrImage[row][col].BW15;
      G+=(PrImage[row-1][col].BW12     + PrImage[row+1][col].BW12);
      G+=(PrImage[row][col-1].BW12     + PrImage[row][col+1].BW12);
      G+=(PrImage[row-1][col-1].BW9    + PrImage[row-1][col+1].BW9);
      G+=(PrImage[row+1][col-1].BW9    + PrImage[row+1][col+1].BW9);
      G+=(PrImage[row][col-2].BW5      + PrImage[row][col+2].BW5);
      G+=(PrImage[row-2][col].BW5      + PrImage[row+2][col].BW5);
      G+=(PrImage[row-1][col-2].BW4    + PrImage[row+1][col-2].BW4);
      G+=(PrImage[row-1][col+2].BW4    + PrImage[row+1][col+2].BW4);
      G+=(PrImage[row-2][col-2].BW2    + PrImage[row+2][col-2].BW2);
      G+=(PrImage[row-2][col+2].BW2    + PrImage[row+2][col+2].BW2);
      G*=ONEOVER159;
      PrImage[row][col].Gauss=G;
      PrImage[row][col].Gauss2=G+G;
      col++;
```

```
        }
    }
    pthread_exit(NULL);
}
```

## 5.4.6 PrSobel

代码 5.11 中显示的 PrSobel() 函数的功能与代码 5.5 中的完全相同，代码 5.5 是不使用预计算值的版本。Sobel() 和 PrSobel() 之间的区别在于，后者通过累加相关像素的预计算值，而不是通过真正的计算来得到同样的计算结果。

内层循环通过使用存储在代码 5.7 中 struct 中的预计算的值，简单地根据公式 5.3 计算 Sobel 滤波后的像素值。

**代码 5.11：imedgeMC.c PrSobel(){⋯}**

使用预计算的像素值执行 Sobel 操作。

```
// 该函数利用预计算的 .Gauss 和 .Gauss2x 值来计算
// 每个像素的 Gradient 和 Theta 值
void *PrSobel(void* tid)
{
    int row,col,i,j;            float GX,GY;        float RPI=180.0/PI;
    long tn = *((int *) tid);   tn *= ip.Vpixels/NumThreads;

    for(row=tn; row<tn+ip.Vpixels/NumThreads; row++){
        if((row<1) || (row>(ip.Vpixels-2))) continue;
        col=1;
        while(col<=(ip.Hpixels-2)){

            // 计算 Gx 和 Gy
            GX  = PrImage[row-1][col+1].Gauss + PrImage[row+1][col+1].Gauss;
            GX += PrImage[row][col+1].Gauss2;
            GX -= (PrImage[row-1][col-1].Gauss + PrImage[row+1][col-1].Gauss);
            GX -= PrImage[row][col-1].Gauss2;
            GY = PrImage[row+1][col-1].Gauss + PrImage[row+1][col+1].Gauss;
            GY += PrImage[row+1][col].Gauss2;
            GY -= (PrImage[row-1][col-1].Gauss + PrImage[row-1][col+1].Gauss);
            GY -= PrImage[row-1][col].Gauss2;
            PrImage[row][col].Gradient=sqrtf(GX*GX+GY*GY);
            PrImage[row][col].Theta=atanf(GX/GY)*RPI;
            col++;
        }
    }
    pthread_exit(NULL);
}
```

## 5.4.7 PrThreshold

代码 5.12 中显示的 PrThreshold() 函数的功能与代码 5.6 中的完全相同，代码 5.6 是不使用预计算值的版本。Threshold( ) 和 PrThreshold( ) 之间的区别在于，后者通过累加相关像素的预计算值，而不是通过真正的计算来得到同样的计算结果。

内层循环通过使用存储在代码 5.7 中 struct 中的预计算的值，简单地根据公式 5.5 计算二进制结果（阈值化）像素值。

**代码 5.12：imedgeMC.c   ···PrThreshold(){···}**

使用预计算的像素值执行阈值过滤函数。

```
// 该函数利用预计算的 . Gradient 和 . Theta 值来计算
// 每个像素的最终值（边 / 非边）
void *PrThreshold(void* tid)
{
  int row,col,col3;              unsigned char PIXVAL;        float L,H,G,T;
  long tn = *((int *) tid);      tn *= ip.Vpixels/NumThreads;
  for(row=tn; row<tn+ip.Vpixels/NumThreads; row++){
    if((row<1) || (row>(ip.Vpixels-2))) continue;
    col=1;   col3=3;
    while(col<=(ip.Hpixels-2)){
      L=(float)ThreshLo;                 H=(float)ThreshHi;
      G=PrImage[row][col].Gradient;      PIXVAL=NOEDGE;
      if(G<=L){ PIXVAL=NOEDGE; }else if(G>=H){ PIXVAL=EDGE; }else{  // 非边，边
        T=PrImage[row][col].Theta;
        if((T<-67.5) || (T>67.5)){        // 看看左边和右边
          PIXVAL=((PrImage[row][col-1].Gradient>H) ||
                  (PrImage[row][col+1].Gradient>H)) ? EDGE:NOEDGE;
        }else if((T>=-22.5) && (T<=22.5)){   // 看看上边和下边
          PIXVAL=((PrImage[row-1][col].Gradient>H) ||
                  (PrImage[row+1][col].Gradient>H)) ? EDGE:NOEDGE;
        }else if((T>22.5) && (T<=67.5)){    // 看看右上角和左下角
          PIXVAL=((PrImage[row-1][col+1].Gradient>H) ||
                  (PrImage[row+1][col-1].Gradient>H)) ? EDGE:NOEDGE;
        }else if((T>=-67.5) && (T<-22.5)){   // 看看左上角和右下角
          PIXVAL=((PrImage[row-1][col-1].Gradient>H) ||
                  (PrImage[row+1][col+1].Gradient>H)) ? EDGE:NOEDGE;
        }
      }
      if(PIXVAL==EDGE){ // 将每个像素初始化为非边
        CopyImage[row][col3]=PIXVAL;           CopyImage[row][col3+1]=PIXVAL;
        CopyImage[row][col3+2]=PIXVAL;
      }
      col++;        col3+=3;
    }
  }
  pthread_exit(NULL);
}
```

## 5.5   imedgeMC 的性能

表 5-3 显示了 imedgeMC.c 程序的运行时间。为了能够和以前的版本，即 imedge.c 进

行比较，表 5-3 实际上提供了两个程序的性能结果，包括详细的分项结果。

表 5-3 imedgeMC.c 在 W3690 CPU( 6C/12T) 上以不同数量的线程运行时的执行时间（上部），单位为 ms。为了比较，表 5-2 中 imedge.c 的执行时间重新列出（下部）

| 函数 线程数 ⇒ | 1 | 2 | 4 | 8 | 10 | 12 |
|---|---|---|---|---|---|---|
| PrReadBMP( ) | 2836 | 2846 | 2833 | 2881 | 2823 | 2898 |
| Create arrays | 31 | 32 | 31 | 36 | 31 | 31 |
| PrGaussianFilter( ) | 2179 | 1143 | 570 | 526 | 539 | 606 |
| PrSobel( ) | 7475 | 3833 | 1879 | 1141 | 945 | 864 |
| PrThreshold( ) | 358 | 193 | 121 | 107 | 113 | 107 |
| WriteBMP( ) | 61 | 60 | 61 | 61 | 60 | 61 |
| 不包含 I/O 操作的运行时间 | 12940 | 8107 | 5495 | 4752 | 4511 | 4567 |
| ReadBMP( ) | 73 | 70 | 71 | 72 | 73 | 72 |
| Create arrays | 749 | 722 | 741 | 724 | 740 | 734 |
| GaussianFilter( ) | 5329 | 2643 | 1399 | 1002 | 954 | 880 |
| Sobel( ) | 18197 | 9127 | 4671 | 2874 | 2459 | 2184 |
| Threshold( ) | 499 | 260 | 147 | 132 | 95 | 92 |
| WriteBMP( ) | 70 | 70 | 66 | 60 | 61 | 62 |
| 不包含 I/O 操作的运行时间 | 24850 | 12829 | 7030 | 4798 | 4313 | 3957 |
| 加速比 | 1.92 × | 1.58 × | 1.28 × | 1.01 × | 0.96 × | 0.87 × |

那么，我们获得了哪些改进？让我们分析一下性能结果：

❏ 读取 BMP 图像文件时，ReadBMP( ) 函数大约只需要 70 ms，而由于读取图像时的预计算，PrReadBMP( ) 大约平均需要 2850 ms。换句话说，我们增加了很大的开销来执行预计算。

❏ 在 imedgeMC.c 中创建数组大约少用了 700 ms，因为 B&W 图像的计算被转移到了 imedgeMC.c 中的预计算阶段。换句话说，我们有效地预计算开销，即非 BW 计算部分，大约只有 2100 ms。

❏ 由于每个计算和存储密集型函数都使用 imedgeMC.c 中的预计算的值，因此它们实现了良好的加速：PrGaussianFilter( ) 比 GaussianFilter( ) 平均快 2 倍，而 PrSobel( ) 则约快 2.5 倍。另一方面，PrThreshold( ) 的加速比要低得多。这没有什么大不了的，因为阈值过滤在整个执行时间中只占相当小的一部分。

❏ 由于 WriteBMP( ) 函数是严格的 I/O 密集型，因此不受影响。

综上所述，我们实现了利用预计算的值加速计算密集型函数的目标。然而，一个有趣的观察结果是线程数量的增加对 imedgeMC.c 的帮助作用小了很多。因为 imedgeMC.c 中的线程非常不平衡。由于使用了预计算，因而内存访问量减少，负担向核心转移，导致提供给增加的线程的工作变少，线程的利用率降低。

## 5.6  imedgeMCT：高效的线程同步

代码 5.13 显示了 imedgeMCT.c 中 main( ) 的最终版本。这是 imedge.c 的线程友好版

（T）。我们注意到唯一的变化是用 PrAMTReadBMP( ) 实现预计算，而不是用代码 5.8 中 imedgeMC.c 的 PrReadBMP( ) 函数来实现。

PrAMTReadBMP( ) 函数引入两个新概念：（1）屏障同步；（2）MUTEX。这两个概念的详细描述稍后将分别在 5.6.1 节和 5.6.2 节中给出。请注意，我们在 PrAMTReadBMP( )（AMT 表示"非对称多线程"）中引入的这些技术可以很容易地应用于其他使用多线程的函数，例如 PrGaussianFilter( )、PrSobel( ) 和 PrThreshold( )。但这留给读者自己完成，因为它确实没有额外的指导意义，我们的重点是理解这两个概念对 PrAMTReadBMP( ) 函数性能的影响，这足以帮助你将它们应用于任何你想使用的函数。

<hr>

**代码 5.13：imedgeMCT.c   …main( ){…}**

使用 MUTEX 和屏障同步的 main( ) 的结构。

<hr>

```
int main(int argc, char** argv)
{
  ...
  t1 = GetDoubleTime();
  PrImage=PrAMTReadBMP(argv[1]);  printf("\n");
  t2 = ReportTimeDelta(t1,"PrAMTReadBMP complete"); // 开始计时，不包含 IO 操作
  CopyImage = CreateBlankBMP(NOEDGE);  // 将边保存为 RGB 格式
  t3=ReportTimeDelta(t2, "Auxiliary images created");
  pthread_attr_init(&ThAttr); pthread_attr_setdetachstate(&ThAttr, PTHREAD_CR...);
  for(i=0; i<NumThreads; i++){ ... pthread_create(...PrGaussianFilter...); ... }
  for(i=0; i<NumThreads; i++){ pthread_join(ThHandle[i], NULL); }
  t4=ReportTimeDelta(t3, "Gauss Image created");
  for(i=0; i<NumThreads; i++){ ... pthread_create(...PrSobel...); }
  for(i=0; i<NumThreads; i++){ pthread_join(ThHandle[i], NULL); }
  t5=ReportTimeDelta(t4, "Gradient, Theta calculated");
  for(i=0; i<NumThreads; i++){ ... pthread_create(...PrThreshold...); }
  pthread_attr_destroy(&ThAttr);
  for(i=0; i<NumThreads; i++){ pthread_join(ThHandle[i], NULL); }
  t6=ReportTimeDelta(t5, "Thresholding completed");
  // 与文件头合并并写入文件
  WriteBMP(CopyImage, argv[2]); printf("\n");
  t7=ReportTimeDelta(t6, "WriteBMP completed");
  // 释放用于存放图像的内存和指针
  for(i = 0; i < ip.Vpixels; i++) { free(CopyImage[i]);  free(PrImage[i]); }
  free(CopyImage);   free(PrImage);
  t8=ReportTimeDelta(t2, "Prog ... IO"); printf("\n\n--- ... -----\n");
  for(i=0; i<PrThreads; i++) {
     printf("\ntid=%2li processed %4d rows\n",i,ThreadCtr[i]);
  } printf("\n\n--- ... -----\n");       return (EXIT_SUCCESS);
}
```

<hr>

## 5.6.1 屏障同步

当 $N$ 个线程正在执行相同的函数，且每个线程完成整个任务的 $1/N$ 的工作时，在什么时刻我们可以认为整个任务完成了？图 5-2 所示为一个以串行方式执行时整个任务需要

7281 ms 的例子。当使用 4 个线程执行相同的任务时，需要 2246 ms，这意味着 3.24 倍的加速（81% 的线程效率）。从我们之前了解到的来看，81% 的线程效率并没有那么糟糕。但是，重要的问题是：我们能做得更好吗？

为了回答这个问题，让我们深入研究这 81% 所包含的细节问题。首先，是否因该任务是核心密集型或存储密集型，而导致线程效率远低于 100%？事实证明，还有另一个因素：线程的同步。当你将整个任务分成 4 个部分时，即使 4 个任务需要完成的工作量完全相等，也无法保证它们会在不同硬件线程上的同一时刻执行。运行期间有影响的因素太多了，操作系统的参与就是其中之一，就像我们在 3.4.4 节中看到的那样。

理想情况下，每个线程完成其子任务的准确时间是完成整个任务所需时间的 25%，即 7281/4=1820 ms，因此，任务将在 1820 ms 内完成。但是，在图 5-2 所示的实际情况中，尽管其中一个线程在相当接近理论值 1820 ms（1835 ms）内执行完成，但其他 3 个线程则差得很远（1981 ms、2016 ms 和 2246 ms）。这样，直到最后一个线程在 2246 ms 后结束，我们才能认为任务完成，这使多线程的执行时间为 2246 ms。可悲的是，有 3 个线程只能处于空闲状态并等待另一个线程结束，从而降低了效率。

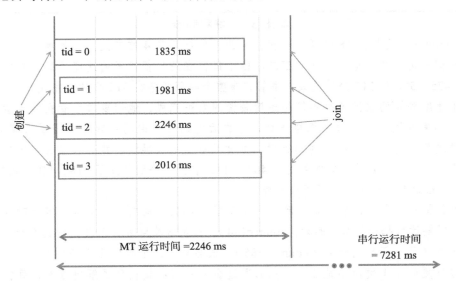

图 5-2　4 个线程的屏障同步示例。串行运行时间为 7281 ms，4 线程运行时间为 2246 ms。3.24 倍的加速接近预期的 4 倍，但由于每个线程的运行时间不相等，因而没有达到 4 倍

## 5.6.2　用于数据共享的 MUTEX 结构

我们将用 imageMCT.c 程序来回答是否可以通过使用更好的同步来做得更好这一问题。能否让 imageMCT.c 变得线程友好，以配得上它名字中的 T？答案显然是肯定的，但是在介绍 imageMCT.c 如何实现之前，我们需要解释几件事情。

首先，当多线程程序更新一个变量（读取或写入）时，一个线程有可能在改写该变量的值，而另一个线程有可能读取不到正确的值，因而存在一定的风险。这种风险可以通过 MUTEX 结构来防止，它允许线程以"线程安全"的方式更新变量，从而完全消除线程读取到错误值的可能性。图 5-3 显示了 MUTEX 结构。为了理解它，让我们来看一个类比。

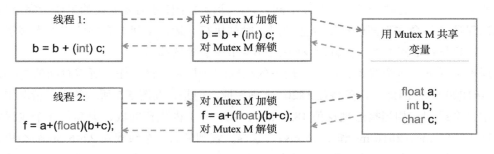

图 5-3　使用 MUTEX 数据结构访问共享变量

---

### 类比 5.1：线程同步

CocoTown 需要收获 1800 棵椰子树，为此他们雇用了 4 位农民。主管要求每位农民采摘 450 颗椰子树，并在全部收获后回来。由于每位农民收获椰子的速度不同，他们分别用了 450、475、500 和 515 分钟完成。主管宣布整个收获任务在 515 分钟内完成。

由于速度较快的农民不得不等待速度较慢的农民完成，他们要求主管在明年尝试不同的策略：如果农民一次采摘一棵椰子树，完成后他们回来询问主管是否需要采摘下一颗。为了记录到目前为止已经收获的椰子树，主管准备了一块黑板，并要求每位农民更新椰子树的数量。那一年，完成全部任务用了 482 分钟，农民们分别收获了 418、440、464 和 478 棵椰子树，相比 515 分钟，有了不错的提高。

在更新椰子计数时，农民们遇到了一个奇怪的现象。虽然不常发生，但有时他们正好会在同一时刻读取椰子计数（例如，count=784），礼貌地等待另一个农民完成更新，然后在黑板上记录自己更新后的计数（count= 785）。很显然，这个数字比正确的数字小 1，因为数字最终只更新了 1 次而不是 2 次。他们通过引入一面红旗找到了解决方案，每位农民都会让别人知道他正在更新计数。红旗降下后，其他农民必须等到旗子再升起来时才能读数。

---

类比 5.1 中提到的计数更新问题正是多线程程序在尝试更新同一个变量而不使用像图 5-3 所示的附加结构（MUTEX）时遇到的问题。这是多线程代码中非常常见的错误。红旗解决方案也正是在多线程编程中使用的。防止错误更新的基本思想非常简单：不能让线程自己鲁莽地更新变量（不安全），而应该使用共享的 MUTEX 变量机制。

如果一个变量是 MUTEX 变量，则必须按照一定的规则来更新这种变量。每个线程都知道何时它正在更新一个 MUTEX 变量，并且在其他线程都知道它正在更新这个变量之前不会改变这个变量。这是通过对 MUTEX 加锁而完成的，相当于在类比 5.1 中升起红旗。一旦它锁定了 MUTEX，它就可以随意更新它想要由 MUTEX 控制的变量。换句话说，它要么阻止它自己，要么阻止其他线程更新 MUTEX 变量，因此命名为互斥，或简称为 MUTEX。

在被这些术语搞的困惑不解之前，让我们先明确一点：MUTEX 与 MUTEX 变量之间是有区别的。例如，在图 5-3 中，MUTEX 的名为 M，而 MUTEX M 控制的变量是 f、a、b 和 c。在这样的设置中，多线程函数可以对 MUTEX M 进行加锁和解锁。加锁后，线程可以自由更新 4 个由 MUTEX 控制的变量 f、a、b 和 c。修改完成后，应该解锁 MUTEX M。

需要说清楚的是：虽然 MUTEX 可以防止错误更新问题，但 MUTEX 的实现需要硬件级别原子操作的支持。例如，Intel ISA 的 x86 架构中的 CAS（比较和交换）类指令可以实现这一点。幸运的是，程序员大都喜欢现成的 MUTEX 实现函数，它们是 POSIX 的一部分，我们将在 imageMCT.c 的实现中使用它们。

目前没有任何机制能够检查一个线程是否通过控制 MUTEX 进行加锁 / 解锁来安全地更新一个变量的值。因此，对于某个共享变量来说，程序员忘记对 MUTEX 进行加锁 / 解锁也是一个常见错误。在这种情况下，仍然会产生与类比 5.1 相同的问题，并产生一个不可调试的问题。程序员在程序开发到一半的时候认识到某个变量应该是真正的 MUTEX 变量，并声明了 MUTEX，这也很常见。但是，声明 MUTEX 并不会奇迹般地解决错误更新问题，只有正确地加锁 / 解锁才行。当你访问一个变量时，只要忘记加锁 / 解锁其相应的 MUTEX，错误就可能发生。更糟糕的是，大多数的错误更新问题并不经常显现，它们表现为怪异的间歇性错误，让很多程序员加班到深夜！因此，良好的前期规划是预防这些问题的最佳方法。

## 5.7 imedgeMCT：实现

就像前面提到的那样，只有 imageStuff.c 中的 PrAMTReadBMP( ) 函数将使用 MUTEX 结构来实现，如代码 5.14 所示。我们将借用类比 5.1 的重要思想：不是为每个线程分配总任务的 1/$N$，而是为每个线程分配一个更小的任务，即读取和预计算一行图像，并通过计数器确定要处理的下一行是什么。

PrAMTReadBMP( ) 每次读取一行图像，并更新名为 LastRowRead 的 MUTEX 变量，由名为 CtrMutex 的 MUTEX 控制。它使用名为 AMTPreCalcRow( ) 的函数创建 $N$ 个不同的线程来执行预计算，如代码 5.15 所示。

---

**代码 5.14：imageStuff.c  ⋯PrAMTReadBMP( ){⋯}**

不对称多线程和屏障同步。

---

```
pthread_mutex_t    CtrMutex;                       // MUTEX
int                NextRowToProcess, LastRowRead;   // MUTEX 变量
// 该函数一次读取一行，并将它们分配给线程进行预计算
struct PrPixel** PrAMTReadBMP(char* filename)
{
    int i,j,k,ThErr;                    unsigned char Buffer[24576];
    pthread_t ThHan[MAXTHREADS];        pthread_attr_t attr;
    FILE* f = fopen(filename, "rb");    if(f == NULL){ ... }
    unsigned char HeaderInfo[54];
    fread(HeaderInfo, sizeof(unsigned char), 54, f); // 读取 54 字节的文件头
    // 从文件头中提取图像高度和宽度，复制文件头以备用
    int width = *(int*)&HeaderInfo[18];   ip.Hpixels = width;
    int height = *(int*)&HeaderInfo[22];  ip.Vpixels = height;
    int RowBytes = (width*3 + 3) & (~3);  ip.Hbytes = RowBytes;
    for(i=0; i<54; i++) { ip.HeaderInfo[i] = HeaderInfo[i]; }
    printf("\n Input BMP File name: %20s (%u x %u)",filename,ip.Hpixels,ip.Vpixels);
    // 分配用于存储主图像的内存
    PrIm = (struct PrPixel **)malloc(height * sizeof(struct PrPixel *));
    for(i=0; i<height; i++) {
        PrIm[i] = (struct PrPixel *)malloc(width * sizeof(struct PrPixel));
    }
    pthread_attr_init(&attr); pthread_attr_setdetachstate(&attr, PTHRE...JOINABLE);
    pthread_mutex_init(&CtrMutex, NULL); // 创建一个名为 CtrMutex 的 MUTEX

    pthread_mutex_lock(&CtrMutex);   // MUTEX 变量更新需要加锁和解锁
        NextRowToProcess=0;           // 设置异步行计数器为 0
        LastRowRead=-1;               // 还没有读取行
        for(i=0; i<PrThreads; i++) ThreadCtr[i]=0; // 线程计数器置零
    pthread_mutex_unlock(&CtrMutex);
    // 从磁盘读取图像并预计算 PRImage 像素
    for(i = 0; i<height; i++) {
        if(i==20){ // 当读取足够多的行后，启动线程
            // PrThreads 是预计算线程的个数
            for(j=0; j<PrThreads; j++){
                ThErr=p..create(&ThHan[j], &attr, AMTPreCalcRow, (void *)&ThreadCtr[j]);
                if(ThErr != 0){ ... }
            }
        }
        fread(Buffer, sizeof(unsigned char), RowBytes, f); // 读取一行
        for(j=0,k=0; j<width; j++, k+=3){
            PrIm[i][j].B=Buffer[k]; PrIm[i][j].G=Buffer[k+1]; PrIm[i][j].R=Buffer[k+2];
        }
        // 更新 LastRowRead，执行时，需要先将 CtrMutex 加锁，然后再解锁
        pthread_mutex_lock(&CtrMutex); LastRowRead=i; pthread_mutex_unlock(&CtrMutex);
    }
    for(i=0; i<PrThreads; i++){ pthread_join(ThHan[i], NULL); } // 合并线程
    pthread_attr_destroy(&attr); pthread_mutex_destroy(&CtrMutex); fclose(f);
    return PrIm; // 返回主图像指针
}
```

## 5.7.1 使用 MUTEX：读取图像、预计算

如代码 5.14 所示，PrAMTReadBMP( ) 看起来与我们之前看到的多线程函数非常相似，当然，MUTEX 变量除外：

❑ MUTEX 变量是神圣的！你任何时候访问它们，都需要锁定负责的 MUTEX 并在完成更新后解锁。下面是一个例子：

```
pthread_mutex_lock(&CtrMutex);    // MUTEX 变量更新需要加锁和解锁
NextRowToProcess=0;               // 设置异步行计数器为 0
LastRowRead=-1;                   // 还没有读取行
for(i=0; i<PrThreads; i++) ThreadCtr[i]=0; // 线程计数器置零
pthread_mutex_unlock(&CtrMutex);
```

❑ 在加锁 / 解锁的代码部分使用缩进可以很清楚地看到 MUTEX 锁定时正在更新的变量。

❑ 必须使用以下函数创建和销毁每个 MUTEX：

```
pthread_mutex_init(&CtrMutex, NULL); // 创建一个名为 CtrMutex 的 MUTEX
...
pthread_mutex_destroy(&CtrMutex);   // 删除名为 CtrMutex 的 MUTEX
```

❑ 对于启动的 $N$ 个线程来说，共有 $N+2$ 个 MUTEX 变量，这些变量由名为 CtrMutex 的 MUTEX 控制。这些变量是：NextRowToProcess、LastRowRead 和数组 ThreadCtr[0]、…、ThreadCtr[$N$-1]。

❑ PrAMTReadBMP( ) 更新 LastRowRead 变量，以表示它最后读取的行号。

❑ NextRowToProcess 告诉 AMTPreCalcRow( ) 下一个要预处理的行。在预处理每一行时，每个线程都知道它自己的 tid，例如 ThreadCtr[5] 只会被 tid=5 的线程修改。因为我们期望每个线程预处理不同数量的行，所以 ThreadCtr[] 数组中的计数将会不同，尽管我们期望它们的值尽量接近。在类比 5.1 中，四位农民分别收获了 418、440、464 和 478 棵椰子树。该类比等同于四个不同的线程分别预处理了图像的 418、440、464 和 478 行，当 PrAMTReadBMP( ) 合并线程时，数组各元素的值 ThreadCtr[0]=418、ThreadCtr[1]=440、ThreadCtr[2]=464 以及 ThreadCtr[30]=478。

❑ PrAMTReadBMP( ) 在读取完若干行之前不会启动多个线程（代码 5.14 中为 20 行）。这可以避免线程空闲并持续运转（检查是否有可用于预处理的行）。但是，这个数字并不重要，只是因为它对解释空闲线程的概念有一定的帮助，才在此处说明。

❑ 在磁盘读取数据的同时，启动的线程会继续执行上一次读入行的预计算。函数 AMTPreCalcRow( ) 负责预计算这行，如代码 5.15 所示。

❑ 请注意，除了启动的 $N$ 个线程，PrAMTReadBMP( ) 本身是一个活跃的 I/O 密集型线程。因此，执行 PrAMTReadBMP( ) 后会在计算机上启动 $N+1$ 个线程。显然，PrAMTReadBMP( ) 以及 imedgeMCT 程序的其他函数可以由不同数量的线程启动，这留给读者自己去实现。

---

**代码 5.15：imageStuff.c ⋯AMTPreCalcRow(){⋯}**

预计算一行数据的函数。CtrMutex MUTEX 用于在线程和 PrAMTReadBMP() 之间共享多个变量。

---

```
pthread_mutex_t       CtrMutex;
struct PrPixel        **PrIm;
int                   NextRowToProcess, LastRowRead;
int                   ThreadCtr[MAXTHREADS]; // 记录每个线程处理的行数
void *AMTPreCalcRow(void* ThCtr)
{
  unsigned char r, g, b;              int i,j,Last;
  float R, G, B, BW, BW2, BW3, BW4, BW5, BW9, BW12, Z=0.0;
  do{  // 安全获取下一行的行号
    pthread_mutex_lock(&CtrMutex);
      Last=LastRowRead;               i=NextRowToProcess;
      if(Last>=i){
        NextRowToProcess++;           j = *((int *)ThCtr);
        *((int *)ThCtr) = j+1;        // 本线程新处理的一行
      }
    pthread_mutex_unlock(&CtrMutex);
    if(Last<i) continue;
    if(i>=ip.Vpixels) break;
    for(j=0; j<ip.Hpixels; j++){
      r=PrIm[i][j].R;     g=PrIm[i][j].G;    b=PrIm[i][j].B;
      R=(float)r;         G=(float)g;        B=(float)b;        BW3=R+G+B;
      PrIm[i][j].BW = BW  = BW3*0.33333; PrIm[i][j].BW2 = BW2 = BW+BW;
      PrIm[i][j].BW4 = BW4 = BW2+BW2;    PrIm[i][j].BW5 = BW5 = BW4+BW;
      PrIm[i][j].BW9 = BW9 = BW5+BW4;    PrIm[i][j].BW12 = BW12 = BW9+BW3;
      PrIm[i][j].BW15 = BW12+BW3;        PrIm[i][j].Gauss=PrIm[i][j].Gauss2=Z;
      PrIm[i][j].Theta= PrIm[i][j].Gradient = Z;
    }
  }while(i<ip.Vpixels);
  pthread_exit(NULL);
}
```

---

## 5.7.2 一次预计算一行

PrAMTReadBMP() 启动了 N 个线程（由用户请求）并为它们分配了相同的预计算函数 AMTPreCalcRow()，如代码 5.15 所示。虽然 AMTPreCalcRow() 与代码 5.9 中的 PrReadBMP() 类似，但主要区别如下：

❏ AMTPreCalcRow() 的粒度更细，它会在处理一行图像后更新一些 MUTEX 变量。这与每个线程必须在 PrReadBMP() 中处理整个图像的 1/N 形成对比。这是我们从类比 5.1 中的农民那里学来的一种思想。尽管每行的处理时间可能不同，但它们对整体执行时间的影响可以忽略不计。

❏ AMTPreCalcRow() 更新名为 NextRowToProcess 的 MUTEX 变量，这是通过对控制该变量的名为 CtrMutex 的 MUTEX 进行正确的加锁 / 解锁来实现的。显然，所有的 N 个线程都会更新 NextRowToProcess，因此需要用 MUTEX 避免更新问题。

❏ AMTPreCalcRow( ) 函数的每个实例都不会设定它应该处理多少行，因为这在该函数的不同实例中可能各不相同。因此，每个 AMTPreCalcRow( ) 实例的唯一终止条件是 NextRowToProcess 到达图像的末尾，并且没有其他要处理的内容。

❏ 如果 PrAMTReadBMP( ) 读取硬盘的速度太慢，LastRowRead 变量会有所体现，此时，AMTPreCalcRow( ) 可能会出现空闲状态。尽管如此，请记住在代码 5.14 中最初缓冲的 20 行应该避免出现这种情况。

## 5.8 imedgeMCT 的性能

表 5-4 显示了 imedgeMCT.c 程序的运行时间。代码的上半部分比较了 imedgeMCT.c 和 imedgeMC.c 的运行时间。由于我们只重新设计了 PrReadBMP( ) 函数，因此重新设计的非对称多线程版本 PrAMTReadBMP( ) 从多线程中获益，随着线程数量的增加而逐渐加快。这对整体性能的影响清晰可见。

表 5-4　W3690 CPU（6C/12T）上处理 Astronaut.bmp 时的执行时间（上部）和 imedgeMCT.c 在 Xeon Phi 5110P（60C/240T）上处理 dogL.bmp 时的执行时间（下部）

| 函数 线程数 ⇒ | 1 | 2 | 4 | 8 | 10 | 12 | | |
|---|---|---|---|---|---|---|---|---|
| PrAMTReadBMP( ) | 2267 | 1264 | 920 | 1014 | 1020 | 1078 | | |
| Create arrays | 33 | 31 | 31 | 33 | 32 | 33 | | |
| PrGaussianFilter( ) | 2223 | 1157 | 567 | 556 | 582 | 611 | | |
| PrSobel( ) | 7415 | 3727 | 1910 | 1124 | 948 | 842 | | |
| PrThreshold( ) | 341 | 195 | 119 | 107 | 99 | 104 | | |
| WriteBMP( ) | 61 | 62 | 60 | 63 | 61 | 63 | | |
| imedgeMCT.c w/o IO | 12640 | 6436 | 3607 | 2897 | 2742 | 2731 | | |
| PrReadBMP( ) | 2836 | 2846 | 2833 | 2881 | 2823 | 2898 | | |
| Create arrays | 31 | 32 | 31 | 36 | 31 | 31 | | |
| PrGaussianFilter( ) | 2179 | 1143 | 570 | 526 | 539 | 606 | | |
| PrSobel( ) | 7475 | 3833 | 1879 | 1141 | 945 | 864 | | |
| PrThreshold( ) | 358 | 193 | 121 | 107 | 113 | 107 | | |
| WriteBMP( ) | 61 | 60 | 61 | 61 | 60 | 61 | | |
| imedgeMC.c w/o IO | 12940 | 8107 | 5495 | 4752 | 4511 | 4567 | | |
| 加速比（W3690） | 1.02 × | 1.26 × | 1.52 × | 1.64 × | 1.64 × | 1.67 × | | |
| Xeon 线程数 ⇒ | 1 | 2 | 4 | 8 | 16 | 32 | 64 | 128 |
| Xeon Phi 5110P no IO | 3994 | 2178 | 1274 | 822 | 604 | 507 | 486 | 532 |

我还在 Xeon 5110P 上运行了 imedgeMCT.c，它有 60 个核心和 240 个线程。因为对于我们使用的几乎所有的函数来说，每个线程都是胖线程，所以增加线程对 Xeon 没有好处，当线程数接近 60 个时，性能就已达到饱和。还记得 3.9 节提到过，要想充分发挥 Xeon 中存在的大量线程的作用，需要精心的工程设计。除非 3.2.2 节描述的胖线程与瘦线程混合，否则当线程数超过核心数时，Xeon 将不会带来额外的好处。

第二部分 *Part 2*

# 基于 CUDA 的
# GPU 编程

第 6 章

# GPU 并行性和 CUDA 概述

我们花了相当多的时间来了解 CPU 的并行性以及如何编写 CPU 并行程序。在这个过程中，我们理解了为什么简单地将一堆核心集成在一起并不能让一个串行程序获得神奇的性能提升。我们从本章开始了解 GPU 的内部工作机制，我们对 CPU 已经有了深刻的理解，因而可以在 CPU 和 GPU 之间进行比较。尽管有许多概念非常相似，但有一些概念是 GPU 独有的。一切从怪兽开始……

## 6.1 曾经的 Nvidia

是的，一切都始于怪兽。正如许多游戏玩家所知道的，大多数游戏里面都遍布着到处移动的怪兽、飞机或坦克，并且在移动过程中有大量的互动，例如互相撞击或被玩家击中并被杀死。这些操作有什么共同之处？（1）飞机在天空中飞行；（2）坦克进行射击；（3）怪兽试图移动它的手臂和身体来抓住你。答案是：从数学的角度来看，所有这些对象都是高分辨率的图形元素，它们由许多像素组成，对它们进行变换（如旋转它们）需要进行大量的浮点运算，就像我们在 imrotate.c 程序中用到的公式 4.1 一样。

### 6.1.1 GPU 的诞生

计算机游戏几乎与计算机同时诞生。我在 20 世纪 90 年代后期玩电脑游戏时，我的电脑中装有英特尔 CPU，类似于 486。英特尔提供了两种 486 CPU：486SX 和 486DX。486SX CPU 没有内置浮点单元（FPU），而 486DX CPU 有。因此，486SX 是为更一般的计算而设计的，486DX 则可以使游戏运行得更快。所以，如果你像我一样是一个 20 世纪 90

年代后期的游戏玩家，并试图玩一个有大量坦克、飞机之类的游戏，希望你有一个 486DX，否则你的游戏会跑得太慢，你将无法享受它们。为什么？因为这些游戏需要大量的浮点运算，而 486SX CPU 不包含能够足够快地执行浮点运算的 FPU。你将只能用 ALU 来模拟 FPU，这个过程非常慢。

这个故事有可能变得更糟。即使你有一个 486DX CPU，486DX 内的 FPU 对于大多数游戏来说仍然不够快。任何一款令人兴奋的游戏所需的浮点运算能力是其 CPU 可实现的浮点运算能力的 20 倍（甚至 50 倍）。当然，对于每一代 CPU 来说，制造商都在不断地提高其 FPU 性能，但却只能眼巴巴地看着他们对 FPU 性能需求的增长速度远远快于他们可以提供的性能提升。最终，从奔腾系列开始，FPU 不再是一个可选部件，而是成为了 CPU 的一个组成部分，但这并没有改变游戏需要大幅提高 FPU 性能的事实。为了提供更高的 FPU 性能，英特尔在 CPU 中引入了向量处理单元：第一代被称为 MMX，然后是 SSE，再然后是 SSE2，2016 年推出了 SSE4.2。这些向量处理单元能够并行处理许多 FPU 操作，对其的改进也从未停止。

虽然这些向量处理单元对某些应用程序有很大的帮助（并且现在仍然如此），但是对 FPU 性能持续增长的需求是疯狂的！当英特尔可以提供 2 倍的性能提升时，游戏玩家需要 10 倍以上的性能提升。当他们最终能够提供 10 倍以上的性能提升时，游戏玩家需要 100 倍以上。游戏玩家是吞噬大量 FLOPS 的怪兽！而且，他们永远处于饥渴万分的状态！怎么办？必须进行模式转变。20 世纪 90 年代后期有很多生产个人电脑外插板卡（如声卡或以太网控制卡）的制造商，提出了一种可用于加速浮点运算的外插卡的思想。此外，通过专用硬件可以显著提速游戏过程中一些常规的图像坐标变换操作（如 3D 到 2D 变换或三角片处理），而不会浪费宝贵的 CPU 时间。请注意，游戏中怪兽的实际单位元素是三角片，而不是像素。使用三角片允许游戏将某种纹理附着在对象的表面上，例如怪兽的表面或坦克的表面，这用简单的像素表示是无法做到的。

个人电脑的板卡制造商努力地向游戏市场推出各种产品，这些努力催生了一种后来被称为图形处理单元（Graphics Processing Unit）的卡。当然，我们喜欢缩略词：它就是 GPU。GPU 是一种"插入式卡"，需要某种接口，如 PCI、AGP 或 PCI Express 等。20 世纪 90 年代后期，早期的 GPU 主要关注于提供尽可能高的浮点计算性能。这解放了 CPU 资源，并允许个人电脑将游戏的速度提高 5 倍或 20 倍（如果愿意在 GPU 上花费大量金钱，可以提高更多）。有人愿意为价值 500 美元的电脑购买 100 美元的 GPU。有了这 20% 的额外投资，电脑运行游戏时的速度可以提高 5 倍。这个交易还是很划算的。或者，购买 200 美元的卡（即额外投资 40%），电脑运行游戏时的速度可以提高 20 倍。20 世纪 90 年代后期是一个转折点，在此之后，GPU 成为每台计算机不可或缺的一部分，不仅适用于游戏，还适用于下文所述的众多其他应用。苹果计算机使用了不同的策略来为其提供像 GPU 一样的处理能力，但或早或晚（例如，在 2017 年，本书发布的那一年），PC 和 Mac 系列已经融合在一起，它们开始使用来自同一制造商的 GPU。

## 6.1.2 早期的 GPU 架构

如果你正在玩 Pacman，这是一款令人惊讶的流行于 20 世纪 80 年代的游戏，你确实不需要 GPU。首先，Pacman 中的所有对象都是二维的——包括追逐你并试图吞噬你的怪兽，并且所有物体的运动也仅限于二维——只有 $x$ 和 $y$ 坐标。另外，该游戏不需要使用超越函数的复杂计算，例如 sin() 或 cos()，甚至没有任何类型的浮点计算。整个游戏只用到整数运算就可以运行，因此只需要一个 ALU。即使是低功耗的 CPU 也足以实时计算所有需要的运动。然而，在几年前观看了电影《终结者 2》后，对于 20 世纪 90 年代的游戏玩家来说，Pacman 游戏远不能令人兴奋。首先，在任何一款优秀的电脑游戏中，对象都必须是三维的，并且各种运动要比 Pacman 中的动作复杂得多——而在三维环境中，会用到所有你可以列举出的超越操作。此外，用于平移复杂对象的超越函数（例如公式 4.1 中的旋转操作或公式 4.3 中的缩放操作）需要使用浮点变量来保存图像坐标。因而 GPU 必须拥有类似于强大的 FPU 性能的计算单元。GPU 制造商提出的另一个观点是，如果 GPU 封装一些处理单元专门用于实现一些常规功能，例如从基于像素的图像坐标到基于三角片的对象坐标的转换以及纹理映射等，则 GPU 可以在性能方面有很大的提升。

要欣赏 GPU 所做的事情，请参考图 6-1，图中的小狗用一组三角片表示。这种表示方法称为线框。在这种表示方法中，3D 对象用三角片表示，而不是像图像那样使用 2D 像素。它的单位元素是一个带有相关纹理的三角片。创建小狗的三维线框模型将使我们可以设计一些小狗仔上窜下跳的游戏。当它们在做这些动作时，必须对每个三角片施加一些变换——例如旋转（使用公式 4.1 的三维形式），以确定该三角片的新位置，并将相应的纹理映射到每个三角片的新位置。与二维图像一样，这种三维表示也有"分辨率"的概念。为了增加三角片对象的分辨率，我们可以实施细分操作，该操作将一个三角片进一步细分为更小的三角片，如图 6-1 所示。注意，为了避免图像混乱，在图 6-1 中只显示了 11 个三角片，只是用简单的图形来说明我们的观点。在真实的游戏中会有数百万个三角片来获得令玩家满意的分辨率。

现在我们已经了解了创建一个三维对象在三维空间中自由移动的游戏场景的过程，让我们将注意力转向创建此类游戏背后的计算。图 6-2 描绘了平移一个三维对象所涉及的步骤。游戏设计人员负责为游戏中的每个对象创建一个线框模型。该线框不仅包含三角片的位置 ——每个三角片由 3 个顶点组成，每个顶点都有 $x$、$y$ 和 $z$ 坐标，还包含每个三角片的纹理。如此操作可以将三角片的两种属性分开：（1）三角片的位置，（2）与该三角片相关的纹理信息。这样，只需要对三角片的坐标进行数学运算，三角片就可以自由平移。完成所有的平移计算之后，需要在新位置显示最终的对象时，再处理纹理信息（纹理信息存储在被称为纹理存储器的单独存储区域中）。纹理存储器不需要修改，当然，除非对象正在改变它的纹理，就像在电影《绿巨人》中那样，主角在压力下会变成绿色！在这种情况下，除了坐标，还需要更新纹理内存，但是，与三角片坐标的更新相比，这种修改很少发生。在显示平移后的对象之前，纹理映射步骤会用关联的纹理填充每个三角片，将线框模型变成一个对象。接下来，计算出来的对象必须显示在计算机屏幕上。由于每个计算机屏幕都由二维像素组成，因此必须执行三维到二维的变换才能在计算机屏幕上将对象显示为一帧图像。

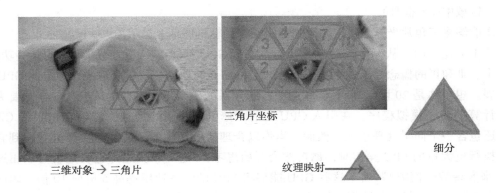

三角片坐标

细分

纹理映射

三维对象 → 三角片

图 6-1　将小狗图片转换为三维线框模型。使用三角片而非像素来表示一个对象。这种表示方式允许我们将纹理映射到每个三角片。当物体平移时，每个三角片以及相关的纹理也一同运动。为了提高这种对象表示的分辨率，可以在一个称为细分的过程中将三角片分成更小的三角片

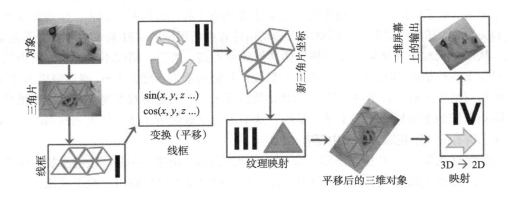

图 6-2　一个三角化的三维对象的平移步骤。三角片包含两种属性：位置和纹理。平移一个对象可以通过对其坐标进行数学运算来实现。最后的纹理映射操作将纹理信息映射到平移后的对象坐标上，通过三维到二维的坐标变换可以将结果图像显示在普通的二维计算机显视器上

### 6.1.3　GPGPU 的诞生

早期的 GPU 制造商注意到，如果将能够执行下述操作的专用硬件封装到 GPU 中，GPU 作为专业游戏卡将具有很大的优势。每个操作在图 6-2 中用一个罗马数字表示：

❑ 能够处理三角片的数据类型（方框Ⅰ）。

❑ 能够在三角片上执行大量的浮点运算（方框Ⅱ）。

❑ 能够将纹理与每个三角片相关联，并将该纹理存储在被称为纹理存储器的独立存储区域中（方框Ⅲ）。

❑ 能够将三角片坐标转换回图像坐标以便在计算机屏幕上显示（方框Ⅳ）。

基于上述考虑，从诞生的第一天开始，每个 GPU 都能够实现这些方框中的某些功能。方框Ⅰ、Ⅲ和Ⅳ的概念并未发生太大变化，但方框Ⅱ的功能变得越来越快，并促使 GPU 不断发展。想象你是 20 世纪 90 年代后期一位物理系的研究生，正在尝试编写一个需要大量浮点计算的粒子模拟程序。在引入 GPU 之前，你可以使用的只有一个包含 FPU 的 CPU，可能还包含一个向量处理单元。然而，当你以合理的价格购买了某个 GPU，并意识到它们可以执行更大量的 FPU 操作时，你自然会开始思考："嗯……我想知道我是否可以用这些 GPU 来实现粒子模拟？"由于这些 GPU 能够将 FPU 的计算速度提高 5 倍或 10 倍，因此你花在这些调查上的每一分钟都是值得的。当时唯一的问题是方框Ⅲ和方框Ⅳ的功能无法"关闭"。换句话说，GPU 不是专门为进行粒子模拟的非游戏玩家设计的！

没有什么能阻止一颗坚定的信心。研究生很快就认识到，如果他将粒子的位置表示为怪兽模型中三角片的位置，并以某种方式将粒子运动操作模拟为怪兽的运动，那就有可能"欺骗"GPU，让它认为你实际上在玩一个游戏，在这个游戏中，粒子（怪兽）在到处移动并互相撞击（粒子碰撞）。你只能想象这些学生必须承受的巨大挑战：首先，游戏开发的语言是 OpenGL，其中的对象是图形对象，必须用计算机图形学的 API 来"伪装"粒子运动。其次，从怪兽到粒子和从粒子变回怪兽的转换效率不高。第三，精度不是很高，因为最初的卡只能支持单精度 FPU 操作，而不是双精度。我们的学生不能向 GPU 制造商提出建议，要求使用双精度来提高粒子模拟精度。GPU 是游戏卡，他们是游戏卡制造商！这些挑战都没有阻止我们的学生！无论那个学生是谁，这个无名英雄创造了几十亿美元的 GPU 产业，今天几乎所有的顶级超级计算机中都有 GPU。

该学生对戏耍 GPU 的成功感到非常自豪，因此公布了结果……猫咪最终从袋子里走了出来……这吸引了如雪崩般日益广泛的关注。如果这项技术可以应用于粒子模拟，为什么不能应用于电路仿真？所以，一名学生将其应用于电路仿真，一名学生将其应用于天体物理学，一名学生将其应用于计算生物学，一名……这些学生发明了一种用 GPU 进行通用计算的方法，因此诞生了术语 GPGPU。

## 6.1.4 Nvidia、ATI Technologies 和 Intel

虽然雪崩正呼啸着飞奔下山，各大学也疯狂地购买 GPU 来进行科学计算——尽管通过复杂的映射操作来使用游戏卡实现"严肃的"目的存在很大的挑战——但 GPU 制造商一直在默默关注着这些 GPU 的副业，并试图评估 GPU 在 GPGPU 市场上的潜力。为了显著地扩大这一市场，他们不得不对 GPU 进行修改，以消除学者在将 GPU 用作科学计算卡时不得不经历的烦琐转换。他们很快意识到，GPGPU 的市场远不止学术领域。例如，石油勘探人员可以分析水下声纳数据以找到水底下的石油，这是一种需要进行大量浮点运算的应用。另外，包括大学和研究机构（如 NASA 或桑迪亚国家实验室）在内的学术和研究市场可以使用 GPGPU 进行广泛的科学模拟。为了这些模拟，他们实际上会购买数百块最昂贵的 GPGPU，而 GPU 制造商可能会在这个市场中赚取大量资金，并为健康的游戏产品创造替代产品。

20 世纪 90 年代后期，GPU 制造商大多是小公司，他们将 GPU 视为普通的附加卡，与硬盘控制器、声卡、网卡或调制解调器没什么区别。他们预见不到在 2017 年 9 月份，Nvidia 将成为纳斯达克股票市场上（纳斯达克股票代码 NVDA）价值 1120 亿美元的公司，这 20 年的成就给人非常深刻的印象，考虑到拥有 50 年历史的全球最大半导体制造商 Intel 同月的价值为 1740 亿美元（纳斯达克股票 INTC）。当市场认识到 GPU 与其他附加卡并不属于同一类型的时候，GPU 制造商的愿望变化得相当迅速。就算不是天才也能看出来，GPU 技术市场已经准备好迎接爆炸。所以淘金热开始了。GPU 卡需要以下主要部件：（1）负责所有计算的 GPU 芯片；（2）GPU 显存，可由已经为 CPU 市场制造内存芯片的 CPU DRAM 生产商生产；（3）连接到 PCI 总线的接口芯片；（4）为所有这些芯片提供所需电压的电源芯片；（5）使所有这些芯片在一起工作的其他半导体设备，有时称为"胶合逻辑"。

市场上已有（2）、（3）和（4）的制造商。许多小公司纷纷成立并制造（1），即 GPU "芯片"来实现图 6-2 所示的功能。现在的做法是，像 Nvidia 这样的 GPU 芯片设计商会自己设计芯片，让第三方来制造（比如台积电），然后把 GPU 芯片卖给像富士康这样的设备生产商。富士康会购买其他部件（2、3、4 和 5），用来生产 GPU 卡。许多 GPU 芯片设计企业进入市场后仅仅目睹了 20 世纪 90 年代末的大规模市场整合。一些企业破产，另一些企业被卖给了更大的生产商。截至 2016 年，市场上只剩下三家主要厂商（Intel、AMD 和 Nvidia），其中两家实际上是 CPU 生产商。Nvidia 在 2016 年成为全球最大的 GPU 制造商，并通过将 ARM 核心整合到其 Tegra 系列 GPU 中，进入 GPU/CPU 市场。Intel 和 AMD 不断地尝试将 GPU 整合到其 CPU 中，为那些不想购买独立 GPU 的消费者提供一种替代方案。Intel 经历了许多代设计，最终将 Intel 高清显卡和 Intel Iris GPU 集成到其 CPU 中。其 GPU 的性能在 2016 年达到了新的高度，苹果公司认为在其 MacBook 中内置的 Intel GPU 性能足以作为唯一的 GPU，而不用再安装其他独立的 GPU。此外，Intel 还推出了 Xeon Phi 计算卡，与 Nvidia 在高端超级计算市场上展开竞争。这一竞争主要发生在桌面市场，而移动设备市场则出现了一组完全不同的玩家。QualComm 和 Broadcom 通过从其他 GPU 设计商购买授权，将 GPU 的核心集成到他们的移动处理器中。苹果公司购买了处理器设计，并设计了具有极低功耗的内置 CPU 和 GPU 的 "A" 系列处理器。到 2011 年或 2012 年左右，CPU 不再被认为是计算机或移动设备的唯一处理单元。CPU+GPU 是新的标准。

## 6.2 统一计算设备架构

Nvidia 相信 GPGPU 的市场很大，因而决定将图 6-2 中的"方框Ⅱ"设计为通用计算单元并将其开放给 GPGPU 程序员，从而将所有 GPU 都转换为 GPGPU。为了实现高效的 GPGPU 编程，必须绕过图形功能（方框Ⅰ、方框Ⅲ和方框Ⅳ，这些是图形特定的操作），而方框Ⅱ是科学计算唯一需要的部分。换言之，游戏需要方框Ⅰ、Ⅲ和Ⅳ（"G"部分）的功能，而科学计算只需要方框Ⅱ（"PU"部分）。同时还必须允许 GPGPU 程序员直接将数据输入方框Ⅱ中，而不必经过方框Ⅰ。此外，三角片对科学计算来说不是一种友好的数据类型，这意味着方框Ⅱ中的自然数据类型必须是常用的整数、单精度浮点数或双精度浮点数。

### 6.2.1 CUDA、OpenCL 和其他 GPU 语言

除了这些硬件实现以外，软件体系结构也是必须的。它可以允许 GPGPU 程序员开发 GPU 代码，而不必学习任何有关使用 OpenGL 的计算机图形学方面的知识。考虑到所有这些因素，Nvidia 于 2007 年推出了他们的开发语言——统一计算设备架构（CUDA），该语言从诞生到现在都只能应用于 Nvidia 平台。两年后，出现了 OpenCL 语言，它允许为 Intel、AMD 和其他类型的 GPU 开发 GPU 代码。尽管 AMD 最初推出了自己的语言 CTM（与 Metal 相似），但它最终放弃了这些努力，并严格地遵从了 OpenCL。截至 2016 年，世界上有两种主要的桌面 GPU 语言：OpenCL 和 CUDA。在这里我必须指出，移动设备上的情况有所不同，但这不是本书的重点。

自诞生以来，GPU 从来没有被视为处理器，它们总是被定位为在主 CPU 监督下工作的"协处理器"。所有数据在到达 GPU 之前首先要通过 CPU。因此，总是需要一种连接方式（例如 PCIe 总线）将 GPU 连接到其主机 CPU。这决定了 GPU 的硬件设计以及 GPU 编码所需的语言。Nvidia 的 CUDA 及其竞争对手 OpenCL 开发了各自的编程语言，包括主机端代码和设备端代码。与将它们称为 GPU 代码相比，将它们称为"设备端代码"更准确。原因有很多，例如 OpenCL 中的设备不必是一个 GPU，它可以是 FPGA、DSP 或者是其他具有与 GPU 类似的并行架构的设备。当前，OpenCL 2.3 版本允许通过非常小的修改将相同的代码应用于众多的上述设备。虽然这种泛化在某些应用中很好，但我们的重点仅限于本书中的 GPU 代码。所以，如果我在本书的某些部分中将它称为 GPU 代码，我很抱歉。

### 6.2.2 设备端与主机端代码

最初的 CUDA 语言开发人员面临一个困境：CUDA 必须是一种能让程序员同时为 CPU 和 GPU 编写代码的编程语言。要为两个完全不同的处理器（CPU 和 GPU）同时编程，CUDA 该如何工作？由于 CPU 和 GPU 都有独立的内存，数据传输将如何进行？程序员们根本不想学习一种全新的语言，因此 CUDA 在 CPU 和 GPU 端的代码应该有类似的语法……此外，使用一个编译器而非两个单独的编译器来编译主机端和设备端的代码有极大

的好处。

---

- 从来没有有关 GPU 编程等方面的工作……
- GPU 总是通过某些 API 与 CPU 协同工作……
- 因此，总是需要 CPU+GPU 编程……

---

鉴于这些事实，CUDA 必须基于 C 编程语言（用于 CPU 端）来提供高性能处理。GPU 端也必须与 CPU 端几乎完全一样，只使用一些特定的关键字来区分主机端和设备端代码。由 CUDA 编译器来决定各操作在哪一个设备上运行——是 CPU 端的指令序列，还是 GPU 端的指令序列。GPU 的并行性在 GPU 端代码中显现出来，其机制类似于本书第一部分中我们看到的 Pthreads。综合考虑这些因素后，Nvidia 设计了能够同时编译 CPU 和 GPU 代码的 nvcc 编译器。CUDA 自发布以来，经历了许多版本更新，并融合了越来越多的复杂功能。本书使用的版本是 2016 年 9 月发布的 CUDA 8.0。伴随着 CUDA 的发展，Nvidia 的 GPU 架构也经历了大规模的更新，稍后我将介绍一些。

## 6.3　理解 GPU 并行

阅读 GPU 编程书籍的目的是希望能针对一个设备（GPU）进行编程开发，使它能够提供远优于 CPU 的计算性能。关键问题是：为什么 GPU 能够提供如此高的性能？为了理解这一点，让我们看看下面的类比。

---

### 类比 6.1：CPU 与 GPU

Cocotown 每年举办收获 2048 颗椰子的比赛。小镇中最强壮的农民 Arnold 非常有名，因为他拥有最快的拖拉机，并且是最强壮的，收获椰子的速度以小镇上的其他农民快 2 倍。今年，雄心勃勃的 Fred 和 Jim 兄弟向 Arnold 提出了挑战。他们声称虽然他们的拖拉机的大小是 Arnold 的一半，但他们仍然可以在竞争中击败 Arnold。Arnold 很高兴地接受了这个挑战。这将成为在场边为他们加油的居民观看的最有趣的比赛。

在比赛开始之前，另一位从未参加过比赛的农民——Tolga 宣称他可以赢得比赛。他的配置完全不同：他会驾驶一辆可以容纳 32 名乘客和司机的大客车。大客车上实际可容纳 32 名男女童子军，帮助他收获椰子。他本身不做任何工作，只是向童子军发布命令，告诉他们下一步该做什么。此外，他会报告结果并上交收获的椰子。童子军们没有什么经验，所以他们每个人采摘椰子的速度只是其他农民的四分之一。Tolga 面临的主要挑战是如何协调发布给童子军的各项命令。实际上他不得不给童子军们一根长绳，并让他们抓紧长绳，这样在遇到需要同步的步骤时，他们可以协同工作。

你认为谁会赢得比赛？

---

图 6-3 中描述了类比 6.1 的三种比赛方案：Arnold 代表一个可以工作在 4 GHz 的单线程 CPU，而 Fred、Jim 和他们的小型拖拉机一起代表双核 CPU，其中每个核心的工作频率为 2.5 GHz。本书的第一部分对这两种方案之间的性能差异已经进行了评估。图 6-3 中有趣的第三种方案是 Tolga 和 32 名男女童子军。这代表了一个 CPU 核心——可能工作在 2.5 GHz，以及由 32 个小核心组成的 GPU 协处理器，每个核心的工作频率为 1 GHz。如何将该方案与前两个方案进行比较呢？

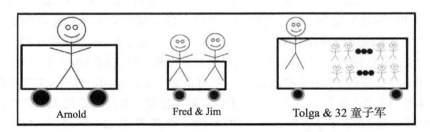

图 6-3　类比 6.1 中参与竞争的三个农民团队：（1）Arnold 单独参加竞赛，他有 2 倍大的拖拉机和"最强壮农民"的声誉；（2）Fred 和 Jim 一起参赛，使用一辆比 Arnold 的拖拉机小得多的拖拉机；（3）Talga 和 32 名男女童子军一起参加比赛，使用一辆大客车。谁会赢

### 6.3.1　GPU 如何实现高性能

首先，在图 6-3 中，如果 Tolga 孤身一人，他的表现将是第二队的一半，也可能是 Arnold 的一半。所以，Tolga 无法独自赢得比赛。但是，只要 Tolga 能够与 32 名童子军高效协调，我们可以期待第三队的优异表现。但是，需要多少成本呢？让我们来做做数学题。如果并行化开销可以忽略不计，即线程效率为 100%，转化为公式 4.4 中的 $\eta$=1.0，预期的理论最大值将为 2.5+32×1=34.5，接近 Arnold 性能的 8 倍。这是一个非常粗略的估计，只是简单地将不同处理单元的 GHz 值相加，即 Tolga 为 2.5 GHz，童子军的主频为 1 GHz，并且忽略了架构差异以及许多其他会导致并行架构中性能下降的因素。然而，它给出了一个理论最大值，因为任何负面因素都会使性能下降，进而使最终性能小于这个数值。

在上面这个例子中，即使 Tolga 需要承担与童子军交换数据的任务，因而没有时间做任何实际工作，导致我们得不到 34.5，但仍然可以达到 32。第三种方案的性能来自于小型 GPU 核心的数量。将任何数字乘以 32 都会得到一个大数字。因此，即使 GPU 核心以 1 GHz 的速度运行，只要我们可以将 32 个核心封装到 GPU 中，仍然可以超越以 4 GHz 工作的单个核心的 CPU。但实际情况并不相同：CPU 核心的数量远多于两个，GPU 也一样。在 2016 年，8 核心 16 线程（8C/16T）的台式机处理器很常见，而高端 GPU 则集成了 1000 ～ 3000 个核心。随着 CPU 制造商在 CPU 中不断地封装越来越多的核心，GPU 制造商也在做同样的事。GPU 取胜的原因在于 GPU 的核心简单得多，而且工作速度较慢。这使得 GPU 芯片设计人员能够在其 GPU 芯片中封装数量更多的核心，而更低的速度可以将功耗降至 200 ～ 250W 以下，这大约是任何半导体器件（即"芯片"）可以消耗的峰值功率。

请注意，GPU 消耗的功率与每个核心的频率**不是**线性关系，相反，它接近于二次关系。换句话说，4 GHz 的 CPU 核心预计比 1 GHz 核心工作时消耗的功率高出 16 倍。这一事实使得 GPU 生产商能够将数百甚至数千个核心封装到他们的 GPU 中，而不会达到功耗上限。实际上这与多核 CPU 的设计理念完全相同。一个工作在 4 GHz 的单核 CPU 与一个工作在 3 GHz 的双核 CPU 的功耗差不多。所以，只要并行的开销很低（即 $\eta$ 接近于 1），双核 3 GHz 的 CPU 比单核 4 GHz 的 CPU 更好。GPU 的设计理念也与此类似，只不过有一个显著的不同：CPU 的多核策略调用多个在较低频率下工作的**复杂**（乱序执行）核心，但这种策略仅适用于有 2 个、4 个、8 个或 16 个核心的 CPU。它不适用于有 1000 个核心的情况！所以，GPU 必须采取特殊处理，让每个核心**更加简单**。更简单的意思是每个核心都是按序的（参见 3.2.1 节），工作频率较低，L1$ 缓存不需要一致。随着以下几章的学习，这些细节会变得越来越清晰。就目前而言，我们需要知道的是 GPU 与 CPU 相比增加了许多体系结构方面的变化，为如此高的核心数量提供了可管理的执行环境。

## 6.3.2　CPU 与 GPU 架构的差异

虽然我们将在后面的章节中深入学习 GPU 架构，但现在，让我们先看看图 6-3 中的示意图，分析一下 CPU 和 GPU 在概念上最重要的区别。下面是我们观察到的一些地方：

1. 在对 Tolga 驾驶的载有童子军的"大客车"的定义中，Tolga 负责所有的驾驶任务。童子军从未执行过驾驶任务。在 GPU 环境中，GPU 核心负责所有计算任务的执行，但工作指令总是来自 CPU。

2. Tolga 负责采摘椰子并将其分发给童子军。童子军们从不直接采摘椰子，他们只是在大客车中等待，直到 Tolga 给他们带来椰子。在 GPU 情况下，GPU 核心从不自己获取数据。数据总是来自 CPU 端，计算结果再传回 CPU 端。因此，GPU 在后台只是扮演计算加速器的角色，为 CPU 完成某些外包任务。

3. 这种类型的体系架构只有在有着大量并行处理单元，而不是仅有 2 个或 4 个时，才非常有效。事实上，GPU 在任何时刻都会同时执行不低于 32 件的事情。这个数字——32，几乎颠覆了我们在 CPU 世界学习的"线程"概念，更加类似于"超级线程"。事实上，在 GPU 世界它甚至有自己的名字：合并在一起的 32 个线程被称为一个"线程束"。虽然在 GPU 中将一个核心完成的任务称为一个线程，但定义一个新术语线程束还是很有必要，它表明在任何时刻执行的线程数都不会低于一个线程束。

4. 线程束概念对 GPU 的体系结构有着重大影响。在图 6-3 中，我们从未谈论椰子是如何被送回大客车的。如果你只带了 5 颗椰子进入大客车，那么有 27 个童子军就会坐在那儿什么都不做。因此，数据必须以同样大小的数据块为单位输入 GPU，数据块的大小是半个线程束，即 16 个元素。

5. 数据必须以半个线程束的大小传输给 GPU 核心的事实意味着负责将数据传入 GPU 核心的存储子系统每次应该输入 16 个数据。这需要一个能够一次传输 16 个数据的并行存储子系统，传输 16 个浮点数或 16 个整数等。这就是为什么 GPU 的 DRAM 存储器是由 DDR5 构成的，因为它是并行存储器。

6. 由于 GPU 核心和 CPU 核心是完全不同的处理单元，因此可以预见它们具有不同的 ISA（指令集架构）。换句话说，它们说的是不同的语言。所以，必须编写两套不同的指令：一套用于 Talga，另一套用于童子军。在 GPU 世界中，尽管开发人员必须编写两种不同的程序，但也可以使用一个编译器——nvcc，来编译 CPU 指令和 GPU 指令。谢天谢地，CUDA 语言将它们结合在一起，并使它们非常相似，程序员可以编写这两种程序而无须学习两种完全不同的语言。

## 6.4 图像翻转的 CUDA 版：imflipG.cu

现在可以编写和分析第一个 CUDA 程序了。我们的第一个程序会有 main() 以及在第一部分的 CPU 程序中看到的其他内容。如果我没有向你展示隐藏在数 10 行代码中的 CUDA 代码，你会认为它就是普通的 CPU 端代码。这是一个好消息，虽然 CPU 和 GPU 核心的指令集的不同之处非常大，但我们可以用 C 语言为它们编写代码，只需要添加几个关键字来指明哪段代码属于 CPU（主机端代码），哪段代码属于 GPU（设备端代码）。

如果事情就是这样的话，我们可以开始编写 CPU 代码了，就像与 GPU 没有任何关系一样，有一个例外。因为我们知道最终会将 GPU 代码合并到该程序中，所以我们将其称为 imflipG.cu——扩展名 .cu 表示这是一个 CUDA 程序，它是我们在 2.1 节中开发的 imflipP.c 代码的 GPU 版本。imflipP.c 根据用户指定的命令行选项垂直或水平地翻转图像。它有两个函数，MTFlipH() 和 MTFlipV()，由这两个函数分别实现对存储在图像存储空间中的像素施加的翻转操作。main() 中的其余代码负责读取和解析命令行并在各函数之间传递数据。CPU 在 imflipG.cu 中的作用与 imflipP.c 相似，因为从类比 6.1 中可以看出，Tolga（CPU 核心）将完成许多单核或双核的工作，而 GPU 的核心将完成大规模的并行工作。换句话说，为什么在图 6-3 中浪费童子军们的时间而仅收获一颗椰子呢？应该让 Tolga 来完成这项工作！如果你把这个任务分配给童子军，那么其余的 31 个将被闲置。更糟糕的是，一个童子军的工作频率为 1 GHz，而 Tolga 的工作频率为 2.5 GHz。因此，基本原则是代码中的"串行"部分更适合由 CPU 来执行，即使有一定程度的"并行"部分也是如此。而那些至少需要同时执行 32 个或 64 个任务的"大规模并行"部分则与 GPU 的众多核心完美匹配。如何在 CPU 和 GPU 之间分配任务由程序员决定。

在详细解释 imflipG.cu 的细节之前，让我们首先看看各个步骤。这个程序会如何工作？

1. 首先，CPU 将读取命令行参数，解析它们，并将解析的值放置到适当的 CPU 端变量中。与普通的 CPU 版本的代码 imflipP.c 完全一样。

2. 其中的一个命令行变量是我们将要翻转图像的文件名，例如包含小狗图像的 dogL. bmp 文件。CPU 通过名为 ReadBMP() 的 CPU 函数来读取该文件。图像将被放置在名为 TheImg[] 的 CPU 端数组内。请注意，到目前为止，GPU 什么事都没干。

3. 一旦我们在内存中准备好了图像，并准备翻转它，现在是 GPU 大显身手的时候了！水平或垂直翻转都是大规模并行任务，应该让 GPU 来做。此时，由于图像位于 CPU 端数组中（更一般地说，在 CPU 内存中），因此必须将其传输到设备端。从这些讨论中可以看出，除了 CPU 自身的内存（DRAM）外，GPU 也有自己的内存。自从我们在 3.5 节中第一次提到 DRAM 以来，我们就一直在学习它。

4. CPU 内存与 GPU 内存是完全不同的存储区域（或"芯片"）的这一事实，我们应该非常清楚，因为 GPU 与 CPU 没有任何共享的电子部件，它是一个完全不同的插入式设备。CPU 的内存安装在主板上，GPU 的内存安装在 GPU 板卡上。在这两个存储区域之间实现数据传输的唯一方式是通过连接它们的 PCIe 总线进行显式的数据传输——调用可用的 API 函数，我们将在后面看到这些操作。我希望读者能回忆起图 4-3 中的内容，在那幅图中我展示了 CPU 如何通过 X99 芯片组和 PCIe 总线与 GPU 相连。X99 芯片组负责传输控制，而 CPU "芯片"中的 I/O 部分用硬件与 X99 芯片相连，实现在 GPU 内存和 CPU 的 DRAM 之间进行数据传输（要经过数据通路上 CPU 的 L3$）。

5. 因此，在 GPU 核心开始对图像数据进行任何操作之前，必须将数据从 CPU 内存传输到 GPU 的内存。这可以通过调用看上去与一般的 CPU 函数类似的 API 函数来完成。

6. 传输完成后，现在必须告诉 GPU 核心如何处理这些数据。GPU 端代码将完成这一工作。好吧，实际情况是在传输数据之前你应该先传输代码，因此在图像数据到达 GPU 核心时，他们知道该如何处理它。这意味着，实际上我们是将两样东西传输到 GPU 端：（1）要处理的数据；（2）用来处理数据的代码（即，编译好的 GPU 指令）。

7. 在 GPU 核心完成数据处理之后，还需要通过 GPU 到 CPU 的传输将结果传回 CPU。

借用图 6-3 中的类比，就好像 Tolga 首先给童子军们提供一张写有命令的纸，这样他们就知道该如何处理椰子（GPU 端代码），一次抓取 32 颗椰子（从 CPU 存储器读取），在童子军面前一次倾倒 32 颗椰子（CPU 到 GPU 的数据传输），告诉童子军们执行发布给他们的命令，也就是处理倾倒在他们面前的椰子（GPU 端执行），并在他们完成时收集他们面前的东西（GPU 到 CPU 数据传输），最后将处理好的椰子放回到抓取他们的地方（将结果写回 CPU 内存）。

由于需要来回的数据传输，这个过程听起来有点低效，但其实不用担心。Nvidia 在其 GPU 中内置了多种机制以使处理效率更高，并且最终 GPU 的处理能力会部分地隐藏底层的低效率，从而显著提高性能。

### 6.4.1 imflipG.cu：将图像读入 CPU 端数组

好吧，这些类比的使命已经完成了，现在开始编写真正的 CUDA 代码。imflipG.cu 中的 main() 函数有点长，所以我会把它切分成小块。每个小块的划分看起来非常像我在上面列出的步骤。首先，让我们看看用于存储初始的和处理后的 CPU 端图像数据的变量。代码 6.1 列出了 main() 函数的第一部分，下面列出的五个指针用于在 CPU 内存和 GPU 内存中存储图像：

- ❑ 变量 TheImg 是指向 CPU 内存的指针，在 ReadBMPLin() 函数中它由 malloc() 分配，用于存储在命令行中指定的图像数据（例如，dogL.bmp）。注意，变量 TheImg 是一个指向 CPU DRAM 内存的指针。

- ❑ 变量 CopyImg 是指向另一块 CPU 内存的指针，它的值由另一次的 malloc() 调用分配，用于存储原始图像的副本（该副本将被翻转，而原始图像则不会被改变）。请注意，到目前为止我们没有对 GPU 内存做任何事情。

- ❑ 正如很快就会看到的，我们将用 API 来分配 GPU 内存。在需要时，通过调用名为 cudaMalloc() 的 API 来要求 GPU 内存管理器在 **GPU 内存中**为我们分配一段内存。因此，cudaMalloc() 返回给我们的是指向 GPU DRAM 内存的指针，但是我们会把这个指针存储在一个 CPU 端变量 GPUImg 中。这可能会让人感到困惑，因为我们在 CPU 端变量中保存了一个 GPU 端的指针。实际上并不难理解，指针只不过是一些"数值"，或者更具体一点就是一个 64 位的整数。所以它们可以用与 64 位整数操作完全相同的方式进行存储、复制、相加或相减。什么时候需要在 CPU 端存储 GPU 端的指针呢？规则很简单：在 CPU 调用的 API 中出现的任何指针都必须在 CPU 端存储。现在，可以问自己一个问题：变量 GPUImg 会在 CPU 端使用吗？答案是肯定的，因为我们需要调用 cudaMalloc() 将数据从 CPU 端传输到 GPU 端。cudaMalloc() 是 CPU 端函数，尽管它的功能与 GPU 有很大关系。所以，需要在 CPU 端变量中同时存储指向双方的指针。在 GPU 端我们肯定会使用同一个 GPU 端指针！但现在，我们在主机（CPU）端复制了一个副本，所以 CPU 有机会在需要时访问它。如果不这么做，CPU 将永远无法访问它，并且无法启动与该指针有关的 GPU 数据传输。

- ❑ 另外两个 GPU 端指针 GPUCopyImg 和 GPUResult 的情况也差不多。它们是指向 GPU 内存的指针，其中，最终的"翻转"图像存储在 GPUResult 中，GPUCopyImg 是 GPU 代码运行时所需的临时变量。这两个变量是 CPU 端变量，存储调用 cudaMalloc() 后获得的指针。在 CPU 变量中存储 GPU 指针不应该令人困惑。

在每个 CUDA 程序中会有几个 #include < 文件路径 > 语句，分别是 <cuda_runtime.h>、<cuda.h> 和 <device_launch_parameters.h>，以允许我们使用 Nvidia 的 API。这些 API，例如 cudaMalloc()，是 CPU 和 GPU 端之间的桥梁。Nvidia 的工程师开发了它们，让你能在 CPU 和 GPU 之间传输数据而不用关心具体的细节。

请注意在这里定义的数据类型。ul、uch 和 ui 分别表示 unsigned long、unsigned char 和

unsigned int。这些类型的数据会经常使用，将它们定义为用户自定义的类型可以使代码更加清晰，减少代码中的混乱。存放文件名的变量是 InputFileName 和 OutputFileName，它们的值都来自于命令行参数。变量 ProgName 被硬编码到程序中用于输出报告，在本章后面将会看到它。

---

**代码 6.1：imflipG.cu   ⋯main( ){⋯**

imflipG.cu 中 main( ) 的第一部分。TheImg 和 CopyImg 是 CPU 端的图像数组指针，而 GPUImg、GPUCopyImg 和 GPUResult 是 GPU 端的指针。

```
#include <cuda_runtime.h>
#include <device_launch_parameters.h>
#include <stdio.h>
#include <stdlib.h>
#include <stdint.h>
#include <string.h>
#include <iostream>
#include <ctype.h>
#include <cuda.h>

typedef unsigned char uch;
typedef unsigned long ul;
typedef unsigned int ui;

uch *TheImg, *CopyImg;                  // CPU 端图像数据指针
uch *GPUImg, *GPUCopyImg, *GPUResult;   // GPU 端图像数据指针
...
int main(int argc, char **argv)
{
  char InputFileName[255], OutputFileName[255], ProgName[255];
  ...
  strcpy(ProgName, "imflipG");
  switch (argc){
    case 5:  ThrPerBlk=atoi(argv[4]);
    case 4:  Flip = toupper(argv[3][0]);
    case 3:  strcpy(InputFileName, argv[1]);
             strcpy(OutputFileName, argv[2]);
             break;
    default: printf("\n\nUsage: %s InputFilename Outp ...");
        ...
  }
  ...
  TheImg = ReadBMPlin(InputFileName); // 读入图像
  CopyImg = (uch *)malloc(IMAGESIZE); // 为复制图像分配空间
  ...
```

---

## 6.4.2  初始化和查询 GPU

代码 6.2 显示了 main( ) 中负责查询 GPU 的部分，也就是收集本机系统中拥有的 GPU 的信息。也许只有一个（最常见的情况），或者有多个具有不同特性的 GPU。在 Nvidia 提

供给我们的大量 API 中，cudaGetDeviceCount( ) 函数将本机可用的 GPU 数量写入我们定义的 int 类型变量 NumGPU 中。如果这个变量值为 0，显然，我们没有 GPU 可用，可以带着一个令人讨厌的消息退出系统！或者，如果至少有一个 GPU，则可以使用 cudaSetDevice( ) 来选择在哪个 GPU 上执行 CUDA 代码。此时，我们选择 0，这意味着第一个 GPU。和 C 的变量索引值一样，GPU 索引的范围是 0、1、2……选择好 GPU 后，就可以用 cudaGetDeviceProperties( ) 函数来查询 GPU 的参数，并将结果放置在变量 GPUProp 中（变量类型为 cudaDeviceProp）。让我们来看一看该 API 返回的一些特征：

变量 GPUProp.maxGridSize[0]、GPUProp.maxGridSize[1] 和 GPUProp.maxGridSize[2] 分别表示在 $x$，$y$ 和 $z$ 维度上可以启动的最大线程块数，将它们相乘得到总的块数。除以 1024 后，结果被写入名为 SupportedKBlocks 的变量（以 "千" 为单位的结果）。同样，再次除以 1024 后得到 "兆" 的结果。这是一个简单示例，告诉我们如何获得 "我在此 GPU 上可以启动的线程块的最大数量是多少？" 这一问题的答案。MaxThrPerBlk 变量中给出了你可以在块中启动的线程数的上限。

---

**代码 6.2：imflipG.cu   main( ){…**

用 Nvidia API 初始化和查询 GPU。

---

```
int main(int argc, char** argv)
{
  cudaError_t cudaStatus, cudaStatus2;
  cudaDeviceProp GPUprop;
  ul SupportedKBlocks, SupportedMBlocks, MaxThrPerBlk;  char SupportedBlocks[100]
  ...

  int NumGPUs = 0;             cudaGetDeviceCount(&NumGPUs);
  if (NumGPUs == 0){
    printf("\nNo CUDA Device is available\n"); exit(EXIT_FAILURE);
  }
  cudaStatus = cudaSetDevice(0);
  if (cudaStatus != cudaSuccess) {
    fprintf(stderr, "cudaSetDevice failed! No CUDA-capable GPU installed?");
    exit(EXIT_FAILURE);
  }
  cudaGetDeviceProperties(&GPUprop, 0);
  SupportedKBlocks = (ui)GPUprop.maxGridSize[0] * (ui)GPUprop.maxGridSize[1] *
                (ui)GPUprop.maxGridSize[2] / 1024;
  SupportedMBlocks = SupportedKBlocks / 1024;
  sprintf(SupportedBlocks, "%u %c", (SupportedMBlocks >= 5) ? SupportedMBlocks :
        SupportedKBlocks, (SupportedMBlocks >= 5) ? 'M' : 'K');
  MaxThrPerBlk = (ui)GPUprop.maxThreadsPerBlock;
  ...
```

---

### 6.4.3　GPU 端的时间戳

当我们进入 CUDA 代码执行的细节后，你很快就会知道线程块是什么意思。现在，让我们把注意力集中在 CPU-GPU 的交互上。你可以在 CUDA 代码的开头部分查询 GPU，并根据查询结果用不同的参数执行 CUDA 代码，以获得最佳效率。下面是关于 CPU-GPU 如何进行交互的一个类比：

---

### 类比 6.2：CPU 端与 GPU 端

cocoTown 经历了他们最好的一年，有 4000 多万颗椰子需要处理。因为他们不习惯处理这么多椰子，所以他们决定向月球上的哥们寻求帮助。他们知道 cudaTown 的月亮城市拥有最先进的技术，可以将椰子的处理速度提高 10 ～ 20 倍。这需要他们发射一艘装有四千万颗以上椰子的宇宙飞船到月球上。cudaTown 的人非常有组织，他们习惯以分块的形式处理椰子，他们称之为"块"，并要求 cocoTown 将每块打包在一个盒子里，数量可以为 32、64、128、256 或 1024。他们要求 cocoTown 告知他们块的大小以及飞船中一共有多少块。

cocoTown 和 cudaTown 的官员必须想出一些方法来传递块的大小和数量。此外，cudaTown 工作人员在椰子到达之前需要在仓库中分配一些空间。幸运的是，cudaTown 的一名工程师为 cocoTown 的工程师设计了一个卫星电话，使得他们可以提前打电话给 cudaTown 的仓库预留空间，并让他们知道块的大小和数量。还有一件事：cudaTown 太大了，负责为椰子分配仓库空间的人必须把"仓库编号"告诉 cocoTown 的人，当飞船到达 cudaTown 的时候，人们才会知道在哪里存放椰子。

这种关系令人非常兴奋，然而，cocoTown 的人不知道块的大小为多少才合适，也不知道如何测量太空旅行和在 cudaTown 中处理椰子需要多少时间。因为所有的工作都是由 cudaTown 的人完成的，所以最好让 cudaTown 的某个人负责对这些事件进行计时。为此，他们聘请了一位事件管理者。经过深思熟虑后，cocoTown 决定以 256 颗椰子为一块，这需要运送 166 656 颗椰子。他们在飞船中放置了一台笔记本，记录仓库地址以及其他从卫星电话获得的参数，所以 cudaTown 的人们在处理椰子时有明确的指导。

---

类比 6.2 实际上有相当多的细节问题。让我们试着了解它们。

❏ 可以将 cocoTown 看作 CPU，将 cudaTown 看作 GPU。在两个城市之间发射太空飞船相当于执行 GPU 代码。留在太空飞船上的笔记本电脑中包含 GPU 端函数（例如 Vflip()）的参数。没有这些参数，cudaTown 无法执行任何函数。

❏ 很明显，从地球（cocoTown）到月球（cudaTown）的数据传输非常重要。这需要花费很长时间，甚至可能将 cudaTown 的惊人速度带来的好处吞噬。太空飞船代表数据传输引擎，而太空本身是连接 CPU 和 GPU 的 PCIe 总线。

❏ 飞船的速度可以看作是 PCIe 总线的速度。

❏ 卫星电话代表用于 cocoTown 和 cudaTown 进行通信的 CUDA 运行时 API 库。一个重要的细节是，卫星电话运营商在 cudaTown 中，但它不保证 cudaTown 中保存有副本。所以，这些参数（例如仓库编号）仍然必须放在宇宙飞船内（写在笔记本上）。

❏ 在 cudaTown 的仓库中分配空间等同于 cudaMalloc()，后者返回一个指针（cudaTown 中的仓库编号）。这个指针是给 cocoTown 的人用的，虽然它必须作为函数参数传回宇宙飞船，就像我前面说的那样。

❏ 因为飞船离开地球后，cocoTown 的人并不知道事情是如何进展的，所以他们不应该对事件进行计时。而应该由 cudaTown 的人来完成这项工作。我会在后面提供更多的细节。

GPU 端的一个函数（如 Vflip()）被称为一个核函数。代码 6.3 显示了 CPU 如何启动一个 GPU 的核函数，并将 GPU 用作协处理器。这是代码中需要理解的最重要的部分，所以我将详细解释它的每一部分。一旦你理解了这部分代码，下面的章节就会毫无困难。首先，与 CPU 代码的计时操作非常相似，我们也希望统计完成 CPU → GPU 的传输和 GPU → CPU 的传输需要花费多长时间。另外，我们希望统计在这两个操作之间执行 GPU 代码需要多长时间。当查看代码 6.3 时，我们发现以下几行代码实现了 GPU 代码的计时：

```
cudaEvent_t time1, time2, time3, time4;
...
cudaEventCreate(&time1);    cudaEventCreate(&time2);
cudaEventCreate(&time3);    cudaEventCreate(&time4);
... // 将数据从 CPU 复制到 GPU
cudaEventRecord(time1, 0);  // 开始进行 GPU 传输的时间戳
... // 将数据从 CPU 传输到 GPU
cudaEventRecord(time2, 0);  // CPU 到 GPU 的传输结束后的时间戳
...    // 执行 GPU 代码
cudaEventRecord(time3, 0);  // GPU 代码执行完成后的时间戳
```

变量 time1、time2、time3 和 time4 都是 CPU 端变量，存储了 CPU 和 GPU 之间进行数据传输时的时间戳，以及 GPU 代码在设备端执行过程中的时间戳。上面代码中一个奇怪的地方是，我们只用 Nvidia 的 API 为与 GPU 相关的事件添加时间戳。任何涉及 GPU 的东西都必须用 Nvidia 的 API 来得到时间戳，此处是 cudaEventRecord()。但为什么？为什么我们不能简单地使用表现优异的 gettimeofday() 函数？我们在 CPU 代码清单中看到过它。

**代码 6.3：imflipG.cu    main(){···**

imflipG.cu 的 main() 中启动 GPU 核函数的部分。

```
uch *TheImg, *CopyImg;                  // CPU 端图像数据指针
uch *GPUImg, *GPUCopyImg, *GPUResult;   // GPU 端图像数据指针
#define IPHB       ip.Hbytes
#define IPH        ip.Hpixels
#define IPV        ip.Vpixels
#define IMAGESIZE  (IPHB*IPV)
...
int main(int argc, char** argv)
{
  cudaError_t cudaStatus, cudaStatus2;
  cudaEvent_t time1, time2, time3, time4;
```

```
ui BlkPerRow, ThrPerBlk=256, NumBlocks, GPUDataTransfer;
...
cudaEventCreate(&time1);        cudaEventCreate(&time2);
cudaEventCreate(&time3);        cudaEventCreate(&time4);

cudaEventRecord(time1, 0);   // 开始进行 GPU 传输的时间戳
// 为输入和输出图像分配 GPU 缓冲区
cudaStatus = cudaMalloc((void**)&GPUImg, IMAGESIZE);
cudaStatus2 = cudaMalloc((void**)&GPUCopyImg, IMAGESIZE);
if ((cudaStatus != cudaSuccess) || (cudaStatus2 != cudaSuccess)){
    fprintf(stderr, "cudaMalloc failed! Can't allocate GPU memory");
    exit(EXIT_FAILURE);
}
// 将输入向量从主机端内存复制到 GPU 缓冲区
cudaStatus = cudaMemcpy(GPUImg, TheImg, IMAGESIZE, cudaMemcpyHostToDevice);
if (cudaStatus != cudaSuccess) {
    fprintf(stderr, "cudaMemcpy CPU to GPU failed!");   exit(EXIT_FAILURE);
}
cudaEventRecord(time2, 0);   // CPU 到 GPU 的传输结束后的时间戳
BlkPerRow = (IPH + ThrPerBlk -1 ) / ThrPerBlk;
NumBlocks = IPV*BlkPerRow;
switch (Flip){
    case 'H': Hflip <<< NumBlocks, ThrPerBlk >>> (GPUCopyImg, GPUImg, IPH);
        GPUResult = GPUCopyImg;        GPUDataTransfer = 2*IMAGESIZE; break;
    case 'V': Vflip <<< NumBlocks, ThrPerBlk >>> (GPUCopyImg, GPUImg, IPH, IPV);
        GPUResult = GPUCopyImg;        GPUDataTransfer = 2*IMAGESIZE; break;
    case 'T': Hflip <<< NumBlocks, ThrPerBlk >>> (GPUCopyImg, GPUImg, IPH);
        Vflip <<< NumBlocks, ThrPerBlk >>> (GPUImg, GPUCopyImg, IPH, IPV);
        GPUResult = GPUImg;        GPUDataTransfer = 4*IMAGESIZE; break;
    case 'C': NumBlocks = (IMAGESIZE+ThrPerBlk-1) / ThrPerBlk;
        PixCopy <<< NumBlocks, ThrPerBlk >>> (GPUCopyImg, GPUImg, IMAGESIZE);
        GPUResult = GPUCopyImg;        GPUDataTransfer = 2*IMAGESIZE; break;
}
...
```

答案在类比 6.2 中：我们完全依赖 Nvidia 的 API（来自月球的人）来计算与 GPU 端有关的任何事情。如果这样做，不妨也让他们对太空旅行进行计时，无论是出发还是回家。数据传输的开始和结束或执行一个 GPU 核函数的开始和结束都被记录为某种事件，这使我们能够用 Nvidia 事件计时 API 对它们进行计时，例如 cudaEventRecord()。要在 API 中使用一个事件，必须先用 cudaEventCreate() 创建该事件。由于事件记录机制内嵌在 Nvidia 的 API 中，我们可以很方便地用它们来统计执行 GPU 核函数或在 CPU 与 GPU 之间进行传输所需要的时间，这和 CPU 代码非常相似。

在代码 6.3 中，在代码刚开始的地方我们用 time1 添加时间戳，并在 CPU 到 GPU 传输完成时将时间戳保存在 time2 中。类似地，time3 是 GPU 代码执行完成时的时间戳，而 time4 是结果完全到达 CPU 端时的时间戳。相邻两个时间戳之间的差值告诉我们完成这些事件中的每一个需要多长时间。毫不奇怪，差值也必须通过调用 CUDA API 库中的 cudaEventElapsedTime() API 来计算（如代码 6.4 所示），因为时间戳的存储格式是 Nvidia

API 的一部分，并不是普通的变量。

---

**代码 6.4：imflipG.cu main(){···**

完成 GPU 核函数的执行并将结果传回 CPU。

---

```
int main(int argc, char** argv)
{
   ...
   // cudaDeviceSynchronize 等待核函数结束，
   // 如果执行过程中有错误，就返回该错误
   cudaStatus = cudaDeviceSynchronize();
   if (cudaStatus != cudaSuccess) {
      fprintf(stderr, "\n\ncudaDeviceSynchronize error code %d ...\n", cudaStatus);
      exit(EXIT_FAILURE);
   }
   cudaEventRecord(time3, 0);
   // 将输出（结果）从 GPU 缓冲区复制到主机端（CPU）内存
   cudaStatus = cudaMemcpy(CopyImg, GPUResult, IMAGESIZE, cudaMemcpyDeviceToHost);
   if (cudaStatus != cudaSuccess) {
      fprintf(stderr, "cudaMemcpy GPU to CPU failed!");
      exit(EXIT_FAILURE);
   }
   cudaEventRecord(time4, 0);

   cudaEventSynchronize(time1);     cudaEventSynchronize(time2);
   cudaEventSynchronize(time3);     cudaEventSynchronize(time4);
   cudaEventElapsedTime(&totalTime, time1, time4);
   cudaEventElapsedTime(&tfrCPUtoGPU, time1, time2);
   cudaEventElapsedTime(&kernelExecutionTime, time2, time3);
   cudaEventElapsedTime(&tfrGPUtoCPU, time3, time4);

   cudaStatus = cudaDeviceSynchronize();
   if (cudaStatus != cudaSuccess) {
      fprintf(stderr, "\n Program failed after cudaDeviceSynchronize()!");
      free(TheImg);     free(CopyImg);     exit(EXIT_FAILURE);
   }
   WriteBMPlin(CopyImg, OutputFileName);  // 将翻转后的图像写回磁盘
   ...
```

---

## 6.4.4 GPU 端内存分配

现在，让我们把注意力转向代码 6.3 中的 GPU 端内存分配。以下几行用 cudaMalloc()
实现了 GPU 端内存的分配：

---

```
// 为输入和输出图像分配 GPU 缓冲区
cudaStatus = cudaMalloc((void**)&GPUImg, IMAGESIZE);
cudaStatus2 = cudaMalloc((void**)&GPUCopyImg, IMAGESIZE);
if ((cudaStatus != cudaSuccess) || (cudaStatus2 != cudaSuccess)){
   fprintf(stderr, "cudaMalloc failed! Can't allocate GPU memory");
   exit(EXIT_FAILURE);
}
```

Nvidia 运行时引擎有一种机制——CPU 可以通过 cudaMalloc( )"询问"Nvidia 是否可以分配指定大小的 GPU 内存。询问的结果存放在类型为 cudaError_t 的变量中返回。如果返回结果是 cudaSuccess，意味着 Nvidia 运行时引擎能够创建我们要求的 GPU 内存，并将该部分内存区域的起始地址放入一个名为 GPUImg 的指针中。记住，在代码 6.1 中，GPUImg 是一个 CPU 端变量，指向 GPU 端的内存地址。

## 6.4.5　GPU 驱动程序和 Nvidia 运行时引擎

正如你从 Nvidia API 的工作方式中看到的，Nvidia 运行时引擎其实就是 Nvidia 操作系统。就像管理 CPU 资源的普通操作系统一样，它可以管理 GPU 资源。在类比 6.2 中，它就是 cudaTown 的政府机构。该 Nvidia 操作系统放置在 GPU 驱动程序中，即插入 GPU 卡后安装的驱动程序，以便 CPU 操作系统识别它。安装驱动程序后，Windows 10 Pro 的系统托盘上会显示一个图标，如图 6-4 所示。GPU 驱动程序可以让你轻松地访问 GPU 资源，例如通过一组易于使用的 API 在 CPU 和 GPU 之间传输数据，以及执行 GPU 代码。图 6-4 是安装了 Nvidia GTX Titan Z 型 GPU 后 Windows 10 Pro 个人电脑的屏幕截图，该显卡注册为两个独立的 GPU，每个 GPU 包含 2880 个核心。此处，Nvidia 驱动程序的版本是 369.30。某些驱动程序版本可能会有问题，一些 API 的工作可能不正常，这些问题是 Nvidia 论坛中经常讨论的话题。换句话说，某些驱动程序版本会让你发狂，除非你将它们降级到稳定版本，或者 Nvidia 修复了这些错误。如果在 developer.nvidia.com 上创建一个 Nvidia 开发者账户，你就可以参与讨论，当你获得足够多的经验后也可以提供解决方案。这些问题与 Windows（或 Mac）操作系统的缺陷没有什么不同。它只是操作系统开发过程的一部分。

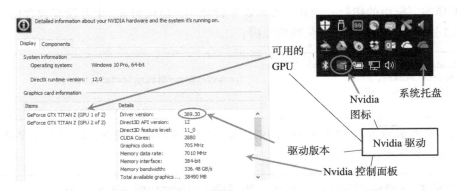

图 6-4　Nvidia 运行时引擎内置于 GPU 驱动程序中，如 Windows 10 Pro 的系统托盘所示。单击 Nvidia 图标可以打开 Nvidia 控制面板查看驱动程序版本及 GPU 参数

## 6.4.6　CPU 到 GPU 的数据传输

Nvidia 运行时引擎分配好 GPU 端的内存后，我们用另一个名为 cudaMemcpy( ) 的 Nvidia API 来执行 CPU 到 GPU 的数据传输。该 API 将数据从 CPU 端存储区（由 TheImg

指针指定）传输到 GPU 端存储区（由 GPUImg 指针指定）。这两个指针都在代码 6.1 中声明。以下代码用于实现 CPU 到 GPU 的数据传输：

```
// 将输入向量从主机端内存复制到 GPU 缓冲区
cudaStatus = cudaMemcpy(GPUImg, TheImg, IMAGESIZE, cudaMemcpyHostToDevice);
if (cudaStatus != cudaSuccess) {
    fprintf(stderr, "cudaMemcpy CPU to GPU failed!");
    exit(EXIT_FAILURE);
}
cudaEventRecord(time2, 0);   // CPU 到 GPU 传输结束后的时间戳
```

与内存分配 API 函数 cudaMalloc() 一样，内存传输 API 函数 cudaMemcpy() 也使用相同的状态类型 cudaError_t。如果传输完成且没有错误，则返回 cudaSuccess。如果不是，那么我们知道传输过程中一定出现了问题。

回到类比 6.2，cudaMemcpy()API 是一种特殊的函数，与太空飞船类似，它可以快速地传输 166 656 颗椰子，而不必担心需要一个一个地传输。我们将很快看到这种内存传输功能会变得更加复杂，最终传输时间会成为我们面临的一个大问题。Nvidia 也会提供一组更先进的数据传输函数，以减轻这类痛苦！最后，因为数据传输需要很长时间，cudaTown 的人们并不想失去业务。因此，他们会发明各种方法，使椰子的传输更有效率，以避免 cocoTown 的人们不愿意以他们的方式发送业务。

### 6.4.7　用封装函数进行错误报告

用 cudaGetErrorString() 函数可以进一步查询错误的原因（该函数返回一个指向包含错误简单解释的字符串的指针，例如"无效设备指针"），但代码 6.3 中并没有包含这一部分。对代码 6.3 进行简单修改以输出失败的原因：

```
if (cudaStatus != cudaSuccess) {
    fprintf(stderr, "cudaMemcpy failed! %s",cudaGetErrorString(cudaStatus));
    exit(EXIT_FAILURE);
}
```

可以编写一个封装函数对 CUDA API 的调用返回结果进行错误检查，这对于程序员来说是相当常见的，如下所示：

```
chkCUDAErr(cudaMemcpy(GPUImg, TheImg, IMAGESIZE, cudaMemcpyHostToDevice));
```

其中，封装函数 chkCUDAErr() 是在 C 中编写的代码，直接使用来自 CUDA API 的错误编号。以下是一个封装函数的示例，当 CUDA API 返回错误时退出程序：

```
// 封装了 CUDA API 调用的帮助函数，用于报告错误并退出程序
void chkCUDAErr(cudaError_t ErrorID)
{
    if (ErrorID != CUDA_SUCCESS){
```

```
        printf("CUDA ERROR :::%\n", cudaGetErrorString(ErrorID));
        exit(EXIT_FAILURE);
    }
}
```

## 6.4.8 GPU 核函数的执行

完成 CPU 到 GPU 的数据传输后，现在我们可以在 GPU 端执行 GPU 核函数了。代码
6.3 中与 GPU 端代码执行有关的代码行如下所示：

```
int IPH=ip.Hpixels;    int IPV=ip.Vpixels;
...
BlkPerRow = (IPH + ThrPerBlk -1 ) / ThrPerBlk;
NumBlocks = IPV*BlkPerRow;
switch (Flip){
    case 'H': Hflip <<< NumBlocks, ThrPerBlk >>> (GPUCopyImg, GPUImg, IPH);
              GPUResult = GPUCopyImg;        GPUDataTransfer = 2*IMAGESIZE;
              break;
    case 'V': Vflip <<< NumBlocks, ThrPerBlk >>> (GPUCopyImg, GPUImg, IPH, IPV);
              GPUResult = GPUCopyImg;        GPUDataTransfer = 2*IMAGESIZE;
              break;
    ...
```

Flip 参数是根据用户输入的命令行参数设置的。当用户选择 H 选项时，Hflip() 的 GPU
端函数被调用，并将三个指定的参数（GPUCopyImg、GPUImg 和 IPH）从 CPU 端传递给
Hflip()。V 选项会启动包含四个参数（GPUCopyImg、GPUImg、IPH 和 IPV）的 Vflip() 核
函数，而不是 Hflip() 核函数的三个参数。当看到两个核函数的具体细节后，你就会明白为
什么 Vflip() 需要一个额外的参数。

下面几行代码显示的是当用户在命令行中选择 T（转置）或 C（复制）选项时会发生什
么。可以通过编写一个核函数来以更高效的方式实现转置操作。但我们的目标是展示如
何依次地执行两个核函数。因此，在实现 T 操作时，我们首先启动 Hflip，然后是 Vflip，
高效地对图像进行了转置。当然，在实现 C 选项时，我们设计了一个完全不同的核函数
PixCopy()。

```
switch (Flip){
    ...
    case 'T': Hflip <<< NumBlocks, ThrPerBlk >>> (GPUCopyImg, GPUImg, IPH);
              Vflip <<< NumBlocks, ThrPerBlk >>> (GPUImg, GPUCopyImg, IPH, IPV);
              GPUResult = GPUImg;          GPUDataTransfer = 4*IMAGESIZE;
              break;
    case 'C': NumBlocks = (IMAGESIZE+ThrPerBlk-1) / ThrPerBlk;
              PixCopy <<< NumBlocks, ThrPerBlk >>> (GPUCopyImg, GPUImg, IMAGESIZE);
              GPUResult = GPUCopyImg;       GPUDataTransfer = 2*IMAGESIZE;

              break;
}
```

当用户选择 H 选项时，下面这一行代码的执行由 Nvidia 运行时引擎处理，包括启动 Hflip( ) 核函数并从 CPU 端向它传递上述的三个参数。

```
Hflip <<< NumBlocks, ThrPerBlk >>> (GPUCopyImg, GPUImg, IPH);
```

自此开始，我们将使用术语*启动* GPU 核函数。这与术语*调用* CPU 函数形成了对比。根据类比 6.2，CPU 是在自己星球（地球）的内部调用一个函数，这对于 GPU 核函数来说可能并不准确。GPU 实际上是一个协处理器，使用比 CPU 自身的内部总线慢得多的连接方式与 CPU 相连，因此调用一个位于像月亮这样遥远的位置处的函数需要一个更恰当的术语，比如启动。在上面启动 GPU 核函数的代码中，Hflip( ) 是 GPU 核函数名，在 <<< 和 >>> 符号之间的两个参数（NumBlocks 和 ThrPerBlk）告诉 Nvidia 运行时引擎以什么维度运行该核函数。第一个参数（NumBlocks）表示要启动多少个线程块，第二个参数（ThrPerBlk）表示在每个线程块中启动了多少个线程。请记住在类比 6.2 中，这两个数字就是 cudaTown 人想知道的参数：盒子的数量（NumBlocks）和每个盒子中的椰子数量（ThrPerBlk）。通用的核函数启动代码如下所示：

```
GPU Kernel Name <<< dimension, dimension >>> (arg1, arg2, ...);
```

其中 arg1、arg2、……是从 CPU 端传递到 GPU 核函数的参数。在代码 6.3 中，它们是两个指针和 IPH。在 GPU 内存区域创建存储图像存储空间时，由两个指针（GPUCopyImg 和 GPUImg）cudaMalloc( ) 返回。IPH 是一个变量，存放图像水平方向上的像素数（ip.Hpixels）。GPU 的核函数 Hflip( ) 在执行期间需要这三个参数，如果在核函数启动时没有被传递进来，核函数将无法获得它们。回忆一下，类比 6.2 中的两个维度分别是 166 656 和 256，实际上对应于下面的启动代码：

```
Hflip <<< 166,656, 256 >>> (GPUCopyImg, GPUImg, IPH);
```

这告诉 Nvidia 运行时引擎为 Hflip( ) 核函数启动 166 656 个线程块，并将这三个参数传递给每一个线程块。也就是启动：线程块 0、线程块 1、线程块 2、……、线程块 166 655。每一个线程块都将启动 256 个线程（tid=0、tid=1、……、tid=255），与我们在本书第一部分中看到的 pthread 示例相同。我们真正想说的是，该行代码总共启动了 $166\ 656 \times 256 \approx 41$ M 个线程。

值得一提的是百万和兆之间的区别：100 万个线程表示 1 000 000 个线程，而 1 兆（M）个线程表示 $1024 \times 1024 = 1\ 048\ 576$ 个线程。1k 表示 1000，1K 表示 1024。41 兆个线程表示为 41 M 个线程。41 664 K 个线程也一样。总结一下：

$$166\ 656 \times 256 = 42\ 663\ 936 = 41\ 664\ K = 40.6875\ M\ 线程 \approx 41\ M\ 线程 \tag{6.1}$$

需要注意的是，GPU 核函数是由 nvcc 编译器在 CPU 端生成的一组 GPU 机器指令。在类比 6.2 中，它们是 cudaTown 人员的操作说明。假如你希望他们调整椰子储存在盒子中的顺序，调整后立即将它们送回地球。你就需要向他们发送如何调整椰子顺序的指令（Hflip()）。因为cudaTown的人收到椰子后并不知道该怎么办，他们需要椰子（数据）以及要执行的命令序列（指令），所以编译后的指令写在一张大纸上，也随太空飞船飞往cudaTown。在运行时，这些指令在每个线程块上独立地执行。显然，GPU程序的性能取决于核函数的效率，即程序员的水平。

回忆一下代码2.8中包含的CPU函数MTFlipH()，它有一个名为tid的参数。通过查看传递给它的tid参数，该CPU函数知道"它是谁"。知道"它是谁"后，它可以处理图像的不同部分，由tid索引决定。GPU核函数Hflip()与它惊人地相似：该核函数的操作与其CPU函数MTFlipH()几乎完全一致，并且Hflip()核函数的功能将由线程ID决定。下面进行比较：

❏ MTFlipH()函数可以启动4～8个线程，而Hflip()核函数则可以启动4000万个线程。我们在第一部分讨论了启动CPU线程的开销，它非常高。这种开销在GPU领域几乎可以忽略不计，使我们可以轻松地启动一百万倍以上的线程。

❏ MTFlipH()等待Pthread的API调用将tid传递给它，而Hflip()核函数则在运行时直接从Nvidia运行时引擎获得线程ID（0 ... 255）。GPU程序员要做的只是告诉核函数需要启动多少个线程，这些线程会被自动编号。

❏ 由于我们启动的线程数量增加了百万倍，因此需要某种类型的层次结构。这就是线程编号被分解为两个值的原因：同时执行的一批线程称为线程块，每个线程块有256个线程。不同线程块的执行完全互相独立。

## 6.4.9 完成GPU核函数的执行

尽管我以Hflip()核函数为例解释了GPU核函数的执行过程，但对于垂直翻转（选项V）、转置（选项T）和复制（选项C）操作来说，几乎所有的过程都是相同的。唯一不同的是启动的核函数。垂直翻转选项会启动Vflip()核函数，该核函数需要四个参数，而图像转置选项只是先启动水平翻转核函数，再启动垂直翻转核函数。复制选项启动另一个核函数PixCopy()，它需要三个参数，与其他核函数不同。

代码6.4给出了imflipG.cu中等待GPU完成核函数执行的代码部分。当我们启动一个或多个核函数时，它们将依次执行，直到完成。必须用以下几行代码来等待执行的完成：

```
// cudaDeviceSynchronize 等待核函数结束,
// 如果执行过程中有错误, 就返回该错误
cudaStatus = cudaDeviceSynchronize();
if (cudaStatus != cudaSuccess) {
  fprintf(stderr, "\n\ncudaDeviceSynchronize error code %d...", cudaStatus);
  exit(EXIT_FAILURE);
}
```

cudaDeviceSynchronize()函数等待每个启动的核函数完成其执行。结果可能是一个错误，

在这种情况下，cudaDeviceSynchronize() 将返回一个错误代码。否则，一切正常，我们将报告结果。

## 6.4.10 将 GPU 结果传回 CPU

启动的核函数执行完成后，结果（翻转后的图像）位于 GPU 显存中由指针 GPUResult 指向的位置。我们想将它传输到由指针 CopyImg 指向的 CPU 存储位置。可以用 cuda-Memcpy() 函数来实现这一点，不同之处是：cudaMemcpy() 的最后一个参数指定了传输的方向。还记得在代码 6.3 中，我们使用了 cudaMemcpyHostToDevice，意味着 CPU → GPU 的传输。现在我们使用 cudaMemcpyDeviceToHost 选项，这意味着 GPU → CPU 的传输。除此之外，其他内容如下所示：

```
cudaEventRecord(time3, 0);
// 将输出（结果）从 GPU 缓冲区复制到主机端（CPU）内存
cudaStatus = cudaMemcpy(CopyImg, GPUResult, IMAGESIZE, cudaMemcpyDeviceToHost);
if (cudaStatus != cudaSuccess) {
  fprintf(stderr, "cudaMemcpy GPU to CPU failed!");
  exit(EXIT_FAILURE);
}
cudaEventRecord(time4, 0);
```

## 6.4.11 完成时间戳

我们将 GPU → CPU 传输结束时的时间戳存放在 time4 中，准备好计算每个事件所需的时间，如下所示：

```
cudaEventSynchronize(time1);      cudaEventSynchronize(time2);
cudaEventSynchronize(time3);      cudaEventSynchronize(time4);
cudaEventElapsedTime(&totalTime, time1, time4);
cudaEventElapsedTime(&tfrCPUtoGPU, time1, time2);
cudaEventElapsedTime(&kernelExecutionTime, time2, time3);
cudaEventElapsedTime(&tfrGPUtoCPU, time3, time4);
```

cudaEventSynchronize() 告诉 Nvidia 运行时引擎对给定的事件执行同步操作，以确保变量 time1、…、time4 具有正确的时间值。因为它们不是简单的数据类型，所以需要使用 cudaEventElapsedTime() 来计算它们之间的差值。例如，time1 和 time4 之间的差值表示数据离开 CPU 并到达 GPU，以及 GPU 处理这些数据并返回给 CPU 内存这个过程所需要的所有时间。其余的很容易理解。

## 6.4.12 输出结果和清理

代码 6.5 显示了该如何输出程序的结果。其中一些输出结果来自我们对 GPU 的查询。例如，GPUprop.name 是 GPU 的名称，像"GeForce GTX Titan Z"，我将在 6.5.4 节中详细介绍输出。

就像每个 malloc( ) 调用都必须调用相应的 free( ) 函数来释放内存一样，每个 cudaMalloc( ) 也必须调用 cudaFree( ) 来释放，告诉 Nvidia 运行时不再需要该 GPU 内存区域。同样，使用 cudaEventCreate( ) 创建的每个事件都必须调用 cudaEventDestroy( ) 函数销毁。完成所有这些后，调用 cudaDeviceReset( )，它告诉 Nvidia 运行时我们对 GPU 的使用已经结束。然后，我们继续工作，用 free( ) 函数释放分配的 CPU 内存区域，imflipG.cu 运行结束！

---

**代码 6.5：imflipG.cu main( ) …}**

main( ) 的最后部分，用于结果报告以及 GPU 和 CPU 存储空间的清理。

```
int main(int argc, char** argv)
{
  ...
  printf("--...--\n"); printf("%s ComputeCapab=%d.%d [supports max %s blocks]\n",
      GPUprop.name,GPUprop.major,GPUprop.minor,SupportedBlocks); printf("...\n");
  printf("%s %s %s %c %u [%u BLOCKS, %u BLOCKS/ROW]\n", ProgName, InputFileName,
      OutputFileName,Flip, ThrPerBlk, NumBlocks, BlkPerRow);
  printf("-------------------- ... ---------------------------\n");
  printf("CPU->GPU Transfer = %5.2f ms ... %4d MB ... %6.2f GB/s\n",
  tfrCPUtoGPU, IMAGESIZE / 1024 / 1024, (float)IMAGESIZE / (tfrCPUtoGPU *
      1024.0*1024.0));
  printf("Kernel Execution = %5.2f ms ... %4d MB ... %6.2f GB/s\n",
  kernelExecutionTime, GPUDataTransfer / 1024 / 1024, (float)GPUDataTransfer /

      (kernelExecutionTime * 1024.0*1024.0));
  printf("GPU->CPU Transfer = %5.2f ms ... %4d MB ... %6.2f GB/s\n",
  tfrGPUtoCPU, IMAGESIZE / 1024 / 1024, (float)IMAGESIZE / (tfrGPUtoCPU *
      1024.0*1024.0));
  printf("Total time elapsed = %5.2f ms\n", totalTime);
  printf("-------------------- ... ---------------------------\n");
  // 释放 CPU 和 GPU 内存，删除事件
  cudaFree(GPUImg);          cudaFree(GPUCopyImg);
  cudaEventDestroy(time1);   cudaEventDestroy(time2);
  cudaEventDestroy(time3);   cudaEventDestroy(time4);
  // 在退出前必须调用 cudaDeviceReset, 这样像 Parallel Nsight 和
  // Visual Profiler 之类的分析与跟踪工具就可以完成他们的跟踪任务
  cudaStatus = cudaDeviceReset();
  if (cudaStatus != cudaSuccess) {
    fprintf(stderr, "cudaDeviceReset failed!");
    free(TheImg);   free(CopyImg);   exit(EXIT_FAILURE);
  }
  free(TheImg);   free(CopyImg);
  return(EXIT_SUCCESS);
}
```

---

## 6.4.13 读取和输出 BMP 文件

代码 6.6 显示了读取和输出 BMP 图像的两个函数。这些函数与我们在代码 2.4 和代码

2.5 中看到的有所不同，区别在于它们是在线性存储区中读取图像，因此在函数名称末尾添加了后缀 lin。线性存储区意味着只有一个索引，而不是使用 $x, y$ 两个索引来存储像素。这使得从磁盘读取图像非常简单，因为图像就是以线性的方式存储在磁盘上。但是，当我们处理图像时，我们需要使用一个非常简单的转换公式将它转换为 $x, y$ 格式：

$$像素坐标索引 = (x, y) \rightarrow 线性索引 = x + (y \times ip.Hpixels) \qquad (6.2)$$

---

**代码 6.6：imflipG.cu　ReadBMPlin( ){···}, WriteBMPlin( ){···}**

读取和输出 BMP 文件的函数，使用线性索引而不是 $x, y$ 索引。

---

```
// 读取一个 24 位 / 像素的 BMP 文件并存储为 1D 的线性数组
// 为存储 1D 图像分配内存并返回指针
uch *ReadBMPlin(char* fn)
{
    static uch *Img;
    FILE* f = fopen(fn, "rb");
    if (f == NULL){ printf("\n\n%s NOT FOUND\n\n", fn); exit(EXIT_FAILURE); }
    uch HeaderInfo[54];
    fread(HeaderInfo, sizeof(uch), 54, f); // 读取 54 字节头文件
    // 从文件头中提取图像的高度和宽度
    int width = *(int*)&HeaderInfo[18];  ip.Hpixels = width;
    int height = *(int*)&HeaderInfo[22];  ip.Vpixels = height;
    int RowBytes = (width * 3 + 3) & (~3);  ip.Hbytes = RowBytes;
    memcpy(ip.HeaderInfo, HeaderInfo,54);  // 保存文件头以再次使用
    printf("\n Input File name: %17s (%u x %u) File Size=%u", fn,
    ip.Hpixels, ip.Vpixels, IMAGESIZE);
    // 为主图像（1 维数组）分配内存
    Img = (uch *)malloc(IMAGESIZE);
    if (Img == NULL) return Img;  // 不能分配内存
    // 从磁盘读取图像
    fread(Img, sizeof(uch), IMAGESIZE, f);   fclose(f);      return Img;
}

// 将 1D 线性存储的文件写入文件
void WriteBMPlin(uch *Img, char* fn)
{
    FILE* f = fopen(fn, "wb");
    if (f == NULL){ printf("\n\nFILE CREATION ERROR: %s\n\n", fn); exit(1); }
    fwrite(ip.HeaderInfo, sizeof(uch), 54, f); // 写文件头
    fwrite(Img, sizeof(uch), IMAGESIZE, f);  // 写数据
    printf("\nOutput File name: %17s (%u x %u) File Size=%u", fn, ip.Hpixels,
        ip.Vpixels, IMAGESIZE);
    fclose(f);
}
```

---

## 6.4.14　Vflip( )：垂直翻转的 GPU 核函数

代码 6.7 所示为 GPU 核函数 Vflip( )。该核函数是每个线程都需要执行的功能。正如我们在前面计算的那样，假设我们以维度 Vflip <<<166656, 256>>>(···) 启动该核函数，将会启动 4000 多万个线程运行该核函数。如果以更高的维度启动它，启动的线程也会更多。到

目前为止，我们看到的每一行代码（就本书而言）都是 CPU 代码。代码 6.7 是我们看到的第一个 GPU 代码。代码 6.7 和其他代码都是用 C 语言编写的，但我们关心的是代码 6.7 经过编译后得到的 CPU 指令。尽管本章之前的所有代码都将被编译为 x64 指令——Intel 64 位指令集架构（ISA），代码 6.7 将被编译为 Nvidia 的 GPU 指令集架构，称为并行线程执行（PTX）。就像英特尔和 AMD 在新一代的 CPU 中都会扩展指令集架构一样，Nvidia 在每一代 GPU 中也是如此。例如，在 2015 年末，主流 ISA 是 PTX 4.3，而 PTX 5.0 正处于开发中。

---

**代码 6.7：imflip.cu Vflip(){···}**

GPU 核函数 Vflip()，用于将图像垂直翻转。

---

```
// 垂直翻转图像的核函数
// 每个线程只翻转一个像素（R、G、B）
__global__
void Vflip(uch *ImgDst, uch *ImgSrc, ui Hpixels, ui Vpixels)
{
  ui ThrPerBlk = blockDim.x;
  ui MYbid = blockIdx.x;
  ui MYtid = threadIdx.x;
  ui MYgtid = ThrPerBlk * MYbid + MYtid;

  ui BlkPerRow = (Hpixels + ThrPerBlk - 1) / ThrPerBlk; // 向正无穷取值
  ui RowBytes = (Hpixels * 3 + 3) & (~3);
  ui MYrow = MYbid / BlkPerRow;
  ui MYcol = MYgtid - MYrow*BlkPerRow*ThrPerBlk;
  if (MYcol >= Hpixels) return;    // col 超出范围
  ui MYmirrorrow = Vpixels - 1 - MYrow;
  ui MYsrcOffset = MYrow     * RowBytes;
  ui MYdstOffset = MYmirrorrow * RowBytes;
  ui MYsrcIndex = MYsrcOffset + 3 * MYcol;
  ui MYdstIndex = MYdstOffset + 3 * MYcol;

  // 交换位于 MYcol 和 MYmirrorcol 处的像素 RGB 值
  ImgDst[MYdstIndex] = ImgSrc[MYsrcIndex];
  ImgDst[MYdstIndex + 1] = ImgSrc[MYsrcIndex + 1];
  ImgDst[MYdstIndex + 2] = ImgSrc[MYsrcIndex + 2];
}
```

---

CPU 指令集架构和 GPU 指令集架构之间的一大区别是，采用 x64 编译的 CPU 指令集架构的输出是在运行时依次执行的 x86 指令（即完全编译），但 PTX 实际上只是一种中间表示（IR）。这意味着它是"半编译的"，就像 Java 的字节码。Nvidia 运行时引擎输入 PTX 指令，并在运行时进一步半编译它，并将完全编译后的指令提供给 GPU 核心。在 Windows 中，实现这种"分次编译"的"Nvidia 代码"都在名为 cudart（CUDA 运行时）的动态链接库（DLL）中。有两种配置：在较新的 x64 操作系统中称为 cudart64，在传统的 32 位操作系统中称为 cudart32。当然不应该再继续使用后者，因为所有新一代的 Nvidia GPU

都需要 64 位操作系统才能有效地使用。例如，在我的 Windows10 Pro 电脑中，我使用了 cudart64_80.dll（CUDA 8.0 的运行时动态链接库）。你不需要关心这个文件，nvcc 编译器会将它放入可执行文件的目录中。我只是提一提让你知道它。

让我们将代码 6.7 与对应的 CPU 版的代码 2.7 进行比较。假设它们都垂直地翻转图 5-1 中的图像 astronaut.bmp。astronaut.bmp 是一张 7918×5376 的图像，大约需要 121 MB 的磁盘空间。它们的功能有什么不同吗？

❏ 首先，假设代码 2.7 使用 8 个线程，每个线程将被分配 672 行的翻转任务（即 672×8 = 5376）。这样，每个线程将负责处理整张图像中大约 15 MB 的内容，而整张图像大约有 121 MB。因为在 8C/16T 的 CPU 启动超过 10～12 个线程对性能没有帮助，正如我们在本书第一部分中反复看到的那样，在 CPU 平台上，我们无法做得比这更好了。

❏ 当然，GPU 完全不同。GPU 可以启动巨量的线程而不会产生任何开销。在最极端的情况下，每个线程负责交换一个像素，该怎么办？可以让每个 GPU 线程从源图像所在的 GPU 存储区（由 *ImgSrc 指定）获取一个像素的 RGB 值（3 个字节），并将其写入相应的垂直翻转后的目标 GPU 存储区（由 * ImgDst 指定）。

❏ 请记住，在 GPU 世界中，启动单位是线程块，即一组线程，每组可以有 32、64、128、256、512 或 1024 个线程。还要记住它不能小于 32，因为 "32" 是最小的可执行并行度，32 个线程被称为一个 "线程束"，这一点本章前面也有所解释。假定每个线程块有 256 个线程用来翻转宇航员图像，并用多个线程块来处理一行图像，这意味着我们需要 $\lceil 7918/256 \rceil = 31$ 个块来处理每一行。

❏ 图像有 5376 行，需要启动 5376×31=166 656 个线程块来垂直翻转 astronaut.bmp 图像。

❏ 我们注意到，每行使用 31 个线程块会产生一些浪费，因为 31×256 = 7936，因此，在处理每一行图像时，有 18 个线程（7936-7918=18）什么都不需要干。当然，没有人说大规模并行没有缺点。

❏ "无用线程" 的问题实际上比想象的还要麻烦一些。因为这些线程不仅无用，而且还必须检查它们是否是无用的线程，如下面的代码所示：

```
if (MYcol >= Hpixels) return;   // col 超出范围
```

该行代码表明："如果我的 tid 在 7918 和 7935 之间，我不应该做任何事情，因为我是一个无用的线程。" 这里的数学问题是：我们知道图像在每行中有 7918 个像素。因此，线程 tid = 0 ... 7917 是有用的，又因为我们启动了 7936 个线程（tid = 0 ... 7935），所以线程（tid = 7918 ... 7935）是无用的。

❏ 不要担心我们在比较中没看到 tid。事实上，我们看到了 MYcol。当你进行计算时，背后的数学问题就是我刚才所描述的。使用名为 MYcol 的变量的原因是因为代码必须是由参数控制的,这样它才能适用于任何大小的图像,而不仅仅是 astronaut.bmp。

❑ 为什么即使只有 18 个线程需要检查其是否无用,这个问题也很糟糕?毕竟,18 个线程只是所有 7936 个线程的很小一部分。好吧,真实情况并不是你想的那样。就像我之前说过的,你在代码 6.7 中看到的是每个线程都要执行的内容。换句话说,所有 7936 个线程必须执行相同的代码。它们必须检查自己是否是无用线程,大多数情况下都会发现自己不是无用线程,而只有极少数会发现自己真的是无用线程。所以,通过这一行代码,我们引出了每个线程的开销。该如何处理这个问题?我们将在本书的后续章节中介绍,但不是在本章……就目前而言,只要知道即使这样做的效率不高——这是大规模并行编程的缺点,性能仍然可以接受。

❑ 最后,__global__ 是继 <<< 和 >>> 之后,我们介绍的第三个 CUDA 符号。如果在任何普通 C 函数之前添加 __global__,nvcc 编译器将知道它是 GPU 端函数,并将其编译为 PTX,而不是 x64 机器代码。这些 CUDA 符号还会有很多,但除此之外,CUDA 看起来完全像 C 语言。

## 6.4.15 什么是线程 ID、块 ID 和块维度

我们将在下一章详细解释 Vflip() 的具体细节,但现在我们想知道的是,这个函数如何计算它是谁以及它该负责处理哪个部分。我们先来回忆一下 CPU 代码 2.7:

```
void *MTFlipV(void* tid)
{
  long ts = *((int *) tid);        // 在这儿存放我的线程 ID
  ts *= ip.Hbytes/NumThreads;      // 开始的索引值
  long te = ts+ip.Hbytes/NumThreads-1; // 结束的索引值
  ...
  for(col=ts; col<=te; col+=3){
    row=0;
    while(row<ip.Vpixels/2){
      pix.B=TheImage[row][col];  pix.G=TheImage[row][col+1];  pix.R=...
      ...
```

此处的变量 ts 和 te 分别是图像中的起始和结束行号。通过两层循环实现垂直翻转,一层是列扫描,另一层是行扫描。现在,将该代码与代码 6.7 中的 Vflip() 函数相比较:

```
__global__
void Vflip(uch *ImgDst, uch *ImgSrc, ui Hpixels, ui Vpixels)
{
  ui ThrPerBlk = blockDim.x;
  ui MYbid = blockIdx.x;
  ui MYtid = threadIdx.x;
  ui MYgtid = ThrPerBlk * MYbid + MYtid;
  ui BlkPerRow = (Hpixels + ThrPerBlk - 1) / ThrPerBlk;  //向正无穷取值
  ui RowBytes = (Hpixels * 3 + 3) & (~3);
```

可以看到 CPU 和 GPU 代码之间既有很多相似之处,也存在不小的差异。由于线程块

和块内线程数的出现，GPU 函数中的任务分配与 CPU 中的完全不同。所以，尽管 GPU 也需要计算一些索引值，但与 CPU 函数中的实现完全不同。GPU 首先想知道每个块有多少个线程。答案在一个名为 blockDim.x 的 GPU 系统变量中。在本例中，这个值是 256，因为我们指定了每个线程块启动 256 个线程（Vflip <<< ..., 256 >>>）。因此，每个块包含 256 个线程，线程 ID 分别为 0... 255。线程的 ID 值在 threadIDx.x 中。我们还需要知道在 166 656 个块中，每个线程块的 ID 是多少，这个值在另一个名为 blockIdx.x 的 GPU 系统变量中，令人惊讶的是，本例并不关心线程块的总数是多少（166 656），而有的程序可能需要知道。

线程块的 ID 和线程 ID 被分别存放在变量 bid 和 tid 中。使用这两者的组合可以计算出一个全局线程 ID（gtid）。gtid 是每个启动的 GPU 线程的唯一 ID（共有 166 656 × 256 ≈ 41 M 个线程），也就是线程 ID 的线性化。这与我们根据公式 6.2 线性化磁盘上的像素存储单元非常相似。然而，因为每行中都存在无用的线程，此时 GPU 线程的线性 ID 与像素存储单元的线性地址之间的对应关系并没那么容易地获得。接下来，需要计算每行的线程块数（BlkPerRow），在本例中为 31。最后，由于水平像素的个数（7918）作为第三个参数被传递给该函数，因此可以计算每行图像的总字节数（3 × 7918 = 23 754 字节），并确定每个像素的字节索引。

完成这些计算后，核函数计算需要复制的像素的行索引和列索引，如下所示：

```
ui MYrow = MYbid / BlkPerRow;
ui MYcol = MYgtid - MYrow*BlkPerRow*ThrPerBlk;
if (MYcol >= Hpixels) return;      // col 超出范围
ui MYmirrorrow = Vpixels - 1 - MYrow;
ui MYsrcOffset = MYrow      * RowBytes;
ui MYdstOffset = MYmirrorrow * RowBytes;
ui MYsrcIndex = MYsrcOffset + 3 * MYcol;
ui MYdstIndex = MYdstOffset + 3 * MYcol;
```

这些代码执行后，源像素的存储地址位于 MYsrcIndex 中，目的存储地址位于 MYdstIndex 中。由于每个像素都包含从该地址开始的 3 个字节（RGB），因此核函数会从该地址开始复制 3 个连续的字节，如下所示：

```
// 交换位于 MYcol 和 MYmirrorcol 处的像素 RGB 值
ImgDst[MYdstIndex] = ImgSrc[MYsrcIndex];
ImgDst[MYdstIndex + 1] = ImgSrc[MYsrcIndex + 1];
ImgDst[MYdstIndex + 2] = ImgSrc[MYsrcIndex + 2];
```

将它与 CPU 代码 2.7 进行比较。在 CPU 中只能启动 4 ～ 8 个线程，而我们刚刚目睹了 41 M 的巨量线程。GPU 核函数的一个惊人之处是 for 循环消失了！换句话说，CPU 函数必须显式地对列和行进行循环扫描，而 GPU 不需要。CPU 函数中循环的目的是用 row 和 col 变量形成的某种顺序依次访问所有像素。但是，在 GPU 核函数中，可以通过 tid 和 bid 来实现该功能，因为我们知道像素坐标与变量 tid 和 bid 之间的准确关系。

## 6.4.16　Hflip()：水平翻转的 GPU 核函数

代码 6.8 显示了在水平方向上翻转图像的 GPU 核函数。尽管计算索引的方式不同，代码 6.8 与代码 6.7 几乎相同，当然，代码 6.7 完成的是像素的垂直翻转。

---

**代码 6.8：imflipG.cu　Hflip(){…}**

GPU 核函数 Hflip()，用于水平翻转图像。

---

```
// 水平翻转图像的核函数
// 每个线程只翻转一个像素（R、G、B）
__global__
void Hflip(uch *ImgDst, uch *ImgSrc, ui Hpixels)
{
  ui ThrPerBlk = blockDim.x;
  ui MYbid = blockIdx.x;

  ui MYtid = threadIdx.x;
  ui MYgtid = ThrPerBlk * MYbid + MYtid;

  ui BlkPerRow = (Hpixels + ThrPerBlk -1 ) / ThrPerBlk;  // 向正无穷取值
  ui RowBytes = (Hpixels * 3 + 3) & (~3);
  ui MYrow = MYbid / BlkPerRow;
  ui MYcol = MYgtid - MYrow*BlkPerRow*ThrPerBlk;
  if (MYcol >= Hpixels) return;    // col 超出范围
  ui MYmirrorcol = Hpixels - 1 - MYcol;
  ui MYoffset = MYrow * RowBytes;
  ui MYsrcIndex = MYoffset + 3 * MYcol;
  ui MYdstIndex = MYoffset + 3 * MYmirrorcol;

  // 交换位于 MYcol 和 MYmirrorcol 处的像素 RGB 值
  ImgDst[MYdstIndex] = ImgSrc[MYsrcIndex];
  ImgDst[MYdstIndex + 1] = ImgSrc[MYsrcIndex + 1];
  ImgDst[MYdstIndex + 2] = ImgSrc[MYsrcIndex + 2];
}
```

---

## 6.4.17　硬件参数：threadIDx.x、blockIdx.x 和 blockDim.x

代码 6.7 和代码 6.8 有一个共同点：两者都没有显式的循环，因为 Nvidia 硬件负责向每个启动的线程提供 threadIDx.x、blockIdx.x 和 blockDim.x 变量。每个启动的线程都知道它的线程 ID 和线程块 ID 各是什么，以及每个块中有多少个线程。所以，通过巧妙的索引，每个线程都可以获得类似于 for 循环的控制，正如我们在代码 6.7 和代码 6.8 中看到的那样。由于 GPU 核函数每个线程的工作量都很小，去掉循环操作所节约的开销可能会非常巨大。

我们将在下一章分析函数的每一行，尝试改进它们，并理解它们如何与 GPU 架构相辅相成。

## 6.4.18　PixCopy()：复制图像的 GPU 核函数

代码 6.9 所示为如何完整地复制一幅图像。将代码 6.9 中的 PixCopy() 函数与代码 6.7

和代码 6.8 中的其他两个函数进行比较，可以看到主要区别在于 PixCopy( ) 中使用了一维像素索引。换句话说，PixCopy( ) 没有计算行号和列号。PixCopy( ) 中的每个线程只复制一个字节。这消除了每行末尾的无用线程，但在图像的末尾还是会有无用线程。如果启动程序时，选择了 C（copy）选项，将以每块 256 个线程启动它。但是，由于复制过程不是按照二维索引，而是按照线性顺序进行的，因此需要使用另一种块的索引方式来处理。做一个简单的数学变换：图像共有 127 712 256 字节。每个线程块有 256 个线程，我们总共需要启动 $\lceil 127\,712\,256 / 256 \rceil$ = 498 876 个线程块。没用无用线程，运气不错。但是，如果文件再多 20 个字节，最后一个块的 256 个线程中会有 236 个被浪费掉。这就是为什么在核函数中仍必须输入以下 if 语句来检查这种情况：

```
if (MYgtid > FS) return;          // 超出内存分配范围
```

代码 6.9 中的 if 语句与代码 6.7 和代码 6.8 中的 if 语句非常类似，用于检查"是否是一个无用线程"，如果是则不做任何事情。该行代码对性能的影响与前两个核函数类似：尽管这个条件判断式只会在很少的线程中为真，但是所有线程仍然必须在复制每个字节时执行它。我们可以对它进行改进，所有这些改进方法将在后续的章节中给出。就目前而言，你需要意识到的是核函数 PixCopy( ) 中的 if 语句对性能的影响比其他两个核函数中的严重很多。PixCopy( ) 核函数的并行粒度更细，因为它只复制单个字节。正因为如此，PixCopy( ) 中只有 6 行 C 代码，其中之一就是 if 语句。相反，代码 6.7 和代码 6.8 包含 16 ～ 17 行代码，这使得增加 1 行代码的影响小得多。虽然"代码行数"并不等同于"GPU 核心需要执行的指令的周期数"，但仍然可以大致反映问题的严重程度。

**代码 6.9：imflipG.cu　PixCopy( ){⋯}**

GPU 核函数 PixCopy( )，用于复制图像。

```
// 该核函数用于将图像从 GPU 内存的一个地方 (ImgSrc)
// 制到另一个地方 (ImgDst)
__global__
void PixCopy(uch *ImgDst, uch *ImgSrc, ui FS)
{
  ui ThrPerBlk = blockDim.x;
  ui MYbid = blockIdx.x;
  ui MYtid = threadIdx.x;
  ui MYgtid = ThrPerBlk * MYbid + MYtid;

  if (MYgtid > FS) return;          // 超出内存分配范围
    ImgDst[MYgtid] = ImgSrc[MYgtid];
}
```

## 6.4.19　CUDA 关键字

现在，我们来总结一下编译器如何区分 C 代码和 CUDA 代码。CUDA 有自己的专用标识符，如三括号对（<<<, >>>），它们让编译器知道这是主机端调用的 CUDA 函数。此外，还有一些标识符，如 \_\_global\_\_ 让编译器知道该函数必须被编译为 PTX（GPU 指令集），而不是 x64（CPU 指令集）。表 6-1 列出了在本章中学到的两个最常见的 CUDA 关键字。在下面的章节中，我们还会学习更多的 CUDA 关键字，上述表格也会不断扩充。

表 6-1 本章学习的 CUDA 关键字和符号

| CUDA 关键字 | 描述 | 示例 |
|---|---|---|
| \_\_global\_\_ | 设备端函数（即核函数）的前缀 | `__global__`<br>`void PixCopy(uch *ImgDst, uch *ImgSrc, ui FS)`<br>`{`<br>`    ...`<br>`}` |
| <<<,>>> | 在主机端启动一个设备端核函数 | `Hflip<<<NumBlocks, ThrPerBlk>>>(..., ..., ...);`<br>`Vflip<<<NumBlocks, ThrPerBlk>>>(..., ..., ...);`<br>`PixCopy<<<NumBlocks, ThrPerBlk>>>(..., ..., ...);` |

## 6.5 Windows 中的 CUDA 程序开发

本节的目标是展示一个可以工作的 CUDA 示例：imflipG.cu 程序可以基于不同的命令行参数来执行以下四种操作：（1）水平翻转图像；（2）垂直翻转图像；（3）将其复制为另一个图像文件；（4）转置该图像。运行 imflipG.cu 的命令行，如下所示：

```
imflipG    astronaut.bmp  a.bmp  V  256
```

该命令垂直翻转名为 astronaut.bmp 的图像并将翻转后的图像写入另一个名为 a.bmp 的文件。V 选项代表翻转方向（垂直），256 是每个线程块中的线程数，也就是核函数启动参数 Vflip <<< ..., 256 >>>（...）中用于维度控制的第二个参数的值。我们可以选择 H、C 或 T 来进行水平翻转、复制或转置操作。

### 6.5.1 安装 MS Visual Studio 2015 和 CUDA Toolkit 8.0

为了能够在 Windows 个人电脑上开发 CUDA 代码，最佳的编辑器和编译器（集成开发环境或 IDE）是 Microsoft Visual Studio 2015，或者称之为 VS 2015。CUDA 8.0 发布后，VS 2015 开始发挥作用。CUDA 的早期版本，甚至一直到 CUDA 7.5 都不能在 VS 2015 上工作，而只能在 VS 2013 上工作。2016 年年中，CUDA 8.0 发布，允许用户使用基于 Pascal 架构的 GPU。本书将使用 VS 2015 和 CUDA 8.0，在某些功能仅适用于 CUDA 8.0 而不适用于以前版本时会及时指出。要想用 VS 2015 编译 CUDA 8.0，首先必须在你的计算机上安装 VS 2015，然后再安装 Nvidia CUDA 8.0 工具包。该工具包将安装 VS 2015 的插件，允许编辑和编译 CUDA 代码。这两个步骤都很简单。

请按照以下说明操作安装 VS 2015：

❏ 如果你拥有 VS 2015 专业版的许可证，则可以从 DVD 安装。否则，在 Internet Explorer（或 Edge）浏览器中，前往：
https：//www.visualstudio.com/downloads/
点击 Visual Studio 社区下的"免费下载"。

❏ 下载完成后，启动安装程序并选择"全部"（不是有限的默认模块），以避免出现一些无法预料的问题，尤其是在你第一次安装 VS 2015 时。

❏ CUDA 8.0 需要相当多的 VS 2015 功能。所以，选择"全部"选项需要占据近 40 ～ 50GB 的硬盘空间。如果你没有选择"全部"选项，当你试图编译最简单的 CUDA 代码时也可能会遇到错误。

❏ 我没有做测试来查看哪些模块是绝对需要的以防止错误。你当然可以这样做，并在论坛上花费大量时间，但我能保证在安装 VS 2015 时，选择所有选项，本书的内容均可用。

安装好 VS 2015 后，需要按如下方式安装 CUDA Toolkit 8.0：

❏ 在 Internet Explorer（或 Edge）浏览器中，前往：
https：//developer.nvidia.com/cuda-toolkit

❏ 如果你更喜欢本地安装（大约 1G 字节），请单击"下载"并下载工具包。本地安装选项允许你将安装程序保存在临时目录中，然后双击安装程序。

❏ 你也可以选择网络安装，这将直接从 Internet 安装。在 VS 2015 上花费了 50 GB 的硬盘空间后，你不用再担心另外的存储消耗，两种安装方式都可以。我一般选择网络安装，这样在安装完成后我不需要费心地删除本地安装程序。

❏ 单击 OK 按钮，以确定默认解压路径。在 GPU 驱动程序的安装配置过程中，屏幕可能会闪烁几秒钟。安装完成后，Visual Studio 中将看到一个名为 NSIGHT 的新菜单项。

## 6.5.2　在 Visual Studio 2015 中创建项目 imflipG.cu

要创建 GPU 程序，首先在 VS 2015 中单击" Create New Project"，并打开如图 6-5 所示的对话框。Visual Studio 需要解决方案名称和项目名称。默认情况下，它会在相应的框中填入相同的名称。我们不会修改它。创建项目时，请在 Location 中选择目录的名称，然后将项目名称填写为 imflipG。图 6-5 所示的例子的目录名为 Z:\code，项目名为 imflipG。选择好后点击 OK，VS 2015 将在 Z:\code\imflipG 下创建一个解决方案目录。

图 6-6 所示为解决方案目录 Z:\code\imflipG 的屏幕截图。如果你进入这个目录，你会看到另一个名为 imflipG 的目录，这是你的项目源文件所在的地方，即源文件将位于目录 Z:\code\imflipG\imflipG 下。进入 Z:\code\imflipG\imflipG，你会看到一个名为 kernel.cu 的文件和另一个我们不关心的文件。kernel.cu 文件默认由 VS 2015 在源文件目录中自动创建。

图 6-5　创建一个名为 imflipG.cu 的 Visual Studio 2015 CUDA 项目。假设本例中的代码将存放
　　　　于目录 Z:\ code \ imflipG 中

此时，你可以使用三种方式开发 CUDA 项目：

1. 你可以以 kernel.cu 为模板，在其中输入你的代码，删除你不需要的部分，编译并将其作为唯一的核函数运行。

2. 你也可以在 VS 2015 中右击 kernel.cu 来将其重命名为其他文件（比如 imflipG.cu）。你可以清除重命名的 imflipG.cu 中的内容，输入自己的 CUDA 代码，然后编译并运行它。

3. 你还可以从项目中移除 kernel.cu 文件，并将另一个文件 imflipG.cu 添加到项目中。该操作假定你已经有这个文件，不管是从其他人那里获得，还是在另一个编辑器中编辑的结果。

我一般选择第三种方法。要记住一件重要的事，不要在 Windows 下重命名、复制或删除项目中的文件。应该在 Visual Studio 2015 中执行这些操作，否则，会让 VS 2015 陷入混乱，尝试使用不存在的文件。使用第三种方法前最好先将文件 imflipG.cu 存放在 Z:\code\ imflipG\imflipG 目录中。这样做后的屏幕截图如图 6-6 的底部所示。如果你正在测试本书提供的程序，这就是你需要做的。尽管本书提供的程序只包含一个文件 imflipG.cu，但必须正确地将其添加到 VS 2015 项目中，这样才能编译并执行它。编译完成后，项目目录中会有很多各种各样的文件，但源文件只有一个：imflipG.cu。

图 6-6 还给出了删除 kernel.cu() 文件的步骤。右击并选择 " Remove "（左上部），将出现一个对话框，询问你是希望将其从项目中移除，但保留实际文件（ " Remove " 选项），还

是将其从项目中移除并删除实际文件（"Delete"选项）。如果你选择"Delete"选项，该文件将消失，它将不再是项目的一部分。这是让这个文件永久脱离你的生活的最优雅方式，并可以让 VS 2015 了解它的状况。删除 kernel.cu 后，右击这个项目，这次给它添加一个文件。可以添加刚刚放入源目录的文件（可以通过选择"Add Existing Item"选项来执行），或者添加一个不存在的新文件，然后开始编辑（"Add New Item"选项）。选择"Add Existing Item"后，我们看到图 6-6 中的项目添加了新的 imflipG.cu 文件。现在可以编译并运行它了。

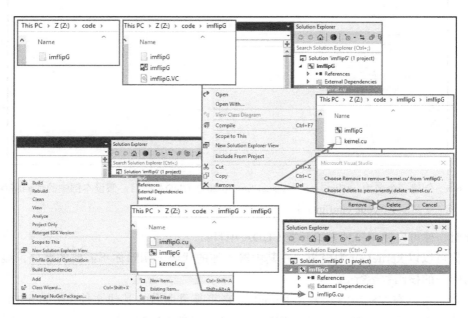

图 6-6 Visual Studio 2015 源文件位于 Z:\code\imflipG\imflipG 目录中。在本例中，我们将删除 VS 2015 创建的默认文件 kernel.cu。之后，我们将在项目中添加一个现有的文件 imflipG.cu

### 6.5.3 在 Visual Studio 2015 中编译项目 imflipG.cu

在编译代码之前，你必须确保选择正确的 CPU 和 GPU 平台。如图 6-7 所示，两个 CPU 平台选项是 x86（用于 32 位 Windows 操作系统）和 x64（用于 64 位 Windows 操作系统）。我正在使用 Windows 10 Pro，它是一款 x64 操作系统。所以，我下拉 CPU 平台选项并选择 x64。对于 GPU 平台来说，你必须通过在菜单栏中选择 PROJECT 并选择 imflipG Properties 来访问项目的属性。这将打开"imftipG Property Pages"对话框，如图 6-7 所示。GPU 的第一个选项是 Generate GPU Debug Information。如果在这里选择"是"，你就可以运行 GPU 调试器，但代码运行速度将减半，因为编译器必须在代码中添加各种断点。通常，最好的做法是在开发代码时将其保持为"是"。完成代码调试后，将其切换为"否"，如图 6-7 所示。

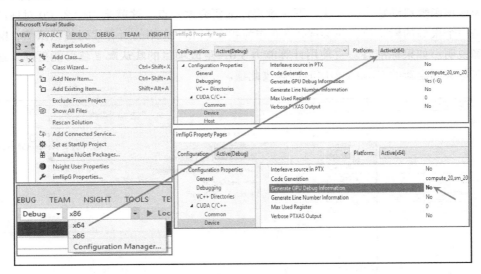

图 6-7　默认的 CPU 平台是 x86。需要将其更改为 x64，同时还需要清除 GPU 调试选项

选择 GPU 调试选项后，必须编辑 Code Generation，在 CUDA C/C++ → Device 下单击 Code Generation，如图 6-8 所示。默认的计算能力是 2.0，但计算能力 2.0 不能运行 Nvidia GPU 的许多新功能。必须将其更改为计算能力 3.0。打开"Code Generation"对话框后，首先取消选中 Inherit from parent of projtct defaults 复选框。"compute_20，sm_20"字符串表示默认的计算能力是 2.0。必须通过在 Code Generation 对话框顶部的文本框中输入新的字符串将其更改为"compute_30，sm_30"，如图 6-8 所示。点击"OK"，编译器现在知道生成可用于计算能力 3.0 及更高版本的代码。当你这样设定后，编译的代码不再支持任何只支持 2.0 及更低版本的 GPU。计算能力 3.0 有了重大变化，所以最好编译计算能力至少为 3.0 的代码。Nvidia GPU 的计算能力与 Intel ISA 的 x86 与 x64 的对比类似，不同之处在于 GPU 的类别更多一些，从计算能力 1.0 到 6.x（Pascal 系列）再到 7.x（即将推出的 Volta 系列）。

编译代码时最好将计算能力设置为代码以可接受速度运行时的最低值。如果将其设置得太高，比如 6.0，那么你的代码只能在 Pascal GPU 上运行，当然，你将能使用一些仅在 Pascal GPU 中可用的高性能指令。或者，如果你选择较低的计算能力，比如 2.0，那么你的代码可能会面临一些在早期的 2000 年出现的严重限制。一个简单的例子是，早期线程块的数量有严格的限制，每个核函数最多只能启动 60 000 个块，因而必须在循环体中启动核函数，而从 3.0 开始，可以启动数十亿个线程块。即使对于我们的第一个 CUDA 程序 imflipG.cu，这也是一个严重的问题。正如在 6.4.15 节中分析的，imflipG.cu 要求启动

166 656 个块。使用计算能力 2.0 需要以某种方式将代码分为三个独立的核函数来启动，这会使代码变得混乱。但是，使用计算能力 3.0 及更高版本，就不必再担心这一点，因为我们可以为该核函数启动数十亿个块。下一章将详细研究这一点。这就是为什么 3.0 对你的项目来说是一个很好的默认值，我会选择 3.0 作为我在本书中介绍的所有代码的默认值，除非另有明确说明。如果你准备一直使用计算能力 3.0，更改项目的默认配置值可能更好，这样就不用在每次创建新的 CUDA 程序时都修改此项。

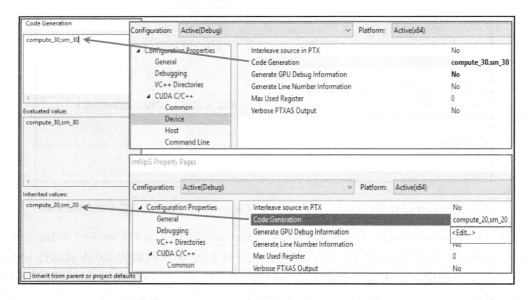

图 6-8　默认计算能力为 2.0。这太老了，我们会将其更改为计算能力 3.0，可以通过编辑
Device 下的 Code Generation，并通过将其更改为 compute_30、sm_30 来完成

设置好计算能力后，下一步是编译和运行代码。单击 BUILD → Build Solution，如图 6-9 所示。如果没有发生编译错误，屏幕将如图 6-9 所示（1 个成功，0 个失败），可执行文件位于 Z:\code\imflipG\x64\Debug 目录中。如果发生了编译错误，可以点击它以跳转到相应的错误源代码行。

尽管 Visual Studio 2015 是一个非常不错的 IDE，但在开发 CUDA 代码时却有一个超级烦人的特性。如图 6-9 所示，main() 中启动核函数的那一行代码——由 CUDA 的标示符 <<< 和 >>> 括号组成，就好像它们是语法错误一样。事情还会变得更糟。因为 VS 2015 认为它们是"试图入侵地球的危险外星人"，一有机会，它就会将它们分解成两个符号，即一个书名号和一个尖括号："<<<"将成为"<< <"。往往是 IDE 将它们分开，你手动将它们连接在一起，而一分钟后它们再次被分开，这会让你发疯。别担心，你会弄清楚如何及时处理它们并解决这个问题。对于我来说，这已经不是问题。具有讽刺意味的是，即使在分成两个符号后，nvcc 实际上也会正确编译它。所以，波浪线只不过是一种滋扰。

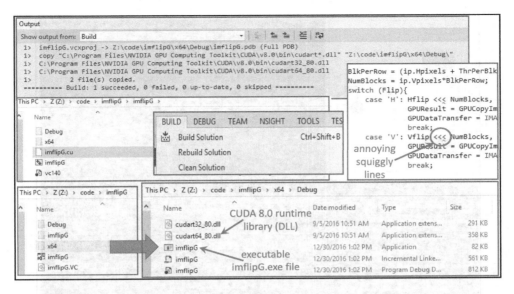

图 6-9　编译 imflipG.cu，可执行文件 imflipG.exe 在 Z:\code\imflipG\x64\Debug 目录中

### 6.5.4　运行第一个 CUDA 应用程序：imflipG.exe

编译成功后，可执行文件 imflipG.exe 将位于 Z:\code\imflipG\x64\Debug 目录下，如图 6-10 所示。

运行该文件的最佳方式是在 Windows 中打开 CMD（命令行终端程序），然后键入以下命令来运行该应用程序：

```
C:\> Z:
Z:\> CD Z:\code\imflipG\x64\Debug
Z:\code\imflipG\x64\Debug> imflipG Astronaut.bmp Output.bmp V 256
```

如图 6-10 所示，如果你打开文件资源管理器，就可以浏览此可执行代码目录，并且当你单击位置下拉框时，目录名称将突出显示（Z:\code\imflipG\x64\Debug），可以通过 Ctrl-C 复制它。然后可以在 CMD 窗口中输入 CD，并在 CD 后面粘贴该目录名，这样就不需要记住长长的目录名了。该程序需要在命令行中指定输入文件 Astronaut.bmp。如果运行时，在可执行文件的目录中没有 Astronaut.bmp，程序将返回一条错误消息，否则程序将运行并将结果文件 Output.bmp 输出到同一目录中。要想可视化地查看此文件，只需打开浏览器（如 Internet Explorer 或 Mozilla）并将文件放入浏览器窗口。你也可以双击图像，Windows 将打开关联的应用程序来查看。Windows 通常会为你提供更改该默认应用程序的方法。

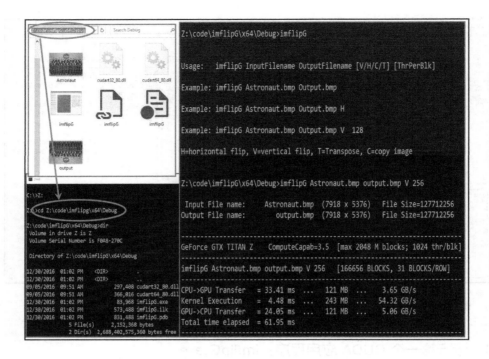

图 6-10　从 CMD 命令行终端运行 imflipG.exe

### 6.5.5　确保程序的正确性

在图 6-10 中，我们看到 Output.bmp 文件是 Astronaut.bmp 的垂直翻转版本，但是，并不能保证它的每一个像素都是我们期望的。这就是为什么需要一个确定正确的输出结果的原因，比如可以用 CPU 版的程序输出结果文件（100% 确定正确）。你可以使用一些文件比较工具来查看它们是否完全相同。这样的文件通常被称为 golden truth 或 ground truth。但是，从我的经验来看，如果对代码进行了如下所示的常规检查，那么程序正确运行的几率就会相当高：

- 以下为"最低限度常规检查"准则：
- 你的程序可以正常工作，当：
  i）程序运行时没有产生导致异常终止的错误；
  ii）程序运行的时间没有任何异常；
  iii）计算机在程序运行完成后没有任何异常或反应迟钝，一切正常；
  iv）目录中存在一个文件，名称为预期的 Output.bmp；
  v）Output.bmp 文件的大小与期望相同；
  vi）对 Output.bmp 内容的可视化检查显示没有问题。

　　如果在程序执行完成后，上述列表中的每一项检查都很正常，那么你的程序基本没问题。经过这些检查之后，剩下的问题大多是一些较为微妙的问题。这些问题不会表现为错误或崩溃。它们可能导致一些难以通过上述规则辨别的结果，例如图像整体向右移动了一个像素，而最左侧的一行是空的（例如，白色）。即使将文件拖放到浏览器中，你也无法通过简单的可视化检查来判断问题。一个白色的空像素列非常类似于浏览器的背景颜色，因而你很难将其与浏览器背景区分开来。然而，训练有素的专家会怀疑所有事情，并可以发现这种最微妙的差异。无论如何，一个简单的文件检查程序将可以消除你对这些问题的疑问。

　　正如计算机程序员会絮絮叨叨一样，我也无法阻止自己提到第三种问题：所有事情都很好，正确结果和输出文件的比对也没问题。但是，该程序会让计算机的性能慢慢下降。所以，从某种意义上来说，虽然你的程序正在产生预期的输出，但它的运行不正常。这是一种真正挑战中级程序员的问题，即使是经验丰富的程序员也是如此。但是，有经验的程序员大多不会在他的代码中出现这些类型的错误。是的！这种错误的例子包括分配内存，但不释放它们；或者当程序的目标是产生一个可以被另一个程序进一步修改的输出文件，但却以错误的属性打开该文件，导致另一个程序无法修改它等。如果你是初学者，随着时间的推移，你会积累越来越多的经验，并且会越来越擅长发现这些错误。但我有一个建议：怀疑一切！你应该能够检测出性能异常、输出速度异常、同一代码的两次不同的运行之间的差异异常等。当遇到计算机软件错误（甚至是硬件设计错误）时，这可能是重复英特尔前任 CEO 及传奇人物——Andy Grove 的名言的最好时机：只有偏执狂才能生存。

# 6.6　Mac 平台上的 CUDA 程序开发

　　Mac OS 的架构与 Unix 几乎完全相同，因此 Mac 系统上的说明和 Unix 系统版本非常相似。除了阅读本节，Mac 用户最好也阅读 Unix 部分的所有内容。

## 6.6.1　在 Mac 上安装 XCode

　　无论是什么版本的 CUDA Toolkit 都需要命令行工具（例如 gcc）才能工作。要在 Mac 上安装 gcc，首先需要安装 Xcode。

　　Xcode 的安装说明如下：

❏ 你必须拥有 Apple 开发人员账户。如果没有，可以免费创建一个。

❏ 在 Safari 浏览器中，前往：

　　https://developer.apple.com/xeode/

❏ 点击"Download"，下载 Xcode IDE。它可以用于创建 Mac、iPhone、iPad 应用程序，甚至可以创建 Apple Watch 或 Apple TV 应用程序。编写本书时的最新版本是 Xcode 8。

❏ 第一次安装 Xcode 并不包含命令行工具包。

❏ 前往 Xcode →首选项→下载→组件

❏ 选择并安装命令行工具包。这将在你的 Apple 电脑上安装 gcc，现在你可以从终端启动 gcc。

❏ 除了这种 GUI 方法，你还可以选择使用以下命令直接从终端安装 gcc：

xcode-select -install

/usr/ bin/cc/help

❏ 最后一行是确认命令行工具系列已安装。

❏ Windows 与 Mac 环境（或者更一般的，所有的 Unix）之间的最大区别是，Windows 有一个严格的 IDE 支配的结构来存储可执行文件和源文件，而 Unix 平台不会在硬盘上制造垃圾。这种垃圾的一个例子是 MS Visual Studio 2015 创建的数据库文件，它占用 20 MB。因此，对于 20 KB 的 imflipG.cu 源文件，Mac 项目的目录可能只有 100 KB，包括所有可执行文件，而 Windows 项目的目录可能是 20 MB！

## 6.6.2　安装 CUDA 驱动程序和 CUDA 工具包

安装好 gcc 后，需要安装 CUDA 驱动程序和 CUDA 工具包[18]，它将在 Mac 环境中安装 nvcc 编译器。该编译器能够编译 imflipG.cu 文件，可执行文件位于相同的目录中。要安装 CUDA 驱动程序和 CUDA 工具包，请按照以下说明操作：

❏ Mac 电脑的 CPU 必须是 Intel-CPU，安装了支持的 Mac OS 版本（Mac OS X 10.8 或更高版本）以及支持 CUDA 的 Nvidia GPU。

❏ 必须拥有 Nvidia 开发者账户。如果没有，可以免费创建一个。

❏ 除非你在安装 CUDA 工具包之前已经安装了独立的驱动程序，否则 CUDA 工具包将安装驱动程序。

❏ CUDA 工具包安装完成后，所有的 CUDA 资料在 /usr/local/cuda 中，所有有关苹果开发者账户的资料都在 /Developer/NVIDIA/CUDA-8.0 目录中。版本不同，这些名称可能会稍微变化。实际上可能有多种不同版本的 CUDA 目录。如果选择了相应的选项，CUDA 工具包将在 /Developer/NVIDIA/CUDA-8.0/samples 目录中安装各种有用的示例程序。充分了解了 GPU 的操作和编程后，你可以参考示例代码获得 CUDA 的高级编程思路。

❏ 为了能够运行 nvcc 编译器以及许多其他工具，请设置环境变量：

export PATH=/Developer/NVIDIA/CUDA-8.0/bin:$PATH

export DYLD_LIBRARY_PATH=/Dev...8.0/lib:$DYLD_LIBRARY_PATH

❏ 如果 Mac Book Pro 配有 Nvidia 显卡，同时还配有 Intel-CPU 集成的 GPU，笔记本电脑会尽可能地使用 Intel GPU 来节约能源。Nvidia GPU 被称为独立 GPU。它确实是一个独立的卡，可以插入笔记本电脑的某个插槽，你可以在将来进行更换。而 Intel GPU 被称为集成 GPU，它内置于你的 CPU 的超大规模集成电路中，除非自行升级 CPU，否则无法升级。Nvidia 的 Optimus 技术 [16] 允许你的笔记本电脑在集成 GPU 和独立 GPU 之间切换，但必须通过以下步骤告诉操作系统这样做（操作说明取自 [18]，这是一个在 Mac OS X 上使用 CUDA 的在线文档）：

点击 系统偏好设置→节能→自动图形切换

在"电脑睡眠"栏中选择"Never"

### 6.6.3 在 Mac 上编译和运行 CUDA 应用程序

安装好 Xcode 后，可以用 Xcode 编译代码，就像我们在 Visual Studio 中看到的那样，也可以在终端输入下面的命令行进行编译。编译成功后，你可以键入可执行文件的名称来运行它：

nvcc -o imflipG imflipG.cu

imflipG

实际上，对于 Windows 平台来说，这是在 Visual Studio 中单击"Build"选项时执行的操作。你可以前往菜单栏上的 PROJECT → imflipG Properties 来查看和编辑 VS 2015 编译 CUDA 代码时使用的命令行选项。Xcode IDE 也不例外。事实上，我在展示 Unix CUDA 开发环境时介绍的 Eclipse IDE 也是完全相同的。每个 IDE 都有一个区域来指定底层 nvcc 编译器的命令行参数。在 Xcode、Eclipse 或 VS 2015 中，你可以完全忽略 IDE，而是使用命令行终端来编译你的代码。Windows 的 CMD 工具也适用于此。

## 6.7 Unix 平台上的 CUDA 程序开发

本节将介绍在 Unix 环境下编辑、编译和运行 CUDA 程序的方法。在 Windows 中，我们使用了 VS 2015 IDE。在 Mac 上，我们使用了 Xcode IDE。在 Unix 中，最好用的 IDE 是 Eclipse。所以，我们就选择它作为 IDE。

### 6.7.1 安装 Eclipse 和 CUDA 工具包

第一步与 Windows 和 Mac 系统非常类似——安装 Eclipse IDE，随后安装 CUDA 8.0 工具包。在编译和测试 CUDA 代码之前，必须将环境变量添加到路径中，就像我们在 Mac 中看到的一样。可以使用如 gedit、vim（这是真正的老派作风）或 emacs 之类的编辑器来编辑 .bashrc。将下面这行添加到 .bashrc 中：

$ export PATH = $PATH:/usr/local/cuda-8.0/bin/

如果你不想关闭并再次打开终端，只需按如下方式导入你的 .bashrc：

$ source .bashrc

这将确保将新的路径加入 PATH 环境变量。如果浏览你的 /usr/local 目录，应该看到如图 6-11 所示的屏幕。该图显示了两个不同的 CUDA 目录。这是因为先安装了 CUDA 7.5，然后又安装了 CUDA 8.0。所以 7.5 和 8.0 的目录都在。/usr/local/cuda 符号链接指向我们当前正在使用的版本。这就是为什么将这个符号链接放在 PATH 变量中而不是像上面所示的将 cuda-8.0 这样的特定值放在 PATH 变量中是一个更好的主意。

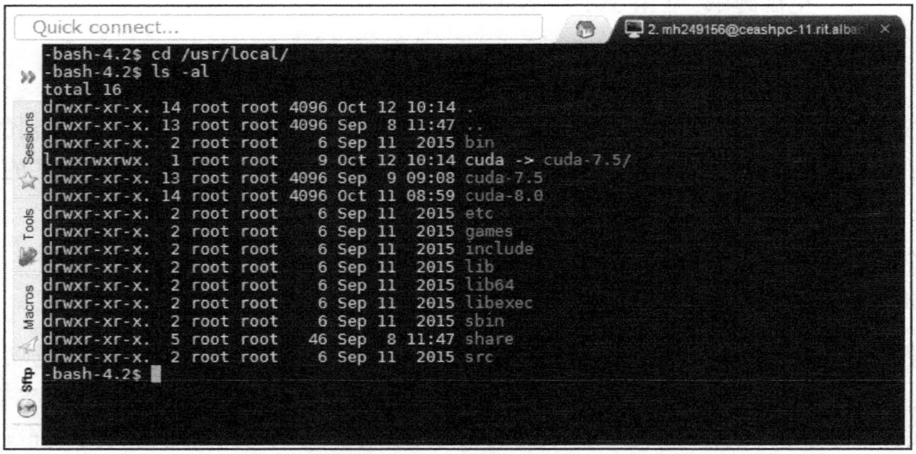

图 6-11　Unix 中的 /usr/local 目录下有你的 CUDA 目录

## 6.7.2　使用 ssh 登录一个集群

你可以在自己的 Unix 计算机或笔记本电脑上开发 GPU 代码，或者，也可以使用 X 终端程序登录 GPU 集群。你无法使用简单的基于字符的终端进行登录。必须有一个 xterm 或其他允许你进行 "X11 转发" 的程序。这种转发意味着你可以远程运行图形应用程序并在本地机器上显示结果。一个不错的程序是 MobaXterm，不过如果你安装了 Cygwin 来运行本书第一部分中的代码，则可能已经安装了 Cygwin-X，它有一个 xterm 可以用作基于 X Windows 的终端，可以运行 CUDA 程序并将图形输出结果显示在本地。

要想远程运行程序并在本地显示结果，请按照以下说明操作：

❏ 使用带有 X11 转发标志 "-X" 的 ssh 命令登录远程机器。

$ ssh -X username @ clustername

❏ 最好的做法是打开第二个终端进行文件传输。

❏ 在第二个终端上，将源 BMP 文件传输到集群中。

$ sftp username @ clustername

❏ 使用 put 和 get 命令（可以在 sftp 中找到）来传输文件。或者，可以使用 scp 进行安全复制。

❑ 在第一个终端上编译代码，并确保生成输出文件。

❑ 将输出文件传回本地机器。

❑ 或者，可以远程显示文件，让 X11 通过转发将其显示在本地计算机上，而无须麻烦地将文件传回。

## 6.7.3　编译和执行 CUDA 代码

除了在命令行上运行 nvcc，你还可以使用 Eclipse IDE 来开发和编译代码，这与 Visual Studio 2015 中的情况非常相似。假设你已按照 6.7.1 节中的说明正确配置了环境，输入以下命令启动 Eclipse IDE：

$ nsight &

此时，会打开一个对话框询问工作区的位置。使用默认设置或将其设置为你喜欢的位置，然后单击确定按钮。通过选择 File → New → CUDA C/C++ Project 创建一个新的 CUDA 项目，如图 6-12 所示。

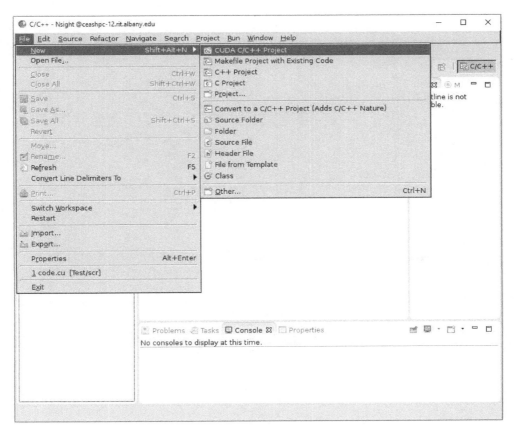

图 6-12　在 Unix 中使用 Eclipse IDE 创建一个新的 CUDA 项目

单击锤子图标编译代码。可以像运行其他程序一样在本地机器上运行已编译好的程序。但是，因为通常需要将文件名和命令行参数传递给程序，所以你可能希望能切换到存放二进制文件的目录中，并从那里运行它。你也可以在 IDE 中指定命令行参数，但如果需要经常改变它们，这会有点令人厌烦。IDE 生成的二进制文件通常存放在项目的某个子目录中（Eclipse 将它们存放在"Debug 和 Release"目录中）。例如，要在 Linux 中运行由 Eclipse/Nsight 开发的 Release 版本的应用程序，可以键入以下命令：

cd ～ /cuda-workspace/imflipG/Release

./imflipG

该命令将运行你的 CUDA 代码，并且会显示与 Windows 中一样的结果。

# CUDA 主机 / 设备编程模型

GPU 是一个协处理器,在 CPU 的工作方式上几乎没有发言权。因此,虽然后续章节将详细研究 GPU 架构,但本章将重点介绍 CPU-GPU 的交互。GPU 的编程模型是主机 / 设备模型,主机(CPU)向设备(GPU)发出类似于协处理器类型的命令。在 GPU 执行期间,尽管 CPU 可以使用丰富的查询命令集来确定它的状态,但 CPU 并不知道 GPU 正在做什么。对于 CPU 来说,重要的是 GPU 完成了任务,并将结果放在 CPU 可以访问的地方。另一方面,GPU 通过一系列的 API 函数(由 Nvidia 提供)接受来自 CPU 的命令并执行它们。因此,虽然可以单独学习 CPU 编程,但 GPU 编程只能与 CPU 编程同时学习,这也是编写本书的原因。

- 没有 GPU 编程,只有 CPU+GPU 编程,你无法学习"纯 GPU 编程"。
- 当你学习骑自行车时,你做了些什么?
  你是不是只学习了"如何踩踏板"而忽视了控制方向?
  要么两者你都学会了,要么你还不知道如何骑自行车。
- CPU 端代码决定 GPU 做什么。
  所以,你需要同时学习 CPU 和 GPU 编程,而不能只学习其中的一个。

本章将重点介绍涉及 GPU 编程中有关 CPU 和 GPU 协作的部分,包括 GPU 核函数的启动维度,PCIe 带宽及其对总体性能的影响以及 CPU 和 GPU 的内存带宽。

## 7.1 设计程序的并行性

在关心 GPU 参数(无论是启动维度还是 GPU 的核心结构)之前,在本节我们先考虑如何进行任务的并行化。还记得在 6.4.8 节中，我们可以启动数百万个线程来运行 GPU 代码。这种惊人的奢侈意味着核函数在执行过程中会减少很多循环，但它又陷入了一个有趣的困境：如何以最佳的方式利用这种大规模的并行性？因此，GPU 编程的第一步是确定如何将任务并行化以使其完美地适合 GPU 硬件。在 CPU 并行的情况下，我们的选择相当有限，有可能只能运行几个线程（比如说 8 个），因而只需将图像分成 8 个部分，每个线程处理一部分图像。但是，当我们可以启动数百万个线程时，就会出现一系列非常不同的考虑事项。在编写 GPU 代码之前，首先让我们给出并行性的概念。

### 7.1.1 任务的并行化

本节假定我们正在使用 imflipG.cu 程序对 121 MB 大小的 Astronaut.bmp 图像（如图 5-1 所示）进行垂直翻转操作。设计该程序的第一步是确定源图像和目标图像在 CPU 和 GPU 内存中的存储位置。在 6.4.14 节中，GPU 核函数 Vflip()（代码 6.7）真正完成翻转操作。main() 函数分别用 malloc 和 cudaMalloc() 分配 CPU 和 GPU 内存。内存分配的指针如下（代码 6.1 所示）：

```
uch *TheImg, *CopyImg;        // CPU 端图像数据指针
uch *GPUImg, *GPUCopyImg;     // GPU 端图像数据指针
```

指针 TheImg 指向原始的 CPU 数组，然后将其复制到 GPUImg 指针指向的 GPU 数组中。当 GPU 核函数开始执行时，它将读取存储在 GPUImg 指针指向的数组中的图像数据，对其进行翻转操作，并将翻转后的图像数据存储在 GPUCopyImg 指向的 GPU 显存中。最后，该图像被传回由 CopyImg 指针指向的 CPU 中的另一个数组中。

如果用 8 个 CPU 线程执行此代码，每个线程将负责复制图像的八分之一。虽然 GPU 的并行性与此有很大的相似性，但仍然有所不同。下面是有关 GPU 并行性的基本规则：

❑ GPU 代码是为每个线程而编写的，这与 CPU 代码完全相同，GPU 核函数就是每个线程执行的代码。从这个意义上讲，线程可以被认为是任务的组成单位。所以，程序员以线程为单位编写 GPU 程序。

❑ 由于在任何时刻执行的线程数都不少于 32 个（一个线程束），线程束可以被认为是代码的执行单位。所以，GPU 以线程束为单位执行程序。

❑ 在很多情况下，以线程束为执行单位对于 GPU 来说太小。因此，我们以线程块为单位启动核函数，线程块由汇聚在一起的一组线程束组成。从这个意义上说，一个线程块可以被认为是代码的启动单位。所以，程序员以线程块为单位启动核函数。线程束的概念更像是一个微不足道的技术细节，程序员通过线程 / 块来组织所有东西。在我们编写所有的 GPU 核函数时，总会问自己一个问题："线程块应该有多少个线程？"我们很少会关心线程束（如果有的话）。在过去 20 年的 Nvidia GPU 设计中，Nvidia GPU 的线程束大小从未改变过，当然我们必须记住 Nvidia 可能会决定在未来

的 GPU 产品中将线程束大小改为 32 以外的数字。但是，一个线程块中有多少个线程的问题永远不会改变。程序员不会考虑一个线程块中到底有多少线程束。

❑ 常用的块尺寸为每个线程块 32、64、128、256、512 或 1024 个线程。

## 7.1.2 什么是 Vflip() 的最佳块尺寸

根据 7.1.1 节中的规则，我们可以尝试确定对分辨率为 7918 × 5376 的 astronaut.bmp 进行垂直翻转操作时线程块的最佳大小。并行化该操作的方式有很多种，但 Vflip() 核函数最重要的特征是它是*存储密集型*的。虽然此时也许我们并不完全清楚一个存储密集型的 GPU 程序应该是什么样的，但我们知道 Vflip() 在 GPU 内进行了大量的存储传输操作。既然如此，我们可以依赖一件事情：GPU 内存也比较喜欢与 CPU 内存相似的访问模式，正如在 3.5.3 节看到的那样。因此，最好以顺序、水平的方式访问 GPU 内存，该方式可以转化为从 GPU 内存中读取大块的连续数据，因而完全遵守了 3.5.3 节中的 DRAM 规则。如第 6 章所述，我们将使用多个线程块来复制一行图像数据。如果选择 256 个线程 / 块作为块尺寸，也就是每个启动的块所拥有的线程数，则处理一行需要的块数可由下述公式计算而得：

$$\text{Hpixels} = 7918, \text{NumThreads} = 256 \Rightarrow \text{BlkPerRow} \left\lceil \frac{7918}{256} \right\rceil = 31 \qquad (7.1)$$

为保持一致，公式 7.1 中的变量名称与代码 6.3 中的相同。因此，每个 GPU 线程将复制一个像素（3 个字节），并且将启动总计 31 × 256 = 7936 个线程来复制一行，这样每行将浪费 7936−7918=18 个线程。根据上述计算，我们将需要启动 31 × 5376 = 166 656 个线程块来翻转整个图像，因而在总计 7918 × 5376 ≈ 41 M 的线程中浪费了 18 × 5376 ≈ 95 K 个线程。这个损失所占的比重非常小，可以完全忽略。

现在，让我们看看如果将同样的思想（每行多块）作用在 1920 × 1200 的图片上会发生什么。此时，每行将启动 8 个块（每个块有 256 个线程），每行将浪费 128 个线程，在总计 2.2 M 的线程中浪费 150 K 个线程。尽管比重仍然不太大，但可以看出它取决于图像的尺寸。如果将块大小从 256 线程 / 块改为 128 线程 / 块，则浪费的线程数会更少，但需要启动两倍的线程块来执行代码。哪一个更好？与其猜测，最好的办法是以不同的块大小来执行相同的代码，通过实验来了解块大小是如何影响性能的。

## 7.1.3 imflipG.cu：程序输出的解释

图 6-10 所示为运行 imflipG.cu 后的输出结果，本次操作使用 V 选项（表示进行垂直翻转操作），输入图像为 astronaut.bmp，块大小为 256。下面是输出的信息：

❑ GPU 选用 GeForce GTX Titan Z，最大支持 2048 M 个块（≈ 20 亿）。
❑ ThePerBlk=256，意味着需要 166 656 个块来翻转图像（NumBlocks = 166 656），远小于 GPU 支持的最大的 2048 M 个块。

❑ 输出 BlkPerRow=31，用于确认我们在公式 7.1 中计算出的结果。

❑ TITAN Z 的计算能力为 3.5。我们用计算能力 3.0 选项编译代码（详见 6.5.3 节），这段代码可以正常运行，因为 3.5 意味着该 GPU 支持 3.5 及以下的计算能力。

❑ 如 6.4.3 节所述，程序输出了三个事件的完成时间：（a）CPU → GPU 的传输时间为 30.89 ms；（b）Vflip() 核函数的执行时间为 4.21ms；（c）GPU → CPU 的传输时间为 28.80 ms。

线程块大小（ThrPerBlk）不同，启动的线程块总数（NumBlocks）和处理每行所需的线程块总数（BlkPerRow）也不同。表中的时间不包括 CPU 与 GPU 之间的数据传输时间。

### 7.1.4　imflipG.cu：线程块和图像的大小对性能的影响

运行上述例子后，我们会自然而然地问自己一个问题：ThrPerBlk 的值如何影响程序的性能？此外，待处理图像的大小对性能有影响吗？为了回答这两个问题，我们以不同的 ThrPerBlk 值运行 imflipG.cu 来处理两个不同的图像，分别是 121 MB 的 astronaut.bmp（7918 × 5376）和 241 MB 的 mars.bmp（12140 × 6940）。表 7-1 列出了从命令行输入不同的 ThrPerBlk 值时，Vflip() 核函数的执行时间。表 7-1 中的时间只显示了 Vflip() 核函数的执行时间（代码 6.3 中的情况 V），不包含 CPU → GPU 和 GPU → CPU 的数据传输时间，因为 ThePerBlk 参数不会影响它们。

表 7-1　Vflip() 核函数在 GTX TITAN Z GPU 上处理不同大小的图像时的执行时间（ms）

| ThrPerBlk | astronaut.bmp (121 MB) 7918 × 5376 | | | mars.bmp (241 MB) 12140 × 6940 |
| --- | --- | --- | --- | --- |
| | NumBlocks | BlkPerRow | 时间 (ms) | 时间 (ms) |
| 32 | 1333248=1.27 M | 248 | 12.04 | 22.93 |
| 64 | 666624=651 K | 124 | 6.58 | 12.63 |
| 128 | 333312=326 K | 62 | 4.24 | 7.90 |
| 256 | 166656=163 K | 31 | 4.48 | 8.15 |
| 512 | 86016=84 K | 16 | 4.64 | 8.53 |
| 1024 | 43008=42 K | 8 | 5.33 | 9.22 |

我们可以从表 7-1 中的结果观察到以下情况：

❑ ThrPerBlk 有一个最佳值，使用它可以得到最短的执行时间，在本例中，该值是 128。

❑ 对于这两个图像，当 ThrPerBlk<128 时，性能都会显著下降。

❑ 对于这两个图像，当 ThrPerBlk>128 时，性能都会略下降。

❑ 无论图像的大小如何，现象是相同的。

尽管本章后续内容将详细分析表 7-1 中所示的性能曲线，但现在让我们简单思考一下，看看可能的原因。下面是我们的思路：

❑ 该程序是存储密集型，每个线程需要复制 3 个字节，ThrPerBlk 参数的选择直接影响每个块需要复制多少个字节。

❑ 了解这一点后，让我们来计算不同的 ThrPerBlk 值如何影响每个线程块需要复制的字节数。当 ThrPerBlk=32 时，大约 1.27 M 个线程块中的每一个需要复制 96 个字节，而当 ThrPerBlk=64 时，651 K 个线程块中的每一个需要复制 192 个字节。我们知道显然这两个都是不好的选择。

❑ 或者，当 ThrPerBlk=128 时，大约 326 K 个线程块中的每一个需要复制 384 个字节，这让它成为最佳选项。剩下的 ThrPerBlk 选项，256、512 和 1024，都不太可怕，产生的结果只是稍微比最佳情况差一些。

程序性能在 ThrPerBlk 小于 128 时会显著下降的最直观的解释是：当一次传输的字节数高于某个阈值（在本例中，每个线程块复制大于 384 个字节）时，GPU 存储器的高带宽被充分利用，从而产生最佳结果。这与我们在 3.5.3 节中看到的非常相似，即 CPU 的 DRAM 不喜欢"支离破碎式"的访问，而是倾向于大块的连续访问。问题是：我们如何解释当 ThrPerBlk 大于 128 时，性能会轻微下降？另外，我们如何确定较大的块能够转化为 GPU 显存中的"连续内存访问"？这些问题需要更多的章节来介绍。让我们继续研究 GPU 以找到这些问题的答案。

## 7.2　核函数的启动

虽然 7.1.4 节给了我们很多值得思考的问题，但是对表 7-1 中的性能曲线有影响的因素太多了。我们需要全面地了解 GPU 如何接受并执行一个核函数，这样才能获得更准确的结论。本节将只关注核函数的执行时间。不要让 7.1.3 节中的数字欺骗你，看起来 CPU 到 GPU 和 GPU 到 CPU 的数据传输时间似乎占据了核函数执行时间的主导，但这仅仅是一个虚构的例子。在后面的例子中，这些时间将会发生明显的变化。所以，现在我们只关注核函数的执行时间并忽略传输时间。

### 7.2.1　网格

从表 7-1 中可以看出，不管每个线程块的大小如何，处理 astronaut.bmp 图像时启动的 GPU 线程总数总是 41 M。因为我们定义每个线程负责一个像素（3 个字节），而图像的大小为 121 MB。所以，毫不奇怪，我们需要启动数量为 1/3 图像大小的线程。实际上，由于 7.1.2 节中提到的无用线程，总线程数还要更多。因此，尽管当我们决定采用"每线程一个像素"策略时，41 M 个线程已成为一个事实，但我们仍然可以选择将这 41 M 个线程切分成线程块：如果每块有 128 个线程，那么将需要大约 326 K 个块。如果采用较小的线程块，比如每个线程块有 32 个线程，将需要大约 1.27 M 个块，如表 7-1 第一行所示。

**1D 网格：** Nvidia 给这些线程块队列起了一个名字：网格。网格是一组以一维或二维方式组织起来的线程块。我们选择表 7-1 中 ThrPerBlk=128 作为块的大小，这将产生最佳的核函数执行时间。在这种情况下，实际上我们选择了启动一个总计有 333 312 个线程块的网格。该网格中线程块的编号从 0 到 333 311。如果使用 ThrPerBlk = 256 启动相同的网格，将有 166 656 个块，编号从 0 到 166 655。

❑ 网格维度为 166 656，因此每个块的 ID 将在 0 ... 166 655 范围内。

**2D 网格**：网格不限于一维数组的组织形式，也可以采用二维数组的组织形式。例如，我们可以不以 1D 的方式启动 166 656 个块（编号从 0 到 166 655），而是以 2D 的方式启动它们。当然，你仍然需要选择每个维度的大小：可以选择 $256 \times 651$ 或 $768 \times 217$ 等。例如，如果选择了 $768 \times 217$，每个块将有一个 2 维的块编号（即，$x$ 和 $y$ 块 ID），如下所示：

❑ 网格的 $x$ 维度大小为 768，因此 $x$ 维度中的块 ID 范围将介于 0 到 767 之间。

❑ 网格的 $y$ 维度大小为 217，因此 $y$ 维度中的块 ID 范围将介于 0 到 216 之间。

**3D 网格**：Nvidia GPU 从计算能力 2.x 开始支持 3D 网格。但是，有件事要记住，虽然 GPU 支持 3D 网格，但每个核函数启动的线程块总数是有上限的。正如我们将在 7.7.3 节中看到的那样，GT630 GPU 可以支持 3D 网格，其 $x$ 维度上的线程块个数最大为 65 535，但每个核函数能够启动的线程块总数最大仅为约 190 K。换句话说，三个方向上块尺寸的乘积不能超过这个数字，这是一个体系结构上的限制。

值得关注的是网格总是多维的。因此，如果你启动的是 1D 网格，唯一可用的维度是 $x$ 维度。GPU 最美丽的特征之一是网格由硬件自动编号并传递给核函数。表 7-2 显示了 GPU 硬件传递给核函数的变量。在刚刚给出的示例中，如果我们启动一个包含 166 656 个块的 1D 网格，GPU 硬件将告诉每个启动的核函数 gridDim.x=166 656。在启动 2D 网格（例如，$768 \times 217$）时，GPU 硬件将告诉每个启动的核函数 gridDim.x=768 和 gridDim.y=217。核函数可以获取这些值并在计算中使用它们。由于它们是硬件生成的值，因此获取它们的成本为零。这意味着无论启动一维还是二维网格，都不会在性能上受到损失。

表 7-2　核函数启动后可用的变量

| 变量名 | 描述 |
| --- | --- |
| gridDim.x | 网格在 $x$ 方向上的线程块个数 |
| gridDim.y | 网格在 $y$ 方向上的线程块个数 |
| gridDim.z | 网格在 $z$ 方向上的线程块个数 |
| blockIdx.x | 我在网格中是第几个线程块（$x$ 方向） |
| blockIdx.y | 我在网格中是第几个线程块（$y$ 方向） |
| blockIdx.z | 我在网格中是第几个线程块（$z$ 方向） |
| 启动的线程块的总数 | |
| blockDim.x | 该线程块在 $x$ 方向上的线程个数 |
| blockDim.y | 该线程块在 $y$ 方向上的线程个数 |
| blockDim.z | 该线程块在 $z$ 方向上的线程个数 |
| threadIdx.x | 我在该线程块中是第几个线程（$x$ 方向） |
| threadIdx.y | 我在该线程块中是第几个线程（$y$ 方向） |
| threadIdx.z | 我在该线程块中是第几个线程（$z$ 方向） |
| 每个线程块启动的线程总数 | |

## 7.2.2 线程块

正如我之前所描述的，线程块是核函数的启动单位。GPU 程序员设计一个程序的方式是将一个巨大的任务切割成可以独立执行的小块。换句话说，任何线程块在执行时都应该互不依赖，否则会导致"串行化"的执行。每个块在资源需求、代码执行和结果输出方面都应该彼此独立，这样你可以同时运行块 10 000 和块 2，而不会引起任何问题。在 2D 情况下，块（56，125）和（743，211）应该不需要其他任何线程块完成它们的执行就能够运行。只有这样才能充分利用大规模的并行性。如果在块（$x$，$y$）和块（$x+1$，$y$）之间（或者在其他块之间）存在依赖关系，那就会违背大规模并行性的第一个要求：

- 要让 GPU 完成一个任务（大规模并行），GPU 程序员肩负的责任很大：GPU 程序员应该将该任务的执行划分为"大量的互不依赖的"的块。
- 每个块与其他块在资源上应该互不依赖。
- 大规模的并行执行仅在有大量独立的块的情况下才能发挥作用。
- 任何块之间的依赖性都会使程序"串行化"执行。

假设你用 $768 \times 217$ 的 2D 网格启动了一个核函数，这类似于在两个嵌套的 for 循环中启动了 166 656 个块。这 166 656 个块都拥有各自唯一的块 ID，并使用表 7-2 中给出的 blockIdx.x 和 blockIdx.y 变量传递给每个核函数。所以，for 循环看起来将像这样：

```
for(blockIdx.x=0; blockIdx.x<=767, blockIdx.x++){
  for(blockIdx.y=0; blockIdx.y<=216; blockIdx.y++){
      // 每个线程块在此执行
      // 每个线程块在执行过程中都可以得到参数
      // gridDim.x=768 和 gridDim.y=217
   }
 }
```

或者，如果你决定以 1D 网格启动这些块，就像 7.1.3 节中所做的那样，这将对应于在单个 for 循环中启动块，如下所示：

```
for(blockIdx.x=0; blockIdx.x<=166655, blockIdx.x++){
    // 每个线程块在此执行
    // 每个线程块在执行过程中都可以得到
    // 参数 gridDim.x=166 656
 }
```

## 7.2.3 线程

此时，你的直觉一定会告诉你，线程块的维度不会只有 1D 的情况，它们可以是 2D 或 3D 的。例如，如果要在每个块中启动 256 个线程，可以用大小为 $16 \times 16$ 的 2D 线程数组或大小为 $8 \times 8 \times 4$ 的 3D 线程数组来启动它们。在这种情况下，线程 ID 的范围如下：

❏ 当线程组是大小为 256 的 1D 数组时，则 blockDim.x=256，blockDim.y=1，block-Dim.z=1，线程 ID 的范围是：threadIdx.x=0 ... 255，threadIdx.y=0，threadIdx.z=0。

❏ 当线程组是大小为 16×16 的 2D 数组时，则 blockDim.x=16，blockDim.y=16，线程 ID 的范围是：threadIdx.x=0 ... 15，threadIdx.y=0 ... 15，threadIdx.z=0。

❏ 当线程组是大小为 8×8×4 的 3D 数组时，则 blockDim.x=8，blockDim.y=8，block-Dim.z=4，线程 ID 的范围是：threadIdx.x=0 ... 7，threadIdx.y=0 ... 7，threadIdx.z = 0 ... 3。

在这三种情况中，每一个的线程块都启动了 256 个线程。这三种情况的不同之处在于，2D 或 3D 线程数组分别相当于在两层或三层嵌套 for 循环内执行线程，而不是在一层 for 循环内，并将 for 循环变量（threadIdx.x、threadIdx.y 和 threadIdx.z）传递给核函数。这意味着程序员不必担心与线程有关的 for 循环。这是 GPU 硬件实现的功能。换句话说，你可以免费实现循环。但是，这并不意味着循环立即免费。每个核函数仍然需要检查这个庞大的变量列表来查看自己是谁。

继续用网格 x 和 y 尺寸为 768×217 的 2D 网格举例，内层循环会执行完整的线程块，块 ID 为 blockIdx.x 和 blockIdx.y。执行一个线程块意味着执行该线程块内的每个线程。每个块内的线程数量在另一个参数 blockDim.x 中，此处为 256。每一个线程中执行的都是相同的核函数 Vflip( )（如代码 6.7 所示），所以就好像正在一个 for 循环中运行 Vflip( ) 函数，循环 256 次，如下所示：

```
for(blockIdx.x=0; blockIdx.x<=767, blockIdx.x++){
   for(blockIdx.y=0; blockIdx.y<=216, blockIdx.y++){
      // 在此处执行线程块 (blockIdx.x,blockIdx.y)
      // 该线程块将能访问参数 gridDim.x=768 和 gridDim.y=217,
      // 并将它们传送给属于该线程块的线程
      // 执行该线程块意味着执行 256 个线程 (8 个线程束)
      // 线程块的大小可以通过 blockDim.x、blockDim.y 和 blockDim.z 获得
      for(threadIdx.x=0; threadIdx.x<=7, threadIdx.x++){
         for(threadIdx.y=0; threadIdx.y<=7, threadIdx.y++){
            for(threadIdx.z=0; threadIdx.z<=3, threadIdx.z++){
               // 执行该线程块的 1 个线程, 该线程块有 8*8*4=256 个线程
               // 该线程将继承 gridDim.x、gridDim.y
               // 该线程将继承 blockIdx.x、blockIdx.y
               // 该线程将继承 blockDim.x、blockDim.y、blockDim.z
               // 所有的 GPU 核函数参数将被传递给下面的函数
               Vflip(...);
            }
         }
      }
   }
}
```

该伪代码显示了以二维线程块启动核函数时的情况，每个线程块都有一个 2D 索引。此外，每个块由总计 256 个线程的 3D 线程数组组成，组织为 8×8×4 的数组，每个线程均具有 3D 线程 ID。注意，在这种情况下，我们免费得到五层 for( ) 循环，因为 Nvidia GPU 的硬件在启动线程块和线程时会生成所有的五层循环变量。

### 7.2.4　线程束和通道

当我们研究 CUDA 汇编语言（PTX）时，我们会发现在 PTX 语言中一个线程被称为一条通道。但是，除非你要使用内联汇编（我们将在后面几章中简要介绍），否则不用太担心这个术语。

另一方面，术语线程束对于 GPU 程序员非常重要。这个词将在不少地方出现。所以，现在最重要的是要理解当我们说一个块的大小是 256 个线程时，也就意味着块的大小是 8 个线程束。线程束是程序的执行单位，而线程块是程序的启动单位。线程束总是包含 32 个线程。这个参数清楚地表明，虽然启动程序时，每个线程块有 256 个线程，但这并不意味着它们都会立即执行，也就是这 256 个线程并不会在同一时刻都被执行或完成执行。相反，GPU 的执行硬件会用 8 个线程束来执行这些线程，即 warp0、warp1、warp2、……、warp7。

虽然每个线程束都有上述的线程束 ID，但只有在我们编写低级的 PTX 汇编语言时，才需要关心这个 ID，因为此时需要将线程束 ID 传递给核函数。否则，我们只需要关注高级 CUDA 语言中的线程块。可以通过一些简单的 PTX 示例来了解线程束的重要性，但一般来说，程序员以线程块为单位来构思程序就足够了，这样的代码也可以良好运行。

## 7.3　imflipG.cu：理解核函数的细节

了解了以不同尺寸的线程块启动一个核函数的细节后，让我们回到代码 6.3。这段代码根据用户在命令行指定的块尺寸来启动三个核函数（Vflip()、Hflip() 或 PixCopy()）。

### 7.3.1　在 main() 中启动核函数并将参数传递给它们

图 6-10 显示了 imflipG.exe（CUDA 代码 imflipG.cu 的编译结果）的一次执行过程，其中每块线程数为 256，源图像文件是 astronaut.bmp，大小为 7918 × 5376。代码 6.3 如下所示：

```
#define IPHB        ip.Hbytes
#define IPH         ip.Hpixels
#define IPV         ip.Vpixels
#define IMAGESIZE   (IPHB*IPV)
int main(int argc, char** argv)
{
 ...
 cudaEventRecord(time2, 0);  // CPU 到 GPU 的传输结束后的时间戳
 BlkPerRow = (IPH + ThrPerBlk -1 ) / ThrPerBlk;
 NumBlocks = IPV*BlkPerRow;
 switch (Flip){
    case 'H': Hflip <<< NumBlocks, ThrPerBlk >>> (GPUCopyImg, GPUImg, IPH);
        GPUResult = GPUCopyImg;      GPUDataTransfer = 2*IMAGESIZE;
```

```
              break;
      case 'V': Vflip <<< NumBlocks, ThrPerBlk >>> (GPUCopyImg, GPUImg, IPH, IPV);
              GPUResult = GPUCopyImg;       GPUDataTransfer = 2*IMAGESIZE;
              break;
      case 'T': Hflip <<< NumBlocks, ThrPerBlk >>> (GPUCopyImg, GPUImg, IPH);
              Vflip <<< NumBlocks, ThrPerBlk >>> (GPUImg, GPUCopyImg, IPH, IPV);
              GPUResult = GPUImg;           GPUDataTransfer = 4*IMAGESIZE;
              break;
      case 'C': NumBlocks = (IMAGESIZE+ThrPerBlk-1) / ThrPerBlk;
              PixCopy <<< NumBlocks, ThrPerBlk >>> (GPUCopyImg, GPUImg, IMAGESIZE);
              GPUResult = GPUCopyImg;       GPUDataTransfer = 2*IMAGESIZE;
      break;
  }
  ...
```

以下变量的值可以在 main( ) 中获得或可以通过计算得到：

❏ IPH=ip.Hpixels=7918　　　　IPV=ip.Vpixels=5376　　　　Flip ='V'

❏ ThrPerBlk=256　　　　BlkPerRow=31

❏ Vflip( ) 和 Hflip( ) 核函数的 NumBlocks=166656

❏ PixCopy( ) 核函数的 NumBlocks=498834

❏ 根据核函数的不同，GPUDataTransfer=243 MB 或 486 MB。这个数值用于计算在 GPU 全局内存中需要传输的数据量。该计算结果用于报告全局内存带宽，前提条件是假设该程序是一个 100% 的存储密集型 GPU 程序。例如，在图 6-10 中，报告显示的 54.32 GBps 远低于可实现的最大全局内存带宽。

❏ TheImg、CopyImg 分别指向 CPU 内存中原始图像和副本图像的指针。

❏ GPUImg、GPUCopyImg 分别指向 GPU 内存中原始图像和副本图像的指针。

❏ GPUResult 是额外的 GPU 内存指针，用于实现转置操作。

在执行 Vflip( ) 核函数期间，gridDim.x=166 656，blockID 的范围是 blockIDx.x=0 ... 166 655。由于 Hflip( ) 和 Vflip( ) 核函数都必须以相同的方式计算 NumBlocks，因此可以在 switch 语句之前计算 NumBlocks。Hflip( ) 和 Vflip( ) 核函数都是每个线程复制一个像素（3 字节），因此，switch 语句的 H 和 V 分支都将计算并得到 NumBlocks = 166 656，从而为整个 imflipG.cu 启动总计 166 656 × 256 ≈ 41 M 的线程。

## 7.3.2　线程执行步骤

观察到 ThePerBlk 在三个核函数中都是标量，每个块中的线程数组是一维数组，其 threadIdx.x 的范围从 0 到 255。三个核函数的 blockDim.x 都为 256。此外，因为 NumBlocks 也是标量，显然该 CUDA 程序正在以一维网格来启动所有三个核函数，但每个核函数的网格尺寸不同。CPU 需要传递 6 个参数到 GPU 核函数 Vflip( )（另外两个核函数需要 5 个参数），如下所示：

❏ GPUCopyImg、GPUImg、IPH 和 IPV 等四个参数作为函数参数被显式地传递给

Vflip()。显式意味着这些参数被当作函数调用参数传递到函数的栈帧中，就像常规的 C 函数调用一样。

❑ NumBlocks 和 ThrPerBlk 参数通过 Nvidia 运行时引擎隐式地传递，因为最终它们将通过由硬件生成的名为 blockDim.x 和 gridDim.x（如表 7-2 所示）的变量进入核函数。程序员也可以显示地传递这两个参数，但这种用法受到一些限制。毕竟，为什么不使用免费的东西呢？

❑ 从代码的角度来看，不管这些参数以什么方式传递，重要的是这些参数要能够被核函数使用。然而，强调这两种不同类型传递方式的原因是让读者意识到参数传递的机制。一个有趣的结论是，如果某些参数已经被免费地传递到核函数中，那么你应该知道它们，而不需要再显式地传递它们。毕竟，传递参数是额外的计算开销，会减慢你的程序。

以下是设计 GPU（或 CPU）线程的一般性指导原则。我们将根据这些指导原则来检查 GPU 核函数的细节：

---

- 多线程 CPU 和 GPU 代码中的每个线程都会经历三个阶段的操作。
- 这三个阶段是：
1. 我是谁？核函数获得自己的 ID。
2. 我的任务是什么？核函数根据 ID 来确定它应该处理哪部分数据。
3. 执行……完成它应该做的事情。

---

### 7.3.3　Vflip() 核函数

让我们将这些准则应用于 Vflip() 中的每个步骤：

1. 我是谁？下面是代码 6.7 中 Vflip() 核函数的第一部分：

---

```
__global__
void Vflip(uch *ImgDst, uch *ImgSrc, ui Hpixels, ui Vpixels)
{
  ui ThrPerBlk = blockDim.x;
  ui MYbid = blockIdx.x;
  ui MYtid = threadIdx.x;
  ui MYgtid = ThrPerBlk * MYbid + MYtid;
```

---

在这里核函数 Vflip() 提取自己的块 ID、线程 ID 和 ThrPerBlk 值。清楚起见，该核函数使用了与 main() 相同的变量名称 ThrPerBlk，但它是该核函数的局部变量，因此名称其实可以随意。因为本例启动了 41 M 个核函数，所以上面的 Vflip() 函数只代表这 41 M 个核函数中的一个线程。因此，核函数的第一个任务是计算它是这 41M 个核函数中的哪一个。全局线程 ID 位于名为 MYgtid 的变量中。该步计算操作根据线程块 ID（在 MYbid 变量中）和线程 ID（在 MYtid 变量中）实现了线程索引（或者线程 ID）的"线性化"。

2. 我的任务是什么？我用术语线性化线程 ID 来表示 MYgtid。确定了 MYgtid 后，Vflip() 将继续执行如下的代码：

```
ui BlkPerRow = (Hpixels + ThrPerBlk - 1) / ThrPerBlk;  // 向正无穷取正
ui RowBytes = (Hpixels * 3 + 3) & (~3);
ui MYrow = MYbid / BlkPerRow;
ui MYcol = MYgtid - MYrow*BlkPerRow*ThrPerBlk;
if (MYcol >= Hpixels) return;    // col 超出范围
ui MYmirrorrow = Vpixels - 1 - MYrow;
ui MYsrcOffset = MYrow       * RowBytes;
ui MYdstOffset = MYmirrorrow * RowBytes;
ui MYsrcIndex = MYsrcOffset + 3 * MYcol;
ui MYdstIndex = MYdstOffset + 3 * MYcol;
```

线性化的概念是指将二维索引转换为一维索引，就像我们在公式 6.2 中看到的那样，根据像素的 *x* 和 *y* 坐标计算像素的线性存储器地址。这里的相似之处（以 MYgtid 为例）是 41 M 个线程的启动模式实际上是 2D 的，块实际上就是 *x* 维，每个块中的线程就是 *y* 维。因此，在这种情况下，线性化允许一个线程确定其在所有 41 M 个线程中的全局唯一 ID——MYgtid，这是无法由 MYbid 或 MYtid 单独确定的。

在决定自己的任务是什么时，Vflip() 首先确定它需要复制的像素位于哪一行（MYrow）和哪一列（MYcol），以及将要被复制到镜像行的行索引（MYmirrorrow）。计算了需要处理的列索引后，一个线程一旦意识到自己是一个无用线程后就会退出，正如 6.4.14 节中所描述的那样。接下来，Vflip() 将行索引和列索引转换为源和目标 GPU 内存地址（MYsrcIndex 和 MYdstIndex）。请注意，它使用了在 main() 内通过 cudaMalloc() 函数分配后传递给该核函数的 ImgSrc 和 ImgDst 指针。

3. 执行……计算好源和目标内存地址后，剩下的就是将该像素连续的三个字节从 GPU 内存中的源地址复制到目的地址。

```
ImgDst[MYdstIndex] = ImgSrc[MYsrcIndex];
ImgDst[MYdstIndex + 1] = ImgSrc[MYsrcIndex + 1];
ImgDst[MYdstIndex + 2] = ImgSrc[MYsrcIndex + 2];
```

### 7.3.4　Vflip() 和 MTFlipV() 的比较

Vflip() 核函数中的代码与代码 2.7 中该函数的 CPU 版本，即 MTFlipV() 的相应步骤类似。MTFlipV() 函数也有这三个步骤，但每个步骤的代码都不相同，如下所示：

1. 我是谁？确定线程 ID 对于 CPU 线程来说并不是什么大事，只需要一行代码，如下所示。因为线程 ID（tid）不是由硬件生成的，相反，它来自 main() 中使用的 for 循环，如下所示：

```
for(i=0; i<NumThreads; i++){
    ThParam[i] = i;
```

```
    ThErr = pthread_create(&ThHandle[i], &ThAttr, MTFlipFunc,
        (void *)&ThParam[i]);
    if(ThErr != 0){...exit(EXIT_FAILURE);}
  }
}
```

& ThHandle[i] 在线程函数中被替换为 tid，如下所示：

```
void *MTFlipV(void* tid)
{
    long ts = *((int *) tid);        // 在这儿存放我的线程 ID
```

2. 我的任务是什么？确定起始和终止索引对于 CPU 代码来说也非常容易。它只是用一个更好的公式来计算该线程负责的图像部分，如下所示：

```
ts *= ip.Hbytes/NumThreads;        // 起始索引
long te = ts+ip.Hbytes/NumThreads-1;  // 终止索引
```

3. 执行……但是，执行部分的代码要长很多，如下所示：

```
for(col=ts; col<=te; col+=3){
    row=0;
    while(row<ip.Vpixels/2){
        pix.B = TheImage[row][col];
        ...
        TheImage[ip.Vpixels-(row+1)][col+2] = pix.R;
        row++;
    }
}
pthread_exit(NULL);
}
```

让我们来比较 Vflip( ) 和 MTFlipV( )：

❑ 当对两者进行比较时，会发现它们的工作有较大的变化。这没有什么令人吃惊的。在 CPU 的情况下，我们谈论的是 8 至 16 个线程，而在 GPU 的情况下，我们谈论的是数千万个线程。当你有这么多的线程，并且维度尺寸也有所增加时，索引的计算当然会变得复杂。

❑ 在 GPU 中，花费在确定线程 ID（步骤 1）和确定完成工作所需的各索引值（步骤 2）上的时间占据了实际执行工作所需时间（步骤 3）的大部分。

❑ 在 CPU 中，前两个步骤所需的时间是微不足道的，实际工作时间占据了整个执行时间的大部分。因为当你有数千万个线程时，"线程索引管理"最终会花费很多时间。

❑ 在 GPU 代码中我们看不到 for 循环，而 CPU 代码需要两个嵌套的 for 循环。

❑ 因此，总结一下，尽管管理线程索引最终成为 GPU 代码中的一项任务，但我们可以免费获得硬件管理的索引，从而可以减轻大部分的负担。

### 7.3.5 Hflip() 核函数

执行 Hflip() 时需要启动与 Vflip() 相同数量的块，即 gridDim.x=166 656。块 ID 的范围完全相同，blockIDx.x=0 ... 166 655。这两个核函数的代码基本相同，仅仅交换了行与列的顺序以实现水平或垂直的翻转操作。因此，最初在代码 6.8 中显示的 Hflip() 核函数在此不再重复。通过查看代码 6.8，确定相应的三个线程执行步骤相当容易。此外，CPU 版本的水平翻转函数 MTFlipH() 与 MTFlipV() 相同，只是行和列的顺序相反。

### 7.3.6 PixCopy() 核函数

PixCopy() 核函数的每个线程复制一个"字节"而非 3 个字节，因此当用户在命令行中输入 C 选项（复制）时，imflipG.cu 必须启动三倍的线程。在此例中，121 MB 的图像将启动 121 M 个线程，对应于 gridDim.x=498 834。每个块的 ID 范围为 blockIDx.x=0 ... 498 833。我们来看看线程执行的各个步骤。

1. 我是谁？下面是代码 6.9 中显示的 PixCopy() 核函数。与其他两个核函数一样，也需要计算全局索引。

```
__global__
void PixCopy(uch *ImgDst, uch *ImgSrc, ui FS)
{
  ui ThrPerBlk = blockDim.x;
  ui MYbid = blockIdx.x;
  ui MYtid = threadIdx.x;
  ui MYgtid = ThrPerBlk * MYbid + MYtid;
```

2. 我的任务是什么？该步骤首先进行范围检查，只是稍有不同。当全局线程 ID 大于图像的大小时，该线程是无用的。只有当图像的大小不能被每块线程数整除时，才会发生这种情况。例如，astronaut.bmp 为 7918 × 5376 × 3=127 701 504 字节，如果我们使用每块 1024 个线程，则需要 124 708.5 个线程块。因此，将启动 124 709 个块，浪费了半个块（即 512 个线程）。尽管与 121 MB 相比，这是一个微不足道的数字，但我们仍然必须用该行代码来检查全局线程 ID 是否超出了范围。

```
  if (MYgtid > FS) return;          // 超出了分配的内存范围
```

3. 执行……因为每个线程只复制一个像素，所以全局线程 ID（MYgtid）与源和目标 GPU 内存地址直接相关。实际上，不仅如此：它与数组索引完全一样，不需要计算任何其他索引。因此，执行实际工作只需要一行代码。

```
  ImgDst[MYgtid] = ImgSrc[MYgtid];
}
```

这些代码所做的是将一个字节从 GPU 全局内存的一个地方（由 *ImgSrc 指向）复制到

GPU 全局内存的另一地方（由 *ImgDst 指向）。

核函数 PixCopy() 比其他两个更简单，这也许会让你挠头。以下是你可能会问自己的问题：

❑ PixCopy() 更简单是否意味着这些简化操作可以推广应用到所有的 GPU 核函数？

❑ 换句话说，核函数 Vflip() 和 Hflip() 的复杂性是 GPU 编程无法逃避的事实，还是由我们在 7.1 节中选择的并行化设计方案所引起的。

❑ 这是否意味着我们可以将核函数 Vflip() 和 Hflip() 设计得更好？

❑ 核函数 PixCopy() 看上去要简单很多，它的工作速度会因此更快吗？

❑ 如果简单并不意味着更快，我们应该使代码看起来更简单，还是应该完全关注执行时间？

❑ 如果我们在核函数 PixCopy() 中一次复制 3 个字节，会发生什么？

❑ 如果我们在核函数 Vflip() 和 Hflip() 中一次复制 1 个字节，会发生什么？

嗯！这些都是很好的问题，但答案可能需要好几章的内容才能解释清楚。现在，让我来告诉你编写一段好代码的黄金法则：

---

● 好的程序员写出的代码运行速度快。

● 非常好的程序员写出的代码运行速度更快。

● 优秀的程序员写出的代码运行速度超级快。

● 杰出的程序员并不担心代码的运行速度，他们只关心导致性能低下的原因，并重新设计代码以避免这些因素。最终，他们很有可能编写出最快的代码。

---

这个故事的寓意是希望你们从本书中学会让你的大脑充满上面提到的那些问题，并进而理解引起性能低下的各种原因。当我向学生展示本书中的一些例子时，我收到的反应是"哇，我可以做得更好，这些代码非常慢"。我的回答是：非常正确！这就是我的观点。在本书中，我通过一些极端的做法来证明某些代码的改进确实能带来性能提升，这意味着从写的相当糟糕的代码开始！我也确实这么做了。我想在本书中证明的最重要的事情是通过添加 / 删除某些特定代码来一步一步地实现性能提升。为了便于理解，核函数 Vflip()、Hflip() 和 PixCopy() 的最初版本都写得非同寻常的糟糕，但在后续的章节中，我会为它们编写许多改进版本，每种版本都解释了某种架构原因对性能提升的作用。

阅读本书的目标应该是彻底地（通常是痛苦地和痴迷地）理解性能提升背后的原因。一旦了解了原因，你就可以控制它们，就可以成为我上面提到的杰出的程序员。否则，千万不要在还不了解性能提升原因的情况下尝试改进代码，因为这些因素有很大可能是互相关联的。GPU 编程与 CPU 编程的不同之处主要在于架构上的改进，诸如乱序执行和 L1$ 之间的缓存一致性在 GPU 中都不存在。这将大量的责任推给了程序员。因此，如果不明白性能下降的根本原因，那么你将无法充分利用此性能怪兽体内的 3000 ～ 5000 个计算核心来发挥其最大的潜力！

## 7.4　PCIe 速度与 CPU 的关系

我的电脑买了大约有四五年了。它是一款配备 Intel DX79SR 主板的家用个人电脑 [7]。几年前，我对支持 PCIe 3.0 的新款 Kepler 系列 GPU 非常兴奋。在此之前，所有的 Fermi 系列 GPU 仅支持 PCIe 2.0。那时，我的 DX79SR 主板上有一个 i7-3820 CPU[8]。与其他 DIY 爱好者一样，我对获得额外的 GPU 能力以及两倍的 PCIe 吞吐量感到兴奋。 DX79SR 主板的规格说它支持英特尔的 PCIe 3.0[7]。在旧的 Fermi GPU 配置下，Nvidia 控制面板告诉我，我有一个 PCIe 2.0 总线。我的想法是："很显然，虽然主板支持 PCIe 3.0，但 GPU 不支持 PCIe 2.0 以上的总线，所以系统选择了两者中较低的一项，这就是为什么我的 Nvidia 控制面板显示的是 PCIe 2.0。"

但当我安装好花哨的 Kepler GPU（GTX Titan Z，在表 7-3 中第 V 栏列出），你猜怎么了？ Nvidia 控制面板仍然报告是 PCIe 2.0。当然，就像任何其他理性的计算机科学家或电气工程师一样，我惊慌失措地多次重启电脑。不！仍然是 PCIe 2.0！可能是什么问题呢？在度过"拒绝"期后，我开始在 Intel 网站上查找，发现 i7-3820 CPU[8] 不支持 PCIe 3.0。它根本没有内置的 PCIe 3.0 控制器。它只支持 PCIe 2.0。换句话说，系统在三者之间选择版本最低的！我一直阅读并最终发现，只有 Xeon E5-2680 或 Xeon E5-2690[13] 支持该主板上的 PCIe 3.0。虽然它非常昂贵，但我以四分之一的价格买到了一个二手 Xeon E5-2690，并将其装在主板上。Xeon E5-2690 是一款 8C/16T 的 CPU，从此我就一直使用它。

这个故事的寓意是，所有三个组件都必须支持某个 PCIe 速度：（1）主板；（2）CPU；（3）GPU。如果它们中的一个仅支持较低版本的话，那么你会得到三者中最低的。另一个例子是我的戴尔笔记本电脑（如表 7-3 中的第 II 栏所示）。虽然这款笔记本电脑应该支持 PCIe 3.0，但 Nvidia 控制面板会报告 PCIe 2.0。这怎么可能？（1）主板肯定是 PCIe 3.0，因为戴尔的网站就是这样说的；（2）CPU 是支持 PCIe 3.0 的 i7-3740QM；（3）GPU 是 Nvidia Quadro K3000M，它是一款支持 PCIe 3.0 的 Kepler 系列 GPU。那还有什么可能呢？还有另外一种可能性，BIOS 可能会禁用 PCIe 3.0 支持。

好吧，我又开始了另一轮的 Google 搜索……

## 7.5　PCIe 总线对性能的影响

本节将分析 imflipG.cu 代码的 I/O 性能。首先介绍一些重要的术语，从技术上讲，混淆这些术语是不正确的，所以首先我想给出一些关于它们的技术背景。

### 7.5.1　数据传输时间、速度、延迟、吞吐量和带宽

在解释将数据从一个地方传输到另一个地方（例如 CPU → GPU）时，我将使用四种不同但高度相关的度量标准：传输时间、传输速度、传输延迟和传输吞吐量。下面将逐一

介绍：

**传输时间**是数据从 A 点传输到 B 点所花费的时间。它没有提及数据的"数量"。比如传输时间为 0.4μs（0.4 微秒 $= 0.4 \times 10^{-6}$ 秒）。

**传输速度**是传输单位数据量所花费的时间。假设我们在 0.4μs 中传输了 1KB 的数据（1024 字节）。那么计算出的传输速度为 1024Bytes/($0.4 \times 10^{-6}$ 秒)$=2.56 \times 10^{9}$Bytes/ 秒。或者除以 $1024^3$ 得到 GBps。我们可以说以 2.38GBps 的速度传输了 1 KB 的数据块。

**传输延迟**是指当传输一批连续的数据包时（所有网络通信以及 PCIe 操作都是如此），第一个数据包到达的时间。一个接一个地发送数据包的概念被称为管道。

**传输吞吐量**是指一段时间内多个数据包的平均传输速度。假设我们以管道的方式将大小为 121 MB 的 Astronaut.bmp 图像通过 PCIe 进行传输，即作为连续的数据包流进行传输。每个数据包的大小肯定会小于 121 MB。就像前面计算的那样，假设每个数据包是 1 KB。第一个数据包将在 0.4μs 后到达，但另一个数据包可能会慢一点（比如 0.41μs），再下一个数据包可能会快一点（比如 0.33μs），这取决于计算机中一些无法控制的随机事件。最后，我们不再关心连续发送的数据包之间的微小差异。我们关心的是长期的"平均"传输速度，比如数百个数据包。测量单个数据包的传输速度（比如上面计算的 2.38 GBps）在长时间内会产生巨大的误差。但是，如果知道 121 MB 所花费的总时间量（例如 39.43 ms），那么我们可以将传输吞吐量计算为 $(121 \times 1024^2$ Bytes)/($39.43 \times 10^{-3}$s) $\approx 3$ GBps。我们观察到，如果仅用一个数据包测量速度（2.56 GBps）会错得离谱。而最后得到的 3 GBps 是一个更准确的吞吐量数值，因为正负误差会在较长的时间内相互抵消而失去影响。

**数据传输介质**（例如，内存总线或 PCIe 总线）的带宽是其支持的最大吞吐量。例如，PCIe 2.0 总线的带宽为 8 GBps。这意味着当通过 PCIe 2.0 总线传输数据时，我们不要指望吞吐量高于 8 GBps。但是，通常我们获得的吞吐量会更少，因为有很多与操作系统相关的因素会阻止达到这个峰值。

**上行带宽**是 CPU → GPU 方向的期望带宽，而下行带宽是指 GPU → CPU 方向的期望带宽。PCIe 的一个很好的功能是它支持双向同步数据传输。

### 7.5.2 imflipG.cu 的 PCIe 吞吐量

关于哪些因素对核函数性能有影响可以提出很多问题，在这点上，最好先使用不同的功能选项 V 和 C 以及多线程 / 块选项来运行 imflipG.cu。这使我们能够评估核函数 Vflip() 和 PixCopy() 的性能。另外两个核函数没有提供更多额外的信息，因为 Hflip() 与 Vflip() 太相似，而 T 选项只是依次地执行所有功能。表 7-3 列出了六种计算机配置（称为 Box I ... Box VI），每种配置的 CPU 和 GPU 都不同。

首先，让我们仔细看看表 7-3 中 CPU → GPU 和 GPU → CPU 的数据传输时间。由于 PCIe 的性能受很多细节问题的影响，我们只能尝试在较高的层级来观察，而不是关注一些细节问题。以下是表 7-3 的观察总结：

- ❑ 对于所有具有 PCIe Gen2 总线（第 2 代的简称，包括 PCIe 2.0 和 PCIe 2.1）的计算机，几乎在每种情况下（Box Ⅰ、Box Ⅱ 和 Box Ⅲ），CPU → GPU 的数据传输吞吐量都约为 2.5 ～ 3 GBps（千兆字节每秒）。

- ❑ 在配有 PCIe Gen3 总线（Box Ⅳ 和 Box Ⅴ）的前两台计算机中，CPU → GPU 的数据传输吞吐量约为 5 GBps，而 Box Ⅵ（配置双 Xeon E5-2680v4[12] CPU 的 Dell 集群服务器）的吞吐量约为 7 GBps。因为戴尔服务器内部配置了先进的 Xeon（表 7-3 中唯一的服务器主板），由于其具有服务器级别（即提升吞吐量）的体系结构，因此可实现更高的吞吐量。

- ❑ 在相反方向（GPU → CPU）上，Box Ⅰ 到 Ⅴ 的吞吐量与其 CPU → GPU 的吞吐量相同。但 Box Ⅵ 显示了一个非常不同的特征，只达到了 CPU → GPU 吞吐量的一半。所以，不能假定上行和下行的吞吐量是相同的。

- ❑ 请注意，当通过 PCIe 总线进行数据传输时，无论是 CPU → GPU 还是 GPU → CPU 方向，CPU 都会通过虚拟内存的分页系统参与这些传输。我们将在后面的章节中介绍如何避免这种现象的发生以加速 PCIe 总线的传输。

表 7-3　用于测试 imflipG.cu 程序的计算机配置和执行结果，使用计算能力 3.0 编译代码

| 参数 | | Box I | Box II | Box III | Box IV | Box V | Box VI |
|---|---|---|---|---|---|---|---|
| CPU | | i7-920 | i7-3740QM | W3690 | i7-4770K | i7-5930K | 2xE5-2680v4 |
| C/T | | 4C/8T | 4C/8T | 6C/12T | 4C/8T | 6C/12T | 14C/28T |
| 内存 | | 16 GB | 32 GB | 24 GB | 32 GB | 64 GB | 256 GB |
| BW GBps | | 25.6 | 25.6 | 32 | 25.6 | 68 | 76.8 |
| GPU | | GT640 | K3000M | GTX 760 | GTX 1070 | Titan Z | Tesla K80 |
| 引擎 | | GK107 | GK104 | GK104 | GP104-200 | 2xGK110 | 2xGK210 |
| 核心数 | | 384 | 576 | 1152 | 1920 | 2x2880 | 2x2496 |
| 计算能力 | | 3.0 | 3.0 | 3.0 | 6.1 | 3.5 | 3.7 |
| 全局内存 | | 2 GB | 2 GB | 2 GB | 8 GB | 2x12 GB | 2x12 GB |
| 峰值 GFLOPS | | 691 | 753 | 2258 | 5783 | 8122 | 8736 |
| DGFLOPS | | 29 | 31 | 94 | 181 | 2707 | 2912 |
| 通过 PCIe 总线的数据传输速度和吞吐量 | | | | | | | |
| CPU → GPUms | | 39.43 | 52.37 | 34.06 | 23.07 | 33.41 | 17.36 |
| GBps | | 3.09 | 2.33 | 3.58 | 5.28 | 3.65 | 7.01 |
| GPU → CPUms | | 40.46 | 52.68 | 35.45 | 25.03 | 24.05 | 42.72 |
| GBps | | 3.01 | 2.31 | 3.44 | 4.87 | 5.06 | 2.85 |
| PCIe 总线 | | Gen2 | Gen2 | Gen2 | Gen3 | Gen3 | Gen3 |
| BW GBps | | 8.00 | 8.00 | 8.00 | 15.75 | 15.75 | 15.75 |
| 实际 (%) | | (39%) | (29%) | (45%) | (31 ～ 34%) | (23 ～ 32%) | (18 ～ 45%) |
| 核函数 Vflip( ) 的运行时间（ms） | | | | | V 命令行选项 | | |
| V | 32 | 71.88 | 63.65 | 20.62 | 4.42 | 12.0 | 16.59 |
| V | 64 | 38.27 | 33.42 | 10.97 | 2.19 | 6.58 | 8.85 |

（续）

| 参数 | | Box I | Box II | Box III | Box IV | Box V | Box VI |
|---|---|---|---|---|---|---|---|
| V | 128 | 23.00 | 20.02 | 6.68 | 2.19 | 4.24 | 5.49 |
| V | 256 | 23.71 | 20.58 | 7.06 | 2.23 | 4.48 | 5.63 |
| V | 512 | 26.75 | 22.73 | 7.48 | 2.36 | 4.64 | 6.00 |
| V | 768 | 39.34 | 35.21 | 11.19 | 2.98 | 6.12 | 7.74 |
| V | 1024 | 28.34 | 23.88 | 8.09 | 2.48 | 5.33 | 6.51 |
| GM BW GBps | | 28.5 | 89 | 192 | 256 | 336 | 240 |
| 实际 GBps | | 10.59 | 11.84 | 36.47 | 111.35 | 57.39 | 44.39 |
| (%) | | (37%) | (13%) | (19%) | (43%) | (17%) | (18%) |
| 核函数 PixCopy( ) 的运行时间（ms） | | | | C 命令行选项 | | | |
| C | 32 | 102.69 | 86.54 | 27.65 | 7.42 | 14.45 | 19.90 |
| C | 64 | 52.22 | 43.66 | 13.89 | 3.67 | 7.71 | 10.24 |
| C | 128 | 27.37 | 22.78 | 7.35 | 2.38 | 4.65 | 5.64 |
| C | 256 | 27.81 | 22.81 | 7.36 | 2.33 | 4.33 | 5.58 |
| C | 512 | 28.59 | 23.71 | 7.87 | 2.37 | 4.30 | 5.77 |
| C | 1024 | 30.48 | 25.50 | 8.18 | 2.42 | 4.56 | 6.25 |
| GM BW GBps | | 28.5 | 89 | 192 | 256 | 336 | 240 |
| 实际 GBps | | 8.90 | 10.69 | 33.16 | 104.33 | 56.59 | 43.66 |
| (%) | | (31%) | (12%) | (17%) | (41%) | (17%) | (18%) |

使用 V 和 C 选项以及不同的块大小（32，…，1024）处理 astronaut.bmp 图像。CPU → GPU 和 GPU → CPU 仅给出了最佳传输速度。

　　总体而言，PCIe 总线是 GPU 计算的巨大瓶颈，给 CPU 与 GPU 之间的数据吞吐带来了重大限制。为了缓解这个问题，从 2003 年旨在取代当时标准的加速图形端口（AGP）的 PCIe 1.0 标准开始，PCIe 标准在过去 20 年里不断改进。AGP 标准使用 32 位总线，每次以 32 比特的数据块传输数据，实现最大吞吐量约为 2 GBps。PCIe 标准将总线的宽度减小到一个比特，这可以以 250 MBps（1 个比特，而非 AGP 的 32 个比特）的速度工作。虽然这听起来像是标准的退步，但事实不是。32 位数据的同步操作非常容易受到 32 位数据相位延迟的影响，从而降低 32 位并行传输的性能。而将这 32 个并行的比特转换为各自独立的 32 个单比特数据实体，可以允许在单独的 PCIe 通道中传输这 32 个比特，并在接收端对它们进行同步，而不用担心在传输期间的相位延迟。因此，PCIe 可以实现更好的数据吞吐量。

　　表 7-4 给出了不同类型的总线列表，按时间顺序显示了它们的发布日期。如表 7-4 所示，PCIe 具有另一个巨大的优势：PCIe x16 向下兼容 x8、x4 和 x1。因此，你可以在同一 PCIe 总线上使用不同的外设（如网卡或声卡），而无须针对不同的卡制定不同的标准。这使得 PCIe 可以接管以前的所有标准，例如 AGP、PCI、ISA，甚至比我记得的还要更多。PCIe 1.0 的这种串行传输结构使其能够在 16 条通道上提供峰值为 4 GBps 的吞吐量，击败 AGP。16 个 PCIe 通道表示为 "PCIe x16"，这是用于 GPU 的典型的通道数。较慢的卡（如

千兆网卡）使用 PCIe 1x 或 4x。PCIe 的后续版本不断提升传输吞吐量。PCIe 2.0 设计为 8 GBps，PCIe 3.0 设计为 15.75 GBps。未来将出现的是 PCIe 4.0 标准，其吞吐量将比 PCIe 3.0 高 2 倍。此外，Nvidia 刚刚推出了专为高端服务器主板设计的 NVlink 总线，以消除 PCIe 标准带来的瓶颈。从 Pascal 系列开始，Nvidia 将提供两种方式，一种是 PCIe 3.0 作为选项，另一种是 NVlink，用于安装了 Pascal GPU 的高端服务器。

表 7-4  不同类型总线的发布年代和峰值带宽

| 总线类型 | 峰值带宽 | 发布日期 | 常规应用 |
|---|---|---|---|
| 工业标准架构（ISA） | < 20 MBps | 1981 | 8 ～ 16 b 外设 |
| VESA 局域总线（VLB） | < 150 MBps | 1992 | 32b 高端外设 |
| 外围设备互连（PCI） | 266 MBps | 1992 | 外设，慢速 GPU |
| 加速图形端口（AGP） | 2133 MBps | 1996 | GPUs |
| PCIe Gen1 x1 | 250 MBps | 2003 | 外设，慢速 GPU |
| PCIe Gen1 x16 | 4 GBps | | GPUs |
| PCIe Gen2 x1 | 500 MBps | 2007 | 外设，慢速 GPU |
| PCIe Gen2 x16 | 8 GBps | | GPUs |
| PCIe Gen3 x1 | 985 MBps | 2010 | Peripherals |
| PCIe Gen3 x16 | 15.75 GBps | | GPUs |
| Nvidia NVlink Bus | 80 GBps | April 2016 | Nvidia GPU 超级计算机 |
| PCIe Gen4 x1 | 1.969 GBp | 预计 2017 年发布最终规格 | Peripherals |
| PCIe Gen4 x16 | 31.51 GBps | | GPUs |

AGP 在今天已经完全过时，而老版的 PCI 在某些主板上仍然提供。Nvidia 于 2016 年年中推出了 NVlink 总线，用于基于 GPU 的超级计算机，其带宽几乎比当时可用的 PCIe Gen3 高 5 倍。

我提到的系列名称（Fermi、Kepler、Pascal）是 Nvidia 设计的不同代的 GPU，7.7.1 节和 8.3 节将更详细地讨论它们。不同系列的 GPU 引擎的设计不同。例如，GK 系列代表 Kepler 系列的引擎，**GP** 代表 Pascal 的引擎，**GF** 代表 Fermi 系列的引擎。在表 7-3 中，Box I 包含一个 Fermi 架构的 GPU，工作在 PCIe 2.0 x16 总线上，而 Boxes II、III、V 和 VI 是 Kepler 引擎 GPU，前两个工作在 PCIe 2.0 总线上，后两个工作在 PCIe 3.0 总线上。Box IV 是唯一一款适用于 PCIe 3.0 总线的 Pascal 引擎 GPU。查看 Box V 和 Box VI 中两个不同的 Kepler GPU，它们的引擎分别是 GK110 和 GK210。因此，虽然它们属于同一系列，但可能有显著的性能差异，我们将在本书中深入研究这些问题。

此刻，从表 7-3 中可以看出，CPU → GPU 和 GPU → CPU 的数据传输时间与 PCIe 总线的速度直接相关。然而，Box I 和 Box VI 的两个不同方向的传输性能存在不对称的现象是令人奇怪的。请继续阅读，最终答案会出现在你的面前。

# 7.6  全局内存总线对性能的影响

现在我们了解了 PCIe 总线吞吐量（或更一般的 I/O 总线吞吐量）对 CPU → GPU 和

GPU → CPU 方向数据传输时间的影响，让我们来看看内存总线对吞吐量的影响。图 7-1 给出的是图 4-1 中的计算机的示意图，该计算机有一个 i7-5930K CPU[10]（CPU 的内部架构如图 4-4 所示）。该计算机也在表 7-3 中的 Box V 给出，配有一个 GTX Titan Z GPU。如图 7-1 所示，将数据从 CPU 主存（64 GB DDR4）传输到 GPU 全局内存（12 GB GDDR5）的唯一方式（反之亦然）是通过 PCIe 总线，由 Nvidia API 库函数帮助实现。我们在代码 6.3 中看到的 API 函数调用 cudaMemcpy() 就是一个这样的 API 函数。图 7-1 显示了三种不同的总线速度：

❑ PCIe Gen3 总线的理论峰值吞吐量约为 16 GBps。我们再来看表 7-3，对于上行和下行 PCIe 传输，Box V 的吞吐量约为 5 GBps，远低于 PCIe Gen3 总线的理论峰值（表 7-3 中的数值为理论峰值的 23% ～ 32%）。

❑ CPU 与其自身基于 DDR4 的 DRAM 内存的存储器总线理论峰值吞吐量为 68 GBps。我们只能使用诸如 memcpy() 这一类的程序来测试 CPU 核心和 CPU DRAM 内存之间的数据传输来验证这一峰值吞吐量。这是在第一部分完成的，并不是本章的重点。

❑ GPU 也有其自己的内部存储器，称为全局内存，该存储器通过一个具有 336 GBps 峰值带宽的总线连接到核心。在最佳情况下，垂直翻转用 4.24ms 将 121 MB 的数据从全局内存传输到 GPU 核心，再从核心传输到全局内存的另一块区域。所以总数据传输量为 2 × 121 MB。这对应于 2 × 121/1024/0.00424s ≈ 57.39 GBps 的传输吞吐量，明显低于 336 GBps 的峰值（表 7-3 中峰值的 17%），这表明存在较大的提升空间。

这里要注意的一点是表 7-3 中 Box V 列出了 GTX Titan Z CPU，实际上它在一个 GPU 显卡中封装了 2 块 GPU。每个 GPU 有 2880 个核心，GTX Titan Z GPU 显卡总共有 5760 个核心。Dell 服务器（Box VI）内部的 K80 GPU 的设计方式也完全相同。总共 4992 个 GPU 核心，分为两个 GPU，每个 GPU 有 2496 个核心。Box V 中的 GTX Titan Z GPU 显卡连接到一个 PCIe Gen3 插槽。两个 GPU 通过一条 PCIe 总线连接进行接收和发送数据。生成表 7-3 中的结果时，我选择了 GPU ID = 0，告诉 Nvidia 我想使用该卡上两个 GPU 中的第一个。因此，表 7-3 可以解释为结果是在单个 GPU 上获得的。图 7-1 中另一个重要的注意事项是 GPU 高速缓存的大小与 CPU 高速缓存的大小之间的巨大差异。事实上，GPU 甚至没有 L3$，它只有 L2$，大小也只有 CPU 的十分之一，但它需要提供给 2880 个核心使用，而不是 CPU 的 6 个核心。这些数量不应该令人惊讶。GPU 的 L2$ 比 CPU 的 L3$ 快得多，并且设计目标就是向 GPU 核心传输数据的速度要远高于 CPU 的总线速度。因此，目前的 VLSI 技术让 Nvidia 只能设计一个 1.5 MB 的 L2$ 的架构。

CPU 的 L3$ 和 GPU 的 L2$ 作为末级高速缓存（LLC）的功能相同。通常情况下，LLC 是唯一直接连接设备实际内存的缓存，负责成为防止数据缺失的第一道防线。LLC 的设计指标不是速度，而是大小，因为你的 LLC 越多，就越不可能发生数据缺失。较低级别的高速缓存通常内置在核心中。例如，在 CPU 的情况下，每个核心都有 32+32 KB 的 L1$ 和 256 KB 的 L2$。在 GPU 的情况下，我们将看到一个 64 KB 或 96 KB 的 L1$ 被多个核心共享，LLC 是图 7-1 中看到的 L2$，而表 7-3 中的 GPU 都没有 L3$。总而言之，在两种 LLC 体系结构中，架构师关心的是当核心需要数据时，它可以不需要等待较长的时间就得到数据，否则会损害性能。第 8 章将深入讨论 GPU 内部架构的细节。

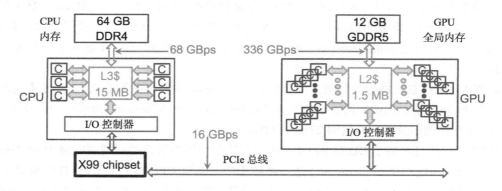

图 7-1　连接主机（CPU）和设备（GPU）的 PCIe 总线。主机和每个设备都有自己的 I/O 控制器，允许通过 PCIe 总线进行数据传输，主机和设备也都有自己的内存和专用总线，在 GPU 中，这个内存被称为全局内存

表 7-5 列出了多种不同类型的 CPU 和 GPU 存储器，按发布时间的顺序排列。我们看到，新一代的 CPU 内存提供了更高的带宽，但这是以访问延迟增高为代价的，正如我在 4.3.4 节的开头指出的那样。在另一条路径中，GDDR 系列的 GPU 内存设计充分利用了常规 DRAM 标准的发展成果。例如，GDDR5 设计大量借鉴了 DDR3 标准。今天，先进的 GDDR5X 标准用于高端的 Pascal GPU，如 GTX1080，而 HBM2 标准则用于高端的 GPU 加速器，如 P100。请注意，由于 DDR4 和 HBM2 标准仍在不断发展，我在表 7-5 中给出的是暂定峰值速度（用 * 表示），这表明这些数字虽然未经确认，但应当是准确的。

表 7-5　不同类型的 CPU 和 GPU 内存的发布日期和峰值吞吐量

| 内存类型 | 峰值吞吐量 | 发布日期 | 常规应用 |
|---|---|---|---|
| 同步 DRAM (SDRAM) | <2000 MBps | 1993 | CPU 内存<br>外设卡存储器<br>外围设备存储器 |
| 双倍数据速率 (DDR) SDRAM | 3200 MBps | 2000 | |
| DDR2 SDRAM | 8533 MBps | 2003 | |
| DDR3 SDRAM | 17066 MBps | 2007 | |
| DDR4 SDRAM | 19200* MBps | 2014 | |
| GDDR3 | 10 ～ 30 GBps | 2004 | GPU 主存储器 |
| GDDR5 | 40 ～ 350 GBps | 2008 | |
| GDDR5X | 300 ～ 500 GBps | 2016 | |
| 高带宽内存 (HBM, HBM2) | 500 ～ 2000*GBps | 2016 | |

DDRx 系列通常用于外设及 CPU 主存。在过去的 20 年中，DDRx 内存和 GPU 的 GDDRx 系列设计都在不断改进，峰值吞吐量也在不断增加。

## 7.7　计算能力对性能的影响

在比较 imflipG.cu 在表 7-3 中各 GPU 上的运行结果时，我使用 MS Visual Studio 2015 编译可执行程序，并选择了"compute_30，sm_30"编译选项，即我在 6.5.3 节中提到的使用计算能力 3.0 生成 GPU 可执行文件。在 Mac 或其他 Unix 计算机中，计算能力（compute_30，sm_30）是 nvcc 的命令行参数。下文中，我将用 CC 来表示"计算能力"，以简化描述文字。

使用 CC3.0 编译代码时，可以保证可执行应用程序（Windows 中的 imflipG.exe 以及 Mac 和 Unix 中的 imflipG）只能在支持 CC3.0 或更高版本的 GPU 上运行。imflipG.cu 的内置功能可以查询 GPU 并输出支持的最高 CC。查看表 7-3，我们发现该表中的每个 GPU 均支持 CC3.0 或更高（具体而言，包括 3.0、3.5、3.7 和 6.1）。

### 7.7.1　Fermi、Kepler、Maxwell、Pascal 和 Volta 系列

使用 CC 3.0 允许代码利用 CC 3.0，但是它不能在支持 CC 2.0 或 2.1 的 GPU 上工作。Fermi 系列 Nvidia GPU（引擎名称以 GF 开头）支持 CC 2.x，而 Kepler 系列 GPU（引擎名称以 GK 开头）支持 CC 3.x 及更高版本。Maxwell 系列（引擎名称以 GM 开头）支持 CC 5.x。Pascal 系列（引擎名称以 GP 开头）支持 CC 6.x。即将到来的 Volta 系列（假设引擎名称以 GV 开头）将支持 CC 7.x。我不知道 CC 4.x 发生了什么事。我认为 Nvidia 抛弃了该款引擎设计，但这只是我自己的猜测。

表 7-3 中的 6 个 GPU 有 5 个属于 Kepler 系列（带有 GK 引擎名称）。唯一的 Pascal 系列 GPU（带有 GP 引擎名称）支持 CC 6.1。不幸的是，我们编译后的可执行文件将无法利用 Pascal GPU 中的一些附加指令，因为编译时的命令行参数将代码执行限制在 CC 3.0。任何较高的 CC 与 CC 3.0 向后兼容，所以 Pascal CPU 会高兴地执行这个应用程序，但是，如果选择"compute_61，sm_61"来编译此代码，那么可执行文件将不能在其他 5 个 GPU 上运行。不过有可能会在 Pascal GPU 中执行得更快。因此，当选择某个特定的 CC 时，实际上是指示编译器仅使用该 CC 内的指令来编译 GPU 代码。从某种意义上来说，如果选择 CC 3.0，你就选择了像 Kepler 系列或更新的系列，这意味着代码将可以运行在 Kepler、Maxwell、Pascal 和 Volta 上，因为它们分别支持 CC 3.x、5.x、6.x 和 7.x。

在许多情况下，如果你知道代码只需要在 Pascal GPU（或更高版本）上执行，那么选择 CC 6.0 进行编译（如果更激进一些，甚至可以是 6.1）实际上是一个好主意，因为这样可以利用额外的 Pascal 或更高版本的指令。需要了解的是，当 Nvidia 设计一个新的引擎系列时，它们在新的 CC 以及低于该 CC 的任何计算能力下都能执行得更好。换句话说，即使选择 CC 3.0 来编译代码并在 Pascal CPU 上运行代码，它的性能可能会比老版 GPU 要好。因为 Nvidia 在每一款新品中都会进行两种改进：（1）引入一组新的指令，这些指令执行的操作在以前的 CC 中是无法执行的；（2）对之前的 CC 中的指令进行性能上的改进。

举几个例子，CC 3.x 开始支持所谓的统一内存，这在 CC 2.x 中并不存在。这是从 Fermi 系列到 Kepler 系列的重大改进。此外，CC 5.3 及以上版本开始支持半精度浮点数，9.3.10 节中将详细说明。

## 7.7.2 不同系列实现的相对带宽

查看表 7-3，可以看到我刚才所述内容的很好证明。Box Ⅳ是表中唯一的 Pascal GPU，并显示了以下特点：

❏ Box Ⅳ的 PCIe 性能与其他栏没有明显的差异。因为 PCIe 的性能主要取决于 CPU 的 I/O 子系统，而 i7-4770K[9] CPU（方框Ⅳ）能够提供的并不比其他工作站级别（即非 Xeon）的 CPU 更多。而戴尔服务器（Box Ⅵ）在某些情况下性能更好，这要归功于基于 Xeon 的系统提升了 I/O 吞吐量。这种 Xeon 驱动的 I/O 速度提升在 Box Ⅲ 中（Xeon W3690 CPU [15]）也很明显。

❏ 在 Kepler 系列 GPU 上执行时，相对全局内存吞吐量只能大约达到峰值带宽的 13%～19%，与之相比，Box Ⅳ中的 GPU 表现更好（约为峰值带宽的 40%）。这是由于 Pascal GPU 内部体系结构的改进允许以更高的效率执行传统的 CC 3.0 指令（比如字节访问），而当数据访问大小不是自然的 32 位数据时，较老的 GPU 的性能就不太理想。

❏ 当然，总会有一些情况需要额外的解释。Box Ⅰ能够达到其带宽的 31%～37%。为什么？这并不能否定我对 GK 与 GP 引擎的看法。如果仔细观察 Box Ⅰ的 GPU（GT 640）的带宽，它仅仅是 28.5 GBps，几乎是 Pascal CPU 的 256 GBps 的十分之一。因此，当谈到实现全局内存带宽的百分比时，我们应该对带宽更高的 GPU 更加公平一些。所以，现在专注于 Box I 的百分比是没有意义的。

❏ 如果用绝对的数值来表示，使用相同的 CC 3.0 运行相同的代码，低端的 Kepler 引擎（在 Boxes Ⅰ和Ⅱ中）大约实现了 10 GBps 的全局内存吞吐量，更高端的 Kepler 引擎（Boxes Ⅲ、Ⅴ和Ⅵ）大约达到了 30～60 GBps，而最新一代的 Pascal GPU（Box Ⅳ）可以约达到 110GBps。

总结：

- 在编译 GPU 代码时选择运行性能能够令人满意的最低计算能力（CC）。
- Nvidia GPU 家族有：Fermi、Kepler、Maxwell、Pascal 和 Volta。
- 它们分别支持 CC 2.x、3.x、5.x、6.x 和 7.x。
- 例如，如果你选择了 CC 3.0，则将可执行文件的运行环境限制为"Kepler 或更高"引擎。同样，6.0 意味着"Pasal 或更高"。
- 如果你在 Pascal GPU 上选择 3.0，则无法利用 CC 4.x 到 6.x 之间推出的附加指令。但是，代码有可能会利用内置于 Pascal 系列中的架构改进。

### 7.7.3 imflipG2.cu：计算能力 2.0 版本的 imflipG.cu

使用 Pascal GPU 的性能更好这一现象并不能推广到所有的应用程序中。发生这种情况是因为我构造的 imflipG.cu 程序碰巧包含了大量的字节访问指令，这正是 Pascal 系列在其架构设计中大幅改进的地方。我们将看到很多其他的应用程序使用 Pascal 的优势也不会那么明显。

看到 imflipG.cu 的运行结果后，想到的一个问题是"如果我们比较 Kepler 和 Fermi 引擎，会发现什么？"为了回答这个问题，本节首先使用 CC 2.0 编译 imflipG.cu 代码，然后在几个 Fermi 和 Kepler 引擎上运行。我称这个程序为 imflipG2.cu，该程序旨在显示执行时支持的最大块数。例如，配备 GF108 Fermi 引擎的 GT630 GPU 支持 CC 2.1，且在 $x$ 维度上最大支持 65 535 个线程块，同时整个核函数启动时支持的总线程块数不能大于 190 K 个。在 GT630 上运行 imflipG.cu 会崩溃并退出，因为从表 7-1 中可以看出，我们需要为某个选项启动超过 300 K 个线程块。

最简单的解决方法是在启动核函数那行代码外再增加一层循环。换句话说，我们可以将块数（NumBlocks）限制为 32 768，并多次启动核函数来执行相同的代码。例如，如果需要启动 166 656 个块（例 7.3 节），我们可以启动 6 次核函数，前 5 次启动 32 768 个块（$5 \times 32\ 768 = 163\ 840$），最后一次启动 2816 个块（$163\ 840+2816 = 166\ 656$）。因此，除了 Nvidia 在运行时分配每个块的块 ID 之外，我们还需要使用另一个 ID，即循环 ID。

另一种方法是使用 Nvidia 支持的"真实"维度，例如网格的 $y$ 维度（由 gridDim.y 和 blockIdx.y 变量控制）或 $z$ 维度（gridDim.z 和 blockIdx.z 变量），正如 7.2.1 节中解释的那样。从表 7-2 中可以看出，CC 2.0 及以上版本允许使用 3D 网格。唯一的问题是，网格三个维度上的尺寸乘积，即每个核函数可以启动的线程块的总数大约限制在 190 K。对于不同的显卡，该上限可能不同。所以，正如我们将在 7.7.4 节中很快看到的那样，从某种意义上说，我们是通过在启动核函数外增加一层循环来模拟网格的第 4 维。在 imflipG.cu 中可以按如下的方式查询 GPU 的上限：

```
cudaGetDeviceProperties(&GPUprop, 0);
SupportedKBlocks = (ui) GPUprop.maxGridSize[0] * (ui) GPUprop.maxGridSize[1] *
    (ui )GPUprop.maxGridSize[2]/1024;
SupportedMBlocks = SupportedKBlocks / 1024;
```

GPUprop.maxGridSize[1]、GPUprop.maxGridSize[2] 和 GPUprop.maxGridSize[3] 分别是 $x$、$y$ 和 $z$ 维度的大小限制。

- 当我在 2011 年开始讲授 GPU 课程时，我使用的是 GTX480 显卡。GTX480 显卡有一个 Fermi GF100 引擎。
- Fermi 的线程块尺寸限制是 $2^{16}-1 = 65\ 535$，这是一个非常丑陋的数字。65 536（$2^{16}$）非常棒，但 65 535 则是一场灾难！65 535 不是 2 的幂，并且不适合任何工作！因此，我的学生经常使用 32 768 个线程块。Kepler 的程序员应该感谢再也没有这个限制了。

- Kepler 的线程块尺寸限制为 $2^{31}-1 \approx 2048$ M。你将在图 6-10 中看到这一点。在 Kepler 及以上版本的 GPU 中，你永远不必模拟额外的维度。

新设计的程序命名为 imflipG2.cu，它利用循环模拟附加的维度。因为只是为了用于实验，所以我将它设计为仅接受 V 和 C 命令行参数。它不支持 T 或 H 命令行选项。2017 年，市场上销售的 Nvidia GPU 都是 Kepler 或者更高版本，所以在本节之后讨论 CC 2.0 没有任何意义。本书的其余部分将关注 CC 3.0 及更高版本。但是，让我们使用 CC 2.0 运行代码来满足一下我们的好奇心。

### 7.7.4 imflipG2.cu：main( ) 的修改

代码 7.1 所示为 imglipG2.cu 的 main( ) 函数。CPU → GPU 和 GPU → CPU 的数据传输步骤与 imglipG.cu 中的相同，都是通过使用 cudaMemcpy( ) 函数来实现的。此外，时间戳获取也完全相同。唯一的区别是核函数每次启动固定数量的 32 768 个线程块。我尽量减少修改的地方，因此很容易将此代码与 imflipG.cu 进行比较。下面列出 imflipG.cu 和 imflipG2.cu 之间的变化。

- ❏ BlkPerRow 变量的计算方式没有变。因为计算出的这个值永远不会接近 65 535，所以在这里进行修改没有意义。
- ❏ NumBlocks 的计算保持不变。对于 C 和 V 选项，它们的计算方式与代码 6.3 中的完全相同。选择 V 时（6.4.14 节），NumBlocks 值为 166 656，选择 C（6.4.18 节）时，NumBlocks 值为 498 876。
- ❏ 但是，NumBlocks 并未用于核函数的启动。相反，它被用于在启动核函数时计算所需的循环次数（NumLoops）。"向上取整"函数（CEIL）确保最后一次循环（可能小于 32 768 个块）不会被丢掉。

```
NumLoops = CEIL(NumBlocks,32768);
```

- ❏ 核函数启动语句所在的循环如下所示：

```
for (L = 0; L < NumLoops; L++) {
    PxCC20 <<< 32768, ThrPerBlk >>> (GPUCopyImg, GPUImg, IMAGESIZE, L);
}
```

- ❏ 在这里，核函数 PxCC20( ) 是 PixCopy( ) 的 CC 2.0 版本，如代码 7.2 所示。

### 代码 7.1：imflipG2.cu mainO {...

为了支持 CC2.0 中较小的块尺寸而需要在 main() 中修改的部分。核函数 VfCC20() 和 PxCC20() 分别用于垂直翻转一个图像和复制一个图像，每次最多启动 32 768 个块。

```
int main(int argc, char **argv)
{
    ...
    cudaStatus = cudaMemcpy(GPUImg, TheImg, IMAGESIZE, cudaMemcpyHostToDevice);
    if (cudaStatus != cudaSuccess) { ... }
    cudaEventRecord(time2, 0);    // CPU 到 GPU 的传输结束后的时间戳
    BlkPerRow = (IPH + ThrPerBlk -1 ) / ThrPerBlk;
    ui NumLoops, L;
    switch (Flip){
        case 'C': NumBlocks = (IMAGESIZE + ThrPerBlk - 1) / ThrPerBlk;
                NumLoops = CEIL(NumBlocks, 32768);
                for (L = 0; L < NumLoops; L++) {
                    PxCC20 <<< 32768, ThrPerBlk >>> (GPUCopyImg, GPUImg, IMAGESIZE, L);
                }
                GPUResult = GPUCopyImg;      GPUDataTransfer = 2*IMAGESIZE;
                break;
        case 'V': NumBlocks = IPV*BlkPerRow;
                NumLoops = CEIL(NumBlocks,32768);
                for (L = 0; L < NumLoops; L++) {
                    VfCC20 <<< 32768, ThrPerBlk >>> (GPUCopyImg, GPUImg, IPH, IPV, L);
                }
                GPUResult = GPUCopyImg;      GPUDataTransfer = 2*IMAGESIZE;
                break;
    }
    cudaStatus = cudaDeviceSynchronize();
    if (cudaStatus != cudaSuccess) {... exit(EXIT_FAILURE);  }
    cudaEventRecord(time3, 0);
    cudaStatus = cudaMemcpy(CopyImg, GPUResult, IMAGESIZE, cudaMemcpyDeviceToHost);
    if (cudaStatus != cudaSuccess) { ... }
    ...
}
```

### 代码 7.2：imflipG2.cu  PxCC20() { ...

除了在线程块 ID 维度外增加了一层循环 ID 之外，核函数 PxCC20() 与 PixCopy() 完全一样。

```
// 使用较小的线程块尺寸（32768）的 Copy 核函数，每个线程复制一个字节
__global__
void PxCC20(uch *ImgDst, uch *ImgSrc, ui FS, ui LoopID)
{
    ui ThrPerBlk = blockDim.x;
    ui MYbid = (LoopID * 32768) + blockIdx.x;
    ui MYtid = threadIdx.x;
    ui MYgtid = ThrPerBlk * MYbid + MYtid;
    if (MYgtid > FS) return;        // 超出分配内存范围
    ImgDst[MYgtid] = ImgSrc[MYgtid];
}
```

### 7.7.5　核函数 PxCC20( )

代码 7.2 中核函数 PxCC20( ) 唯一明显的变化是通过结合 LoopID 和块 ID 来计算变量 MYbid 的值。从某种意义上说，就是根据公式 6.2 来线性化块 ID。在这种情况下，可以将 LoopID 看作是添加了第二个维度，而 blockIDx.x 是第一维。线性化之后，我们只关心由此产生的一维的 MYbid。一旦完成线性化，我们就可以继续执行该程序，就像没有其他任何改变一样。其余代码与 PixCopy( ) 完全相同。添加新的维度后，必须确保没有超出图像范围的限制（否则会导致存储器越界访问）。幸运的是，if（...）语句已经检查了是否发生了这样的违规行为，这样就没有必要做任何进一步的修改。

### 7.7.6　核函数 VfCC20( )

核函数 VfCC20( ) 如代码 7.3 所示。除了两个较明显的区别之外，该代码几乎与核函数 Vflip( ) 完全相同：

❑ 块 ID 的线性化与核函数 PxCC20( ) 中的完全相同，使用以下代码实现：

```
ui MYbid = (LoopID * 32768) + blockIdx.x;
```

将 loop ID 和 blockIdx.x 结合起来计算一维 ID，称为全局线程 ID，存放在 Mygtid 中。

❑ 需要额外的索引越界检查来决定 MYrow 的值是否超出了图像的列范围，如下所示：

```
if (MYcol >= Hpixels) return;    // col 超出范围
if (MYrow >= Vpixels) return;    // row 超出范围
```

我们注意到在核函数 Vflip( ) 中对 MYrow 的下限检查是不必要的，因为启动的线程块数与图像垂直像素的个数完全相同。但是，在 VfCC20( ) 中，我们将像素行数除以了 32 768，这很可能会产生一些多余的部分，使得最后一个线程块尝试访问超出图像数据范围的内存区域。

❑ 例如，假设用核函数 VfCC20( ) 对 Astronaut.bmp 进行垂直翻转。处理该图像需要启动 166 656 个块，即 $\lceil 166\,656 / 32\,768 \rceil = 6$ 次循环，每次循环启动 32 768 个块。因此，实际上总共启动了 32 768 × 6 = 196 608 个块。有效块的 MYgtid 值为 0 到 166 655，而无用块的 MYgtid 值为 166 656 到 196 607。额外的 MYrow 检查可以防止无用块的真正执行。

❑ 这意味着被浪费的块的数量非常大（准确的说是 29 952），这会降低程序的性能。

❑ 当然，你也可以在每次循环中启动更少数量的块，比如 4096 个，这会减少浪费的块的数量。我把这个问题留给读者自己去分析。我没有进一步阐述这一点，因为目前市场上所有的 GPU 都支持 CC 3.0 或更高版本，这使该问题在 Nvidia 新一代产品中不再出现。

❑ 另一种可能是在每个核函数中启动可变数量的块，以将浪费块的数量减少到几乎为零。例如，对于 166 656，你可以使用 6 次循环，每次循环启动 27 776 个块，这会将浪费块的数量降为零（不是几乎，而是精确为零）。如果可以保证没有浪费的块，则不需要对 MYrow 变量进行范围检查。

❑ 故事还在继续……是否可以取消对 MYcol 变量的范围检查？答案是：可以。如果在列方向上没有任何浪费的块，甚至连第一次检查也不需要。当然如果你这么做了，索引的计算可能会变得更复杂。那么，让一部分代码变得更加复杂以减少另一部分代码的复杂程度是否值得呢？

❑ 欢迎来到一个需要做出选择、选择，还是选择的世界……CUDA 编程并没有严格的规则。许多不同的方法可以实现相同的功能。问题是哪个更快，哪个可读性更好？

---

**代码 7.3：imflipG2.cu VfCC20(){...**

除了在块 ID 上增加一个 loop ID 之外，核函数 VfCC20() 与 Vflip() 相同。

---

```
// 使用较小线程块尺寸（32768）的垂直翻转核函数
// 每个线程只翻转一个像素（R、G、B）
__global__
void VfCC20(uch *ImgDst, uch *ImgSrc, ui Hpixels, ui Vpixels, ui LoopID)
{
    ui ThrPerBlk = blockDim.x;
    ui MYbid = (LoopID * 32768) + blockIdx.x;
    ui MYtid = threadIdx.x;
    ui MYgtid = ThrPerBlk * MYbid + MYtid;
    ui BlkPerRow = (Hpixels + ThrPerBlk - 1) / ThrPerBlk;  // 向正无穷取正
    ui RowBytes = (Hpixels * 3 + 3) & (~3);
    ui MYrow = MYbid / BlkPerRow;
    ui MYcol = MYgtid - MYrow*BlkPerRow*ThrPerBlk;
    if (MYcol >= Hpixels) return;    // col 超出范围
    if (MYrow >= Vpixels) return;    // row 超出范围
    ui MYmirrorrow = Vpixels - 1 - MYrow;
    ui MYsrcOffset = MYrow       * RowBytes;
    ui MYdstOffset = MYmirrorrow * RowBytes;
    ui MYsrcIndex = MYsrcOffset + 3 * MYcol;
    ui MYdstIndex = MYdstOffset + 3 * MYcol;

    // 交换位于 MYcol 和 MYmirrorcol 处的像素 RGB 值
    ImgDst[MYdstIndex] = ImgSrc[MYsrcIndex];
    ImgDst[MYdstIndex + 1] = ImgSrc[MYsrcIndex + 1];
    ImgDst[MYdstIndex + 2] = ImgSrc[MYsrcIndex + 2];
}
```

---

● 你将会意识到，CUDA 中的参数都有很多选项，每个选项都有各自的优缺点。你应该选择哪一个？下面是一些可能有帮助的规则：

● 如果有两个选项的最终性能相同，选择更容易理解的那一个。简单的几乎总是更好的。难以理解的代码容易出错。

- 如果必须使用高度复杂的技术才能得到高性能的代码，请仔细编写各种文档，尤其是代码中不容易理解的部分。不是为别人，而是为自己！因为稍后你会需要它们。

## 7.8  imflipG2.cu 的性能

为了测试 imflipG2.cu 的性能并将其与表 7-3 中 imflipG.cu 的结果进行比较，我选择了表 7-3 中的前三栏（Box Ⅰ、Ⅱ和Ⅲ），它们分别代表 2017 年标准中的三个低端 Kepler GPU。我还在 Box I 中的电脑上测试了另外三个 Fermi GPU（GT630、GT520 和 GTX550Ti）。换句话说，我从我的电脑中先拆掉 Box I 中的 GT 640 Kepler GPU，并用 GT 630 替换它，然后再把它拆下来并装上 GT520，然后是 GTX 550Ti，最后在表 7-6 中给出了运行结果。

GT520 一个有趣的特征是它是一块 PCIe x1 显卡，插入 PCIe 的 x1 端口。因此，我们预计它在 I/O 传输时只能达到 0.5 GBps 的带宽。当你没有 x16 插槽可用，但仍然需要安装一块只用于显示的显卡，而不用担心显卡的性能时，这种类型的显卡是完美的。例如，某些主板只有一个 PCIe x16 插槽和多个 x1 插槽。如果你想插入两块 GPU，一个用于高性能计算，另一个用于简单的显示输出，这个 x1 显卡是完美的。你可能已经注意到既有 GT 系列，也有 GTX 系列。一般来说，GT 系列是低端显卡，而 GTX 系列则追求更高的性能。

表 7-6 列出了使用 CC 2.0 选项编译的同一程序（imflipG2.cu）的结果。下面是一些观察到的现象：

- ❏ 与表 7-3 中的结果相比，三种 Kepler 类型显卡（GT640、K3000M 和 GTX760）的性能变化并不明显。由于代码增加了额外的维度，几乎每种线程块尺寸的运行结果都会有轻微的减速。这可归咎于浪费的块以及在核函数中额外添加的几条指令。
- ❏ 正如预期的那样，GT 520 的 PCIe 传输速度非常低。但是，这是唯一一款能够达到 PCIe 带宽的较高比例（76%）的显卡。其原因在于，CPU 必须积极参与传输，并且由于实际的传输吞吐量远远低于 CPU 从 DRAM 读取数据并将其放置在 PCIe 总线上的吞吐量，因此 CPU 的负担很轻，可以轻松达到 PCIe 带宽的 76%。
- ❏ 不同的 GPU 系列对 PCIe 传输没有什么明显的影响，因为该步骤严重依赖于 CPU 的 I/O 功能。由于我在测试四个低端显卡时使用了相同的 CPU，因此 PCIe 传输速度处于相同的水平。
- ❏ 高端显卡不断提高实现吞吐量的绝对数值，GTX 550Ti 击败了 GT 630 等。但是，GTX550Ti 的比例较低，因为核函数 VfCC20() 对核心和内存的压力很大。GTX550Ti 拥有的 192 个核心不足以支撑该 GPU 具有的 99 GBps 的带宽，从而使该 GPU 难以达到其内部全局内存的带宽。后续章节将对此进行更详细的分析。

**表 7-6 imflipG2.cu 程序中的核函数 VfCC20( ) 和 PxCC20( ) 在 CC2.0 时的运行结果**

| 参数 | Box I | | | | Box II | Box III |
|---|---|---|---|---|---|---|
| CPU | i7-920 | | | | i7-3740QM | W3690 |
| C/T | 4C/8T | | | | 4C/8T | 6C/12T |
| 内存 | 16 GB | | | | 32 GB | 24 GB |
| BW GBps | 25.6 | | | | 25.6 | 32 |
| GPU | GT520 | GT630 | GTX550Ti | GT640 | K3000M | GTX 760 |
| 引擎 | GF119 | GF108 | GF116 | GK107 | GK104 | GK104 |
| 核心数 | 48 | 96 | 192 | 384 | 576 | 1152 |
| 计算能力 | 2.1 | 2.1 | 2.1 | 3.0 | 3.0 | 3.0 |
| 全局内存 | 0.5 GB | 1 GB | 1 GB | 2 GB | 2 GB | 2 GB |
| 峰值 GFLOPS | 155 | 311 | 691 | 691 | 753 | 2258 |
| DGFLOPS | – | – | – | 29 | 31 | 94 |
| PCIe 总线的数据传输速度和吞吐率 | | | | | | |
| CPU → GPU ms | 328.29 | 39.19 | 39.18 | 38.89 | 52.28 | 34.38 |
| GBps | 0.37 | 3.11 | 3.11 | 3.13 | 2.33 | 3.54 |
| GPU → CPU ms | 319.42 | 39.07 | 39.36 | 39.66 | 52.47 | 36.00 |
| GBps | 0.38 | 3.12 | 3.09 | 3.07 | 2.32 | 3.38 |
| PCIe 总线 | Gen2 x1 | Gen2 | Gen2 | Gen2 | Gen2 | Gen2 |
| BW GBps | 0.5 | 8.00 | 8.00 | 8.00 | 8.0 | 8.0 |
| 实际 (%) | (76%) | (39%) | (39%) | (39%) | (29%) | (44%) |
| 核函数 VfCC20( ) 的运行时间 | | | | 命令行选项 V | | |
| V 32 | 220.55 | 110.99 | 43.34 | 72.67 | 63.98 | 20.98 |
| V 64 | 118.88 | 59.29 | 23.37 | 39.25 | 34.22 | 11.30 |
| V 128 | 72.68 | 35.43 | 14.55 | 24.04 | 21.02 | 7.04 |
| V 256 | 69.19 | 34.61 | 14.70 | 25.88 | 22.54 | 7.56 |
| V 512 | 70.66 | 35.03 | 14.77 | 28.52 | 23.80 | 7.94 |
| V 768 | 73.31 | 36.04 | 15.20 | 40.77 | 36.39 | 11.86 |
| V 1024 | 124.00 | 62.31 | 25.49 | 36.23 | 31.05 | 10.34 |
| GM BW GBps | 14.4 | 28 | 99 | 28.5 | 89 | 192 |
| 实际 GBps | 3.52 | 7.04 | 16.74 | 10.13 | 11.59 | 34.59 |
| (%) | (24%) | (25%) | (17%) | (36%) | (13%) | (18%) |
| 核函数 PxCC20( ) 的运行时间 | | | | 命令行选项 C | | |
| C 32 | 356.30 | 186.36 | 69.03 | 102.39 | 86.68 | 27.42 |
| C 64 | 179.82 | 93.79 | 34.56 | 51.67 | 43.05 | 13.69 |
| C 128 | 97.20 | 49.31 | 18.23 | 27.18 | 22.48 | 7.28 |
| C 256 | 69.54 | 35.70 | 13.31 | 28.04 | 23.48 | 7.67 |
| C 512 | 74.03 | 37.71 | 13.84 | 29.16 | 24.37 | 7.88 |
| C 768 | 84.63 | 42.32 | 15.69 | 42.88 | 35.22 | 11.38 |
| C 1024 | 116.93 | 60.34 | 22.59 | 31.44 | 25.86 | 8.34 |
| GM BW GBps | 14.4 | 28 | 99 | 28.5 | 89 | 192 |
| 实际 GBps | 3.50 | 6.82 | 18.30 | 8.96 | 10.84 | 33.45 |
| (%) | (24%) | (24%) | (18%) | (31%) | (12%) | (17%) |

（32..1024）所有的 Fermi GPU 只在 Box I 中的电脑上测试（表 7-3）。使用选项 V 和 C 以及不同的线程块尺寸对图像 astronaut.bmp 进行了处理。

# 7.9 古典的 CUDA 调试方法

我在 1.7.2 节的 CPU 编程中提到了古典调试方法这一概念，也就是使用我们最好的朋友 printf() 来告诉我们程序内部发生了什么。我们也会使用其他一些不错的老派工具，比如 assert() 函数和注释代码方法，但是 printf() 在每个老派程序员心中都有自己的位置。好消息：printf() 和其他一些古典调试方法在 CUDA 世界中仍然是我们最好的朋友。本节向你展示的内容实际上是调试大量错误的过程。当然，我也会向你展示一些"现代的"工具，比如超酷的 CUDA 调试器——nvprof（或者更加优秀的 GUI 版本 nvvp），但古典的调试理念仍然保持着令人惊讶的有效性，因为它们可以让你更加快速地调试代码，而不需要运行 nvvp 的整个过程……

在介绍如何进行古典调试之前，让我们来看看常见的错误类型：

---

- 如果在新的星球上发现了生命，并且想让这个星球的人们知道地球上最常见的计算机程序的错误类型，同时由于卫星通信的带宽很低，我只能用一个单词来告诉他们的话，我会用**指针**。
- 是的，你可以从各种各样的错误中幸存，但错误的内存指针会杀死你！

---

是的，指针是 C 中一个巨大的问题。然而，它们也是 C 中最强大的特性之一。例如，Python 中没有显式指针，这是对 C 语言指针问题的一种反叛。然而，在 CUDA 编程中你不能没有指针。除了糟糕的指针错误，还有其他常见的错误。下一节将介绍一些常见的错误。古典调试方法可以消除其中的很大一部分。请记住，这一部分只关注 CUDA 编程。因此，我们专注于 CUDA 错误以及如何在 CUDA 环境中进行调试，这意味着要么使用 Nvidia 的内置工具，要么使用古典调试方法，利用一些无处不在的简单函数等。更具体地说，我们不会关注 CUDA 程序中 CPU 代码部分的问题。我们将严格关注 CUDA 核函数中的错误。CPU 代码中的任何错误都可以通过 1.7.2 节中的古典调试工具或者一些更好的 CPU 调试工具（如 1.7.1 节和 1.7.3 节中分别介绍的 gdb 和 valgrind）进行修复。

## 7.9.1 常见的 CUDA 错误

下面是一些常见的错误：

❏ **内存指针错误**值得排第一。即使访问超出分配的内存区域一个字节的存储区域对于操作系统来说也是不允许的，这些错误会立即导致一个**段错误**。**段错误**意味着操作系统捕获了一个对不允许的内存区域的访问请求，并发出了程序终止信号。程序会突然终止。在 CUDA 程序中，操作系统是 CUDA 运行时引擎，正如 6.4.5 节指出的那样，它具有非常类似的捕获内存地址违例的机制。但你收到的信息会有所不同。我们将很快看到这样的例子。由于指针落在了许可范围之外一个字节而引发的错误的数量惊人。例如，请看下面的 CUDA 代码：

```
// main() 函数内
unsigned char *ImagePtr=(unsigned char *)cudaMalloc(IMAGESIZE);
// GPU 核函数内
for(a=0; a<IMAGESIZE; a++) { *(ImagePtr+a)=76;... }
for(a=0; a<=IMAGESIZE; a++) { *(ImagePtr+a)=76; ... }
```

程序在 main() 使用 CUDA 的 API 函数 cudaMalloc() 在 GPU 全局内存中分配内存，核函数中有两个 for 循环，它们尝试访问 GPU 全局内存。第二个循环语句将使你的程序崩溃，因为它多走了一步，超出了位于 GPU 全局内存中的图像存储范围。这将被 Nvidia 运行时捕获，并将终止该 CUDA 应用程序。第一个循环语句的访问完全位于图像存储区的范围内，因此它可以正常工作。

- ❑ **错误的数组索引**与错误的内存指针没有什么不同。数组索引只是用于底层内存指针计算的一个简写符号。不正确的索引计算与不正确的内存访问具有完全相同的效果。看看下面的例子：

```
int SomeArray[20];
for(a=0; a<20; a++)        { SomeArray[a]=0; ... }
SomeArray[20]=56;
```

for 循环可以正确地运行，将整个数组的值初始化为 0（从索引 0 到索引 19）。然而，最后一行代码却会让程序崩溃，因为 SomeArray[20] 在数组的范围之外，数组的范围从 SomeArray [0] 到 SomeArray [19]。

- ❑ **死循环**大都是由循环变量被搞乱进而导致终止条件不正确而引起的。下面是一个简单的例子：

```
int y=0;
while(y<20){
    SomeArray[y]=0;
}
```

更新 y 的部分在哪里？程序员打算创建一条初始化数组的循环语句，但忘记添加一行来更新 y 变量的值。程序中应该在 "SomeArray[y]=0;" 之后加一行 "y++;"，这样才能避免终止条件（y <20）永远不能满足的情况。

- ❑ **变量未初始化**也是一种常见的错误，你只声明了一个变量，而没有初始化它们。只要这些变量在使用前被分配一个值，一切就万事大吉。但如果在初始化它们之前就使用了它们，则很可能会使你的程序崩溃。虽然问题的根源是一个未初始化的变量值，但这样的结果也可能导致程序崩溃，例如指针索引未初始化。下面是一个例子：

```
int SomeArray[20];
int a=0;
int b,c;
for(x=19; x>=0; x++)        { SomeArray[x-a]=0; ... }
for(x=19; x>=0; x++)        { SomeArray[x-b]=0; ... }
for(x=19; x>=0; x++)        { SomeArray[x]=x/c; ... }
```

第一个循环不会超过 [19 … 0] 的索引范围，而第三个循环可能会，也可能不会。你不能假定你声明的任何变量都会有一个初始值（0 或其他）。程序运行时，将分配变量 a 的内存区域，并将 a 的值显式地写入该内存区域。与之相反，变量 b 的内存地址已分配，但没有向该内存区域写入任何东西，实际上保留了在分配变量之前存放在该存储区域内的任何值。这个值是随机的。如果假设它是 50，很明显它会让索引值超出范围。第三个 for 循环有可能出现**除零错误**，因为 c 变量的值没有初始化，有可能是 0。

❏ **错误地使用 C 语言语法**发生在缺乏经验的程序员身上。常见的例子包括混淆 "＝"
和 "=="或者 "&"和 "&&"以及其他类似的情况。请看下面的例子：

```
int a=5;
int b=7;
int d=20;
if(a=b) d=10;
```

d 的结果是什么？虽然程序员的意图是键入 if(a == b)，但现在有一个错误。上述代码等同于下面的几行代码：

```
int a=5;
int b=7;
int d=20;
a=b;
if(a) d=10;
```

换句话说，if(a=b) 意味着如果结果为 TRUE，将 a 设为 b 的值……在 C 语言中，任何非零值都将转换为等效的 TRUE，而零将转换为 FALSE。因此，a 的最终值为 TRUE，进而强制执行后续语句 "d=10;"，并产生了错误的结果。让我们看看如何使用古典的 CUDA 调试方法来进行调试。

## 7.9.2　return 调试法

即使是与永远的英雄 printf( ) 相比，在 CUDA 核函数的某些位置插入 return( ) 也可以称为最强大的调式工具。听到这个观点，你肯定会感到惊讶。前提条件是遇到的错误是 7.9.1 节中列出的错误之一。它们中的大多数会使 CUDA 应用程序崩溃。如果一个 CUDA 核函数有 10 行，为什么不在第 5 行之后插入一句 "return ;"？如果此时没有崩溃，那意味着什么？意味着这个错误很可能在第 6 行和第 10 行之间。如果我们将 return 移动到第 8 行并且它仍然不会崩溃又意味着什么？意味着错误很可能在第 9 行或第 10 行。

也许这能让你快速地查明与错误相关的语句，不过你还可以加快此过程。通常你怀疑一行代码或核函数中的某个位置有错误。为什么不把 return 语句放在你怀疑的地方？通过移动 return 语句的位置，你可以在几次尝试中找出错误发生的地方。这很好，但是在核函数中移动 return 语句将会改变结果，如果程序的行为依赖于代码执行过程中产生的值，那么很难确定它为什么不会再崩溃。此时，你可以尝试一些下面介绍的技巧。不过，我已经利用 return 修复了很多错误。以代码 6.8 中的核函数 PixCopy() 为例，下面再重复输出一次。

```
__global__
void PixCopy(uch *ImgDst, uch *ImgSrc, ui FS)
{
  ui ThrPerBlk = blockDim.x;
  ui MYbid = blockIdx.x;
  ui MYtid = threadIdx.x;
  ui MYgtid = ThrPerBlk * MYbid + MYtid;
  if (MYgtid > FS) return;        // 超出内存分配范围
  ImgDst[MYgtid] = ImgSrc[MYgtid];
}
```

假设代码中没有 if() 语句，它会因为访问图像存储区域外的一小部分内存而崩溃。为了准确分析这一点，让我们回忆一下 6.4.18 节中的示例数字。astronaut.bmp 图像的大小为 127 712 256 字节，当我们以 256 个线程/块启动核函数 PixCopy() 时，最终启动了 498 876 个线程块。每个线程复制一个字节，因此核函数 PixCopy() 的线程访问的内存地址为从 0 到 127 712 255，完全保持在合法的全局内存地址范围内。因此，如果我们知道该程序将严格使用 astronaut.bmp 图像并且始终使用 256 个线程/块，那么我们甚至不需要 if() 语句。

如果另一幅图像的大小为 1966 × 1363=8 038 974 字节，处理这幅图像时会发生什么呢？假设用 1024 个线程/块来启动核函数。此时需要启动 ⌈8 038 974/1024⌉ =7851 块。整个 CUDA 应用程序将启动 7851 × 1024 = 8 039 424 个线程。如果没有 if() 语句，则 gtid 值在 (0, ..., 8 038 973) 范围内的线程将访问合法的全局内存区域。但 gtid 值在（8 038 974, ..., 8 039 423）范围内的线程将访问未授权的内存范围，从而导致 CUDA 应用程序崩溃。

如何调试呢？尽管有一行代码需要访问内存，但所有的赋值语句看起来都很正常。请记住我在 7.9 节开始时所说的话：在怀疑其他之前先怀疑指针。假设最初的代码看起来像这样，没有 if() 语句，

```
__global__
void PixCopy(uch *ImgDst, uch *ImgSrc, ui FS)
{
  ...
  ui MYgtid = ThrPerBlk * MYbid + MYtid;
  ImgDst[MYgtid] = ImgSrc[MYgtid];    // 值得怀疑!
}
```

你可以在内存访问语句之前插入 return 语句，如下所示：

```
__global__
void PixCopy(uch *ImgDst, uch *ImgSrc, ui FS)
{
  ...
  ui MYgtid = ThrPerBlk * MYbid + MYtid;
```

```
    return;  // 此行跳过了后续代码的执行
    ImgDst[MYgtid] = ImgSrc[MYgtid];   // 值得怀疑！
}
```

确定问题出在核函数的最后一行。经过几次尝试后，你会意识到你正在访问未经授权的内存范围。我们的想法是，如果在可疑的代码之前放置了一条 return 语句，就会跳过这些代码的执行。如果这能解决问题，那就可以深入分析其原因。但是，千万不要把自己搞糊涂了。这个问题只会发生在你的图像大小恰好是某个特定值的情况下，这些特定的值（更像是恰好的错误值）使线程个数超出合法的图像字节数。所以，这种错误可以被看作是狡猾的错误类型。

### 7.9.3　基于注释的调试

基于注释的调试与 return 调试非常相似。它不是插入一条 return 语句，从而将 return 后面的代码完全屏蔽掉，而是注释掉其中的某些代码。该方法在错误不是特别严重的情况下表得更好。下面显示了该方法在代码 6.8（核函数 Hflip()）中的应用，代码的最后三行中有两行被注释掉，以确定它们是否会引发错误：

```
__global__
void Hflip(uch *ImgDst, uch *ImgSrc, ui Hpixels)
{
    ...
    // 交换位于 MYcol 和 MYmirrorcol 处的像素
    //ImgDst[MYdstIndex] = ImgSrc[MYsrcIndex];
    //ImgDst[MYdstIndex + 1] = ImgSrc[MYsrcIndex + 1];
    ImgDst[MYdstIndex + 2] = ImgSrc[MYsrcIndex + 2];
}
```

### 7.9.4　printf() 调试

虽然基于注释的调试和 return 调试可以确定错误的位置，但它们并没有定量地告诉你错误是如何发生的。我们可以在代码中的任何地方插入 printf() 函数以输出变量的值，尝试确定错误发生的确切原因。更好的是，我们可以插入条件 printf() 语句以避免始终执行同一个 printf()。条件 printf() 将使它们在 CUDA 程序中更加实用。CPU 只会同时启动少量的线程，而少量线程的 printf() 输出基本上是可读的，但你将无法面对四千万以上的线程同时输出的结果！所以，我经常使用的一个技巧是将 printf() 输出限制为几个初始的线程块或某个块内的几个初始线程。

下面是该方法在核函数 PixCopy() 的应用示例。假设你已经通过 return 调式方法确定该行代码会引发错误，怎么办？

```
__global__
void PixCopy(uch *ImgDst, uch *ImgSrc, ui FS)
```

```
{
    ...
    ui MYgtid = ThrPerBlk * MYbid + MYtid;
        // 调试该行。怀疑存在一个内存指针错误
            if(MYgtid==1000000) printf("MYgtid=%u\n",MYgtid); ////DEBUG
    ImgDst[MYgtid] = ImgSrc[MYgtid];
}
```

你正在试图缩小可能发生错误的范围。此时，一位有经验的程序员会开始察觉到内存指针错误的存在。如果这个想法是正确的，那么该代码在 MYgtid 等于某些值时能正常工作，而在等于其他值时会导致崩溃。最好的办法是仅当 MYgtid 等于某个值时才输出要打印的值。就像这样：

我插入了一行条件 printf( ) 语句，只有当 MYgtid 的值等于 1 000 000 时，才会打印输出"MYgtid=1 000 000"。如果程序在输出该行之前崩溃，则知道问题出在 MYgtid<1 000 000 时，反之亦然。对于一个 121 MB 的图像，你可以从 1 亿开始，如果程序正常，则增加到 1.2 亿，直至最大设为图像的大小减 1。在某个时候它会崩溃，并给你一些问题的线索。

来自古典派调试者的最后忠告：

- 如上所见，在代码中添加调试语句时，要保证它们是显著可见的，通常带有烦人的标注（如 DEBUG）和注释行。我也会将它们缩进，以保证能够轻松地将它们与实际的代码区分开。因为你通常需要经历一个漫长而乏味的调试过程，因而会忘掉一些无用的代码，这些代码仅用于调试。一些未来发生的错误有可能就是由你忘记的这些额外的垃圾代码造成的。
- 你最不希望发生的事就是开始调试后在那些本来没有错误的代码中注入了一系列新的错误。
- 另一个忠告是：在调试过程中不要删除代码。如果你正在调试一行代码，复制该行代码并将原来的代码注释掉，然后不断地修改复制后的代码。如果这行代码没有问题，就取消注释并继续。
- 没有什么比在调试过程中删除一行代码，然后因为没有备份而无法恢复更令人沮丧的事情了。如果你复制了该行代码，在复制的代码上进行各种修改，原始的代码是安全的。

## 7.10　软件错误的生物学原因

就像 CPU 或 GPU 使用电能一样，人体使用从食物中获取的生物能源。就像 CPU 或 GPU 可能会过热并发生故障一样，人的 CPU（大脑）以及身体的其他部位也会过热并发生故障。几乎每台计算机的主板都有传感器来确定 CPU 是否运行过热等。人体也有类似的机制来警告你的过劳状况。大脑通过诸如"疼痛"和"生气"等信号与你进行交流，这些信

号通过化学信号（荷尔蒙、神经递质等）形成，并在你的血液中循环，最终以某种方式被你的大脑检测和处理。从本章的观点来看，我们关心这个生物问题的原因是，当你累了的时候，你会写出错误的代码！因此，程序员应当阅读本节并理解人类的新陈代谢、大脑的功能以及这些会如何影响你开发代码的能力。

### 7.10.1　大脑如何参与编写 / 调试代码

软件错误可以分为两种主要类别，分别是狡猾的错误和讨厌的错误。

狡猾的错误把自己藏起来，需要很多"有针对性"的努力才能找到它们。它们通常是不良编程逻辑的产物。它们非常讨厌，因为有一天你认为你已经发现了它们，但几个星期后，当处理不同的数据时，你又会看到它们那丑陋的表情。古典的调试方法很难找到它们。它们可能需要单步调试代码，有时需要几十甚至几百步才能找到一个有意义的线索。我发现消除它们的最好方法是立即停止工作，并以清醒的头脑开始第二天的工作。正如人们所说：推动它已毫无意义。很明显，今天你将无法解决这个问题。

讨厌的错误是一些很好的错误。它们会让程序立即崩溃，所以很容易识别它们。内存指针错误就属于这种类别，当你通过 melloc( ) 分配一片内存区域并尝试访问该区域之外的哪怕一个字节时，操作系统都会终止你的程序。防止一个进程访问另一个进程的内存空间是操作系统最重要的任务之一，所以执行一个错误百出的程序会报告一个段错误或其他类型的内存错误，并突然退出。这种类型的错误的不利之处是程序会终止工作，这样它永远不会到达你在程序中添加的许多 printf( ) 语句。

当你不能调试代码时，你的大脑可能会陷入局部最小值，因而不能收敛到全局最小值。注意力是有限的大脑资源，如果你一直在研究同样的问题，你会用尽它[30]。实际上我刚刚描述的一切都有神经科学的理由。下面是人脑的工作原理：

- 人脑由两部分组成：（1）意识；（2）运动。
- 意识部分负责有意识的行为，需要持续关注。显然，如果这部分已经不能继续调试代码，再怎么推动它也不会有帮助。你要做的就是补充你的血糖，它被证明是大脑和整个神经系统的食物。运动部分负责更多不需要你经常关注的自动化工作。去睡觉……明天再试……人类大脑的运动部分可以连续地处理某个难题，即使正处于睡眠中（实际上尤其是在你的睡眠中），因为此时不会受到其他日常任务的干扰。
- 有经验的程序员通常会在早上醒来就开始处理那些不易察觉的错误，然后在 5 分钟内完成程序的修复工作。
- 所以，我的大脑中有两个 Tolga，运动 -Tolga 和意识 -Tolga。当我在电脑前时，意识 -Tolga 在调试。当我在睡觉时，运动 -Tolga 在调试。我不在乎谁先完成调试代码工作，因为它们都是"我"。

## 7.10.2　当我们疲倦时是否会写出错误代码

一位优秀的程序员应该了解他的大脑是如何工作的。大脑是我们在编程和调试过程中使用的 CPU。它与 Xeon CPU 或 GTX Titan GPU 不同，因为它的功能受到整个机体诸多因素的影响。大脑会变得疲惫，CPU 或 GPU 不会。每个错误都可能回来，其原因与下面列出的疲倦状态有关。让我们深入了解那些会让程序员感到疲倦（更准确地说，让程序员的大脑疲惫）并让他编写的程序有更多错误的因素。你应该知道疲倦状态有很多不同的类型。虽然它们都会降低你的表现，但它们的来源却完全不同，补救措施也不相同。

### 注意力

注意力是大脑中有限的资源。不幸的是，经过数百万年的发展，我们的大脑仍然是一个单线程 CPU，只能处理一件重要的事情。在任何时候我们能够专注的事情不会超过一件。7.10.1 节中介绍的大脑的意识部分是唯一负责关注度的地方。它在代码开发期间，尤其是调试期间，执行了大量的处理操作。如果你在代码开发过程中将注意力转移到其他地方，你的编程和调试能力将会下降。

### 身体疲劳

身体的疲劳与遍布整个身体的肌肉有关。在日常的体力活动中，肌肉将 ATP（磷酸腺苷三磷酸）转变成 ADP（磷酸腺苷）和 AMP（单磷酸），并最终转化为腺苷。ATP → ADP → AMP →腺苷的降解是通过打破磷酸盐键来实现的，这样可以释放磷酸键的键能，从而为肌肉提供动力。最终的产物腺苷基本上是一种燃料。所以，如果你身体里有一个探测器来检测腺苷浓度的增加，它可以警告你 ATP 水平的下降，就像你汽车里的油量表一样，黄色的警告灯告诉你燃料即将耗尽。猜猜看？其实大脑就是那个探测器[30]。大脑会检测到腺苷水平的增加，避免你将 ATP 资源消耗完。这个警告可能是让你睡觉或吃东西。"因为饥饿而吃东西"是瘦蛋白和饥饿激素的功能，而"因为疲倦而去睡觉"是由褪黑素控制的。ATP 消耗的补救措施是吃蛋白质、脂肪和碳水化合物，它们在分解过程中会产生ATP[39]。

### 重体力活动引起的疲劳

在健身房锻炼是身体疲劳的另一个原因。每个人的身体有两种类型的肌肉：（1）使用无氧代谢的快缩肌（无氧意味着"不需要氧气"）；（2）使用有氧过程的慢缩肌（有氧意味着"需要氧气"）。当需要进行剧烈的体力活动时，你的心脏不能提供足够多的氧气来使用慢缩肌，从而要求你使用快缩肌，这种肌肉不需要氧气来工作。这两种肌肉都使用 ATP 作为能量来源，但它们的产物不同。尽管快缩肌能产生爆发性的能量，但它们会产生乳酸，而且大脑具有检测机制，能够检测到这些肌肉中的乳酸增多。它会尝试减慢你的速度，通过疼痛与你进行交流以避免损害你的身体，因为过多的乳酸堆积最终会伤害你的肌肉。大量锻炼导致大脑产生的疼痛会对你的编程能力产生负面影响。对此的唯一补救措施是休息，直到疼痛消失，因为你的注意力将从代码转移到痛苦中。当乳酸从肌肉中消失时，疼痛也消失了，你又可以开始工作了。

### 缺乏睡眠引起的疲劳

当你没有足够的睡眠时，会感到疲倦，因为大脑中有一小部分负责检测 24 小时昼夜节律周期。这是大脑的时钟，当你准备睡觉时，它负责释放褪黑素，当需要叫醒你时，增加皮质醇水平。在睡眠期间，你的 ATP 水平得到补充，可以再次将它们燃烧回腺苷，治疗缺觉的唯一办法是睡觉！没有什么办法可以与大脑对抗！只要睡个好觉，明天你就会成为最好的调试人员。

### 心理疲劳

精神疲倦与神经元有关，神经元遍布整个中枢神经系统（CNS）。神经元在工作时燃烧葡萄糖。简单地说，大脑的食物就是糖。所以，当你的血糖水平越低时，你的神经元就没有直接的能量。这与你的计算机每 FLOP 需要消耗很多电能没有什么区别。例如，GTX 1070 在峰值工作时的功耗为 110W，但在正常工作时的功耗却低很多。人脑平均消耗相当于 20W 的功率。但是，在大量的调试环节中，当你努力试图在代码中发现错误时，我确信这个数字会上升，并导致葡萄糖的消耗水平进一步提升。

更多的调试→更多的神经活动→更多的葡萄糖消耗

这个故事还有另一方面。神经元通过神经递质携带神经信号。当你休息时，剩下的神经递质会被清除并放回你的系统中。所以，如果你努力工作，你的神经元会继续使用糖，剩下的神经垃圾必须收集，这需要时间。所以，在河边散散步可以起到一种精神上的补充效果，但不一定能与补充含糖食物相媲美！这更像是你的神经元通过糖能获得能量，但系统必须将剩余的垃圾收回，否则你的大脑会发生**段故障**。这就是你盯着屏幕，但没有任何反应！你需要重新启动，去散散步吧……

# 理解 GPU 的硬件架构

在前面的两章中，我们研究了 CUDA 程序的结构，学习了如何编辑、编译和运行 CUDA 程序，还分析了编译后可执行的代码在具有不同计算能力（CC）的不同系列 GPU 上运行时的性能。我们注意到 CPU 的架构是适合并行计算的，它有 thread 的创建模块。基于 CPU 的并行程序在任何时刻都可以启动 10 个、20 个、100 个，甚至 1000 个线程。但 CUDA 程序（更一般来说，GPU 程序）更适用于需要利用大规模并行计算来处理的问题，这意味着一次执行数十万甚至数百万个线程。为了执行这么多的线程，GPU 必须添加两个额外的线程组织层级：

1. **线程束**（warp）是 32 个线程的集合，实际上它是任务可分解成的最小线程数目。换句话说，在 GPU 中同时执行的线程数不会少于 32 个。如果你需要执行 20 个线程，那么太糟糕了，你将会浪费 12 个线程，因为 GPU 并不是为执行这么少的线程而设计的。

2. **线程块**（block）是 1 到 32 个线程束的集合。也就是说，你的程序可以启动 1、2、3、……直至 32 个线程束，对应 32 到 1024 个线程。线程块是一组不依赖于其他线程块的线程集合。如果你的程序设计得很好，线程块与线程块之间的切割非常平滑（或独立），那么你将获得极高的并行性并能充分利用 GPU 的并行性。

显然不是每个问题都适合大规模并行处理。图像处理或者更一般的数字信号处理（DSP）问题非常适合 GPU 的大规模并行性，因为不同的像素（或像素组）经历的计算过程是相同的，而且针对一个像素的计算可以独立于另一个像素，另外我们在当今数字世界中遇到的图像通常拥有数十万或数百万个像素。在前面 CUDA 章节内容的基础上，本章将介绍 GPU 是如何在硬件架构上实现这种并行性的。

本章将开发一个基于 GPU 的边缘检测程序（imedge.cu），并运行该程序以考察其性能。

我们将把程序性能与 GPU 的架构联系起来，比如 GPU 的核心和流处理器（SM），它们是执行单元，流处理器封装了一组 GPU 核心。我们还将研究 SM、GPU 核心以及刚刚学到的——线程、线程束、线程块以及前几个章节的内容。在此期间我们将学习 CUDA 占用率计算器，它是一个简单的告诉我们 GPU "占用率"是多少的工具，也就是说，我们的程序让 GPU 有多忙碌。它是我们编写高效 GPU 程序的主要工具。好消息是，尽管编写高效的 GPU 程序是一门科学，也是一门艺术，但我们并不孤单！在接下来的几章中，我们将学习如何使用一些有用的工具，这些工具可以让我们很好地了解 GPU 内部发生的事情以及 CPU 和 GPU 之间在传输过程发生的事情。只有理解了硬件架构，程序员才能编写出高效的 GPU 代码。

## 8.1　GPU 硬件架构

到目前为止，我们编写了 GPU 代码并调整了每个线程块的线程数以观察性能的变化。在本章中，我们将在更高层次上观察硬件，以了解计算核心和内存是如何组织的以及数据如何在 GPU 内部流动。在类比 6.1（图 6-3）中，我们将 GPU 视为载有 32 名童子军的大客车。童子军代表了速度较慢的 GPU 核心。因为核心数量多，所以它们可以完成的工作比任何单核或双核（甚至是四核）CPU 的工作都要多，前提是该应用程序是适合进行大规模并行计算的。

图 6-3 中最重要的一点是有人（Tolga）在大客车上管理这些事情。这是一项非常艰巨的任务，Tolga 无法再做任何其他的工作，只能完全致力于组织和管理。让我们记住：Tolga 组织了些什么？答案是：数据传输和给童子军分配任务。因为童子军是缺乏经验的执行者，所以必须有人告诉他们该怎么做，并把数据告知他们。最大的问题是，32 名童子军能够完成的事情并不怎么令人印象深刻。我们需要数以千计的童子军来击败 CPU。在真实的 GPU 中，如表 8-3 所示，GTX 1070 拥有 1920 个 GPU 核心，而 GTX Titan Z 拥有 5760 个核心。是否有可能将童子军的类比进一步扩展为涵盖如此庞大的核心数量？答案是肯定的，但需要额外的功能结构。

## 8.2　GPU 硬件的部件

类比 8.1（图 8-1）所述正是使用数千个核心处理千兆字节数据所需的东西。所有这些部件都不可缺少，否则程序的执行将是一片混乱！现在让我们看看每个人（和对象）在 GPU 内对应的部分。注意，我在图 8-1 的图题中给出了一点提示。

### 8.2.1　SM：流处理器

在类比 8.1 中，每辆校车，包括木桶和纸盒（用于接收指令）相当于 GPU 内部的一个 SM（流处理器）。这是 Nvidia 在其较早的 GPU 中使用的术语。例如，在 Fermi 系列中，GTX550Ti GPU（具有 192 个核心，如表 7-6 所示）的每个 SM 有 32 个 GPU 核心。后来，Nvidia 将这个术语改为 Kepler 系列的 SMX、Maxwell 系列的 SMM，以及将 Pascal 系列又改回 SM，但 Pascal 引入了另一个名为 GTC 的层次结构，我们很快就会看到。

---

**类比 8.1：GPU 架构**

去年，Cocotown 在椰子竞赛中取得的巨大成功激励该镇的官员将竞争扩大为两百万颗椰子。虽然 Tolga 在去年的比赛中成功地驾驶校车并组织了童子军，但他意识到在这么大的比赛中使用相同的校车是不可能的。因此，他要求学校今年借给他 4 辆校车（可容纳 48 或 64 名童子军），并让他的兄弟 Tony、Tom 和 Tim 负责在其他三辆校车上管理自己的童子军。他们还让邻居 Gina（一个经验丰富的经理）负责把每个大任务切成小块（每一块包含如何处理 128 颗椰子的说明），并将每一块分配到不同的校车上，一次一块地将它们放入一个纸盒（图 8-1 的右部）。四位小伙子按照 Gina 给他们分发指令的顺序从纸盒中获得指令，并在校车内部将指令发送给童子军。假设每颗椰子都有一个与之相关的唯一编号，Gina 的指令类似于"处理编号为 0…127 的椰子""处理编号为 128…255 的椰子"……

他们意识到，应当有人从树林中"拿到"特定编号的椰子（按照 Gina 在任务中描述的方式）。这个任务本身就是一个大问题，所以他们让 Melissa 负责从树林中摘取相当数量的椰子，给每颗椰子编号，然后有组织地将它们倾倒在一个巨大的木桶中。另一方面，Leland 负责将这些椰子分配到每辆校车外面的小木桶中。Leland 严格按照 Gina 的指示分发椰子。Tolga 的四个妹妹 Laura、Linda、Lilly 和 Libby 负责从小木桶中抓取椰子，并按照需要的顺序将它们分发给童子军们。

---

## 8.2.2　GPU 核心

童子军们就是 GPU 核心。我们将用一整章（第 9 章）来研究每个核心的内部结构以及如何才能获得每个核心的最高性能。目前来说，知道每个核心内部都有 ALU 和 FPU 就足够了。

## 8.2.3　千兆线程调度器

类比 8.1 中的 Gina 就是千兆线程调度器。想象一下你启动了一个有 2000 个线程块的核函数。千兆线程调度器的任务是将块 0 到块 1999 的执行任务分配给 SM0，SM1，…，SM5。它根据 SM 的可用性来分配每个块。例如，假设块 0 被分配给 SM0，块 1 被分配给 SM1，块 5 被分配给 SM5。然后干什么？Gina 可以以循环的方式继续分配，块 6 给 SM0，块 7 给 SM1，…，块 11 给 SM5……但是，简单的分配是一个超快速操作，而线程块的执行则慢得多。这意味着 Gina 将会快速地完成所有块的分配，由于每个 SM 从 Gina 处获取的线程块个数是有限的，超过限制 SM 就会阻止 Gina 继续向它分配线程块，因此，有时 Gina 会暂停工作并等待某个 SM 就绪。换句话说，在图 8-1 中，校车旁边的纸盒限制了它们可以容纳任务（线程块）的数量。纸盒装满后，Gina 必须等待有盒子腾出空间。这项工作将一直持续到 Gina 完成块 1999 的分配，也就是所有的任务都完成。该核函数启动了 2000 个线程块，当所有块的执行都完成后，核函数也结束运行，但这比 Gina 完成任务分配工作要晚得多。如果另一个核函数以不同数量的块启动，Gina 的工作就是将它们分配给校车，甚至可以不用管前一个核函数的运行是否结束。需要注意的是，Gina 还负责为每个待分配的块分配一个块 ID（本例为 0 到 1999）。在表 7-2 中的所有变量中，Gina 的任务是将 gridDim、blockIdx 和 blockDim 变量的值写在她正在准备的纸上。换句话说，千兆线程调度器负责将这些变量传递给将要执行相应块的 GPU 核心。另一方面，threadIdx 变量的赋值与 Gina 无关，它是 Tolga（以及他的兄弟们）的责任，他们在将任务进一步分配给童子军时完成该工作。

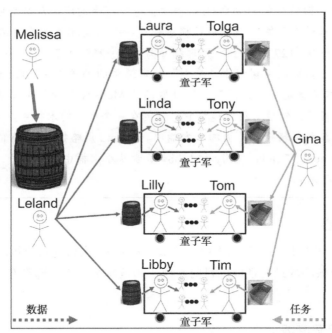

图 8-1 类比 8.1 介绍了如何使用大量 GPU 核心来执行大规模的并行程序，GPU 核心接收来自不同地方的指令和数据。Melissa（内存控制器）只负责从树林中摘取椰子并将它们倒入大桶（L2$）。Larry（L2$ 控制器）负责将这些椰子分发到 Laura、Linda、Lilly 和 Libby 的小桶中（L1$）。最终，这四个人将椰子（数据）分发给童子军（GPU 核心）。在右部，Gina（千兆线程调度器）有大量的任务（待执行的线程块列表）。她将每个线程块分配给一辆校车（SM 或流处理器）。在校车内部，Talga、Tony、Tom 和 Tim 负责将他们继续分配给童子军（指令调度器）

### 8.2.4　内存控制器

Melissa 是 DRAM 控制器,她负责将来自全局存储器(GM)的大块数据送入 L2$。与每个 SM 中的 L1$ 内存一样,L2$ 也是并行的,但是在操作上它们有很大的区别:虽然 L2$ 是保持一致性的,但是 L1$ 内存彼此之间并不保持一致性。换句话说,L2 $ 内部的内存地址都是指向同一块存储区域的,而每个 SM 中的 L1$ 存储区域彼此并不相连。这是因为高速缓存存储器的一致性大大降低了速度,而 L2$ 的速度慢一点是可以接受的,因为经常使用的数据最终会进入 L1$。但对于 L1$ 来说,高性能优先于连续性。这也与 CPU 的高速缓存子系统形成了对比,CPU 中的各级缓存都是保持一致性的。

### 8.2.5　共享高速缓存(L2$)

这是 GPU 中唯一的共享内存,也是末级高速缓存(LLC)。与 CPU 的高速缓存相比,GPU 的 LLC 非常得小。i7-5930K 拥有 15 MB 的 LLC,但 GTX550Ti 只有 768 KB 的 LLC。原因在于目前 VLSI 设计上的限制,使得我们很难制造容量如此之大,还能够足够快速地向 GPU 核心提供并行数据的高速缓存。就像我们在研究 CPU 架构时看到的一样,L2$ 的工作原理完全相同:没有任何东西可以直接从 GM 进入计算核心,一切都必须经过 LLC(本例是 L2$)。这允许经常使用的数据元素被高速缓存以备用。

### 8.2.6　主机接口

主机接口是 GPU 内部负责连接 PCIe 总线的控制器,也就是在 GPU 和 CPU 之间负责控制传输数据的部分,与我们在 CPU 内部看到的 I/O 控制器非常相似。

图 8-2 显示了 GTX550Ti GPU 的内部,看上去与我们有 6 辆校车的类比完全相同。图 8-1 中校车旁边的每个小桶代表该 SM 的 L1$。因此,32 个核心只有一个 L1$。这与 CPU 体系结构形成鲜明对比,因为每个 CPU 核心都有自己专用的 L1$(以及不错的 L2$)。尽管这看起来像是 GPU 的主要性能劣势,但不要被欺骗了。GPU 的 SM 中的每个 L1$ 都是一个并行高速缓存,能够并行地给 16 个核心提供数据。图 8-2 中计算核心旁边的方框表示读入 / 存储队列,旨在便于并行数据读取。所以,只要你的程序以大规模并行的方式读取数据(我们将在第 10 章详细研究),该 L1$ 比 CPU 的 L1$ 和 L2$ 加起来都要强大得多。这就是 GPU 中只有两种类型高速缓冲存储器的原因:Ll$ 在 SM 内部,L2$ 被所有的 SM 共享。

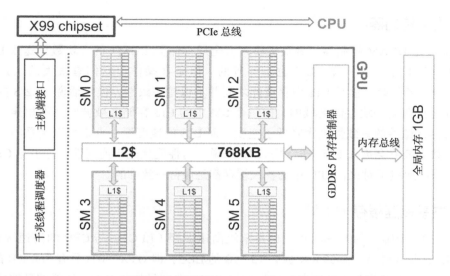

图 8-2　GTX550Ti GPU 的内部架构。总共 192 个 GPU 核心被组织为 6 个流处理器（SM），每个 SM 有 32 个 GPU 核心。192 个核心共享一个 L2$，每个 SM 都有自己的 L1$。专用内存控制器负责将数据导入和导出基于 GDDR5 的全局内存并将其转存到共享的 L2$ 中，而专用主机接口则负责通过 PCIe 总线在 CPU 和 GPU 之间交换数据（和代码）

## 8.3　Nvidia GPU 架构

在过去 20 年的 GPU 演化过程中，有一件事从未改变：在每一代 GPU 中，Nvidia 以及其他 GPU 设计商都在不断增加其 GPU 中的核心数量。例如，我们刚刚提到的 GTX550Ti 包含 192 个核心，因此很容易将其设计为每个 SM 中带有 32 个核心的 6 个 SM。在 Fermi 系列 GPU 中，Fermi GPU 的最大核心数量为 512，因此需要 16 个 SM。然而，随着核心数量的增加，Nvidia（和其他 GPU 制造商）不得不提出不同的方式来组织核心，因为增加 SM 的数量显著增加了芯片面积，因而得到的性能提升并不一定比将每个 SM 中的核心数量增加到 64 个带来的性能提升的多。回到类比 8.1，我们有 128 名童子军（每辆校车 32 名），如果你想将童子军的数量增加到 256，那该怎么办？最好的解决方案是什么？（1）去找 8 辆校车；（2）每辆校车上载 64 名童子军。后一种解决方案将不再需要 4 个额外的小桶（L1$）和 4 个额外的任务调度器，还有 4 个额外的其他东西……因此，重新设计校车内部以容纳 64 名童子军并让 Tolga 和 Laura 多做一些工作看上去是一个更好的主意。这可能会使每辆校车内的处理速度慢一点，但可以节省大量资源，从而可以完成更多的工作，这也是我们最关心的。

随着新一代 Nvidia GPU 的发展，并行线程执行（PTX）指令集架构（ISA）也在不断发展。你可以将新的 ISA 看成：在新一代 GPU 中，每辆校车上童子军的经验更丰富，并且有新的指令来更有效地处理椰子，或者有更先进的工具。这些改进使他们可以通过一条指令完成更多的工作，进而更快地完成任务。正如我们在 7.7 节中看到的，PTX ISA 和计算能力（CC）之间有着直接联系。每个新的 CC 都需要一个新的 ISA。所以，每一代 Nvidia GPU 都不仅推出了广大程序员关心的新的 CC，同时也推出了新的 PTX ISA。现在，让我们来看看每一代 GPU。表 8-1 给出了这些 GPU 的关键参数。

**表 8-1 Nvidia 微体系结构家族和硬件特性**

| 家族 | 发布年代 | 计算能力 | 核心 /SM | 总 SM 数 | 总核心数 | L1$(KB) | L2$(KB) | 模型（GTX） |
|------|---------|---------|---------|---------|---------|---------|---------|-----------|
| Fermi | 2009 | 2.x | 32 | 16 SM | 512 | 48 | 768 | 4xx 5xx |
| Kepler | 2012 | 3.x | 192 | 15 SMX | 2880 | 48 | 1536 | 6xx 7xx |
| Maxwell | 2014 | 5.x | 128 | 24 SMM | 3072 | 96 | 2048 | 7xx 8xx 9xx |
| Pascal | 2016 | 6.x | 64 | 60 SM | 3840 | 64 | 4096 | 10xx |
| Volta | 2018 | 7.x | | | | | | |

## 8.3.1 Fermi 架构

尽管 Fermi 架构在今天已经过时，但由于其比较简单（按照今天的标准），从教学角度来看，Fermi 是一个很好的微体系结构。表 7-6 给出了一些老旧的 Fermi GPU（如 GTX550Ti）的运行时间结果。Fermi 微体系结构设计最多封装了 512 个 GPU 核心。每个 SM 包含 32 个核心，所以 Nvidia 通过简单地增加 SM 的数量来制造不同型号的 Fermi 系列 GPU。例如，GT440 有 3 个 SM（96 核）。GTX480 有 15 个 SM（480 核）。在淘汰 4xx 系列之后，Nvidia 推出了仍然基于 Fermi 架构的 5xx 系列。5xx 系列比其前身（4xx）具有更高的功效，集成了 16 个 SM（512 核）。

## 8.3.2 GT、GTX 和计算加速器

对于每一代 Nvidia GPU，你都可以找到针对消费类市场的 GT 和 GTX 型号名称，以及针对计算加速器市场的其他新名字。例如，在 2011 年，GT530 是低端产品，GTX580 是高端消费市场 GPU。GT530 仅集成了 96 个核心，而 GTX580 则拥有 512 个核心。这些 GPU 都没有很好的双精度浮点运算能力。它们为消费级（特别是游戏）市场量身订做（50 美元～ 700 美元），并不需要关心双精度性能。此外，GTX580 最高可以拥有 3 GB 的 GPU 内存（GDDR5）。但是，如果你需要进行科学计算，双精度计算能力和更大的存储容量就非常重要。Nvidia 制造了一个完全不同的被称为计算加速器（例如 Fermi 时代的 C2075 计算卡）的产品系列，它具有 6 GB 的内存和更高的双精度性能，尽管价格更高（2000 美元～ 3000 美元），但面向的是科学计算市场。

虽然 GTX580 单精度性能为 1581 GFLOPS，双精度性能约为 50 GFLOPS，但 C2075 的单精度和双精度浮点计算性能分别为 1030 GFLOPS 与 515 GFLOPS。换句话说，你可以花费 5 倍以上的代价来获得 5 倍以上的双精度性能。对于无法离开双精度计算的科学应用

来说，这几乎像在 1 个 GPU 中封装了 5 个 GPU，而且只使用了一个插槽。这些加速器还有 ECC 内存支持，这对企业市场很重要。但另一方面，它们的"图形"能力不如 GT 或 GTX 系列，因为它们不需要展示任何东西，而只需要计算。一些加速器只有一个监视器输出端口（例如 C2075），而一些早期型号（例如 C1060）甚至没有监视器输出端口。Nvidia 仍然继续提供这两类产品，尽管其高端的 GPU 开始提供更高的双精度性能。

### 8.3.3 Kepler 架构

从 Fermi 到 Kepler 的改进令人兴奋，今天在企业级和普通消费级电脑中仍然有大量的 Kepler 显卡。Nvidia 重新设计了 SM 以塞入 192 个核心，并称之为 SMX。从计算能力 2.x 升级到 3.x，Nvidia 大大提高了内部参数的上限。表 7-6 中给出了一个激动人心的例子，每个线程块在 $x$ 维度线程数量的上限从 65 535 增加到 20 亿。此外，SM 结构也进行了重新设计（如表 8-1 所示），以允许更多数量的核心（Fermi 中为 512，Kepler 中为 2880）。为了支持如此大量的核心，L2$ 从 768 KB 增加到 1.5 MB。

基于 Kepler 引擎，Nvidia 推出了 K10、K20、K20X、K40 和 K80 计算加速器，它们的优势在于支持 ECC 和很高的双精度性能，与 Fermi 时代的 C2075 非常相似。还记得我们关于 C2075 的讨论，它的图形功能很差，K10 到 K80 系列也不例外。在这些卡中，设计优先考虑的是超高的双精度浮点处理能力以及一些其他额外的功能（如 ECC）。Nvidia 甚至没有制造任何带显示器输出端口的 Kxx 计算加速器，这使得它可以使用额外的芯片面积来提高双精度处理能力且容纳更多的核心。

此时，Nvidia 意识到两件事情：（1）没有人真正在计算显卡中，例如 K80，使用监视器输出，因为它们通常被内置于服务器，并使用远程访问方式（使用 ssh 或其他）。这些服务器一般也都会有一个简单的视频输出（VGA、DVI 或其他）。（2）个人用户级别的 GPU 对出色的图形功能和类似 K80 的双精度性能的需求越来越高。这时，GTX Titan 诞生了。GTX Titan GPU 是 1000 美元的显卡，具有可观的双精度浮点性能（1500 GFLOPS）以及玩游戏所需的出色的单精度浮点性能（4500 GFLOPS）。GTX Titan Z 是一款双 GPU 显卡，具有 8122 GFLOPS 单精度和 2707 GFLOPS 双精度浮点性能。与 K80 的性能几乎有相同（8736 对 2912）的表现。然而，毫不奇怪的是，GTX Titan Z 的价格大约为 3K 美元，也与 K80 相当。总而言之，一个设计目标用于服务器，另一个用于普通个人电脑。我给出了很多用 Kepler GTX Titan Z 执行的性能结果，在后面的章节中将给出几个使用 GTX Titan X（Pascal）执行的结果。

### 8.3.4 Maxwell 架构

在 Maxwell 架构中，Nvidia 将更多核心塞入每个 SM（他们称之为 SMM）。他们还将 L2$ 的大小增加到 2 MB。Maxwell 和其他 Nvidia GPU 之间的一个有趣的区别是，M10、M40 和 M60 加速器的双精度浮点能力都比较低，尽管它们的单精度性能相当高。M60（也是双 GPU 显卡）有 9650 GFLOPS 的单精度浮点性能和 301 GFLOPS 的双精度浮点性能，这让人很沮丧。但对于像深度学习这类的应用来说，双精度浮点计算并不是必须的，因此双精度能力的缺陷并不是什么大问题。

### 8.3.5 Pascal 架构和 NVLink

Pascal 引擎包含 4 MB 的 L2$，旨在面向较小但资源丰富的 SM。由于 SM 的数量很多，每个 SM 实际上被设计成一个更大的组成单元的一部分，这个组成单元被称为图形处理集群（GPC）。一个 GPC 包含 10 个 SM，每个 SM 包含 32 个核心。当我们研究 GPU 核心和内存时，将会给出更详细的架构图。

在推出 Pascal 引擎的同时，Nvidia 也推出了自己的总线 NVLink，以解决 PCIe 的带宽问题。自 2012 年以来，PCIe 带宽一直没有提升（保持在 3.0），而 Nvidia 已经发展了三代 GPU（Kepler、Maxwell 和 Pascal），内部的全局内存带宽也在不断增加。NVLink 总线旨在提供主机和设备之间高达 80 GBps 的吞吐量，这比 PCIe 3 的 15.75 GBps 要好得多。但是，NVLink 不能用在普通个人电脑中，它只能在超级计算机和潜在的高端图形工作站中使用。

## 8.4 CUDA 边缘检测：imedgeG.cu

在 5.1 节中，我们介绍了使用 CPU 多线程代码实现的 imdedge.c 程序。该程序从一个数组中读取图像数据，并对其使用不同的操作（Gaussian、Sobel 等），最后将计算出的结果写入另一个数组中。该程序的 GPU 版本 imedgeG.cu 也将执行完全相同的操作。

### 8.4.1 CPU 和 GPU 内存中存储图像的变量

CPU 内存中的原始图像将被传输到 GPU（设备）端，并将进行与 CPU 版本完全相同的处理，数据将从一个存储区域传输到另一个存储区域，如表 8-2 所示。请注意，我们正在避免使用术语"数组"，原因很快就会明白。现在，让我们看看负责存储操作结果的 GPU 内存。

表 8-2 imedgeG.cu 中使用的核函数及源数组名称和类型

| 核函数名 | 源 | | | 目的 | | | 数据传输 |
|---|---|---|---|---|---|---|---|
| | 名称 | 类型 | 大小 | 名称 | 类型 | 大小 | |
| BWKernel | GPUImg | uc | 121 | GPUBWImg | double | 325 | 446 |
| GaussKernel | GPUBWImg | double | 325 | GPUGaussImg | double | 325 | 650 |
| SobelKernel | GPUGaussImg | double | 325 | GPUGradient GPUTheta | double | 650 | 975 |
| Threshold Kernel | GPUGradient GPUTheta | double | 325 | GPUResultImg | uc | 121 | 446 |
| | | | | | | 总计 »»» | 2517 |

每个核函数处理 astronaut.bmp 时，移动的数据量也在表格中给出。所有的大小均以 MB 为单位。uc 表示无符号字符。

### TheImage 和 CopyImage

这两个变量是 unsigned char 类型指针，TheImage 指向从磁盘读取的原始图像存储位置，而 CopyImage 指向由 GPU 处理后的图像存储位置，并将作为结果（处理后的）图像写入磁盘。通过样例图像说明它们的大小比较容易，例如，astronaut.bmp 的大小约为 121 MB。因此，这两个图像存储区域的大小都是 121 MB，分配该存储区域的代码如下所示，包括读取原始图像的代码：

```
TheImg = ReadBMPlin(InputFileName); //读取输入图像
if (TheImg == NULL){ ... }
CopyImg = (uch *)malloc(IMAGESIZE);
if (CopyImg == NULL){ ... }
```

### GPUImg

如表 8-2 所示，GPUImg 是指向原始图像所在的 GPU 内存区域的指针。就前面的例子而言，它也需要 121 MB，原始的 CPU 图像数据被复制到该区域，如下所示：

```
cudaStatus = cudaMemcpy(GPUImg, TheImg, IMAGESIZE, cudaMemcpyHostToDevice);
if (cudaStatus != cudaSuccess) { ... }
```

### GPUBWImg

由于我们的算法只需要 B&W 图像，因此原始图像会立即被 BWKernel() 转换为 B&W 图像，并保存在 GPUBWImg 指向的内存区域中。该区域的大小是每像素一个双精度浮点数，存储像素的灰度值。对于 astronaut.bmp 图像来说，它的大小是 325 MB。在表 8-2 中，"数据传输"一栏表示的是每个核函数负责传输的数据总量。例如，对于 BWKernel()，这个值大约为 446 MB（即 121+325）。原因是该核函数必须先读取所有的 GPUImg 区域（121 MB），计算得到 B&W 图像，并将产生的 B&W 图像写入 GPUBWImg 指向的内存区域（325 MB），因此总共传输了 446 个 MB 值的数据。这两个存储区域都位于全局内存（GM）中。读取和写入 GM 不一定需要相同的时间。然而，简单起见，可以假定它们相同并计算出有意义的带宽度量标准，这样做并不会影响我们的结论。

### GPUGaussImg

GPU 代码中的 GaussKernel() 将读取 B&W 图像（GPUBWImg），计算其高斯滤波结果并将其写入 GPUGaussImg 指向的内存区域。每个 B&W 像素（类型为 double）是一个高斯滤波后的像素值（也是 double 类型）。因此，这两个内存区域的大小是相同的（325 MB）。如表 8-2 所示，GaussKernel() 必须传输的数据总量为 650 MB。

### GPUGradient 和 GPUTheta

SobelKernel() 负责计算每个像素的梯度（GPUGradient）和角度（GPUTheta），它们是 double 类型的。因此，该核函数必须传输的总数据量是 325+325+325=975 MB。在这儿必须注意，虽然 GPUGradient 总需要计算，但仅在某些情况下才会计算 GPUTheta，正如我们前面讨论过的。因此，该核函数移动的实际数据量小于 975 MB。

### GPUResultImg

ThresholdKernel( ) 负责计算图像的 B&W 版本并将其写入 GPUResultImg 指向的内存区域，最终被复制到 CPU 的 CopyImage 中。结果图像中的像素若是 0-0-0，则是黑色（边）；若是 255-255-255，则是白色（非边）。请注意，正如该程序的 CPU 版本中所介绍的，用于表示一个像素是边还是非边的颜色可以用 #define 语句进行更改。也许你有时想用黑色来表示非边。这对打印输出边缘检测版本的图像或将其在计算机显示器上显示输出都很有用。

## 8.4.2 为 GPU 变量分配内存

在 8.4.1 节中，我们介绍了计算最终边缘检测图像所需的 GPU 端内存区域。表 8-2 中列出的指针指向这六个内存区域，它们由 cudaMalloc( ) 语句分配，代码 8.1 中相关的部分如下所示：

```
#define IMAGESIZE  (ip.Hbytes*ip.Vpixels)
#define IMAGEPIX (ip.Hpixels*ip.Vpixels)
    ...
    GPUtotalBufferSize = 4 * sizeof(double)*IMAGEPIX + 2 * sizeof(uch)*IMAGESIZE;
    cudaStatus = cudaMalloc((void**)&GPUptr, GPUtotalBufferSize); if(...);
```

2*sizeof(uch)*IMAGESIZE 计算出的数值是初始（GPUImg）和结果（GPUResultImg）图像所需的存储大小，而中间结果需要 4*sizeof(double)*IMAGEPIX 的大小来存储 GPUBWImg、GPUGaussImg、GPUGradient 和 GPUTheta。在 C 语言中，只要知道变量的类型，就可以将这些区域看作数组，imedgeG.cu 就是这么做的。这里的小窍门是将指针的类型设置为指针所指向的变量的类型。这就是 cudaMalloc( ) 为什么是 void* 类型的原因，它可以将每个独立的指针灵活地设置为代码 8.1 中我们喜欢的任何类型的内存指针，如下所示：

```
GPUImg      = (uch *)GPUptr;
GPUResultImg = GPUImg + IMAGESIZE;
GPUBWImg     = (double *)(GPUResultImg + IMAGESIZE);
GPUGaussImg  = GPUBWImg + IMAGEPIX;
GPUGradient  = GPUGaussImg + IMAGEPIX;
GPUTheta     = GPUGradient + IMAGEPIX;
```

请看第一行：

```
GPUImg      = (uch *)GPUptr;
```

这只不过是两个 64 位变量之间的复制操作，不过，重要的是将指针类型转换为 uch。这让编译器知道左侧的指针（GPUImg）现在是 uch* 类型（正确的读法是"uch 指针"或"指向无符号字符型的指针",或者更准确地说是"指向一个数组的指针,数组中的每个元素是无符号字符并占用一个字节")。右侧的指针(GPUptr)的类型是 void*,意味着"这是一个表示无类型指针的 64 位整数"。进行类型转换有一个至关重要的目的:现在编译器知道左侧指针是 unsigned char 类型,它将据此执行指针运算。让我们看看下一行代码:

```
GPUResultImg = GPUImg + IMAGESIZE;
```

在这里你不能想当然地理解为将两种不同类型数据相"+"的含义。GPUImg 的类型是 uch*,而 IMAGESIZE 是整型。在这种情况下应该如何进行加运算?答案来自 C 语言中规定的指针算术规则。通过类型转换,编译器知道 GPUImg 正在指向一个数组,数组元素的大小为 1 个字节。因此,每个整数确实是加了 1,而 GPUResultImg 指向另一块内存区域,该区域的首地址与 GPUImg 相比,偏移了 IMAGESIZE 字节。在本例中,当我们处理 astronaut.bmp 时,每个区域为 121 MB。因此,GPUImg 位于分配的内存区域的最开始处(称为 offset = 0),GPUResultImg 偏移了 121 MB。这很容易,因为这两个指针是相同的类型,所以只需要简单的加法就够了,不需要进行强制类型转换。

**代码 8.1:imedgeG.cu ... main(){...**

imedgeG.cu 中 main() 的第一部分。time2BW、time2Gauss 和 time2Sobel 用于对四个单独的 GPU 核函数的执行进行计时。

```
#define CEIL(a,b)  ((a+b-1)/b)
#define IPH        ip.Hpixels
#define IPV        ip.Vpixels
#define IMAGESIZE  (ip.Hbytes*ip.Vpixels)
#define IMAGEPIX   (ip.Hpixels*ip.Vpixels)
uch *TheImg, *CopyImg, *GPUImg, *GPUResultImg; // CPU、GPU 图像指针
int  ThreshLo=50, ThreshHi=100;   //区分"边"和"非边"的阈值
double *GPUBWImg, *GPUGaussImg, *GPUGradient, *GPUTheta;
...
int main(int argc, char **argv)
{
  cudaEvent_t time1, time2, time2BW, time2Gauss, time2Sobel, time3, time4;
  ui BlkPerRow, ThrPerBlk=256, NumBlocks, GPUDataTransfer;
  ...
  TheImg = ReadBMPlin(InputFileName);  if(TheImg==NULL){ ... }
  CopyImg = (uch *)malloc(IMAGESIZE);  if(CopyImg == NULL){ ... }
  cudaGetDeviceCount(&NumGPUs);    if (NumGPUs == 0){ ... }
  cudaGetDeviceProperties(&GPUprop, 0);
  ...
  cudaEventCreate(&time1); ...(&time2BW); ...(&time2Gauss); ...(&time2Sobel); ...
  cudaEventRecord(time1, 0);  // 开始进行 GPU 传输的时间戳
  GPUtotalBufferSize = 4 * sizeof(double)*IMAGEPIX + 2 * sizeof(uch)*IMAGESIZE;
  cudaStatus = cudaMalloc((void**)&GPUptr, GPUtotalBufferSize); if(...);
  GPUImg      = (uch *)GPUptr;
  GPUResultImg = GPUImg + IMAGESIZE;
  GPUBWImg    = (double *)(GPUResultImg + IMAGESIZE);
  GPUGaussImg = GPUBWImg + IMAGEPIX;
```

```
GPUGradient  = GPUGaussImg + IMAGEPIX;
GPUTheta     = GPUGradient + IMAGEPIX;

cudaStatus = cudaMemcpy(GPUImg, TheImg, IMAGESIZE, cudaMemcpyHostToDevice);
if(...);   cudaEventRecord(time2, 0); // CPU 到 GPU 的传输结束后的时间戳

BlkPerRow=CEIL(IPH, ThrPerBlk);              NumBlocks=IPV*BlkPerRow;

BWKernel <<< NumBlocks, ThrPerBlk >>> (GPUBWImg, GPUImg, IPH);
if(...); cudaEventRecord(time2BW, 0); // BW 图像计算完成后的时间戳
GaussKernel <<< NumBlocks, ThrPerBlk >>> (GPUGaussImg, GPUBWImg, IPH, IPV);
if(...); cudaEventRecord(time2Gauss, 0); // Gauss 图像计算完成
SobelKernel <<< Num...,... >>> (GPUGradient, GPUGaussImg, IPH, IPV);
if(...); cudaEventRecord(time2Sobel, 0); // Gradient 和 Theta 计算完成后
ThresholdKernel <<< NumBlocks, ThrPerBlk >>> (GPUResultImg, GPUGradient,
    GPUTheta, IPH, IPV, ThreshLo, ThreshHi);
if(...); cudaEventRecord(time3, 0); // 阈值处理后
cudaStatus=cudaMemcpy(CopyImg, GPUResultImg, IMAGESIZE, cudaMemcpyDeviceToHost);
cudaEventRecord(time4, 0); // GPU 到 CPU 传输完成后
...
```

让我们继续指针计算，下一行代码是：

```
GPUBWImg     = (double *)(GPUResultImg + IMAGESIZE);
```

这行代码很容易理解：IMAGESIZE 是 GPUResultImg 数组的内存大小，可以使用 uch* 指针算术将其添加到变量中。但是，必须将结果指针转换为 double*，因为 GPUResultImg 后面的内存区域存放的是 GPUBWImg，这块区域存放的是一个 64 位（8 个字节）的 double 类型的数组。指针 GPUBWImg 计算好后，剩下的三个指针也是 double* 类型，下一个 double * 的计算就是加上"相隔了多少个 double 数组元素"，如下所示：

```
GPUGaussImg = GPUBWImg + IMAGEPIX;
```

这表示"隔了 IMAGEPIX 个元素，每个元素都是 double 类型"或者"隔了 IMAGEPIX*8 个字节"，如果你希望技术上描述地更加正确，"隔了 IMAGEPIX*sizeof(double) 个字节"。其余的指针计算遵循完全相同的逻辑：

```
GPUGradient  = GPUGaussImg + IMAGEPIX;
GPUTheta     = GPUGradient + IMAGEPIX;
```

## 8.4.3  调用核函数并对其进行计时

代码 8.1 首先将从磁盘读入到 CPU 内存（TheImg）中的图像数据复制到分配好的 GPU 内存（GPUImg）中，具体代码如下：

```
cudaStatus = cudaMemcpy(GPUImg, TheImg, IMAGESIZE, cudaMemcpyHostToDevice);
if(...);   cudaEventRecord(time2, 0); // 开始进行 GPU 传输的时间戳
```

我们用变量 time2 来标记后续代码计时的开始，在后续代码中，将调用 GPU 核函数来进行边缘检测。第一个核函数是 BWKernel()，用于计算原始 RGB 图像的 B&W 版本：

```
BlkPerRow=CEIL(IPH, ThrPerBlk);          NumBlocks=IPV*BlkPerRow;

BWKernel <<< NumBlocks, ThrPerBlk >>> (GPUBWImg, GPUImg, IPH);
if(...); cudaEventRecord(time2BW, 0); //BW 图像计算完成后的时间戳
```

每个核函数都需要 BlkPerRow 和 ThrPerBlk 变量，所以在启动任何核函数之前需要先计算它们。BWKernel() 读取传输到 GPU 内存（GPUImg）中的原始图像，并将计算出的 B&W 图像写入 GPU 内存（GPUBWImg），B&W 图像中的元素是 double 类型。执行完成后的时间戳保存在变量 time2BW 中。

　　另外两个核函数的调用和记录时间戳的方式基本一样：

```
GaussKernel <<< NumBlocks, ThrPerBlk >>> (GPUGaussImg, GPUBWImg, IPH, IPV);
if(...); cudaEventRecord(time2Gauss, 0); // Gauss 图像计算完成
SobelKernel <<< Num...,... >>> (GPUGradient, GPUTheta, GPUGaussImg, IPH, IPV);
if(...); cudaEventRecord(time2Sobel, 0); // Gradient 和 Theta 计算完成后
ThresholdKernel <<< NumBlocks, ThrPerBlk >>> (GPUResultImg, GPUGradient,
    GPUTheta, IPH, IPV, ThreshLo, ThreshHi);
if(...); cudaEventRecord(time3, 0); // 阈值处理后
```

所有核函数执行完成时的时间戳保存在变量 time3 中。处理结果保存在 GPU 内存（GPUResultImg）中，并按如下方式传送到 CPU 内存中：

```
cudaStatus=cudaMemcpy(CopyImg, GPUResultImg, IMAGESIZE, cudaMemcpyDeviceToHost);
cudaEventRecord(time4, 0); // GPU 到 CPU 传输完成后
```

### 8.4.4　计算核函数的性能

　　5.1 节已经对边缘检测算法进行了详细的描述，这里不再重复。5.2 节详细介绍了它的 CPU 实现过程，涉及四个独立的函数。我们分别统计了这四个函数的执行时间，发现对它们进行一些相似的修改可能导致不同的性能改进。这是因为每个函数的本质不同。有些是核心密集型的，有些是存储密集型的。该程序的 GPU 版本（imedgeG.cu）将划分成同样的核函数去执行，我们也会独立地进行改进以观察每个改进操作的效果。与 CPU 版本一样，每个核函数可能是存储密集型的，也可能是计算密集型的，或者两者都是。最重要的是，由于 CPU 和 GPU 内存子系统的差异，存储密集型的 GPU 核函数（例如 GaussKernel()）可能与其 CPU 版的对应函数（此时为函数 Gauss()）不相同。尽管这样，我们可以准确地测量一个参数：根据公式 4.6 计算出的实际带宽。该公式定义了某个函数实际达到的内存带宽，即其在执行期间传输的数据量与花费时间的比值。可以用该公式计算每个 GPU 核函数的实际带宽接近全局内存峰值带宽的程度。我们将在不同的 GPU 上运行同一个核函数来观察它们的表现。该指标也可以作为评估各种改进操作的标准。正如我们将很快看到的那样，即

使某个核函数是计算密集型的，这个指标也会有所帮助。

### 8.4.5　计算核函数的数据移动量

根据公式 4.6，在确定核函数的性能时需要知道它的执行时间和搬运的数据量。我们知道时间戳可以记录核函数的执行时间，所以，剩下的就是确定每个核函数移动的数据量。这里值得重申的是，我们并没有区分是读内存还是写内存。当然这对结果有影响，但从评估某核函数不同版本之间相对性能改进的角度来说，这种粗略的方法（即将内存读取和写入集中在一起并将它们称为内存搬运）已经足够好了。代码 8.2 显示了 main() 函数中负责跟踪每个核函数的数据搬运量的部分代码。对于前三个核函数，如下所示：

```
BWKernel <<< ... >>> (...);   if (...);       cudaEventRecord(time2BW, 0);
GPUDataTfrBW = sizeof(double)*IMAGEPIX + sizeof(uch)*IMAGESIZE;
GaussKernel <<< ... >>> ();   if (...);       cudaEventRecord(time2Gauss, 0);
GPUDataTfrGauss = 2*sizeof(double)*IMAGEPIX;
SobelKernel <<< ... >>>();   if (...);      cudaEventRecord(time2Sobel, 0);
GPUDataTfrSobel = 3 * sizeof(double)*IMAGEPIX;
```

变量 GPUDataTfrBW、GPUDataTfrGauss 和 GPUDataTfrSobel 与表 8-2 中给出的数值相对应，对于 astronaut.bmp 图像来说，它们最终分别为 446 MB、650 MB 和 975 MB。这三个核函数有一个共同的特点，可以很容易地确定它们搬运的数据量，这就是：它们传输的数据量不会发生什么变化，对于给定的图像，它们搬运的数据量总是相同的。但 ThresholdKernel() 不同。虽然永远都需要计算 GPUGradient 的值，但 GPUTheta 只在必要时才写入。下面是计算 ThresholdKernel() 中数据移动量的代码：

```
ThresholdKernel <<< ... >>> (...);   if (...);
GPUDataTfrThresh=sizeof(double)*IMAGEPIX + sizeof(uch)*IMAGESIZE;
```

显然，这是要移动的数据量的下限估计，而上限的估计需要再加一个 IMAGEPIX，即需要计算 GPUTheta 值的情况，如表 8-2 所示。在这种情况下，最好的做法是避免仅根据该核函数的表现来对核函数的性能做出评判。我们可以再根据其他三个核函数的表现来判断我们的改进对性能的影响，因此这个障碍不会阻止我们做出准确的判断。最终，计算数据移动总量的代码如下所示：

```
GPUDataTfrKernel=GPUDataTfrBW+GPUDataTfrGauss+GPUDataTfrSobel+GPUDataTfrThresh;
GPUDataTfrTotal =GPUDataTfrKernel + 2 * IMAGESIZE;
```

请注意，添加 2*IMAGES1ZE 考虑了需要在 CPU 和 GPU 之间传输原始图像和最终图像。

**代码 8.2：imedgeG.cu　... main() ...}**

imedgeG.cu 的 main() 函数中负责输出报告的代码部分。每个核函数处理的数据量都在变量 GPUDataTfrBW、GPUDataTfr……中。

```
#define MB(bytes)      (bytes/1024/1024)
#define BW(bytes,timems) ((float)bytes/(timems * 1.024*1024.0*1024.0))
...
int main(int argc, char **argv)
{
    ...
    BWKernel <<< ... >>> (...);  if (...);      cudaEventRecord(time2BW, 0);
    GPUDataTfrBW = sizeof(double)*IMAGEPIX + sizeof(uch)*IMAGESIZE;
    GaussKernel <<< ... >>> ();  if (...);      cudaEventRecord(time2Gauss, 0);
    GPUDataTfrGauss = 2*sizeof(double)*IMAGEPIX;
    SobelKernel <<< ... >>>();  if (...);     cudaEventRecord(time2Sobel, 0);
    GPUDataTfrSobel = 3 * sizeof(double)*IMAGEPIX;
    ThresholdKernel <<< ... >>> (...);  if (...);
    GPUDataTfrThresh=sizeof(double)*IMAGEPIX + sizeof(uch)*IMAGESIZE;
    GPUDataTfrKernel=GPUDataTfrBW+GPUDataTfrGauss+GPUDataTfrSobel+GPUDataTfrThresh;
    GPUDataTfrTotal =GPUDataTfrKernel + 2 * IMAGESIZE;
    cudaEventRecord(time3, 0);
    ...
    printf("\n\n--------------------\n");
    printf("%s   ComputeCapab=%d.%d [max %s blocks; %d thr/blk] \n",
    GPUprop.name, GPUprop.major, GPUprop.minor, SupportedBlocks, MaxThrPerBlk);
    printf("\n\n--------------------\n");
    printf("%s %s %s %u %d %d [%u BLOCKS, %u BLOCKS/ROW]\n", ProgName,
        InputFileName, OutputFileName, ThrPerBlk, ThreshLo, ThreshHi, NumBlocks,
        BlkPerRow);
    printf("\n\n--------------------\n");
    printf("          CPU->GPU Transfer =...\n", tfrCPUtoGPU, MB(IMAGESIZE),
        BW(IMAGESIZE,tfrCPUtoGPU));
    printf("          GPU->CPU Transfer =...\n", tfrGPUtoCPU, MB(IMAGESIZE),
        BW(IMAGESIZE, tfrGPUtoCPU));
    printf("\n\n--------------------\n");
    printf("     BW Kernel Execution Time =...\n", kernelExecTimeBW,
        MB(GPUDataTfrBW), BW(GPUDataTfrBW, kernelExecTimeBW));
    printf("  Gauss Kernel Execution Time =...\n", kernelExecTimeGauss,
        MB(GPUDataTfrGauss), BW(GPUDataTfrGauss, kernelExecTimeGauss));
    printf("  Sobel Kernel Execution Time =...\n", kernelExecTimeSobel,
        MB(GPUDataTfrSobel), BW(GPUDataTfrSobel, kernelExecTimeSobel));
    printf("Threshold Kernel Execution Time =...\n", kernelExecTimeThreshold,
        MB(GPUDataTfrThresh), BW(GPUDataTfrThresh, kernelExecTimeThreshold));
    printf("\n\n--------------------\n");
    printf("      Total Kernel-only time =...\n", totalKernelTime,
        MB(GPUDataTfrKernel), BW(GPUDataTfrKernel, totalKernelTime));
    printf("  Total time with I/O included =...\n", totalTime, MB(GPUDataTfrTotal),
        BW(GPUDataTfrTotal, totalTime));
    printf("\n\n--------------------\n");
    ...
}
```

### 8.4.6 输出核函数性能

　　代码 8.2 的末尾部分输出了每个核函数的性能，包括核函数移动的数据量，如图 8-3 所示。在该图中，不考虑 ThresholdKernel()，GaussKernel() 的带宽最低，而 BWKernel() 的带宽最高。去除 I/O 时间，数据移动总量为 2516 MB，与表 8-2 一致，边缘检测的总体带宽为 23.60 GBps，远低于 GTX Titan Z 可提供的 336 GBps。因此，直观地说，我们的代码可能有很大的改进空间。

```
Z:\code>imedgeG astronaut.bmp output.bmp 256 50 100

 Input File name:      astronaut.bmp   (7918 x 5376)   File Size=127712256
 Output File name:          output.bmp   (7918 x 5376)   File Size=127712256

 GeForce GTX TITAN Z   ComputeCapab=3.5 [max 2048 M blocks; 1024 thr/blk]

 imedgeG astronaut.bmp output.bmp 256 50 100 [166656 BLOCKS, 31 BLOCKS/ROW]

          CPU->GPU Transfer =  30.93 ms ...   121 MB ...    3.85 GB/s
          GPU->CPU Transfer =  28.51 ms ...   121 MB ...    4.17 GB/s

       BW Kernel Execution Time =   8.95 ms ...   446 MB ...   48.72 GB/s
    Gauss Kernel Execution Time =  48.11 ms ...   649 MB ...   13.19 GB/s
    Sobel Kernel Execution Time =  39.59 ms ...   974 MB ...   24.03 GB/s
Threshold Kernel Execution Time =   7.51 ms ...   446 MB ...   58.04 GB/s

    Total Kernel-only time = 104.16 ms ...  2516 MB ...   23.60 GB/s
    Total time with I/O included = 163.60 ms ...  2760 MB ...   16.48 GB/s
```

图 8-3　在 GTX Titan Z GPU 上用 imedgeG.cu 程序处理 astronaut.bmp 图像的输出结果示例。输出结果清楚地显示了每个核函数的执行时间和移动的数据量

## 8.5　imedgeG：核函数

在 8.6 节中，我们将在多个 GPU 上运行该程序并观察其性能。现在，让我们看看每个核函数的具体情况。

### 8.5.1　BWKernel( )

代码 8.3 给出了 BWKernel( ) 的代码，它根据公式 5.1 计算图像的 B&W 版本。该核函数涉及的计算非常简单，似乎根本不需要太多的解释。然而，我们还是深入研究一下代码 8.3，看看它是如何实现的，我们是否可以做得更好。

---

**代码 8.3：imedgeG.cu　…　BWKernel( ){…}**

BWKernel( ) 将原始的彩色图像转换为 B&W 图像。

---

```
// 从 RGB 图像计算 B&W 图像
// 结果图像的每个像素为 doulbe 类型
__global__
void BWKernel(double *ImgBW, uch *ImgGPU, ui Hpixels)
{
  ui ThrPerBlk = blockDim.x;
  ui MYbid = blockIdx.x;
  ui MYtid = threadIdx.x;
```

```
    ui MYgtid = ThrPerBlk * MYbid + MYtid;
    double R, G, B;

    ui BlkPerRow = CEIL(Hpixels, ThrPerBlk);
    ui RowBytes = (Hpixels * 3 + 3) & (~3);
    ui MYrow = MYbid / BlkPerRow;
    ui MYcol = MYgtid - MYrow*BlkPerRow*ThrPerBlk;
    if (MYcol >= Hpixels) return;       //col 超出范围

    ui MYsrcIndex = MYrow * RowBytes + 3 * MYcol;
    ui MYpixIndex = MYrow * Hpixels + MYcol;

    B = (double)ImgGPU[MYsrcIndex];
    G = (double)ImgGPU[MYsrcIndex + 1];
    R = (double)ImgGPU[MYsrcIndex + 2];
    ImgBW[MYpixIndex] = (R+G+B)/3.0;
}
```

为什么不从核函数最前面的几行开始介绍？我们跳过了前三行，因为它们只是简单的赋值
语句，需要查看的是涉及某种计算的代码：

```
    ui MYgtid = ThrPerBlk * MYbid + MYtid;
    double R, G, B;

    ui BlkPerRow = CEIL(Hpixels, ThrPerBlk);
    ui RowBytes = (Hpixels * 3 + 3) & (~3);
    ui MYrow = MYbid / BlkPerRow;
    ui MYcol = MYgtid - MYrow*BlkPerRow*ThrPerBlk;
    if (MYcol >= Hpixels) return;       //col 超出范围
```

你发现有什么不对的地方了吗？这里的问题是如何编写一段既漂亮又组织合理的代码。
CEIL 是一个宏，在 imedgeG.cu 开头定义，具体如下：

```
    #define CEIL(a,b)   ((a+b-1)/b)
```

现在你发现更大的问题了吗？我发现了！我们在 4.7.3 节强调整数除法可能是针对核函数性
能的大规模杀伤性武器。然而，每个像素需要两个整数除法：一个用于计算 MYrow，另一
个用于 CEIL 宏定义。因此，对于 astronaut.bmp 图像来说，你正在强迫该核函数为 4200 万
个像素执行 8400 万次整数除法。更糟糕的是，这只是计算图像的 B&W 版本，还有 Gauss、
Sobel 等。事情还没完，看看我们从 RGB 计算 B&W 值的方式：

```
    B = (double)ImgGPU[MYsrcIndex];
    G = (double)ImgGPU[MYsrcIndex + 1];
    R = (double)ImgGPU[MYsrcIndex + 2];
    ImgBW[MYpixIndex] = (R+G+B)/3.0;
```

你又发现什么不对了吗？还有一个除法操作，而且是 double 类型的。所以，这个除法肯
定要比之前的整数类型除法更慢。此外，RGB 像素值最初是无符号字符，然后被转换为

double 类型。强制转换到 double 类型操作和普通的 double 类型操作一样糟糕，这将使双精度计算资源更加忙碌。可以用不同的方式完成这些计算吗？是的！第 9 章会介绍很多办法来改进这个核函数（以及其他核函数）的性能。

## 8.5.2 GaussKernel( )

代码 8.4 给出了 GaussKernel( ) 函数，它根据公式 5.2 从其 B&W 图像计算高斯滤波图像。仔细观察这个核函数，你会发现在代码的前面有两个相同的整数除法，在末尾有一个 double 类型的除法。但是，当你看到嵌套的 for 循环中执行大量加法和乘法操作时，这些除法操作的影响就可以忽略不计了，更不用说每个加法和乘法都是 double 类型的操作。在 imedge.c 的 CPU 版本中，我们不太在意浮点运算是 float 类型还是 double 类型（即单精度或双精度）。由于所有现代 CPU 都是 64 位的，双精度的 64 位长度就是其数据通路的宽度。因此，它们计算双精度的性能与单精度几乎相同，至少对于简单的加运算和乘法运算来说几乎相同。这与 GPU 形成了鲜明的对比。所有 GPU（至少是 Pascal 之前的系列）的数据通路大小都是 32 位。因此，当你执行太多的双精度浮点运算时，它们的性能急剧下降。正如我们将在第 9 章中深入调查的那样，性能差异可能是几个数量级！因此，当不是特别需要时，不应该如此慷慨地使用双精度浮点变量。

除此之外，还有许多需要讨论的问题，我们将逐一详细介绍。首先来看看 Gaussian 滤波常数的定义：

```
__device__
double Gauss[5][5] = { { 2,   4,    5,   4,   2 },
                       { 4,   9,   12,   9,   4 },
                           ...
```

我没有列出该代码的全部。数组前面的 __device__ 前缀意味着这个数组是一个设备端数组。换句话说，编译器将决定它的去向。我们并没有明确说明它的去向，只知道它在设备端，不在主机端。当然，这是必然的，因为核函数中的每次加法和乘法都需要这 25 个值中的一个。在嵌套的两层 for 循环中，计算每个输出的像素值大约需要 150 个整型和 75 个 double 类型操作。你会知道为什么我们不再担心这三个除法了。我们有更大的麻烦。

---

**代码 8.4：imedgeG.cu ...GaussKernel( ){...}**

GaussKernel( ) 根据 B&W 图像计算其 Gaussian 模糊图像，B&W 图像由 BWKernel( ) 计算得到。

---

```
__device__
double Gauss[5][5] = { { 2,    4,     5,    4,    2 },
                       { 4,    9,    12,    9,    4 },
                       { 5,   12,    15,   12,    5 },
                       { 4,    9,    12,    9,    4 },
```

```
                              { 2,   4,   5,   4,   2 } };
        //从 B&W 图像计算 Gauss 图像
        //结果图像的每个像素为 doulbe 类型
__global__
void GaussKernel(double *ImgGauss, double *ImgBW, ui Hpixels, ui Vpixels)
{
    ui ThrPerBlk = blockDim.x;
    ui MYbid = blockIdx.x;
    ui MYtid = threadIdx.x;
    ui MYgtid = ThrPerBlk * MYbid + MYtid;
    int row, col, indx, i, j;
    double G=0.00;

    //ui NumBlocks = gridDim.x;
    ui BlkPerRow = CEIL(Hpixels, ThrPerBlk);
    int MYrow = MYbid / BlkPerRow;
    int MYcol = MYgtid - MYrow*BlkPerRow*ThrPerBlk;
    if (MYcol >= Hpixels) return;        // col 超出范围

    ui MYpixIndex = MYrow * Hpixels + MYcol;
    if ((MYrow<2) || (MYrow>Vpixels - 3) || (MYcol<2) || (MYcol>Hpixels - 3)){
        ImgGauss[MYpixIndex] = 0.0;
        return;
    }else{
        G = 0.0;
        for (i = -2; i <= 2; i++){
            for (j = -2; j <= 2; j++){
                row = MYrow + i;
                col = MYcol + j;
                indx = row*Hpixels + col;
                G += (ImgBW[indx] * Gauss[i + 2][j + 2]);
            }
        }
        ImgGauss[MYpixIndex] = G / 159.00;
    }
}
```

### 8.5.3　SobelKernel( )

代码 8.5 显示的是 SobelKerne1( ) 函数，它根据公式 5.3 和公式 5.4 从高斯滤波后的图像计算 Sobel 滤波图像。这段代码看起来与它的 CPU 版本代码 5.5 非常相似。所以，从代码实现的角度看，我们可以感觉很舒服，因为一旦我们拥有 CPU 版本，开发它的 GPU 版本就会非常容易，是吗？不是！根本没那么快！如果你从本书学到一点，那就是你正在阅读的代码与它将要被映射到的硬件之间没有任何关系。换句话说，如果 CPU 和 GPU 的硬件架构相同，你会期望代码 5.5（CPU Sobel）和代码 8.5 达到相同的性能。然而，事实上这两种硬件有非常大的差异，我们将专门研究 GPU 核心的工作原理（第 9 章）和 GPU 存储结构的工作原理（第 10 章）。CPU 和 GPU 核心之间的最大区别在于 GPU 的设计目标是在它们内部封装 1000、2000 或 3000 个核心，而 CPU 只有 4 到 12 个核心。因此，CPU 中的每个核心的速度更快，功能更强大，并且可以执行 64 位操作，而 GPU 的核心则更加简单，它希望通过较多的数量来实现高性能，而不是通过复杂的设计来实现。因此，从本章开始，学习的最佳方法是了解 GPU 有哪些优势，并尝试在自己的程序中利用这些优势。

SobelKernel( ) 有两层嵌套循环，每层需要循环 3 次，所以总共有 9 次循环。我们看到了很多整数运算：

```
row = MYrow + i;
col = MYcol + j;
indx = row*Hpixels + col;
```

还有双精度乘法和加法：

```
GX += (ImgGauss[indx] * Gx[i + 1][j + 1]);
GY += (ImgGauss[indx] * Gy[i + 1][j + 1]);
```

记得我们用了整个 4.7 节来仔细考察了每一步数学运算，并努力理解每一步运算在计算需求方面是多么"糟糕"。诸如 division、sin( )、sqrt( ) 等操作对 CPU 核心来说都是坏消息。考虑到 GPU 的核心更简单，我们不指望它们对 GPU 性能的损害会更小。在 SobelKernel 中，最令人担忧的代码是：

```
ImgGrad[MYpixIndex] = sqrt(GX*GX + GY*GY);
ImgTheta[MYpixIndex] = atan(GX / GY)*180.0 / PI;
```

除了危害稍小的双精度加法和乘法之外，这些代码还包含了双精度除法，平方根和反正切函数。如果 SobelKernel 的 CPU 版本具有指导意义的话（代码 4.7 中的 Sobel( ) 函数），这几行代码的执行会非常缓慢。唯一的好消息是这些行只执行一次，而两层 for 循环内的双精度加法和乘法需要执行多次。关注所有这些细节是一件好事，但最终，当我们在稍后给出这些核函数的运行结果时，将能够量化所有的细节。

---

**代码 8.5：imedge.cu ... SobelKernel( ){...}**

SobelKernel( ) 从高斯模糊图像计算梯度和 Theta 图像。这些将用于决定边缘的大小和方向。

---

```
__device__
double Gx[3][3] = { { -1, 0, 1 },
                    { -2, 0, 2 },
                    { -1, 0, 1 } };
__device__
double Gy[3][3] = { { -1, -2, -1 },
                    {  0,  0,  0 },
                    {  1,  2,  1 } };
// 从 Gauss 图像计算 Gradient 和 Theta 图像
// 结果图像的每个像素为 doulbe 类型
__global__
void SobelKernel(double *ImgGrad, double *ImgTheta, double *ImgGauss, ui Hpixels,
    ui Vpixels)
```

```
{
    ui ThrPerBlk = blockDim.x;
    ui MYbid = blockIdx.x;
    ui MYtid = threadIdx.x;
    ui MYgtid = ThrPerBlk * MYbid + MYtid;
    int row, col, indx, i, j;
    double GX,GY;

    //ui NumBlocks = gridDim.x;
    ui BlkPerRow = CEIL(Hpixels, ThrPerBlk);
    int MYrow = MYbid / BlkPerRow;
    int MYcol = MYgtid - MYrow*BlkPerRow*ThrPerBlk;
    if (MYcol >= Hpixels) return;      // col 超出范围

    ui MYpixIndex = MYrow * Hpixels + MYcol;
    if ((MYrow<1) || (MYrow>Vpixels - 2) || (MYcol<1) || (MYcol>Hpixels - 2)){
        ImgGrad[MYpixIndex] = 0.0;
        ImgTheta[MYpixIndex] = 0.0;
        return;
    }else{
        GX = 0.0;  GY = 0.0;
        for (i = -1; i <= 1; i++){
            for (j = -1; j <= 1; j++){
                row = MYrow + i;
                col = MYcol + j;
                indx = row*Hpixels + col;
                GX += (ImgGauss[indx] * Gx[i + 1][j + 1]);
                GY += (ImgGauss[indx] * Gy[i + 1][j + 1]);
            }
        }
        ImgGrad[MYpixIndex] = sqrt(GX*GX + GY*GY);
        ImgTheta[MYpixIndex] = atan(GX / GY)*180.0 / PI;
    }
}
```

### 8.5.4　ThresholdKernel( )

代码 8.6 给出的是 ThresholdKernel( ) 函数，它根据公式 5.5 和公式 5.6 从 Sobel 滤波后的图像计算图像阈值化后的（即边缘检测）版本。代码 8.6 的一个有趣之处是它的运行性能高度依赖于图像本身。这个概念被称为数据依赖的性能。多分支的条件语句可能会根据其中一个分支是 TRUE 还是 FALSE 而大幅改变性能。在这样的情况下，只能给出一个性能数值的范围，而不是一个值。其他三个核函数的情况并非如此，因为所有像素的计算都完全相同。由于这种“数据依赖”，我们不会用该函数来评估对代码的一些改进是否成功。该函数的另一个有趣的特性是它没有嵌套的循环（或者甚至没有一个循环）。因此，可以预计它的执行速度明显快于其他核函数，尤其是因为它还不包含任何超越函数（例如 sin( )、sqrt( )）。

**代码 8.6：imedgeG.cu ... ThresholdKernel( ){...}**

ThresholdKernel( ) 根据 Gradient 和 Theta 图像（分别是幅值和角度）计算图像中的边缘。

```
// 从 Gradient、Theta 计算阈值处理图像
// 结果图像的每个像素为 RGB，每个像素的 RGB 分量值相同
__global__
void ThresholdKernel(uch *ImgResult, double *ImgGrad, double *ImgTheta, ui
    Hpixels, ui Vpixels, ui ThreshLo, ui ThreshHi)
{
    ui ThrPerBlk=blockDim.x;          ui MYbid=blockIdx.x;         ui MYtid=threadIdx.x;
    ui MYgtid=ThrPerBlk*MYbid+MYtid;  double L,H,G,T;              uc PIXVAL;
    ui BlkPerRow=CEIL(Hpixels,ThrPerBlk);
    int MYrow = MYbid / BlkPerRow;    ui RowBytes=(Hpixels*3+3) & (~3);
    int MYcol = MYgtid - MYrow*BlkPerRow*ThrPerBlk;
    if (MYcol >= Hpixels) return;     //col 超出范围
    ui MYresultIndex=MYrow*RowBytes+3*MYcol;
    ui MYpixIndex=MYrow*Hpixels+MYcol;
    if ((MYrow<1) || (MYrow>Vpixels-2) || (MYcol<1) || (MYcol>Hpixels-2)){
        ImgResult[MYresultIndex]=NOEDGE;          ImgResult[MYresultIndex+1]=NOEDGE;
        ImgResult[MYresultIndex+2]=NOEDGE;        return;
    }else{
        L = (double)ThreshLo;         H = (double)ThreshHi;
        G = ImgGrad[MYpixIndex];      PIXVAL=NOEDGE;
        if (G <= L){                  PIXVAL=NOEDGE;              //非边
        }else if (G >= H){            PIXVAL = EDGE;             //边
        }else{
            T = ImgTheta[MYpixIndex];
            if ((T<-67.5) || (T>67.5)){
                // 查看左边和右边 : [row][col-1] and [row][col+1]
                PIXVAL=((ImgGrad[MYpixIndex-1]>H) || (ImgGrad[MYpixIndex+1]>H)) ? EDGE :
                    NOEDGE;
            }else if ((T >= -22.5) && (T <= 22.5)){
            // 查看上边和下边 : [row-1][col] and [row+1][col]
                PIXVAL=((ImgGrad[MYpixIndex-Hpixels]>H) ||
                    (ImgGrad[MYpixIndex+Hpixels]>H)) ? EDGE : NOEDGE;
            }else if ((T>22.5) && (T <= 67.5)){
            // 查看右上角和左下角 : [row-1][col+1] and [row+1][col-1]
                PIXVAL=((ImgGrad[MYpixIndex-Hpixels+1]>H) ||
                    (ImgGrad[MYpixIndex+Hpixels-1]>H)) ? EDGE : NOEDGE;
            }else if ((T >= -67.5) && (T<-22.5)){
            // 查看左上角和右下角 : [row-1][col-1] and [row+1][col+1]
                PIXVAL=((ImgGrad[MYpixIndex-Hpixels-1]>H) ||
                    (ImgGrad[MYpixIndex+Hpixels+1]>H)) ? EDGE : NOEDGE;
            }
        }
        ImgResult[MYresultIndex]=PIXVAL;
        ImgResult[MYresultIndex+1]=PIXVAL;
        ImgResult[MYresultIndex+2]=PIXVAL;
    }
}
```

## 8.6 imedgeG.cu 的性能

表 8-3 列出了用于测试 imedgeG.cu 程序的性能的六种计算机配置。要测试的性能包括核心性能以及 PCIe 总线的利用率（即 CPU 到 GPU 和 GPU 到 CPU 传输期间的吞吐量）。正

如通常所做的，我们首先会查看不同系列 GPU 的性能来找点感觉，接下来在后续章节中了解这些数字背后的原因。

表 8-3 在六种不同计算机配置上执行 imedgeG.cu 时的 PCIe 带宽结果

| 特性 | Box I | Box II | Box III | Box IV | Box V | Box VI |
|---|---|---|---|---|---|---|
| CPU | i7-920 | i7-3740QM | W3690 | i7-4770K | i7-5930K | 2xE5-2680v4 |
| C/T | 4C/8T | 4C/8T | 6C/12T | 4C/8T | 6C/12T | 14C/28T |
| 内存 | 16 GB | 32 GB | 24 GB | 32 GB | 64 GB | 256 GB |
| BW GBps | 25.6 | 25.6 | 32 | 25.6 | 68 | 76.8 |
| GPU | GT640 | K3000M | GTX 760 | GTX 1070 | Titan Z | Tesla K80 |
| 引擎 | GK107 | GK104 | GK104 | GP104-200 | 2xGK110 | 2xGK210 |
| 核心数 | 384 | 576 | 1152 | 1920 | 2x2880 | 2x2496 |
| 计算能力 | 3.0 | 3.0 | 3.0 | 6.1 | 3.5 | 3.7 |
| 全局内存 | 2 GB | 2 GB | 2 GB | 8 GB | 2x12 GB | 2x12 GB |
| GM BW GBps | 28.5 | 89 | 192 | 256 | 336 | 240 |
| 峰值 GFLOPS | 691 | 753 | 2258 | 5783 | 8122 | 8736 |
| DGFLOPS | 29 | 31 | 94 | 181 | 2707 | 2912 |
| PCIe 总线上的数据传输速度和吞吐量 | | | | | | |
| CPU → GPU ms | 39.76 | 51.40 | 39.49 | 23.31 | 32.25 | 18.08 |
| GBps | 2.99 | 2.31 | 3.01 | 5.10 | 3.69 | 6.58 |
| GPU → CPU ms | 39.18 | 37.58 | 36.53 | 24.60 | 18.82 | 42.42 |
| GBps | 3.04 | 3.16 | 3.26 | 4.84 | 6.32 | 2.80 |
| PCIe 总线 | Gen2 | Gen2 | Gen2 | Gen3 | Gen3 | Gen3 |
| BWG Bps | 8.00 | 8.00 | 8.00 | 15.75 | 15.75 | 15.75 |
| 实际 (%) | (38%) | (29% ～ 40%) | (41%) | (32%) | (23% ～ 40%) | (18% ～ 42%) |

输入为 asronaut.bmp 图像，ThreshLo = 50，ThreshHi = 100。

## 8.6.1 imedgeG.cu：PCIe 总线利用率

首先，我们来关注 PCIe 传输。表 8-3 列出了每个计算机完成 CPU 到 GPU 和 GPU 到 CPU 的传输速度，代码如下：

```
cudaStatus = cudaMemcpy(GPUImg, TheImg, IMAGESIZE, cudaMemcpyHostToDevice);
if(...);   cudaEventRecord(time2, 0); // CPU 到 GPU 的传输结束后的时间戳
...
cudaStatus=cudaMemcpy(CopyImg, GPUResultImg, IMAGESIZE, cudaMemcpyDeviceToHost);
if(...);   cudaEventRecord(time4, 0); // GPU 到 CPU 的传输结束后
```

表 8-3（针对 imedgeG.cu 程序）中的结果几乎重复了我们在表 7-3 中观察到的情况，当时我们分析的是 imflipG.cu 程序的性能。除了轻微的偏差之外，这些程序展现出了相同的 PCIe 吞吐量规律，这是因为它们使用完全相同的 API 进行传输：cudaMemcpy()。表中的计算机都能达到 PCIe 峰值吞吐量的 20% ～ 45%，而且在某些情况下 GPU → CPU 与

CPU → GPU 传输的性能不对称。不深究细节的话，这个结论已经足够。

### 8.6.2 imedgeG.cu：运行时间

表 8-4 是 imedgeG.cu 的执行结果（使用与表 8-3 相同的六种配置）。imflipG.cu 程序只有 2 个核函数，Hflip() 和 Vflip()，它们只是将数据从一个地方传输到另一个地方。然而，imedgeG.cu 更令人兴奋。它不仅有 4 个核函数，而且每个核函数在内存和核心操作方面都有很不相同的特征。这就是为什么要分别分析每个核函数，并尝试使用不同的技巧来提高每个核函数性能的原因。

与 imflipG.cu 程序非常相似，imedgeG.cu 使用线程数 / 块作为命令行参数来启动核函数。表 8-4 给出了使用不同的线程数 / 块启动 4 个核函数的运行时间结果。在本节中，我们对如何找到该参数的最优值并不感兴趣。相反，我们感兴趣的是，当我们（神奇地）知道这些最优值后，每个核函数的最佳性能是什么。因此，将每个核函数在给定的 GPU 上的最佳性能用红色字体表示，而与其接近的值则用蓝色字体表示。一般来说，读者可以假定"有颜色的"值是最优的（或者足够好）。

根据公式 4.6，表中"实际 GBps"行表示了该核函数的吞吐量。例如，当我们在 Pascal 引擎 GPU GTX1070 上运行 BWKernel() 时，吞吐量达到了 34%。这是因为 BWKernel() 在最佳情况下（64 个线程 / 块）在 4.95ms 内移动了 446 MB 数据，这大约对应 88 GBps。查看表 8-3（上半部）的"特性"部分，我们可以看到 GTX 1070 GPU 的全局内存峰值带宽为 256 GBps。因此，可以计算出 BWKernel() 实际达到了该峰值的 34%。我们也观察到不同的 GPU 运行不同的核函数时，使用全局内存的方式差别很大。尽管在很多情况下都有明显的最佳方案，但没有任何一个 GPU 能够在所有的类别中都获胜。

这些性能差异不是用几句或几段话就可以解释清楚的。这需要两章内容才能有一个很好的理解。我们可以先从某个地方开始。首先，在下一节中，我们需要了解将 GPU 核心和 GPU 内存联系在一起的内部架构。GPU 内存结构比 CPU 内存结构复杂得多，因此需要用一整章的内容（第 10 章）来介绍它。

表 8-4 imedgeG.cu 核函数的运行时间结果。浅灰色字体是线程数的最佳选择，深灰色字体与最佳选项非常接近

| 特性 | Box I | Box II | Box III | Box IV | Box V | Box VI |
|---|---|---|---|---|---|---|
| GPU | GT640 | K3000M | GTX 760 | GTX 1070 | Titan Z | Tesla K80 |
| 计算能力 | 3.0 | 3.0 | 3.0 | 6.1 | 3.5 | 3.7 |
| GM BW GBps | 28.5 | 89 | 192 | 256 | 336 | 240 |
| 峰值 GFLOPS | 691 | 753 | 2258 | 5783 | 8122 | 8736 |
| DGFLOPS | 29 | 31 | 94 | 181 | 2707 | 2912 |

（续）

| 特性 | Box I | Box II | Box III | Box IV | Box V | Box VI |
|---|---|---|---|---|---|---|
| 线程数 | 核函数 BWKernel( ) 的运行时间 (ms) | | | | | |
| 32 | 82.02 | 72.84 | 23.83 | 5.38 | 12.90 | 16.43 |
| 64 | 55.69 | 49.33 | 16.35 | 4.95 | 9.69 | 9.23 |
| 128 | 52.99 | 48.68 | 16.26 | 5.00 | 7.62 | 6.79 |
| 256 | 53.28 | 48.97 | 16.36 | 4.97 | 7.02 | 6.76 |
| 512 | 56.76 | 51.59 | 17.17 | 5.18 | 7.14 | 7.07 |
| 768 | 64.02 | 57.30 | 18.96 | 5.74 | 7.46 | 8.60 |
| 1024 | 60.16 | 54.10 | 17.98 | 5.20 | 6.90 | 7.37 |
| 实际 GBps (%) | 8.23 (29%) | 8.96 (10%) | 26.82 (14%) | 88.09 (34%) | 63.18 (19%) | 64.48 (27%) |
| 线程数 | 核函数 GaussKernel( ) 的运行时间 (ms) | | | | | |
| 32 | 311.92 | 246.74 | 81.84 | 30.97 | 48.12 | 63.19 |
| 64 | 212.85 | 188.18 | 62.74 | 30.71 | 48.14 | 62.34 |
| 128 | 208.15 | 186.69 | 62.24 | 30.64 | 39.87 | 62.34 |
| 256 | 206.87 | 183.94 | 61.26 | 30.28 | 35.71 | 62.34 |
| 512 | 207.90 | 185.86 | 62.00 | 30.47 | 35.64 | 62.34 |
| 768 | 223.05 | 193.67 | 64.55 | 29.52 | 35.67 | 62.37 |
| 1024 | 212.47 | 188.55 | 62.89 | 29.84 | 35.74 | 62.41 |
| 实际 GBps (%) | 3.07 (11%) | 3.45 (4%) | 10.35 (5%) | 21.48 (8%) | 17.80 (5%) | 10.18 (4%) |
| 线程数 | 核函数 SobelKernel( ) 的运行时间 (ms) | | | | | |
| 32 | 289.86 | 255.17 | 84.63 | 31.50 | 43.64 | 44.32 |
| 64 | 253.82 | 231.04 | 76.77 | 31.29 | 40.37 | 31.36 |
| 128 | 254.30 | 231.76 | 77.00 | 31.31 | 33.33 | 31.36 |
| 256 | 255.11 | 231.13 | 76.76 | 31.32 | 29.28 | 31.36 |
| 512 | 260.81 | 232.67 | 77.47 | 31.31 | 30.00 | 31.36 |
| 1024 | 287.05 | 256.06 | 85.37 | 31.38 | 32.32 | 31.46 |
| 实际 GBps (%) | 3.75 (13%) | 4.12 (5%) | 12.40 (6%) | 30.41 (12%) | 32.49 (10%) | 30.34 (13%) |
| 线程数 | 核函数 ThreasholdKernel( ) 的运行时间 (ms) | | | | | |
| 32 | 99.40 | 85.74 | 27.89 | 4.13 | 12.74 | 20.24 |
| 64 | 61.13 | 53.45 | 17.54 | 3.46 | 8.37 | 12.00 |
| 128 | 46.73 | 42.36 | 14.08 | 3.31 | 6.16 | 7.73 |
| 256 | 47.27 | 42.73 | 14.20 | 3.45 | 5.77 | 7.75 |
| 512 | 53.29 | 47.46 | 15.49 | 3.93 | 5.97 | 9.42 |
| 768 | 68.52 | 60.80 | 18.65 | 4.90 | 7.12 | 13.01 |
| 1024 | 62.95 | 54.89 | 17.95 | 4.66 | 6.72 | 11.46 |
| 实际 GBps (%) | 9.33 (33%) | 10.29 (12%) | 30.98 (16%) | 131.60 (51%) | 75.55 (22%) | 56.43 (24%) |

### 8.6.3 imedgeG.cu：核函数性能比较

表 8-5 对表 8-4 中的运行时间结果进行了总结，当然，我们没有魔幻的水晶球，因而不知道线程数/块为多少才会得到最佳性能。因此，表 8-5 中的每个结果都选择了 256，在某些情况下，256 可以获得最佳运行时间，并且表中显示的几乎每个值都有某种"颜色"，这意味着当线程数/块选择 256 时，运行时间在许多情况下都接近最佳值。但这不应被视为可以永远使用该值作为参数而不考虑其具体的含义。在接下来的章节中，我们将努力地研究这个数字。目前的任务是对表 8-5 中不同系列 GPU 的结果进行一些高层次的观察。以下是观察结果：

- ❏ Pascal 系列 GPU 似乎在大部分存储密集型操作中击败了 Kepler 系列。对于每个核函数来说，它似乎都是性能最高的 GPU。
- ❏ 即使不公正地使用 256 个线程/块运行 GaussKernel()，Pascal 仍然表现良好，尽管我们知道获得的并不是最优解。这种对不良编程的容忍度是高级体系结构的一个普遍特征，它在运行时利用硬件进行优化，稍后还会介绍更多……
- ❏ Pascal 的性能令人印象深刻和惊讶，因为正如我们将在第 9 章中看到的那样，GTX 1070 的双精度性能并不好。这也可以在表 8-5 中的"峰值 DGFLOPS"一栏中看到。GTX 1070 的峰值双精度能力仅为 181GFLOPS，而其单精度能力为 5783 GFLOPS。还记得在代码 8.4 中，GaussKernel() 是有大量的双精度计算的。
- ❏ 现在，我们可以提出一个假设，Pascal 取得令人惊讶的性能是由于上述代码的效率低下，而 Pascal 可以部分地弥补这种低效率。但是，在第 9 章中，我们将对这些核函数进行改进并使其在核心操作方面接近最优。此时，支持双精度的 GPU 应该开始华丽地表现。例如，我们预计 K80 会在这种情况下表现优异。
- ❏ 为了进一步解释上一条评论，我们将 Pascal 的工作看作一个"错误代码的修正器"，而不是一个优秀的"计算单元"。但是，当我们对代码进行优化后，我们会看到谁是最优秀的计算英雄。我已经部分地破坏了这个惊喜，不想再多谈这件事。第 9 章将讨论 GPU 核心。
- ❏ 在不考虑双精度问题的情况下，几乎所有的 Kepler GPU 都具有差不多的相对性能，区别不大。这意味着 Nvidia 在其 GPU 中的核心越多，它提供的全局内存带宽就越高。否则，增加更多的核心会导致数据饥饿。虽然在更高层次观察这些数字时，情况确实如此，但一些细节显示了非常有趣的趋势。然而，我们无法从这些效率低下的代码中找出隐藏的关系。目前，表 8-4 所示核函数的低效率掩盖了它们真实的性能。在后续的章节中，当我们编写出核心友好和内存友好的代码时，将会发现更多有趣的趋势。

表 8-5 汇总的 imedgeG.cu 核函数运行时间结果。列出了以 256 个线程 / 块运行每个核函
数的运行时间

| 特性 | BoxI | BoxII | BoxIII | BoxIV | BoxV | BoxVI |
|---|---|---|---|---|---|---|
| GPU | GT640 | K3000M | GTX 760 | GTX 1070 | Titan Z | Tesla K80 |
| 引擎 | Kepler | Kepler | Kepler | Pascal | Kepler | Kepler |
| 计算能力 | 3.0 | 3.0 | 3.0 | 6.1 | 3.5 | 3.7 |
| GM BW GBps | 28.5 | 89 | 192 | 256 | 336 | 240 |
| 峰值 GFLOPS | 691 | 753 | 2258 | 5783 | 8122 | 8736 |
| DGFLOPS | 29 | 31 | 94 | 181 | 2707 | 2912 |
| BWKernel() | 存储密集型。混合整数 / 双精度 | | | | | |
| 运行时间 (ms) | 53.28 | 48.97 | 16.36 | 4.97 | 7.02 | 6.76 |
| 实际 GBps% | 29% | 10% | 14% | 34% | 19% | 27% |
| Gauss Kernel() | 双精度和存储密集型 | | | | | |
| 运行时间 (ms) | 206.87 | 183.94 | 61.26 | 30.28 | 35.71 | 62.34 |
| 实际 GBps % | 11% | 4% | 5% | 8% | 5% | 4% |
| SobelKernel() | 双精度和存储密集型 | | | | | |
| 运行时间 (ms) | 255.11 | 231.13 | 76.76 | 31.32 | 29.28 | 31.36 |
| 实际 GBps % | 13% | 5% | 6% | 12% | 10% | 13% |
| ThresholdKernel() | 双精度和超越函数密集型 | | | | | |
| 运行时间 (ms) | 47.27 | 42.73 | 14.20 | 3.45 | 5.77 | 7.75 |
| 实际 GBps % | 33% | 12% | 16% | 51% | 22% | 24% |

"实际 GBps%" 是实现的相对带宽（实际值占峰值带宽的百分比）。"Peak GFLOPS" 是峰值单精度浮点运算能力，"Peak DGFLOPS" 是 GPU 的峰值双精度浮点运算能力。

## 8.7　GPU 代码：编译时间

本节将详细介绍如何开发一个 CUDA 程序，接下来将介绍当你启动一个 CUDA 程序时会发生的事情（8.8 节），以及 CUDA 程序是如何执行的（8.9 节）。了解所有这三个步骤对于构建高效的 CUDA 代码至关重要。

### 8.7.1　设计 CUDA 代码

首先，我们需要了解 CUDA 代码开发人员如何设计 CUDA 程序。除了增加了少量符号来表示下述类型的代码之外，CUDA 其实就是一个 C 程序：

1. 与 CPU 端变量有关的简单 CPU 代码：该部分其实就是 C 语言，可以用 gcc 或 MS Visual Studio 进行编译，因为它与 GPU 无关。此外，该代码中的所有变量都是 CPU 端变量，它们指向 CPU 内存区域。代码 8.1 中的如下几行是该类型的一个例子：

```
GPUImg      = (uch *)GPUptr;
GPUResultImg = GPUImg + IMAGESIZE;
GPUBWImg    = (double *)(GPUResultImg + IMAGESIZE);
```

```
GPUGaussImg   = GPUBWImg + IMAGEPIX;
GPUGradient   = GPUGaussImg + IMAGEPIX;
GPUTheta      = GPUGradient + IMAGEPIX;
```

我可以想象得到读者们会拒绝承认上面的代码是简单的 CPU 代码。即使是变量名看上去与 GPU 有瓜葛！事实上，它们完全是 CPU 代码，变量是 CPU 端的变量。除非将它们与 GPU 一起使用，否则你可以随心所欲地使用它们。有关这几行代码最重要的事情是它们被编译成 CPU x64 指令，使用 CPU 内存，也不知道是否有 GPU 存在。

2. **核函数启动代码**：这是纯粹的 CPU 代码，但作用是启动 GPU 代码。一切都必须在 CPU 上初始化，因为 CPU 是主机。因此，实现 GPU 端代码执行的唯一方法就是这些核函数启动语句，如下所示（代码 8.1）：

```
BWKernel <<< NumBlocks, ThrPerBlk >>> (GPUBWImg, GPUImg, IPH);
```

上面的代码只不过是 Nvidia 提供的某个 API 函数的快捷方式，用于启动一个核函数。去掉 <<< 和 >>> 符号，你可以直接使用该 API，除了不再有 MS Visual Studio 为你提供的恼人的红色波浪线外，没有什么不同。这类函数的一个重要之处是传递给核函数的参数只能是常量或 GPU 端的变量，例如 GPU 内存指针。

3. **GPU → CPU 和 CPU → GPU 的数据传输 API**：这也是纯粹的 CPU 代码。这些 API 是 Nvidia 为 CUDA 开发者提供的库的一部分，它们与 <<< 和 >>> 没有区别。它们只是一个调用 CPU 端函数的 API，让 CUDA 运行时引擎知道在 CPU 端做些什么。根据定义，在它们的函数调用中包括 CPU 端和 CPU 端。下面是代码 8.1 中的一个例子：

```
cudaMemcpy(GPUImg, TheImg, IMAGESIZE, cudaMemcpyHostToDevice);
```

4. **纯 CUDA 代码**：这部分代码完全是用 C 语言编写的，然而，位于 C 代码前面的一些符号会告诉编译器它们是 CUDA 代码。下面是代码 8.3 中的一个例子：

```
__global__
void BWKernel(double *ImgBW, uch *ImgGPU, ui Hpixels)
{
  ui ThrPerBlk = blockDim.x;
  ui MYbid = blockIdx.x;
  ui MYtid = threadIdx.x;
  ui MYgtid = ThrPerBlk * MYbid + MYtid;
  double R, G, B;

  ui BlkPerRow = CEIL(Hpixels, ThrPerBlk);
```

显然，这部分代码不能用 gcc 编译，因为它是纯粹的 GPU 代码，期望的编译输出是 PTX，也就是 GPU 汇编代码。这段代码中有两个线索显示它是一段 GPU 代码：__global__ 标识符和特定的 CUDA 变量，如 blockDim.x 等。

### 8.7.2 编译 CUDA 代码

Nvidia CUDA 的编译器 nvcc 要完成两项工作:

❑ 编译 CPU 代码:编译器不仅要确定 CPU 代码的位置,还要将其编译为 x64 CPU 指令。

❑ 编译 CUDA 代码:编译器还必须确定 CUDA 代码的哪一部分属于 GPU 端,并将其编译为由命令行参数指定的 GPU 指令集。例如,如果你指定了 "compute_20, sm_20", 就意味着你要求它将其编译为计算能力 2.0 版本。这表示编译器必须为其生成输出特定的 PTX 指令集。

### 8.7.3 GPU 汇编:PTX、CUBIN

从程序员的角度看,了解 PTX 的细节并不重要。然而,知道每个文件的用处非常有用。当你运行 nvcc 时,会同时编译生成 x64 CPU 指令和 CUDA PTX 指令并准备就绪。 PTX 是一种中间表示(IR),是与设备无关的。当然,你可以强制编译器创建最终的 CUDA 二进制文件(称为 cubin),其中包含了与设备相关的机器指令。nvcc 编译器使用选项 --ptx 生成 PTX 代码,使用 --cub 生成 CUBIN 代码。我希望读者能对此感到好奇,并打印 PTX 或 CUBIN 代码来查看 GPU 汇编程序到底是什么样的,这非常酷。

## 8.8 GPU 代码:启动

假定你已经将 imedgeG.cu 编译为 imedgeG.exe(在 Windows 中)或 UNIX 中的可执行文件。我将用 Windows 平台进行解释。要启动 GPU 代码,只需在 Windows 中键入程序的名称,或双击其图标。请记住,这是一个 CUDA 可执行文件,因此它会在其中包含 CUDA 端指令和普通的 x64 指令。

### 8.8.1 操作系统的参与和 CUDA DLL 文件

正如我之前提到的,一切都从 CPU 端开始。 imedgeG.exe 可执行文件的前几行将包含解析参数等 CPU x64 指令,所有这些都是纯 CPU 代码。在代码 8.1 中,你的代码会一直执行 CPU 端指令,直到它遇到下面这一行,它是与 GPU 有关的第一行:

---

```
cudaGetDeviceCount(&NumGPUs);
```

---

这段代码做了什么?操作系统以与普通的 EXE 可执行代码相同的方式运行该指令。就操作系统而言,这只不过是一个函数调用,可执行的指令包含在 cudart64_80.dll 文件中。如果操作系统找不到这个文件(通过设置正确的路径),程序会在这里崩溃,并告诉你它找不到函数 cudaGetDeviceCount() 编译好的二进制代码。所以,我们假设操作系统能正确地访问这个文件。

## 8.8.2 GPU 图形驱动

第一次插入 GPU 时安装的图形驱动程序不仅仅显示设置调整等。它将 CPU 和 GPU 连接在一起。当在 CPU 端调用 cudaGetDeviceCount( ) 时，DLL 文件中编译好的函数立即与图形驱动程序配合使用驱动程序建立 CPU 与 GPU 之间的链接。虽然 DLL 文件只包含编译代码，但驱动程序是运行时的管理者。CPU 和 GPU 之间的任何通信都必须经过位于图形驱动程序内的 NRE（Nvidia Runtime Engine）。因此，NRE 会立即决定如何向 GPU 提出适当的查询，以便能够得到关于系统中安装的 GPU 数量的回答，也就是 cudaGetDeviceCount( ) API 的预期结果。该回答必须传回 CPU 端，因为它将保存在 CPU 端变量 NumGPUs 中。

## 8.8.3 CPU 与 GPU 之间的内存传输

在某些时候，你的 CPU 指令会遇到如下所示的 API 函数调用：

```
cudaStatus = cudaMalloc((void**)&GPUptr, GPUtotalBufferSize); if(...);
```

谁来处理 cudaMalloc( )？这是一个需要 CPU 端和 GPU 端全面合作的函数。所以，图形驱动程序必须能够访问这两者。GPU 不是问题，因为它是驱动程序自己的领地。但是，访问 CPU 内存需要图形驱动程序彬彬有礼和充满歉意，并且完全服从控制 CPU 领地的主人（操作系统）。现在让我们来看看几种可能出错的情况：

❑ **不正确的 CPU 端内存指针**：这是操作系统的领地，任何使用不正确（超出界限）CPU 端指针的人都会被打脸，他们的执行权会被夺走，自己被扔在大街上！不正确的 CPU 端内存指针访问会导致 Unix 中的段错误，Windows 中的情况也相同。

❑ **不正确的 GPU 端存储器指针**：你的程序有可能产生不正确的 GPU 端存储器访问，但 CPU 端没问题。如果违反了 CPU 端的规则，操作系统会打断你，并终止 CUDA 程序的执行。但是，操作系统无法访问 GPU 端。谁会保护你免受 GPU 端错误内存指针的影响？答案很简单：NRE。所以，NRE 是统治 GPU 小镇的警察！任何错误的内存指针都会被 NRE 检测到并决定终止程序。但是，等等……你的程序真的是一个 CPU 程序。所以，只有操作系统可以终止你。那么，在这种情况下，两个不同城镇的警察会合作抓住坏人。NRE 告诉操作系统该程序已经做了它不应该做的事情。操作系统听从了它在 GPU 小镇的警察朋友并终止了该程序的执行。你得到的消息将会与当你遇到 CPU 端指针问题时显示的消息不同，但是，你仍然被捕捉到存在非法入侵行为并且无法继续运行！

❑ **不正确的 GPU 端参数**：错误的 GPU 内存指针不是 NRE 终止你的唯一原因。假设你正在尝试以每线程块 2048 个线程来启动一个核函数，但你使用的 GPU 引擎无法支持这个参数。编译器在编译时不会知道这件事。只有当你的 GPU 代码运行时，NRE 才会检测到这一点，并通知操作系统终止你的程序，因为根本无法继续执行。

## 8.9 GPU 代码：执行（运行时间）

好吧，当一切正常时会发生什么？没有任何人试图终止你的 CUDA 代码，代码会平静地继续执行下去。CUDA 代码到底是如何执行的？

### 8.9.1 获取数据

首先，我们来看看 CPU 和 GPU 之间的数据传输。请看下面的代码：

```
cudaMemcpy(GPUImg, TheImg, IMAGESIZE, cudaMemcpyHostToDevice);
```

在图 8-2 中，主机接口负责在 CPU 和 GPU 之间来回传输数据。显然，NRE 通过调用一些内部的 API 来实现这一点。这需要从 CPU 内存读取数据，并用 X99 芯片组将其传输至 GPU。这些数据由主机接口读入，然后被传输到 L2$，最终进入图 8-2 右侧的全局存储器中，到达目的地。

### 8.9.2 获取代码和参数

数据本身不足以让 GPU 执行一个核函数。启动核函数时会发生如下情况：

```
BWKernel <<< NumBlocks, ThrPerBlk >>> (GPUBWImg, GPUImg, IPH);
```

在实际运行时，会将 NumBlocks 和 ThrPerBlk 变量的真实值插入代码，如下所示：

```
BWKernel <<< 166656, 256 >>> (GPUBWImg, GPUImg, IPH);
```

我的问题是：除了启动核函数本身之外，还有哪些信息需要发送到 GPU 端，使 GPU 可以在其内部完成该项任务？答案是两组不同的参数，如下所示：

❑ **启动参数**：这些参数（166656, 256）与线程块和网格的尺寸息息相关。它们与核函数的内部操作无关。因此，GPU 中唯一关心它们的部件是千兆线程调度器（GTS）。GTS 所做的一切，就像它的名字暗示的那样，完成线程块的调度工作。其调度的唯一标准是，某个 SM 愿意接受一个线程块。如果是，GTS 将为其分配该线程块，自己的工作就完成了。当然，在 SM 决定它是否可以接受这个新的工作之前，调度器必须将线程数 / 块传递给 SM。如果可以，该 SM 将得到这份工作！

❑ **核函数参数**：传递给核函数的参数（GPUBWImg、GPUImg、IPH）对于在 GPU 核心和 SM 上执行该核函数是必须的，并且与 GTS 无关。一旦 GTS 分配了某个线程块，该线程块从此就是 SM 的工作了。

### 8.9.3 启动线程块网格

让我们看看图 8-2，体会一下在该例子中，千兆线程调度器（GTS）对 166 656 个线程块的调度工作是如何实现的。因为此时只有 6 个 SM，显然，根据鸽笼原理，每个 SM 获得的线程块将多于一个。虽然每个 SM 在任何时刻只能执行一个线程块，但这并不意味着它不能先接受然后在内部队列中缓冲多个块。因此，当谈到 GTS 的工作时，需要三个参数：

❑ **总块数**：这是 GTS 负责的全部任务。在本例中，GTS 需要将 166 656 个线程块分配到 6 个 SM 上。假设网格的维度只有一个，即只有 blockIdx.x 参数将被传递到某个线程块被分配到的 SM 上。

❑ **流处理器（SM）的数量**：当你编写 CUDA 代码时，通常不会假设它运行在哪款 GPU 上。如表 7-6 所示，不同的 GPU 可以拥有 1、2、3、...、16 甚至 60 个 SM。无论运行程序的 GPU 中 SM 的数量如何，你的程序都应该可以工作。SM 的数量是 GPU 的属性，可以用 cudaGetDeviceProperties( ) 查询后返回。在本例中，它是 6，所以在下面的例子中我会使用这个数字。

❑ **SM 可以接收的最大的线程块数量**：这是用 cudaGetDeviceProperties( ) 获得的另一个参数，也就是在 SM 表示不能再接受更多的块之前可分配给该 SM 的线程块的最大数量。例如，Fermi GPU 的该参数值是 8，Kepler 的是 16，Pascal 的是 32。所以，对于表 7-6 中的 GTX550Ti，该参数是 8。

如果感兴趣的话，下面还有一些相关的参数：

■ cudaDeviceProp.multiProcessorCount 给出了设备中 SM 的数量；

■ cudaDeviceProp.maxThreadsPerBlock 的值在 Fermi、Kepler、Maxwell 和 Pascal 架构上都等于 1024；

■ cudaDeviceProp.maxGridSize[3] 给出了网格在 $x, y, z$ 维度上的最大值（线程块数）；

■ cudaDeviceProp.maxThreadsDim[3] 给出了线程块在 $x, y, z$ 维度上的最大值（线程数）。

## 8.9.4 千兆线程调度器（GTS）

根据 8.9.3 节，我们可以推导出以下运行时的工作：

❑ GTS 必须调度 166 656 个线程块。

❑ GTS 调度器在该网格参数配置下，有 gridDim.x = 166 656，gridDim.y=1 和 gridDim.z= 1。

❑ 因为本例使用一维线程块，且每线程块有 256 个线程，因此，有 blockDim.x=256，blockDim.y=1 以及 blockDim.z=1。

❑ 每个待调度的线程块的 blockIdx.x=[0 ... 166655]。

❑ 每个线程块的 blockIdx.y=1，blockIdx.z=1。

❑ 166 656 个块中的每一个都会得到将要执行的 CUDA 核函数二进制代码的一个副本。该副本是 cubin 格式，已经及时地从 PTX 编译成 cubin，因为 cubin 是本地 GPU 核心的语言，而 PTX 是必须转换为 cubin 的中间表示形式。

❑ 显然，也许有方法可以通过避免重复操作来提高效率，但从我们的理解来看，每个 SM 在接收某个线程块作为任务的同时也会以某种方式接收其代码并将其缓存到自己的指令缓存中（SM 内）。

❑ 每个 SM 在任何时刻只能执行一个线程块，同时，它的缓冲队列中的线程块不能超过 8 个。所以，当一个线程块正在执行时，其余的 7 个正在排队等待执行。

## 8.9.5 线程块调度

现在的问题是：如果你是 GTS，你会怎么做？一次只能调度一个线程块，因此你会先尝试分配 blockDim.x=0 的块。为了减少解释过程中的混乱，我们称之为 Block0。这样，为了安排 Block0，你将向所有 6 位候选人，SM0 到 SM5，发送 Block0 的内部启动参数，并查看有谁回复。假定当前没有任何 SM 正在执行任务，也就是说每个 SM 都是可用的。很可能所有这 6 个 SM 都会说"给我一个"。你选择谁？总共有 166 656 个线程块要分配，每个人都很愿意工作是非常好的现象。因此，最有意义和最简单的调度算法是循环法：如果多个 SM 做出响应并要求为其分配块，应该选择已接受线程块的数量较少的那个，此时为 SM0。在这场对话后，Block0 被分配到 SM0。记住，其他 5 个 SM 也希望你会分配给它们一些事情做。那么，为什么不按下面的方式分配任务：

❑ Block0 → SM0，Block1 → SM1，Block2 → SM2，

Block3 → SM3，Block4 → SM4，Block5 → SM5。

好的，现在分配了 6 个线程块，还有 166 650 个。怎么办？请记住，本例是在 Fermi GPU 上运行的，Fermi 允许每个 SM 最多接收 8 个线程块。另外，你分配 Block0 → SM0 的瞬间，它就开始执行 Block0。因此，它很可能会比其他 SM 更早完成 Block0 的执行。在分配好这 6 个线程块后，你仍然在广播请求更多的 SM，现在每个 SM 都有了一个块，并已开始执行，它们还可以接收另外 7 个线程块。所以，这些 SM 仍然会告诉你继续分配。你再次从较低的索引开始，继续分配 6 个线程块，如下所示：

❑ Block6 → SM0，Block7 → SM1，Block8 → SM2，

Block9 → SM3，Block10 → SM4，Block11 → SM5。

现在，每个 SM 分配了 2 个线程块，仍然可以再接收 6 个块。简单地说，你可以快速地将 48 个线程块分配到 6 个 SM 上，每个 SM 接收 8 个线程块就会饱和，随后会让你知道它不能再接收更多的块了。到目前为止，你分配了 166 656 个线程块中的 48 个，还有 166 608 个块。此时，你的"求助"标志仍然贴在窗上，但每个人都很忙，没有意愿参加更多的工作。每个 SM 都有一个控制逻辑，并利用它通过检查两件事情来判断是否可以接受传来的任务：（1）自己的最大块数。对于 Fermi 来说，是 8。因此，如果一个 Fermi SM 已经接收了 8 个线程块，它不会再考虑接收另一个块；（2）如果它仍然可以接收更多的线程块，它会对比你正在发布的核函数的参数和它自己的参数，看看它是否有足够的"资源"接收这个新的块。资源包括很多东西，比如高速缓存、寄存器文件等，我们将在第 9 章中看到它们。

回到我们的例子：到目前为止，每个SM接收了以下块：

❑ SM0 = [Block0，Block6，Block12，Block18，Block24，Block36，Block36，Block42]

❑ SM1 = [Block1，Block7，Block13，Block19，Block25，Block31，Block37，Block43]

    …

❑ SM5 = [Block5，Block11，Block17，Block23，Block29，Block35，Block41，Block47]

现在你已经分配了48个线程块（Block0 ... Block47），你必须等待某个SM再次处于可用状态才能继续分配其他166 608个线程块（Block48 ... Block166 655）。SM不一定会按照完全相同的分配顺序完成分配给它们的块的执行。此时，每个SM都要执行8个线程块，但一次只能执行一个线程块，并且会让其他7个暂时休眠。当一个线程块正在访问某个需要一段时间才能获取的资源（比如全局内存中的某些数据）时，它可以选择切换到另一个块以避免空闲。这就是为什么你要把8个线程块塞到SM中，这样就给了它8个选择来使自己保持繁忙。这个概念与将两个线程分配给一个CPU有助于平均执行更多工作的原因相同，尽管它在任何时刻都不能执行多个线程。对于SM来说，它手上有一堆线程块，所以它可以在遇到一个停顿时切换到另一个块。

现在，让我们加快进程。比如，SM1在其他SM之前完成了Block7。它会立即举手，并自愿接收一个新的线程块。在分配了0到47个线程块后，下一个要调度的块为48。因此，你会做出以下调度决策：Block48 → SM1。完成这项任务后，SM1将清除Block7所需的所有资源，并将其替换为Block48的。所以，现在SM1中包含8个块的队列看起来像这样：

❑ SM1 = [Block1，**Block48**，Block13，Block19，Block25，Block31，Block37，Block43]

假设接下来SM5完成了Block23并举手。你会将下一个块（块49）分配给它，它会将其队列更改为以下内容：

❑ SM5 = [Block5，Block11，Block17，**Block49**，Block29，Block35，Block41，Block47]

这将一直继续，直到你最终分配了Block166 655。当你分配了最后一个块时，GTS的任务就结束了。最后一块分配完成后，可能还需要一段时间才能完成每个SM队列中块的执行，但就GTS而言，工作已完成！

## 8.9.6 线程块的执行

现在我们已经了解了如何将线程块分配给SM来执行，下面让我们了解它们是如何执行的。假设你是SM5，并且马上要执行Block49。以下是你从GTS收到的信息：

gridDim.x=166 656，gridDim.y=1，gridDim.z=1，

blockDim.x=256，blockDim.y=1，blockDim.z=1，

blockIdx.x=49，blockIdx.y=0，blockIdx.z=0。

这些足以让你知道，在 166 656 个块中，你是 49 号。因为每个块都由 256 个线程组成，所以必须使用 256 个线程来执行此块。因此，SM 的职责是使用 256 个线程（一维）来执行 Block49，线程的编号为 threadIdx.x=0 ... 255。这意味着它将确保 256 个线程的执行，每个线程都将得到与上述参数完全相同的参数。此外，它们还将得到自己的 threadIdx.x。因此，如果你是 256 个线程中的第 75 个线程，那么在执行时传递给你的是：

❑ gridDim.x=166656，blockDim.x=256，blockIdx.x=49，threadIdx.x=75。

我省略了值为"1"的参数，程序员甚至不会看它们，并且在执行过程中也不会使用它们。总而言之，当线程块的调度结束后，GTS 的责任就已结束，而 SM 自己的责任开始了，在开始执行线程块之前需要对线程进行编号。当然，除了分配线程 ID 之外，还必须分配 SM 中的共享资源，例如缓存、寄存器文件等。稍后我们会讨论更多。在本章中，我们关心的是线程块级别的调度。

## 8.9.7 透明的可扩展性

如你所见，程序员唯一的责任是编写 CUDA 代码，并使每个线程块都是高度独立的代码，不依赖于其他块。如果代码是用这种方式编写的，那么硬件细节对程序员来说是透明的，而 GPU 所拥有的 SM 越多，代码执行得就越快。这被称为透明的可扩展性。毕竟，GPU 用户最不愿意发生的事就是购买了带有更多核心的 GPU（实际上对应于更多 SM），但他的程序却几乎没有从增多的 SM 中受益。理想情况下，程序的加速应该随核心数量的增加呈线性地增加。

# 理解 GPU 核心

在前面的章节中，我们只是从一个较高的层次来关注 GPU 架构。我们调整了线程数 / 块并观察了该参数对性能的影响。现在读者应该清楚地知道核函数启动的单位是一个线程块。本章将深入讨论 GPU 如何实际地执行一个线程块。正如我在第二部分开头提到的那样，执行单位并不是一个线程块而是一个线程束（warp）。你可以把线程块看成是需要完成的一项重要任务，它可以被分解成更小的被称为线程束的子任务。线程束的重要之处在于，比线程束更小的执行单元没有任何意义，因为在 GPU 的大规模并行性的场景下，它太小了。

在本章中，我们将了解线程束与 CPU 核心的设计及其在流处理器（SM）中的排放有什么关联。理解了这些后，我们将在 imflipG.cu 和 imedgeG.cu 中设计许多不同的核函数，运行它们并观察它们的性能。我们将在四种不同的 GPU 架构系列中进行这些实验：Fermi、Kepler、Maxwell 和 Pascal。每种新的 GPU 系列都会引入新的指令和计算能力。为了实现这些新指令，GPU 的核心和其他处理单元的设计也必须改进。基于此，本章中介绍的某些技巧更能够广泛地适用于每个系列的 GPU，而另外一些技术则只能在较新一代的 GPU 中工作得更快，这是因为它们使用了更高级的指令，而这些指令仅在新一代的 GPU（比如 Pasacl）中存在。

虽然在前面的章节中，我们"猜测"了每块线程数这一参数的值，但我们将在下一章学习使用名为 CUDA 占用率计算器的工具，它能够建立一套形式化方法来确定该重要参数以及许多其他关键参数的值，并保证核函数在执行期间获得最佳的 SM 资源利用率。

## 9.1  GPU 的架构系列

表 8-1 简要介绍了每个系列的架构组件。在本章中，我们感兴趣的是每个系列内部架构的细节以及如何利用这些知识来编写更高性能的 GPU 代码。首先，我们想知道每个系列的 SM 组织结构。

### 9.1.1  Fermi 架构

Fermi 系列的 GF110 引擎如图 9-1 所示。图 8-2 介绍了 GTX 550Ti，它的 GF116 Fermi 引擎只有 192 个核心。因此，尽管每个 SM 都与 GF110 的相同，都含有 32 个核心，但它只有 6 个 SM，容纳 192 个核心。如果你写了一个有 166 656 个线程块的核函数，并在 GTX 580（16 个 SM）和 GTX 550Ti（6 个 SM）上运行，那么这两款 GPU 上每个 SM 被平均分配的线程块个数分别是 10 416 和 27 776。因此，对于计算密集型代码，我们期望 GTX580 的性能高大约 2.7 倍并不是不合理的。内存又怎么样呢？ GTX550Ti 的全局内存带宽为 98.5 GBps，相当于每个核心约 0.51 GBps。而 GTX580 的全局内存带宽为 192.4 GBps，相当于每个核心 0.38 GBps。所以，我们也许会认为对于存储密集型代码来说，GTX 550Ti 的性能可能比 GTX 580 至少高 20% ～ 30%。但是，影响内存系统性能的因素还有很多，例如内置于 SM 中的高速缓存等，高超的编程技巧可以减轻程序对全局内存系统的压力。

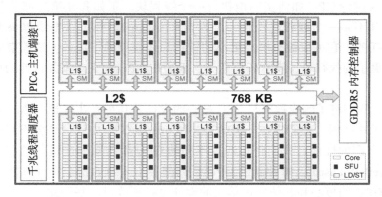

图 9-1  拥有 16 个 SM 的 GF110 Fermi 架构，其中每个 SM 包含 32 个核心，16 个 LD/ST 单元和 4 个特殊功能单元（SFU）。最高端的 Fermi GPU 包含 512 个核心（例如 GTX 580）

图 9-1 展示了一个 "PCIe 主机接口"，它是一个 PCIe 2.0 控制器。请记住，Fermi 系列不支持 PCIe 3.0。在此之后的系列都支持 PCIe 3.0。该主机端接口与 I/O 控制器配合完成 GPU 和 CPU 之间的数据传输工作。正如 8.9.5 节中详述的那样，千兆线程调度器负责将线程块分配给 SM 的处理单元。内存控制器可以是 GDDR3 或 GDDR5 类型控制器，由多个控制器组成，与大多数书籍介绍的相同。此处只展示了一个内存控制器，是负责在全局内存与 L2$ 之间传输数据的功能组件。768 KB 的 L2$ 是末级高速缓存（LLC），它是保持一致性

的，并在所有核心之间共享。这是 GPU 缓存 GM 内容的地方。另一方面，每个 SM 内部的
L1$ 并不是保持一致性的，在处理各个线程块时严格地用作本地缓存。下一节将给出有关
每个 SM 内部结构的更多细节。

## 9.1.2　Fermi SM 的结构

Fermi 的 SM 结构如图 9-2 所示，包含 32 个核心（一个线程束）。它有两个线程束调度
器将刚从千兆线程调度器（GTS）接收到的线程块进一步划分成一组线程束，并安排 SM 内
部的执行单元执行它们，这些执行单元包括核心、读取 / 存储队列和特殊功能单元（SFU）。
当需要执行内存的读 / 写指令时，内存请求会在读取 / 存储队列中排队。当它们接收到请求
的数据后，就会将这些数据返给指令来使用。每个核心都有一个浮点（FP）执行单元和一个
整数（INT）执行单元，分别执行 float 或 int 指令，如图 9-2 的左侧所示。指令需要访问很
多寄存器。SM 中的所有核心共享一个大的寄存器文件，而不是给每个核心提供一个单独的
寄存器文件（像 CPU 那样）。在图 9-2 所示的 SM 中，32 个核心共享一个 128 KB 的寄存器
文件（RF）。每个寄存器都是 32 位（4 字节）单元，即 RF 有 32 K 个寄存器。SFU 负责执行
超越函数（例如，sin()、cos()、log()）。指令高速缓存保存的是该线程块的指令，而 L1$ 高
速缓存负责缓存常用的数据，这些数据也可以存放在名为共享内存的另一种缓存中共享。这
个 64 KB 的高速缓存被分成两部分，大小可以是（16 KB+48 KB）或者（48 KB+16 KB）。

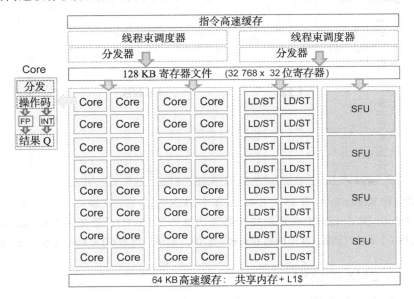

图 9-2　GF110 Fermi SM 的架构。每个 SM 有一个 128 KB 的寄存器文件，包含 32 768（32
K）个 32 位的寄存器。该寄存器文件将操作数提供给 32 个核心和 4 个特殊功能单
元（SFU）。16 个读取 / 存储（LD/ST）单元用于对读取 / 存储内存的请求进行排队。
L1$ 和共享内存的总大小为 64 KB

### 9.1.3 Kepler 架构

Kepler 架构如图 9-3 所示，与 Fermi 架构相比有很大的不同：

❑ L2$ 缓存大小翻倍至 1536 KB（1.5 MB）。乍一看似乎有点麻烦，因为它的核心数增加了 5 倍，而 L2$ 却只增加了一倍。

❑ 主机接口支持 PCIe 3.0。

❑ 每个 SM 现在称为 SMX，它具有与 Fermi 完全不同的内部结构，如图 9-4 所示。

❑ 千兆线程调度器现在被称为千兆线程引擎（GTE）。直观地说，因为核心数量几乎是 Fermi 的 6 倍，人们会期望 Kepler 能够更快地执行任务，反过来这又需要更快的 GTE 来跟上线程块的调度。

❑ SMX 包含一种不同类型的执行单元，称为双精度单元（DPU），专门用于高效地执行 double 类型的操作。

❑ 由于 Kepler 设计的核心数量几乎是 Fermi 的 6 倍（512 与 2880），所以尽管 SMX 的个数少了一个（15 与 16），每个 SMX 的核心数量却都要比 Fermi 的（192）多得多。又由于 SM（或 SMX）内的核心共享 L1$、寄存器文件和另一种新引入的缓存——只读缓存，因此拥有如此大量的 SMX 单元会有一些有趣的性能表现，我们将在后面的章节中详细介绍。

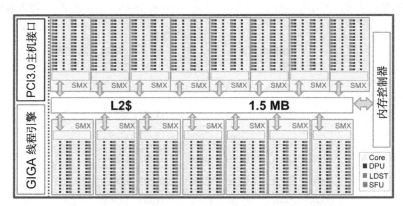

图 9-3　GK110 Kepler 架构有 15 个 SMX，每个 SMX 包含 192 个核心，48 个双精度单元（DPU），32 个 LD/ST 单元和 32 个特殊功能单元（SFU）。最高端的 Kepler GPU 包含 2880 个核心（例如 GTX Titan Black）。它的"加倍"版本 GTX Titan Z 包含 5760 个核心

### 9.1.4 Kepler SMX 的结构

Kepler SMX 的结构如图 9-4 所示。与 Fermi 相比，最明显的区别是引入了双精度单元（DPU）。其背后的想法是不仅要能高效地计算单精度浮点数，也要能高效地计算双精度数据类型。虽然游戏玩家可能不关心双精度性能，但科学软件却非常需要。9.2.2 节将详细介绍 DPU。

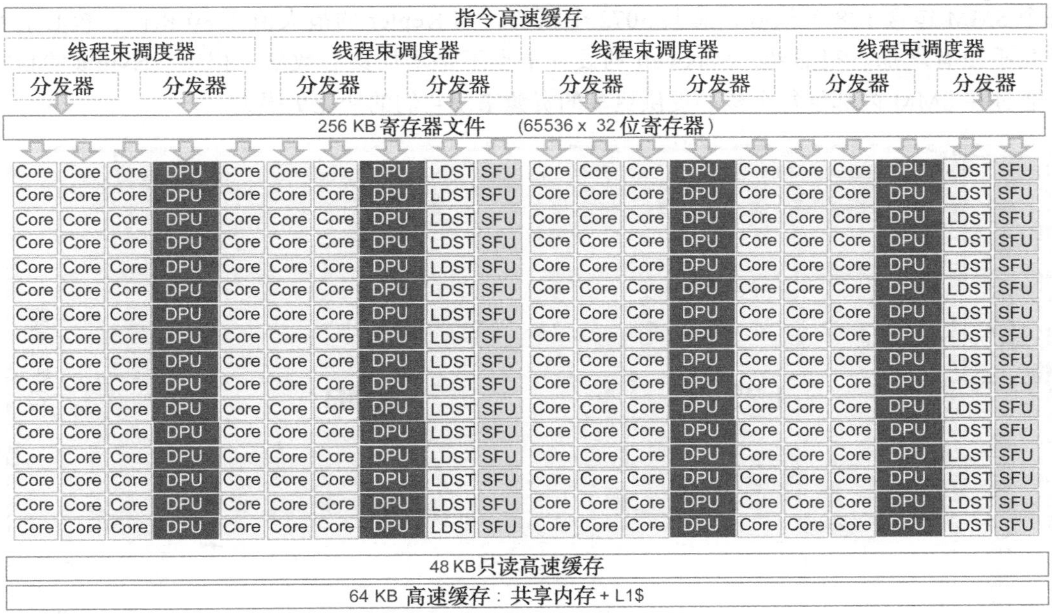

| 指令高速缓存 | | | |
| --- | --- | --- | --- |
| 线程束调度器 | 线程束调度器 | 线程束调度器 | 线程束调度器 |
| 分发器　分发器 | 分发器　分发器 | 分发器　分发器 | 分发器　分发器 |

256 KB 寄存器文件 （65536 x 32 位寄存器）

（Core Core Core DPU Core Core Core DPU LDST SFU 阵列，重复四组）

48 KB只读高速缓存

64 KB 高速缓存：共享内存 + L1$

图9-4　GK110 Kepler SMX 结构。一个 256 KB（64 K 个寄存器）的寄存器文件服务于 192 个核心，64 个双精度单元（DPU），32 个读取 / 存储单元和 32 个 SFU。四个线程束调度器可以安排 4 个线程束的运行，不过它们会进一步被分解成 8 个半线程束来执行。只读缓存用于保存常量

就高速缓存结构而言，除了添加了只读高速缓存之外，其余的高速缓存单元都相同。仍然有一个指令高速缓存，用于缓存执行线程块的指令，L1$ 和共享内存的数量也仍然相同。第 10 章将专注于这些内存单元如何工作（特别是共享内存），此处就不再赘述。

为了适应大量增多的核心数量，线程束调度器的数量、读取 / 存储单元的数量和寄存器文件的大小都增加到原来的两倍。当你将 Kepler 与 Fermi 进行比较时会发现，核心数增加了 6 倍，而寄存器文件大小、读取 / 存储单元和线程束调度器却只增加了一倍，但这样足以向饥饿的核心提供足够的数据和指令，这一点看上去有点奇怪。Nvidia 的架构师在设计这些架构时，会针对 SMX 中的核心配置、DPU 和读取 / 存储单元的不同布局进行大量的基准测试（模拟），以了解哪些方案可获得平均的最佳性能。只有找到最佳结果，才能进入最终设计。另外，请记住：我们的目标是在单精度和双精度处理上都有良好的性能，这意味着 Nvidia 运行了一系列的科学计算应用程序和游戏应用程序来设计该 SMX 结构。

## 9.1.5　Maxwell 架构

Maxwell 架构如图 9-5 所示，其中包括 6 个图形处理集群（GPC），每个 GPC 包含 4 个 SMM（SM 的 Maxwell 版本）。因此，最高端的 Maxwell（GTX Titan X）共有 24 个 SMM，

每个 SMM 包含 128 个核心，总共 3072 个核心。与 Kepler 的最大值 2880 相比，核心的数量几乎没有增加。很显然，Maxwell 的设计重点不是增加核心数量。相反，Nvidia 的目标是通过在 SMM 内部给每个核心提供更多的资源来使它们的功能更强大。

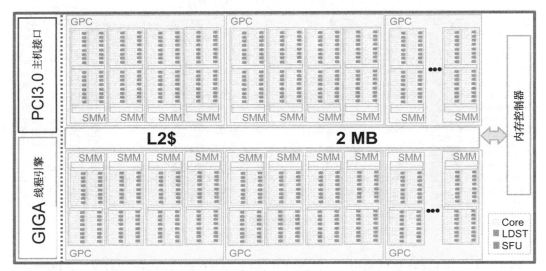

图 9-5  GM200 Maxwell 架构拥有 24 个 SMM，封装在 6 个较大的 GPC 单元内。每个 SMM 包含 128 个核心、32 个读取 / 存储单元和 32 个特殊功能单元（SFU），不包含双精度单元（DPU）。最高端的 Maxwell GPU 有 3072 个核心（例如 GTX Titan X）

### 9.1.6  Maxwell SMM 的结构

Maxwell SMM 的结构如图 9-6 所示。正如 9.1.4 节中讨论的那样，Kepler 架构（图 9-3 和图 9-4）被人诟病的问题是该架构为什么在 SMX 内部封装了 6 倍的核心却只有 2 倍的其他资源，更不用说 L2$ 也只提升到 2 倍。Maxwell 通过缩小 SMM 的规模并增加每个核心的可用资源来解决这个问题。Maxwell 的高速缓存基础结构也不同：指令高速缓存在 4 个相同的"子单元"之间共享，每个"子单元"包含 32 个核心、8 个读取 / 存储队列和 8 个 SFU，但每个子单元都将其指令缓冲在自己的指令缓冲区，因为它们可能正在运行不同的线程块，执行不同的指令。虽然总的寄存器文件大小与 SMX（256 KB）相同，但它被分成 4 个 64 KB 的寄存器文件，4 个"子单元"各一个。此外，L1$ 缓存和共享内存的组织使得计算核心访问数据更加容易。总之，类似的资源在 Maxwell 架构中由 128 个核心和 32 个 SFU 共享，在 Kepler 中则由 192 个核心、64 个 DPU 和 32 个 SFU 共享。但是，Kepler 双精度指令的执行时间比 Maxwell 的长 32 倍，因为它们是在核心中执行，而不是在 DPU 中。

图 9-6 GM200 Maxwell SMM 结构由 4 个相同的子结构组成，每个子结构有 32 个核心、8 个读取
/ 存储单元、8 个 SFU 和 16 K 的寄存器。每两个子结构共享一个 L1$，4 个子结构一起共
享 96 KB 的共享内存

### 9.1.7 Pascal GP100 架构

Pascal 架构如图 9-7 所示。值得注意的变化是：

❑ L2$ 为 4 MB，但在 GTX 1070 中仅为 2 MB。

❑ Titan X 的全局内存总量为 12 GB，GTX 1070 为 8 GB，而计算加速器 P100 为 16 GB。这比 Kepler 和 Maxwell 系列稍大。

❑ K80 是一款二合一的 GPU，内部包含两个 K40。虽然二合一的 P100 在 2017 年年中尚未发布，但预计将于 2017 年末推出，每个 GPU 可能会包含 12 GB 或 16 GB 全局内存，总共 24 GB 或 32 GB。拥有如此多的全局内存有助于大规模的计算，这些计算需要在 GPU 内部存储大量的数据。例如，在新兴的深度学习应用中，需要大量的 GPU 内存来存储"神经"节点。

❑ Pascal 微架构最大的变化是支持新兴的高带宽内存（HBM2）。基于该内存技术，Pascal 能够通过使用其超宽的 4096 位内存总线提供高达 720 GBps 的带宽。相比之下，使用 384 位总线的 K80 GM 中的每个 GPU 的带宽为 240 GBps。

❑ 另一个主要变化是支持了 Nvidia 推出的一种新型总线：拥有 80 GBps 传输速率的 NVLink 总线。这比 PCIe 3.0 总线的 15.75 GBps 快得多，缓解了 CPU 与 GPU 之间数据传输的瓶颈。但 NVLink 仅配置于高端服务器。

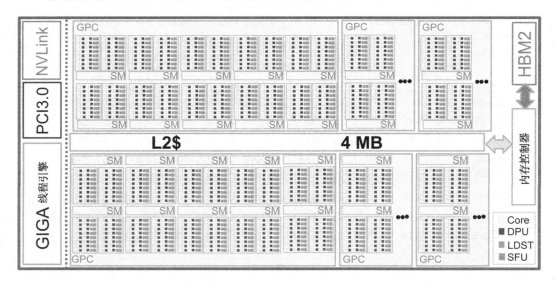

图 9-7　GP100 Pascal 架构有 60 个 SM，封装在 6 个更大的 GPC 单元内，每个单元包含 10 个 SM。最高端的 Pascal GPU 有 3840 个核心（例如，P100 计算加速器）。与前几个系列相比，NVLink 和高带宽内存（HBM2）可以显著提高内存带宽

## 9.1.8 Pascal GP100 SM 的结构

Pascal SM 的结构如图 9-8 所示。与 Maxwell 相比，明显的变化是：

❑ 寄存器文件的大小是 Maxwell 的两倍，为核心提供了更多的寄存器。

❑ 与 Kepler 相比，核心与 DPU 的比率有所提高。在 Pascal 中，一个 DPU 服务于两个核心，而在 Kepler 中，一个 DPU 服务于三个核心。所以，我们可以期待 Pascal 在双精度计算中做得更好。不幸的是，这只是幻想。相对于不包含 DPU 的模型，Pascal 在双精度方面做得更差。9.1.9 节将详细讨论这一点。

❑ Pascal 的核心与上一代核心之间的一个重要区别是：通过使用 half 数据类型，它支持半精度浮点数据类型。我们将在 9.3.10 节中详细介绍。虽然科学应用大多需要双精度计算的能力，但新兴的深度神经网络（DNN）不需要如此高的精度。引入这种新的数据类型（half）可以使应用程序在更高的吞吐率和较低的精度之间寻找折中点。P100 的双精度（FP64）处理速度为 5.3TFLOPS，单精度（FP32）处理速度为 10.6TFLOPS，半精度（FP16）处理速度为 21.2TFLOPS，在不需要 FP32 或 FP64 位精度的应用中基本上可以实现 2 倍以上的性能提升。

❑ 综上所述，Pascal 核心可以更有效地处理较小的数据类型，如 16 位整数（INT16）、8 位整数（INTS）和 16 位浮点数（FP16）。

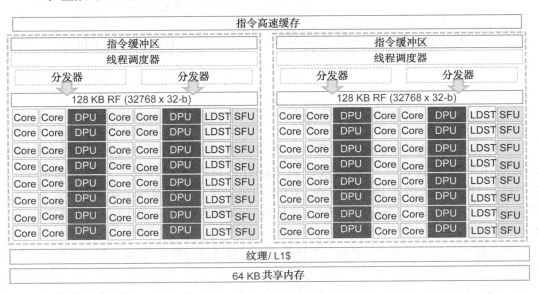

图 9-8 GP100 Pascal SM 的结构由两个相同的子结构组成，每个子结构包含 32 个核心、16 个 DPU、8 个读取 / 存储单元、8 个 SFU 和 32K 个寄存器。它们共享一个指令高速缓存，但有自己的指令缓冲区

### 9.1.9 系列比较：峰值 GFLOPS 和峰值 DGFLOPS

表 9-1 列出的是 Nvidia 不同系列 GPU 峰值计算能力（GFLOPS）的比较。GPU 的峰值浮点运算（GFLOPS）能力定义如下：

$$峰值\ GFLOPS = \begin{cases} f_{shader} \times n \times 2 = (f \times 2) \times n \times 2 & \text{Fermi 架构} \\ f \times n \times 2 & \text{非 Fermi 架构} \end{cases} \quad (9.1)$$

其中 $f$ 是 CUDA 核心的基本核心时钟，$n$ 是 CUDA 核心的总数。在 Fermi 系列时，"CUDA 核心"的概念有点不同。核心称为 SP（流处理器），着色器时钟（$f_{shader}$）频率定义为基本核心时钟的 2 倍。这就是为什么 Fermi 的峰值功率的计算不同。例如 GTX 580 的核心时钟是 772 MHz，着色器时钟是 1544 MHz。所以，它的峰值输出是 $772 \times 2 \times 512 \times 2 = 1581$ GFLOPS。

从 Kepler 系列开始，Nvidia 将核心称为 CUDA 核心。例如，对于 GTX 780，核心时钟为 863 MHz，并且有 2304 个 CUDA 核心。因此，GTX 780 的峰值计算能力为 $863 \times 2304 \times 2 = 3977$ GFLOPS（单精度）。

双精度峰值计算能力计算如下：

$$峰值\ DGFLOPS = \begin{cases} \dfrac{峰值GFLOPS}{24} & \text{无 DPU 的 Kepler 系列 GPU} \\[2mm] \dfrac{峰值GFLOPS}{3} & \text{带 DPU 的 Kepler 系列 GPU} \\[2mm] \dfrac{峰值GFLOPS}{32} & \text{Maxwell 系列 GPU} \\[2mm] \dfrac{峰值GFLOPS}{32} & \text{无 DPU 的 Pascal 系列 GPU} \\[2mm] \dfrac{峰值GFLOPS}{2} & \text{带 DPU 的 Pascal 系列 GPU} \end{cases} \quad (9.2)$$

作为公式 9.2 的一个例子，让我们计算前面使用过的 GTX 1070 的峰值 DGFLOPS。GTX 1070 的核心以 1506 MHz 的时钟频率运行，而 GTX 1070 是"无 DPU 的 Pascal 系列 GPU"，因此，凭借其 1920 个核心，GTX 1070 的单精度峰值输出能力根据公式 9.1 计算为 $1506 \times 1920 \times 2 = 5783$ GFLOPS，双精度峰值输出根据公式 9.2 计算为 $5783 \div 32 = 181$ DGFLOPS。

需要注意的是，这些计算假定每个核心都在不停地进行着 FLOPS 处理，没有效率下降的情况。如果我们在本书中学到些什么，就应该知道这么完美的场景有且只有在程序员设计出一个具有无限效率的 CUDA 核函数时才会出现。到目前为止，我们所见过的核函数几乎都只能达到峰值的 20%、30%，最多 40%。在本章中，我们的目标是尽可能接近 100%。另一个需要注意的问题是，在计算能力达到饱和之前全局内存的带宽有可能已经达到饱和值。换句话说，存储密集型程序可能会在计算能力远没有达到饱和之前就已经让内存带宽达到饱和。在本章结尾部分，我们将使用一个名为CUDA占用率计算器的工具，在启动核函数之前，来查看哪一种情况会先发生（即，核心饱和还是内存饱和）。

表9-1 Nvidia 微架构系列及其单精度（GFLOPS）和双精度浮点（DGFLOPS）的峰值计算能力

| 系列 | 引擎 | GTX Model | 总 SM 数 | 总核心数 | 总 DPU 数 | 总 SFU 数 | 峰值计算能力 | | |
|---|---|---|---|---|---|---|---|---|---|
| | | | | | | | float | double | Ratio |
| Fermi | GF110 | 550 Ti | 4 | 192 | | 16 | 691 | | |
| | | GTX 580 | 16 | 512 | | 64 | 1581 | | |
| Kepler | GK110 | GTX 780 | 12 | 2304 | 0 | 384 | 3977 | 166 | 24 × |
| | GK110 | Titan | 14 | 2688 | 896 | 448 | 4500 | 1500 | 3 × |
| | 2 × GK110 | Titan Z | 30 | 5760 | 1920 | 960 | 8122 | 2707 | 3 × |
| | 2 × GK210 | K80 | 26 | 4992 | 1664 | 832 | 8736 | 2912 | 3 × |
| Maxwell | GM200 | 980 Ti | 22 | 2816 | 0 | 704 | 5632 | 176 | 32 × |
| | | Titan X | 24 | 3072 | 0 | 768 | 6144 | 192 | 32 × |
| Pascal | GP104 | GTX 1070 | 15 | 1920 | 0 | 480 | 5783 | 181 | 32 × |
| | GP102 | Titan X | 28 | 3584 | 0 | 896 | 10157 | 317 | 32 × |
| | GP100 | P100 | 56 | 3584 | 1792 | 896 | 9519 | 4760 | 2 × |
| Volta | | | | | | | | | |

公式9.1和公式9.2背后的缘由是单精度与双精度的峰值性能之比与SM、SMX或SMM单元内的CUDA核心与DPU的比率有关。例如，在Kepler SMX单元（图9-4）中，可以清楚地看到每三个CUDA核心就有一个DPU。因此，将GFLOPS除以3就得到了DGFLOPS。同样，对于Pascal SM单元，这个比率是2，也体现在公式9.2中。然而，对于没有DPU的Pascal（比如Titan X-Pascal版和GTX 1070）来说，是32倍比率的原因并不那么直接。这与Pascal内部的CUDA核心的设计有关。它们可以执行双精度操作，但与单精度操作相比，需要32倍长的时间来完成这一操作。对于没有DPU的Kepler（例如GTX 780）来说，这个比例是稍小一点的24倍。

表9-1中另一个有趣的发现是GTX 1070和P100 GPU的每SM的核心数不一样。P100每SM有64个核心，GTX 1070和GTX Titan X每SM都有128个核心。因为P100设计为双精度引擎，而另外两个是单精度引擎，它们的双精度性能会慢32倍。正因为如此，它们的SM架构完全不同。9.3.14节将在研究Pascal支持的不同数据类型时进一步探讨GP104引擎。

## 9.1.10 GPU 睿频

关于核心性能还有一个重要的注意事项，即被称为GPU睿频（GPU Boost）的性能提升技术，可以短暂地让GPU以更高的时钟频率工作。每个CUDA核心都设计为在基本时钟频率（最小值）和睿频时钟频率（最大值）下工作。例如，GTX Titan Z的基本时钟频率为705 MHz，睿频时钟频率为875 MHz，高出24%。它的峰值计算能力根据公式9.2按照基本时钟频率（705 MHz）计算为 8122 GFLOPS。如果它可以在 875 MHz 的睿频频率下连续工作，就可以提供大约为 10 TFLOPS 的峰值。大多数 GPU 制造商（例如华硕、技嘉、PNY）都提供了一种软件，通过同时增加时钟频率和电压（称为 OC——超频）来提高 GPU 的性能。Nvidia 架构内置的时钟频率管理也可以实现这一功能。

GPU 睿频技术有一个问题！集成电路（IC）需要更高的电压才能以更高的频率运行。因此，为了能够让核心运行在 875 MHz 的时钟频率上，GPU 内部电路必须提高供给核心的电压。那么，功耗会发生什么变化呢？耗电量公式如下：

$$P \propto V^2 \cdot f \tag{9.3}$$

其中 $f$ 是核心的频率，$V$ 是工作电压。虽然具体细节对于这个定性的公式来说并不重要，但显然当你将核心频率提高 24% 时，GPU 的功耗会增加 24% 以上。如果你真的想知道具体的数字，它大概在 50% 左右。

## 9.1.11　GPU 功耗

在这里我们想说的是：假设你的 GTX Titan Z GPU 在正常基准时钟频率（705 MHz）下的功耗为 300W，你用 GPU 睿频技术将它跳到了更高的档位（875 MHz）。在此频率上运行时，它很可能会开始消耗大于 400W 的电能，并提供给你希望获得的 10 TFLOPS。这具有多重含义：

❑ 更高的功耗意味着更高的温度。每个 IC 都有特定的热控设计点（TDP）设计。例如，GTX Titan Z 的 TDP 温度为 80℃，在基本时钟频率下不会超出。但是，借助 GPU 睿频技术，它可能会超过 100℃。GPU 内部的硬件会检测出过热，并将核心定时关机，直到 GPU 冷却并回到 TDP。

❑ 水冷散热装置非常适合散除多余的热量，并可防止温度升高而超过规定的 TDP。但是，它们无法解决功耗问题。尽管你能够快速地消除由于功耗而产生的热量，但仍将消耗相同的功率。

❑ 额外的功耗会给 PCIe 连接设备带来压力。6 引脚的 PCIe 电源连接器最大支持 75 W，8 引脚的连接器最大支持 150 W。GTX Titan Z 有两个 8 引脚连接器，可以应对 300W 的峰值。超过此功率限制会导致 PCIe 连接器过热。

## 9.1.12　计算机电源

额外的功耗也可能使你的电源过载。如果在很短的时间内（例如几秒钟）暂时达到 400W，计算机的总功耗大约可能达到 500 到 600W，因为高性能的 Extreme i7 CPU 可能消耗高达 150W 的功率，主板芯片组等可以很容易地再消耗 70W。另外，电源的效率也不是 100% 的。假设你使用的是高质量的 Corsair AX 760 电源，以下是各种功耗的情况：

❑ CPU 功耗 = 150W

- ❏ GPU 功耗 = 400W
- ❏ 主板功耗 = 70W
- ❏ 总功耗 = 620 W
- ❏ Corsair AX 760（760W）电源的总负载 = 82%
- ❏ 电源效率 = 90%

大多数电源在 50% 负载时工作效率很高，在高负载时效率下降。AX 760 在 50% 负载（380W）时效率达到 92%，在 100% 负载（760W）时降至 88%。总而言之，尽管 GPU 睿频是短时提升性能的好方法，但你需要拥有一个非常好的电源和散热装置，以达到如此高的性能峰值。否则，你会损坏 GPU 和电源。对于低质量电源，这种情况要严重得多，其中大部分电源在高负载时只有 70% ～ 80% 的效率。在 80% 的效率下，低质量的电源正在燃烧其输出功率的 20%，往往大于 100W。这会在电源内部产生大量的热量，并迅速破坏计算机内的每个组件。如果你想搭建一台个人超级计算机，下面是一些建议：

---

- ● 购买高质量（和高效率）的电源。
  我的建议：海盗船 AX760（760W）。其效率≈90%，这意味着只有 10% 的输出功率变成热量。它有 6 个 8 引脚 PCIe 连接头，适用于多个 GPU。
- ● 配置电源时要非常慷慨。理想情况下，你的峰值功耗应该是配置峰值的 50% ～ 60%。
- ● AX 760（760W）适用于以下配置：
  GTX Titan Z（350W）和 i7-6950X（140W）
  两块 GTX Titan X Pascal（250+250 W）和 i7-6950X（140 W）
- ● HX 1200i（1200W）适用于以下配置：
  两块 GTX Titan Z（350+350W）和 i7-6950X（140 W）
  两块 P100 Pascal（300+300 W）和双 Xeon E5-2699V4（145 W）
- ● 购买液冷装置，以便 GPU 迅速散热。
- ● 购买配有大量散热装置的高质量计算机机箱。
  它们应该有多个 120mm 或 140mm 的风扇。
- ● 配置 Extreme Intel CPU 或 Xeon E5。
- ● 购买液冷 CPU 散热器。我的建议：海盗船 H90。

---

## 9.2 流处理器的构建模块

我们已经在高层次上了解了 SM 的构建模块，本节将介绍它们的工作细节。

### 9.2.1 GPU 核心

如图 9-2 所示，每个 CUDA 核心都有一个整数和一个单精度浮点单元。这些相当于

CPU 核心中的 ALU 和 FPU。每个 FPU 都能够进行双精度操作，但必须花费多个周期来完成。这意味着使用 GPU 核心进行双精度操作就像使用自行车去参加纳斯卡赛车比赛，而其他人都使用 200 英里时速的赛车。每个 GPU 核心都有一个调度端口，通过它可以接收下一条指令，还有一个操作数收集端口，通过它可以从寄存器文件中接收操作数。每个核心还有一个结果队列，它将结果写入其中，最终提交给寄存器文件。

## 9.2.2　双精度单元（DPU）

有人可能想知道核心中的 FPU 为什么不能执行双精度数据类型的操作。它当然可以……但问题是速度有多快？没有专用的 DPU，每个核心都被迫使用其 FPU 花费多个（例如 24 或 32）时钟周期执行双精度计算。所以核心进行双精度计算需要的时间要比单精度计算的长 24 或 32 倍。有些版本的 Kepler 引擎没有 DPU。例如，高端的家用 GPU GTX780 Ti 没有 DPU，而本书使用的 GTX Titan Z 有 DPU。当我们查看它们的峰值 GFLOPS 规格时，GTX 780 Ti 有着 5046 GFLOPS 的单精度和 210D GFLOPS 的双精度性能，它们之间差了 24 倍。另一方面，GTX Titan Z 有 8122 GFLOPS 的单精度和 2707 DGFLOPS 的双精度峰值处理能力，这只是一个 3 倍的差距，换句话说，拥有 DPU 后，单精度与双精度的性能之比（即 DGFLOPS ÷ GFLOPS）从 24 降低到了 3。

图 9-4 将每个 DPU 描绘的比一个核心略大一些。这不是错觉，而是超大规模 IC 设计的现实。由于设计乘法器所需的物理面积随位数的增加呈二次关系增加，因此每个 DPU 占用的面积大于 IC 内部的计算核心的面积。单精度浮点数具有 23 位尾数，而双精度具有 52 位尾数，这与 FPU 相比直观地暗示了 DPU 的芯片面积增加了 4 倍。但是，核心不仅仅包含 FPU，实际上这意味着该比例低于 4 倍。9.3.8 节将介绍浮点算术的细节。

## 9.2.3　特殊功能单元（SFU）

尽管 FPU 和 DPU 对于简单的算术（如加法和乘法）来说已经足够，但若想高效地执行超越函数（如 sin()、cos()、exp()、sqrt() 和 log()）则仍需要专门的单元。虽然是否给一个 GPU 系列配置 DPU 主要考虑的是该 GPU 所针对的目标市场区段，但 Nvidia 在所有的 GPU 系列中都配置了 SFU。从 Fermi 到 Pascal（绝对会延伸到即将发布的 Volta），SFU 一直是 Nvidia GPU 的组成部分。如果不能有效地执行超越算术运算，GPU 就失去了同时满足科学和游戏市场需求的能力。这两个市场中的应用都需要能够使用复杂的超越函数来高效地旋转和操纵 3D 对象，这使得 SFU 在 GPU 架构中不可或缺。

## 9.2.4　寄存器文件（RF）

为了理解 RF 的工作原理，我们以一个简单的核函数为例，比如代码 8.3 中的 BWKernel()。该核函数声明了以下变量：

❑ 双精度型 R，C，B；

❑ 无符号整型 ThrPerBlk，MYbid，MYtid，MYgtid；

❑ 无符号整型 BlkPerRow，RowBytes，MYrow，MYcol；

❑ 无符号整型 MY srclndex，MYpixIndex。

因此，总共有 3 个双精度类型变量和 10 个无符号整型变量。编译器会将所有这些变量分配到寄存器中，因为它们在 GPU 核心执行指令时是效率最高的。考虑到每个寄存器都是 32 位值，double 类型会消耗 2 个寄存器空间。因此，我们需要 10 个寄存器用于 unsigned int 类型，6 个寄存器用于存储 double 类型，总共为 16 个。这显然是不够的。编译器还需要存储至少 1 个或 2 个 32 位的临时变量和一些 64 位的临时变量。因此，实际上代码 8.3 中的 BWKernel( ) 总共需要 20 个到 24 个寄存器才能执行。我们假定为保证程序安全，最少需要 24 个。

假设我们在 Pascal GP100 GPU 上运行 BWKernel( )，其结构如图 9-8 所示。我们还假设每块启动了 128 个线程的核函数。在这种情况下，每个线程块的 128 个线程中的每一个都需要 24 个寄存器。因此每个块需要 RF 中有 $128 \times 24 = 3072 = 3$ K 个寄存器才能被分配到该 SM 中。回顾 8.9.3 节，一个 Pascal SM 可以接收多达 32 个块。如果千兆线程引擎（GTE）最终调度了 32 个线程块到该 SM 上，每个 SM 将需要 $3 \times 32 = 96$ K 寄存器才能接收所有的 32 个块。但是，正如在图 9-8 中看到的那样，Pascal SM 只有 32 K 个寄存器（存储量为 128 KB）。因此，由于 RF 中缺少寄存器空间，GTE 实际上只能给该 SM 分配 10 个线程块。如果我决定使用 64 个线程而不是 128 个线程启动这些核函数，会发生什么？答案是：现在每个块需要 1.5 K 个寄存器，GTE 现在可以安排 20 个块。即使把线程 / 块数降低到 32，仍然只能分配 30 个块，少于运行的最大线程块数量。

这表明程序员编写的核函数应当尽可能少地使用寄存器以避免 SM 中的寄存器匮乏。使用太多的寄存器还有另一个有意思的潜在含义：一个线程可以拥有的最大寄存器数量受到 CUDA 硬件的限制。在计算能力小于 3.0 之前，这个数字是 63，之后 Nvidia 将其增加到 255。从那时起它就一直没变。超出这个范围是没有实际意义的，因为使用大量寄存器的核函数会快速地耗尽 RF，以致无法为每个 SM 分配足够多的线程块，从而抵消了核函数大规模执行带来的性能收益。

关于寄存器文件的总结：

---

- 程序员编写核函数时应尽可能少地使用寄存器。否则，核函数将受到"寄存器压力"。
- 每个核函数能够使用寄存器的最大数量是一个 CUDA 参数。计算能力 3.0 之前是 63。在此之后，提高到 255。

---

## 9.2.5 读取 / 存储队列（LDST）

读取 / 存储队列用于将数据从内存中读取到核心，以及将核心中的数据存入内存。任何需要加载或存储内存的核函数都会将其请求在 LD/ST 队列中进行排队，并等待请求被满足。

在等待期间，会被调度执行另一个线程束。如果加载数据需要很长时间，调度逻辑可能已经循环地执行了许多另外的线程束。只要 SM 一直有其他工作要做，这些等待数据来自内存的时间就不会影响性能。这就是为什么在 SM 中安排大量的线程块有助于保持 SM 繁忙。

### 9.2.6　L1$ 和纹理高速缓存

L1$ 是 SM 中硬件控制的高速缓存，由缓存替换算法（如最近最少用（LRU））管理。换句话说，程序员不能控制在 L1$ 中保留哪些数据或替换哪些数据。在确定需要保留在 L1$ 中的内容时，SM 的高速缓存控制器会查看数据使用的模式。但潜在的理念是，没有人比程序员本人更了解数据。纹理高速缓存是 GPU 保存计算机游戏中各种对象的纹理的地方。

### 9.2.7　共享内存

共享内存是软件控制的高速缓存。换句话说，通过 CUDA 程序，程序员可以精确地告诉 SM 硬件如何缓存数据。硬件基本不控制如何使用该内存。这是 GPU 硬件最强大的工具之一，第 10 章三分之二左右的篇幅将专门用于介绍共享内存的使用。

### 9.2.8　常量高速缓存

这是另一种非常重要的高速缓存类型，因为它缓存的是不可变的值，包括在程序中用于向线程提供一些保持不变的值的常量，例如在整个程序中永不改变的滤波器系数。这一类高速缓存的操作明显不同，因为该高速缓存负责重复地向多个（例如 16 个）核心提供相同的值，而不是向 16 个核心提供 16 个不同的值。

### 9.2.9　指令高速缓存

该高速缓存保存 SM 正在执行的线程块指令。每当 GTE 为 SM 分配一个块时，它也会用该线程块的指令填充该缓存。

### 9.2.10　指令缓冲区

这是每个 SM 在本地的指令缓冲区，它从指令高速缓存复制指令。在这个意义上，指令高速缓存相当于 L2I$，而指令缓冲区相当于 L1I$。

### 9.2.11　线程束调度器

回顾 8.9.5 节，千兆线程引擎（GTE）将线程块分配给 SM，直到没有可以再接收线程块的 SM。不能接收的原因是缺少资源，例如寄存器文件或共享内存；或者是由于超出了架构参数，例如每个 SM 的最大块数。在本节中，让我们假设一切正常，并且块 0 成功地被分配到 SM0。SM0 将如何执行该线程块？在回答这个问题之前，我们应该回忆一下 8.9.5 节中的内容，GTE 将用于该线程块的指令发送给 SM0 的指令高速缓存，同时发送的还有下列参数（作为核函数启动参数的一部分）：

❑ gridDim.x = 166 656，gridDim.y = 1，gridDim.z = 1；

❑ blockDim.x = 256，blockDim.y = 1，blockDim.z = 1；

❑ blockIdx.x = 0，blockIdx.y = 0，blockIdx.z = O。

这些线程块级别的参数是必要的信息，但缺少线程 ID，一旦块开始执行就会需要这些线程 ID。谁来分配它们？这就是线程束调度器开始游戏的地方。它们的工作是将每个线程块变成一组线程束并安排它们一个一个地执行。使用 8.9.5 节中的参数，我们启动了 256 线程 / 块，这实际上对应于 8 线程束 / 块。因此，在我们的例子中，Block0 的执行需要 warp0、warp1、……、warp7，它们对应的 threadIdx.x 值的范围为 0 到 255。要完成该操作，线程束调度器的调度计划如下所示：

❑ 调度 warp0：gridDim.x=166 656，blockDim.x=256，blockIdx.x=0；

❑ 调度 warp1：gridDim.x=166 656，blockDim.x=256，blockIdx.x=0；

……

❑ 调度 warp7：gridDim.x=166 656，blockDim.x=256，blockIdx.x=0。

请注意，这些线程束只是被调度了，还没有被分发。它们必须等到有资源可供使用时才能被分发。

### 9.2.12　分发单元

一旦资源足够，分发单元也会分发一个线程束。此时，分发单元给每个线程分配好 threadIdx.x、threadIdx.y 和 threadIdx.z 的值，再将它发送给计算核心、DPU、SFU 或读取 / 存储单元。例如，在分发 warp0 时，下面的参数将被发送到负责执行 warp0 的 32 个核心上：

❑ gridDim.x=166656，blockDim.x=256，blockIdx.x=0，threadIdx.x=0 ... 32

请注意线程束是串行地执行的，这是一个重要的概念，也是一种非 GPU 的现象。如果一个线程束由于需要读取内存而等待很长时间，另一个线程束就开始执行。当所有的线程束都执行完成后，该线程块会提交结果并消失。因此，Block0 中所有的 8 个线程束都必须在 block0 可以提交其结果并从 SM0 的执行队列中移除之前执行完成。线程束奇怪的串行调度的性质对程序员来说具有重要意义。尽管程序员在编写代码时假设每个块的执行都是独立的，但其实还必须假设线程束的执行也是独立的。正如我们将在第 10 章中看到的那样，当读取操作发生在不同的线程束中时，将迫使我们使用显式的同步来进行内存读取。目前，读者还不需要担心这一点。

## 9.3　并行线程执行（PTX）的数据类型

本节将介绍 Nvidia GPU 的并行线程执行（PTX）指令集中定义的数据类型。理解 Nvidia 的汇编语言（PTX）对于了解 GPU 核心如何执行核函数中的指令很重要。还记得第一个 PTX 是 PTX 1.0，在 2009 年推出。最新的 PTX 5.0 于 2017 年 1 月推出，仅支持 Pascal GPU。大多数数据类型和算术、逻辑以及浮点操作保持不变，同时增加了一些数据类型用于支持深度学习等新兴应用。在介绍每种数据类型时，我将提供一组使用该数据类型的 PTX 指令。我们将在接下来的几章中用这些深入见解来改进核函数。

### 9.3.1　INT8：8 位整数

下面是 PTX 中定义的 8 位整数：

.u8　　PTX 类型是无符号的 8 位整数（范围 0…255）

.s8　　PTX 类型是带符号的 8 位整数（范围 −128…127）

.b8　　PTX 类型是无类型的 8 位整数

INT8 数据类型 PTX 指令的示例如下：

```
add.u8 d, a, b;      //将无符号 8 位整数 a 与 b 相加，并将结果保存在 d 中
```

下面是两个用于"向量"8 位数据的新指令：

```
dp4a.u32.u32 d,b,a,c;    // d = c + a 与 b 的四组点积结果
dp2a.lo.u32.u32 d,b,a,c; // d = c + a 与 b 的低字节的二组点积结果
```

请注意，这两条指令仅适用于 PTX ISA 5.0（即 Pascal 系列），它允许在一个时钟周期内处理 4 个字节，或者 2 个 16 位的字。正因为如此，只要编译代码的时候利用这些指令，Pascal 系列 GPU 就可以在处理单字节数据时获得 4 倍的性能。正如你在这里看到的，Nvidia 架构的设计趋势是将其整数核心变得更像 MMX 和 SSE 以及 i7 CPU 所具有的 AVX 单元。Intel 的 AVX 指令扩展可以将 512 位的向量处理为 8 个 64 位的数值，16 个 32 位的整数，32 个 16 位或 64 个 8 位的整数。dp4a 和 dp2a 指令有点类似。我的猜测是，在 Volta 家族（Pascal 系列之后的新一代）中，将会有更广泛的这类指令集，并可能会扩展到其他数据类型。

### 9.3.2　INT16：16 位整数

下面是 PTX 中定义的 16 位整数：

.u16　　PTX 类型是无符号的 16 位整数（范围是 0…65536）

.s16　　PTX 类型是带符号的 16 位整数（范围 −32 768…32 767）

.b16　　PTX 类型是无类型的 16 位整数

INT16 数据类型 PTX 指令的示例如下：

```
min.u16 d, a, b;       //将无符号 int16 型数值 a 与 b 的较小值保存在 d 中
min.s16 d, a, b;       //同上，除了 a 与 b 都是带符号的 int16
mul.u16.lo d, a, b;    //16 位的 a 与 b 的无符号相乘，将结果的低 16 位保存在 d 中
mul.u16.wide d, a, b;  //16 位的 a 与 b 的无符号相乘，将 32 位的结果保存在 d 中
mad.hi.sat.s32 d,a,b,c; // a 与 b 的带符号相乘，加 c，溢出，将高 32 位保存在 d 中
```

### 9.3.3 24位整数

PTX 1.0 早期有一个24位整型数据类型。这是必要的，因为支持32位本地操作意味着32位乘法必须将结果保存在64位目的操作数中。但是，如果将两个24位数相乘，则会得到一个48位的结果，如果结果足够小，32位可能就足够存放。基于此，24位乘法指令允许保存结果的高32位或低32位。这样，如果你知道结果数值很小，可以保留低32位。或者，如果你希望存储定点数，则可以保留高32位，较低的位仅意味着较高的精度，有时可以忽略。如果必须保存全部48位的结果，则可以执行两次乘法并将两个结果都保存起来以供将来使用。

24位数据类型PTX指令的示例如下：

```
mul24.hi.u32 d,a,b;         // 将24位unsigned型数值a与b相乘，结果的高32位保存在d中
mul24.lo.s32 d,a,b;         // 将24位signed型数值a与b相乘，结果的低32位保存在d中
mad24.hi.u32 d,a,b,c;       // 将a与b相乘并与c相加，结果保存在d中
mad24.hi.sat.s32 d,a,b,c;   // 将a与b进行有符号饱和乘法并与c相加，结果保存在d中
```

### 9.3.4 INT32：32位整数

如下所示为PTX中定义的32位整数：

.u32   PTX类型是无符号的32位整数（范围是 $0 \cdots 2^{32}-1$）

.s32   PTX类型是带符号的32位整数（范围是 $-2^{31} \cdots 2^{31}-1$）

.b32   PTX类型是无类型的32位整数

INT32数据类型的PTX指令示例如下：

```
rem.u32 d,a,b;          // d为u32类型整数除法a/b的余数
mad.lo.u32 d,a,b,c;     // d=a*b+c（低32位）
abs.s32 d,a;            // d等于a的绝对值，只适用于有符号类型
popc.b32 d,a;           // d等于a中1的个数
add.sat.s32 d, a, b;    // s32类型的a和b的饱和加法，结果保存在d中
ld.global.b32 f, [addr]; // 将一个32位的内存单元的值读入寄存器
```

请注意，"饱和"加法通过将结果限制在MININT到MAXINT的范围内以避免溢出。它只适用于s32类型。例如，将最大数值（$2^{31}-1$）加1会导致溢出，因为结果（$2^{31}$）超出了s32值的范围。但是，add.sat将结果限制为MAXINT（$2^{31}-1$），并且避免了溢出。这非常适合数字信号处理应用，在这些应用中，许多滤波器系数和采样的语音或图像数据相乘。由饱和引起的不准确性人耳是听不见的，避免溢出可防止结果完全错误，或毫无意义，或只是在滤波器的输出端输出像垃圾一样的白噪声。

### 9.3.5 判定寄存器（32位）

如下所示为PTX指令中的判定类型：

**.pred** PTX 类型是 32 位的判定寄存器

判定寄存器的 PTX 指令示例如下：

```
    .reg .pred p,q,r;        // 定义判定寄存器 p, q, r
    setp.lt.s32 p, a,b;      // p=(a<b);
@p  add.s32 c,c,2;           // c+=2 如果断言 p 是 True（即，a<b）
```

此处，@p 是守卫判定，它根据判定寄存器 p 的布尔值执行条件加指令。判定的取反也可以用于条件指令，如下所示：

```
     setp.lt.s32 p, a,b;   // p=(a<b);
@!p  bra OUT;               // 如果判定 p 是 false（即，如果 a<b），则跳转到分支
     mul...
     ...
OUT:
```

### 9.3.6 INT64：64 位整数

PTX 中定义的 64 位整数有：

**.u64** PTX 类型是无符号的 64 位整数（范围是 $0 \cdots 2^{64}-1$）

**.s64** PTX 类型是带符号的 64 位整数（范围是 $-2^{63} \cdots 2^{63}-1$）

**.b64** PTX 类型是无类型的 64 位整数

INT64 数据类型的 PTX 指令示例如下：

```
rem.s64 d.a.b;      // d 等于 s64 类型的整数除法 a/b 的余数
abs.s64 d,a;        // d 等于 a 的绝对值，只适用于有符号数
clz.b64 d,a;        // d 为 64 位的 a 中前置的 0 的个数
bfind.s64 d,a;      // d 为非符号位的最高有效位的位置
bfe.u64 d,a,b,c;    // d 为 a 中从位置 b 开始，长度为 c 的内容
bfi.b64 f,a,b,c,d;  // f 为将 a 插入 b 中，从位置 c 开始，长度为 d 的内容
```

### 9.3.7 128 位整数

尽管没有直接的 128 位指令，但通过扩展加法和减法指令可以间接地实现 128 位操作，如下所示：

```
// first number=(a3,a2,a1,a0), second=(b3,b2,b1,b0), result=(d3,d2,d1,d0)
add.cc.u32 d0,a0,b0;    // 将低 32 位相加，进位标志保存在 CC.CF
addc.cc.u32 d1,a1,b1;   // 将紧接着的 32 位进行带进位相加，进位标志保存在 CC.CF
addc.cc.u32 d2,a2,b2;   // 将紧接着的 32 位进行带进位相加，进位标志保存在 CC.CF
addc.cc.u32 d3,a3,b3;   // 将最高的 32 位进行带进位相加，进位标志保存在 CC.CF
```

CC.CF 是条件寄存器中的进位标志，我们在第二次、第三次和最后一次加法中使用进位标志，并将操作扩展到 32 位以上。可以通过使用 madc 指令进行类似的操作来完成 128 位乘法运算，该指令进行乘法和累加操作，并在累加过程中使用进位标志的内容。

### 9.3.8 FP32：单精度浮点（float）

PTX 中定义的单精度浮点为：

.f32 PTX 类型中的单精度浮点类型（$min \approx 1.17 \times 10^{-38}$，$max \approx 3.4 \times 10^{+38}$）

.f32 PTX 数据类型时，最小可表示数（全精度）约为 $1.7 \times 10^{-38}$，最大可表示数（全精度）约为 $3.4 \times 10^{+38}$。这符合 IEEE 754 单精度浮点标准，也是任何计算机中最常用的数据类型之一。虽然该格式允许表示更小的数（非规格化数），但这些数的精度（即尾数位数）较低。每个浮点数由 3 个字段组成：

❏ **符号位 b** 的长度为 1 位，其中 0 表示正数，1 表示负数。

❏ **阶码**的长度为 8 位，决定了能够表示的数的范围。

❏ **尾数**的长度为 23 位，决定了能够表示的数的精度。浮点的有效精度实际上是 24 位，因为存储浮点数时，并不会存储尾数的第一位 1，因为归一化尾数总是以 1 开始，即所谓的隐藏位 1。实际上这相当于给尾数增加了 1 位。

与相同大小的整数 INT32 相比，浮点格式考虑的是牺牲精度以增加范围。例如，将 FP32 与 INT32 进行比较，INT32 具有 32 位固定精度和固定范围，但 FP32 仅具有 24 位的有效精度，允许我们表示更大的数，即具有更宽的范围。请注意，该范围也意味着能够表示非常小的数。FP32 数据类型 PTX 指令的示例如下：

```
copysign.f32 d,a,b;       // 将 a 的符号位复制到 b，返回结果为 d
add.rn.ftz.f32 d,a,b;     // d=a+b，舍入到最近的偶数，并清零
mul.rz.sat.f32 d,a,b;     // d=a*b，朝零方向舍入，饱和操作
rcp.rn.f32 d,a;           // d=1/a
rcp.approx.f32 d,a;       // d=1/2（快很多）
sqrt.approx.f32 d,a;      // d=sqrt(a) 的近似算法，快很多
div.ftz.f32 d,a,b;        // d=a/b，非规格化时，清零
fma.rn d,a,b,c;           // d=a*b+c
```

### 9.3.9 FP64：双精度浮点（double）

PTX 中定义的双精度浮点为：

.f64 PTX 类型是双精度[⊖]（$min \approx 2.2 \times 10^{-308}$，$max \approx 1.8 \times 10^{+308}$）

.f64 PTX 数据类型最小可表示数（全精度）约为 $2.2 \times 10^{-308}$，最大可表示数（也是全精度）约为 $1.8 \times 10^{+308}$。这符合 IEEE 754 的双精度浮点定义。该标准还允许以较低的精度表示（非规格化数）更小的数。双精度浮点数也由 3 个字段组成：

❏ **符号位**长度为 1 位，0 表示正值，1 表示负值。

❏ **阶码**长度对 double 类型来说是 11 位。

❏ **尾数**长度是 52 位，对应于 53 位有效精度。

双精度数值主要用于在有着大量浮点数连续运算（例如，累加）的应用程序中提高精度，其

---

⊖ 原文为单精度。——译者注

中的每个运算由于精度限制会造成一些很小的误差。

随着数字的不断累加，误差也在增大，这显著地降低了结果的精度。尽管使用双精度并不能防止错误的累积，但从结果比较来看，它大大降低了误差相对于结果值的比率。FP64 数据类型的 PTX 指令示例如下：

```
fma.f64 d,a,b,c;        //d=a*b+c
min.f64 d,a,b;          // d=min(a, b)，支持非规格化数
sqrt.rnd.f64 d,a;       // d=sqrt(a)
```

### 9.3.10  FP16：半精度浮点（half）

IEEE754-2008 标准引入了半精度浮点数。PTX ISA 4.2（计算能力 5.3）引入了以下指令来支持 CUDA 中的半精度浮点：

```
fma.ftz.f16 d,a,b,c;    //d=a*b+c（都为 half）。ftz =清零
fma.ftz.f16x2 d,a,b,c;  //d=a*b+c（a、b、c 为有 2 个 half 的数组）
mov.b32 f, (h0,h1);     // 将 h0 和 h1（都是 half）压入 f（float）
ld.global.b32 f, [addr]; // 从内存中将两个连续的半精度数读入 f（32 位）
cvt.rn.f16.f32 h,f;     // 将 float 向下转换为 half
```

在这里，我们看到 GPU 执行"打包"计算的能力（即在一条指令中执行 2 个加法）。这在某种程度上类似于在一条指令中实现 4 个字节加法的 dp4a 指令。

### 9.3.11  什么是 FLOP

回顾表 9-1，我们在量化 GPU 的理论峰值计算能力时使用了每秒千兆浮点操作数（GFLOPS）这一指标。这引出了一个问题：什么是 FLOP？考虑到 GPU 核心（或 CPU 核心中的 FPU）能够在单个指令中进行融合乘法累加（FMA）运算，到底什么是浮点"操作"？答案是 FMA。

换句话说，如果你在一秒内执行了 10 亿次浮点加法、10 亿次乘法和 10 亿次 FMA，你执行了 3 GFLOPS。使用 FMA，意味着你购买了一个（乘法）并免费获得一个（加法）！所以，在一条指令中执行这两个操作不会获得额外的奖励积分。

### 9.3.12  融合乘法累加（FMA）与乘加（MAD）

前面看到的乘加指令（mad）是在 PTX 1.0 中引入的，而较新的融合乘法累加（FMA）指令仅适用于后来的 PTX 版本。double 数据类型的 FP64 版本（fma.f64）在 PTX1.4 中可用，float 数据类型的 FP32 版本（fma.f32）在 PTX 2.0 中可用，而 FP16 版本用于 half 数据类型（fma.f16 和 fma.f16x2）在 PTX 4.2 中可用，如 9.3.10 节所述。某些 mad 指令有所不同，区别在于舍入完成的方式。对于一般的乘加运算有两种可能的舍入方法：

❑ **双舍入**：该乘加操作计算如下：

$$d = a \times b + c = \text{Round( MultiplyAndRound}(a, b) + c) \quad (9.4)$$

❑ **单舍入**："融合"乘加操作的计算如下：

$$d = a \times b + c = \text{Round( Multiply }(a, b) + c) \quad (9.5)$$

不同之处在于，MultiplyAndRound 操作将结果数值按照操作数的精度进行了舍入，这会降低中间精度，Multiply 运算会生成具有高精度的结果。因此，fma 系列操作可以防止两次的精确度损失。在现代的 CPU 和 GPU 中，fma 是唯一适合使用的操作类型，而双舍入则基本上被弃用。

## 9.3.13　四倍和八倍精度浮点

图 9-9 只显示了 PTX 支持的浮点数据格式。但 IEEE 754-2008 标准中还有其他格式，尽管它们在 PTX 中不受支持。包括如下格式：

❑ **四倍（Quad）精度**：该格式在 IEEE 754-2008 格式中称为 decimal128。其格式与其他浮点数相同。但其精度更高，表示的范围更大。同其他格式一样，它有 1 位符号位，15 位阶码和 112 位尾数，共 128 位。

❑ **八倍（Octo）精度**：该格式在 IEEE 754-2008 格式中称为 decimal256，有 1 位符号位，19 位阶码和 236 位尾数，共 256 位。

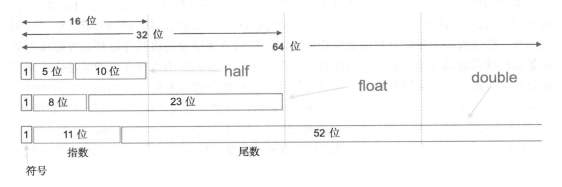

图 9-9　IEEE 754-2008 浮点数标准和 CUDA 支持的浮点数据类型。计算能力 5.3 及更高版本支持 half 类型，而 CUDA 自发布的第一天起，就已经支持 float。从计算能力 1.3 开始支持 double 类型

## 9.3.14　Pascal GP104 引擎的 SM 结构

GTX 1080 使用的是 GP104 引擎[32]，它的 SM 结构与图 9-8 所示的 GP100 不同。GP104 的一个有趣且明显违反直觉的特性是，它在使用 half 数据类型的浮点操作中的性能是 float 操作的 1/64。原因是核心中 FPU 的设计没有针对 half 数据类型优化。而 GP100 中的 half 操作的性能是其 float 数据类型的两倍，因为它的 DPU 负责 half 数据类型操作，并

针对此类型进行了优化。

## 9.4 imflipGC.cu：核心友好的 imflipG

本章学习了很多不同架构系列的 SM 结构，这有助于理解我们的项目为什么表现不佳，以及如何让它们表现得更好。让我们看看是否可以将一些想法应用到 imflipG.cu 中，使程序更好地利用核心资源，也就是让它变得"核心友好"。该程序的核心友好版本被称为 imflipGCM.cu，显然也包含了它的内存友好版本。唯一的区别是核函数的名称，在接下来的章节中我们将进一步阐明。本节唯一的目标是更好地利用核心资源，而更好地利用内存资源将留到第 10 章介绍。下面是本章要完成的任务：

- ❏ 将代码 6.7 中的核函数 Vflip() 变得核心友好。它的核心友好版本包括 Vflip2()（代码 9.3）、Vflip3()（代码 9.5）、Vflip4()（代码 9.7）和 Vflip5()（代码 9.9）。
- ❏ 将核函数 Hflip()（代码 6.8）变得核心友好。它的核心友好版本包括 Hflip2()（代码 9.2）、Hflip3()（代码 9.4）、Hflip4()（代码 9.6）和 Hflip5()（代码 9.8）。
- ❏ 将核函数 PixCopy()（代码 6.9）变得核心友好。它的核心友好版本包括 PixCopy2() 和 PixCopy3()（都在代码 9.10 中）。

交织编号的原因是，我们应用于 Vflip2()（代码 9.3）的任何想法也可以用于 Hflip2()（代码 9.2）的设计。因此，按顺序介绍它们。imflipG.cu 程序没有大量的核心计算。除了个别的例外，它包含了大量的数据移动操作。因此，我们不期望通过将其变得核心友好而能够显著提高核函数的性能。然而，即使这样，我们也会观察到使用本节介绍的方法会带来明显的性能改进。通用数据操作是一项核心操作，如果能够改进它们，我们就可以期望性能得到提升。此外，本节还介绍了通用的基于核函数的改进，涉及如何将参数传递到核函数。9.5 节将利用本章中的经验来开发一个改进的核心密集型程序——imedgeG.cu。

代码 9.1 所示为 imflipGCM.cu 程序的 main() 函数。与 imflip.cu 相比，增加的功能是引入了多维变量，如下所示：

```
dim3 dimGrid2D(BlkPerRow, ip.Vpixels);
```

在这个例子中，dimGrid2D 是一个二维变量。我们用它传递二维块大小。除此之外，该程序使用一组级联的 switch 语句运行相应的核函数。例如，下面的语句：

```
case 3: Hflip3<<<dimGrid2D,ThrPerBlk>>>(GPUCopyImg, GPUImg, IPH, RowBytes);
        strcpy(KernelName,"Hflip3:Each thread copies 1 pixel (using a 2D grid)");
```

在用户输入以下命令行时被执行：

```
$ imflipGCM H 128 3
```

KernelName[] 变量用于显示核函数执行的操作。利用该特性，这个程序可以运行同一个核函数的多个改进版本，并依次显示输出结果，为每个核函数提供清楚的描述。这在对比不同版本的核函数及其对性能的定量影响时很有用。

---

**代码 9.1：imflipGCM.cu　main() ... {...**

在 imflipGCM.cu 中，对 main() 进行了修改以允许在命令行指定核函数的名称。

---

```
#define CEIL(a,b)              ((a+b-1)/b)
#define SWAP(a,b,t)            t=b; b=a; a=t;
#define DATAMB(bytes)          (bytes/1024/1024)
#define DATABW(bytes,timems)   ((float)bytes/(timems * 1.024*1024.0*1024.0))
...
int main(int argc, char **argv)
{
    int KernelNum=1;    char KernelName[255];
     ...
    strcpy(ProgName, "imflipG");
    switch (argc){
    case 6:  KernelNum = atoi(argv[5]);
     ...
    default: printf("\n\nUs... [V/H/C/T] [ThrPerBlk] [Kernel=1-9]", ProgName);
             printf("\n\nExample: %s Astronaut.bmp Output.bmp V 128 2", ProgName);
    cudaEventRecord(time2, 0);  // Time stamp after the CPU --> GPU tfr is done
    RowBytes = (IPH * 3 + 3) & (~3);        RowInts = RowBytes / 4;
    BlkPerRow = CEIL(IPH,ThrPerBlk);        BlkPerRowInt = CEIL(RowInts, ThrPerBlk);
    BlkPerRowInt2 = CEIL(CEIL(RowInts,2), ThrPerBlk); NumBlocks = IPV*BlkPerRow;
    dim3 dimGrid2D(BlkPerRow,     ip.Vpixels);
    dim3 dimGrid2D2(CEIL(BlkPerRow,2), ip.Vpixels);
    dim3 dimGrid2D4(CEIL(BlkPerRow,4), ip.Vpixels);
    dim3 dimGrid2Dint(BlkPerRowInt, ip.Vpixels);
    dim3 dimGrid2Dint2(BlkPerRowInt2, ip.Vpixels);
    switch (Flip){
       case 'H': switch (KernelNum){
                    case 1: Hflip<<<NumBlocks,ThrPerBlk>>>(...);
                            strcpy(KernelName,"Hflip:Each thread copies..."); break;
                    case 2: Hflip2<<<NumBlocks,ThrPerBlk>>>(...);
                            strcpy(KernelName,"Hflip2..Uses pre-computed.."); break;
                    case 3: Hflip3<<<dimGrid2D,ThrPerBlk>>>(...);
                             strcpy(KernelName, "Hflip3:...using a 2D grid"); break;
       case 'V': switch (KernelNum){
                    case 1: Vflip<<<NumBlocks,ThrPerBlk>>>(...);
                            strcpy(KernelName,"Vflip:Each thread cop..."); break;
                    case 2: Vflip2<<<NumBlocks,ThrPerBlk>>>(...);
                            strcpy(KernelName,"Vflip2:Each thread cop..."); break;
       case 'C': NumBlocks = CEIL(IMAGESIZE,ThrPerBlk);    NB2 = CEIL(NumBlocks,2);
                 NB4 = CEIL(NumBlocks,4);                  NB8 = CEIL(NumBlocks,8);
                 switch (KernelNum){
                    case 1: PixCopy<<<NumBlocks,ThrPerBlk>>>(...);
                        ...
    printf("-------------------------------------------------------\n");
    printf("...", ProgName, ..., Flip, Thr..., KernelNum, Num..., BlkPerRow);
    printf("-------------------------------------------------------\n");
    ...
}
```

### 9.4.1　Hflip2( )：预计算核函数参数

第一个想法非常简单，而且与 GPU 核心无关。它与将函数参数传递给 GPU 核函数的效率有关。代码 6.8 给出了核函数 Hflip( )，让我们看看核函数在开始几步做了些什么：

```
ui BlkPerRow = (Hpixels + ThrPerBlk - 1) / ThrPerBlk; // 向正无穷取值
ui RowBytes = (Hpixels * 3 + 3) & (~3);
```

请注意，上面的第一行等同于 ui BlkPerRow = CEIL(Hpixels, ThrPerBlk)。这其实是简单地提前计算 BlkPerRow 和 RowBytes 的值，它们可以根据已经传入核函数的内容（Hpixels）以及特殊寄存器中的内容（在本例中，ThrPerBlock 的值可以从特殊寄存器 blockDim.x 中获得）计算出来。尽管在计算 MYcol 时需要 ThrPerBlock，但是我们真的需要在核函数中计算 BlkPerRow 和 RowBytes 吗？请记住，我们在核函数中计算的任何内容是**每一个线程**都需要计算的。如果我们将它们当作函数参数传递，会发生什么？这是可行的，因为它们的值在任何线程的执行期间都不会改变。因此，与其计算数百万次，为什么不在 main( ) 中计算一次并将其作为函数参数进行传递？如果仔细观察这些计算，我们会看到整数除法，正如在前面见过很多次的那样，这不是你想放入每个线程中计算的东西。我们还看到两个整数加法。具有讽刺意味的是，在 GPU 核心的整数单元不支持像 $d=a+b+c$ 这样的三元操作数加法的情况下，两个整数加法可能比一个加法接一个乘法更昂贵。而 PTX 恰恰没有三元操作数加法。

表 9-2 给出了 Hflip( ) 和 Hflip2( ) 函数的比较。尽管有些栏目与我们之前看到的相同，但增加了一列新栏（Box VIII），它包含一个 Pascal 系列 GTX Titan X GPU。这样，该表格包含了两个 Kepler 和两个 Pascal 的 GPU。没有包含 Maxwell，但你可以预期它的性能特征介于这两个系列之间。表 9-2 还给出了 Vflip( ) 和 Vflip2( ) 函数的比较。由于核函数 Hflip( ) 和 Vflip( ) 之间的内存访问模式非常相似，因此表 9-2 给出的两个核函数的表现也大致相同。

表 9-2　核函数 Hflip( ) 和 Hflip2( ) 以及 Vflip( ) 和 HVflip2( ) 之间的性能比较

| 参数 | Box II | Box III | Box IV | Box VII | Box VIII |
|---|---|---|---|---|---|
| GPU | K3000M | GTX 760 | Titan Z | GTX 1070 | Titan X |
| 引擎 | GK104 | GK104 | 2xGK110 | GP 104-200 | GP 102-400 |
| 核心数 | 576 | 1152 | 2x2880 | 1920 | 3584 |
| 计算能力 | 3.0 | 3.0 | 3.5 | 6.1 | 6.1 |
| GM BW GBps | 89 | 192 | 336 | 256 | 480 |
| 峰值 GFLOPS | 753 | 2258 | 8122 | 5783 | 10157 |
| DGFLOPS | 31 | 94 | 2707 | 181 | 317 |
| 核函数性能：imflipGCM astronaut.bmp out.bmp H 128 1 | | | | | |
| Hflip (ms) | 20.12 | 6.73 | 4.17 | 2.15 | 1.40 |
| GBps | 11.82 | 35.35 | 57.02 | 110.78 | 169.5 |
| 实际 (%) | (13%) | (18%) | (17%) | (43%) | (35%) |

（续）

| 参数 | Box II | Box III | Box IV | Box VII | Box VIII |
|---|---|---|---|---|---|
| 核函数性能：imflipGCM astronaut.bmp out.bmp H 128 2 | | | | | |
| Hflip2 (ms) | 17.23 | 5.85 | 3.63 | 1.98 | 1.30 |
| GBps | 13.81 | 40.69 | 65.54 | 119.85 | 182.34 |
| 实际 (%) | (16%) | (21%) | (20%) | (47%) | (38%) |
| 提高 | 14% | 13% | 13% | 8% | 7% |
| 核函数性能：imflipGCM astronaut.bmp out.bmp V 128 1 | | | | | |
| Vflip (ms) | 20.02 | 6.69 | 4.11 | 2.12 | 1.40 |
| GBps | 11.88 | 35.56 | 57.83 | 112.19 | 169.5 |
| 实际 (%) | (13%) | (19%) | (17%) | (44%) | (35%) |
| 核函数性能：imflipGCM astronaut.bmp out.bmp V 128 2 | | | | | |
| Vflip2 (ms) | 17.23 | 5.84 | 3.67 | 1.96 | 1.30 |
| GBps | 13.81 | 40.71 | 64.85 | 121.63 | 182.34 |
| 实际 (%) | (16%) | (21%) | (19%) | (48%) | (38%) |
| 提高 | 14% | 13% | 11% | 8% | 7% |

代码9.2给出了一个改进的核函数Hflip2()，其中原本应该计算BlkPerRow和RowBytes的代码行被简单地注释掉，这两个值被作为参数传递给核函数，传入核函数的参数总数增加到5个（原来为3个）。

由于这两个值（BlkPerRow和RowBytes）的计算取决于其他一些值，一旦用户输入命令行参数（ThePerBlk和ip.Hpixels），这些值在整个程序执行过程中不会改变，因而这两个值很容易在main()中计算并按如下方式传递给核函数：

```
#define IPH        ip.Hpixels
main()
{
  ui         ThrPerBlk = 256, NumBlocks, NB2, NB4, NB8, GPUDataTransfer;
  ui         RowBytes, RowInts;
  ...
  RowBytes = (IPH * 3 + 3) & (~3);
  BlkPerRow = CEIL(IPH,ThrPerBlk);
  ...
  Hflip2<<<NumBlocks,ThrPerBlk>>>(GPUCopyImg,GPUImg,IPH,BlkPerRow,RowBytes);
  ...
```

除了这个相似之处以外，从表9-2中还可以看出：

❑ 修改后的核函数Hflip2()和Vflip2()在Kepler GPU上的工作效率约提高了13%，在Pascal级别的GPU上约提高了7%。

❑ 在Pascal GPU上性能提升相对较小的原因是，初始代码也必须能高效地工作。

❑ 初始代码能够达到Pascal GPU带宽的35%。各种原因应当与体系结构的改进以及提供更好数据操作的新指令相关。

❏ 我们还必须记住另一个事实：增加两个传递给核函数的参数并不会降低核函数的性能。直观地说，去掉两行代码是一件好事，但如果传递到核函数的参数数量增加两个会引起一些反作用的话，我们又回到了出发点。不过这似乎没有发生。

---

**代码 9.2：imflipGCM.cu  Hflip2(){...}**

Hflip2() 避免重复计算 BlkPerRow 和 RowBytes。

---

```
// 核函数 Hflip() 的改进版，用于水平翻转给定的图像
// 变量 BlkPerRow、RowBytes 是传递进来而非计算出来的
__global__
void Hflip2(uch *ImgDst, uch *ImgSrc, ui Hpixels, ui BlkPerRow, ui RowBytes)
{
    ui ThrPerBlk = blockDim.x;
    ui MYbid = blockIdx.x;
    ui MYtid = threadIdx.x;
    ui MYgtid = ThrPerBlk * MYbid + MYtid;

    //ui BlkPerRow = CEIL(Hpixels,ThrPerBlk);
    //ui RowBytes = (Hpixels * 3 + 3) & (~3);
    ui MYrow = MYbid / BlkPerRow;
    ui MYcol = MYgtid - MYrow*BlkPerRow*ThrPerBlk;
    if (MYcol >= Hpixels) return;    // col 超出范围
    ui MYmirrorcol = Hpixels - 1 - MYcol;
    ui MYoffset = MYrow * RowBytes;
    ui MYsrcIndex = MYoffset + 3 * MYcol;
    ui MYdstIndex = MYoffset + 3 * MYmirrorcol;

    // 交换位于 MYcol 和 MYmirrorcol 处的像素 RGB 值
    ImgDst[MYdstIndex] = ImgSrc[MYsrcIndex];
    ImgDst[MYdstIndex + 1] = ImgSrc[MYsrcIndex + 1];
    ImgDst[MYdstIndex + 2] = ImgSrc[MYsrcIndex + 2];
}
```

---

### 9.4.2  Vflip2()：预计算核函数参数

代码 9.3 给出了改进后的核函数 Vflip2()，它没有计算 BlkPerRow 和 RowBytes 变量值的两行代码。原来的 Vflip 核函数（代码 6.7）和这个代码之间唯一的小区别是 Vflip 有 4 个参数。在改进版本 Vflip2 中，增加到了 6 个。

---

**代码 9.3：imflipGCM.cu  Vflip2(){...}**

Vflip2() 避免重复计算 BlkPerRow 和 RowBytes。

---

```
// 核函数 Vflip() 的改进版，用于对给定图像进行垂直翻转
// 变量 BlkPerRow 和 RowBytes 是传递进来而非计算出来的
__global__
void Vflip2(uch *ImgDst, uch *ImgSrc, ui Hpixels, ui Vpixels, ui BlkPerRow, ui
    RowBytes)
```

```
{
    ui ThrPerBlk = blockDim.x;
    ui MYbid = blockIdx.x;
    ui MYtid = threadIdx.x;
    ui MYgtid = ThrPerBlk * MYbid + MYtid;

    //ui BlkPerRow = CEIL(Hpixels,ThrPerBlk);
    //ui RowBytes = (Hpixels * 3 + 3) & (~3);
    ui MYrow = MYbid / BlkPerRow;
    ui MYcol = MYgtid - MYrow*BlkPerRow*ThrPerBlk;
    if (MYcol >= Hpixels) return;       // col 超出范围
    ui MYmirrorrow = Vpixels - 1 - MYrow;
    ui MYsrcOffset = MYrow      * RowBytes;
    ui MYdstOffset = MYmirrorrow * RowBytes;
    ui MYsrcIndex = MYsrcOffset + 3 * MYcol;
    ui MYdstIndex = MYdstOffset + 3 * MYcol;

    // 交换位于 MYrow 和 MYmirrorrow 处的像素 RGB 值
    ImgDst[MYdstIndex] = ImgSrc[MYsrcIndex];
    ImgDst[MYdstIndex + 1] = ImgSrc[MYsrcIndex + 1];
    ImgDst[MYdstIndex + 2] = ImgSrc[MYsrcIndex + 2];
}
```

### 9.4.3　使用线程计算图像坐标

在研究下一个核函数的改进之前，让我们分析下面的两行代码，它们允许每个线程确定自己负责处理的像素的 x 和 y 坐标（分别为 MYcol，MYrow）：

```
ui MYrow = MYbid / BlkPerRow;
ui MYcol = MYgtid - MYrow*BlkPerRow*ThrPerBlk;
```

坏消息是，我们不能像以前那样使用相同的技巧将这些值作为函数参数来传递。而且它们不是固定不变的，它们在每个线程中的值都会变化。

### 9.4.4　线程块 ID 与图像的行映射

好消息是，我们是规定 x、y 坐标和 CUDA 参数之间的映射关系的人。可以选择不同的映射方式吗？目前在 Hflip()、Hflip2()、Vflip() 和 Vflip2() 中使用的是一组一维的线程块，包含图像的 x 和 y 坐标的混合信息。如果我们使用一组二维的线程块，线程块 ID 的每一维直接与图像坐标的一个维度相对应呢？例如，如果 MYrow 直接与块 ID 的第二维对应，如下所示：

```
ui MYrow = blockID.y;
ui MYcol = MYbid*ThrPerBlk + MYtid;
```

这不仅使 MYrow 的计算只是一个简单的寄存器 mov 操作，也使 MYcol 的计算非常容易。从 9.3.4 节中我们知道计算 MYcol 只需要一条 "mad.lo.u32 d, a, b, c" 指令，尽管它看起来很复杂。所以，通过这个新的索引映射方式，我们将 $x$ 和 $y$ 坐标的计算转换为两条 PTX 指令。变得更好了……我们不再需要 MYgtid 变量了。

### 9.4.5　Hflip3()：使用二维启动网格

计算 MYgtid（即某个线程的全局线程 ID）的唯一原因是能够通过建立 x，y 坐标与 MYgtid 变量之间的关系来确定图像坐标。现在不再需要这个变量了。代码 9.4 给出了使用 2D 块索引的 Hflip() 改进版，名为 Hflip3()。要启动该核函数，必须在 main() 中使用 2D 网格的线程块，如下所示：

```
dim3 dimGrid2D(BlkPerRow, ip.Vpixels);
...
case 3:Hflip3<<<dimGrid2D,ThrPerBlk>>>(GPUCopyImg,GPUImg,IPH,RowBytes);
     strcpy(KernelName,"Hflip3:Each thread copies 1 pixel (using a 2D grid)");
     break;
```

正如我们从上面的代码中看到的，图像的 y 坐标与 blockIdx.y（即线程块网格的第二维）是一一对应的，这消除了每个线程在核函数中计算图像 y 坐标的需要。一旦 y 坐标已知，计算 x 坐标更容易。这个技巧使我们能够用维度计算硬件来获得一个免费的整数除法！考虑到在正确使用 GPU 内部硬件时正在获得一个免费的 for 循环，如同我们之前观察到的那样，这非常棒。正如在这些例子中可以看到的，CUDA 编程的窍门是避免过度编程。使用 GPU 硬件减少核心指令的次数越多，程序的速度就越快。

**代码 9.4：imflipGCM.cu　Hflip3(){...}**

Hflip3() 使用二维网格的线程块来更轻松地计算图像的 $x$，$y$ 坐标。

```
//核函数 Hflip2() 的改进版，使用 2D 线程块网格
__global__
void Hflip3(uch *ImgDst, uch *ImgSrc, ui Hpixels, ui RowBytes)
{
  ui ThrPerBlk = blockDim.x;
  ui MYbid = blockIdx.x;          ui MYtid = threadIdx.x;
  //ui MYgtid = ThrPerBlk * MYbid + MYtid;
  //ui BlkPerRow = CEIL(Hpixels,ThrPerBlk);
  //ui RowBytes = (Hpixels * 3 + 3) & (~3);
  //ui MYrow = MYbid / BlkPerRow;
  //ui MYcol = MYgtid - MYrow*BlkPerRow*ThrPerBlk;
  ui MYrow = blockIdx.y;                    ui MYcol = MYbid*ThrPerBlk + MYtid;
  if (MYcol >= Hpixels) return;            // col 超出范围
  ui MYmirrorcol = Hpixels - 1 - MYcol;    ui MYoffset = MYrow * RowBytes;
  ui MYsrcIndex = MYoffset + 3 * MYcol;
  ui MYdstIndex = MYoffset + 3 * MYmirrorcol;
  // 交换位于 MYcol 和 MYmirrorcol 处的像素 RGB 值
  ImgDst[MYdstIndex] = ImgSrc[MYsrcIndex];
```

```
      ImgDst[MYdstIndex + 1] = ImgSrc[MYsrcIndex + 1];
      ImgDst[MYdstIndex + 2] = ImgSrc[MYsrcIndex + 2];
    }
```

## 9.4.6 Vflip3()：使用二维启动网格

代码 9.5 中的核函数 Vflip3() 将相同的 2D 索引思想应用于原来的核函数 Vflip()。表 9-3 将迄今为止我们改进的所有结果进行了比较。使用 2D 块索引在桌面级 Kepler GPU（Boxes III、IV）上的性能似乎仅提高了 1%，在移动 Kepler（Box II）上的表现稍微好一些，提高了 5%，但在两个 Pascal GPU 上的性能提高了 8%（Box VII 和 VIII）。

表 9-3　核函数性能：Hflip(), …, Hflip3() 和 Vflip(), …, Vflip3()

| 核函数 | Box II | Box III | Box IV | Box VII | Box VIII |
|---|---|---|---|---|---|
| Hflip (ms) | 20.12 | 6.73 | 4.17 | 2.15 | 1.40 |
| Hflip2 (ms) | 17.23 | 5.85 | 3.63 | 1.98 | 1.30 |
| Hflip3 (ms) | 16.35 | 5.59 | 3.59 | 1.83 | 1.19 |
| Vflip (ms) | 20.02 | 6.69 | 4.11 | 2.12 | 1.40 |
| Vflip2 (ms) | 17.23 | 5.84 | 3.67 | 1.96 | 1.30 |
| Vflip3 (ms) | 16.40 | 5.62 | 3.65 | 1.87 | 1.19 |

**代码 9.5：imflipGCM.cu　Vflip3(){...}**

Vflip3() 使用二维网格的线程块能更轻松地进行图像 $x$, $y$ 坐标的计算。

```
// 核函数 Vflip2( ) 的改进版，用于对给定图像进行水平翻转操作
// 使用 2D 线程块启动网格
__global__
void Vflip3(uch *ImgDst, uch *ImgSrc, ui Hpixels, ui Vpixels, ui RowBytes)
{
  ui ThrPerBlk = blockDim.x;
  ui MYbid = blockIdx.x;
  ui MYtid = threadIdx.x;
  //ui MYgtid = ThrPerBlk * MYbid + MYtid;

  //ui BlkPerRow = CEIL(Hpixels,ThrPerBlk);
  //ui RowBytes = (Hpixels * 3 + 3) & (~3);
  //ui MYrow = MYbid / BlkPerRow;
  //ui MYcol = MYgtid - MYrow*BlkPerRow*ThrPerBlk;
  ui MYrow = blockIdx.y;
  ui MYcol = MYbid*ThrPerBlk + MYtid;
  if (MYcol >= Hpixels) return;    // col 超出范围
  ui MYmirrorrow = Vpixels - 1 - MYrow;
  ui MYsrcOffset = MYrow     * RowBytes;
  ui MYdstOffset = MYmirrorrow * RowBytes;
  ui MYsrcIndex = MYsrcOffset + 3 * MYcol;
  ui MYdstIndex = MYdstOffset + 3 * MYcol;

  // 交换位于 MYrow 和 MYmirrorrow 处的像素 RGB 值
  ImgDst[MYdstIndex] = ImgSrc[MYsrcIndex];
```

```
ImgDst[MYdstIndex + 1] = ImgSrc[MYsrcIndex + 1];
ImgDst[MYdstIndex + 2] = ImgSrc[MYsrcIndex + 2];
}
```

### 9.4.7 Hflip4(): 计算 2 个连续的像素

考虑到任何两个相邻像素之间的坐标计算几乎完全相同的事实，直观上认为可以在每个核函数中计算两个像素，这要比只计算单个像素的代价更低（相对于每个像素的时间而言）。代码 9.6 显示了改进后实现此目标的核函数 Hflip4()。让我们分析一下这个核函数。

❑ 除了在计算列索引时每个线程处理 2 个像素以外，计算像素地址的部分是相同的。行索引是相同的。显然，main() 只需要启动一半的块。所以，我们似乎已经节省了一些代码。我们似乎使用相同数量的 C 语句计算了两个像素的地址，而非原来的一个。

❑ 底部的代码显示了如何写入两个像素。我们使用相同的地址偏移，只是写入连续的 2 个像素（6 个字节）。一个明显的变化是，在写入第一个 RGB 后增加了一条 if 语句，以确保我们不会超出合法的地址范围。

❑ 该核函数的结果如表 9-4 所示。该核函数的性能比以前的核函数 Hflip3() 更糟。这是真的吗？

---

**代码 9.6：imflipGCM.cu Hflip4(){...}**

Hflip4() 计算两个连续的像素，而非一个。

---

```
//核函数 Hflip3( ) 的改进版，用于对给定图像进行水平翻转操作
//每个核函数处理两个连续的像素，只需要启动原来一半数量的线程块
__global__
void Hflip4(uch *ImgDst, uch *ImgSrc, ui Hpixels, ui RowBytes)
{
  ui ThrPerBlk = blockDim.x;
  ui MYbid = blockIdx.x;
  ui MYtid = threadIdx.x;
  //ui MYgtid = ThrPerBlk * MYbid + MYtid;

  ui MYrow = blockIdx.y;
  ui MYcol2 = (MYbid*ThrPerBlk + MYtid)*2;
  if (MYcol2 >= Hpixels) return;        // col（以及 col+1）超出范围
  ui MYmirrorcol = Hpixels - 1 - MYcol2;
  ui MYoffset = MYrow * RowBytes;
  ui MYsrcIndex = MYoffset + 3 * MYcol2;
  ui MYdstIndex = MYoffset + 3 * MYmirrorcol;

  // 交换位于 MYcol 和 MYmirrorcol 处的像素 RGB 值
  ImgDst[MYdstIndex] = ImgSrc[MYsrcIndex];
  ImgDst[MYdstIndex + 1] = ImgSrc[MYsrcIndex + 1];
  ImgDst[MYdstIndex + 2] = ImgSrc[MYsrcIndex + 2];
  if ((MYcol2 + 1) >= Hpixels) return;    // 只有 col+1 超出范围
  ImgDst[MYdstIndex - 3] = ImgSrc[MYsrcIndex + 3];
```

```
    ImgDst[MYdstIndex - 2] = ImgSrc[MYsrcIndex + 4];
    ImgDst[MYdstIndex - 1] = ImgSrc[MYsrcIndex + 5];
}
```

## 9.4.8　Vflip4()：计算 2 个连续的像素

代码 9.7 给出了改进后的核函数 Vflip4()，其运行时结果如表 9-4 所示。一样！这个核函数比 Vflip3() 慢。显然，有些因素正在伤害我们从未担心的性能。只有一个合理的解释：if 语句。if 语句中的计算是无害的，但 if 语句本身是一个巨大的问题。它带来的性能损失完全抵消了性能增益。原因是线程发散，这是由于线程束中的线程针对同一条 if 语句得到了不同的 TRUE/FALSE 答案。这种发散伤害了并行性，因为只有当所有 32 个线程完全相同时，GPU 才会发挥最佳效果。

表 9-4　核函数性能：Hflip()，…，Hflip4() 和 Vflip()，…，Vflip4()

| 核函数 | Box II | Box III | Box IV | Box VII | Box VIII |
| --- | --- | --- | --- | --- | --- |
| Hflip (ms) | 20.12 | 6.73 | 4.17 | 2.15 | 1.40 |
| Hflip2 (ms) | 17.23 | 5.85 | 3.63 | 1.98 | 1.30 |
| Hflip3 (ms) | 16.35 | 5.59 | 3.59 | 1.83 | 1.19 |
| Hflip4 (ms) | 19.48 | 6.68 | 4.04 | 2.47 | 1.77 |
| Vflip (ms) | 20.02 | 6.69 | 4.11 | 2.12 | 1.40 |
| Vflip2 (ms) | 17.23 | 5.84 | 3.67 | 1.96 | 1.30 |
| Vflip3 (ms) | 16.40 | 5.62 | 3.65 | 1.87 | 1.19 |
| Vflip4 (ms) | 19.82 | 6.57 | 4.02 | 2.37 | 1.71 |

代码 9.7：imflipGCM.cu　Vflip4(){...}

Vflip4() 计算两个连续的像素，而非一个。

```
__global__
void Vflip4(uch *ImgDst, uch *ImgSrc, ui Hpixels, ui Vpixels, ui RowBytes)
{
    ui ThrPerBlk = blockDim.x;          ui MYbid = blockIdx.x;
    ui MYtid = threadIdx.x;             ui MYrow = blockIdx.y;
    ui MYcol2 = (MYbid*ThrPerBlk + MYtid)*2;
    if (MYcol2 >= Hpixels) return;              // col 超出范围
    ui MYmirrorrow = Vpixels - 1 - MYrow;
    ui MYsrcOffset = MYrow     * RowBytes;
    ui MYdstOffset = MYmirrorrow * RowBytes;
    ui MYsrcIndex = MYsrcOffset + 3 * MYcol2;
    ui MYdstIndex = MYdstOffset + 3 * MYcol2;
    // 交换位于 MYrow 和 MYmirrorrow 处的像素 RGB 值
    ImgDst[MYdstIndex] = ImgSrc[MYsrcIndex];
    ImgDst[MYdstIndex + 1] = ImgSrc[MYsrcIndex + 1];
    ImgDst[MYdstIndex + 2] = ImgSrc[MYsrcIndex + 2];
    if ((MYcol2+1) >= Hpixels) return;          // 只有 col+1 超出范围
    ImgDst[MYdstIndex + 3] = ImgSrc[MYsrcIndex + 3];
```

```
    ImgDst[MYdstIndex + 4] = ImgSrc[MYsrcIndex + 4];
    ImgDst[MYdstIndex + 5] = ImgSrc[MYsrcIndex + 5];
}
```

### 9.4.9 Hflip5()：计算 4 个连续的像素

如果你不相信该结果是不正确的，我并不会感到惊讶。所以，让我们来深入探讨这个问题。为什么只计算两个像素而不计算四个像素呢？代码 9.8 中给出的核函数 Hflip5() 就是这样做的。实际上，我们甚至可以在核函数末尾添加一个 for 循环以允许我们计算任意数量的像素。对于四个像素来说，该循环执行四次。假设图像水平方向上的尺寸可以被 4 整除，这听起来并不像一个不切实际的假设，尽管它将 imedgeGCM.cu 限制为只能应用于宽度可以被 4 整除的图像。

经过对代码 9.8 的仔细分析，我们可以发现代码末尾的 if 语句（这是我们最怀疑的地方）有可能造成更大的损害。它不仅还在那儿，而且现在需要计算两个整数加法，我们知道这是 PTX 不支持的！前面的 if 语句是 if ( MYco12+1>= Hpixels)，而这一个是 if ((MYco14+a+1)>= Hpixels)。

当我们尝试在每个线程中计算更多的像素时，似乎正在挖一个更大的坑。表 9-5 中的结果表明，Hflip5() 的性能在 Kepler GPU 中比 Hflip4() 的性能低 50%，在 Pascal GPU 中低于一半。我猜 Pascal 系列是非常棒的，尽管对错误想法的惩罚似乎要高得多。正如我们以前多次见到过的，这似乎是先进架构的趋势。

表 9-5 核函数性能：Hflip()，…，Hflip5() 和 Vflip()，…，Vflip5()

| 核函数 | Box II | Box III | Box IV | Box VII | Box VIII |
| --- | --- | --- | --- | --- | --- |
| Hflip (ms) | 20.12 | 6.73 | 4.17 | 2.15 | 1.40 |
| Hflip2 (ms) | 17.23 | 5.85 | 3.63 | 1.98 | 1.30 |
| Hflip3 (ms) | 16.35 | 5.59 | 3.59 | 1.83 | 1.19 |
| Hflip4 (ms) | 19.48 | 6.68 | 4.04 | 2.47 | 1.77 |
| Hflip5 (ms) | 29.11 | 9.75 | 6.36 | 5.19 | 3.83 |
| Vflip (ms) | 20.02 | 6.69 | 4.11 | 2.12 | 1.40 |
| Vflip2 (ms) | 17.23 | 5.84 | 3.67 | 1.96 | 1.30 |
| Vflip3 (ms) | 16.40 | 5.62 | 3.65 | 1.87 | 1.19 |
| Vflip4 (ms) | 19.82 | 6.57 | 4.02 | 2.37 | 1.71 |
| Vflip5 (ms) | 29.13 | 9.75 | 6.35 | 5.23 | 3.90 |

代码 9.8：imflipGCM.cu　Hflip5(){…}

Hflip5() 计算四个连续的像素，而非一个。

```
__global__
void Hflip5(uch *ImgDst, uch *ImgSrc, ui Hpixels, ui RowBytes)
{
```

```
ui ThrPerBlk = blockDim.x;
ui MYbid = blockIdx.x;
ui MYtid = threadIdx.x;
ui MYrow = blockIdx.y;
ui MYcol4 = (MYbid*ThrPerBlk + MYtid) * 4;
if (MYcol4 >= Hpixels) return;      // col（以及col+1）超出范围
ui MYmirrorcol = Hpixels - 1 - MYcol4;
ui MYoffset = MYrow * RowBytes;
ui MYsrcIndex = MYoffset + 3 * MYcol4;
ui MYdstIndex = MYoffset + 3 * MYmirrorcol;
// 交换位于MYcol和MYmirrorcol处的像素RGB值
for (ui a = 0; a<4; a++){
    ImgDst[MYdstIndex - a * 3] = ImgSrc[MYsrcIndex + a * 3];
    ImgDst[MYdstIndex - a * 3 + 1] = ImgSrc[MYsrcIndex + a * 3 + 1];
    ImgDst[MYdstIndex - a * 3 + 2] = ImgSrc[MYsrcIndex + a * 3 + 2];
    if ((MYcol4 + a + 1) >= Hpixels) return;    // 下一个像素超出范围
}
}
```

## 9.4.10　Vflip5()：计算4个连续的像素

代码9.9中给出的核函数Vflip5()的性能与它的姐妹Hflip5()差不多。我们不知道此处的错误因素是什么：（1）是if语句吗？答案是肯定的；（2）是for循环吗？答案是肯定的；（3）我们是否不应该尝试在一个核函数中计算多个像素？答案是：绝对不是。我们只是需要正确的方法。

表9-6　核函数性能：PixCopy()、PixCopy2()和PixCopy3()

| 核函数 | Box II | Box III | Box IV | Box VII | Box VIII |
|---|---|---|---|---|---|
| PixCopy (ms) | 22.76 | 7.33 | 4.05 | 2.33 | 1.84 |
| PixCopy2 (ms) | 15.81 | 5.48 | 3.56 | 1.81 | 1.16 |
| PixCopy3 (ms) | 14.01 | 5.13 | 3.23 | 1.56 | 1.05 |

### 代码9.9：imflipGCM.cu　Vflip5(){...}

Vflip5()计算四个连续的像素，而非一个。

```
// 核函数Hflip3( )的改进版，用于对给定图像进行水平翻转操作
// 每个核函数处理4个连续的像素，只需要启动原来四分之一数量的线程块
__global__
void Vflip5(uch *ImgDst, uch *ImgSrc, ui Hpixels, ui Vpixels, ui RowBytes)
{
    ui ThrPerBlk = blockDim.x;        ui MYbid = blockIdx.x;
    ui MYtid = threadIdx.x;           ui MYrow = blockIdx.y;
    ui MYcol4 = (MYbid*ThrPerBlk + MYtid)*4;
    if (MYcol4 >= Hpixels) return;    // col超出范围
    ui MYmirrorrow = Vpixels - 1 - MYrow;
    ui MYsrcOffset = MYrow     * RowBytes;
    ui MYdstOffset = MYmirrorrow * RowBytes;
    ui MYsrcIndex = MYsrcOffset + 3 * MYcol4;
    ui MYdstIndex = MYdstOffset + 3 * MYcol4;
```

```
// 交换位于 MYrow 和 MYmirrorrow 处的像素 RGB 值
for (ui a=0; a<4; a++){
    ImgDst[MYdstIndex + a * 3] = ImgSrc[MYsrcIndex + a * 3];
    ImgDst[MYdstIndex + a * 3 + 1] = ImgSrc[MYsrcIndex + a * 3 + 1];
    ImgDst[MYdstIndex + a * 3 + 2] = ImgSrc[MYsrcIndex + a * 3 + 2];
    if ((MYcol4 + a + 1) >= Hpixels) return;    // 下一个像素超出范围
}
}
```

## 9.4.11 PixCopy2()、PixCopy3()：一次分别复制 2 个和 4 个连续的像素

针对"我们是不是不应该在核函数中处理多个像素？"这一问题，我的答案是：不是。我认为应该用正确的方法去处理。代码 9.10 显示了核函数 PixCopy() 的两个新版本，其中核函数 PixCopy2() 一次复制 2 个字节，PixCopy3() 一次复制 4 个字节。性能结果如表 9-6 所示。我们清楚地看到，即使 for 循环中包含 if 语句，也是在核函数中复制的字节越多，结果就越好。原因很明显，如果将这个核函数与以前的核函数进行比较：首先，该核函数每次复制一个字节，而非一个像素，这使索引计算逻辑变得更容易，消除了核函数代码末尾处的大量开销。其次，必须读取大量位于连续地址上的字节，这使内存控制器可以积累很多连续的字节，并作为一个大得多的内存地址区的读取任务来完成。我们知道这使得对 DRAM 存储器的访问更有效率。我们鼓励读者增加在每个核函数中复制的字节数量，以查看可能出现的"拐点"位置，以及随着内存读取量的不断增加，稳定的性能提升将减慢或停止。

---

**代码 9.10：imflipGCM.cu  PixCopy2(), PixCopy3(){…}**

PixCopy2() 一次复制 2 个像素，PixCopy3() 一次复制 4 个像素。

---

```
// PixCopy( ) 的改进版，将图像从 GPU 内存的一个地方（ImgSrc）
//复制到另一个地方（ImgDst），每个线程复制 2 个连续的字节
__global__
void PixCopy2(uch *ImgDst, uch *ImgSrc, ui FS)
{
    ui ThrPerBlk = blockDim.x;           ui MYbid = blockIdx.x;
    ui MYtid = threadIdx.x;              ui MYgtid = ThrPerBlk * MYbid + MYtid;
    ui MYaddr = MYgtid * 2;
    if (MYaddr > FS) return;    // 超出内存分配范围
    ImgDst[MYaddr] = ImgSrc[MYaddr];   // 复制像素
    if ((MYaddr + 1) > FS) return;    // outside the allocated memory
    ImgDst[MYaddr + 1] = ImgSrc[MYaddr + 1]; // 复制连续的像素
}
// PixCopy( ) 的改进版，将图像从 GPU 内存的一个地方（ImgSrc）
//复制到另一个地方（ImgDst），每个线程复制 4 个连续的字节
__global__
void PixCopy3(uch *ImgDst, uch *ImgSrc, ui FS)
{
    ui ThrPerBlk = blockDim.x;           ui MYbid = blockIdx.x;
    ui MYtid = threadIdx.x;              ui MYgtid = ThrPerBlk * MYbid + MYtid;
    ui MYaddr = MYgtid * 4;
    for (ui a=0; a<4; a++){
```

```
        if ((MYaddr+a) > FS) return;
        ImgDst[MYaddr+a] = ImgSrc[MYaddr+a];
    }
}
```

## 9.5 imedgeGC.cu：核心友好的 imedgeG

现在我们刻画出了一些改进核函数性能的好方法，让我们看看是否可以将它们应用到另一个程序 imedgeGCM.cu 上，该程序包含 imedgeG.cu 的核心友好的核函数版本。

### 9.5.1 BWKernel2()：使用预计算的值和 2D 块

首先，让我们看看是否可以通过使用我们学到的最简单的两个技巧来提高 BWKernel()（代码 8.3）的性能：（1）传递更多提前计算的函数参数；（2）2D 块寻址。这些改进在 BWKernel2()（代码 9.11）中实现。表 9-7 比较了两个核函数的结果：尽管 Pascal 系列几乎没有什么性能变化，但 Kepler 却从这个思想中受益良多。为什么？

---

**代码 9.11：imedgeGCM.cu　BWKernel2(){...}**

BWKernel2() 使用了我们之前在翻转核函数中使用的两个影响最大的改进：（1）预计算参数；（2）启动 2D 网格块。

---

```
// BWKernel 的改进版。使用提前计算的值和 2D 线程块索引
__global__
void BWKernel2(double *ImgBW, uch *ImgGPU, ui Hpixels, ui RowBytes)
{
    ui ThrPerBlk = blockDim.x;      ui MYbid = blockIdx.x;
    ui MYtid = threadIdx.x;         double R, G, B;
    ui MYrow = blockIdx.y;          ui MYcol = MYbid*ThrPerBlk + MYtid;
    if (MYcol >= Hpixels) return;   // col 超出范围

    ui MYsrcIndex = MYrow * RowBytes + 3 * MYcol;
    ui MYpixIndex = MYrow * Hpixels + MYcol;

    B = (double)ImgGPU[MYsrcIndex];
    G = (double)ImgGPU[MYsrcIndex + 1];
    R = (double)ImgGPU[MYsrcIndex + 2];
    ImgBW[MYpixIndex] = (R + G + B) / 3.0;
}
```

---

很显然，Pascal 在架构上的改进使我们建议的一些技术与提高核函数性能无关，因为它们都试图掩盖某些硬件的低效（现在不再存在）。这在 GPU 开发中非常典型，因为很难找出一个可应用于许多系列的性能改进技术。一个例子是原子变量，它们在 Fermi 架构上的处理非常缓慢。然而在 Pascal 中，它们的速度要快几个数量级。出于这个原因，在本书的编写过程中，我故意避开诸如"这种技术很棒"的硬性陈述。相反，我比较了它对多种 GPU

系列的影响，并观察了哪些系列从中受益更多。读者应该意识到，这种趋势将永远不会停止。在即将到来的 Volta 系列中，许多硬件缺陷将得到解决，我们的代码可能会产生非常不同的结果。

表 9-7　核函数性能：BWKernel() 和 BWKerne12()

| 核函数 | Box II | Box III | Box IV | Box VII | Box VIII |
|---|---|---|---|---|---|
| BWKernel (ms) | 48.97 | 14.12 | 9.89 | 4.95 | 3.12 |
| BWKernel2 (ms) | 39.52 | 13.09 | 6.81 | 4.97 | 3.13 |

我在本书中提出的所有改进可以总结如下：

- 找到能够经受几十年时间考验的改进非常困难。GPU 架构的开发是非常活跃的。
- 用户应该意识到这种活力，并尽力追寻广泛适用的想法。
- 在 GPU 编程中，"平台依赖"并不令人尴尬……性能低下更令人尴尬……开发出只能在 Pascal 上工作的核函数完全没有问题。
- 如果与 CPU 相比，平台依赖（例如，仅用于 Pascal）的代码能将速度提高 10 倍，而不是 7 倍，那么你就是英雄！没人会担心它只能在 Pascal 工作。他们要做的，只不过是买一块 Pascal！

## 9.5.2　GaussKernel2()：使用预计算的值和 2D 块

代码 9.12 展示了 GaussKernel2()，尽管结果并没有什么值得吹嘘，它利用两个简单的技巧（提前计算的参数传递和 2D 块）改进 GaussKernel()（代码 8.4）。表 9-8 给出了原始和改进后核函数的比较。比较结果显示性能并没有统计意义上的改善。看起来像是 GaussKernel2() 为某些 GPU 带来了 1% 左右的增益，而在其他 GPU 上则没有增长，这与我们在 imflipGCM.cu 的核函数上观察到的显著的性能提升相反。为什么？答案实际上相当明显：尽管索引计算等是 imflipGCM.cu 核函数中计算负载的重要部分（例如，Vflip() 核函数计算时间的 10% ~ 15%），但在 GaussKernel2() 中，由于该核函数中的计算强度很高，它占的百分比（约等于 1%）可以忽略不计。因此，通过改进仅占计算负载 1% 的代码部分，只能使我们在最佳情况下获得 1% 的性能提升！这就是 GaussKernel2() 所做的。需要注意的一点是，用户应该忽略那些看起来像是某些 GPU 中的性能下降的微小波动。这只是一个测量误差。一般来说，我们可以预计 GaussKernel2() 与 GaussKernel() 相比性能改善不大。我给开发人员的建议是，如果需要太多的时间，那么就不用费心去完成这样的改进，而是继续关注代码中计算任务繁重的部分以查看是否可以首先在那里进行改进。

表 9-8　核函数性能：GaussKernel() 和 GaussKernel2()

| 核函数 | Box II | Box III | Box IV | Box VII | Box VIII |
|---|---|---|---|---|---|
| GaussKernel (ms) | 183.95 | 149.79 | 35.39 | 30.40 | 33.45 |
| GaussKernel2 (ms) | 181.09 | 150.42 | 35.45 | 30.23 | 32.52 |

## 代码 9.12：imedgeGCM.cu GaussKernel2(){...}

GaussKernel2() 的每个线程处理 1 个像素。预先计算的值，2D 块索引。

```
// GaussKernel 的改进版。使用 2D 线程块索引。每个核函数处理一个像素
__global__
void GaussKernel2(double *ImgGauss, double *ImgBW, ui Hpixels, ui Vpixels)
{
   ui ThrPerBlk = blockDim.x;       ui MYbid = blockIdx.x;
   ui MYtid = threadIdx.x;          int row, col, indx, i, j;
   double G = 0.00;

   ui MYrow = blockIdx.y;           ui MYcol = MYbid*ThrPerBlk + MYtid;
   if (MYcol >= Hpixels) return;    // col 超出范围

   ui MYpixIndex = MYrow * Hpixels + MYcol;
   if ((MYrow<2) || (MYrow>Vpixels - 3) || (MYcol<2) || (MYcol>Hpixels - 3)){
      ImgGauss[MYpixIndex] = 0.0;
      return;
   }else{
      G = 0.0;
      for (i = -2; i <= 2; i++){
         for (j = -2; j <= 2; j++){
            row = MYrow + i;
            col = MYcol + j;
            indx = row*Hpixels + col;
            G += (ImgBW[indx] * Gauss[i + 2][j + 2]);
         }
      }
      ImgGauss[MYpixIndex] = G / 159.00;
   }
}
```

# 第 10 章

# 理解 GPU 内存

在前面的章节中，我们介绍了诸如内存友好和核心友好等术语，并试图使我们的程序成为这两种类型中的一种。实际上它们不是各自独立的概念。以 GaussKernel() 为例，它是一个计算密集型的核函数。它的计算密集程度如此之高，以致无法成为内存友好型。如果举一个定量例子的话，可以说该核函数在内存访问中花费了 10% 的时间，在核心计算中花费了 90% 的时间。假设你将内存访问速度提高了 2 倍，使得该核函数变得更加内存友好。现在，内存和核心各自需要的时间不再是 10+90 个单位时间，而是只需要 5+90 个单位时间。你让程序快了 5%！另一方面，如果把核心的处理速度提高 2 倍，该程序将需要 10+45=55 个单位时间，这会使其速度提高 45%。那么，这是否意味着我们应该在两者之间选择一个，而不用再关注另一个了呢？显然，这样不行。让我们回到刚才的例子。假设你的内存＋核心的时间是 10+90 个单位，并且利用了可以使核心访问速度提高 6 倍的技巧，这将使执行时间减少到 10+15=25 个单位，并使整体的核函数速度更快。现在，假设你仍然可以将相同的内存友好技术应用于该核函数，并使内存访问速度也提高 2 倍，这会使执行时间减少到 5+15=20 个单位。这样的话，相同的内存友好技术可以使程序的速度提高 20%，而不是之前提高的 5%。这个故事的寓意是最初的改进没有什么作用的原因是你的核心访问效率非常低，并且内存的友好性掩盖了潜在的改进能力。这就是为什么内存与核心优化应该被看作 "协同优化" 问题，而不是独立的和互不相关的问题。

本章将研究不同的 Nvidia GPU 系列的内存架构，并改进我们的核函数使它们能够高效地访问各种内存区域中的数据，也就是说，使它们变得内存友好。正如前一章中提到的，我们将学习如何在本章中使用一个非常重要的工具，它的名称是 CUDA 占用率计算器，它将使我们能够建立一个正式的方法来确定核函数的启动参数，以确保获得 GPU 中 SM 的最佳资源利用率。

## 10.1 全局内存

当你为了游戏或科学计算购买 GPU 时，会关注什么？可能是 GPU 的型号名称（例如，GTX 1080），它有多少内存（例如，GTX 1080 为 8GB）以及可能的核心数量或标称的GFLOPS/TFLOPS。更精明的买家还会看 GPU 内存的类型，甚至是特定的 L1\$、L2\$ 参数等。例如，GTX Titan X Pascal GPU 的内存类型是 GDDR5X，内存带宽为 480 GBps，而GTX 1070 的内存类型是低带宽的 GDDR5，仅有 256 GBps 的带宽。在这两个商品中，宣传的是什么内存呢？答案是全局内存（GM），它就是 GPU 的主存。

从 3.5 节开始，我们花了相当多的时间讨论 CPU 内存，以及为什么访问连续的大块数据是从 CPU 主存中读取数据的最佳方式。GPU 内存非常相似，你获得的几乎每一点关于如何高效地访问 CPU 内存的体会都适用于 GPU 内存。唯一不同的是，与 CPU 相比，需要从GPU 内存向数量明显增多的核心同时提供数据，因此 GDDR5（以及更新的 GDDR5X）旨在更高效地向多个目标提供数据。

## 10.2 L2 高速缓存

L2\$ 是从 GM 读取的所有数据被高速缓存的地方。L2\$ 是保持一致性的，这意味着对于GPU 中的每个核心来说，L2\$ 中的地址都是完全相同的。到目前为止，我们提到的 NvidiaGPU 架构都有一个 L2\$ 作为末级高速缓存（LLC）：Fermi（图 9-2）有一个 768 KB 的 L2\$，而 Kepler（图 9-4）有一个 1.5 MB 的 L2\$。Maxwell（图 9-6）将 L2\$ 增加到 2 MB，Pascal（图 9-8）则享有 4 MB 的 L2\$。虽然 GK110、GM200 和 GP100 是各自系列中 L2\$ 最大的架构，但也发布过一些 L2\$ 较小的（低配）版本。例如，尽管 GTX 1070 是 Pascal 系列 GPU，但它只有 2 MB L2\$，因为 GPl04-200 引擎就包含这么多。

表 10-1 列出了一些典型 GPU 及其全局内存和 L2\$ 的大小。此外，还给出了一个新的度量标准，即每核心带宽，以显示相对于核心数量，GPU 拥有多少内存。Kepler 系列每个核心的带宽约为 0.1 GBps ～ 0.17 GBps，Maxwell 的下降到 0.08，Pascal 的每个核心回升到 0.13 GBps。表 10-1 中的粗线下方显示了与两个 CPU 的比较。CPU 的设计目标是每个核心大约分配到 50 倍以上的带宽（例如，每个核心 0.134 与每核心 6.4 GBps）。类似地，基于 CPU 的个人电脑每核心主存数量也大约是 1000 倍（例如，4.27 与 4096）。对比两者的LLC（CPU 中为 L3\$），CPU 的配备也大约是 2000 倍（例如，1.14 与 2560）。这不应该让人感到意外，因为 CPU 的架构要复杂得多，CPU 核心可以做更多的工作。但要发挥这种性能，CPU 核心需要更多的资源。

表 10-1 Nvidia 微架构系列以及全局内存、L1$、L2$ 和共享内存的大小

| 模型<br>（引擎） | 核心数 | 共享内存 | L1$ | L2$ | 全局内存 | |
|---|---|---|---|---|---|---|
| | | (KB/C) | | | (MB/C) | (GBps/C) |
| GTX550Ti<br>(GF110) | 192 | 64/32<br>(2.00 combined) | | 256/192<br>(1.33) | 1024/192<br>(5.33) | 98.5/192<br>(0.513) |
| GTX 760<br>(GK104) | 1152 | 64/192<br>(0.33 combined) | | 768/1152<br>(0.67) | 2048/1152<br>(1.78) | 192/1152<br>(0.167) |
| Titan Z<br>(2xGK110) | 2x2880 | 64/192<br>(0.33 combined) | | 1536/2880<br>(0.53) | 6144/2880<br>(2.13) | 336/2880<br>(0.117) |
| Tesla K80<br>(2xGK210) | 2x2496 | 112/192<br>(0.58 combined) | | 1536/2496<br>(0.62) | 12288/2496<br>(4.92) | 240/2496<br>(0.096) |
| GTX 980Ti<br>(GM200) | 2816 | 96/192<br>(0.50) | | 2048/2816<br>(0.73) | 6144/2816<br>(2.19) | 224/2816<br>(0.080) |
| GTX 1070<br>(GP104-200) | 1920 | 96/128<br>(0.75) | 48/128<br>(0.38) | 2048/1920<br>(1.07) | 8192/1920<br>(4.27) | 256/1920<br>(0.134) |
| Titan X<br>(GP102) | 3584 | 64/64<br>(1.00) | | 4096/3584<br>(1.14) | 12288/3584<br>(3.43) | 480/3584<br>(0.134) |
| Xeon E5-2690<br>(Sandy Br EP) | 8 | L3$<br>(2560) | 64/1<br>(64) | 256/1<br>(256) | 32768/8<br>(4096) | 51.2/8<br>(6.400) |
| E5-2680v4<br>(Broadwell) | 14 | L3$<br>(2560) | 64/1<br>(64) | 256/1<br>(256) | 262144/14<br>(18724) | 76.8/14<br>(5.486) |

注：粗线下面给出了两个不同 CPU 的相同参数。/C 表示每核心。

## 10.3 纹理 /L1 高速缓存

在某些代中，纹理缓存与 L1$ 是分开的，但在 Maxwell（图 9-6）和 Pascal（图 9-8）中，它们共享相同的高速缓存区域。在本书中，我们不会进行任何游戏设计，所以对纹理内存不感兴趣。但是，每个 SM 中的 L1$ 与 CPU L1$ 的工作方式完全相同。核心马上需要的数据由硬件缓存在 L1$ 中。用户对于哪些数据被移出或保存在缓存中没有发言权。在这方面，L1$ 被称为硬件缓存，或更准确地说是硬件控制缓存。L1$ 是非一致性的，这意味着一旦核心从 L2$ 读取一些数据并将其放置在本地的 L1$ 中，则它们用于在本地 L1$ 中引用该数据的地址与其他 SM 的 L1$ 内存没有任何关系。换句话说，L1$ 严格地用于提高对特定数据的访问速度，而非与其他 L1$ 内存进行共享。在 Fermi 和 Kepler 系列中，L1$ 与共享内存位于同一区域，而在 Maxwell 和 Pascal 家族中，它们是独立的实体。

## 10.4 共享内存

GPU 中最重要的内存类型是共享内存，尽管这种内存的工作原理类似于 L1$，但它完全由程序员控制。GPU 硬件对数据如何进入共享内存没有任何发言权，因此，共享内存被

称为软件高速缓存或高速暂存器。共享内存背后的含义是，在程序执行过程中，没有人比程序员更了解需要哪些数据元素。因此，如果程序员有权在需要时高速缓存某些数据元素，在不再需要时将它们踢出，那么数据缓存的效率可以高达100%，而最好的缓存替换算法的效率只能达到80% ～ 90%。

### 10.4.1 分拆与专用共享内存

从表10-1可以看出，Fermi和Kepler系列将L1$和共享内存放在同一片内存区域中，该内存区域可根据核函数的请求进行"分拆"，如下所示：

❑ Fermi（共享内存，L1$）：（16 KB，48 KB）（48 KB，16 KB）

❑ Kepler（共享内存，L1$）：（16 KB，48 KB）（32 KB，32 KB）（48 KB，16 KB）

例如，如果一个核函数在Fermi中需要20 KB共享内存，Fermi硬件会自动地将该内存拆分为（共享内存 = 48 KB，L1$ = 16 KB），也就是选项2。而Kepler会将其拆分为（共享内存 =32 KB，L1$=32 KB），因为它为硬件高速缓存L1$留下了更多空间，所以效率更高。流处理器（SM）硬件在运行时决定何时进行分拆。由于每个SM可以在不同的时间运行不同的块，因此可以在新的线程块被分配到该SM中运行时修改拆分结果。

虽然Kepler在Fermi的（16 KB，48 KB）和（48 KB，16 KB）拆分方案之外又引入了（32 KB，32 KB）选项，进而提高了L1$和共享内存的使用效率，但Nvidia决定从Maxwell系列开始，将共享内存和L1$放在独立的区域。它们觉得让L1$与纹理内存共享相同的内存区域效率会更高，纹理内存用于计算机图形操作。在较新的系列中，共享内存区域的大小是固定的，并且专用于软件高速缓存任务。

### 10.4.2 每核心可用的内存资源

如表10-1所示，每个核心可用的共享内存数量在新的系列中不断提高。除了GTX550Ti之外，每个核心的可用共享内存数量从Kepler的大约0.20 KB/核心增加到Pascal的1.00 KB/核心。请注意，无论SM包含的共享内存有多大，每个线程块的最大共享内存被限制为48 KB。该限制自CUDA诞生的第一天起就存在。对于Fermi和Kepler来说，由于共享内存和L1$位于同一区域，共享内存部分不可能超过48 KB，所以GTX 760不能拥有高于0.2 KB/核心的共享内存。L2$和内存带宽也有类似的趋势。

值得解释的是，以分配的共享内存、L1$和L2$等为标准，为什么GTX 550Ti的核心配置比下一代Kepler的还要高一些？因为与Fermi相比，Kepler的核心数量有了大幅增加。核心数量的增加意味着每个核心分配到的资源（共享内存、L1$、L2$）必然减少。这种减少可以通过更高效的SM设计以及内存控制器和指令集的改进来得到部分弥补。此外，在Maxwell和Pascal系列中，这一比例得到了改善，优先级转向使核心更复杂，而非增加核心数量。

### 10.4.3　使用共享内存作为软件高速缓存

让我们回忆一下代码 3.1，其中使用了名为 Buffer[] 的本地内存数组，并对程序性能产生了巨大影响，因为我们相当确信该缓冲区存储在 GPU 核心的 L1$ 或 L2$ 中。然而，这只不过是"猜测"或"希望"。我们确实无法控制 GPU 硬件放置 Buffer[] 数组的位置，因为在 GPU 指令集中没有对缓存数据内容的显式控制。想象一下，如果可以告诉硬件将某些数据保存在高速缓存中并使访问速度更快，我们可以做些什么？好吧，这正是共享内存所做的。我们知道它位于 SM 内部的内存区域，访问该内存比访问全局内存要快得多。此外，无论共享内存中存放的是什么，它都可以一直待在那儿直到用代码明确地将它删除。

### 10.4.4　分配 SM 中的共享内存

共享内存是一种 SM 级别的资源。每个 SM 都有自己的共享内存，每个线程块都会请求一定的共享内存。举个例子，假设 SM（SM7）的总共享内存为 64 KB。假设有两个线程块 Block0 和 Block16 在 SM7 上执行，每个块需要 20 KB 的共享内存。千兆线程调度器在将 Block0 和 Block16 分配到 SM7 上执行之前，会检查可用的共享内存。如果在 SM7 上没有已被调度和执行的其他块，则整个 64 KB 的共享内存区域都可用。当 Block0 被调度后，SM7 硬件将可用共享内存区域从 64 KB 减少到 44 KB。这也为调度 Block16 留下了足够的空间，Block16 的调度将可用共享内存减少到 24 KB。如果需要再分配一个块（例如 Block42），则可用的共享内存将减少到 4 KB，因此也就没有足够的剩余空间来服务另一个需要 20 KB 共享内存的块了。但是，假设需要将另一个只需要 2KB 共享内存的核函数分配到 SM7 上，就不成问题了，因为 SM7 剩余 4 KB 的空闲共享内存。实际上，还可以分配两个只需要 2 KB 共享内存的线程块，从而将在 SM7 上执行的线程块的总数增加到 5。

让我们回顾一下 9.2.4 节中讨论的寄存器文件限制。每个核函数都需要一定数量的寄存器来执行各种操作，这意味着每个线程块需要寄存器文件（RF）中一定数量的寄存器。调度一个线程块意味着一部分 RF 将专用于这个新安排的块，并且将从可用寄存器总个数中减去这部分 RF。我们会遇到因为 RF 中没有可用的寄存器，所以无法调度某个线程块的情况。在本节中，我们看到了第二个可能会阻止向 SM 分配线程块的限制。不幸的是，就 SM 级资源而言，阻止线程块被分配的限制因素是最短的那块木板。换句话说，在设计一个核函数时小心避免使用过多的寄存器有时并不重要。如果线程块需要大量的共享内存，你的这些努力将被浪费。与此同时，让核函数的规模尽可能小，甚至几乎不使用寄存器或不使用共享内存也不是一个好策略。不仅因为 SM 上可分配的线程块的最大数量受到限制（详见 8.9.3 节），而且 SM 的设计目的是提高性能，它应该用于该目的。

## 10.5　指令高速缓存

指令高速缓存和指令缓冲区也驻留在 GPU 的 SM 中。它们负责高速缓存在 SM 内部执行核函数时所需要的机器代码指令。程序员无法控制它们，也没有必要这样做。只要有足够的指令高速缓存，从程序员的角度来看，这个缓存的大小在某种程度上是不相关的参数。

## 10.6　常量内存

常量内存从 CUDA 诞生之日起就存在。它负责保存线程所需的常量。常规内存和常量内存之间存在一些主要的区别：（1）常量内存只写入一次，核函数读取多次；（2）它旨在为多个（例如 32 个）线程提供相同的常量值。它只有一个值，但是会创建 16 或 32 个副本并复制它。所以，虽然 L1\$、L2\$ 和 GM 是 1 对 1 的内存，但常量内存是 1 对 16 或 1 对 32 的内存。从 CUDA 诞生到现在，常量内存大小一直保持在 64 KB。但是，常量高速缓存的数量略有不同。常量内存由整个 GPU 共享，而常量高速缓存只服务于 SM。我们将在本章中使用常量内存来加速核函数。

## 10.7　imflipGCM.cu：核心和内存友好的 imflipG

本节将使用不同类型的存储单元，并研究它们对性能的影响。在本节中，我们为 imflipGCM.cu 添加不同版本的核函数，并在这些核函数中使用刚刚介绍的内存部件。请注意，使用 GPU 的内存子系统非常棘手。所以，我们会尝试很多好的想法和不好的想法。这么做的原因是想看看它们的影响，并确定哪些是好想法，哪些是坏想法，而不仅仅是不断地提高性能。

### 10.7.1　Hflip6()、Vflip6()：使用共享内存作为缓冲区

代码 10.1 给出了两个使用共享内存翻转图像的核函数 Hflip6() 和 Vflip6()，分别是 Hflip() 和 Vflip() 核函数的改进版本。这两个核函数首先从 GM 读取一个像素（3 个字节）到共享内存，然后从共享内存写回 GM（到翻转的位置）来翻转图像。在两个核函数中，用以下代码分配共享内存：

```
__shared__ uch PixBuffer[3072];   // 存放 3*1024 字节（1024 个像素）
```

它分配了 3072 个类型为 unsigned char（uc）的元素。这里总共分配了 3072 个字节，以线程块为单位。所以，你启动的任何像这样运行多线程的线程块只会分配一个 3072 个字节的共享内存区域。例如，如果你的线程块有 128 个线程，则会为这 128 个线程分配 3072 个字节的缓冲区，对应于每个线程 3072/128=24 个字节。核函数的初始部分与原来的 Hflip() 和 Vflip() 相同，但是，每个线程访问共享内存的地址取决于其 tid。根据核函数 Hflip6() 和 Vflip6() 的写入方式，它们只处理一个像素，即 3 个字节。因此，如果它们以每块 128 个线程启动，将只需 384 个字节的共享内存，从而使其余 2688 个字节的共享内存在其执行期

间处于空闲状态。如果将分配的共享内存降为 384 个字节，那么不能以超过 128 个线程 / 块
来启动这个核函数。因此，确定要声明多少共享内存需要一个复杂的公式。

---

**代码 10.1：imflipGCM.cu　Hflip6()，Vflip6(){...}**

Hflip6( ) 和 Vflip6( ) 使用 3072 个字节的共享内存。

---

```
// 每个线程从 GM 复制一个像素到共享内存（PixBuffer[]）以及从共享内存将一个像素复制回 GM
__global__
void Hflip6(uch *ImgDst, uch *ImgSrc, ui Hpixels, ui RowBytes)
{
    __shared__ uch PixBuffer[3072];  // 存放 3*1024 个字节（1024 个像素）

    ui ThrPerBlk=blockDim.x;    ui MYbid=blockIdx.x;  ui MYtid=threadIdx.x;
    ui MYtid3=MYtid*3;          ui MYrow=blockIdx.y;  ui MYcol=MYbid*ThrPerBlk+MYtid;
    if(MYcol>=Hpixels) return;              ui MYmirrorcol=Hpixels-1-MYcol;
    ui MYoffset=MYrow*RowBytes;             ui MYsrcIndex=MYoffset+3*MYcol;
    ui MYdstIndex=MYoffset+3*MYmirrorcol;
    // 交换位于 MYcol 和 MYmirrorcol 处的像素 RGB 值
    PixBuffer[MYtid3]=ImgSrc[MYsrcIndex]; PixBuffer[MYtid3+1]=ImgSrc[MYsrcIndex+1];
    PixBuffer[MYtid3+2]=ImgSrc[MYsrcIndex+2];
    __syncthreads();
    ImgDst[MYdstIndex]=PixBuffer[MYtid3]; ImgDst[MYdstIndex+1]=PixBuffer[MYtid3+1];
    ImgDst[MYdstIndex+2]=PixBuffer[MYtid3+2];
}
__global__
void Vflip6(uch *ImgDst, uch *ImgSrc, ui Hpixels, ui Vpixels, ui RowBytes)
{
    __shared__ uch PixBuffer[3072];  // 存放 3*1024 个字节（1024 个像素）
    ui ThrPerBlk=blockDim.x;    ui MYbid=blockIdx.x;  ui MYtid=threadIdx.x;
    ui MYtid3=MYtid*3;          ui MYrow=blockIdx.y;  ui MYcol=MYbid*ThrPerBlk+MYtid;
    if (MYcol >= Hpixels) return;           ui MYmirrorrow=Vpixels-1-MYrow;
    ui MYsrcOffset=MYrow*RowBytes;          ui MYdstOffset=MYmirrorrow*RowBytes;
    ui MYsrcIndex=MYsrcOffset+3*MYcol;      ui MYdstIndex=MYdstOffset+3*MYcol;
    // 交换位于 MYrow 和 MYmirrorrow 处的像素 RGB 值
    PixBuffer[MYtid3]=ImgSrc[MYsrcIndex];  PixBuffer[MYtid3+1]=ImgSrc[MYsrcIndex+1];
    PixBuffer[MYtid3+2]=ImgSrc[MYsrcIndex+2];
    __syncthreads();
    ImgDst[MYdstIndex]=PixBuffer[MYtid3];  ImgDst[MYdstIndex+1]=PixBuffer[MYtid3+1];
    ImgDst[MYdstIndex+2]=PixBuffer[MYtid3+2];
}
```

---

　　一旦声明了共享内存，SM 在启动块之前就从其整个共享内存中分配相应大小的共享内
存。在执行期间，下面代码

```
PixBuffer[MYtid3]=ImgSrc[MYsrcIndex]; ...
```

　　将 GM 中的像素（由 ImgSrc 指向）复制到共享内存（PixBuffer 数组）中。下面代码将
其复制回 GM（复制到翻转后的位置，由指针 ImgDst 指向）：

```
ImgDst[MYdstIndex]=PixBuffer[MYtid3]; ...
```

下面这行代码确保在允许每个线程继续处理之前，块中的所有线程读入共享内存的操作都已完成。

```
__syncthreads();
```

表10-2比较了核函数Hflip()和Vflip()与它们的共享内存版本Hflip6()和Vflip6()。一些小的性能改进来源于先前在第9章中提出的改进。因此，可以肯定地说，在这个函数中使用共享内存没有带来什么变化。现在是时候找出原因了。

表 10-2　核函数性能：Hflip() 与 Hflip6() 以及 Vflip() 与 Vflip6() 的比较

| 核函数 | Box II | Box III | Box IV | Box VII | Box VIII |
|---|---|---|---|---|---|
| Hflip (ms) | 20.12 | 6.73 | 4.17 | 2.15 | 1.40 |
| Hflip6 (ms) | 18.23 | 5.98 | 3.73 | 1.83 | 1.37 |
| Vflip (ms) | 20.02 | 6.69 | 4.11 | 2.12 | 1.40 |
| Vflip6 (ms) | 18.26 | 5.98 | 3.65 | 1.90 | 1.35 |

## 10.7.2　Hflip7()：共享内存中连续的交换操作

为了改进Hflip6()，我们将提出不同的理论来说明为什么这个核函数的性能很低，并编写不同版本的核函数来修复它。当我们一次移动一个像素时，可以通过简单地将x坐标和y坐标交换来将完全相同的想法应用于核函数的水平（例如Hflip6()）和垂直（例如Vflip6()）版本。然而，垂直和水平翻转图像的存储模式完全不同。因此，本章的其余部分将分别改进它们，为每个核函数规划更有针对性的改进。

让我们从Hflip6()开始。我们首先怀疑的是，一次移动一个字节的效率不高，因为GPU的自然数据大小是32位（int）。如代码10.2所示，核函数Hflip7()的写入方式使从GM到共享内存传输的数据都是int型（每次32位）。4个像素占用12个字节，也就是3个int。因此，我们可以从全局内存一次读取3个int（4个像素），并用共享内存交换这4个像素。完成后，将它们以3个int的方式写回GM。我们将在共享内存中一次一个字节地交换每个像素的RGB字节。这让我们可以测试将全局内存到共享内存的传输转换为自然大小（32位）时发生的情况。下面的代码从GM读取3个int，使用了名为ImgSrc32的32位int*型指针：

```
PixBuffer[MYtid3]   = ImgSrc32[MYsrcIndex];
PixBuffer[MYtid3+1] = ImgSrc32[MYsrcIndex+1];
PixBuffer[MYtid3+2] = ImgSrc32[MYsrcIndex+2];
```

这几行代码写得很不错，连续性很好，很整洁，GM读取速度也很快，因而应该是非常有效的。当写入共享内存时，它们以大端方式存储，其中较低的地址对应于高值字节。因此，读取之后，共享内存存储了如下的三个int：

```
// PixBuffer: [B0 G0 R0 B1] [G1 R1 B2 G2] [R2 B3 G3 R3]
```

而我们在全局内存中的目的数据应该是以下模式：

```
// 我们的目标: [B3 G3 R3 B2] [G2 R2 B1 G1] [R1 B0 G0 R0]
```

非常不幸，没有一个字节在我们想要它们处于的位置上。为了将这 12 个字节置于它们应该处于的位置，需要 6 个字节的交换操作，使用一个指向共享内存的 int * 指针，如下所示：

```
// 在共享内存中交换这 4 个像素
SwapPtr=(uch *)(&PixBuffer[MYtid3]);   //[B0 G0 R0 B1] [G1 R1 B2 G2] [R2 B3 G3 R3]
SWAP(SwapPtr[0], SwapPtr[9] , SwapB)   //[B3 G0 R0 B1] [G1 R1 B2 G2] [R2 B0 G3 R3]
SWAP(SwapPtr[1], SwapPtr[10], SwapB)   //[B3 G3 R0 B1] [G1 R1 B2 G2] [R2 B0 G0 R3]
SWAP(SwapPtr[2], SwapPtr[11], SwapB)   //[B3 G3 R3 B1] [G1 R1 B2 G2] [R2 B0 G0 R0]
SWAP(SwapPtr[3], SwapPtr[6] , SwapB)   //[B3 G3 R3 B2] [G1 R1 B1 G2] [R2 B0 G0 R0]
SWAP(SwapPtr[4], SwapPtr[7] , SwapB)   //[B3 G3 R3 B2] [G2 R1 B1 G1] [R2 B0 G0 R0]
SWAP(SwapPtr[5], SwapPtr[8] , SwapB)   //[B3 G3 R3 B2] [G2 R2 B1 G1] [R1 B0 G0 R0]
```

翻转后的 4 个像素再次从共享内存以 3 个连续的 int 的形式写回 GM。表 10-3 将这个核函数与前一个进行了比较。结果并不值得大声吹嘘。尽管我们正在接近目标，但到目前为止某些地方仍然有问题。

**代码 10.2：imflipGCM.cu    Hflip7(){...}**

Hflip7() 使用大量的字节交换操作来完成翻转。

```
// 每个核函数使用共享内存读取 12 字节（4 个像素），并在共享内存中翻转 4 个像素。
// 然后以 3 个 int 的形式写回 GM。水平分辨率必须是 4 的幂
__global__
void Hflip7(ui *ImgDst32, ui *ImgSrc32, ui RowInts)
{
    __shared__ ui PixBuffer[3072]; // 存放 3*1024*4 个字节（1024*4 个像素）

    ui ThrPerBlk=blockDim.x;               ui MYbid=blockIdx.x;
    ui MYtid=threadIdx.x;                  ui MYtid3=MYtid*3;
    ui MYrow=blockIdx.y;                   ui MYoffset=MYrow*RowInts;
    uch SwapB;                             uch *SwapPtr;
    ui MYcolIndex=(MYbid*ThrPerBlk+MYtid)*3;  if (MYcolIndex>=RowInts) return;
    ui MYmirrorcol=RowInts-1-MYcolIndex;   ui MYsrcIndex=MYoffset+MYcolIndex;
    ui MYdstIndex=MYoffset+MYmirrorcol-2;  // -2 是为了一次复制 3 个字节
    // 读取 4 个像素块（12B=3 个 int）到共享内存
    // PixBuffer: [B0 G0 R0 B1] [G1 R1 B2 G2] [R2 B3 G3 R3]
    // 我们的目标: [B3 G3 R3 B2] [G2 R2 B1 G1] [R1 B0 G0 R0]
    PixBuffer[MYtid3] = ImgSrc32[MYsrcIndex];
    PixBuffer[MYtid3+1] = ImgSrc32[MYsrcIndex+1];
    PixBuffer[MYtid3+2] = ImgSrc32[MYsrcIndex+2];
    __syncthreads();
    // 在共享内存中交换这 4 个像素
    SwapPtr=(uch *)(&PixBuffer[MYtid3]);   //[B0 G0 R0 B1] [G1 R1 B2 G2] [R2 B3 G3 R3]
```

```
SWAP(SwapPtr[0], SwapPtr[9] , SwapB)  //[B3 G0 R0 B1] [G1 R1 B2 G2] [R2 B0 G3 R3]
SWAP(SwapPtr[1], SwapPtr[10], SwapB)  //[B3 G3 R0 B1] [G1 R1 B2 G2] [R2 B0 G0 R3]
SWAP(SwapPtr[2], SwapPtr[11], SwapB)  //[B3 G3 R3 B1] [G1 R1 B2 G2] [R2 B0 G0 R0]
SWAP(SwapPtr[3], SwapPtr[6] , SwapB)  //[B3 G3 R3 B2] [G1 R1 B1 G2] [R2 B0 G0 R0]
SWAP(SwapPtr[4], SwapPtr[7] , SwapB)  //[B3 G3 R3 B2] [G2 R1 B1 G1] [R2 B0 G0 R0]
SWAP(SwapPtr[5], SwapPtr[8] , SwapB)  //[B3 G3 R3 B2] [G2 R2 B1 G1] [R1 B0 G0 R0]
__syncthreads();
// 将 4 个像素（3 个 int）从共享内存写回全局内存
ImgDst32[MYdstIndex]   = PixBuffer[MYtid3];
ImgDst32[MYdstIndex+1] = PixBuffer[MYtid3+1];
ImgDst32[MYdstIndex+2] = PixBuffer[MYtid3+2];
}
```

表 10-3　核函数性能：Hflip()、Hflip6() 和 Hflip7()，处理 mars.bmp

| 核函数 | Box II | Box III | Box IV | Box VII | Box VIII |
|---|---|---|---|---|---|
| Hflip (ms) | — | — | 7.93 | — | — |
| Hflip6 (ms) | — | — | 7.15 | — | — |
| Hflip7 (ms) | — | — | 6.97 | — | — |

### 10.7.3　Hflip8()：使用寄存器交换 4 个像素

在制定下一步改进计划时，我们将保留那些已经起作用的并改进那些还没有提升的地方。在 Hflip7() 中，我们通过读取 3 个自然的 int 大小的元素来读取 4 个像素的方式非常完美。该核函数的问题是，一旦进入共享内存，我们仍然按照 unsigned char 的大小（字节）来处理数据。从共享内存（或任何类型的内存）中读取和写入这些非自然大小元素的操作效率非常低。在核函数 Hflip7() 中，每个字节交换都需要访问 3 次共享内存，每次都是非自然的 unsigned char 大小。

代码 10.3 中所示的 Hflip8() 的想法是将非自然大小的访问操作放在核心内部进行，因为核心在操作字节大小的数据元素时效率更高。为此，Hflip8() 分配了 6 个变量 A、B、C、D、E、F，它们都是具有自然大小的 unsigned int（32 位）类型。我们不再使用共享内存。对全局存储器（GM）的唯一访问是从它那儿以 32 位大小读取数据，如下所示：

```
ui A, B, C, D, E, F;
// 读取 4 个像素块（12B=3 个 int）到 3 个长寄存器
A = ImgSrc32[MYsrcIndex];
B = ImgSrc32[MYsrcIndex + 1];
C = ImgSrc32[MYsrcIndex + 2];
```

这是将翻转后的像素写回 GM 之前的唯一一次 GM 访问。需要注意的是 GM 中的数据以小端格式存储，与共享内存相反。所以，Hflip8() 的目标是将如下所示的 A、B、C

```
// 现在：    A=[B1,R0,G0,B0]  B=[G2,B2,R1,G1]   C=[R3,G3,B3,R2]
```

转换为如下所示 的 D、E、F：

```
// 我们的目标 ： D=[B2,R3,G3,B3]  E=[G1,B1,R2,G2]  F=[R0,G0,B0,R1]
```

这种方法高效的原因在于，由于核函数中需要的变量比较少，因此编译器可以轻松地将所有这些变量映射到核心寄存器中，这使得对它们的操作非常高效。此外，在字节的处理过程中，核心使用的只是 shift、AND、OR 操作，它们是核心中 ALU 的基本操作，可以由编译器选择编译为最快的指令。

**代码 10.3：imflipGCM.cu Hflip8(){...}**

Hflip8() 使用寄存器交换 12 个字节（4 个像素）。主要的交换工作在核心内部进行，因此它比使用共享内存的方法效率更高。

```
// 在寄存器中交换 12 个字节（4 个像素）
__global__
void Hflip8(ui *ImgDst32, ui *ImgSrc32, ui RowInts)
{
    ui ThrPerBlk=blockDim.x;            ui MYbid=blockIdx.x;
(   ui MYtid=threadIdx.x;               ui MYrow=blockIdx.y;
    ui MYcolIndex=(MYbid*ThrPerBlk+MYtid)*3;   if(MYcolIndex>=RowInts) return;
    ui MYmirrorcol=RowInts-1-MYcolIndex;       ui MYoffset=MYrow*RowInts;
    ui MYsrcIndex=MYoffset+MYcolIndex;         ui A, B, C, D, E, F;
    ui MYdstIndex=MYoffset+MYmirrorcol-2;      // -2 是为了一次复制 3 个字节
    // 读取 4 个像素块（12B=3 个 int）到 3 个长寄存器
    A = ImgSrc32[MYsrcIndex];
    B = ImgSrc32[MYsrcIndex + 1];
    C = ImgSrc32[MYsrcIndex + 2];
    // 用寄存器进行顺序调整
    // 现在 ：        A=[B1,R0,G0,B0]  B=[G2,B2,R1,G1]  C=[R3,G3,B3,R2]
    // 我们的目标 ：  D=[B2,R3,G3,B3]  E=[G1,B1,R2,G2]  F=[R0,G0,B0,R1]
    // D=[B2,R3,G3,B3]
    D = (C >> 8) | ((B << 8) & 0xFF000000);
(   // E=[G1,B1,R2,G2]
    E = (B << 24) | (B >> 24) | ((A >> 8) & 0x00FF0000) | ((C << 8) & 0x0000FF00);
    // F=[R0,G0,B0,R1]
    F=((A << 8) & 0xFFFF0000) | ((A >> 16) & 0x0000FF00) | ((B >> 8) & 0x000000FF);
    // 将 4 个像素（3 个 int）从共享内存写回全局内存
    ImgDst32[MYdstIndex]=D;
    ImgDst32[MYdstIndex+1]=E;
    ImgDst32[MYdstIndex+2]=F;
}
```

举个例子，让我们分析下面的 C 语句：

```
// 现在 ：        A=[B1,R0,G0,B0]  B=[G2,B2,R1,G1]  C=[R3,G3,B3,R2]
E = (B << 24) | (B >> 24) | ((A >> 8) & 0x00FF0000) | ((C << 8) & 0x0000FF00);
```

这里有 4 个桶式 shift/AND 运算产生如下的 32 位值：

（B << 24） = [G1, 0, 0, 0] （B >> 24） = [0, 0, 0, G2]

$((A>>8) \& 0x00FF0000) = ([0, B1, R0, G0] \& [00, FF, 00, 00]) = [0, B1, 0, 0]$

$((C<<8) \& 0x0000FF00) = ([G3, B3, R2, 0] \& [00, 00, FF, 00]) = [0, 0, R2, 0]$

当它们进行或运算时，得到如下结果：E = [G1, E1, R2, G2]，即我们的代码的目标。其余的操作也非常相似，区别只是从原数据的 32 位值中提取不同的字节。一个重要的注意事项是桶式移位（即将 32 位的值向左或向右移动 0 ～ 31 次）以及 AND、OR 指令是 GPU 整数单元的自然指令。

表 10-4 给出了 Hflip8() 的结果。性能显著提升归结于以下事实：尽管以自然的 32 位类型之外的任何格式访问内存都会导致效率明显下降，但对于 GPU 核心来说，情况并非如此，因为它们的设计目标就是在一个时钟周期内完成桶形移位以及按位逻辑运算 AND、OR 等指令。如代码 10.3 所示，不良的数据访问模式被限制在 GPU 核心指令中，而非留到内存访问阶段。

表 10-4  核函数性能：Hflip6()、Hflip7()、Hflip8()，处理 mars.bmp

| 核函数 | Box II | Box III | Box IV | Box VII | Box VIII |
|---|---|---|---|---|---|
| Hflip (ms) | — | — | 7.93 | — | — |
| Hflip6 (ms) | — | — | 7.15 | — | — |
| Hflip7 (ms) | — | — | 6.97 | — | — |
| Hflip8 (ms) | — | — | 3.88 | — | — |

### 10.7.4  Vflip7()：一次复制 4 个字节（int）

我们将要尝试的下一个想法是在读取 / 写入共享内存时使用自然大小（32 位）来传输。代码 10.4 中给出的核函数 Vflip7() 就是这样做的，它相对于核函数 Vflip6()（代码 10.1）中对共享内存进行逐字节地传输有所改进。能够实现这种改进基于以下事实：水平翻转操作与垂直翻转操作之间存在明显不同。无论图像的大小如何，水平翻转操作都需要小心地处理字节操作，而垂直翻转操作则可以简单地将整行（例如，7918 个像素，对应于 23 754 字节）作为一个数据块来传送，我们知道这是非常有效的内存访问方式。考虑到 BMP 文件的大小始终是 32 位（4 字节）的倍数，所以让核函数一次传输一个 int 是很自然的，如同 Vflip7() 中所做的那样。为此，main() 在调用这个核函数时使用的参数类型是 unsigned int*，而非 unsigned char*。该核函数中分配的共享内存大小为 1024 个 int 元素（4096 个字节）。因为每个核函数只传输一个 int，所以最多可以用 1024 个线程 / 块来启动 Hflip7()。

---

**代码 10.4：imflipGCM.cu  Vflip7(){...}**

Vflip7() 使用共享内存一次复制 4 个字节（int）。

---

```
// 核函数 Vflip6() 的改进版，使用共享内存一次复制 4 个字节（int）
// 不需要再担心像素 RGB 的边界了
__global__
void Vflip7(ui *ImgDst32, ui *ImgSrc32, ui Vpixels, ui RowInts)
```

```
{
    __shared__ ui PixBuffer[1024];        // 存放 1024 个 int, 即 4096 字节
    ui ThrPerBlk=blockDim.x;              ui MYbid=blockIdx.x;
    ui MYtid=threadIdx.x;                 ui MYrow=blockIdx.y;
    ui MYcolIndex=MYbid*ThrPerBlk+MYtid;  if (MYcolIndex>=RowInts) return;
    ui MYmirrorrow=Vpixels-1-MYrow;       ui MYsrcOffset=MYrow*RowInts;
    ui MYdstOffset=MYmirrorrow*RowInts;   ui MYsrcIndex=MYsrcOffset+MYcolIndex;
    ui MYdstIndex=MYdstOffset+MYcolIndex;
    // 交换位于 MYrow 和 MYmirrorrow 处的像素 RGB 值
    PixBuffer[MYtid] = ImgSrc32[MYsrcIndex];
    __syncthreads();
    ImgDst32[MYdstIndex] = PixBuffer[MYtid];
}
```

## 10.7.5 对齐与未对齐的内存数据访问

本节主要讨论对齐的数据访问和未对齐的数据访问之间的区别。回忆 10.7.2 节中的交换操作：

```
SWAP(SwapPtr[0], SwapPtr[9] , SwapB)  //[B3 G0 R0 B1] [G1 R1 B2 G2] [R2 B0 G3 R3]
```

最后一个 int 包含 [R2 B0 G3 R3]，它涉及三个不同像素的信息。由于每个像素对应的字节相对于 32 位的 int 边界来说并没有对齐，因此几乎每个像素都需要访问两个 int 元素。所以，我们在 10.7.3 节中研究的对齐版本 Hflip8() 中能获得 2 倍的性能提升并不是不合理的。

## 10.7.6 Vflip8()：一次复制 8 个字节

下一个合理的问题是：是否一次复制 8 个字节而非 4 个字节可以让核函数运行得更快？代码 10.5 中的核函数 Vflip8() 就是这样做的。使用这个新的核函数，GPU 需要处理的线程块的数量只有函数 Vflip7() 的一半。表 10-5 比较了这两个核函数的运行结果，和以前的尝试相似，Vflip8() 输了。原因很明显，尽管 BMP 文件的大小保证为 4 个字节的倍数，但不能保证是 8 个字节的倍数。这会强制核函数 Vflip() 在复制每个 int 后检查是否超出了图像边界。这一检查非常昂贵，如表 10-5 所示。一旦访问模式能够很好地对齐，内存控制器就可以整洁地组合多个连续的读/写操作，并且引入 if (...) 语句带来的损害比复制两个连续的 int 元素带来的效率增益要更大。但是，如果我们知道图像文件的大小是 8 个字节的倍数，就可以从核函数中删除这两条 if 语句，并且可以期待 Vflip7() 的性能提升。这对读者来说是一个很好的练习。表 10-5 中一个有趣的现象是，由 if 语句导致的性能损失在 Pascal GPU 中几乎可以忽略不计。这主要是因为 Pascal 的架构进行了改进。

**代码 10.5：imflipGCM.cu　Vflip8(){...}**

Vflip8() 使用共享内存一次复制 8 个字节。

```
__global__
void Vflip8(ui *ImgDst32, ui *ImgSrc32, ui Vpixels, ui RowInts)
{
    __shared__ ui PixBuffer[2048];              // 存放 2048 个 int，即 8192 字节

    ui ThrPerBlk=blockDim.x;                    ui MYbid=blockIdx.x;
    ui MYtid=threadIdx.x;                        ui MYtid2=MYtid*2;
    ui MYrow=blockIdx.y;
    ui MYcolIndex=(MYbid*ThrPerBlk+MYtid)*2;    if(MYcolIndex>=RowInts) return;
    ui MYmirrorrow=Vpixels-1-MYrow;             ui MYsrcOffset=MYrow*RowInts;
    ui MYdstOffset=MYmirrorrow*RowInts;         ui MYsrcIndex=MYsrcOffset+MYcolIndex;
    ui MYdstIndex=MYdstOffset+MYcolIndex;
    // 交换位于 MYrow 和 MYmirrorrow 处的像素 RGB 值
    PixBuffer[MYtid2]=ImgSrc32[MYsrcIndex];
    if ((MYcolIndex+1)<RowInts)   PixBuffer[MYtid2+1]=ImgSrc32[MYsrcIndex+1];
    __syncthreads();
    ImgDst32[MYdstIndex]=PixBuffer[MYtid2];
    if ((MYcolIndex+1)<RowInts)   ImgDst32[MYdstIndex+1]=PixBuffer[MYtid2+1];
}
```

表 10-5　核函数性能：Vflip()、Vflip6()、Vflip7() 和 Vflip8()

| 核函数 | Box II | Box III | Box IV | Box VII | Box VIII |
|---|---|---|---|---|---|
| Vflip (ms) | 20.02 | 6.69 | 4.11 | 2.12 | 1.40 |
| Vflip6 (ms) | 18.26 | 5.98 | 3.65 | 1.90 | 1.35 |
| Vflip7 (ms) | 9.43 | 3.28 | 2.08 | 1.28 | 0.82 |
| Vflip8 (ms) | 14.83 | 5.00 | 2.91 | 1.32 | 0.84 |

### 10.7.7　Vflip9()：仅使用全局内存，一次复制 8 个字节

下一个核函数 Vflip9() 在代码 10.6 中给出，并试图回答一个很明显的问题：

如果我们不使用共享内存会发生什么？

换句话说，直接从 GM 读取，然后直接写入 GM 并完全绕开共享内存会有什么不同吗？答案见表 10-6：虽然 Pascal 系列再一次显示出不会因为那些与共享内存相关的因素而导致效率降低，但 Kepler 系列的速度却大大加快了。对于 Kepler 系列来说，这是最快的垂直翻转核函数，超过了先前我们在第 9 章中开发的所有核函数。然而，对于 Pascal 来说，结果完全不同，这让我们得出以下结论：

❑ Pascal 系列的共享内存性能得到了显著改善。

❑ Pascal 中 if 语句对性能的负面影响已显著降低。

❑ 在本章之前我们也见证过，Pascal 处理字节元素的能力已经大大提高。

---

**代码 10.6：imflipGCM.cu　Vflip9(){...}**

Vflip9() 仅使用全局内存一次复制 8 个字节。

---

```
// 改进的 Vflip9() 核函数使用全局内存每次复制 8 个字节（2 int）。它不使用共享内存
__global__
```

```
void Vflip9(ui *ImgDst32, ui *ImgSrc32, ui Vpixels, ui RowInts)
{
    ui ThrPerBlk=blockDim.x;                      ui MYbid=blockIdx.x;
    ui MYtid=threadIdx.x;                         ui MYrow=blockIdx.y;
    ui MYcolIndex=(MYbid*ThrPerBlk+MYtid)*2;      if(MYcolIndex>=RowInts) return;
    ui MYmirrorrow=Vpixels-1-MYrow;               ui MYsrcOffset=MYrow*RowInts;
    ui MYdstOffset=MYmirrorrow*RowInts;           ui MYsrcIndex=MYsrcOffset+MYcolIndex;
    ui MYdstIndex=MYdstOffset+MYcolIndex;

    // 交换位于 MYrow 和 MYmirrorrow 处的像素 RGB 值
    ImgDst32[MYdstIndex]=ImgSrc32[MYsrcIndex];
    if((MYcolIndex+1)<RowInts) ImgDst32[MYdstIndex+1]=ImgSrc32[MYsrcIndex+1];
}
```

**表 10-6  核函数性能：Vflip()、Vflip6()、Vflip7()、Vflip8() 和 Vflip9()**

| 核函数 | Box II | Box III | Box IV | Box VII | Box VIII |
|---|---|---|---|---|---|
| Vflip (ms) | 20.02 | 6.69 | 4.11 | 2.12 | 1.40 |
| Vflip6 (ms) | 18.26 | 5.98 | 3.65 | 1.90 | 1.35 |
| Vflip7 (ms) | 9.43 | 3.28 | 2.08 | 1.28 | 0.82 |
| Vflip8 (ms) | 14.83 | 5.00 | 2.91 | 1.32 | 0.84 |
| Vflip9 (ms) | 6.76 | 2.61 | 1.70 | 1.27 | 0.82 |

## 10.7.8  PixCopy4()、PixCopy5()：使用共享内存复制 1 个和 4 个字节

代码 10.7 给出了原先的核函数 PixCopy() 的两个新版本：核函数 PixCopy4() 使用共享内存一次 1 个字节地复制像素，而 PixCopy5() 一次一个 int 地复制像素。表 10-7 将这两个新的核函数与以前的所有版本进行了比较。与前面见过的许多结果类似，PixCopy4() 并没有显示出任何的性能下降，而 PixCopy5() 在 Pascal 中的速度约提高了 2 倍，在 Kepler 中的速度提高了 2 ~ 3 倍。此外，与该核函数的前几个版本（PixCopy2() 和 PixCopy3()）相比，只有 PixCopy5() 显示出了足够的提升，并成为到目前为止最快的 PixCopy() 核函数。

**代码 10.7：imflipGCM.cu  PixCopy4()，PixCopy5(){...}**

PixCopy4()、PixCopy5() 分别使用共享内存复制 1 个字节和 4 个字节。

```
// 使用共享内存作为临时局部缓冲区。每次复制一个字节
__global__
void PixCopy4(uch *ImgDst, uch *ImgSrc, ui FS)
{
    __shared__ uch PixBuffer[1024];       // 共享内存：存放 1024 个字节
    ui ThrPerBlk=blockDim.x;              ui MYbid=blockIdx.x;
    ui MYtid=threadIdx.x;                 ui MYgtid=ThrPerBlk*MYbid+MYtid;
    if(MYgtid > FS) return;               // 超出分配的内存范围
    PixBuffer[MYtid] = ImgSrc[MYgtid];
    __syncthreads();
    ImgDst[MYgtid] = PixBuffer[MYtid];
}
__global__
```

```
void PixCopy5(ui *ImgDst32, ui *ImgSrc32, ui FS)
{
    __shared__ ui PixBuffer[1024];        // 共享内存: 存放 1024 个 int (4096 个字节)
    ui ThrPerBlk=blockDim.x;              ui MYbid=blockIdx.x;
    ui MYtid=threadIdx.x;                 ui MYgtid=ThrPerBlk*MYbid+MYtid;
    if((MYgtid*4)>FS) return;             // 超出分配的内存范围
    PixBuffer[MYtid] = ImgSrc32[MYgtid];
    __syncthreads();
    ImgDst32[MYgtid] = PixBuffer[MYtid];
}
```

表 10-7  核函数性能: PixCopy(), PixCopy2(), ⋯, PixCopy5()

| 核函数 | Box II | Box III | Box IV | Box VII | Box VIII |
|---|---|---|---|---|---|
| PixCopy (ms) | 22.76 | 7.33 | 4.05 | 2.33 | 1.84 |
| PixCopy2 (ms) | 15.81 | 5.48 | 3.56 | 1.81 | 1.16 |
| PixCopy3 (ms) | 14.01 | 5.13 | 3.23 | 1.56 | 1.05 |
| PixCopy4 (ms) | 23.49 | 7.55 | 4.46 | 2.57 | 1.82 |
| PixCopy5 (ms) | 8.63 | 2.97 | 1.92 | 1.32 | 0.80 |

### 10.7.9  PixCopy6()、PixCopy7(): 使用全局内存复制 1 个和 2 个整数

代码 10.8 考察的是如果仅使用 GM, 性能会受到什么影响。两个新的核函数只使用 GM 访问并绕过了共享内存。PixCopy6() 从 GM 每次复制 1 个 int 到另一个 GM 地址, 而 PixCopy7() 每次复制 2 个 int 元素 (8 个字节)。表 10-8 对比了这两个核函数与使用共享内存的前两个核函数的性能。结果清楚地表明, 仅使用 GM 会让核函数更快, 特别是当每个线程中传输的数据量较大的时候。在 Kepler 和 Pascal 系列上, 以 PixCopy5() 为基准, 性能提升都接近 2 倍。表 10-8 的最后给出了相对带宽饱和度。虽然在 Kepler 上只能达到饱和性能的 60% ~ 80%, 但在 Pascal 上甚至超过了宣传的最大带宽!

**代码 10.8: imflipGCM.cu  PixCopy6(), PixCopy7(){...}**

PixCopy6() 复制 4 个字节, PixCopy7() 仅使用全局内存复制 8 个字节。

```
__global__
void PixCopy6(ui *ImgDst32, ui *ImgSrc32, ui FS)
{
    ui ThrPerBlk=blockDim.x;              ui MYbid=blockIdx.x;
    ui MYtid=threadIdx.x;                 ui MYgtid=ThrPerBlk*MYbid+MYtid;
    if((MYgtid*4)>FS) return;             // 超出分配的内存范围
    ImgDst32[MYgtid] = ImgSrc32[MYgtid];
}
__global__
void PixCopy7(ui *ImgDst32, ui *ImgSrc32, ui FS)
{
    ui ThrPerBlk=blockDim.x;              ui MYbid=blockIdx.x;
    ui MYtid=threadIdx.x;                 ui MYgtid=ThrPerBlk*MYbid+MYtid;
    if((MYgtid*4)>FS) return;             // 超出分配的内存范围
```

```
    ImgDst32[MYgtid] = ImgSrc32[MYgtid];
    MYgtid++;
    if ((MYgtid * 4) > FS) return;        // 紧跟着的 32 位
    ImgDst32[MYgtid] = ImgSrc32[MYgtid];
}
```

表 10-8  核函数性能：PixCopy(), PixCopy4(), …, PixCopy7()

| 核函数 | Box II | Box III | Box IV | Box VII | Box VIII |
|---|---|---|---|---|---|
| PixCopy (ms) | 22.76 | 7.33 | 4.05 | 2.33 | 1.84 |
| PixCopy4 (ms) | 23.49 | 7.55 | 4.46 | 2.57 | 1.82 |
| PixCopy5 (ms) | 8.63 | 2.97 | 1.92 | 1.32 | 0.80 |
| PixCopy6 (ms) | 6.44 | 2.29 | 1.59 | 1.27 | 0.79 |
| PixCopy7 (ms) | 4.54 | 1.58 | 1.19 | 0.69 | 0.44 |
| (GBps) | 52.40 | 151 | 200 | 344 | 537 |
| (% BW) | (59%) | (79%) | (60%) | (>100%) | (>100%) |

# 10.8  imedgeGCM.cu：核心和内存友好的 imedgeG

利用本章前面几节学到的经验，现在我们可以尝试改进一个核心密集型的程序 imedgeG.cu。在第 9 章中，我们只使用了两种简单的技巧来改进 GaussKernel()。在表 9-8 中，核函数 GaussKernel2() 的运行结果没有显示出任何性能提升，因为该核函数的大部分时间花费在繁重的计算上，而不是这两个改进技巧所针对的索引计算。本节中，我们将只改进 GaussKernel2()，设计它的新版本的 GaussKernel3() ~ GaussKernel8()。因为 SobelKernel() 和 ThresholdKernel() 与 GaussKernel() 一样也是计算密集型的，所以对它们的改进留给读者作练习。

## 10.8.1  BWKernel3()：使用字节操作来提取 RGB

在开始设计 GaussKernel() 的各种版本之前，让我们先看一个例外。核函数 BWKernel3()（代码 10.9）是 BWKernel() 的改进版本。这一次，让我们看看表 10-9 中的对比，然后再查看实际的代码。尽管在 Pascal（Box VII 和 VIII）上的提升不大，但仍然是非常合理的。Kepler（Box II、III、IV）似乎喜欢我们提出的任何想法。现在，让我们分析一下 BWKerne13() 发生了什么：

❏ 这里的关键在于以 GPU 架构的自然大小（32 位 int 类型）访问内存数据。

❏ 由于每个像素由 3 个字节组成，自然大小为 4 个字节，为什么不以它们乘积的大小（12 个字节）来提取像素？换句话说，每 3 个 int 将包含 4 个像素的 RGB 数据。这与我们在 Hflip8() 中的想法完全相同。

❏ 在 BWKernel3() 中，我们试图将 RGB 的分量（即 3 个连续字节）累加起来，所以需要对某些字节进行去除或移位操作等。同样，这与 Hflip8() 的思想类似。

❑ 如代码 10.9 所示，C 语言中的移位（例如，A >> 8，B >> 24）语句可以从这 12 个字节中提取某些位来获得 RGB 的值。

❑ 这个技巧成功的关键在于移位操作被自然地映射为 GPU 核心指令，并且速度非常快。

❑ 注意，为了保证该技术起作用，我们使用了一个类型为 unsigned int * 的指针，从而可以自然地寻址 32 位值。

❑ 提取出的 4 个像素的 RGB 份量和被分别保存在变量 Pix1、Pix2、Pix3 和 Pix4 中。

❑ 变量 A、B 和 C 只读取三个连续的 int（12 个字节）。

❑ 像素 0 的 R0、G0 和 B0 被掩藏在第一个 int 中，而另一个字节属于像素 1，如代码 10.9 的注释所示。

❑（A & 0x000000FF）得到 B0，（（A >> 8）& 0x000000FF）得到 G0，（（A >> 16）& 0x000000FF）得到 R0，它们都是 32 位的值，它们的和存入 Pix1。

❑ 从内存访问的角度来看，这是访问连续的 3 个 int 并写入 4 个连续的 double，这两个操作都非常高效。

❑ 我们再次绕过了共享内存而只使用全局内存。

---

**代码 10.9：imedgeGCM.cu BWKerne13(){...}**

BWKernel3() 使用我们前面看到的逐字节操作来提取像素的 RGB 值并计算它们的灰度值。

---

```
// BWKernel2 的改进版。每次计算 4 个像素（3 个 int）
__global__
void BWKernel3(double *ImgBW, ui *ImgGPU32, ui Hpixels, ui RowInts)
{
  ui ThrPerBlk=blockDim.x;          ui MYbid=blockIdx.x;
  ui MYtid=threadIdx.x;             ui A, B, C;
  ui MYrow=blockIdx.y;              ui MYcol=MYbid*ThrPerBlk+MYtid;
  ui MYcolIndex=MYcol*3;            ui Pix1, Pix2, Pix3, Pix4;
  if(MYcolIndex>=RowInts) return;   ui MYoffset=MYrow*RowInts;
  ui MYsrcIndex=MYoffset+MYcolIndex; ui MYpixAddr=MYrow*Hpixels+MYcol*4;

  A = ImgGPU32[MYsrcIndex];         // A=[B1,R0,G0,B0]
  B = ImgGPU32[MYsrcIndex+1];       // B=[G2,B2,R1,G1]
  C = ImgGPU32[MYsrcIndex+2];       // C=[R3,G3,B3,R2]
  // Pix1 = R0+G0+B0;
  Pix1 = (A & 0x000000FF) + ((A >> 8) & 0x000000FF) + ((A >> 16) & 0x000000FF);
  // Pix2 = R1+G1+B1;
  Pix2 = ((A >> 24) & 0x000000FF) + (B & 0x000000FF) + ((B >> 8) & 0x000000FF);
  // Pix3 = R2+G2+B2;
  Pix3 = (C & 0x000000FF) + ((B >> 16) & 0x000000FF) + ((B >> 24) & 0x000000FF);
  // Pix4 = R3+G3+B3;
  Pix4=((C>>8) & 0x000000FF) + ((C>>16) & 0x000000FF) + ((C>>24) & 0x000000FF);
  ImgBW[MYpixAddr]     = (double)Pix1 * 0.33333333;
  ImgBW[MYpixAddr + 1] = (double)Pix2 * 0.33333333;
  ImgBW[MYpixAddr + 2] = (double)Pix3 * 0.33333333;
  ImgBW[MYpixAddr + 3] = (double)Pix4 * 0.33333333;
}
```

表 10-9　核函数性能：BWKernel()、BWKerne12() 和 BWKerne13()

| 核函数 | Box II | Box III | Box IV | Box VII | Box VIII |
|---|---|---|---|---|---|
| BWKernel (ms) | 48.97 | 14.12 | 9.89 | 4.95 | 3.12 |
| BWKernel2 (ms) | 39.52 | 13.09 | 6.81 | 4.97 | 3.13 |
| BWKernel3 (ms) | 22.81 | 6.86 | 4.34 | 3.07 | 2.33 |
| (GBps) | 19.12 | 63.5 | 100 | 142 | 187 |
| (% BW) | (21%) | (33%) | (30%) | (55%) | (39%) |

从表 10-9 中可以看出，BWKernel3() 的速度在 Kepler 上比在先前版本的 BWKernel2() 上快了近 2 倍，在 Pascal GPU 上的提速要少一些。Pascal 的内存访问效率也有很好的展示，Pascal GPU 达到最高带宽的比率更高。需要注意的一点是 BWKernel3() 是一个核心 - 内存平衡的核函数。这可以通过该核函数在 Pascal GPU 上可以达到其峰值带宽的 50% 来证明。该核函数中的内存操作包括 GM 读 / 写操作，而核心操作包括索引计算、移位、AND、OR 操作和双精度乘法。

## 10.8.2　GaussKernel3()：使用常量内存

下一个改进目标是改善线程对重复使用的常量值的访问。在 GaussKernel2()（代码 9.12）中，对核函数总体性能有决定性影响的嵌套循环如下所示：

```
G=0.0;
for (i = -2; i <= 2; i++){
  for (j = -2; j <= 2; j++){
    row=MYrow+i;             col = MYcol + j;
    indx=row*Hpixels+col;    G+=(ImgBW[indx]*Gauss[i+2][j+2]);
  }
}
ImgGauss[MYpixIndex] = G / 159.00;
```

最大的问题是 Gauss[] 数组的存储位置，该数组保存的是滤波器系数。它们被存储在一个 double 类型的数组中，在核函数执行过程中，它们的值不会改变，正如最初的 GaussKernel()（代码 8.4）所示：

```
__device__
double Gauss[5][5] = { { 2,   4,   5,  4,  2 },
                         ...
```

问题是多个线程需要访问相同的值。直观地说，假定我们启动了一个包含 128 个线程的块。在这种情况下，如果每个线程正在计算一个像素，它必须访问所有 25 个常量。计算 128 个像素时，需要对这些常数值（Gauss[i+2][j+2]）总计访问 $128 \times 25 = 3200$ 次。简单想一下就知道，当所有 128 个线程读取这 25 个常量时，平均而言，$\lceil 128 \div 25 \rceil = 6$ 个线程将要同时访问一个常量。换句话说，这里不是 $N$ 个线程访问 $N$ 个值的 $N{:}N$ 模式，而是 $N$ 个线程想要读取一个值的 $N{:}1$ 模式。

在所有 Nvidia 硬件中，常量内存和常量高速缓存就是针对该问题而精心设计的。在 GaussKernel3() （代码 10.10）中，常量系数数组声明如下所示。这个常量数组总共需要 $25 \times 8 = 400$ 个字节的存储空间。

```
__constant__
double GaussC[5][5] = { { 2,   4,   5,  4,  2 },
                                ...
```

**代码 10.10：imedgeGCM.cu   GaussKernel3(){...}**

GaussKernel3() 使用常量内存有效地访问常量系数。

```
__constant__
double GaussC[5][5] = { { 2,   4,   5,  4,  2 },
                        { 4,   9,  12,  9,  4 },
                        { 5,  12,  15, 12,  5 },
                        { 4,   9,  12,  9,  4 },
                        { 2,   4,   5,  4,  2 } };
// GaussKernel2 的改进版。使用常量内存存储滤波器系数
__global__
void GaussKernel3(double *ImgGauss, double *ImgBW, ui Hpixels, ui Vpixels)
{
  ui ThrPerBlk=blockDim.x;          ui MYbid=blockIdx.x;
  ui MYtid=threadIdx.x;             int row, col, indx, i, j;
  double G;                         ui MYrow=blockIdx.y;
  ui MYcol=MYbid*ThrPerBlk+MYtid;   if (MYcol>=Hpixels) return;
  ui MYpixIndex=MYrow*Hpixels+MYcol;
  if ((MYrow<2) || (MYrow>Vpixels - 3) || (MYcol<2) || (MYcol>Hpixels - 3)){
    ImgGauss[MYpixIndex] = 0.0;
    return;
  }else{
    G = 0.0;
    for (i = -2; i <= 2; i++){
      for (j = -2; j <= 2; j++){
        row = MYrow + i;
        col = MYcol + j;
        indx = row*Hpixels + col;
        G += (ImgBW[indx] * GaussC[i + 2][j + 2]); // 使用常量内存
      }
    }
    ImgGauss[MYpixIndex] = G / 159.00;
  }
}
```

## 10.8.3 处理常量的方法

CUDA 中常量的处理方式有多种：

1. 声明一个数组或变量为 __constant__ ，编译器会知道如何处理它。此时，将使用常量高速缓存而非常量内存。

2. 显式地将值传送到常量内存中，它的大小在 Nvidia 所有的 GPU 架构系列中都被限制为 64 KB。上述操作可以通过调用 cudaMemcpyToSymbol() API 来完成。

表 10-10 比较了 GaussKernel3()（代码 10.10）和其之前的版本。很显然，在 Kepler 与 Pascal 上使用常量内存的作用差别很大，在每一系列中的高端与低端 GPU 之间的差别也很大。这一现象肯定是由于 Nvidia 在其内存控制器硬件方面做出了重大改变，包括在 Pascal 中将共享内存与纹理 /L1\$ 内存分离，以及在其高端 GPU 中改进了内存子系统（例如 Titan Z），使硬件的某些部分更有效率（例如，常量内存）。现在很难得出更具体的结论。我们将继续创建不同版本的核函数并观察其对性能的影响。

**表 10-10 核函数性能：GaussKernel()、GaussKernel2()、GaussKernel3()**

| 核函数 | Box II | Box III | Box IV | Box VII | Box VIII |
|---|---|---|---|---|---|
| GaussKernel (ms) | 183.95 | 149.79 | 35.39 | 30.40 | 33.45 |
| GaussKernel2 (ms) | 181.09 | 150.42 | 35.45 | 30.23 | 32.52 |
| GaussKernel3 (ms) | 151.35 | 149.17 | 19.62 | 13.69 | 9.15 |

### 10.8.4 GaussKernel4()：在共享内存中缓冲 1 个像素的邻居

下一个核函数 GaussKernel4() 如代码 10.11 所示。该核函数的思想是将某个像素所有的 $5 \times 5$ 个邻居缓冲到共享内存中。每个正在执行的线程都有 25 个 double 元素存储在名为 Neighbors[] 的数组中。坐标为 $(x, y)$ 的像素将其邻居按照如下方式存储在该数组中，即对于一个 ID 为 MYtid 的线程，它的邻居元素存储如下：

❏ Neighbors[MYtid][2][0...5] 存储的是同一行中的邻居像素，它们的坐标分别为 $(x-2, y)$、$(x-1, y)$、$(x, y)$、$(x+1, y)$ 和 $(x+2, y)$。

❏ Neighbors[MYtid][0][0...5] 存储的是上两行中的邻居像素，坐标为 $(x-2, y-2)$、$(x-1, y-2)$、$(x, y-2)$、$(x+1, y-2)$ 和 $(x+2, y-2)$。

❏ Neighbors[MYtid][i][j] 存储的是坐标为 $(x+j-2, y+i-2)$ 的邻居像素。

❏ 整个 Neighbors[] 数组存储在共享内存中。对于有 128 个线程的块来说，该数组所需的共享内存空间总量为 $8 \times 25 \times 128 = 25\,600$ 字节或 25 KB。

从上述计算中可以明显看出，这种使用共享内存的方式非常昂贵，因为一个线程块最多只能使用 48 KB 的共享内存（见 10.4.2 节），而该核函数正在接近这个上限。还有一个大问题：对于只有 48 KB 的最大总计共享内存的 GPU（例如 Fermi 和 Kepler）来说，该核函数在任何 SM 上都不能启动两次，因为其总计请求 50 KB 的共享内存（高于 48 KB），将不能装入同一个 SM。然而，从性能的角度来看，就共享内存而言，这是一个很好的"不该做什么"的范例。

为了避免使用更多的共享内存，在 main() 中定义了约束，即它启动 GaussKernel4() 的线程数不能超过 128。在该核函数的所有变化版本上（从 GaussKernel5() 到 GaussKernel8()），每个核函数都会定义类似的每块最大线程数。

```
#define MAXTHGAUSSKN4 128
...
main()
{
   if ((GaussKN == 4) && (ThrPerBlk>MAXTHGAUSSKN4)){
      printf("ThrPerBlk cannot be higher than %d in Gauss Kernel 4 ... Set to
          %d.\n", MAXTHGAUSSKN4, MAXTHGAUSSKN4);
      ThrPerBlk = MAXTHGAUSSKN4;
   }
   ...
```

### 代码 10.11：imedgeGCM.cu    GaussKernel4() ... {...}

GaussKernel4() 将 "待计算像素" 的 5×5 邻居读入共享内存, 每个核函数处理一个像素。

```
#define MAXTHGAUSSKN4 128
...
__global__
void GaussKernel4(double *ImgGauss, double *ImgBW, ui Hpixels, ui Vpixels)
{
   __shared__ double Neighbors[MAXTHGAUSSKN4][5][5]; // 5 个水平、5 个垂直的邻居
   ui ThrPerBlk=blockDim.x;           ui MYbid=blockIdx.x;
   ui MYtid=threadIdx.x;              int row, col, indx, i, j;
   double G;                          ui MYrow=blockIdx.y;
   ui MYcol=MYbid*ThrPerBlk+MYtid;    if (MYcol>=Hpixels) return;
   ui MYpixIndex = MYrow * Hpixels + MYcol;
   if ((MYrow<2) || (MYrow>Vpixels - 3) || (MYcol<2) || (MYcol>Hpixels - 3)) {
      ImgGauss[MYpixIndex] = 0.0;
      return;
   }
   // 从 GM 读取数据到共享内存
   for (i = 0; i < 5; i++) {
      for (j = 0; j < 5; j++) {
         row=MYrow+i-2;            col=MYcol+j-2;
         indx=row*Hpixels+col;    Neighbors[MYtid][i][j]=ImgBW[indx];
      }
   }
   __syncthreads();
   G = 0.0;
   for (i = 0; i < 5; i++) {
      for (j = 0; j < 5; j++) {
         G += (Neighbors[MYtid][i][j] * GaussC[i][j]);
      }
   }
   ImgGauss[MYpixIndex] = G / 159.00;
}
```

表 10-11 给出了 GaussKernel4() 的运行结果, 可能是迄今为止我们见过的最有趣的一组结果。K3000M 和全能的 Titan Z 显示性能下降了 6 ～ 7 倍, GTX760 显示性能下降了 1.6 ～ 1.7 倍。两个 Pascal GPU 显示性能下降了 1.6 ～ 1.7 倍, 这与 GTX760 非常相似。此时, 读者肯定感到困惑, 当然不是关于 6 ～ 7 倍。相反, 更令人费解的是 1.6 倍和 6 ～ 7 倍之间的差别。让我们继续开发不同版本的核函数, 答案应该开始显现。就目前而言, 能够

确定的是共享内存访问的代价并不像人们想象中的那么便宜。它们绝对比全局内存访问要好，但如果读 / 写模式对共享内存不友好，性能将受到很大的影响。

表 10-11　核函数性能：GaussKernel()，…，GaussKernel4()

| 核函数 | Box II | Box III | Box IV | Box VII | Box VIII |
| --- | --- | --- | --- | --- | --- |
| GaussKernel (ms) | 183.95 | 149.79 | 35.39 | 30.40 | 33.45 |
| GaussKernel2 (ms) | 181.09 | 150.42 | 35.45 | 30.23 | 32.52 |
| GaussKernel3 (ms) | 151.35 | 149.17 | 19.62 | 13.69 | 9.15 |
| GaussKernel4 (ms) | 851.73 | 243.17 | 140.76 | 22.98 | 14.83 |

GaussKernel4() 的一个有趣的地方：假设用 128 个线程启动线程块，并且考虑到 25 KB 的共享内存大小，每个线程负责使用上面的 for 循环从 GM 读取 25 600 ÷ 128=200 个字节到共享内存中，稍后会在另一个 for 循环中使用这些信息。

### 10.8.5　GaussKernel5()：在共享内存中缓冲 4 个像素的邻居

GaussKernel4() 有两个主要问题：（1）对共享内存的访问次数过多，这是因为 Neighbors[] 数组有很多重复的元素；（2）共享内存的消耗太大以致无法在一个 SM 中启动多个块。

我们在 GaussKernel5()（代码 10.12）中尝试解决第一个问题，暂时不考虑第二个问题。与减少使用共享内存相反，我们通过存储每个像素 $5 \times 8$ 的相邻像素反而增加了所使用的共享内存。增加的 3 个像素与原始像素位于同一行，使得 4 个相邻像素可以共享 8 个水平像素。对于 128 个线程来说，总共需要 $8 \times 5 \times 8 \times 128 = 40\ 960$ 个字节 = 40 KB 的共享内存，也就是说共享内存增加了 15 KB。GaussKernel4() 的每个线程需要 25 KB 共享内存来处理一个像素，然而现在 GaussKernel5() 每像素仅需要 10 KB（4 个像素 40 KB）。

代码 10.12：imedgeGCM.cu　GaussKernel5() … {…}

GaussKernel5() 读取 4 个连续像素的 $5 \times 5$ 邻居，充分利用了它们之间的大量重复。每个核函数处理 4 个像素。

```
#define MAXTHGAUSSKN5 128
...
__global__
void GaussKernel5(double *ImgGauss, double *ImgBW, ui Hpixels, ui Vpixels)
{
    __shared__ double Neighbors[MAXTHGAUSSKN5][5][8]; // 8个水平、5个垂直邻居
    ui ThrPerBlk=blockDim.x;              ui MYbid=blockIdx.x;
    ui MYtid=threadIdx.x;                 int row,col,indx,i,j,k;
    double G;                             ui MYrow=blockIdx.y;
    ui MYcol=(MYbid*ThrPerBlk+MYtid)*4;   if (MYcol>=Hpixels) return;
    ui MYpixIndex = MYrow * Hpixels + MYcol;
    if ((MYrow < 2) || (MYrow > Vpixels - 3)){ // 上面和下面的两行
        ImgGauss[MYpixIndex] = 0.0;       ImgGauss[MYpixIndex+1] = 0.0;
```

```
        ImgGauss[MYpixIndex+2] = 0.0;       ImgGauss[MYpixIndex+3] = 0.0;       return;
    }
    if (MYcol > Hpixels - 3) {  // 最右边的两列
        ImgGauss[MYpixIndex] = 0.0;       ImgGauss[MYpixIndex + 1] = 0.0;       return;
    }
    if (MYcol < 2) {                        // 最左边的两列
        ImgGauss[MYpixIndex] = 0.0;       ImgGauss[MYpixIndex + 1] = 0.0;       return;
    }
    MYpixIndex += 2;                        MYcol += 2;   // 处理 2 个像素的偏移
    // 从 GM 读取数据到共享内存
    for (i = 0; i < 5; i++){
        for (j = 0; j < 8; j++){
            row=MYrow+i-2;                  col=MYcol+j-2;
            indx=row*Hpixels+col;           Neighbors[MYtid][i][j]=ImgBW[indx];
        }
    }
    __syncthreads();
    for (k = 0; k < 4; k++){
        G = 0.000;
        for (i = 0; i < 5; i++){
            for (j = 0; j < 5; j++){
                G += (Neighbors[MYtid][i][j+k] * GaussC[i][j]);
            }
        }
        ImgGauss[MYpixIndex+k] = G / 159.00;
    }
}
```

总的来说，我们通过提高共享内存的每线程使用效率来改善第一个问题。但是，这使得共享内存大小问题变得更糟。哪一方会胜利？换句话说，哪个问题更亟待解决？答案见表 10-12。当核函数使用如此大量的共享内存时，结果非常不稳定，如表 10-12 所示。大部分非常高的数字意味着将这些数值与其他数值进行比较没有意义。总而言之：使用如此大量的共享内存是一个糟糕的主意。当我们开始使用工具 CUDA 占用率计算器后，将真正看到使用大规模共享内存的影响，并将讨论许多在启动线程块时的"要是……会怎样？"问题。

表 10-12　核函数性能：GaussKernel1(), …, GaussKernel5()

| 核函数 | Box II | Box III | Box IV | Box VII | Box VIII |
|---|---|---|---|---|---|
| GaussKernel (ms) | 183.95 | 149.79 | 35.39 | 30.40 | 33.5 |
| GaussKernel2 (ms) | 181.09 | 150.42 | 35.45 | 30.23 | 32.5 |
| GaussKernel3 (ms) | 151 | 149 | 19.6 | 13.7 | 9.15 |
| GaussKernel4 (ms) | 852 | 243 | 141 | 23.0 | 14.8 |
| GaussKernel5 (ms) | 1378 | — | 121 | 33.9 | 21.8 |

每一个核函数都以每块 128 个线程启动。可以想到的另一个问题是我们是否可以通过启动只有 32 或 64 个线程的块来解决共享内存大小问题。当然，这要求我们使用更小的 #define MAXTHGAUSSKN5 值。但是，如果最终我们这样做了，会遇到另一个问题：使用

这样的小块也不是很有效，就像以前多次见过的那样。不要忘记，我们还必须留意寄存器的数量以及每个 SM 上可以启动的块的总数。目前来说，只要我们在 10.9 节学习如何使用 CUDA 占用率计算器，就可以回答这一类的很多问题。

GaussKernel4() 使用两个独立的 for 循环，一个将数据从 GM 读取到共享内存，另一个在计算中使用这些数据。在 GaussKernel5() 中，假设我们以 128 个线程启动线程块，现在每个线程负责将 GM 中的 40 960÷128 = 320 个字节读取到共享内存，但需要处理 4 个像素，每个像素访问 200 个字节的共享内存（每个线程总计有 800 字节）。因此，GaussKernel4() 中的结果为：读取 200 字节 / 使用 200 字节，而 GaussKernel5 中的结果为：读取 320 字节 / 使用 800 字节。

### 10.8.6　GaussKernel6()：将 5 个垂直像素读入共享内存

接下来的版本将解决"第二个问题"，即减少在共享内存中保存的元素数量。同时也将解决"第一个问题"，即那些根本不需要的重复元素的多次存储。这两个问题是相关的，可以一起解决。如果简单地减少重复元素的数量，可以想象得到所需的共享内存数量肯定会下降。因此，首先让我们只存储每个像素的 5 个垂直邻居。对于负责处理像素 $(x, y)$ 的线程来说，像素 $(x, y)$、$(x, y+1)$、$(x, y+2)$、$(x, y+3)$ 和 $(x, y+4)$ 将存储在共享内存中。这与之前的方式有所不同，当时存储的是像素 $(x, y)$ 左侧和右侧的各两个像素。

---

**代码 10.13：imedgeGCM.cu　GaussKernel6() ... {...}**

GaussKernel6() 读取 5 个垂直像素到共享内存。

---

```
#define MAXTHGAUSSKN67 1024
...
__global__
void GaussKernel6(double *ImgGauss, double *ImgBW, ui Hpixels, ui Vpixels)
{
    // 每个像素 5 个垂直邻居，每个像素由一个线程表示
    __shared__ double Neighbors[MAXTHGAUSSKN67+4][5];

    ui ThrPerBlk=blockDim.x;        ui MYbid=blockIdx.x;       ui MYtid=threadIdx.x;
    int indx, i, j;                 double G;                  ui MYrow=blockIdx.y;
    ui MYcol=MYbid*ThrPerBlk+MYtid;  if(MYcol>=Hpixels) return;
    ui MYpixIndex=MYrow*Hpixels+MYcol;
    if ((MYrow<2) || (MYrow>Vpixels - 3) || (MYcol<2) || (MYcol>Hpixels - 3)) {
        ImgGauss[MYpixIndex]=0.0;       return;
    }
    ui IsEdgeThread=(MYtid==(ThrPerBlk-1));
    // 从 GM 读取数据到共享内存。每个线程读取一个像素
    indx = MYpixIndex-2*Hpixels-2; // 从上边 2 行和左边 2 列开始
    if (!IsEdgeThread) {
        for (j = 0; j < 5; j++) {
            Neighbors[MYtid][j]=ImgBW[indx];
            indx += Hpixels; // 下一个循环将读取下一行，同样的列
```

```
        }
    }else{
        for (j = 0; j < 5; j++) {
            Neighbors[MYtid][j]=ImgBW[indx];        Neighbors[MYtid+1][j]=ImgBW[indx+1];
            Neighbors[MYtid+2][j]=ImgBW[indx+2];  Neighbors[MYtid+3][j]=ImgBW[indx+3];
            Neighbors[MYtid+4][j]=ImgBW[indx+4];
            indx += Hpixels; // 下一个循环将读取下一行，同样的列
        }
    }
    __syncthreads();
    G = 0.0;
    for (i = 0; i < 5; i++) {
        for (j = 0; j < 5; j++) {
            G += (Neighbors[MYtid+i][j] * GaussC[i][j]);
        }
    }
    ImgGauss[MYpixIndex] = G / 159.00;
}
```

在这里，我们只存储像素（$x$, $y$）右侧的像素。这意味着在计算（$x$, $y$）时，必须将结果写入（$x+2$, $y$）。换句话说，我们将永远不会计算图像左侧边界上的两个像素，也不会计算图像右侧边界上的两个像素。使用这种方法时，要小心处理每一行的最后四个线程，它们有可能会写入非法内存区域。其他线程可以保证是安全的。以下代码用于分配共享内存：

```
#define MAXTHGAUSSKN67 1024
...
    __shared__ double Neighbors[MAXTHGAUSSKN67+4][5];
```

读者应该清楚添加"+4"的原因，因为它们存储了 4 个边界像素，这些边界像素被浪费了，但可以使代码更加简洁。通过节约大量的共享内存空间，我们将线程的最大数量增加到 1024。当最大线程数被设置为 1024 时，共需要 $8 \times 1028 \times 5 = 41\,120$ 字节（约为 41 KB）。实际情况是，Nvidia 硬件可能会为运行该核函数的每个线程块分配 48 KB，因为系统更"喜欢"32 或 48 等数字，41 KB 是一个"丑陋"的数字……于共享内存来说，这个数字仍然很大，并且可能对共享内存资源造成压力。一个明智的做法是将 #define MAXTHGAUSSKN67 的值减少到 128，它将为每个块分配 5280 字节（约为 6 KB），为每个 SM 留出空间使得它可以运行 8 个线程块（即 48÷6=8 块）。而对于每个 SM 可以分配 64 KB 共享内存的 Pascal GPU 来说，可以在每个 SM 中启动 10 个块，且不会触及共享内存限制。

GaussKernel6( ) 的结果如表 10-13 所示，结果表明每个线程计算单个像素比计算 4 个像素更好，因为增加的 for 循环意味着该循环正在使用内部核函数变量而非 Nvidia 硬件提供的免费的 for 循环等。

表 10-13 核函数性能：GaussKernel3(), …, GaussKernel6()

| 核函数 | Box II | Box III | Box IV | Box VII | Box VIII |
|---|---|---|---|---|---|
| GaussKernel3 (ms) | 151 | 149 | 19.6 | 13.7 | 9.15 |
| GaussKernel4 (ms) | 852 | 243 | 141 | 23.0 | 14.8 |
| GaussKernel5 (ms) | 1378 | — | 121 | 33.9 | 21.8 |
| GaussKernel6 (ms) | 387 | 164 | 49.6 | 22.3 | 14.3 |

### 10.8.7　GaussKernel7()：去除边界像素的影响

请注意，GaussKernel6() 的测试是通过 #define MAXTHGAUSSKN67 1024 语句设置了每个块的最大线程数。虽然我们已经讨论过如果将该值降到 128 对性能会有很大的帮助，但我们并没有测试过它的结果。这将留作在 10.9 节学习 CUDA 占用率计算器时的练习。我们会找到共享内存和其他设置的最佳参数，它们都是仔细计算的结果，而不仅仅是"估计"。

在这之前，让我们再尝试一些其他的改进思路。下一个改进是 GaussKernel7()（代码 10.14），它试图解决 GaussKernel6() 中存在的一个小问题：必须使用以下几行代码检查"边缘像素"：

```
ui IsEdgeThread=(MYtid==(ThrPerBlk-1));
// 从全局内存读取数据到共享内存。每个线程读取一个像素
indx = MYpixIndex-2*Hpixels-2; // 从位于该像素上面两行、左边两列处的像素开始
if (!IsEdgeThread) {
    ...
}else{
    ...
}
```

在 GaussKernel6() 代码中，你会注意到代码在计算索引时试图避免超出界限。因此，它会根据线程是否为边界线程，以不同方式填充 Neighbors[][] 数组。这些情况由布尔变量 IsEdgeThread 决定，如果像素是边界线程，则为真。

代码 10.14：imedGCM .cu　GaussKernel7() … {…}
GaussKernel7() 不需要考虑边界像素。

```
#define MAXTHGAUSSKN67 1024
...
__global__
void GaussKernel7(double *ImgGauss, double *ImgBW, ui Hpixels, ui Vpixels)
{
    // 每个像素 5 个邻居（由每个线程读取）
    __shared__ double Neighbors[MAXTHGAUSSKN67][5];

    ui ThrPerBlk=blockDim.x;                ui MYbid=blockIdx.x;
```

```
ui MYtid=threadIdx.x;                       int indx, i, j;
double G;                                   ui MYrow = blockIdx.y;
ui MYcol=MYbid*(ThrPerBlk-4)+MYtid;         if (MYcol >= Hpixels) return;
ui MYpixIndex = MYrow * Hpixels + MYcol;
if ((MYrow<2) || (MYrow>Vpixels - 3) || (MYcol<2) || (MYcol>Hpixels - 3)) {
    ImgGauss[MYpixIndex] = 0.0;             return;
}
// 从 GM 读取数据到共享内存。每个线程读取 1 个像素和 5 个该行的邻居
// 每个线程块从该位置（左边 2 个）读取 ThrPerBlk 像素
indx = MYpixIndex - 2 * Hpixels - 2; // 从上边 2 行和左边 2 列开始
for (j = 0; j < 5; j++) {
    Neighbors[MYtid][j] = ImgBW[indx];
    indx += Hpixels; // 下一个循环将读取下一行，列位置相同
}
__syncthreads();
if (MYtid >= ThrPerBlk - 4) return; // 每个块计算 ThrPerBlk-4 个像素
G = 0.0;
for (i = 0; i < 5; i++) {
    for (j = 0; j < 5; j++) {
        G += (Neighbors[MYtid + i][j] * GaussC[i][j]);
    }
}
ImgGauss[MYpixIndex] = G / 159.00;
}
```

检查边界像素的必要性可以根据两个因素而去除。因为下面几行代码只是在 Gauss-Image 中的最左边两个像素和最右边两个像素中写入 0.00：

```
if ((MYrow<2) || (MYrow>Vpixels - 3) || (MYcol<2) || (MYcol>Hpixels - 3)) {
    ImgGauss[MYpixIndex] = 0.0;             return;
}
```

只要我们将坐标（x-2，y-2）的像素存储在共享内存中，就不需要担心边界像素了。由于有了（-2，-2）的"偏移存储"，我们可以在实际计算过程中将其与常数相乘而不需要偏移操作，如下所示：

```
for (i = 0; i < 5; i++) {
    for (j = 0; j < 5; j++) {
        G += (Neighbors[MYtid + i][j] * GaussC[i][j]);
    }
}
```

事实上，这个改进解决了多个问题：

❑ 从全局内存读取数据到共享内存时，不再需要边缘检查。

❑ 对于相同数量的线程 / 块，共享内存只有原来的 1/8。

❑ 不再需要在共享内存中存储额外的 4 个像素。

❑ 由于每个线程块现在只计算 ThrPerBlk-4 个像素，因此边界检测将简化为一行代码，如下所示：

```
if(MYtid>=ThrPerBlk-4) return; // 每个线程块计算 ThrPerBlk-4 个像素
```

表 10-14 比较了 GaussKernel7() 和 GaussKernel6()。结果表明，去除计算边界像素可以提升核函数在 Kepler 和 Pascal 架构上的性能。

表 10-14　核函数性能：GaussKernel3()，···，GaussKernel7()

| 核函数 | Box II | Box III | Box IV | Box VII | Box VIII |
|---|---|---|---|---|---|
| GaussKernel3 (ms) | 151 | 149 | 19.6 | 13.7 | 9.15 |
| GaussKernel4 (ms) | 852 | 243 | 141 | 22.98 | 14.83 |
| GaussKernel5 (ms) | 1378 | — | 121 | 33.9 | 21.8 |
| GaussKernel6 (ms) | 387 | 164 | 49.6 | 22.3 | 14.3 |
| GaussKernel7 (ms) | 270 | 154 | 35.6 | 19.9 | 12.5 |

## 10.8.8　GaussKernel8()：计算 8 个垂直像素

也许最后一个可以尝试的想法是在同一个核函数中计算 8 个垂直像素。GaussKernel8()（代码 10.15）给出了一个实现，它存储 12 个垂直像素，以便能够在同一个核函数中计算 8 个垂直像素。该核函数与 GaussKernel7() 之间的区别在于它需要 4 个垂直和 4 个水平的邻居像素来计算一个像素。因为在核函数中使用 4 个水平邻居时是直接从全局内存中读取的，所以在共享内存中需要存储 4 个垂直邻居像素的值（即总共 1+4=5，如 GaussKernel7() 所示）。遵循这个逻辑，为了计算 8 个垂直像素，我们需要存储 4+8=12 个垂直像素。

**代码 10.15：imedgeGCM.cu　GaussKernel8() ... {...}**

GaussKernel8() 计算 8 个垂直像素，而非 1 个。

```
#define MAXTHGAUSSKN8 256
...
// 每个块读入 12 行，每个线程计算 8 个垂直的像素
__global__
void GaussKernel8(double *ImgGauss, double *ImgBW, ui Hpixels, ui Vpixels)
{
    // 12 个垂直的邻居保存在共享内存中，用于每个线程计算 8 个垂直的像素；
    // 最上端和最下端的两行读入数据被浪费
    __shared__ double Neighbors[MAXTHGAUSSKN8][12];
    ui ThrPerBlk=blockDim.x;        ui MYbid=blockIdx.x;
    ui MYtid=threadIdx.x;           int indx, i,j,row;
    ui MYrow=blockIdx.y*8;          ui isLastBlockY=(blockIdx.y == (blockDim.y-1));
    ui MYcol=MYbid*(ThrPerBlk-4)+MYtid;  if(MYcol>=Hpixels) return;
    if(MYrow>=Vpixels) return;      ui MYpixIndex=MYrow*Hpixels+MYcol;
    double G[8] = { 0.00, 0.00, 0.00, 0.00, 0.00, 0.00, 0.00, 0.00 };
    if ((MYcol<2) || (MYcol>Hpixels - 3)) {  // 开始和结束处的两列
        ImgGauss[MYpixIndex] = 0.0;        return;
    }
```

```
if (MYrow == 0) {
    ImgGauss[MYpixIndex]=0.0;  ImgGauss[MYpixIndex+Hpixels]=0.0; // 第 0 行和第 1 行
}
if (isLastBlockY) {
    indx=(Vpixels-2)*Hpixels + MYcol;
    ImgGauss[indx]=0.0;   ImgGauss[indx+Hpixels]=0.0; // 倒数第 2 行，倒数第 1 行
}
// 从 GM 读取数据到共享内存，每个线程读取 1 个像素，用于 12 个邻居行
// 每个线程读入 12 个像素，但只计算 8 个像素
for (indx = MYpixIndex, j = 0; j < 12; j++) {
    if ((MYrow+j) < Vpixels) {
        Neighbors[MYtid][j] = ImgBW[indx];
        indx += Hpixels; // 下一个循环将读取下一行，相同的列
    }else    Neighbors[MYtid][j] = 0.00;
}
__syncthreads();
if (MYtid >= ThrPerBlk - 4) return; // 每个线程块计算 ThrPerBlk-4 个像素
for (row = 0; row < 8; row++) {
    for (i = 0; i < 5; i++) {
        for (j = 0; j < 5; j++) {
            G[row] += (Neighbors[MYtid + i][row+j] * GaussC[i][j]);
        }
    }
}
// 将计算好的所有像素写回 GM
for (j = 0; j < 8; j++) {
    ImgGauss[MYpixIndex] = G[j] / 159.00;
    MYpixIndex += Hpixels;
}
}
```

表 10-15 比较了 GaussKernel8( ) 和前面的版本。该核函数的效率较低，这是因为它需要保存 8 个像素的计算结果，所以在代码的末尾增加了一个额外的 for 循环，如下所示：

```
double G[8] = { 0.00, 0.00, 0.00, 0.00, 0.00, 0.00, 0.00, 0.00 };
...
// 将计算出的所有像素写回全局内存
for (j = 0; j < 8; j++) {
    ImgGauss[MYpixIndex] = G[j] / 159.00;
    MYpixIndex += Hpixels;
}
```

这需要将 8 个结果像素保存在一个名为 G[] 的数组中，该数组占用 8×8=64 个字节的存储空间。如果编译器将这个数组分配到寄存器中，将消耗非常珍贵的 128 个寄存器，而受 Nvidia 硬件限制，该核函数最多也只能使用 255 个寄存器。64 个 double 类型寄存器在寄存器文件中会占用 128 个 32 位寄存器的位置。如果编译器决定将这个数组放在全局内存中，马上就会破坏使用共享内存的初衷。正如读者可以从这个例子中看到的那样，每个核函数做的工作越多，其消耗的资源配置文件也越大，这限制了可以运行该核函数的线程块的数

量，进而限制了该核函数的性能。在我们调查的很多案例中，核函数消耗资源配置文件较小的解决方案总是表现得最好，尽管这不是一个严格的规则。

表 10-15　核函数性能：GaussKernel3()，…，GaussKernel8()

| 核函数 | Box II | Box III | Box IV | Box VII | Box VIII |
|---|---|---|---|---|---|
| GaussKernel3 (ms) | 151 | 149 | 19.6 | 13.7 | 9.15 |
| GaussKernel4 (ms) | 852 | 243 | 141 | 22.98 | 14.83 |
| GaussKernel5 (ms) | 1378 | — | 121 | 33.9 | 21.8 |
| GaussKernel6 (ms) | 387 | 164 | 49.6 | 22.3 | 14.3 |
| GaussKernel7 (ms) | 270 | 154 | 35.6 | 19.9 | 12.5 |
| GaussKernel8 (ms) | 272 | 190 | 29.4 | 24.0 | 15.1 |

计算多个像素还有其他副作用，例如必须检查是否正在计算最后几行，如下面的代码所示：

```
ui isLastBlockY=(blockIdx.y == (blockDim.y-1));
if (isLastBlockY) {
   indx=(Vpixels-2)*Hpixels + MYcol;
   ImgGauss[indx]=0.0;   ImgGauss[indx+Hpixels]=0.0; // 倒数第二行，倒数第一行
}
```

## 10.9　CUDA 占用率计算器

就本章所有的例子而言，虽然我们对代码进行改进后可以观察到性能方面的一些提升，但其实我们并未真正理解对代码的这些修改是如何改变了 GPU 硬件在运行时的使用方式。此外，在比较两个不同的核函数时，我们的分析有点摇摆不定。例如，在表 10-15 中，当我们比较不同的核函数时，我们得出结论：在 Box IV 上运行时，GaussKernel8() 比 GaussKernel7() 更好。让我们专注于 Box IV，并将其作为一个例子。表 10-15 显示出 GaussKernel7() 的运行时间为 35.6 ms，GaussKernel8() 的运行时间为 29.4 ms。那么，为什么我们不能断定 GaussKernel8() 更好呢？

我们从没有问过自己的一个问题是：我们使用相同的 256 线程 / 块和同一个 astronaut.bmp 图像来测试这两个核函数。问题是，我们不知道 256 线程 / 块是否同时适合这两个核函数。此外，我们不知道图像（astronaut.bmp）的大小是否能让这两个核函数的性能达到最佳。如果不考虑这些问题的话，下面这句话听起来是公平的，也是合乎逻辑的，即用"相同的"这个和"相同的"那个来测试两个核函数，结果应该是可比较的。事实是，结果不具可比性。因为"相同"的线程 / 块并不是对任何核函数都是最佳的。这意味着你可能正在进行垃圾和垃圾之间的比较。公平的比较应该是使用"相同的图片"，但"每个算法使用它自己的最佳参数"。这是我们在本节中要做的。我们将尝试通过使用 CUDA 占用率计算器来为每个核函数找到最佳参数。

打个比方，如果你想比较福特野马与通用克尔维特的性能，那么在土路上比赛并限速60英里／小时听起来好像是很公平的。对于高档汽车来说，六十英里每小时的速度是非常低的。克尔维特也许能够比野马更好地处理60英里每小时的速度，但如果你将速度限制提高到100英里，那么野马可能会做得更好。换句话说，你的比较毫无意义。有意义的比较方法是取消限速并规定"谁先到达前5英里标志，谁就是胜利者"。这将使车手以最适合每辆汽车的最佳速度来驾驶，并真正揭示出哪辆汽车更好。

让我们首先来证明，使用表10-15中的结果来比较GaussKernel7()和GaussKernel8()的性能时，我们的分析错得有多离谱。使用256线程／块来比较它们的唯一原因是因为GaussKernel8()被限制为256线程／块，这是由代码10.15中的宏定义#define MAXTHGAUSSKN8 256指定的。由于GaussKernel8()不允许超过256线程／块，所以我们认为对于GaussKernel7()和GaussKernel8()来说，公平的比较应该是使用256线程／块。这个逻辑有两个缺陷：首先，GaussKernel7()允许每块最多1024个线程，如代码10.15所示，限制常数是不同的：#define MAXTHGAUSSKN67 1024。如果线程／块的值为384、512、768或1024时它的性能更高该怎么办？如果这是真的，我们就会错过一个让GaussKernel7()表现得更好的参数。我们也就不会得出GaussKernel8()更好的结论。其次，我们又如何能保证线程／块的值为256时，GaussKernel8()的性能最佳？如果最佳线程／块的值是192、128，甚至更低，比如96、64呢？如果适合GaussKernel8()的最佳值是一个较小的值，那么我们真的是在进行垃圾与垃圾的比较。这是一个常规的参数空间搜索问题，唯一的解决方案是穷举所有可能的参数。用更具体的数学术语来说，GaussKernel7()和GaussKernel8()的比较应该包括所有可能的参数组合。GaussKernel8()有以下6个有意义的选项：{32, 64, 96, 128, 192, 256}，GaussKernel7()[⊖]具有以下10～15个选项：{32, 64, 96, 128, 192, 256, …, 1024}。

### 10.9.1 选择最佳的线程／块

让我们先获取一些参数线程／块对性能影响的直观感受。表10-16给出了表10-15中Box IV的详细版本，仅包含GTX Titan Z GPU那一栏。这些比较结果可能会因不同的GPU而发生变化，有时候会出乎你的意料，正如我们在前面的章节中多次看到的那样。但是，表10-16提供了一个很好的出发点。这里只使用了四舍五入的数字，因为即使是这样的精度也足以说明问题。加黑显示的值为256线程／块（与表10-15中报告的内容相同）对应的结果，这让我们明白使用错误逻辑生成表10-15时会错过什么。以下是我们从表10-16可以得出的结论：

❑ 对于GaussKernel7()来说，我们肯定错过了一个更好的参数值：1024线程／块可以让该核函数比GaussKernel8()表现得更好。

---

⊖ 原文为GaussKernel8()。——译者注

❏ 我们可以进一步得出结论：GaussKernel7() 比 GaussKernel8() 好，因为 GaussKernel8() 不能使用更高的线程 / 块，这是由于 #define MAXTHGAUSSKN8 256 的限制。

❏ GaussKernel8() 中 #define MAXTHGAUSSKN8 256 的限制不是随机选择的数值。任何高于 256 的值都会超出该核函数允许的最大共享内存，该核函数也不会被编译成功。由于 GaussKernel7() 使用的共享内存少得多，因此可以将它的线程 / 块提高到 1024，且不会超过 GPU 48 KB 的共享内存限制。

❏ 10.8.8 节中的核函数 GaussKernel8() 通过使用大量的共享内存来实现其性能，所以它注定无法与其他不需要太多共享内存的核函数（例如 GaussKernel7()）竞争！

❏ GaussKernel7() 看起来总是比 GaussKernel6() 表现得更好，因为它们对线程 / 块有着相同的限制。

表 10-16　线程 / 块选择不同的值，核函数 GaussKernel6()、GaussKernel7() 和 GaussKernel8() 在 Box IV 上的性能

| 线程 / 块 | 运行时间 (ms) | | |
| --- | --- | --- | --- |
| | GaussKernel6 | GaussKernel7 | GaussKernel8 |
| 32 | 450 | 340 | 202 |
| 64 | 181 | 130 | 105 |
| 96 | 122 | 83 | 86 |
| 128 | 121 | 62 | 48 |
| 192 | 73 | 61 | 47 |
| 256 | 50 | 36 | 29 |
| 320 | 41 | 30 | |
| 384 | 35 | 25 | |
| 448 | 44 | 24 | |
| 512 | 35 | 30 | |
| 768 | 24 | 24 | |
| 1024 | 22 | 19 | |

## 10.9.2　SM 级资源限制

问题是：有没有一种工具可以让我们来确定启动某个核函数的最佳线程 / 块的值？答案是：有的。它就是 CUDA 占用率计算器。让我们开始使用它。它是一个简单的 Excel 工作表，你可以从 Nvidia 网站下载。该 Excel 工作表的用处是计算在不同的共享内存、线程 / 块和寄存器 / 核函数选择下，每个流处理器（SM）"占用"程度是多少。下面是对 SM 能启动的线程个数起约束作用的四个资源：

❏ **共享内存**的使用方式是由核函数的设计决定的。如果你将其设计为需要大量的共享内存（如我们的 GaussKernel8()），它最终会成为决定可以载入 SM 的线程块数量的因素，因为最终共享内存会被用尽。我们可以回忆一下，共享内存是线程块级的资源，它不依赖于线程 / 块的大小。对于许多较新的计算能力来说，每个线程块可以

使用的最大共享内存为 48 K。例如，如果某个线程块需要 25 K，则不能同时启动多于 1 个线程块，因为如果启动两个块，两个块的 50 K 将超过 48 K 的限制。如果某个线程块需要 13 K，则只能启动 3 个线程块。每个块需要 13 K，3 个块总共需要 39 K。第四个块将超过共享内存的上限，不能与其他三个块同时驻留在同一个 SM 中。

❑ 核函数需要的**寄存器个数**取决于编写该核函数时使用的变量个数。使用太多的寄存器会导致两个问题：首先，核函数中可以使用的寄存器的最大数量是 255。如果某个核函数超过这个值，将导致寄存器溢出，此时，编译器只能绝望地将内存单元当作寄存器使用。如果发生了寄存器溢出的情况，核函数的性能将大幅下降。其次，在不超过"块中寄存器总数"的限制下（根据计算能力的不同，分别为 32 K 或 64 K），你将无法启动太多的线程块。因此，消耗过多寄存器的核函数的性能会受到限制。例如，如果你的核函数需要 240 个寄存器，则启动 512 个线程 / 块将需要寄存器文件内的 512 × 240 = 122 880 = 120K 个寄存器。但是，即使计算能力允许使用 64 K 个寄存器，这仍然达不到需要的 120 K。这意味着受寄存器文件大小的限制，你不能启动超过 256 个线程 / 块，此时需要 256 × 240 = 61 440 = 60 K 个寄存器。

❑ **线程 / 块**的大小决定了可以在 SM 中启动多少个块。如果使用较小的线程 / 块，则需要启动大量的块，因而容易达到"每 SM 启动的最大线程块数"的限制，该限制在 Kepler 中为 16，Maxwell 和 Pascal 中为 32。此时该限制很可能在上面两个限制前起作用。相反，如果使用较大的线程 / 块来启动，则线程块的粒度太大，很难载入大批量的块。可能会浪费其中的线程空间。

❑ 每 SM 的**线程束个数**实际上是最终的因素。它也是唯一重要的限制。在"计算能力"中，该数值为 64。考虑到每个线程束为 32 个线程，"每 SM 最多 64 个线程束"的限制转换为每个线程块最多有 2048 个线程。

CUDA 占用率计算器的目标是以图形方式来演示这些参数之间的相互作用的，以便程序员选择最佳的参数集。

## 10.9.3　什么是占用率

10.9.2 节中描述的四个限制条件必须全部满足。这意味着最差的那个限制最终会成为限制性能的因素，而其他限制就都不重要了。这些约束都可以转换为"线程束个数"，并进而对应于"占用率"。如果线程束个数的限制是 64，当每 SM 上 64 个线程束时，则认为该 SM 的占用率是 100%。从 SM 的角度来看，这 64 个线程束的组成并不重要。例如，如果你以 32 个线程 / 块来启动，实际上是启动了 1 线程束 / 块。在 Kepler GPU 的一个 SM 上，最多可以启动 32 个线程块，因此你可以启动 32 个这样较小的线程块，每个块都运行一个单独的线程束，即运行 32 个线程束。考虑到运行 64 个线程束被认为是 100% 的占用率，32

个线程束意味着占用率为 50%。换句话说，你只是让那个 SM 的 50% 忙于工作。如果用 64 个线程 / 块（即 2 个线程束 / 块）来启动，则启动 32 个块会让 SM 塞满总共 64 个线程束，也就是说，100% 的占用率。所以，为什么不这样做呢？

前面我用的是比较整齐的数字。现在，假设以 640 个线程 / 块（即 10 个线程束 / 块）启动线程块。当你启动 6 个线程块时，线程束总数为 60，浪费了 4 个线程束。因此，你的占用率是 60÷64 ≈ 94%。并不是特别糟糕，但不是 100%。情况可能会变得更坏。如果每个块需要 10 KB 的共享内存会怎样？我们知道一个块可以使用的最大共享内存为 48 K。这样可以启动的块的数量被限制为 4 个。假设你使用 64 个线程启动块（2 个线程束），因为每个块有 2 个线程束，且最多可以启动 4 个线程块，因此最多可以启动 8 个线程束。此时的占用率为 8÷64=12.5%。当然，如果是这种情况的话，为什么不启动较大的线程块，比如 512 个线程 / 块（16 个线程束 / 块），这样就可以达到 64 个线程束（100% 的占用率）。

### 10.9.4 CUDA 占用率计算器：资源计算

10.9.3 节中设想的资源使用"假设"场景正是 CUDA 占用率计算器需要计算的内容。图 10-1 所示为 CUDA 占用率计算器 Excel 工作表的屏幕截图，你可以在顶部插入 CUDA 计算能力（CC）和 SM 中的共享内存数量。根据你的 CC，它在表格下半部给出了每个 SM 的所有限制。决定占用率的最重要的限制是每 SM 最大线程束个数，对于 CC 3.0 来说，该值是 64。我们在本节的分析中将使用 CC 3.0 作为例子，因为迄今为止我们都用这个计算能力来编译程序。

图 10-1 中的区域 2.）是插入核函数和线程块参数的地方。图 10-1 中所示为启动 128 线程 / 块（即每块 4 个线程束）的情况，并且每个线程使用 16 个寄存器。此外，每个线程块需要 8192（8 K）的共享内存。在这种情况下，我们来分析三种不同资源的限制：（1）共享内存的限制是 48 K，每块使用了 8 K。因此，如图 10-2 下面的图所示，超过 6 个块时，就会达到共享内存的限制，因而不能启动更多的块；（2）计算能力 3.0 的寄存器文件限制为 64 K，因此，无法启动超过 65 536÷16=4096 个线程。这根本不会成为限制，因为在遇到这个寄存器限制之前，会先遇到"可以在 SM 中启动的最大线程数为 2048"的限制，如图 10-2 上面的图所示；（3）最大线程束个数为 64，如果启动 4 个线程束 / 块，最多可以启动 16 个块。很明显，最严格的限制是共享内存限制，它将我们限制在 6 个块，每个块 4 个线程束，整个 SM 总共有 24 个线程束，转化为 24÷64=38% 的占用率，如图 10-3 所示。

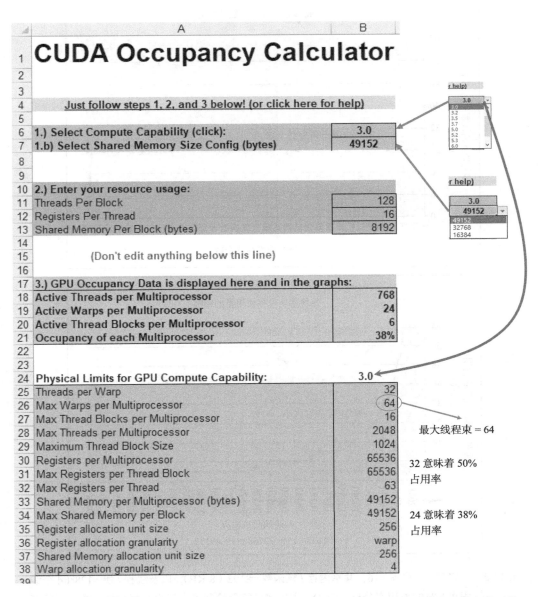

图 10-1　CUDA 占用率计算器：选择计算能力、最大共享内存大小、寄存器 / 核函数和核函数共享内存使用情况。在本例中，每个 SM 有 24 个线程束（总共 64 个线程束），占用率为 24 ÷ 64=38%

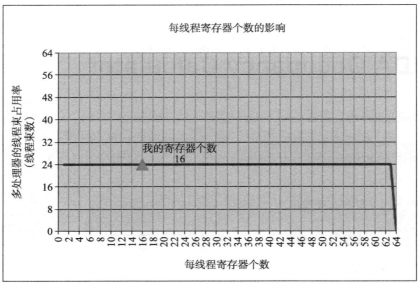

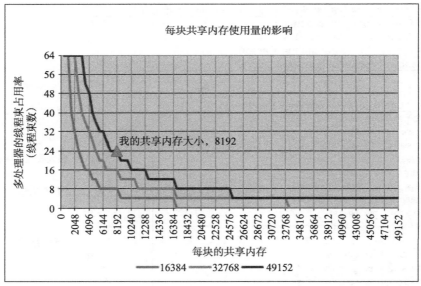

图 10-2　当寄存器 / 线程 =16，共享内存 / 核函数 =8192（8 KB），以及线程 / 块 =128（4 个线程束）时的占用率分析。CUDA 占用率计算器绘制了占用率与每个核函数需要的寄存器数量（上图）和共享内存数量（下图）之间的关系曲线，启动更多的线程块时，每个块需要额外的 8 KB 共享内存。当每块需要 8 KB 共享内存时，上限为 24 线程束 /SM。然而，如下面的共享内存曲线所示，如果每个块只需要 6 KB 的共享内存（6144 字节），就可以达到 32 线程束 /SM

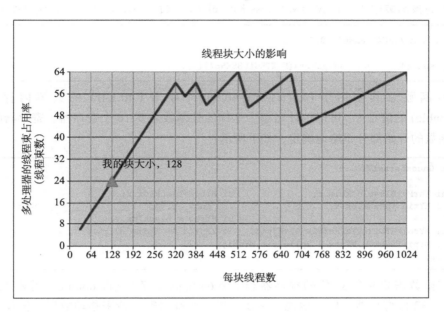

| | | | = Allocatable |
|---|---|---|---|
| 40 **Allocated Resources** | Per Block | Limit Per SM | Blocks Per SM |
| 41 Warps      (Threads Per Block / Threads Per Warp) | 4 | 64 | 16 |
| 42 Registers  (Warp limit per SM due to per-warp reg count) | 4 | 128 | 32 |
| 43 Shared Memory (Bytes) | 8192 | 49152 | 6 |
| 44 Note: SM is an abbreviation for (Streaming) Multiprocessor | | | |
| 45 | | | |
| 46 **Maximum Thread Blocks Per Multiprocessor** | Blocks/SM | * Warps/Block = | Warps/SM |
| 47 Limited by Max Warps or Max Blocks per Multiprocessor | 16 | | |
| 48 Limited by Registers per Multiprocessor | 32 | | |
| 49 **Limited by Shared Memory per Multiprocessor** | **6** | **4** | **24** |
| 50 Note: Occupancy limiter is shown in orange | | Physical Max Warps/SM = 64 | |
| 51 | | Occupancy = 24 / 64 = 38% | |

图10-3 当寄存器 / 线程 =16，共享内存 / 核函数 = 8192（8 KB），以及线程 / 块 =128（4 个线程束）时的占用率分析。CUDA 占用率计算器绘制了占用率与线程 / 块（上图）之间的关系曲线，并给出了这三种资源中的哪一个将首先达到上限的总结信息。在本例中，有限的共享内存量（48 KB）将可以启动的线程块总数限制为 6 个。这样，寄存器个数或每 SM 的最大线程块数将不会成为限制

### 10.9.5　案例分析：GaussKernel7()

我们已经看过一个如何使用 CUDA 占用率计算器的示例，现在应该将它应用到前几节中新开发的核函数中了。让我们从 Gauss Kernel7() 开始。声明共享内存的代码如下：

```
#define MAXTHGAUSSKN67 1024
...
    __shared__ double Neighbors[MAXTHGAUSSKN67][5];
```

该核函数总共使用了 $1024 \times 8 \times 5 = 40\ 960$ 个字节（40 KB）的共享内存。注意，sizeof(double) 的值是 8。可以估计出每个这样的核函数需要 16 个寄存器。寄存器的数量可以从核函数的开始部分粗略地确定，如下所示：

```
void GaussKernel7(...)
{
  ui ThrPerBlk=blockDim.x;        ui MYbid=blockIdx.x;
  ui MYtid=threadIdx.x;           int indx, i, j;
  double G;                       ui MYrow = blockIdx.y;
  ui MYcol=MYbid*(ThrPerBlk-4)+MYtid;  if (MYcol >= Hpixels) return;
  ui MYpixIndex = MYrow * Hpixels + MYcol;
   ...
```

该核函数需要 9 个 32 位的寄存器和 1 个 64 位的寄存器（即 double，需要 $2 \times 32$ 位），共计 11 个 32 位寄存器。保守地说，它还需要一些临时寄存器来移动数据。假设需要 5 个临时寄存器。所以，对于 32 位寄存器的数量来说，16 个是不错的估计。

还记得我们以每块 256 个线程运行了核函数 GaussKernel7()，并在表 10-15 中给出了结果报告。当我们将这些参数插入 CUDA 占用率计算器时，可以得到图 10-4 中寄存器触发限制曲线（上图）和共享内存触发限制曲线（下图）。毫无疑问，共享内存是两个限制中最差的。事实上，它太糟糕了，甚至不允许在 SM 中启动多于 1 个线程块。如果用 256 个线程 / 块（即 8 个线程束 / 块）来启动线程块，占用率将保持在 8 个线程束 /SM。由于 SM 的限制是 64 个线程束 /SM，因此占用率仅为 $8 \div 64 \approx 13\%$，如图 10-5 所示。正如该例所示，我们在不知道"占用率"概念的情况下设计了这个核函数。现在我们意识到所创建的核函数使得每个 SM 的占用率只有 13%，剩下 87% 的线程束并未使用。读者此时应该毫无疑问地意识到，我们可以做得更好。当然，如果以 1024 个线程 / 块（即每块 32 个线程束）来启动线程块，尽管我们还是受限于相同的 40 KB 共享内存，此时的占用率将是 50%。通过简单地更改线程 / 块参数，可以将占用率从 13% 提高到 50%。你也许会想，当占用率增加 4 倍时，它是如何转化为性能提升的。答案见表 10-16：运行时间从 36 毫秒下降到 19 毫秒。换句话说，它大幅地增加了（在本例中几乎是 2 倍）。虽然很难得出诸如"x 占用率对应于 y 性能增加"这样的结论，但有一点是肯定的：应当尽可能地提高占用率，否则你永远不会知道性能可以有多高。请注意，即使是 1024 线程 / 块，占用率仍然只有 50%。这提出了一个问题，即 GaussKernel7() 是否可以做得更好。这要求程序员退回到设计阶段并重新设计核函数以减少共享内存的使用量。

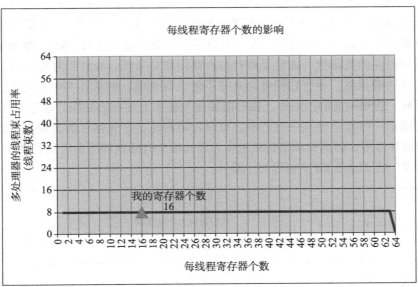

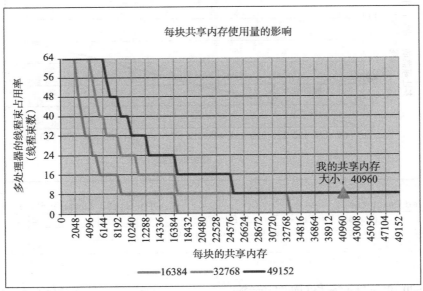

图 10-4　GaussKernel7( ) 的分析，参数为寄存器 / 线程 ≈ 16，共享内存 / 核函数 ≈ 40 960（40 KB），以及线程 / 块 ≈ 256。显然，共享内存限制使得我们只能启动 1 个每块 256 个线程（8 个线程束）的线程块。如果可以重新设计核函数并将共享内存减少到 24 KB，那就可以启动至少 2 个块（如图所示的 16 个线程束），并使占用率翻倍

图 10-5 所示为 GaussKernel7( ) 案例中线程 / 块和对应的限制条件。上面的曲线表示，如果以 1024 线程 / 块来启动，可以达到 32 个线程束，尽管这会触发共享内存的限制，如图 10-4 所示的那样。占用率概念的含义是深远的：一个技术上糟糕的核函数可能也会表现得不错，只要它对资源的消耗量不过大，因为它可以更好地"占用"SM。换句话说，编写一个资源需求过高的核函数可能会导致各种资源限制非常低。也许最好应该设计一个需要更少资源消耗的核函数，尽管它们看起来并不怎么高性能。如果在 SM 上可以同时大量地运行该核函数，达到很高的占用率，就可能转化为整体上更高的性能。这是 GPU 编程的美妙之处。它既是一门科学也是一门艺术。可以肯定的是，尽管你可能会得到更多的共享内存，更多的寄存器等，但是资源限制在从今天起的很长时间内都不会消失。所以，这种"资源受限的思考"将永远是 GPU 编程的一部分。

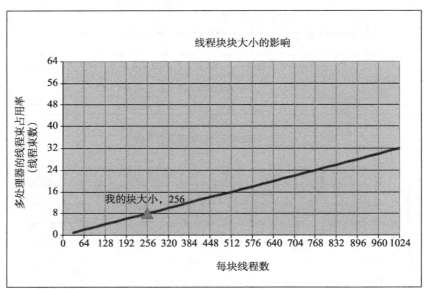

| 40 | **Allocated Resources** | | Per Block | Limit Per SM | = Allocatable Blocks Per SM |
|---|---|---|---|---|---|
| 41 | Warps | (Threads Per Block / Threads Per Warp) | 8 | 64 | 8 |
| 42 | Registers | (Warp limit per SM due to per-warp reg count) | 8 | 128 | 16 |
| 43 | Shared Memory (Bytes) | | 40960 | 49152 | 1 |
| 44 | Note: SM is an abbreviation for (Streaming) Multiprocessor | | | | |
| 45 | | | | | |
| 46 | **Maximum Thread Blocks Per Multiprocessor** | | Blocks/SM | * Warps/Block = | Warps/SM |
| 47 | Limited by Max Warps or Max Blocks per Multiprocessor | | 8 | | |
| 48 | Limited by Registers per Multiprocessor | | 16 | | |
| 49 | **Limited by Shared Memory per Multiprocessor** | | 1 | 8 | 8 |
| 50 | Note: Occupancy limiter is shown in orange | | | **Physical Max Warps/SM = 64** | |
| 51 | | | | **Occupancy = 8 / 64 = 13%** | |

图 10-5 GaussKernel7( ) 的分析，参数为寄存器 / 线程 =16，共享内存 / 核函数 = 40 960，以及线程数 / 块 =256

打一个比方：如果你有两个跑者，一个是世界级的马拉松运动员，另一个是像我这样的普通人，谁会赢得比赛？答案很明显。但是，还有第二个问题：如果你给马拉松运动员戴上脚镣，谁会赢得比赛？这就是一个技术上非常优秀，但对资源需求过高的核函数所面临的情况。它就是一个戴着脚镣的马拉松运动员。由于资源限制，你正在摧毁它的表现。

## 10.9.6　案例分析：GaussKernel8( )

下面是对 GaussKernel8( ) 的分析：每个线程块需要 24 576 KB 的共享内存，每块 256 个线程，每个核函数需要 16 个寄存器。图 10-6 所示为寄存器使用情况和共享内存使用情况。因为它使用了 24 KB 的共享内存，所以可以在 1 个 SM 上塞入两个线程块。它们总共将使用 48 KB 的共享内存极限值，但确实可以运行！它可以以 256 个线程 / 块（8 个线程束 / 块）来启动，两个线程块在 SM 中占用了 16 个线程束。请注意，即使是 24.1 KB 的共享内存需求也会使占用率减半。

图 10-7 所示为 GaussKernel8( ) 案例中的线程 / 块以及对应的限制条件。尽管我们可以将线程 / 块的值设置得更高，但共享内存限制并不允许我们这样做。由于共享内存的限制，我们被限制在 25% 的占用率（使用了最大 64 个线程束中的 16 个线程束）。从图 10-6 中可以推出，只有当每个核函数的共享内存需求为 6 KB 时，才能达到 100% 的占用率。

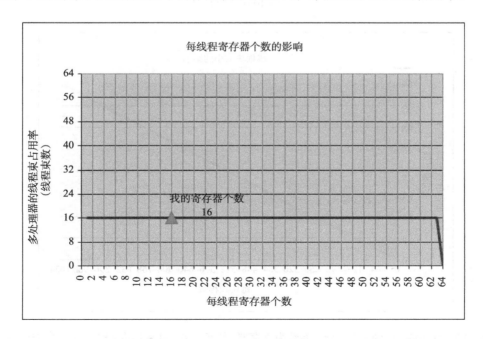

图 10-6　GaussKernel8( ) 的分析，参数为寄存器 / 线程 =16，共享内存 / 核函数 =24 576，以及线程 / 块 =256

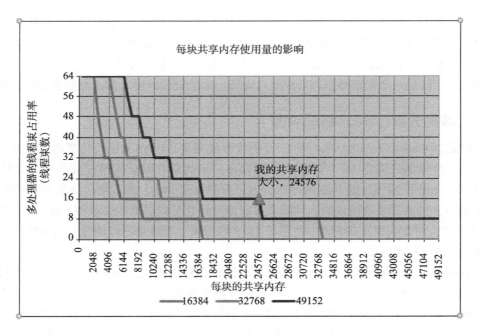

图 10-6 （续）

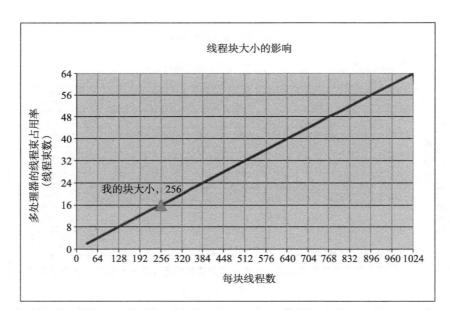

图 10-7　GaussKernel8() 的分析，参数为寄存器 / 线程 =16，共享内存 / 核函数 = 24 756，以及线程 / 块 =256

| | Allocated Resources | | Per Block | Limit Per SM | = Allocatable Blocks Per SM |
|---|---|---|---|---|---|
| 40 | Allocated Resources | | Per Block | Limit Per SM | Blocks Per SM |
| 41 | Warps | (Threads Per Block / Threads Per Warp) | 8 | 64 | 8 |
| 42 | Registers | (Warp limit per SM due to per-warp reg count) | 8 | 128 | 16 |
| 43 | Shared Memory (Bytes) | | 24576 | 49152 | 2 |
| 44 | Note: SM is an abbreviation for (Streaming) Multiprocessor | | | | |
| 45 | | | | | |
| 46 | Maximum Thread Blocks Per Multiprocessor | | Blocks/SM | * Warps/Block = | Warps/SM |
| 47 | Limited by Max Warps or Max Blocks per Multiprocessor | | 8 | | |
| 48 | Limited by Registers per Multiprocessor | | 16 | | |
| 49 | **Limited by Shared Memory per Multiprocessor** | | **2** | **8** | **16** |
| 50 | Note: Occupancy limiter is shown in orange | | | Physical Max Warps/SM = 64 | |
| 51 | | | | Occupancy = 16 / 64 = 25% | |

图 10-7 （续）

现在我们鼓励读者重新检视已设计的所有高斯核函数，查看它们的 CUDA 占用率，看看是否错过了任何潜在的优秀候选者，它们虽然性能低，但占用率的限制也很低。这样的核函数很有可能会击败其他的核函数，因为它可以达到 100% 的占用率。

Chapter 11 第 11 章

# CUDA 流

本书剩余的内容将重点关注如何改善核函数的执行时间。在 CUDA 程序中，首先必须将数据从 CPU 存储器传送到 GPU 存储器。数据只有在 GPU 内存中时，GPU 核函数才能访问并处理它们。核函数执行完成后，经过处理的数据必须传回 CPU 内存。当我们将 GPU 用作图形适配器时，这个事件序列会有发生变化。如果 GPU 正被用于渲染计算机游戏所需的图形，处理后的数据将会输出到连接在 GPU 显卡上的单个监视器（或多个监视器）上。所以，此时没有在 CPU 和 GPU 之间来回传输数据所消耗的时间损失。

然而，我们在本书中关注的程序类型是 GPGPU 应用程序，它将 GPU 用作通用处理器。这些类型的计算最终完全处于由 CPU 代码发起的 GPU [⊖] 控制之下。因此，数据必须在 CPU 和 GPU 之间来回传送。更糟糕的是，这两位好友（CPU 和 GPU）之间的数据传输速率受到 PCIe 总线瓶颈的限制，该总线的传输速率比 CPU 内存总线或 GPU 全局内存总线的速率低很多（详情请参考 4.6 节和 10.1 节）。

举个例子，如果我们需要检测 astronaut.bmp 文件中图像的边缘会怎样？表 11-1（上半部分）显示了在四个不同的 GPU（两个 Kepler 和两个 Pascal）上运行这个操作的结果，该结果被分解为三个部分的执行时间，如下所示：

❏ CPU → GPU 的传输平均占总执行时间的 31%。

❏ GPU 核函数的执行平均占总执行时间的 39%。

❏ GPU → CPU 的传输平均占总执行时间的 30%。

Kepler 和 Pascal 的细节对于本章的讨论来说并不重要。只要说明 CPU → GPU、核函数的执行和 GPU → CPU 三个部分的运行时间分别大约是总时间的三分之一就足够了。以

---

⊖ 原文为 CPU，应为 GPU。——译者注

Pascal GTX 1070 为例，我们需要等待将 121 MB 的 astronaut.bmp 图像传输到 GPU（需要 25 ms）。一旦传输完成，就可以运行核函数来完成边缘检测（需要 41ms）。而一旦核函数执行完成，就可以将其传回 CPU（需要 24 ms）。

当查看表 11-1（下半部分）中水平翻转结果时，我们可以看到不同操作执行时间所占的比例。CPU → GPU 和 GPU → CPU 的传输都几乎占了总执行时间的一半（分别为 53% 和 43%），而核函数的执行时间可以忽略不计（仅占总数的 4%）。

表 11-1　astronaut.bmp 的边缘检测和水平翻转的运行时间（单位为 ms）

| 操作 | 任务 | Titan Z | K80 | GTX 1070 | Titan X | Avg % |
|---|---|---|---|---|---|---|
| 边缘检测 | CPU → GPU tfer | 37 | 46 | 25 | 32 | 31% |
| | 核函数执行 | 64 | 45 | 41 | 26 | 39% |
| | GPU → CPU tfer | 42 | 18 | 24 | 51 | 30% |
| | Total | 143 | 109 | 90 | 109 | 100% |
| 水平翻转 | CPU → GPU tfer | 39 | 48 | 24 | 32 | 53% |
| | 核函数执行 | 4 | 4 | 2 | 1 | 4% |
| | GPU → CPU tfer | 43 | 17 | 24 | 34 | 43% |
| | Total | 86 | 69 | 50 | 67 | 100% |

清楚起见，核函数执行时间被汇总为一个数值中。GTX Titan Z 和 K80 使用 Kepler 架构，而 GTX 1070 和 Titan X（Pascal）使用 Pascal 架构。

我们从这两个例子中可以发现惊人的观察结果，大部分执行时间都花在了数据传递上，而不是完成实际的（和有用的）工作！尽管我们对尽力缩短核函数执行时间的努力到目前为止来看还是合理的，但是表 11-1 清楚地表明，在提高程序整体性能的时候不能只关注核函数的执行时间。数据传输时间必须被视为整个运行时间的组成部分。所以，诱发本章内容的动机问题是：如果图像的一部分已经处于 GPU 内存中，我们是否就可以开始处理它，而不必等待整个图像传输完成？答案毫无疑问是可以。我们的想法是，CPU 与 GPU 之间的数据传输可以与核函数的执行同时进行，因为它们使用的是两个不同的硬件（PCI 控制器和 GPU 核心），可以独立地工作，更重要的是，可以并发地工作。下面是一个类比可以帮助我们理解这个概念：

---

### 类比 11.1：流水线

Cocotown 每年举办一场两支队伍之间的比赛。目标是在最短的时间内收获 100 颗椰子。第一支队伍分三个步骤来完成：（1）Charlie 前往树林，摘下 100 颗椰子，将它们带到收获区域；（2）Katherine 与 Charlie 约好当他到达收获区域后在那儿见面，Katherine[⊖] 开始收获椰子，而 Charlie 则回家。当 Katherine 完成后，她也回家；（3）Katherine 完成后，Greg 把收获好的椰子带回比赛区域，此时计时停止。每一步大约需要 100 分钟，第一队在 300 分钟内完成。

---

⊖ 原文为 Kenny。——译者注

第二个队采用完全不同的方法：（1）Cindy 去摘了 20 颗椰子，然后把它们带给 Keith；（2）Keith 拿到椰子后立即开始收获；（3）收获好的椰子由 Gina 立即送到比赛台上。第二支队伍需要这样循环 5 次。

虽然第一队（Charlie、Katherine 与 Greg）和第二队（Cindy、Keith 与 Gina）都是同样经验丰富的农民，但第二队震惊了所有人，因为他们在 140 分钟内就完成了收获。

表 11-2　类比 11.1 中第二队的执行时间表（min）

| 时间（min） | Cindy | Keith | Gina |
|---|---|---|---|
| 0 ～ 20 | 送 20 颗椰子给 Keith | —— | —— |
| 20 ～ 40 | 再送 20 颗椰子给 Keith | 收割 20 颗椰子 | —— |
| 40 ～ 60 | 再送 20 颗椰子给 Keith | 收割 20 颗椰子 | 发送 20 颗椰子 |
| 60 ～ 80 | 再送 20 颗椰子给 Keith | 收割 20 颗椰子 | 发送 20 颗椰子 |
| 80 ～ 100 | 再送 20 颗椰子给 Keith | 收割 20 颗椰子 | 发送 20 颗椰子 |
| 100 ～ 120 | —— | 收割 20 颗椰子 | 发送 20 颗椰子 |
| 120 ～ 140 | —— | —— | 发送 20 颗椰子 |

Cindy 每次从树林中带 20 颗椰子给 Keith。Keith 在收到椰子后立即开始收割椰子。当她收割了 20 颗椰子后，Gina 将它们从 Keith 的收获区域送到比赛台上。当最后 20 颗椰子送到比赛台时，比赛结束。

# 11.1　什么是流水线

根据类比 11.1，为什么第二队能够在 140 分钟内完成收获？让我们好好思考一下。很明显，当三个不同的任务被串行化地执行时，如果每个任务需要 100 分钟，则顺序执行他们总计需要 300 分钟。但是，如果三项任务可以同时执行，计算公式就不同了。第二队将两次传输的执行时间与完成实际工作花费的时间部分地重叠在一起。类比 11.1 中 Charlie 和 Cindy 所做的类似于 CPU → GPU 传输，而 Greg 和 Gina 的工作类似于 GPU → CPU 传输。显然，Katherine 和 Kaith 的工作相当于核函数的执行。

## 11.1.1　重叠执行

表 11-2 说明了第二队在 140 分钟内完成工作的情况。在理想情况下，如果三项任务可以完全重叠，那么完成所有这三项任务只需要 100 分钟，因为这三项任务都可以同时执行。让我们用符号来解释串行操作的运行时间（队伍 1 的情况）：

❏ 任务 1 的执行时间 = $T1 = 100$

❏ 任务 2 的执行时间 = $T2 = 100$

❏ 任务 3 的执行时间 = $T3 = 100$

$$
\begin{aligned}
串行执行时间 &= T1 + T2 + T3 \\
&= 100 + 100 + 100 = 300
\end{aligned}
\tag{11.1}
$$

如果有一些执行操作是可以重叠进行的，如表 11-1 所示，可以使用下面的方式来解释总运行时间，即将单个任务（比如任务 1，记为 $T1$）分解为可以互相部分重叠的子任务（例如 $T1a$、$T1b$ 和 $T1c$）。这些子任务中的一些可以串行地执行（例如，$T1a$），还有一些可以与其他子任务重叠（例如，$T1b$ 可以与 $T2a$ 重叠）。所以，总运行时间（队伍 2 的情况）：

- ❏ 任务 1 = 100 = 20（未重叠），20（与任务 2 重叠），60（完全重叠）。
$$T1 = T1a + T1b + T1c = 20 + 20 + 60$$
- ❏ 任务 2 = 100 = 20（与 Task1 重叠），60（完全重叠），20（与 Task3 重叠）。
$$T2 = T2a + T2b + T2c = 20 + 60 + 20$$
- ❏ 任务 3 = 100 = 60（完全重叠），20（与任务 2 重叠），20（不重叠）。
$$T3 = T3a + T3b + T3c = 60 + 20 + 20$$
- ❏ 总计 $= T1a + (T1b \| T2a) + (T1c \| T2b \| T3a) + (T2c \| T3b) + T3c$

$$流水线运行时间 = T1a + (T1b \| T2a) + (T1c \| T2b \| T3a) + (T2c \| T3b) + T3c \quad (11.2)$$
$$= 20 + (20 \| 20) + (60 \| 60 \| 60) + (20 \| 20) + 20 = 140$$

### 11.1.2 暴露与合并的运行时间

我们使用并行符号（$\|$）来表示可以同时执行的任务（即并行）。由于 Keith 必须等待 Cindy 带来前 20 颗椰子，在此之前不能开始收获，最开始的 20 颗椰子所需要的时间会暴露在总运行时间中（表示为 20+…）。然而，Cindy 可以在 Keith 收获前 20 颗椰子的同时去采摘下一批 20 颗椰子。因此，这两颗操作可以并行执行（表示为 20 $\|$ 20）。不幸的是，Gina 只能闲坐着，直到 Keith 处理完 Cindy 带来的前 20 颗椰子。这样，在 Keith 完成前 20 颗椰子之前，这三颗任务不能同时进行。一旦完成，Cindy 可以去采摘第三批 20 颗椰子，Keith 收获第二批 20 颗椰子，而 Gina 则开始将第一批收获好的 20 颗椰子交到比赛台上。三颗任务仅在 60 分钟内可以同时进行（表示为 60 $\|$ 60 $\|$ 60）。不幸的是，在 100 分钟之后，Cindy 已经没有别的事可做了，因为她已经送来了所有的 100 颗椰子。因此，在 100 ～ 120 分钟之间，只有 Keith 和 Gina 的任务可以重叠（再次表示为 20 $\|$ 20）。在整颗操作的最后 20 分钟内，Gina 是唯一需要将最后 20 颗椰子带回比赛台的人，而 Cindy 和 Keith 无事可做（表示为…+20）。

从表 11-2 中可以看出，任务 1 的非重叠部分（采摘第一批 20 颗椰子的 20 分钟）以及任务 3 的非重叠部分（发送最后 20 颗椰子的 20 分钟）完全暴露在整颗运行时间中。两颗部分重叠的运行时间（20 $\|$ 20）和（20 $\|$ 20）允许我们每一颗合并 20 分钟，而三颗任务完全重叠的部分允许我们合并每颗任务的 60 分钟。我们可以反过来计算，如下所示：

- ❏ 完全串行执行时需要 300 分钟；
- ❏（任务 1 $\|$ 任务 2）的重叠合并了 20 分钟，总时间下降为 280 分钟；
- ❏（任务 1 $\|$ 任务 2 $\|$ 任务 3）的完全重叠部分合并了两个任务的 60 分钟，只暴露了 180 分钟中的 60 分钟，节省了 120 分钟。这使总时间下降为 160 分钟；

❑（任务 2|| 任务 3）的重叠合并了 20 分钟，总时间下降为 140 分钟。

类比 11.1 中描述的其实就是流水线，它将一个大任务切分成若干个可以同时进行的子任务，然后并行地执行它们。所有的现代微处理器都采用了这个概念，将取指、译码、取操作数、执行和结果写回组织成流水线，这样可以显著地节省时间。流水线概念是 GPU 流式工作的核心思想。

## 11.2  内存分配

假设一台计算机有 8 GB 的物理内存。如果你购买的计算机上带有 "8 GB" 的标签，你将拥有 8 GB 的内存。这是否意味着不能运行任何内存需要超出 8 GB 的程序？让我们在另一个背景下问这个问题，回到 40～50 年前：假设 IBM 大型计算机上有 20 个用户在运行，每个用户需要 1 个 MB。所以，总共需要的内存是 20 MB。如果加上操作系统自身的需求（例如 4 MB），则总共需要 24 MB 的内存。但是电脑只有 8 MB 的物理内存。这是否意味着只有少量用户可以同时使用大型机？一个直接的解决方案是将内存从 8 MB 增加到 24 MB。但这可能导致成本过高。当时的工程师们找到了一个更为巧妙的解决方案。请看类比 11.2。

---

### 类比 11.2：物理内存与虚拟内存

Cocotown 最大的仓库是 CocoStore，可存储来自数百名农民的数百万颗椰子。由于数量太大，他们发明了一种高度复杂的仓储系统，每位农民只能将他们的椰子储存在一个大货柜中。每个货柜可以装 4096 颗（4K）椰子。CocoStore 拥有足够容纳 20 480（20 K）个货柜的物理仓库，总容量为 80 M 椰子（即 20 K×4 K=80 M）。仓库中的这些货柜的编号为 P0 到 P20 479（P 表示物理）。

如果一位农民想要储存 40 960 颗椰子，他会带上 10 个货柜并将它们放在 CocoStore。CocoStore 为每个货柜分配一个虚拟仓库编号，例如 V10 000 到 V10 009（V 表示虚拟）。他们不想直接分配一颗与物理货柜编号一致的编号，因为这样他们可以随时移动这些货柜以便更轻松地进行存储管理。

由于采用了两种不同的编号方案，他们给农民的编号从不改变。而从虚拟到物理货柜编号的映射会发生变化。例如，如果最初他们将 V10 000 放置在 P20 000 中，并决定将 P20 000 货柜移动到旁边的货柜（P20 001）中，他们只需将映射 V10 000→P20 000 修改为 V10 000→P20 001。当农民来取他的货柜 V10 000 时，所要做的就是在列表中查找它。一旦确定了虚拟货柜编号 V10 000 对应于物理货柜编号 P20 001，就可以找到它并将其交给农民。农民永远不会注意到实际的货柜数量。他也不会关心，因为他只需要虚拟编号 V10 000 就可以找到自己的货柜。

从虚拟地址到物理地址的转换被称为**地址转换**，它需要一个转换列表。该转换列表保存在公司一个易于访问的区域，因为每当农民需要一个货柜时就会访问它。由于这是一项烦琐且耗时的工作，他们聘请了一个专门负责维护和更新此列表的人 Taleb。

## 11.2.1　物理与虚拟内存

这里的想法是，物理内存的数量可以是 8 MB，但通过一个技巧可以给用户甚至操作系统一个拥有数量更高的虚拟内存的错觉：如果将用户甚至操作系统需要的内存看作一堆"页面"，通常是 4 KB 的大小，我们可以制造一个错觉，即我们拥有的可用页面比实际的物理内存更多。如果用户需要 1 MB，则需要 256 页的存储空间。操作系统需要 4 MB，即 1024 页。如果我们用硬盘存储那些访问频率较低的页面，比如说在磁盘上分配了 24MB 的区域作为虚拟内存，那么我们可以将所有页面存储在那里。尽管用户需要 256 页，但程序的工作方式首先会频繁地使用当前页面，然后再去访问另一页内存。这种使用方式意味着可以将用户当前需要的页面保留在物理内存中，其余的则可以保存在磁盘上。在这种方案下，正在运行的所有应用程序使用的都是虚拟地址。他们并不知道自己的数据所在的实际物理地址。

## 11.2.2　物理地址到虚拟地址的转换

虽然这大大扩展了内存的范围，但它的代价是：每次访问内存地址时都需要进行虚拟内存到物理内存的转换。这个工作量如此巨大，以致大多数现代处理器都会在转换中引入后备转换缓冲器（TLB）并提供直接的硬件支持。在类比 11.2 中，Taleb 就类似于 CPU 中的 TLB。只向用户提供虚拟地址允许操作系统仅将常用的页面保留在内存中，而将不常用的页面保存在较慢的存储设备（例如磁盘）上，并可以交换一个访问需求变得频繁地页面。虽然这种交换需要很长时间，但通常的研究表明，一旦某个页面被交换进来，在被交换到磁盘之前它会被频繁地访问。这可以迅速减轻初始交换时间的不良影响。malloc( ) 函数返回的是一个虚拟地址，该虚拟地址可映射到物理内存中的任何位置，不受我们的控制。

## 11.2.3　固定内存

虚拟地址只是一种"错觉"，在被转换成物理地址前不能用于访问任何数据。物理地址是用于访问 DRAM 主存中数据的实际地址。而当 malloc( ) 返回给我们一个指针时，它是一个虚拟地址，必须被转换成物理地址。这不是什么大问题，因为 CPU 中的 TLB 以及操作系统中的页表很容易解决这个问题。这个故事的一个有趣的变化是，程序实际上可以直接申请物理内存。这样做完全消除了任何翻译开销，因为硬件可以直接从已经可用的物理地址处访问数据。换句话说，不需要将物理地址再转换为物理地址，因为 DRAM 内存地址已经在那儿了！如果有一个直接分配物理内存的内存分配函数会怎么样？访问它会不会更快？绝对会！这种类型的内存称为固定内存。

有些事情必须解释清楚。这样做有什么代价？很简单……你会失去虚拟地址带来的所有灵活性。此外，分配物理内存会使你的可用物理内存消耗殆尽。举例来说，如果物理内存为 8 GB，并且操作系统正在使用 64 GB 虚拟地址空间，那么分配 2 GB 的虚拟内存会将可用虚拟内存减少至 62 GB，而可用物理内存仍为 8 GB。但分配 2 GB 的物理内存会将可用物理内存减少到 6 GB。在这种情况下，尽管你仍然拥有 64 GB 的虚拟内存，但操作系统在映射时的灵活性要小得多，因为它现在仅使用 6 GB 的物理内存。这可能导致更频繁的页面交换。

### 11.2.4 使用 cudaMallocHost( ) 分配固定内存

CUDA 运行时库提供了一个可以分配固定内存的 API，如下所示：

```
void *p;
...
AllocErr=cudaMallocHost((void**)&p, IMAGESIZE);
   if (AllocErr == cudaErrorMemoryAllocation){
   ...
}
```

这里的 cudaMallocHost( ) 函数与 malloc( ) 非常相似，只是它在 CPU 内存中分配一段物理内存。如果无法分配请求的物理内存大小，它将返回一个 CUDA 错误代码。如果成功，它会将指向物理内存地址的指针保存在第一个参数（&p）中。请注意，cudaMallocHost( ) 是一个 CUDA API，它唯一的目的是通过 PCIe 总线实现 CPU 与 GPU 之间的快速传输。使用 CUDA（GPU 端的人）来分配 CPU 端资源，这听起来可能有些奇怪，也不完全是。该 API 与 CPU 端进行通讯，以便在 CPU 端申请一些严格用于 GPU 端函数的资源（即在 CPU 与 GPU 之间传输数据）。

## 11.3 CPU 与 GPU 之间快速的数据传输

使用 cudaMallocHost( ) 分配固定内存后，还需要使用其他一些 CUDA 的 API 在 CPU 与 GPU 之间利用固定内存进行数据传输。在介绍这些细节之前，让我们先看看 CPU 和 GPU 之间可能发生的两种不同类型的传输：同步和异步。让我们分析一下这两者，看看它们的区别。

### 11.3.1 同步数据传输

同步传输如下所示：

```
cudaMemcpy(GPUImg, TheImg, IMAGESIZE, cudaMemcpyHostToDevice);
```

此时，你可能正在分析上面代码中的每个字符，试图找出这种传输与我们在前面章节中几乎所有代码中看到的传输之间的差异。没有区别！我们在之前的代码清单中多次看到的都是同步传输。我们只是没有看到其他一些东西。在同步传输中，调用 cudaMemcpy( ) API 函数，并在 cudaMemcpy( ) 完成执行后继续执行下一行代码。在此之前，程序的执行到那一行将被"挂起"，无法继续。坏消息是，在 cudaMemcpy( ) 执行期间，即使下面的工作不依赖于这次存储器传输，也不能被执行。

### 11.3.2　异步数据传输

异步传输如下所示：

```
cudaMemcpyAsync(GPUImg, TheImg, IMAGESIZE, cudaMemcpyHostToDevice, stream[0]);
```

除了该 API 被命名为 cudaMemcpyAsync( ) 并且被关联到一个流以外，几乎没有什么不同。当程序执行到 cudaMemcpyAsync( ) 时，它并不是真正地执行该传输操作。相反，它将该传输任务放在一个流中排队（序号由 stream[0] 给定），并立即执行下一条 C 指令。虽然在同步传输下当程序执行到下一条语句时，我们就知道数据传输已完成，但在异步传输时，此类假设不成立，我们唯一可以做的假设是"传输任务已经安排，并将在不久后完成"。好消息是我们可以开始其他有用的工作，比如一些不依赖于这些数据的计算。当我们执行这些额外的工作时，数据传输会在后台继续并最终完成。

## 11.4　CUDA 流的原理

CUDA 流的原理是，将一些操作放在一个流中排队，并在流中串行地执行它们。我们可以在多个流中执行此类操作。每个流串行地执行排好队的所有任务。但是，如果两个流之间有可重叠的部分，CUDA 运行时引擎会自动地同时执行这些操作。因此，尽管每个流在内部串行地执行，但在多个流之间可以重叠执行。

### 11.4.1　CPU 到 GPU 的传输、核函数的执行、GPU 到 CPU 的传输

要将我们原来的程序转换为基于流的版本，让我们先来看看表 11-1 中提到的边缘检测程序。表 11-1 的上半部分显示了边缘检测的结果，这需要执行三个不同的任务。请注意，核函数的执行也被看作一个任务，并且核函数的总执行时间被累积在一起。因为所有的核函数都需要使用同一个资源（GPU 核心）并且不能相互重叠执行，所以不需要单独统计某个核函数的运行时间，如 SobelKernel( )、ThresholdKernel( ) 等。这样，CPU 到 GPU 的传输、所有核函数的执行以及 GPU 到 CPU 的传输被认为是三种有可能重叠执行的操作。让我们以 Pascal GTX 1070 为例。这三个操作的运行时间分别是：

❏ CPU → GPU 传输需要 25ms

❏ 核函数执行需要 41ms

（包括 BWKernel( )、GaussKernel( )、SobelKernel( ) 和 ThresholdKernel( )）

❏ GPU → CPU 传输需要 24ms

❏ 总的串行（即非流式）执行时间（根据公式 11.1）为 90ms

这三个操作可以部分地重叠执行。在理想情况下，如果所有部分都可以重叠进行，我们可以期望该程序流式版本的运行时间下降到 41ms。换句话说，CPU → GPU 和 GPU → CPU 的传输时间完全被覆盖。但是，实际情况不可能是这样。如果我们像类比 11.1 中队伍 2 那样将大图像切分为 10 个小块，则每个小块将花费 2.5 ms（即 25/10）传输到 GPU 中，2.4 ms（即 24/10）将其从 GPU 传输出去。因此，第一次 CPU → GPU 的 2.5 ms 和最后一次 GPU → CPU 的 2.4 ms 将不能被覆盖。这意味着流式运行所需的时间（见公式 11.2）为（2.5+（22.5||41|| 21.6）+2.4）或 2.5+41+2.4=45.9 ms。

### 11.4.2　在 CUDA 中实现流

异步传输和固定内存构成了 CUDA 流的骨架。当我们想将某个操作改为流式操作时，首先需要分配固定内存。接下来，需要创建几个流并将一个大任务分解为可以独立执行的多个子任务。然后将每个子任务分配到不同的流中，让 CUDA 流的机制找到潜在的可重叠执行的部分。这样就可以自动地实现类比 11.1 所描述的效果。

Nvidia GPU 实现流时只需要两种不同的引擎：（1）核函数执行引擎；（2）复制引擎。让我们来详细地介绍它们。

### 11.4.3　复制引擎

复制引擎执行的操作与类比 11.1 中 Cindy 和 Gina 完成的任务类似。每个流都有一个复制引擎。该引擎的任务是将传入操作（CPU → GPU）和传出操作（GPU → CPU）进行排队，并在 PCIe 总线可用时执行它们。排队执行的传输操作必须是异步传输。否则，程序会知道传输何时发生，也就不需要任何排队了。但是，对于下面的异步传输来说：

```
// 将一个异步的 CPU → GPU 传输任务送入 stream[0] 中排队
cudaMemcpyAsync(GPUImg, TheImg, IMAGESIZE, cudaMemcpyHostToDevice, stream[0]);
```

stream[0] 的复制引擎立刻将本次主机端到设备端（CPU → GPU）内存的复制请求进行排队，同时主机端将立即执行下一行代码。程序并不知道传输何时真正发生。虽然有 API 函数检查队列的状态，但一般来说，程序不需要关心。可以保证的是，只要 PCIe 总线可用于传输，该传输将立即启动。在此之前，它会待在队列中，等待时机开始传输。与此同时，程序已经开始执行下一行代码，可以是在 CPU 端执行的某些内容，或者是在 stream[0] 的队列中添加的其他内容。更好的内容是，可以在另一个流中排队的一些其他的任务。这就是流式程序如何不断地将任务发送到不同的流的队列中，并且并发地执行这些流的方式。

### 11.4.4 核函数执行引擎

核函数执行引擎好比是类比 11.1 中的 Keith，每个流有一个。它的工作是将一个流中的核函数进行排队执行。下面是一个例子：

```
cudaStream_t  stream[MAXSTREAMS];
...
BWKernel2S <<< dimGrid2DSm5, ThrPerBlk, 0, stream[i] >>> (...);
```

这里的前 2 个参数与此并不相关，重要的是参数中包含了一个流 ID，此处为 stream[i]。该核函数调用与某个流 ID 进行了关联。如果省略了最后两个参数，如下所示：

```
BWKernel2S <<< dimGrid2D, ThrPerBlk >>> (...);
```

这就是一个最基本的核函数的启动方式，只不过是将其分配给了默认流。默认流是 CUDA 中用于那些未进行流式化操作的特殊流（这也是我们在本章之前一直使用的方式）。未经过流式化的核函数的启动与流式化核函数的工作方式完全相同，但不能以流的方式执行它们，也无法利用不同流之间的执行重叠。

### 11.4.5 并发的上行和下行 PCIe 传输

当谈论复制引擎时，必须关注一个非常重要的硬件概念。尽管 PCIe 总线完全能够同时进行双向数据传输，但并非每一个 Nvidia GPU 都能够同时进行从 CPU → GPU 和 GPU → CPU 的数据传输。一些低端的家庭级 Nvidia GPU 在某个时刻只能向一个方向传输数据。当进行 CPU → GPU 的传输时，就不能同时进行 GPU → CPU 的传输。换句话说，尽管任务 1 和任务 2 的运行时间可以重叠（以及任务 2 和任务 3），但任务 1 和任务 3 不能重叠。GPU 的这个属性可以用 GPUProp.deviceOverlap 查询（由程序给出）：

```
cudaGetDeviceProperties(&GPUprop, 0);
// 本设备是否能同时进行双向传输
 deviceOverlap = GPUprop.deviceOverlap;
...
printf("This device is %s capable of simultaneous CPU-to-GPU and GPU-to-CPU data
    transfers\n", deviceOverlap ? "" : "NOT");
```

那么，当我们使用的是低端 GPU，即不能同时进行传入和传出数据传输时（此时，GPUprop.deviceOverlap=FALSE），我们的期望会发生什么变化？如果运行时间分别是 25、40 和 30，假设有 10 个数据块，则传入数据传输中的 2.5 将被暴露，剩下 22.5 与 40 可以重叠。40 中只有 22.5 个可以重叠，还剩下 17.5。这 17.5 可以与 30 部分重叠。因此，可以预期的运行时间为：2.5+(22.5||22.5)+(17.5||30)=2.5+22.5+30=55。

如果传入和传出的数据传输可以同时执行（即 GPUProp.deviceOverlap=TRUE），那么

预计流式操作的运行时间将降到 2.5+(40||40||40)$^\ominus$+3=45.5。此时，2.5 是传入数据传输的非重叠部分，3 是传出数据传输的非重叠部分。

虽然看上去节省的时间很少（即 55 对 45.5），但让我们分析一个更戏剧性的情况：如果我们正在执行水平翻转操作，如表 11-1 底部所示，CPU → GPU 的传输时间为 24，核函数执行时间为 2，GPU → CPU 的传输时间为 24。串行版本需要 24+2+24=50ms，在高端 GPU 上的流式版本预计需要 2.4+(21.6||2||21.6)+2.4=26.6ms。但在不能同时执行传入和传出操作的低端 GPU 上，预计的总运行时间为 (24||2)+24=48ms。换句话说，只有核函数和一个传输可以重叠执行，传入和传出的数据传输是串行地执行。流式操作让运行时间从 50 降到 48，这听上去并不令人印象深刻！然而，在高端 GPU 上，节约的时间是巨大的，从 50 到 26.6，几乎是 2 倍的提高。现在读者应该很清楚，购买 GPU 时 GPU 核心的数量应该不是唯一需要考虑的参数！

### 11.4.6　创建 CUDA 流

要使用 CUDA 流时，必须先创建它们。创建 CUDA 流非常容易，如下所示：

```
cudaStream_t stream[MAXSTREAMS];
...
if(NumberOfStreams != 0){
  for (i = 0; i < NumberOfStreams; i++) {
    chkCUDAErr(cudaStreamCreate(&stream[i]));
  }
}
```

### 11.4.7　销毁 CUDA 流

因为 CUDA 流是一种资源，与内存非常像，所以当我们不再需要时，必须销毁它们。这也容易，如下所示：

```
if (NumberOfStreams != 0) {
  for (i = 0; i < NumberOfStreams; i++) {
    chkCUDAErr(cudaStreamDestroy(stream[i]));
  }
}
```

### 11.4.8　同步 CUDA 流

虽然我们可以使用流对多个任务进行排队，并且不用关心 CUDA 如何在正确的时间执行它们，但在有些情况下需要阻止程序的执行，直到某个流完成了其队列中的所有操作。如果我们觉得在某个流（例如 stream12）完成其队列中的所有操作之前不能添加其他任务到队列，

---

$\ominus$　应为 (22.5||40||30)。——译者注

同步操作就会非常有用。可以使用下面的代码来等待一个流完成其队列中的所有操作：

```
cudaStreamSynchronize(stream[i]);
```

此时，我们告诉 CUDA 运行时引擎：直到 stream[i] 指定的流完成其所有的复制与核函数操作，才能继续执行其他任何操作。这将确保已在该流 FIFO（先入先出）缓冲区中的所有内容执行完成后，程序才会继续执行下一行代码。如果想同步已创建的所有流，可以使用以下代码：

```
for (i = 0; i < NumberOfStreams; i++)
    cudaStreamSynchronize(stream[i]);
```

　　可以使用上述代码来确保在现有的流中已经排队的所有任务都被执行完以后，再继续执行程序并添加其他流任务。

## 11.5　imGStr.cu：流式图像处理

　　我们将边缘检测和水平翻转的流式版本命名为 imGStr.cu。下面是执行它的命令行：

imGStr InputfileName OutputfileName [E/H] [NumberOfThreads] [NumberOfStreams]

该代码旨在执行流式 GPU 图像处理，因此命名为 imGStr。可以用 E 选项让它执行边缘检测，用 H 选项进行水平翻转。大多数选项与我们以前看到的代码相同。NumberOfStreams 选项确定在程序内将启动多少个流。0 表示"同步执行，不使用流"，代码 11.2 给出了 main() 函数的一部分，它负责创建和销毁流以及读取图像。命令行选项中表示启动多少个流的参数值被保存在变量 NumberOfStreams 中。

### 11.5.1　将图像读入固定内存

　　如果 NumberOfStreams 是 0，则使用 ReadBMPlin() 函数读取图像（如代码 11.1 所示）。请记住，这个函数返回的是一个通过 malloc() 获得的虚拟地址。如果流的数量介于 1 和 32 之间，则调用上述函数的另一个版本 ReadBMPlinPINNED()，该函数返回一个物理"固定"的内存地址，该地址来自 cudaMallocHost()，这也在代码 11.1 中显示。

代码 11.1：imGStr.cu　ReadBMPlinPINNED(){...}

将图像读入固定内存。

```
uch *ReadBMPlin(char* fn)
{
    ...
    Img = (uch *)malloc(IMAGESIZE);
    ...
    return Img;
```

```
}

uch *ReadBMPlinPINNED(char* fn)
{
   static uch *Img;       void *p;
   cudaError_t AllocErr;
   ...
   AllocErr=cudaMallocHost((void**)&p, IMAGESIZE); // 分配固定内存
   if (AllocErr == cudaErrorMemoryAllocation){
      Img=NULL;            return Img;
   }else                   Img=(uch *)p;
   ...
   return Img;
}
```

---

### 代码 11.2：imGStr.cu   ... main(){...

imGStr.cu 中 main() 的第一部分。

---

```
#define MAXSTREAMS    32
...
int main(int argc, char **argv)
{
   char           Operation = 'E';
   float          totalTime, Time12, Time23, Time34; // 代码运行时间
   cudaError_t    cudaStatus;
   cudaEvent_t    time1, time2, time3, time4;
   int            deviceOverlap, SMcount;
   ul             ConstMem, GlobalMem;
   ui             NumberOfStreams=1,RowsPerStream;
   cudaStream_t   stream[MAXSTREAMS];
   ...
   if (NumberOfStreams > 32) {
      printf("Invalid NumberOfStreams (%u). Must be 0...32.\n", NumberOfStreams);
      ...
   }
   if (NumberOfStreams == 0) {
      TheImg=ReadBMPlin(InputFileName);   // 将输入图像读入到内存
        if(TheImg == NULL) { ...
   }else{
      TheImg=ReadBMPlinPINNED(InputFileName); // 将输入图像读入到固定内存
        if(TheImg == NULL) { ...
   }
   ...
   cudaGetDeviceProperties(&GPUprop, 0);
   ...
   deviceOverlap=GPUprop.deviceOverlap; // 双向 PCIe 传输
   ConstMem    = (ul) GPUprop.totalConstMem;
   GlobalMem   = (ul) GPUprop.totalGlobalMem;
   // 创建事件
   cudaEventCreate(&time1); ...      cudaEventCreate(&time4);
   // 创建流
   if(NumberOfStreams != 0){
      for (i = 0; i < NumberOfStreams; i++) {
```

```
        chkCUDAErr(cudaStreamCreate(&stream[i]));
    }
}
...
// 释放 CPU、GPU 内存
cudaFree(GPUptr);
// 销毁时间
cudaEventDestroy(time1); ...     cudaEventDestroy(time4);
// 销毁流
if (NumberOfStreams != 0) for(i=0; i<NumberOfStreams; i++)
    chkCUDAErr(cudaStreamDestroy(stream[i]));
...
}
```

## 11.5.2  同步与单个流

代码 11.3 显示了 main() 的第二部分，该部分代码检查变量 NumberOfStreams 的值以确定用户请求的是同步操作（即 NumberOfStreams = 0）还是单个流（即 NumberOfStreams = 1）。在前一种情况下，使用 ReadBMPlin() 函数为图像分配常规（虚拟）内存，代码与先前的版本没有区别，只是使用了不同的核函数。以 S 结尾的核函数（例如，BWKerneI2S()）被设计为以流的方式工作。即使在 NumberOfStreams = 0 的情况下，启动的也是相同的核函数。这将使我们能够在同一核函数的流式传输和同步传输之间进行公平的性能比较。

例如，水平翻转操作的同步版本和单流版本如下所示。这是同步版本：

```
case 0:  cudaMemcpy(GPUImg,TheImg,IMAGESIZE,cudaMemcpyHostToDevice);
    cudaEventRecord(time2, 0);    // 开始执行核函数时的时间戳
    switch(Operation){
      case 'E': BWKernel2S<<<dimGrid2D,ThrPerBlk>>>(GPUBWImg, ..., 0);
        ...
    }
        cudaMemcpy(CopyImg,GPUResultImg,IMAGESIZE,cudaMemcpyDeviceToHost);
```

这是单流版本：

```
case 1: cudaMemcpyAsync(GPUImg,TheImg,...,cudaMemcpyHostToDevice,stream[0]);
    cudaEventRecord(time2, 0);    // 开始执行核函数时的时间戳
    switch(Operation){
      case 'E': BWKernel2S<<<dimGrid2D,ThrPerBlk,0,stream[0]>>>(...);
        ...
    }
        cudaMemcpyAsync(CopyImg,GPU...,cudaMemcpyDeviceToHost,stream[0]);
```

请注意，当流式版本代码中只有一个流时，可以直接使用 stream[0]。在这种情况下，如果性能有任何改善，很可能是由于使用了固定内存而不一定是因为流式传输的效果。因为，其实很明显，没有其他可用于重叠执行的流，因而该操作只能串行地执行。首先完成 CPU → GPU 的传输，然后是核函数的执行，最后是 GPU → CPU 的传输。但由于使用的是固定内存，PCIe 总线上的传输速度要快得多，这就加快了总体的执行速度。这也是为什么

要分析该程序的单流版本的原因。

---

**代码 11.3：imGStr.cu ... main(){...**

imGStr.cu 中 main( ) 的第二部分。

---

```
BlkPerRow = CEIL(IPH, ThrPerBlk);
RowsPerStream = ((NumberOfStreams == 0) ? IPV : CEIL(IPV, NumberOfStreams));
dim3 dimGrid2D(BlkPerRow, IPV);          dim3 dimGrid2DS(BlkPerRow, RowsPerStream);
dim3 dimGrid2DS1(BlkPerRow, 1);          dim3 dimGrid2DS2(Blk..., 2);
dim3 dimGrid2DS4(BlkPerRow, 4);          dim3 dimGrid2DS6(Blk..., 6);
dim3 dimGrid2DS10(BlkPerRow, 10);        dim3 dimGrid2DSm1(Blk..., Rows...eam-1);
dim3 dimGrid2DSm2(Blk..., Rows...eam-2); dim3 dimGrid2DSm3(Blk..., Rows...eam-3);
dim3 dimGrid2DSm4(Blk..., Rows...eam-4); dim3 dimGrid2DSm5(Blk..., Rows...eam-5);
dim3 dimGrid2DSm6(Blk..., Rows...eam-6); dim3 dimGrid2DSm10(Blk...,Row...eam-10);
uch *CPUstart, *GPUstart;
ui   StartByte, StartRow;
ui   RowsThisStream;
switch (NumberOfStreams) {
   case 0:  cudaMemcpy(GPUImg,TheImg,IMAGESIZE,cudaMemcpyHostToDevice);
            cudaEventRecord(time2, 0);    // 开始执行核函数时的时间戳
            switch(Operation){
              case 'E': BWKernel2S<<<dimGrid2D,ThrPerBlk>>>(GPUBWImg, ..., 0);
                        GaussKernel3S<<<dimGrid2D,ThrPerBlk>>>(GPUGaussImg, ..., 0);
                        SobelKernel2S<<<dimGrid2D,ThrPerBlk>>>(GPUGradient, ..., 0);
                        ThresholdKernel2S<<<dimGrid2D,ThrPerBlk>>>(GPUResult..., 0);
                        break;
              case 'H': Hflip3S<<<dimGrid2D,ThrPerBlk>>> (GPUResultImg, ..., 0);
                        break;
            }
            cudaEventRecord(time3, 0);    // 执行核函数结束时的时间戳
            cudaMemcpy(CopyImg,GPUResultImg,IMAGESIZE,cudaMemcpyDeviceToHost);
            break;
   case 1: cudaMemcpyAsync(GPUImg,TheImg,...,cudaMemcpyHostToDevice,stream[0]);
            cudaEventRecord(time2, 0);    // 开始执行核函数时的时间戳
            switch(Operation) {
              case 'E': BWKernel2S<<<dimGrid2D,ThrPerBlk,0,stream[0]>>>(...);
                        GaussKernel3S<<<dimGrid2D,ThrPerBlk,0,stream[0]>>>(...);
                        SobelKernel2S<<<dimGrid2D,ThrPerBlk,0,stream[0]>>>(...);
                        ThresholdKernel2S<<<dimGrid2D,ThrPerBlk,0,stream[0]>>>(...);
                        break;
              case 'H': Hflip3S<<<dimGrid2D,ThrPerBlk,0,stream[0]>>>(...);
                        break;
            }
            cudaEventRecord(time3, 0);    // 执行核函数结束时的时间戳
            cudaMemcpyAsync(CopyImg,GPU...,cudaMemcpyDeviceToHost,stream[0]);
            break;
```

---

### 11.5.3 多个流

当有两个或更多的流时，我们希望将较大的图像处理任务切分成多个任务。main( ) 函数的第三部分在代码 11.4 中。将大规模图像处理任务细分为多个流的基本思想是让每个

流分别处理图像的若干行。处理图像的一行就成为一个单元操作。例如，如果我们在有5376 行的 astronaut.bmp 文件上执行水平翻转操作并使用 4 个流，则每个流应该水平翻转5376/4= 1344 行。由于所有行的处理彼此互不依赖，因而该任务的分配相当简单。但是，在边缘检测时，事情会变得更复杂一些。使用 4 个流对 astronaut.bmp 图像进行边缘检测时，每个流需要处理 1344 行，但是，每一块的前 2 行还需要上一块的末尾 2 行数据来进行高斯滤波。此外，Sobel 滤波器也需要前一个块的末尾几行来计算自己的前几行。由于这种数据的依赖性，直接给每个流分配 1344 行将无法做到这一点。

---

**代码 11.4：imGStr.cu　... main(){...**

imGStr.cu 中 main() 的第三部分，将各种操作发送到不同的流的 FIFO 队列中。

---

```
default: // 看看是否是水平翻转
    if (Operation == 'H') {
        for (i = 0; i < NumberOfStreams; i++) {
            StartRow = i*RowsPerStream;
            StartByte = StartRow*IPHB;
            CPUstart = TheImg + StartByte;
            GPUstart = GPUImg + StartByte;
            RowsThisStream = (i != (NumberOfStreams - 1)) ?
                    RowsPerStream : (IPV-(NumberOfStreams-1)*RowsPerStream);
            cudaMemcpyAsync(G...,RowsThisStream*IPHB,...ToDevice,stream[i]);
            cudaEventRecord(time2, 0);      // 开始 CPU 到 GPU 的传输
            Hflip3S<<<dimGrid2DS,ThrPerBlk,0,stream[i]>>>(...,StartRow);
            cudaEventRecord(time3, 0);      // 核函数执行结束
            CPUstart = CopyImg + StartByte;
            GPUstart = GPUResultImg + StartByte;
            cudaMemcpyAsync(CPU...,RowsThisStream*IPHB,...ToHost,stream[i]);
        }
        break;
    }
    // 如果不是水平翻转，则进行边缘检测（流式）
    // 预处理：10 行 B&W、6 行 Gauss、4 行 Sobel、2 行阈值滤波
    for (i = 0; i < (NumberOfStreams-1); i++) {
        StartRow = (i+1)*RowsPerStream-5;
        StartByte = StartRow*IPHB;
        CPUstart = TheImg + StartByte;
        GPUstart = GPUImg + StartByte;
        // 传输两块之间的 10 行
        cudaMemcpy(GPUstart, CPUstart, 10*IPHB, cudaMemcpyHostToDevice);
        // 预处理用于 B&W 的 10 行
        BWKernel2S<<<dimGrid2DS10,ThrPerBlk>>>(...,StartRow);
        // 计算 6 行 Gauss 滤波结果，从上一块的倒数第 3 行开始
        StartRow += 2;
        GaussKernel3S<<<dimGrid2DS6,ThrPerBlk>>>(...,StartRow);
        // 计算行 Sobel 滤波结果，从上一块的倒数第 2 行开始
        StartRow ++;
        SobelKernel2S <<< dimGrid2DS4, ThrPerBlk >>> (...,StartRow);
        // 计算 2 行阈值滤波结果，从上一块的倒数第 1 行开始
    }
    cudaEventRecord(time2, 0);      // 预处理结束
```

```
// GPU 到 CPU 的流式数据传输, B&W, Gaussian, Sobel
for (i = 0; i < NumberOfStreams; i++) {
  if (i == 0) {
    RowsThisStream = RowsPerStream - 5;
  }else if (i == (NumberOfStreams - 1)) {
    RowsThisStream = IPV-(NumberOfStreams-1)*RowsPerStream-5;
  }else{
    RowsThisStream = RowsPerStream - 10;
  }

  StartRow = ((i == 0) ? 0 : i*RowsPerStream + 5);
  StartByte = StartRow*IPHB;
  CPUstart = TheImg + StartByte;
  GPUstart = GPUImg + StartByte;
  cudaMemcpyAsync(GPU...,RowsThisStream*IPHB,...ToDevice,stream[i]);
  if (i==0){
    BWKernel2S<<<dimGrid2DSm5,...,stream[i]>>>(...,StartRow);
    GaussKernel3S<<<dimGrid2DSm3,...,stream[i]>>>(...,StartRow);
    SobelKernel2S<<<dimGrid2DSm2,...,stream[i]>>>(...,StartRow);
  }else if (i == (NumberOfStreams - 1)) {
    BWKernel2S<<<dimGrid2DSm5,,,,,stream[i]>>>(...,StartRow);
    StartRow -= 2;
    GaussKernel3S<<<dimGrid2DSm3,,,,,stream[i]>>>(...,StartRow);
    StartRow--;
    SobelKernel2S<<<dimGrid2DSm2,,,,,stream[i]>>>(...,StartRow);
  }else {
    BWKernel2S<<<dimGrid2DSm10,,,,,stream[i]>>>(...,StartRow);
    StartRow -= 2;
    GaussKernel3S<<<dimGrid2DSm6,...,stream[i]>>> (...,StartRow);
    StartRow--;
    SobelKernel2S<<<dimGrid2DSm4,...,stream[i]>>>(...,StartRow);
  }
}
cudaEventRecord(time3, 0);        // 操作结束
// 流式阈值处理
for (i = 0; i < NumberOfStreams; i++) {
  StartRow = i*RowsPerStream;
  ThresholdKernel2S<<<dimGrid2DS,,,,,stream[i]>>>(...);
}
// GPU 到 CPU 的流式数据传输
for (i = 0; i < NumberOfStreams; i++) {
  StartRow = i*(RowsPerStream-5);
  StartByte = StartRow*IPHB;
  CPUstart = CopyImg + StartByte;
  GPUstart = GPUResultImg + StartByte;
  RowsThisStream = (i != (NumberOfStreams-1)) ? (RowsPerStream-5) :
        (IPV-(NumberOfStreams-1)*(RowsPerStream-5));
  cudaMemcpyAsync(CPU...,RowsThisStream*IPHB,...ToHost,stream[i]);
  }
}
```

## 11.5.4　多流之间的数据依赖

有多种方法可以解决跨多个流的数据依赖问题。代码 11.4 的很大一部分专用于解决在边缘检测中存在的问题。水平翻转不受该问题的困扰，因为每行的操作只需要本行的数据，

且由于我们的单元操作就是处理一行，所以这个问题在流式处理中自然消除。

代码 11.4 中使用的解决方案非常直接。假设使用 4 个流进行边缘检测，也就是每个流处理 1344 行。这样会出现以下情况：

❑ 流 0 的最前端两行数据的高斯滤波值为 0.00，因此不存在数据依赖。

❑ 流 0 末尾两行数据的高斯滤波需要流 1 的前两行数据。

❑ 流 1 前两行数据的高斯滤波需要流 0 的末尾两行数据。

❑ 流 1 末尾两行数据的高斯滤波需要流 2 的前两行数据。

❑ ……

现在很清楚了，第一个流（即流 0）和最后一个流（即编号为 NumberOfStreams-1 的流）仅具有单边依赖性，因为它们的两个边界行将总被设置为 0.00。"内部"的流具有双边依赖性，因为它们必须计算自己开始处和末尾处的两行。代码 11.4 采取了一种简单的方法：在开始阶段以非流式方式计算相邻两个流之间的交叉行。这样，当流式执行开始时，经过处理的数据已准备就绪，只需要用流来处理剩余的行。

### 水平翻转：无数据依赖

对于 astronaut.bmp 来说，5376 行的处理过程如下（假设 4 个流，水平翻转）：

❑ 流 0：水平翻转行 0 … 1343

❑ 流 1：水平翻转行 1344 … 2687

❑ 流 2：水平翻转行 2688 .. .4031

❑ 流 3：水平翻转行 4032 … 5375

在这种情况下，每个流可以将其负责的行的数据从 CPU 复制到 GPU，处理它们，然后以流的方式将它们从 GPU 传回 CPU。代码如下所示：

```
if (Operation == 'H') {
  for (i = 0; i < NumberOfStreams; i++) {
    StartRow = i*RowsPerStream;
    StartByte = StartRow*IPHB;
    CPUstart = TheImg + StartByte;
    GPUstart = GPUImg + StartByte;
    RowsThisStream = (i != (NumberOfStreams - 1)) ?
      RowsPerStream : (IPV-(NumberOfStreams-1)*RowsPerStream);
    cudaMemcpyAsync(GPUstart,CPUstart,RowsThisStream*IPHB,
        cudaMemcpyHostToDevice,stream[i])
    cudaEventRecord(time2, 0);     // 开始 CPU 到 GPU 的传输
    Hflip3S<<<dimGrid2DS,ThrPerBlk,0,stream[i]>>>(GPUResultImg,
        GPUImg,IPH,IPV,IPHB,StartRow);
    cudaEventRecord(time3, 0);     // 核函数执行结束
    CPUstart = CopyImg + StartByte;
    GPUstart = GPUResultImg + StartByte;
    cudaMemcpyAsync(CPUstart,GPUstart,RowsThisStream*IPHB,
        cudaMemcpyDeviceToHost,stream[i])
  }
}
```

### 边缘检测：数据依赖

由于相邻块之间存在数据依赖，所以边缘检测处理更复杂。数据块的划分如下所示：

❑ Chunk0：行 0⋯1343

　　　　　　行 1339⋯1343（最后 5 行）将使用同步方式预先处理

❑ Chunk1：行 1344⋯2687

　　　　　　行 1344⋯1348（前 5 行）将使用同步方式预先处理

　　　　　　行 2683⋯2687（最后 5 行）将使用同步方式预先处理

❑ Chunk2：行 2688⋯4031

　　　　　　行 2688⋯2692（前 5 行）将使用同步方式预先处理

　　　　　　行 4027⋯4031（最后 5 行）将使用同步方式预先处理

❑ Chunk3：行 4032⋯5375

　　　　　　行 4032⋯4036（前 5 行）将使用同步方式预先处理

### 同步方式预先处理重叠行

为了处理重叠部分，我们将预处理 Chunk0 的最后 5 行和 Chunk1 的前 5 行，实际上是 10 个连续的行。位于 Chunk2 和 Chunk3 之间以及 Chunk3 和 Chunk4 之间的 10 个重叠行也将进行该操作。因此，总的方法如下所示（以相同的 4 流处理为例）：

在同步方式下，执行以下预处理：

❑ 从 CPU 到 GPU 传输第 1339 ～ 1348 行；

❑ 运行 BWKernel() 处理第 1339 ～ 1348 行（此核函数不涉及重叠问题）；

❑ 运行 GaussKernel() 处理第 1341 ～ 1346 行（Chunk0 的最后 3 行，Chunk1 的前 3 行）；

❑ 运行 SobelKernel() 处理第 1342 ～ 1345 行（Chunk0 的最后 2 行，Chunk1 的前 2 行）；

❑ 运行 ThresholdKernel() 处理第 1343 ～ 1344 行（Chunk0 的最后 1 行，Chunk1 的第 1 行）；

❑ 从 CPU 到 GPU 传输第 2683 ～ 2692 行；

❑ 运行 BWKernel() 处理第 2683 ～ 2692 行；

❑ 运行 GaussKernel() 处理第 2685 ～ 2690 行；

❑ 运行 SobelKernel() 处理第 2686 ～ 2689 行；

❑ 运行 ThresholdKernel() 处理第 2687 ～ 2688 行；

❑ 从 CPU 到 GPU 传输第 4027 ～ 4036 行；

……

执行预处理的代码如下所示：

```
// 如果不是水平翻转，则进行边缘检测（流式）
// 预处理：10 行 B&W、6 行 Gauss、4 行 Sobel、2 行阈值滤波
for (i = 0; i < (NumberOfStreams-1); i++) {
  StartRow = (i+1)*RowsPerStream-5;
```

```
StartByte = StartRow*IPHB;
CPUstart = TheImg + StartByte;
GPUstart = GPUImg + StartByte;
// 传输位于两块之间的 10 行
cudaMemcpy(GPUstart,CPUstart,10*IPHB,cudaMemcpyHostToDevice);
// 预处理用于 B&W 的 10 行
BWKernel2S<<<dimGrid2DS10,ThrPerBlk>>>(GPUBWImg,GPUImg,IPH,IPV,IPHB,StartRow);
// 计算 6 行 Gauss 滤波结果，从上一块的倒数第 3 行开始
StartRow += 2;
GaussKernel3S<<<dimGrid2DS6,ThrPerBlk>>>(GPUGaussImg,GPUBWImg,
    IPH,IPV,StartRow);
// 计算行 Sobel 滤波结果，从上一块的倒数第 2 行开始
StartRow ++;
SobelKernel2S<<<dimGrid2DS4,ThrPerBlk>>>(GPUGradient,GPUTheta,GPUGaussImg,
    IPH,IPV,StartRow);
// 计算 2 行阈值滤波结果，从上一块的倒数第 1 行开始
}
cudaEventRecord(time2, 0);      // 预处理操作结束
```

### 异步处理非重叠行

由于预处理部分是以同步方式处理的，因此在预处理完成之前，程序不会执行到本部分代码。而一旦执行到此处，剩余的行就可以进入排队等待异步执行，因为在同步处理期间，它们需要的来自其他块的信息已经被处理好并存储在 GPU 内存中。剩余的操作可以排列如下：

在**异步**方式下，对以下任务进行排队：

❏ **流 0**：从 CPU 到 GPU 传输第 0 ～ 1338 行；
   ❏ 运行 BWKernel( ) 处理第 0 ～ 1338 行；
   ❏ 运行 GaussKernel( ) 处理第 0 ～ 1340 行；
   ❏ 运行 SobelKernel( ) 处理第 0 ～ 1341 行；
   ❏ 运行 ThresholdKernel( ) 处理第 0 ～ 1342 行；
   ❏ 从 GPU 到 CPU 传输第 0 ～ 1343 行。

❏ **流 1**：从 CPU 到 GPU 传输第 1349 ～ 2682 行；
   ❏ 运行 BWKernel( ) 处理第 0 ～ 1338 行；
   ❏ 运行 GaussKernel( ) 处理第 0 ～ 1340 行；
   ❏ 运行 SobelKernel( ) 处理第 0 ～ 1341 行；
   ❏ 运行 ThresholdKernel( ) 处理第 0 ～ 1342 行；
   ❏ 从 GPU 到 CPU 传输第 1344 ～ 2687 行。

❏ **流 2**：从 CPU 到 GPU 传输第 2693 ～ 4026 行；
   ❏ ⋯
   ❏ 从 GPU 到 CPU 传输第 2688 ～ 4031 行。

❏ **流 3**：从 CPU 到 GPU 传输第 4037 ～ 5375 行；

❏ …

❏ 从 GPU 到 CPU 传输第 4032 ～ 5375 行。

虽然看上去有点奇怪，但上面的列表却很直截了当。例如，在第 0 块和第 1 块之间，预处理时使用 BWKernel( ) 传输了重叠的 10 行像素并转换为 B & W。核函数 GaussKernel( ) 需要一个 5×5 矩阵，其内容是每个像素周围 2 个像素宽度的区域，又因为最前面和最后面分别缺少了 2 行像素，所以传输进来的 10 行像素只能计算内部 6 行像素的高斯滤波结果。同样，因为在 Sobel 算子中每个像素需要其周围 1 个像素宽度的区域，所以只能用 6 行高斯滤波结果来计算 4 行 Sobel 算子结果。阈值过滤时，每个像素也需要其周围 1 个像素宽度的区域，这意味着 4 行 Sobel 算子结果可以计算出 2 行阈值过滤结果。

当预处理完成时，在相邻两块数据的重叠区域可以计算得到 10 行 B&W 结果，6 行高斯滤波结果，4 行 Sobel 算子结果，以及 2 行阈值过滤结果。异步处理部分的目标是计算剩余的像素。在代码 11.4 中的许多地方，变量 StartRow 都被作为参数来启动相应的核函数或进行数据传输。这是因为所有的核函数都被修改为接受起始行号作为输入参数，正如我们将很快看到的那样。此外，变量 StartByte 用于确定与该行（即 StartRow）对应的内存起始地址，如下所示：

```
StartRow = ((i == 0) ? 0 : i*RowsPerStream + 5);
StartByte = StartRow*IPHB;
CPUstart = TheImg + StartByte;
GPUstart = GPUImg + StartByte;
cudaMemcpyAsync(GPUstart, CPUstart, RowsThisStream * IPHB,
    cudaMemcpyHostToDevice, stream[i]);
if (i==0){
  BWKernel2S <<< dimGrid2DSm5, ThrPerBlk, 0, stream[i] >>> (GPUBWImg, GPUImg,
      IPH, IPV, IPHB, StartRow);
  ...
```

请注意，与同步版本的代码类似，我们也是只使用 cudaMalloc( ) 分配一次 GPU 内存，该内存区域的不同部分分别用于存储 B&W 结果、高斯滤波结果等。这是可以的，因为固定内存只是一个与 CPU 内存分配有关的概念。使用固定内存时，GPU 内存分配与以前使用 cudaMalloc( ) 时完全一样。例如，在内存传输时，cudaMemcpyAsync（GPUstart，CPUstart...），GPUstart 与我们在程序的同步版本代码部分使用的 GPU 内存指针没有什么区别，只是 CPUstart 指向了一个固定内存。

## 11.6 流式水平翻转核函数

流式水平翻转核函数 Hflip3S( ) 在代码 11.5 中给出。该核函数与它的同步版本（代码 9.4 中的 Hflip3( )）几乎完全相同，唯一区别在于：Hflip3( ) 的设计目标不是翻转图像的"一部分"，因此它不需要接收一个输入参数来指定需要翻转图像的哪个部分。重新设计的核函数 Hflip3S( ) 接收一个新的参数 StartRow，也就是需要翻转的图像部分的起始行。不需要指定"结束行"，在网格的第二维参数（blockIdx.y）中自动包含了该信息。列号的计算方式与 Hflip3( ) 完全相同，如下所示：

```
ui ThrPerBlk = blockDim.x;          ui MYbid = blockIdx.x;
ui MYtid = threadIdx.x;             ui MYrow = blockIdx.y;
if (MYrow >= Vpixels) return;           // 行超出范围
```

老版本的核函数 Hflip3( ) 按照下面的方式计算行号：

```
ui MYrow = blockIdx.y;
```

在老版本的代码中，图像有多少行，就在 y 方向上启动多少个核函数，所以不需要进行错误检查来确认行号是否超出范围。使用 blockIdx.y 来确定正在翻转的行号就可以了。新的核函数 Hflip3S( ) 中的改动很简单，只需添加一个起始行号，如下所示：

```
ui MYrow = StartRow + blockIdx.y;
 if (MYcol >= Hpixels) return;          // 列超出范围
```

在新版本的代码中，如果不对 MYcol 变量进行错误检查，有可能会遇到麻烦。例如，如果启动 5 个流，5376 除以 5，即 CEIL（5376，5），等于 1076。因此，第一个块将是 1076 行，其余的将是 1075 行。因为我们启动每个核函数时的第二个维度都是 1076，所以最后一次核函数的启动会超出图像范围并出错。错误检查可以阻止这一点。

## 代码 11.5：imGStr.cu ... Hflip3S( ){...}

核函数 Hflip3S( )，用于 imGStr 的流式版本，与其同步版本（代码 9.4 中的 Hflip3( )）略有不同。它将一个行号作为其参数，而非整个图像的起始内存地址。

```
__global__
void Hflip3S(uch *ImgDst,uch *ImgSrc,ui Hpixels,ui Vpixels,ui RowBytes,ui StartRow)
{
    ui ThrPerBlk=blockDim.x;            ui MYbid=blockIdx.x;
    ui MYtid=threadIdx.x;               ui MYrow = StartRow + blockIdx.y;
    if (MYrow >= Vpixels) return;          // row 超出范围
    ui MYcol = MYbid*ThrPerBlk + MYtid;
    if (MYcol >= Hpixels) return;          // col 超出范围

    ui MYmirrorcol=Hpixels-1-MYcol;        ui MYoffset=MYrow*RowBytes;
    ui MYsrcIndex=MYoffset+3*MYcol;        ui MYdstIndex=MYoffset+3*MYmirrorcol;
    // 交换位于 MYcol 和 MYmirrorcol 处的像素 RGB 值
    ImgDst[MYdstIndex] = ImgSrc[MYsrcIndex];
    ImgDst[MYdstIndex + 1] = ImgSrc[MYsrcIndex + 1];
    ImgDst[MYdstIndex + 2] = ImgSrc[MYsrcIndex + 2];
}
```

## 11.7 imGStr.cu：流式边缘检测

边缘检测的流式版本通过对边缘检测中使用的四个核函数进行类似的修改来实现，如下所示：

- ❏ BWKernel2S()（代码 11.6）是 BWKernel2() 的流式版本（代码 9.11）。
- ❏ GaussKernel3S()（代码 11.7）是 GaussKernel3() 的流式版本（代码 10.10）。
- ❏ SobelKernel2S()（代码 11.8）是 SobelKernel() 的流式版本（代码 8.5）。
- ❏ ThresholdKernel2S()（代码 11.9）是 ThresholdKernel() 的流式版本（代码 8.6）。

从上面的列表可以看出，我们在核函数的新版本上并没有投入太多努力，因为与以前一样，本书的主要目标是使代码具有启发性，然后才是使它们的效率更高。本章的目标是展示流的有效性，而非编写高效的核函数，因此使用的每个核函数都很简单。读者当然可以尝试对每个核函数进行更多的改进。

---

**代码 11.6：imGStr.cu　BWKernel2S(){...}**

核函数 BWKernel2S() 处理从 StartRow 开始的第 blockIdx.y 行。

---

```
void BWKernel2S(double *ImgBW, uch *ImgGPU, ui Hpixels, ui Vpixels, ui RowBytes,
    ui StartRow)
{
   ui ThrPerBlk = blockDim.x;        ui MYbid = blockIdx.x;
   ui MYtid = threadIdx.x;           ui R, G, B;
   ui MYrow = StartRow + blockIdx.y; ui MYcol = MYbid*ThrPerBlk + MYtid;
   if (MYcol >= Hpixels) return;     if (MYrow >= Vpixels) return;
   ui MYsrcIndex = MYrow * RowBytes + 3 * MYcol;
   ui MYpixIndex = MYrow * Hpixels + MYcol;

   B = (ui)ImgGPU[MYsrcIndex];
   G = (ui)ImgGPU[MYsrcIndex + 1];
   R = (ui)ImgGPU[MYsrcIndex + 2];
   ImgBW[MYpixIndex] = (double)(R + G + B) * 0.333333;
}
```

---

**代码 11.7：imGStr.cu　... GaussKernel3S(){...}**

GaussKernel3S() 函数处理从 StartRow 开始的第 blockIdx.y 行

---

```
__constant__
double GaussC[5][5] = { { 2, 4,  5,   4, 2 },
                        { 4, 9, 12,   9, 4 },
                        { 5, 12, 15, 12, 5 },
                        { 4, 9, 12,   9, 4 },
                        { 2, 4,  5,   4, 2 } };

__global__
void GaussKernel3S(double *ImgGauss,double *ImgBW,ui Hpixels,ui Vpixels,ui
    StartRow)
{
```

```
ui ThrPerBlk = blockDim.x;
ui MYbid = blockIdx.x;
ui MYtid = threadIdx.x;
int row, col, indx, i, j;
double G;

ui MYrow = StartRow+blockIdx.y;
ui MYcol = MYbid*ThrPerBlk + MYtid;
if (MYcol >= Hpixels) return;    // 列超出范围
if (MYrow >= Vpixels) return;    // 行超出范围

ui MYpixIndex = MYrow * Hpixels + MYcol;
if ((MYrow<2) || (MYrow>Vpixels - 3) || (MYcol<2) || (MYcol>Hpixels - 3)) {
    ImgGauss[MYpixIndex] = 0.0;
    return;
}else{
    G = 0.0;
    for (i = -2; i <= 2; i++) {
        for (j = -2; j <= 2; j++) {
            row = MYrow + i;
            col = MYcol + j;
            indx = row*Hpixels + col;
            G += (ImgBW[indx] * GaussC[i + 2][j + 2]); // 使用常量内存
        }
    }
    ImgGauss[MYpixIndex] = G * 0.0062893; // (1/159)=0.0062893
}
}
```

---

## 代码 11.8：imGStr.cu　…　SobelKernel2S(){...}

核函数 SobelKernel2S（）处理从 StartRow 开始的第 blockIdx.y 行。

---

```
__device__
double Gx[3][3] = {  { -1, 0, 1 },
                     { -2, 0, 2 },
                     { -1, 0, 1 } };
__device__
double Gy[3][3] = {  { -1, -2, -1 },
                     {  0,  0,  0 },
                     {  1,  2,  1 } };
__global__
void SobelKernel2S(double *ImgGrad, double *ImgTheta, double *ImgGauss, ui
    Hpixels, ui Vpixels, ui StartRow)
{
    ui ThrPerBlk = blockDim.x;
    ui MYbid = blockIdx.x;
    ui MYtid = threadIdx.x;
    int indx;
    double GX,GY;

    ui MYrow = StartRow + blockIdx.y;
    ui MYcol = MYbid*ThrPerBlk + MYtid;
    if (MYcol >= Hpixels) return;    // 列超出范围
```

```
    if (MYrow >= Vpixels) return;    // 行超出范围

    ui MYpixIndex = MYrow * Hpixels + MYcol;
    if ((MYrow<1) || (MYrow>Vpixels - 2) || (MYcol<1) || (MYcol>Hpixels - 2)){
        ImgGrad[MYpixIndex] = 0.0;
        ImgTheta[MYpixIndex] = 0.0;
        return;
    }else{
        indx=(MYrow-1)*Hpixels + MYcol-1;
        GX = (-ImgGauss[indx-1]+ImgGauss[indx+1]);
        GY = (-ImgGauss[indx-1]-2*ImgGauss[indx]-ImgGauss[indx+1]);

        indx+=Hpixels;
        GX += (-2*ImgGauss[indx-1]+2*ImgGauss[indx+1]);

        indx+=Hpixels;
        GX += (-ImgGauss[indx-1]+ImgGauss[indx+1]);
        GY += (ImgGauss[indx-1]+2*ImgGauss[indx]+ImgGauss[indx+1]);
        ImgGrad[MYpixIndex] = sqrt(GX*GX + GY*GY);
        ImgTheta[MYpixIndex] = atan(GX / GY)*57.2957795; // 180.0/PI = 57.2957795;
    }
}
```

---

## 代码 11.9：imGStr.cu ThresholdKernel2S(){...}

核函数 ThresholdKernel2S( ) 处理从 StartRow 开始的第 blockIdx.y 行。

---

```
    __global__
void ThresholdKernel2S(uch *ImgResult, double *ImgGrad, double *ImgTheta, ui
    Hpixels, ui Vpixels, ui RowBytes, ui ThreshLo, ui ThreshHi, ui StartRow)
{
    ui ThrPerBlk = blockDim.x;              ui MYbid = blockIdx.x;
    ui MYtid = threadIdx.x;
    ui MYrow = StartRow + blockIdx.y;       if(MYrow >= Vpixels) return;
    ui MYcol = MYbid*ThrPerBlk + MYtid;     if(MYcol >= Hpixels) return;
    unsigned char PIXVAL;                   double L, H, G, T;

    ui ResultIndx = MYrow * RowBytes + 3 * MYcol;
    ui MYpixIndex = MYrow * Hpixels + MYcol;
    if ((MYrow<1) || (MYrow>Vpixels - 2) || (MYcol<1) || (MYcol>Hpixels - 2)){
        ImgResult[ResultIndx]=ImgResult[ResultIndx+1]=ImgResult[ResultIndx+2]=NOEDGE;
        return;
    }else{
        L=(double)ThreshLo;      H=(double)ThreshHi;         G=ImgGrad[MYpixIndex];
        PIXVAL = NOEDGE;
        if (G <= L){                    // 非边
            PIXVAL = NOEDGE;
        }else if (G >= H){              // 边
            PIXVAL = EDGE;
        }else{
            T = ImgTheta[MYpixIndex];
            if ((T<-67.5) || (T>67.5)){
                // 查看左边和右边: [row][col-1] and [row][col+1]
```

```
        PIXVAL = ((ImgGrad[MYpixIndex - 1]>H) || (ImgGrad[MYpixIndex + 1]>H)) ?
            EDGE : NOEDGE;
    }
    else if ((T >= -22.5) && (T <= 22.5)){
        // 查看上边和下边：[row-1][col] and [row+1][col]
        PIXVAL = ((ImgGrad[MYpixIndex - Hpixels]>H) || (ImgGrad[MYpixIndex +
            Hpixels]>H)) ? EDGE : NOEDGE;
    }
    else if ((T>22.5) && (T <= 67.5)){
        // 查看右上角和左下角：[row-1][col+1] and [row+1][col-1]
        PIXVAL = ((ImgGrad[MYpixIndex - Hpixels + 1]>H) || (ImgGrad[MYpixIndex +
            Hpixels - 1]>H)) ? EDGE : NOEDGE;
    }
    else if ((T >= -67.5) && (T<-22.5)){
        // 查看左上角和右下角：[row-1][col-1] and [row+1][col+1]
        PIXVAL = ((ImgGrad[MYpixIndex - Hpixels - 1]>H) || (ImgGrad[MYpixIndex +
            Hpixels + 1]>H)) ? EDGE : NOEDGE;
    }
    }
    ImgResult[ResultIndx]=ImgResult[ResultIndx+1]=ImgResult[ResultIndx+2]=PIXVAL;
    }
}
```

## 11.8　性能对比：imGStr.cu

表 11-3 给出了 imGStr 的运行时间结果，包括同步（即 NumberOfStreams=0）运行时间与异步（1 ~ 8 个流）运行时间。表的下半部分给出的是水平翻转结果（使用代码 11.5 中的核函数 Hflip3S()），而上半部分给出了边缘检测结果（使用代码 11.6、11.7、11.8 和 11.9 中的核函数）。正如你可能已经猜到的那样，表 11-3 也再次给出了表 11-1 的部分结果，即边缘检测和水平翻转操作的同步版本的结果。

表 11-3　imGStr 的流式版本处理 astronaut.bmp 图像时的性能结果（单位为 ms）

| 操作 | 流个数 | Titan Z | K80 | GTX 1070 | Titan X |
|---|---|---|---|---|---|
| | SYNCH | 143<br>(37+64+42) | 109<br>(46+45+18) | 90<br>(25+41+24) | 109<br>(32+26+51) |
| Edge | 1 | 103 | 68 | 59 | 70 |
| | 2 | 92 | 66 | 53 | 60 |
| | 3 | 81 | 69 | 51 | 56 |
| | 4 | 79 | 56 | 50 | 54 |
| | 5 | 75 | 60 | 50 | 54 |
| | 6 | 73 | 66 | 50 | 53 |
| | 7 | 88 | 55 | 50 | 53 |
| | 8 | 82 | 65 | 47 | 51 |
| Hflip | SYNCH | 86<br>(39+4+43) | 69<br>(48+4+17) | 50<br>(24+2+24) | 67<br>(32+1+34) |
| | 1 | 44 | 30 | 22 | 42 |

（续）

| 操作 | 流个数 | Titan Z | K80 | GTX 1070 | Titan X |
|------|--------|---------|-----|----------|---------|
| Hflip | 2 | 44 | 23 | 19 | 33 |
| | 3 | 44 | 22 | 19 | 30 |
| | 4 | 44 | 24 | 18 | 28 |
| | 5 | 44 | 23 | 18 | 28 |
| | 6 | 44 | 21 | 18 | 27 |
| | 7 | 44 | 23 | 18 | 27 |
| | 8 | 44 | 21 | 17 | 26 |

　　同步版本的结果从表 11-1 复制而来，其中 3 个数值（例如，37+64+42）分别表示 CPU 到 GPU 的传输时间，核函数执行时间和 GPU 到 CPU 的传输时间。

### 11.8.1　同步与异步结果

　　让我们以 GTX 1070 为例来评估这些结果。该程序的同步版本花费了 90 ms，其中 CPU 到 GPU 的传输时间为 25 ms，核函数执行时间为 41 ms，GPU 到 CPU 传输时间为 24 ms。根据我们在 11.4.1 节的详细讨论，当使用 10 个流时，预计运行时间为 45.9 ms。对于 8 个流，我们预计性能应该会有所下降。从表 11-3 中看到的几乎就是本书对 8 个流的情况的描述。

### 11.8.2　结果的随机性

　　虽然在上一节中看到的完美的流的示例（8 个流）可能会给我们带来"完美"的错觉，但其实只是依靠幸运才得到如此完美的数字。在实际运行时，结果会有一定程度的随机性。因为当我们以 FIFO（先进先出）方式将所有操作加入 8 个流中排队后，并不知道这些流中的哪一个将执行自己的操作。唯一确定的是每个流将按照这些操作排队的顺序依次执行它们。

### 11.8.3　队列优化

　　尽管听起来代码的性能完全取决于随机因素，但事实也并非如此。有一种方法可以对流中的操作队列进行优化以实现最佳性能。下一节将证明代码 11.4 中的排队策略不是最优的。为了了解哪些地方可能出问题，让我们快速浏览一个 GTX 1070 的模拟场景。假设总的核函数执行时间为 41 ms（在表 11-3 中），分为四个核函数，如下所示：

❑ BWKernel( ) = 4 ms（简单起见，假设每个块 ≈ 1 ms，一共 4 个流）

❑ GaussKernel( ) = 11 ms（4 个流，每个 ≈ 3 ms）

❑ SobelKernel( ) = 23 ms（4 个流，每个 ≈ 5 ms）

❑ ThresholdKernel( ) = 3 ms（4 个流，每个 ≈ 1 ms）

这些数字应该是相当准确的，因为它们基于在前面章节中我们对该 GPU 的观察结果。

根据代码 11.4，每个流的 FIFO 都塞满了第 11 章中"异步处理非重叠行"节中所示的操作，概括如下：

- ❏ **流 0**：CPU ➜ GPU [6 ms] ⇒ BWKernel() [1 ms] ⇒ GaussKernel() [3 ms]
- ❏ ⇒ SobelKernel() [5 ms] ⇒ ThresholdKernel() [1 ms] ⇒ GPU ➜ CPU [6 ms]
- ❏ **流 1**：CPU ➜ GPU [6 ms] ⇒ BWKernel() [1 ms] ⇒ GaussKernel() [3 ms]
- ❏ ⇒ SobelKernel() [5 ms] ⇒ ThresholdKernel() [1 ms] ⇒ GPU ➜ CPU [6 ms]
- ❏ **流 2**：CPU ➜ GPU [6 ms] ⇒ BWKernel() [1 ms] ⇒ GaussKernel() [3 ms]
- ❏ ⇒ SobelKernel() [5 ms] ⇒ ThresholdKernel() [1 ms] ⇒ GPU ➜ CPU [6 ms]
- ❏ **流 3**：CPU ➜ GPU [6 ms] ⇒ BWKernel() [1 ms] ⇒ GaussKernel() [3 ms]
- ❏ ⇒ SobelKernel() [5 ms] ⇒ ThresholdKernel() [1 ms] ⇒ GPU ➜ CPU [6 ms]

简单起见，一些细节问题（例如第一个流和最后一个流的运行时间略有不同）会被忽略。假设所有 4 个流的 FIFO 都充满了上述操作，现在的问题是执行哪个操作以及按照怎样的顺序？再次重申，我们可以保证的是流 0 中的操作顺序严格按照上面所示。例如，对于流 0 来说，只有在数据传输（CPU ➜ GPU）已经完成，以及这之后 BWKernel()、GaussKernel() 和 SobelKernel() 也都已执行完成的情况下，ThresholdKernel() 才能开始执行。也只有在 ThresholdKernel() 执行完成后，才能进行 GPU ➜ CPU 的传输。这种严格的顺序对于所有的流都一样。但显然，我们不能确定流 1 中的 SobelKernel() 相对于流 0 何时开始执行。现在让我们来看几个运行方案。为了方便阅读，核函数的名称将使用缩写（例如用 BW 代替 BWKernel()）。另外，流的名称被缩短（例如，S0 表示流 0）。

### 11.8.4　最佳流式结果

首先，好消息是：在运行时，下面这个方案对我们来说是完美的：

- ❏ **复制引擎**：CPU ➜ GPU [S0] [6 ms] ⇒ CPU ➜ GPU [S1] [6 ms]
  　　　　　　⇒ CPU ➜ GPU [S2] [6 ms] ⇒ CPU ➜ GPU [S3] [6 ms]
- ❏ **核函数引擎**：BW [S0] [4 ms] ⇒ Gauss [S0] [11 ms ] ⇒ Sobel [S0] [23 ms]
  　　　　　　⇒ Thresh [S0] [3 ms] ⇒ BW [S1] [4 ms] ⇒ Gauss [S1] [11 ms]
  　　　　　　⇒ Sobel [S1] [23 ms] ⇒ Thresh [S1] [3 ms] ⇒ BW [S2] [4 ms]
  　　　　　　⇒ Gauss [S2] [11 ms] ⇒ Sobel [S2] [23 ms] ⇒ Thresh [S2] [3 ms]
  　　　　　　⇒ BW [S3] [4 ms] ⇒ Gauss [S3] [11 ms] ⇒ Sobel [S3] [23 ms]
  　　　　　　⇒ Thresh [S3] [3 ms]
- ❏ **复制引擎**：GPU ➜ CPU [S0] [6 ms] ⇒ GPU ➜ CPU [S1] [6 ms]
  　　　　　　⇒ GPU ➜ CPU [S2] [6 ms] ⇒ GPU ➜ CPU [S3] [6 ms]

这个方案对我们来说是一个好消息，因为下面的事件序列将在运行时依次展开（时间值全部以 ms 为单位）：

- ❏ **时间 0 ～ 6（复制引擎）**：GPU 核心（即核函数引擎）只有在第一个块数据已被复制

到 GPU 内存之后才能执行任何操作。假设复制引擎执行了 CPU ➜ GPU [S0] 的数据传输 [6 ms]。

❑ **时间 6 ~ 7（核函数引擎）**：直到 CPU ➜ GPU 传输 [S0] 完成前，核函数引擎都会被阻塞，无法找到任何可做的事情。在时间 =6 时，它就可以继续了。由于其他流都在等待数据传输，核函数引擎唯一可以选择的是启动 BW [S0] 核函数 [1 ms]。

❑ **时间 6 ~ 12（复制引擎）**：复制引擎在第一次 CPU ➜ GPU 传输 [S0] 完成后，它就会寻找时机启动另一次传输。此时，复制引擎有 3 个选项。在 S1、S2 或 S3 上启动 CPU ➜ GPU 复制。我们假设接下来它将启动 S1 [6 ms]。

❑ **时间 7 ~ 10（核函数引擎）**：核函数引擎完成 BW [S0] 后，现在正在查看自己的选项。它可以启动 Gauss [S0]，或启动 BW [S1]。此时，由于 S2 和 S3 还没有完成 CPU ➜ GPU 的数据传输，所以不能为核函数引擎提供备选的核函数。让我们假设核函数引擎选择 Gauss[S0] [3 ms]。

❑ **时间 10 ~ 16（核函数引擎）**：假设核函数引擎接下来选择 Sobel [S0] [5 ms] 和 Thresh [S0] [1 ms]。

❑ **时间 12 ~ 18（复制引擎）**：在时间 =12 时，复制引擎有两个选项。它可以为 S2 或 S3 启动 CPU ➜ GPU 传输。假设它启动 CPU ➜ GPU [S2] [6 ms]。

❑ **时间 16 ~ 22（复制引擎）**：在时间 =16 时，由于 S0 已完成所有核函数的执行，GPU ➜ CPU 传输 [S0] [6 ms] 已经就绪，可以由 GPU 复制引擎启动。

❑ **时间 18 ~ 24（复制引擎）**：如果这是一个同时支持双向 PCI 传输的 GPU（即 11.4.5 节中的 GPUProp.deviceOverlap = TRUE），它也可以启动 CPU ➜ GPU 传输 [S3]，这是最后一个 CPU ➜ GPU 的传输。假设 GPUProp.deviceOverlap = TRUE，所有 CPU ➜ GPU 的传输都在时间 =24 时完成，CPU ➜ GPU 的传输 [S0] 也一样。请注意，由于核函数仍在继续执行，因此 CPU ➜ GPU 的传输时间 [S0] 被完全合并。此外，S1、S2 和 S3 的 GPU ➜ CPU 传输时间也是被完全合并的，总计为 18ms。只有 CPU ➜ GPU 传输时间 [S0] 完全暴露（6 ms）。

❑ **时间 16 ~ 26（核函数引擎）**：因为我们正在讨论的是完美方案，可以假设核函数引擎启动并完成 BW [S1] [1 ms]，Gauss[S1] [3 ms]，Sobel [S1] [5 ms]，然后是 Thresh [S1] [1 ms]。在时间 =26 时，S1 核函数的执行全部完成。

❑ **时间 24 ~ 32（复制引擎）**：请注意复制引擎在时间 24 ~ 26 之间只能空闲，因为所有的流都没有要传输的数据。在时间 =26 时，由于 S1 的核函数执行完成，复制引擎可启动其 GPU ➜ CPU 的传输 [S1] [6 ms]。由于在此期间核函数的执行将继续，因此该传输时间也是被完全合并的。

❑ **时间 26 ~ 36（核函数引擎）**：让我们再次假设最佳情况：BW [S2] [1ms]，Gauss[S2] [3 ms]，Sobel [S2] [5 ms] 和 Thresh [S2] [1 ms]。在时间 =36 时，S2 核函数的执行全部完成。

❑ **时间 36 ～ 42（复制引擎）**：复制引擎在时间 32 ～ 36 之间闲置，然后启动 GPU ➔ CPU 的传输 [S2] [6 ms]，它也将再次被完全合并。

❑ **时间 36 ～ 46（核函数引擎）**：接下来的最佳方案是 BW [S3] [1 ms]，…，Thresh [S2] [1ms]。在时间 =46 时，S3 核函数的执行全部完成。实际上，此时，所有 4 个流都已经完成了核函数的执行。剩下的唯一工作是 GPU ➔ CPU 的传输 [S3]。

❑ **时间 46 ～ 52（复制引擎）**：复制引擎在时间 42 ～ 46 之间闲置，然后启动 GPU ➔ CPU 传输 [S3] [6 ms]，因为没有可以同时并发启动的核函数，所以该段时间将完全暴露。

4 个流总共需要 52 ms，这是所有核函数执行的总和（我们的近似估计为 40 ms），还有无覆盖的 CPU ➔ GPU 传输（6 ms）和无覆盖的 CPU ➔ GPU 传输（6 ms）。

## 11.8.5 最差流式结果

我们在 11.8.4 节中看到的是过于乐观的情况，也就是一切都正常时的情况。如果不是，那会怎样？现在，坏消息是：假设运行时的调度是下面的方案（假设 GPUProp. deviceOverlap = TRUE）：

❑ **时间 0 ～ 24（复制引擎）**：直到时间 =24 时，复制引擎完成所有的传入传输。

❑ **时间 0 ～ 9（核函数引擎）**：核函数引擎启动并结束 BW[S0] [1 ms]，Gauss[S0] [3 ms]，Sobel[S0] [5 ms]。

❑ **时间 9 ～ 18（核函数引擎）**：核函数引擎启动并结束 BW[S1] [1 ms]，Gauss[51] [3 ms]，Sobel[S1] [5 ms]。

❑ **时间 18 ～ 27（核函数引擎）**：核函数引擎启动并结束 BW[S2] [1 ms]，Gauss[52] [3 ms]，Sobel[S2] [5 ms]。

❑ **时间 27 ～ 36（核函数引擎）**：核函数引擎启动并结束 BW[S3] [1 ms]，Gauss[53] [3 ms]，Sobel[S3] [5 ms]。

❑ **时间 36 ～ 37（核函数引擎）**：核函数引擎执行 Thresh[S0] [1 ms]。

❑ **时间 37 ～ 43（复制引擎）**：在时间 =37 之前，没有任何流需要进行 GPU → CPU 的传输。当时间 =37 时，S0 是第一个准备好的流，因此复制引擎可以进行调度和安排。传输时间的很大一部分是暴露的。

❑ **时间 37 ～ 40（核函数引擎）**：核函数引擎执行 Thresh[S1][1ms]、Thresh[S2][1ms] 和 Thresh[S3][1ms]。由于是并发地进行 GPU → CPU 传输，这些执行时间 100% 被合并。

❑ **时间 43 ～ 49（复制引擎）**：在上次传输之后，复制引擎现在可以启动下一个 GPU → CPU 传输 [S1] [6 ms]。该传输时间是 100% 暴露的，接下来的两个传输时间也一样。

❑ **时间 49 ～ 55（复制引擎）**：下一个 GPU ➔ CPU 传输 [S2] [6 ms]。

❑ **时间 55 ～ 61（复制引擎）**：下一个 GPU ➜ CPU 传输 [S3] [6 ms]。

在这种最坏的情况下，运行时间为 61ms，与我们分析的最佳情况（52ms）相比，并不算太坏。当然，如果更好地调度安排这些事件，就可以避免这 15% 的性能损失。

## 11.9  Nvidia 可视化分析器：nvvp

可以想到的一个问题是，是否有一种工具可以可视化地显示 11.8.3 节列出的时间表（即事件的调度方案）？毕竟，一个简单的时间表就可以清楚地显示出事件是如何一个接一个地发生的。是的，有这样的工具。它被称为 Nvidia 可视化分析器（nvvp）。

### 11.9.1  安装 nvvp 和 nvprof

nvvp 并不需要特殊的安装。在 Windows 和 Unix 环境中，当你安装 CUDA 工具包时，它就会自动安装。也可以使用它的命令行版本（nvprof），可以收集数据并将其导入 nvvp。这两个程序的目标都是运行一段给定的 CUDA 代码，并不断地记录 CPU 与 GPU 之间的数据传输以及核函数的启动。一旦执行完成，可以用图形界面方式查看（即可视化）结果。分析器在进行分析时肯定会带来额外的计算量，当然，它们会被统计并报告给用户，这使用户可以估计去除分析器开销的结果。

### 11.9.2  使用 nvvp

启动分析器的步骤如下：

❑ 在 Windows 中，双击 nvvp 的可执行文件。在 Unix 中，输入：nvvp&。

❑ 无论哪种情况，你都会看到图 11-1 中的屏幕。

❑ 进入分析器后，选择 File → New Session，点击 Next。

❑ 在 "Create New Session: Executable Properties" 窗口中，在 File 下键入要分析的 CUDA 可执行文件的名称，并在程序需要时填入命令行参数（例如，imGStr 程序需要 11.5 节中讨论的参数）。

❑ 在 "Profiling Option" 窗口中，可以更改分析选项。一般情况下，默认设置就足够了。你可以参考文档 [20] 了解每个设置选项的更多信息。

❑ Nvidia 可视化分析器的主窗口划分为不同的部分。时间线部分表示程序的计时结果。上半部是 CPU 时间线，下半部是 GPU 时间线。你可以参考文档 [21] 了解更多关于时间线选项的信息。

❑ 单击 Finish 关闭 "Profiling Options" 窗口。分析器将运行代码并保存可视化结果。在此步骤之后，你就可以查看各事件的时间了。

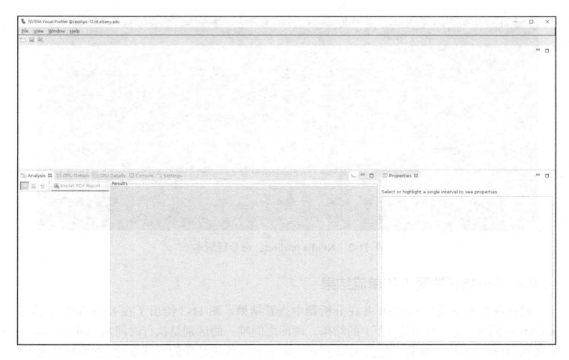

图 11-1　Nvidia 可视化分析器

## 11.9.3　使用 nvprof

可以使用命令行分析器 nvprof 来收集数据，然后将结果导入可视化分析器。下面是一个运行该命令的示例：

$ nvprof -o exportedResults.nvprof my_cuda_program my_args

该命令将运行你的程序并将分析结果保存在导出的 Results.nvprof 文件中。你还可以在 nvprof 命令中添加 --analysis-metrics 标志，这将为分析器提供额外的信息。注意，它会导致你的程序被多次运行，这可能需要一段时间。如果只运行 nvprof，而不将输出保存到文件，则会得到如图 11-2 所示的输出。要以时间线的方式查看第一部分以及更多有关资源和吞吐量的详细信息，请尝试使用 --print-gpu-trace 标志。使用这种方式时，不一定总需要 GUI。详情可以参考文档 [19]。

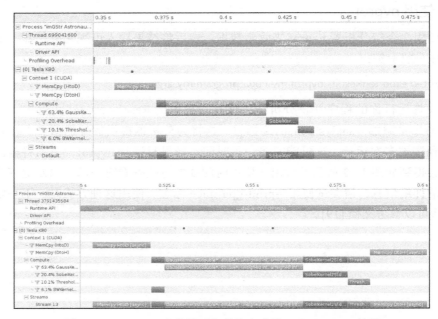

```
==121257== Profiling result:
Time(%)    Time    Calls      Avg      Min      Max  Name
 91.36%  95.933ms    201  477.28us  5.2160us  963.61us  void reduce4<int, unsigned int=256>(int*, int*, unsigned int)
  8.31%  8.7219ms      2  4.3609ms  28.543us  8.7013us  [CUDA memcpy HtoD]
  0.33%  344.06us    100  3.4400us  3.3920us  3.9680us  void reduce4<int, unsigned int=32>(int*, int*, unsigned int)
  0.00%  3.5520us      1  3.5520us  3.5520us  3.5520us  [CUDA memcpy DtoH]

==121257== API calls:
Time(%)    Time    Calls      Avg      Min      Max  Name
 51.03%  297.52ms      2  148.76ms  152.29us  297.37ms  cudaMalloc
 29.64%  172.82ms      1  172.82ms  172.82ms  172.82ms  cudaDeviceReset
 13.66%  79.626ms    207  384.67us  378.57us  482.62us  cudaGetDeviceProperties
  3.36%  19.564ms    200  97.819us  2.1200us  964.99us  cudaDeviceSynchronize
  1.53%  8.9192ms      3  2.9731ms  28.066us  8.7288ms  cudaMemcpy
  0.37%  2.1319ms    301  7.0820us  5.4010us  50.624us  cudaLaunch
  0.16%  948.11us    182  5.2090us    126ns  172.37us  cuDeviceGetAttribute
  0.12%  684.68us      2  342.34us  319.60us  365.08us  cuDeviceTotalMem
  0.06%  364.96us      2  182.48us  112.78us  252.18us  cudaFree
  0.03%  158.98us    903    176ns    133ns  1.0878us  cudaSetupArgument
  0.02%  92.484us    201    460ns    385ns  5.4960us  cudaGetDevice
  0.01%  82.465us    301    273ns    168ns  2.3980us  cudaConfigureCall
  0.01%  80.286us      2  40.143us  39.906us  40.380us  cuDeviceGetName
  0.00%  23.149us    100    231ns    207ns    394ns  cudaGetLastError
  0.00%  8.0730us      2  4.0360us    832ns  7.2410us  cudaSetDevice
  0.00%  3.2650us      3  1.0888us    190ns  2.5980us  cuDeviceGetCount
  0.00%  1.9650us      6    327ns    150ns    787ns  cuDeviceGet
  0.00%  1.8810us      2    940ns    153ns  1.7280us  cudaGetDeviceCount
bash-4.2$
```

图 11-2　Nvidia profiler，命令行版本

### 11.9.4　imGStr 的同步和单流结果

现在我们准备运行 imGStr 并在分析器中查看结果。图 11-3 给出了在 K80 GPU 上执行 imGStr 的同步（上）和单流（下）的结果。两图之间唯一的区别是执行时间从 109 ms（同步）下降到 70 ms（单流），如前面的表 11-3 所示。nvvp 展示的正是我们所期望的：在两种情况下，6 个任务（CPU ➔ GPU 传输 ⇒ BW ⇒……⇒ Thresh ⇒ GPU ➔ CPU 传输）按照相同的顺序依次执行。

图 11-3　K80 GPU 上非流式和单流方式的 Nvidia NVVP 结果

节省 39ms 的原因是因为使用固定内存时，CPU 与 GPU 之间的传输速度大大加快。根据表 11-3，我们知道核函数的执行时间为 26 ms，并且在异步执行时也不会改变。这意味着传输总共需要 70-26=44ms，而不是之前的总计 32+51=83ms。换句话说，CPU 与 GPU 之间的数据传输速度几乎翻了一倍。几乎所有的 GPU 都有类似的趋势。这种传输时间的缩短是因为操作系统在传输过程中不必担心页交换，因为 CPU 内存的读取操作引用的是物理内存而非虚拟内存。

### 11.9.5　imGStr 的 2 流和 4 流结果

图 11-4 给出了在 K80 GPU 上 imGStr 的 2 流和 4 流结果。当涉及多个流时，复制引擎和核函数引擎在从可用操作中进行选择时具有一定的灵活性。不幸的是，我们在图 11-4 中看到的是接近 11.8.5 节所描述的"最糟糕的情况"。虽然 CPU ➡ GPU 传输是 100% 被合并的，但除了第一次 GPU ➡ CPU 传输以外，其他的都只是部分被合并。

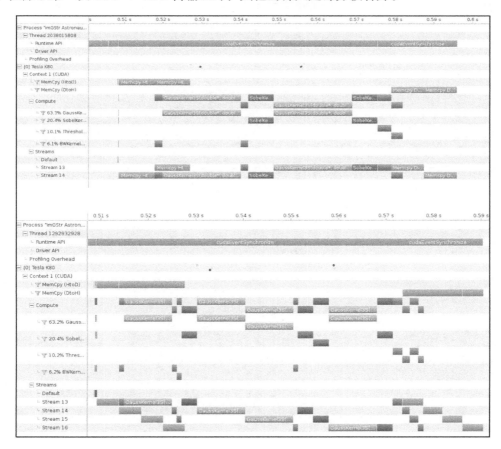

图 11-4　K80 GPU 上 2 流和 4 流的 Nvidia NVVP 结果

看上去最终的 ThresholdKernel() 阻止了 GPU ➜ CPU 传输的启动。我不会提供什么补救措施，而是将其留给读者自己去尝试一些不同的事情。下面是一些思路：

❏ 检查核函数启动的顺序。如果在 SobelKernel() 启动后立即启动 ThreshuldKernel()，会有所不同吗？

❏ 将所有 4 个核函数合并为一个单独的核函数，并且只启动一个核函数是否会更好？

❏ 能否以某种方式通过 cudaStreamSynchronize() 人为地控制一个流的开始和结束时间？

❏ 是否可以启动同一个核函数的不同版本以获得 SM 中更好的占用率？

有很多思路需要尝试，其中的一些思路最终会导致最有效的解决方案的诞生。感谢可视化分析器。有了它，你就可以看到这些不同的想法正在引发什么样的运行时执行模式。

第三部分 *Part 3*

# 拓 展 知 识

Chapter 12

第 12 章

# CUDA 库

Mohamadhadi Habibzadeh
纽约州立大学奥尔巴尼分校
Omid Rajabi Shishvan
纽约州立大学奥尔巴尼分校
Tolga Soyata
纽约州立大学奥尔巴尼分校

在本书前面的章节中，我们学习了如何在没有任何"预封装"库的帮助下创建一个 CUDA 程序，就像我们将在本章中看到的那样。我是有意这样安排的。只有使用最接近金属（即 CPU 核心）的原语来编写程序时，才能掌握并欣赏 GPU 的内部工作原理。当然，汇编语言有点太底层，但在本章中看到的库几乎不需要你知道 GPU 的工作原理。所以，它们太高层。具备合适"层级"的选择是普通而简单的 CUDA，这也是本书中 GPU 编程的基础。然而，在现实生活中，当你开发 GPU 程序时，如果必须从头开始构建所有的东西会很烦琐。例如，你无法像 Nvidia 工程师那样构建和优化矩阵乘法的代码。因为他们花费了数周、数月来优化该代码。因此，CUDA 程序员通常使用高级库，例如 cuBLAS、cuFFT 等，并将 CUDA 本身用作胶合语言，让所有东西在一起工作。时不时地，你会发现有些东西没有现成的库。好吧，这时你必须回到古老的 CUDA 上了。除此之外，使用这些库没有任何问题，尤其是因为它们是免费的。

## 12.1　cuBLAS

基本线性代数子程序（BLAS）的起源可追溯到20世纪70年代后期，最初是用Fortran语言编写的。注意：20世纪50年代末诞生的令人兴奋的编程语言，公式翻译（Fortran）为程序员提供了一种无须汇编语言即可进行科学计算的途径。在Fortran上拥有BLAS简直是天赐之物。

### 12.1.1　BLAS级别

cuBLAS是CUDA架构上BLAS的一个实现。可以从Nvidia网站上免费下载。cuBLAS API支持向量和矩阵代数运算，如加法、乘法等，使开发人员可以轻松地加速他们的程序。由于向量运算比矩阵运算的计算密集程度要小得多，BLAS有3种不同的风格。

BLAS操作可以分为以下几类：

❏ BLAS第1级操作包括向量的代数运算。例如，两个向量求和或点积被认为是第1级BLAS操作。BLAS第1级向量–向量操作具有如下通用形式：

$$y \leftarrow \alpha \cdot x + y$$
$$z \leftarrow \alpha \cdot x + y$$

其中$x$、$y$和$z$是向量，$\alpha$是标量。以上显示的是BLAS第1级的不同风格，允许两个或三个向量参数。

❏ BLAS第2级操作包括矩阵–向量操作。例如，将一个矩阵乘以一个向量就是一个BLAS第2级操作。这些矩阵–向量操作具有如下通用形式：

$$y \leftarrow \alpha \cdot A \cdot x + (\beta \cdot y)$$
$$z \leftarrow \alpha \cdot A \cdot x + (\beta \cdot y)$$

其中$x$、$y$和$z$是向量，$\alpha$和$\beta$是标量，$A$是矩阵。上述两种形式表示了BLAS 2级的两种变化，结果可以写入其中一个源向量（上），也可以写入一个新的向量（下）。

❏ BLAS第3级操作是矩阵–矩阵操作，例如两个矩阵的加法和乘法等。矩阵–矩阵运算也称为GEMM（通用矩阵–矩阵乘法）。这些矩阵-矩阵操作具有如下通用形式：

$$C \leftarrow \alpha \cdot A \cdot B + \beta \cdot C$$
$$D \leftarrow \alpha \cdot A \cdot B + \beta \cdot C$$

其中$A$、$B$和$C$是矩阵，$\alpha$和$\beta$是标量。上述两种形式代表BLAS第3级的两种变化，一种是结果写入源矩阵之一（上），另一种是结果写入新的矩阵（下）。

### 12.1.2　cuBLAS数据类型

每个cuBLAS API函数都有四种不同的数据类型，单精度浮点数（S）、双精度浮点数（D）、复数单精度浮点数（C）和复数双精度浮点数（Z）。因此，GEMM API采用以下名称：

❏ SGEMM：单精度通用矩阵–矩阵相乘
❏ DGEMM：双精度通用矩阵–矩阵相乘

❏ CGEMM：复数单精度通用矩阵 – 矩阵相乘
❏ ZGEMM：复数双精度通用矩阵 – 矩阵相乘

### 12.1.3 安装 cuBLAS

CUDA BLAS 工具包 10（最新版本）可从 Nvidia 网站免费下载。所有版本低于 4 的 CUDA BLAS 使用的都是旧版 API。从版本 4（随 CUDA 6.0 一起引入）开始，实现了提供更多的服务和更整洁的接口的新 API。有关改动的完整列表，请参阅 Nvidia 网站：http:// docs.nvidia.com/cuda/cublas/index.html#axzz4reNqlFkR[3]。

通过包含相关的头文件可以使用新的或旧版 API：

```
// 使用新的 API
#include "cublas_v2.h"

// 或者使用旧版 API
// #include "cublas.h"
```

但是，Nvidia 不推荐使用旧版 API。创建 cuBLAS 程序与其他 CUDA 应用类似。通常，每个 cuBLAS 代码可以通过以下六个阶段来实施。

### 12.1.4 变量声明和初始化

主机端必须首先声明程序的输入和输出变量。此外，每个变量必须在主机内存中分配足够的内存空间。通常，主机还需要初始化输入变量。但是，在某些程序中，输入变量可能会由设备端初始化。下面的代码给出了输入变量的声明、内存分配和初始化操作。

```
// 行数
#define M 6
// 列数
#define N 5
// 将列优先格式转换为行优先格式
#define IDX2C(i,j,ld) (((j)*(ld))+(i))

int main( void )
{
  int i, j;
  float* a = 0;
  // 为矩阵 a 分配主机端内存
  a = (float *)malloc (M * N * sizeof (*a));
  // 错误检查
  if (!a)
    printf ("host memory allocation failed"); return EXIT_FAILURE;
  // 在主机端初始化一个矩阵
  for (j = 1; j <= N; j++)
    for (i = 1; i <= M; i++)
        a[IDX2F(i,j,M)] = (float)((i-1) * M + j);
} // main 结束
```

必须定义 IDX2C，因为默认情况下，为了保证与 Fortran 的兼容性，cuBLAS 支持的是列优先存储。但是，C 和 C++ 使用行优先存储方式。因此必须通过 IDX2C 宏引入转换机制。

## 12.1.5　设备内存分配

与其他 CUDA 程序类似，必须在设备端内存中分配足够的输入和输出空间。在下面的例子中，我们为一个 M×N 的矩阵分配空间。该矩阵将保存在主机端内存中定义的矩阵 *a* 的值。

```
float* devPtrA;
cublasStatus_t stat;

cudaStat = cudaMalloc ((void**)&devPtrA, M*N*sizeof(*a));

if (cudaStat != cudaSuccess){
    printf ("device memory allocation failed");
    return EXIT_FAILURE;
}
```

## 12.1.6　创建上下文

所有对 cuBLAS API 的调用都需要一个上下文句柄。为每个上下文指定一个句柄使得用户可以在单个或多个 GPU 上运行多线程的主机端应用程序。运行时，库会自动地将工作分派给设备。虽然可以让多个主机线程共享同一个句柄，但不建议这样做，因为这可能会产生一些同步问题（例如，在删除句柄时）。下面的代码给出了如何创建上下文句柄。

```
cublasStatus_t stat;
cublasHandle_t handle;

stat = cublasCreate(&handle);
if (stat != CUBLAS_STATUS_SUCCESS){
    printf ("CUBLAS initialization failed\n");
    return EXIT_FAILURE;
}
```

## 12.1.7　将数据传输到设备端

数据必须传输到设备端。可以使用常见的 cudaMalloc 和 cudaMemcpy API。或者，也有类似的 cuBLAS API，它们将两个步骤合并为一个，即自动分配内存并将数据传输到设备。因此，cuBLAS API 比普通的 API 更受欢迎。下面的代码中使用的是 cuBLAS API。

```
stat = cublasSetMatrix (M, N, sizeof(*a), a, M, devPtrA, M);
if (stat != CUBLAS_STATUS_SUCCESS){
    printf ("data download failed");
    cudaFree(devPtrA);
    cublasDestroy(handle);
    return EXIT_FAILURE;
}
```

cuBLAS API 函数 cublasSetMatrix 的声明如下：

```
cublasStatus_t
cublasSetMatrix(int rows, int cols, int elemSize, const void *A, int lda, void *B,
    int ldb)
```

该 API 在设备内存中分配 rows × cols 大小的矩阵。它假定每个元素的大小为 elemSize。指向分配好的内存空间开始地址的指针被复制到变量 $B$ 中。随后，API 将矩阵 $A$ 的内容（从主机端内存）传送到矩阵 $B$。lda 和 ldb 分别表示矩阵 $A$ 和 $B$ 的主维度。换句话说，这些变量决定了 $A$ 和 $B$ 中的行数。

cublasSetMatrix API 假定矩阵是列优先格式。

## 12.1.8 调用 cuBLAS 函数

可以调用 cuBLAS 函数来对数据执行各种操作。在本例中，我们使用 cublasSscal。下面的代码给出了这个函数的用法。

```
static __inline__ void
modify (cublasHandle_t handle, float *m, int ldm, int n, int p, int q, float
    alpha, float beta)
{
    cublasSscal (handle, n-p, &alpha, &m[IDX2C(p,q,ldm)], ldm);
    cublasSscal (handle, ldm-p, &beta, &m[IDX2C(p,q,ldm)], 1);
} // 修改结束

int main (void)
{
    ...
    modify (handle, devPtrA, M, N, 1, 2, 16.0f, 12.0f);
    ...
} // main 结束
```

函数 cublasSscal 的定义为：

```
cublasStatus_t
cublasSscal (cublasHandle_t handle, int n, const float *alpha, float *x, int incx)
```

handle 是指向上下文的指针。该函数将向量 $x$ 的每个元素（在设备内存中）乘以标量 alpha。向量的长度由 n 决定，incx 决定步长大小。

## 12.1.9 将数据传回主机

可以使用 CUDA API（cudaMemcpy）将数据传回主机内存，也可以使用 cuBLAS API。

```
stat = cublasGetMatrix (M, N, sizeof(*a), devPtrA, M, a, M);
if (stat != CUBLAS_STATUS_SUCCESS){
    printf ("data upload failed");
    cudaFree (devPtrA);
```

```
    cublasDestroy(handle);
    return EXIT_FAILURE;
}
```

cublasGetMatrix 的使用格式如下所示：

```
cublasStatus_t
cublasGetMatrix(int rows, int cols, int elemSize, const void *A, int lda, void *B,
    int ldb)
```

## 12.1.10　释放内存

最后，分配的内存必须释放掉防止内存泄漏问题，如下所示。

```
cudaFree (devPtrA);
cublasDestroy(handle);
free(a);
return EXIT_SUCCESS;
```

## 12.1.11　cuBLAS 程序示例：矩阵的标量操作

下面的代码使用 cuBLAS 将矩阵的每个元素乘以一个标量：

```
// 示例 2。使用 C 和 CUBLAS 的应用：基于 0 的索引
#include <stdio.h>
#include <stdlib.h>
#include <math.h>
#include <cuda_runtime.h>
#include "cublas_v2.h"

#define M 6
#define N 5
#define IDX2C(i,j,ld) (((j)*(ld))+(i))

static __inline__ void
modify (cublasHandle_t handle, float *m, int ldm, int n, int p, int q, float
    alpha, float beta)
{
    cublasSscal (handle, n-p, &alpha, &m[IDX2C(p,q,ldm)], ldm);
    cublasSscal (handle, ldm-p, &beta, &m[IDX2C(p,q,ldm)], 1);
}

int main (void)
{
    cudaError_t cudaStat;
    cublasStatus_t stat;
    cublasHandle_t handle;
    int i, j;                    float* devPtrA;              float* a = 0;

    a = (float *)malloc (M * N * sizeof (*a));
    if (!a)      printf ("host memory allocation failed"); return EXIT_FAILURE;
```

```
for (j = 0; j < N; j++)
  for (i = 0; i < M; i++)
    a[IDX2C(i,j,M)] = (float)(i * M + j + 1);

cudaStat = cudaMalloc ((void**)&devPtrA, M*N*sizeof(*a));
if (cudaStat != cudaSuccess){
  printf ("device memory allocation failed");
  return EXIT_FAILURE;
}

stat = cublasCreate(&handle);
if (stat != CUBLAS_STATUS_SUCCESS){
  printf ("CUBLAS initialization failed\n");
  return EXIT_FAILURE;
}

stat = cublasSetMatrix (M, N, sizeof(*a), a, M, devPtrA, M);
if (stat != CUBLAS_STATUS_SUCCESS){
  printf ("data download failed");
  cudaFree (devPtrA);
  cublasDestroy(handle);
  return EXIT_FAILURE;
}

modify (handle, devPtrA, M, N, 1, 2, 16.0f, 12.0f);
stat = cublasGetMatrix (M, N, sizeof(*a), devPtrA, M, a, M);
if (stat != CUBLAS_STATUS_SUCCESS){
  printf ("data upload failed"); cudaFree (devPtrA);
  cublasDestroy(handle);
  return EXIT_FAILURE;
}

cudaFree (devPtrA);
cublasDestroy(handle);

for (j = 0; j < N; j++){
  for (i = 0; i < M; i++) printf ("%7.0f", a[IDX2C(i,j,M)]);
  printf ("\n");
} // for( j )
free(a);
return EXIT_SUCCESS;
} // main 结束
```

## 12.2　cuFFT

cuFFT 是 CUDA 快速傅立叶变换（FFT）API 库，它可以将图像或音频信号转换为频率信号从而在频域中工作。在数字信号处理（DSP）中，时域的卷积操作对应于频域中的傅里叶变换。使用 FFT 可以构建在频域而非在时域工作的滤波器。请注意，FFT 操作涉及复数。因此，它们比使用时域慢得多。但是，对于某些应用程序，使用它们可以大大简化必要的操作。

## 12.2.1 cuFFT 库特征

cuFFT 由两个库组成

❏ **cuFFT** 库用于在 Nvidia GPU 上执行 FFT 计算。

❏ **cuFFTW** 库是 FFTW（C 语言库）用户迁移到 Nvidia GPU 的简单易用的工具。

cuFFT 库支持各种 FFT 的输入和输出，例如：

❏ 1D、2D、3D 变换。

❏ 复数和实数的输入和输出：

    实数到复数

    复数到复数

    复数到实数

❏ 支持半精度、单精度和双精度变换。

cuFFT 库具有以下特征：

❏ 其计算复杂度为 $O(n \cdot \log n)$。

❏ 针对以下形式的输入尺寸进行了高度优化：$2^a \times 3^b \times 5^c \times 7^d$。

❏ 允许在多个 GPU 上执行变换操作。

## 12.2.2 复数到复数变换示例

以下代码是一个基于 cuFFT 实现的 3D 复数到复数变换的代码示例：

```
#define NX64
#define NY64
#define NZ128

cufftHandleplan;
cufftComplex*data1, *data2;

cudaMalloc((void**)&data1,sizeof(cufftComplex)*NX*NY*NZ);
cudaMalloc((void**)&data2,sizeof(cufftComplex)*NX*NY*NZ);

/* 创建一个 3D FFT 计划 */
cufftPlan3d(&plan, NX, NY, NZ, CUFFT_C2C);

/* 对第一个信号进行原位变换 */
cufftExecC2C(plan, data1, data1, CUFFT_FORWARD);

/* 使用同一个计划对第二个信号进行变换 */
cufftExecC2C(plan, data2, data2, CUFFT_FORWARD);

/* 销毁 cuFFT 计划 */
cufftDestroy(plan);
cudaFree(data1); cudaFree(data2);
```

### 12.2.3 实数到复数变换示例

以下是另外一个进行一维实数到复数变换的示例代码：

```
#define NX 256
#define BATCH 1

cufftHandle plan;
cufftComplex *data;
cudaMalloc((void**)&data, sizeof(cufftComplex)*(NX/2+1)*BATCH);
if (cudaGetLastError() != cudaSuccess){
  fprintf(stderr, "Cuda error: Failed to allocate\n");
  return;
}

if (cufftPlan1d(&plan, NX, CUFFT_R2C, BATCH) != CUFFT_SUCCESS){
  fprintf(stderr, "CUFFT error: Plan creation failed");
  return;
}

...

/* 使用 CUFFT 计划进行原位信号变换 */
if (cufftExecR2C(plan, (cufftReal*)data, data) != CUFFT_SUCCESS){
  fprintf(stderr, "CUFFT error: ExecC2C Forward failed");
  return;
}

if (cudaDeviceSynchronize() != cudaSuccess){
  fprintf(stderr, "Cuda error: Failed to synchronize\n");
  return;
}

...

cufftDestroy(plan);
cudaFree(data);
```

## 12.3 Nvidia 性能库（NPP）

Nvidia 性能库（NPP）是一个用于图像处理和视频处理的函数库。NPP 实现了许多不同类型的函数。以下列表显示了在 NPP 中实现的一些较高级别的函数类别及其子类。

❑ 图像的算术和逻辑运算

算术运算：Add、Mul、Sub、Div、AbsDiff、Sqr、Sqrt、Ln、Exp 等。

逻辑运算：And、Or、Xor、RShift、LShift、Not 等。

❑ 图像颜色转换

颜色模型转换、颜色采样格式变换、颜色伽马校正、颜色处理、补色键。

❑ 图像压缩

❑ 图像滤波

　　1D 线性滤波、1D 窗口和、卷积、2D 固定线性滤波、等级滤波、固定滤波。

❑ 图像几何处理

　　调整大小、重映射、旋转、翻转、仿射变换、透视变换。

❑ 图像形态

　　扩张、侵蚀。

❑ 图像统计和线性

　　求和、最小值、最大值、平均值、Mean_StdDev、norms、DotProd、积分、直方图、误差等。

❑ 图像辅助功能和数据交换

　　设置、复制、转换、缩放、转置等。

❑ 图像阈值和比较

❑ 信号处理

　　不是按照图像来处理，而是按照"信号"来处理。

　　大量子类，例如，所有的算术和逻辑运算。

　　还有 Cauchy、Cubrt、Arctan 等。

以下是使用 NPP 实现盒式滤波器的示例代码：

```cpp
// 声明一个 8 位灰度图像的主机端图像对象
npp::ImageCPU_8u_C1 oHostSrc;
// 从磁盘载入灰度图像
npp::loadImage(sFilename, oHostSrc);
// 声明一个设备端图像并从主机端复制结构，即从主机端载入到设备端
npp::ImageNPP_8u_C1 oDeviceSrc(oHostSrc);
// 创建合式滤波器掩模大小的结构
NppiSize oMaskSize = {5, 5};
// 对于给定的掩模，创建大小为 ROI 的结构
NppiSize oSizeROI = {oDeviceSrc.width() - oMaskSize.width + 1, oDeviceSrc.height()
    - oMaskSize.height + 1};
// 分配尺寸适当减小的设备端图像空间
npp::ImageNPP_8u_C1 oDeviceDst(oSizeROI.width, oSizeROI.height);
// 在掩模内设置相对于 (0, 0) 的锚点
NppiPoint oAnchor = {0, 0};
// 运行盒式滤波器
NppStatus eStatusNPP;
eStatusNPP = nppiFilterBox_8u_C1R(oDeviceSrc.data(), oDeviceSrc.pitch(),
                                  oDeviceDst.data(), oDeviceDst.pitch(),
                                  oSizeROI, oMaskSize, oAnchor);
NPP_ASSERT(NPP_NO_ERROR == eStatusNPP);
// 声明用于存储结果的设备端图像空间
npp::ImageCPU_8u_C1 oHostDst(oDeviceDst.size());
// 将设备端的结果复制到它的空间
oDeviceDst.copyTo(oHostDst.data(), oHostDst.pitch());
saveImage(sResultFilename, oHostDst);
std::cout << "Saved image: " << sResultFilename << std::endl;
```

## 12.4 Thrust 库

cuBLAS API 为开发人员提供了一种加速矩阵和向量操作的便捷方式。同样，Thrust 库包含一些基于 GPU 大规模并行实现的常用算法，它使开发人员能够实现 10 倍或 100 倍的性能提升，例如分类和归约操作。Thrust 库还包含数据结构的定义（如设备向量、主机向量、设备和主机指针等）。这些数据结构可以方便代码的实现。Thrust 基于 C++ 模板实现，并且与 C 不兼容。Thrust 头文件通常包含在 CUDA 工具包中，因此不需要单独安装和设置。Thrust 是一个基于 C++ 的库，它提供 C++ 的 vector 类型，这些类型既可以在主机上定义，也可以直接在设备上分配。这使得程序开发变得更容易，因为开发人员不再需要使用 CUDA API（如 cudaMalloc 或 cudaMemcpy）向设备端发送数据或从设备端传回数据。

下面的例子显示了与传统的内存分配相比，如何使用 Thrust 库在主机端和设备端定义 vector。

```
//创建主机端 vector
//Thrust:
thrust::host_vector<int> host_vec(1000);
//C:
int* host_vec_c = new int[1000];

//在设备端创建 vector 并将主机端 vector 复制到设备端
//Thrust:
thrust::device_vector<int> device_vec = host_vec;
//C:
int* device_vec_c;
cudaMalloc((void**)&device_vec_c, 1000 * sizeof(int));
cudaMemcpy(device_vec_c, host_vec_c, 1000 * sizeof(int), cudaMemcpyHostToDevice);
```

你可以看到如何创建长度为 16 的 vector，并使用主机端的 Thrust 库为其分配随机数。然后将此 vector 复制到设备端，并用 "10." 填充所有元素。

```
#include <thrust/host_vector.h>
#include <thrust/device_vector.h>
#include <thrust/fill.h>

int main(void)
{
  // 创建主机端 vector
  thrust::host_vector<int> host_vec(16);
  // 给主机端 vector 分配随机数
  thrust::generate(host_vec.begin(), host_vec.end(), rand);

  // 创建设备端 vector
  thrust::device_vector<int> device_vec = host_vec;
  // 将副本中的值都设为 10
  thrust::fill(device_vec.begin(), device_vec.end(), 10);

  return 0;
}
```

Thrust 库实现了许多高效算法，包括：

❑ **归约**：将某个 vector 归并为 1 个值。典型的例子包括 max、min、sum 等。例如，下面的代码计算 1 到 100 之间的数字总和：

```
#include <thrust/host_vector.h>
#include <thrust/device_vector.h>
#include <thrust/reduce.h>

int main(void)
{
  thrust::host_vector<int> host_vec(100);
  for (int i = 0; i < 100; i++)
    host_vec[i] = i+1;

  thrust::device_vector<int> device_vec = host_vec;

  // 归约操作将一个 vector 中的所有值累加起来并返回最终的值
  int x = thrust::reduce(device_vec.begin(), device_vec.end(), 0,
      thrust::plus<int>());
  return 0;
}
```

❑ **转换**：指的是针对 vector 中的每个元素进行操作的算法，例如填充、排序、替换和变换（变换对 vector 中的每个元素施加一个函数并将结果写回该元素，例如，可以将所有元素取负）。

❑ **搜索**：指在给定文本中查找字符串。

```
#include <thrust/find.h>

thrust::device_vector<int> device_vec;
thrust::device_vector<int>::iterator iter;
...
thrust::find(device_vec.begin(), device_vec.end(), 3);
```

❑ **排序**：指对字符串、整数等列表进行排序。

```
#include <thrust/sort.h>

thrust::device_vector<int> device_vec;
...
thrust::sort(device_vec.begin(), device_vec.end());
```

*Chapter 13*  第 13 章

# OpenCL 简介

Chase Conklin
*罗彻斯特大学*
Tolga Soyata
*纽约州立大学奥尔巴尼分校*

在本章中，我们将熟悉 OpenCL 的使用，它是除 CUDA 之外最受欢迎的 GPU 编程语言。本章旨在展示 OpenCL 如何简化多平台并行程序的开发。在前面的章节中，我们已经熟悉了诸如 imflip 和 imedge 等程序。虽然 OpenCL 和 CUDA 都可以编写高度并行的代码，但你很快就会看到这两种程序的编写方法各不相同。

## 13.1　什么是 OpenCL

Khronos 工作组于 2009 年发布了 OpenCL，将其作为在许多不同平台上开发并行程序的框架。与仅在 Nvidia GPU 上运行的 CUDA 不同，只要设备支持 OpenCL，OpenCL 代码就能够在 CPU、GPU 和诸如现场可编程门阵列（FPCA）和数字信号处理器（DSP）等其他设备上运行。另一个与 CUDA 不同的地方是，OpenCL 核函数在运行时才进行编译，这就是它可以轻松地在多种不同平台上工作的原因。

### 13.1.1　多平台

OpenCL 支持许多不同的设备，但设备制造商需要提供允许 OpenCL 在其设备上工作的驱动程序。这些不同的实现被称为平台。根据不同的硬件，你的计算机可能有多个 OpenCL 平台可用。例如，一个是英特尔的集成显卡，另一个是 Nvidia 的独立显卡。

OpenCL 将设备分为三类：（1）CPU；（2）GPU；（3）加速器。三者中，只有加速器不太常见。硬件加速器包括 FPGA 和 DSP，或者英特尔 Xeon Phi 等设备（关于 Xeon Phi 的详细介绍，请参阅 3.9 节）。

### 13.1.2　基于队列

CUDA 可以工作在同步阻塞调用模式上，也可以工作在流式异步操作模式上，而 OpenCL 与 CUDA 不同，它的执行是基于队列的，即所有命令都被分派到命令队列中，并在到达队列头部时被执行。

如前所述，OpenCL 可以支持多种不同的设备。实际上，它可以支持在多个设备上同时运行。为此，只需要为每个设备创建一个队列。

## 13.2　图像翻转核函数

我们来看看 OpenCL 核函数。下面显示的核函数用于 imflip 程序，将图像水平翻转。简单起见，每个工作项（对应于 CUDA 中的线程）将负责一个像素，交换红色、绿色和蓝色分量。

```
__kernel void
hflip(
   __global const unsigned char *input,
   __global unsigned char *output,
   const int M,
   const int N)
{
  int idx = get_global_id(0);

  int row = idx / N;
  int col = (idx % N) * 3;

  int start = row*N*3;     // 在 1D 数组中本行的第一个字节
  int end = start + N*3 - 1; // 在 1D 数组中本行的最后一个字节

  if (idx >= M * N) return;

  output[start+col] = input[end-col-2];
  output[start+col+1] = input[end-col-1];
  output[start+col+2] = input[end-col];

  output[end-col-2] = input[start+col];
  output[end-col-1] = input[start+col+1];
  output[end-col] = input[start+col+2];
}
```

__global__ 标识符消失了，被替换为 __kernel。指向全局内存的指针必须以 __global 标识符开头，其他值应该用 const 声明。只读内存也应该用 const 声明，这样任何修改它的尝试都会触发错误，而不致使程序崩溃。CUDA 中的 threadIdx 和 blockIdx 被替换为调用函数 get_global_id()。传递给 get_global_id() 的参数是 id 所在的维度。例如，如果是一个 2D 核函数，可以写为：

```
int row = get_global_id(0);
int col = get_global_id(1) * 3;
```

除此之外，该 OpenCL 核函数与对应的 CUDA 核函数非常相似。表 13-1 给出了一些 CUDA 和 OpenCL 对比项。

表 13-1　CUDA 和 OpenCL 的术语对比

| CUDA | OpenCL | CUDA | OpenCL |
|------|--------|------|--------|
| Thread | Work-Item | __shared__ variable | _local variable |
| Thread Block | Work-Group | gridDim | get_num_groups() |
| Shared Memory | Local Memory | blockDim | get_local_size() |
| Local Memory | Private Memory | blockIdx | get_group_id() |
| __global__ function | _kernel function | threadIdx | get_local_id() |
| __device__ function | Implicit | __syncthreads() | barrier() |

## 13.3　运行核函数

让我们看看运行 OpenCL 核函数需要些什么。任何 OpenCL 程序都需要包含 OpenCL 头文件。在 Linux 系统上，这需要包含 <CL/cl.h> 头文件。Apple OSX 开发了自己版本的 OpenCL，采用了不同的头文件命名方式，即包含 <OpenCL/opencl.h>。对于可能需要在 OSX 或 Linux 中编译的程序，使用条件预处理语句可以根据实际情况包含正确的头文件，如下所示：

```
#ifdef __APPLE__
#include <OpenCL/opencl.h>
#else
#include <CL/cl.h>
#endif
```

### 13.3.1　选择设备

该程序需要用户选择他们希望将程序运行在哪一个计算设备上。为了实现这一点，我们将定义一个易于使用的函数，该函数将进行一些必要的 OpenCL 调用。

```
cl_device_id
selectDevice(void)
```

```
{
    int i, choice = -1;
    char * value;
    size_t valueSize;

    cl_uint deviceCount;
    cl_device_id * devices, selected;

    clGetDeviceIDs(NULL, CL_DEVICE_TYPE_ALL, 0, NULL, & deviceCount);
    devices = (cl_device_id *) malloc(sizeof(cl_device_id) * deviceCount);
    assert(devices);
    clGetDeviceIDs(NULL, CL_DEVICE_TYPE_ALL, deviceCount, devices, NULL);

    for (i = 0; i < deviceCount; i ++) {
        clGetDeviceInfo(devices[i], CL_DEVICE_NAME, 0, NULL, & valueSize);
        value = (char *) malloc(valueSize);
        clGetDeviceInfo(devices[i], CL_DEVICE_NAME, valueSize, value, NULL);
        printf("[%d]: %s\n", i, value);
        free(value);
    }

    while (choice < 0 || choice >= deviceCount) {
        printf("Select Device: ");
        scanf("%d", & choice);
    }
    selected = devices[choice];
    free(devices);
    return selected;
}
```

该函数返回 cl_device_id，它是一个指向特定设备的 OpenCL 类型。我们先调用一次 clGetDeviceIDs，可以获得可用设备的数量（存储在 deviceCount 中）。接下来，我们申请了一个数组来保存每个设备的 ID，然后再次调用 clGetDeviceIDs()，将获取到的设备 ID 填充进新分配的数组中。

函数 clGetDeviceIds 的定义如下所示：

```
cl_int
clGetDeviceIDs(
    cl_platform_id platform,
    cl_device_type device_type,
    cl_uint num_entries,
    cl_device_id *devices,
    cl_uint *num_devices)
```

第一个参数，platform，用于指定 OpenCL 平台。简单起见，我们将忽略此参数并传入 NULL。

第二个参数，device_type，允许对可查看的 OpenCL 设备类型进行过滤。选项包括 CL_DEVICE_TYPE_CPU（仅限 CPU）、CL_DEVICE_TYPE_GPU（任何 GPU）、CL_DEVICE_TYPE_ACCELERATOR（如 Xeon Phi）、CL_DEVICE_TYPE_DEFAULT（系统中的默认 CL 设备）和 CL_DEVICE_TYPE_ALL（所有可用的 OpenCL 设备）。

第三个参数，num_entries，指定存放在由 devices 指定的数组中的设备 ID 的数量。如果 devices 不是 NULL，则它必须大于 0。

第四个参数，devices，是一个指向存放设备 id 的内存空间的指针。如果该值为 NULL，则会被忽略。

最后一个参数，num_devices，是对应于 device_type 的设备数量。如果该参数为 NULL，则被忽略。

### 13.3.2 运行核函数

在运行核函数之前，首先需要设置整个环境。这包括创建计算上下文，创建命令队列，将核函数加载到 OpenCL，生成 OpenCL 程序以及设置核函数调用。虽然这听起来像一大堆工作，但其实并不像听起来那么困难。

#### 创建计算上下文

使用 selectDevice 提供的设备 id，我们可以通过调用 clCreateContext 创建一个计算上下文。

```
cl_context context = clCreateContext(0, 1, &device_id, NULL, NULL, &err);
if (!context){
    printf("Error: Failed to create a compute context!\n");
    return EXIT_FAILURE;
}
```

#### 创建命令队列

使用新创建的上下文，可以创建一个命令队列。命令队列用于在设备上安排诸如核函数和内存传输等任务。

```
cl_command_queue commands = clCreateCommandQueue(context, device_id,
    CL_QUEUE_PROFILING_ENABLE, &err);
if (!commands){
    printf("Error: Failed to create a command queue, named commands!\n");
    return EXIT_FAILURE;
}
```

#### 加载核函数文件

与 CUDA 不同，CUDA 核函数与其他 C/C++ 函数在代码同一个地方定义，而在 OpenCL 中，核函数被写入一个字符串中，然后通过 OpenCL API 调用进行加载。本例中的核函数写在另一个文件 imflip.cl 中。由于该文件的内容必须是一个用于 OpenCL API 调用的字符串，因此需要一个函数来读取它。

```
char *kernelSource(const char *kernel_file) {
  FILE *fp;
  char * source_str;
```

```
    size_t source_size, program_size;

    fp = fopen(kernel_file, "rb");
    if (!fp){
        printf("Failed to load kernel from %s\n", kernel_file);
        exit(1);
    }
    fseek(fp, 0, SEEK_END);
    program_size = ftell(fp);
    rewind(fp);
    source_str = (char*)malloc(program_size + 1);
    source_str[program_size] = '\0';
    fread(source_str, sizeof(char), program_size, fp);
    fclose(fp);
    return source_str;
}
```

读取该文件后，需要将其加载到 OpenCL 中。

```
char *KernelSource = kernelSource("imflip.cl");
cl_program program = clCreateProgramWithSource(context, 1,
    (const char **) &KernelSource, NULL, &err);
if (!program){
    printf("Error: Failed to create compute program!\n");
    return EXIT_FAILURE;
}

err = clBuildProgram(program, 0, NULL, NULL, NULL, NULL);
if (err != CL_SUCCESS){
    size_t len;
    char buffer[2048];

    printf("Error: Failed to build program executable!\n");
    clGetProgramBuildInfo(program, device_id, CL_PROGRAM_BUILD_LOG, sizeof(buffer),
        buffer, &len);
    printf("%s\n", buffer);
    exit(1);
}
```

OpenCL 函数 clCreateProgramWithSource 接受一个上下文和一个字符串数组。因为我们将整个 imflip.cl 加载到一个字符串中，所以字符串数组的长度被设置为 1，并传入一个指向源字符串的指针。我们以 NULL 作为下一个参数，这表明源字符串的终止标识是 0。

现在需要创建核函数。这需要告诉 OpenCL，在加载程序中，我们要使用哪一个函数。

```
cl_kernel kernel = clCreateKernel(program, "hflip", &err);
if (!kernel || err != CL_SUCCESS){
    printf("Error: Failed to create compute kernel!\n");
    exit(1);
}
```

### 设置核函数调用

在运行核函数之前，需要分配设备内存并将图像传送到该内存。在 OpenCL 中分配设备内存是通过 clCreateBuffer() 函数完成的。假设 TotalSize 是图像的字节数。

```
cl_mem input = clCreateBuffer(context, CL_MEM_READ_ONLY, TotalSize, NULL, NULL);
cl_mem output = clCreateBuffer(context, CL_MEM_WRITE_ONLY, TotalSize, NULL, NULL);
if (!input || !output){
    printf("Error: Failed to allocate device memory!\n");
    exit(1);
}
```

这与在 CUDA 中分配内存相似，只是可以设置内存的读 / 写权限。这些标志为 OpenCL 提供了有关如何使用内存的更多信息，从而可以更好地优化性能。由于输入图像数据只能被读取，而输出图像数据只能被写入，所以我们分别使用 CL_MEM_READ_ONLY 和 CL_MEM_WRITE_DNLY。

在设备上分配好内存后，就可以将图像传输到设备上。

```
err = clEnqueueWriteBuffer(commands, input, CL_TRUE, 0, TotalSize, CPU_InputArray,
    0, NULL, NULL);
if (err != CL_SUCCESS){
    printf("Error: Failed to write to source array!\n");
    exit(1);
}
```

OpenCL 函数 clEnqueueWriteBuffer() 将传输操作加入命令队列。以 CL_TRUE 作为第三个参数时，clEnqueueWriteBuffer() 可以确保在完成该传输操作之前将阻塞其他操作的执行。当然在其他应用程序中，我们也可以调度一个传输操作，同时在该传输操作执行的同时执行一些其他的必要工作，然后执行核函数。

数据到达设备后，终于可以运行我们的核函数了！运行核函数的第一步是设置核函数参数。与 CUDA 不同，核函数的参数并不是在调用时设置的（因为对于 CUDA 来说，核函数就是一种函数），而是使用 OpenCL API 来设置的。

```
err = 0;
err = clSetKernelArg(kernel, 0, sizeof(cl_mem), &input);
err |= clSetKernelArg(kernel, 1, sizeof(cl_mem), &output);
err |= clSetKernelArg(kernel, 2, sizeof(int), &M);
err |= clSetKernelArg(kernel, 3, sizeof(int), &N);
if (err != CL_SUCCESS){
    printf("Error: Failed to set kernel arguments! %d\n", err);
    exit(1);
}
```

现在，我们需要获得工作组的大小。本例使用的是 1D 工作组。因为设置工作组的大小比较麻烦，所以我们将其放入另一个函数 getWorkGroupSizes() 中。

```
void getWorkGroupSizes(cl_device_id device_id, cl_kernel kernel, size_t * local,
    size_t * global, size_t desired_global) {
  int err;
  size_t max_work_group_size;
  clGetDeviceInfo(device_id, CL_DEVICE_MAX_WORK_GROUP_SIZE, sizeof(size_t),
      &max_work_group_size, NULL);
  // 获取该设备执行核函数时的最大工作组大小
  err = clGetKernelWorkGroupInfo(kernel, device_id, CL_KERNEL_WORK_GROUP_SIZE,
      sizeof(size_t), local, NULL);
  if (err != CL_SUCCESS){
      printf("Error: Failed to retrieve kernel work group info! %d\n", err);
      exit(1);
  }
  *global = desired_global + (desired_global % max_work_group_size);
}
```

该函数（getWorkGroupSizes）以设备、核函数和所需的全局工作组大小为输入参数，
输出适合请求值的本地和全局工作组的大小。对 c1GetKernelWorkGroupInfo() 的调用决定
了该设备的最大本地工作组大小。由于全局工作组的大小必须是本地工作组大小的整数倍，
因此我们向上"舍入"该大小。终于，可以执行我们的核函数了！

```
getWorkGroupSizes(device_id, kernel, &local, &global, M * N);

err = clEnqueueNDRangeKernel(commands, kernel, 1, NULL, &global, &local, 0, NULL,
    NULL);
if (err){
    printf("Error: Failed to execute kernel!\n");
    return EXIT_FAILURE;
}


clFinish(commands);
```

首先我们调用刚才定义的 getWorkGroupSizes() 函数，然后将核函数加入命令队列。接
下来调用 clFinish()，类似于 cudaDeviceSynchronize()。核函数运行后，我们可以将从设备
端传回翻转后图像的操作加入命令队列中排队。

```
err = clEnqueueReadBuffer( commands, output, CL_TRUE, 0, TotalSize,
    CPU_OutputArray, 0, NULL, NULL );
if (err != CL_SUCCESS){
    printf("Error: Failed to read output array! %d\n", err);
    exit(1);
}
```

最后还需要清理 OpenCL 运行时。

```
clReleaseMemObject(input);
clReleaseMemObject(output);
clReleaseProgram(program);
clReleaseKernel(kernel);
clReleaseCommandQueue(commands);
clReleaseContext(context);
```

### 13.3.3 OpenCL 程序的运行时间

让我们看看 OpenCL 程序 imflip.cl 处理 astronaut.bmp 时的性能，如表 13-2 所示。

表 13-2 imflip 的运行时间，以 ms 为单位

| 设备 | 运行时间 |
| --- | --- |
| Intel i7-3820QM CPU @ 2.70GHz | 148.6 |
| Intel i7-6700K CPU @ 4.00GHz | 158.1 |
| Intel HD Graphics 4000 | 959.0 |
| Nvidia GeForce 650M | 63.9 |
| AMD Radeon R9 M395X | 5.5 |

❏ 毫不奇怪，独立 GPU 的运行时间最少，因为它们的 GDDR5 内存比其他 3 种设备使用的 DDR3 内存的带宽更高。

❏ 但是，集成显卡比 CPU 慢！因为 CPU 的存储器访问模式更有限，这允许更好的缓存和带宽更高的主存储器访问。

❏ 另外有趣的是，6700K CPU 的运行速度比 3820QM CPU 慢，尽管相对来说，它更新一些且时钟频率更高。注意，这些运行时间是多次运行的平均值，减少了随机偏差。

## 13.4 OpenCL 中的边缘检测

实际的应用程序通常需要多个核函数来完成所需的任务。让我们来看一个边缘检测程序，imedge。下面是高斯核函数：

```
__constant float Gauss[5][5] = {
  { 2, 4, 5, 4, 2 },
  { 4, 9, 12, 9, 4 },
  { 5, 12, 15, 12, 5 },
  { 4, 9, 12, 9, 4 },
  { 2, 4, 5, 4, 2 } };

__constant float Gx[3][3] = {
  { -1, 0, 1 },
  { -2, 0, 2 },
  { -1, 0, 1 } };

__constant float Gy[3][3] = {
  { -1, -2, -1 },
  { 0, 0, 0 },
  { 1, 2, 1 } };

__kernel void gaussian_filter(
  __global float * output,
  __global float * input,
  __local float * working,
  const int M,
```

```
       const int N)
{
   int idx = get_global_id(0);          int local_id = get_local_id(0);
   int local_size = get_local_size(0);
   int row = idx / N;                    int col = idx % N;
   int local_row = 2;                    int local_col = local_id + 2;
   int i, j;                             int local_idx, gidx;
   float G;

   if (idx >= M * N) return;
   if ((row<2) || (row > (M - 3)) || (col < 2) || (col > N - 3)) {
      output[idx] = input[idx];
      return;
   }

   // 查看工作组的大小是否适合本地内存
   if (local_size >= 64) {
      if (local_id == 0) {
         // 左边
         for (i = 0; i < 5; i ++) {
            local_idx = i * (local_size + 4) + local_col - 2;
            working[local_idx] = input[(row+i) * N + col - 2];
            local_idx = i * (local_size + 4) + local_col - 1;
            working[local_idx] = input[(row+i) * N + col - 1];
         }
      } else if (local_id == local_size - 1) {
         for (i = 0; i < 5; i ++) {
            local_idx = i * (local_size + 4) + local_col + 2;
            working[local_idx] = input[(row+i) * N + col + 2];
            local_idx = i * (local_size + 4) + local_col + 1;
            working[local_idx] = input[(row+i) * N + col + 1];
         }
      }
      for (i = 0; i < 5; i ++) {
         local_idx = i * (local_size + 4) + local_col;
         working[local_idx] = input[(row+i) * N + col];
      }
      barrier(CLK_LOCAL_MEM_FENCE);
      G=0.0;
      for(i=-2; i<=2; i++){
         for(j=-2; j<=2; j++){
            gidx = (local_row+i) * (local_size + 4) + local_col+j;
            G += working[gidx] * Gauss[i+2][j+2];
         }
      }
   } else {
      G=0.0;
      for(i=-2; i<=2; i++){
         for(j=-2; j<=2; j++){
            gidx = (row+i) * N + col+j;
            G += input[gidx] * Gauss[i+2][j+2];
         }
      }
   }
   output[idx] = (G/159.0);
}
```

下面是 Sobel 核函数：

```
__kernel void sobel(
  __global unsigned char * output,
  __global float * input,
  __local float * working,
  const int M,
  const int N)
{
  int idx = get_global_id(0);
  int local_id = get_local_id(0);
  int local_size = get_local_size(0);
  int row = idx / N;
  int col = idx % N;
  int local_row = 1;
  int local_col = local_id + 1;
  int local_idx;
  float GX,GY;
  int gidx;
  int i, j;

  // 该线程 ID 超出了范围
  if (idx >= M * N) return;
  // 行、列超出了范围
  if ((row<1) || (row > (M - 2)) || (col < 1) || (col > N - 2)) {
    output[idx] = 255;
    return;
  }

  // 查看工作组的大小是否适合本地内存
  if (local_size >= 64) {
    if (local_id == 0) {
      // 左边
      for (i = 0; i < 3; i ++) {
        local_idx = i * (local_size + 2) + local_col - 1;
        working[local_idx] = input[(row+i) * N + col - 1];
      }
    } else if (local_id == local_size - 1) {
      for (i = 0; i < 3; i ++) {
        local_idx = i * (local_size + 2) + local_col + 1;
        working[local_idx] = input[(row+i) * N + col + 1];
      }
    }
    for (i = 0; i < 3; i ++) {
      local_idx = i * (local_size + 2) + local_col;
      working[local_idx] = input[(row+i) * N + col];
    }
    barrier(CLK_LOCAL_MEM_FENCE);
    // 计算 Gx 和 Gy
    GX=0.0; GY=0.0;
    for(i=-1; i<=1; i++){
      for(j=-1; j<=1; j++){
        gidx = (local_row+i) * (local_size + 2) + local_col+j;
        GX += working[gidx] * Gx[i+1][j+1];
        GY += working[gidx] * Gy[i+1][j+1];
```

```
            }
          }
    } else {
      GX=0.0; GY=0.0;
      for(i=-1; i<=1; i++){
          for(j=-1; j<=1; j++){
              gidx = (row+i) * N + col+j;
              GX += input[gidx] * Gx[i+1][j+1];
              GY += input[gidx] * Gy[i+1][j+1];
          }
      }
    }
    float THRESHOLD = 64.0;
    output[idx] = sqrt(GX*GX+GY*GY) < THRESHOLD ? 255 : 0;
}
```

imedge.cl 文件的开始部分定义了三个数组。请注意它们如何被声明为 __constant，这将它们指定为只读。这不仅保证它们不会被错误地修改，而且还可以通过将该数据放置在常量缓存中获得性能优化。我们还使用了 __local 内存，该内存将数据放置在具有 L1 访问时间的缓存中。本地内存的使用方式类似于 CUDA 中的共享内存。在我们的核函数中，首先将全局内存中的数据加载到共享内存中。因为我们采用的是 1D 线程队列，所以需要加载与初始线程处理的像素在同一列中的像素。边缘像素还需要加载它们旁边的值。如果以 2D 布局调度线程，就本地内存而言，可以更好地利用线程的局部性。然而，使用 2D 布置的线程的运行速度比使用 1D 布置的要慢很多。

将数据加载到本地内存后，我们用一个屏障确保本地内存的数据已经完全读入后，所有的线程才会继续执行。与 CUDA 不同，我们向屏障调用传递了一个参数 CLK_LOCAL_MEM_FENCE。该参数告诉屏障仅同步当前工作组中的工作项，然后再继续执行，而另一个参数 CLK_GLOBAL_MEM_FENCE 将同步当前核函数的所有工作组中的所有工作项。由于我们使用的是本地内存，CLK_LOCAL_MEM_FENCE 就足够了。

imedge 的主机端代码与 imflip 相似。

与前面一样，我们需要选择设备，创建上下文，创建命令队列，编译程序。创建核函数的过程也与之前一样，除了对每个核函数都需要执行一次以外。

```
gauss = clCreateKernel(program, "gaussian_filter", &err);
if (!gauss || err != CL_SUCCESS){
    printf("Error: Failed to create compute kernel (gaussian_filter)!\n");
    exit(1);
}

sobel = clCreateKernel(program, "sobel", &err);
if (!sobel || err != CL_SUCCESS){
    printf("Error: Failed to create compute kernel (sobel)!\n");
    exit(1);
}
```

参数设定也与之前一样。

现在我们需要分配一些缓冲区以保存输入、输出和一些中间变量。

和以前一样，输入缓冲区只需要读取操作，所以我们用 CL_MEM_READ_ONLY 标记输入缓冲区。另外，输出（在设备端）缓冲区是只写的，因为核函数只会写入这个位置。因此，我们用 CL_MEM_WRITE_ONLY 标记它。存放高斯滤波处理后的图像的缓冲区将被写入和读取。因此，它必须标记为 CL_MEM_READ_WRITE。

```
input = clCreateBuffer(context, CL_MEM_READ_ONLY, input_size, NULL, NULL);
output = clCreateBuffer(context, CL_MEM_WRITE_ONLY, output_size, NULL, NULL);
blurred = clCreateBuffer(context, CL_MEM_READ_WRITE, input_size, NULL, NULL);
if (!input || !output || !blurred){
    printf("Error: Failed to allocate device memory!\n");
    exit(1);
}
```

让我们看看这些核函数是如何运行的。

```
// 设置核函数参数
err = 0;
err = clSetKernelArg(gauss, 0, sizeof(cl_mem), &blurred);
err |= clSetKernelArg(gauss, 1, sizeof(cl_mem), &input);
err |= clSetKernelArg(gauss, 2, ((gauss_local + 4) * 5) * sizeof(float), NULL);
err |= clSetKernelArg(gauss, 3, sizeof(int), &M);
err |= clSetKernelArg(gauss, 4, sizeof(int), &N);
if (err!=CL_SUCCESS){ printf("Failed to set kernel args! %d\n", err); exit(1);}
// 设置 sobel 核函数的参数
err = 0;
err = clSetKernelArg(sobel, 0, sizeof(cl_mem), &output);
err |= clSetKernelArg(sobel, 1, sizeof(cl_mem), &blurred);
err |= clSetKernelArg(sobel, 2, ((sobel_local + 2) * 3) * sizeof(float), NULL);
err |= clSetKernelArg(sobel, 3, sizeof(int), &M);
err |= clSetKernelArg(sobel, 4, sizeof(int), &N);
if (err!=CL_SUCCESS){ printf("Failed to set kernel args! %d\n", err); exit(1);}
// 获得工作组大小
getWorkGroupSizes(device_id, gauss, &gauss_local, &gauss_global, M * N);
getWorkGroupSizes(device_id, sobel, &sobel_local, &sobel_global, M * N);
// 将数据写入设备端的输入数组
err = clEnqueueWriteBuffer(commands, input, CL_TRUE, 0, input_size,
    CPU_InputArray, 0, NULL, & xin);
if (err!=CL_SUCCESS){ printf("Failed to write to source array\n"); exit(1);}
// 用该设备最大的工作组项目的个数在 1d 输入数据的所有范围上执行核函数
err = clEnqueueNDRangeKernel(commands, gauss, 1, NULL, &gauss_global,
    &gauss_local, 0, NULL, &event1);
if (err){ printf("Error: Failed to execute kernel! (%d)\n", err); return
    EXIT_FAILURE; }
err = clEnqueueNDRangeKernel(commands, sobel, 1, NULL, &sobel_global,
    &sobel_local, 0, NULL, &event2);
if (err){
    printf("Error: Failed to execute kernel! (%d)\n", err);
    return EXIT_FAILURE;
}
```

```
err = clEnqueueNDRangeKernel(commands, edge, 1, NULL, &edge_global, &edge_local,
    0, NULL, &event3);
if (err){
    printf("Error: Failed to execute kernel! (%d)\n", err);
    return EXIT_FAILURE;
}
// 从设备端读回结果并进行验证
err = clEnqueueReadBuffer(commands, output, CL_TRUE, 0, output_size,
    CPU_OutputArray, 0, NULL, & xout );
if (err != CL_SUCCESS){
    printf("Error: Failed to read output array! %d\n", err);
    exit(1);
}
```

首先需要设置该核函数的参数。这与在 imflip 中设置参数的方式类似，但有一个明显的例外。

```
clSetKernelArg(gauss, 2, ((gauss_local + 4) * 5) * sizeof(float), NULL);
```

这行代码创建了一个数组，它将成为核函数使用的本地内存。与传递给核函数的其他参数不同，请注意该参数的地址为 NULL。

接下来，确定工作组的大小。请注意，每个核函数都会执行一次，因为这可以让每个核函数都实现最大的占用率。

然后将数据传输操作、每个核函数和数据传回操作加入队列。因为 OpenCL 执行队列中的命令时不会乱序执行，所以可以确信在每个核函数启动之前，必要的数据都会准备好。

程序的性能如何？和以前一样，我们用 Astronaut.bmp 对其进行测试。结果报告在表 13-3 中。

表 13-3 imedge 的运行时间，以 ms 为单位

| 设备 | Tfr In | Tfr Out | Gauss | Sobel |
|---|---|---|---|---|
| Intel i7-3820QM CPU | 59.86 | 5.943 | 210.26 | 135.27 |
| Intel i7-6700K CPU | 48.16 | 5.806 | 166.54 | 102.45 |
| Nvidia GeForce 650M | 51.95 | 12.74 | 119.99 | 60.02 |
| AMD Radeon R9 M395X | 16.84 | 10.31 | 5.316 | 3.70 |

这里有几点要注意。首先，即使是以 CPU 为设备，仍然存在内存传输开销。这是因为 OpenCL 分配的缓冲区与 malloc( ) 分配的内存区域并不在同一片区域。因此，使用 CPU 不能避免传输开销，无论何种设备，都会产生传输开销。

使用本地内存可以大大提高核函数性能，但是这种好处有可能被线程同步的代价抵销。要获得最佳的性能提升，请确保尽可能多地共享数据，这样每一个首次访问全局内存并将数据存入本地内存的操作都会降低原来需要多次对全局内存访问的开销。

*Chapter 14* 第 14 章

# 其他 GPU 编程语言

Sam Miller
*罗彻斯特大学*
Andrew Boggio-Dandry
*纽约州立大学奥尔巴尼分校*
Tolga Soyata
*纽约州立大学奥尔巴尼分校*

本章将简要介绍除 OpenCL 和 CUDA 之外的 GPU 编程语言。此外，还将研究一些常见的 API，例如 OpenGL、OpenGL ES、OpenCV 以及苹果的 Metal API。虽然这些 API 不是编程语言，但它们将现有的语言转换为更实用的工具。

## 14.1 使用 Python 进行 GPU 编程

Python 可以通过两个强大的库 PyOpenCL 和 PyCUDA 编写 CPU 代码。这两个库都由同一个作者编写，具有类似的功能 [31]。它们严格遵循 OpenCL 和 CUDA API，并将编写 GPU 代码时经常需要的大部分样板代码抽象出来。基本库是用 C++ 编写的，因此 Python 可以保持最佳性能。Numpy 是另一个非常受欢迎的 Python 库，在社区中广泛用于面向数值和科学应用的 Python 操作，并提供了一种基本但非常灵活的数值数组类型，与标准的 Python 列表相比，该数据类型优先考虑速度。PyOpenCL 和 PyCUDA 都创建了一个类似 Numpy 的数组，这些设备端数组的操作和使用与标准的 Numpy 数组非常相似，但在

CUDA 或 OpenCL 设备上处理。传输数据、错误检查、性能分析等都包含在方便的 Python
方法中，以便与现有的 Python 代码很好地吻合。

两种 GPU 库都大量使用模板代码生成方法，可以容易地创建对应元素处理的核函数以
及使用像扫描、归约和流压实等并行基元。PyOpenCL 还可以与 OpenGL 和 clBLAS 库结合
使用。所有这一切使创建某个思想的原型系统非常容易，也可以对现有项目进行提速。有
关使用 PyOpenCL 或 PyCUDA 的更多信息，请参阅 https://documen.tician.de/pyopencl/[26] 和
https://documen.tician.de/pycuda/[25]。

## 14.1.1　imflip 的 PyOpenCL 版本

为了说明使用 PyOpenCL 有多么简单，我将介绍两个不同的程序。第一个是在前面
OpenCL 部分介绍的基于 OpenCL 的 imflip 程序的 Python 版本。大部分语法与 OpenCL API
非常相似。下面给出了完整源代码，它可以完成与 OpenCL C 版本的 imflip 完全相同的
任务。

在进入代码的 OpenCL 部分之前，需要使用 OpenCV 的 Python 库将图像加载到内存
中。图像大小、行数和列数都会被提取出来，以便在后面的代码中确定核函数的适当大小。

```
image = cv2.imread(sys.argv[1], cv2.CV_LOAD_IMAGE_COLOR)
rows, cols = image.shape[:2]
input_image = image.flatten()
flipped_image = np.empty_like(input_image)
```

这部分代码（下面的列表）允许用户选择平台和设备。在 Apple 设备上，只有一个可用
的平台，因为 Apple 会为自己的设备编写驱动程序和 OpenCL 库。如果在 Windows 或 Linux
上，就可能存在多个平台。例如，如果你有 Nvidia GPU 和 Intel CPU，就可以下载并安装适
用于这两个设备的 OpenCL 库。每个供应商负责编写一个 OpenCL 驱动程序，该驱动程序可
以正确地接受你的核函数并转写为与设备（CPU 或 GPU）相关的中间级别语言。在 AMD 的
架构下，它们的 OpenCL 版本可以使用相同的驱动程序与 CPU 和 GPU 进行通信。

通过使用 get_devices 方法，PyOpenCL 借鉴了 OpenCL API 调用以获取某种类型的设
备。在此版本的代码中，如果没有指定任何设备，则设备默认为 CPU。请注意，此版本不
会执行任何错误检查以确保该设备存在，并且每个设备只有一个平台和一种类型。最后，
使用所选设备创建队列。还要注意，这些属性包括启用分析以允许对核函数或任何数据传
输进行计时。

下面的代码给出了如何在设备上分配内存。这些方法调用的语法与 OpenCL C 版本相同。

```
platform = cl.get_platforms()[0]
gpu_device = platform.get_devices(cl.device_type.GPU)
cpu_device = platform.get_devices(cl.device_type.CPU)
accel_device = platform.get_devices(cl.device_type.ACCELERATOR)
```

```python
    if cl_device_type == 'gpu':
        dev = gpu_device
    elif cl_device_type == 'accelerator':
        dev = accel_device
    else:
        dev = cpu_device
    ctx = cl.Context(dev)

    queue =
        cl.CommandQueue(ctx,properties=cl.command_queue_properties.PROFILING_ENABLE)
#imflip.cl 的 Pyopencl 版本
#
from __future__ import absolute_import, print_function
import numpy as np
import pyopencl as cl
import cv2
import sys

#获取需要的 OpenCL 设备类型（cpu、GPU 或加速设备）
cl_device_type = sys.argv[-1].lower()

image = cv2.imread(sys.argv[1], cv2.CV_LOAD_IMAGE_COLOR)
rows, cols = image.shape[:2]
input_image = image.flatten()
flipped_image = np.empty_like(input_image)

platform = cl.get_platforms()[0]
gpu_device = platform.get_devices(cl.device_type.GPU)
cpu_device = platform.get_devices(cl.device_type.CPU)
accel_device = platform.get_devices(cl.device_type.ACCELERATOR)

if cl_device_type == 'gpu':
    dev = gpu_device
elif cl_device_type == 'accelerator':
    dev = accel_device
else:
    dev = cpu_device
ctx = cl.Context(dev)

queue =
    cl.CommandQueue(ctx,properties=cl.command_queue_properties.PROFILING_ENABLE)

mf = cl.mem_flags

# 在设备端分配内存
image_device = cl.Buffer(ctx, mf.READ_ONLY | mf.COPY_HOST_PTR, hostbuf=input_image)
flipped_image_device = cl.Buffer(ctx, mf.WRITE_ONLY, input_image.nbytes)

with open("imflip.cl", "rb") as kernel_file:
    prg = cl.Program(ctx, kernel_file.read()).build()

exec_evt = prg.hflip(queue, input_image.shape, None, image_device,
    flipped_image_device, np.int32(rows), np.int32(cols))
exec_evt.wait()
kernel_run_time = 1e-9 * (exec_evt.profile.end - exec_evt.profile.start)
```

```
cl.enqueue_copy(queue, flipped_image, flipped_image_device)

flipped_image = np.reshape(flipped_image, (rows, cols, 3))
cv2.imwrite(sys.argv[2], flipped_image)

print("Kernel Runtime:", kernel_run_time)

mf = cl.mem_flags

# 在设备端分配内存
image_device = cl.Buffer(ctx, mf.READ_ONLY | mf.COPY_HOST_PTR, hostbuf=input_image)
flipped_image_device = cl.Buffer(ctx, mf.WRITE_ONLY, input_image.nbytes)
```

这部分代码读取 imflip.cl 源代码文件并从中建立一个核函数。然后它使用与原始 OpenCL C 版本相同的参数调用核函数 hflip( )。核函数调用返回一个事件 exec_evt，用于分析核函数的运行时间。请注意，exec_evt.wait( ) 方法可确保在使用任何时序值之前核函数已经完成运行。运行时间的提取是一个简单的算术运算。

```
with open("imflip.cl", "rb") as kernel_file:
    prg = cl.Program(ctx, kernel_file.read()).build()

exec_evt = prg.hflip(queue, input_image.shape, None, image_device,
    flipped_image_device, np.int32(rows), np.int32(cols))
exec_evt.wait()
kernel_run_time = 1e-9 * (exec_evt.profile.end - exec_evt.profile.start)
```

最后，下面的清单给出了如何将翻转图像的缓冲区复制回主机端。在作为 BMP 文件写入磁盘之前，数组维度将重新调整以适应 OpenCV 数据格式。

```
cl.enqueue_copy(queue, flipped_image, flipped_image_device)

flipped_image = np.reshape(flipped_image, (rows, cols, 3))
cv2.imwrite(sys.argv[2], flipped_image)

print("Kernel Runtime:", kernel_run_time)
```

imflip.py 程序的运行结果如图 14-1 所示。在 5 种不同的设备上测试了两个不同大小的图像。Tesla 和 Xeon Phi 属于高端设备，因而表现得都如预期的那样大大优于其他设备。Intel Iris 是大多数 MacBook Pro 使用的中端集成 GPU。令人惊讶的是，Intel i5 CPU 比服务器 Xeon E5 CPU 的性能更好。如果在优化上花费更多的精力，CPU 和 GPU 之间的差距也可能会减小。OpenCL 的优点之一是它可以在各种各样的设备上运行。这种高度的灵活性也伴随着一点警告。尽管 OpenCL 核函数几乎可以在任何地方运行，但仍然需要考虑与设备相关的优化，特别是在 CPU 上运行时的情况，因为 CPU 的内存布局与 GPU 的内存布局区别很大。这将我们引入下一节内容，即一些障碍可以通过 PyOpenCL 的元模板和运行时代码生成来克服。

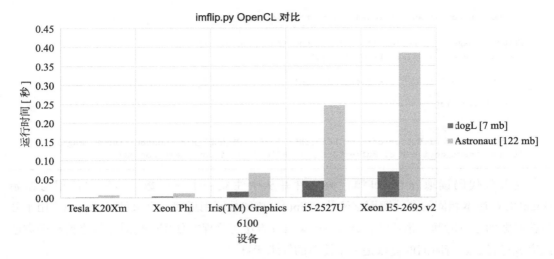

图 14-1  不同设备上 imflip.py 核函数的运行时间

## 14.1.2  PyOpenCL 的逐元素核函数

PyOpenCL 和 PyCUDA 中有一个独特且非常方便的选项，它能够快速编写核函数以执行逐元素（element-wise）的操作。一个逐元素操作对一个 vector（或在 Python 情况下，一个 Numpy 数组容器）中的每个元素执行相同的操作。下面给出一个如何在 PyOpenCL 中使用它的例子：

```
#PyOpenCL 中的逐元素操作
#
from __future__ import absolute_import, print_function
import numpy as np
import pyopencl as cl
import pyopencl.array
from pyopencl.elementwise import ElementwiseKernel

ctx = cl.create_some_context()
queue = cl.CommandQueue(ctx)

#创建一个随机数数组来表示一个函数 f
f_cpu = np.random.rand(50000).astype(np.float32)

#创建一个 dx 值
dx = 2.0

#创建一个设备端数组来存放 f 并进行传输
f_device = cl.array.to_device(queue, f_cpu)

#创建一个数组来存放相同大小的 f 的导数值
dfdx_device = cl.array.empty_like(f_device)

#创建一个逐元素数学核函数来计算导数
```

```
deriv_kernel = ElementwiseKernel(context=ctx,
                                 arguments="float dx, float *f, float *dfdx",
                                 operation="dfdx[i] = (f[i+1] - f[i])/dx",
                                 name="deriv")
#执行核函数
kernel_run_event = deriv_kernel(dx, f_device, dfdx_device)

#将导数传回主机端⊖
dfdx_cpu = dfdx_device.get()
```

与任何 OpenCL 代码一样，需要设置一个平台和一个恰当的队列。PyOpenCL 有一个方便的方法 create_some_context( )，它将在运行时查询用户选择运行代码的平台和设备。这不是选择设备的唯一方式，如 imflip.py 示例中所示，可以指定要选择的设备或设备的类型。

```
#设置上下文和队列
#
ctx = cl.create_some_context()
queue = cl.CommandQueue(ctx)
```

用 CPU 上标准的 Numpy 方法可以创建一个数值数组，该数组中每个元素的值是另一个随机数初始化数组的导数。可以使用 to_device( ) 方法创建相应的设备端数组 f_device。这将创建一个与 CPU 版本完全相同的设备端数组，并将内容传输到设备端。创建一个空的设备端数组 dfdx_device，以保存核函数稍后将在代码中写入的导数值。

```
# 创建设备端数组
#
# 创建一个随机数数组来表示一个函数 f
f_cpu = np.random.rand(50000).astype(np.float32)

# 创建一个 dx 值
dx = 2.0

# 创建一个设备端数组来存放 f 并进行传输
f_device = cl.array.to_device(queue, f_cpu)

# 创建一个数组来存放相同大小的 f 的导数值
dfdx_device = cl.array.empty_like(f_device)
```

设置好设备端数组后，就可以创建核函数了。ElementiseKernel( ) 方法接受一系列采用 C 语言风格的参数，以及一个操作，并从中创建一个核函数来执行该操作。因为 PyOpenCL 使用元模板方法实时地创建和分析核函数，这部分代码的真正威力才显现出来。你可以简单地给它基本操作，本例中是一种简单的有限差分操作，它将使操作适用于你的数据。这种运行时代码的生成和自动调优做了大量工作，因此你只需为其提供要执行的基本操作。当你希望在不同的设备上获得最佳的核函数性能时，这个功能会非常强大。

---

⊖　原文为设备端，应为主机端。——译者注

```
# 创建核函数、运行以及将数据发送回 CPU
# 创建一个逐元素数学核函数来计算导数
#
deriv_kernel = ElementwiseKernel(context=ctx,
                                 arguments="float dx, float *f, float *dfdx",
                                 operation="dfdx[i] = (f[i+1] - f[i])/dx",
                                 name="deriv")
# 执行核函数
kernel_run_event = deriv_kernel(dx, f_device, dfdx_device)

# 将导数传回主机端⊖
dfdx_cpu = dfdx_device.get()
```

最后，一旦逐元素核函数创建好并运行，可以用设备端数组方法 get() 将数据复制回
CPU。我们可以将其与用 cl.enqueue_copy（queue，output_image，res_g）函数将数据传回
CPU 的 imflip.py 示例进行比较。虽然两者的功能基本相同，但设备端数组版本又增添了另
一种便利性。

## 14.2　OpenGL

开放图形库（OpenGL）是一个 API 函数库，它大大简化了二维和三维计算机图形操作。
OpenGL 中包含的功能远远超出了旋转对象、缩放它们等。它还包括 z- 缓冲功能，可将三
维图像转换为二维图像，使其适合在计算机显示器中显示，并计算多个光源的光照效果。
该 API 通过与硬件加速器接合来加速图形计算。

Silicon Graphics 公司（SCI）在 20 世纪 90 年代早期推出了 OpenGL，当时的图形加速
器是向量单元，内置于 GPU 或其他专用芯片中，严格用于图形加速。OpenGL 广泛用于计
算机辅助图形（CAD）应用程序。例如，AutoCAD 应用程序（对于建筑师、设计人员等来
说，实际上它是机械制图工具）需要在使用该应用程序的电脑上配备硬件图形加速器。此
外，可视化程序（例如，飞行模拟器）和更一般的信息可视化工具（例如，龙卷风飞行的模
式）用它来加速信息刷新的速率（例如，实时可视化）。OpenGL 由非营利技术协会 Khronos
Group 维护，该团体也负责维护 OpenCL。

最新的 OpenGL 4.0 规范可以在 Khronos 的网站上找到：https://www.khronos.org/
registry/OpenGL/specs/gl/glspec40.core.pdf[23]。

OpenGL 程序员使用构建在 OpenGL 之上的更高级语言是很常见的。这些库包括：

❏ **OpenGL 实用程序库（GLU）**：不赞成使用（截至 2009 年）的库，在 OpenGL 之上提
供了更高级别的功能，例如支持球体、圆盘和圆柱等。

❏ **OpenGL Utility Toolkit（GLUT）**：面向编写基于 OpenGL 代码的程序员的一个实用工
具库。这些库函数通常是特定于操作系统的，如窗口定义、窗口创建、窗口控制和

---

⊖ 原文为设备端，应为主机端。——译者注

键盘／鼠标控制。如果没有这个附加库，OpenGL 本身就太低级了，无法舒适地编写基于窗口的程序。

在电脑上安装 GLUT 很简单。可以在这个网站上找到一个免费的版本：freeglut：http：//freeglut.sourceforge.net/ [6]。

安装好后，你必须在 C 代码中包含下面几行代码（这只是在 Windows 版本的旧版 MS Visual Studio 中的一个示例安装）：

```
#define WIN32_LEAN_AND_MEAN
#include <Windows.h>
#include <gl/gl.h>
#include <gl/glu.h>
#define FREEGLUT_STATIC
#include <gl/glut.h>
```

## 14.3　OpenGL ES：用于嵌入式系统的 OpenGL

开发用于嵌入式系统的 OpenGL（OpenGL ES）是为了在资源有限的移动设备（例如，智能手机、平板电脑和 PDA）和计算机控制台上实现二维和三维计算机游戏。它不支持 GLU 或 GLUT。目前由 Khronos 集团维护。它是免费的，就像 OpenGL 和 OpenCL 一样。预计 Vulkan 将取代 OpenCL ES。部分是由于其年代的原因，OpenCL ES 是历史上发布最广的 3D 图形平台。有关 OpenCL ES 的更多信息可以在 Khronos 的网站上找到：https://www.khronos.org/opengles/[24]。

## 14.4　Vulkan

Vulkan 是 Khronos 集团的另一种语言，旨在为高性能 3D 图形和通用计算提供更均衡的 CPU/CPU 使用率。它在 2016 年年初推出，当时几乎所有的商用 CPU 都包含一个集成的 GPU。例如，Apple 的 A10 处理器包括 6 个 CPU 和 12 个 GPU 核心，Intel 的 i5、i7 处理器包括 4 个 CPU 核心和数十个 GPU 核心，AMD 的 APU 包括多个 CPU 和多个 GPU 核心。Vulkan 与 Direct3D 12 相似，同时也忠于其前身 OpenGL，Direct3D 12 以均衡的方式将计算任务分配在 CPU 和 GPU 之间。有关 Vulkan 的更多信息可以在 Khronos 的网站上获得：https://www.khronos.org/registry/vulkan/specs/1.0/html / vkspec.html [27]。

## 14.5　微软的高级着色语言

研究 GPU 编程的目的是希望用其进行通用编程并获得比仅使用 CPU 时高得多的性能。

从这个意义上讲，本书是一本 GPGPU 编程书籍，利用 GPU 的高性能计算能力处理如图像、电子网格或流体单元等高度结构化数据的科学计算。要知道的是，GPU 的出现归功于电脑游戏，而非那些需要高性能计算的非主流的应用程序。因此，从第一天开始，GPU 就具有执行坐标变换的能力，例如将计算出的三维图像转换为在计算机显示器或电视机上显示的二维图像（参见第 6 章中的一个简单示例）。由于这个事实，每个 GPU 都具备执行计算机图形功能的能力，例如处理图像顶点、图像几何、在对象上添加纹理等。可以用 GPU 编程语言编写电脑游戏。例如，微软的高级着色语言（HLSL）就是这样的一种语言。

### 14.5.1　着色

创建计算机生成的视觉效果的第一步是使用三维空间中的一组点来设计和构建三维对象（请参阅第 6 章）。然后将这些物体与摄像机拍摄的实际图像组合在一起创建逼真的场景。但是，原始三维模型无法与图像的其余部分完美融合。其结果是一个突兀的三维对象，似乎完全与周围环境分开。这使整个图像变得不那么真实，削弱了计算机生成的视觉效果在电影和电视游戏制作等目标行业的适用性。引入着色程序就是为了解决这个问题。着色程序可以分析一个三维对象的表面情况，并根据场景的光照特性应用着色和光反射效果，最终目标是将物体更好地融入场景并创建更加逼真的图像。

着色可以离线或在线进行。前者用于电影制作，后者通常用于电子游戏行业。OpenGL 和 Microsoft Direct3D 是在线着色工具。虽然最初的着色工具在 GPU 架构中是硬编码的，但人们很快就意识到，基于软件的汇编解决方案可以提高该功能的灵活性和可定制性。然而，汇编语言的复杂性很快加剧了对高级着色语言的需求。Nvidia 推出了自己的语言 Nvidia Cg（C for graphics），微软推出了高级着色语言（HLSL）。两种语言都使用相同的语法，但是，由于商业原因，它们被命名为两个不同的名称。然而，与 Cg 不同的是，HLSL 只能编译 DirectX 的着色器，并且与 OpenGL 不兼容（毫不奇怪，因为 Direct 3D 是 OpenGL 的竞争对手）。Cg 同时兼容 OpenGL 和 DirectX。

### 14.5.2　HLSL

HLSL 由 Microsoft 开发，与 Direct3D 9 应用程序编程接口（API）一同使用，并成为 Direct3D 10 及更高版本统一着色器模型所需的着色语言。开发 HLSL 是为了将汇编语言的着色器编码升级为更高级的语言。该语言工作在 Direct3D 管道中，包含内置构造函数、向量和矩阵等内建数据类型、任意重组（swizzling）和遮罩（masking）操作符，以及大量的内部函数，但没有指针、位运算、函数变量或递归函数。HLSL 程序通常采用以下五种形式之一：

1. 像素着色器为每个像素计算效果。
2. 顶点着色器通过对对象的顶点数据进行数学运算，为三维环境中的对象添加特殊效果。

3. 几何着色器接受一个基元作为输入，输出零个或多个基元。有趣的是，几何着色器可以将给定的图元转换为完全不同的图元，甚至可以产生比原始输入更多的顶点。

4. 计算着色器用于大规模并行 GPGPU 算法或加速部分游戏的渲染。这几乎就是本书研究的内容。

5. 细分着色器将曲面或面片分解成更小的曲面，如 6.1.2 节所述。

# 14.6　Apple 的 Metal API

Metal API（2014 年在 iOS 8 中首次发布）由 Apple 作为其图形 API 的一部分而开发，它结合了 OpenCL 和 OpenGL 中的功能。Metal 基于 C++ 14 规范，但不使用 C++ 标准库。相反，Metal 有自己的标准库。Metal 也包含向量和矩阵等内建数据类型，也不支持指针。Metal 与 OpenGL ES 类似，也是被设计用于与 3D 图形硬件交互的低级语言。Apple 专门为他们的硬件设计了 Metal，以便与他们的操作系统和软件集成。因此，与 OpenGL ES 相比，Metal 可以提供高 10 倍的绘制调用次数。

有关 Metal 语言的更多信息可以在 Apple 开发人员的网站上找到：https://develop.apple.com/metal/[1]。

# 14.7　Apple 的 Swift 编程语言

Apple 的 Swift 编程语言是 Apple 针对编程语言进行大量研究的成果。它于 2014 年作为专有编程语言推出，后来在版本 2.2 时变为开源软件。它是苹果最新的编程语言，可在所有 Apple 平台上编程，如 iOS、macOS、watchOS 和 tvOS。它可以同时利用 Apple 平台的 CPU 和 GPU 功能。

有关 Swift 编程语言的更多信息可以在 Apple 的网站上找到：https:/developer.apple.com/swift[2]。

# 14.8　OpenCV

OpenCV 库是当今可用的最重要的开源 API 库之一 [22]。它完全免版税，包含许多图像处理 API 以及诸如人脸识别等高端 API。后续版本（OpenCV 3.3）还包含深度学习 API。有关 OpenCV 的更多信息可以在他们的网站上获得：http://opencv.org/[22]。

## 14.8.1　安装 OpenCV 和人脸识别

有关安装 OpenCV 和人脸识别应用程序的综合教程，请参阅以下文章：[35,28]。

### 14.8.2 移动－微云－云实时人脸识别

有关在移动－微云－云设备上进行实时人脸识别的有趣应用，请参阅作者在过去 5 年中进行的研究 [33,36-38]。它描述了一个平台，在该平台上，手机可以利用包含丰富 GPU 资源的云来进行实时人脸识别。

### 14.8.3 加速即服务（AXaas）

这是作者正在进行的一项有趣的研究，该项研究建议通过使用手机将 GPU 加速服务作为一种可出租的商品进行出售，请参考以下文章：[34, 35]。在这些工作中，大量使用了 OpenCV。

第 15 章 *Chapter 15*

# 深度学习中的 CUDA

Omid Rajabi Shishvan
纽约州立大学奥尔巴尼分校

Tolga Soyata
纽约州立大学奥尔巴尼分校

本章将研究 GPU 如何用于深度学习。深度学习是一种基于人工神经网络（ANN）的新兴机器智能算法。人工神经网络被认为是神经系统的计算模型。设计它们的目的是通过模仿大脑学习的方式来"学习"执行某项任务。

## 15.1 人工神经网络

人工神经网络（ANN）由多层相互连接的"神经元"组成，它们构成一个网络，接收输入数据，处理每层中的数据，并在最后一层产生输出。图 15-1 给出了一个神经网络常见的结构。

### 15.1.1 神经元

神经元是人工神经网络的基石。神经元的结构如图 15-2 所示，神经元接受多个输入，并通过将输入加权和经过一个激活函数来产生输出。这些输入值可能来自上一层中的其他神经元或来自系统的输入。

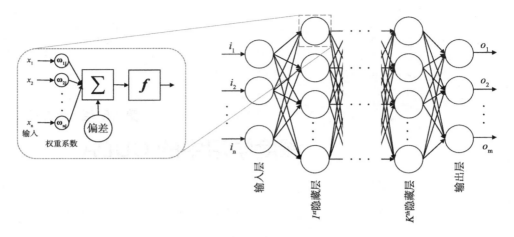

图 15-1 具有 $n$ 个输入，$k$ 个隐藏层和 $m$ 个输出的全连接人工神经网络的通用架构

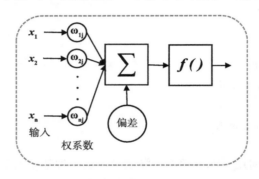

图 15-2 人工神经网络中神经元的内部结构。神经元（$x_1$，$x_2$，...，$x_n$）的输入在相加之前乘以
权重 $w_{ij}$。"偏差"是对总和再调整的值，$f()$ 是激活函数，用于将非线性成分引入输出

## 15.1.2 激活函数

神经元中的激活函数可以将非线性引入网络。如果每个神经元只输出其输入值的线性组合，网络的最终输出就只是输入的线性组合。对于 ANN 来说，这不是想要的结果。为了捕捉输入数据中的非线性关系，我们使用了激活函数。表 15-1 列出了神经网络中常见的激活函数。

表 15-1 常用的激活函数，用于在神经元中将非线性成分引入最终输出

| 函数名 | 方程式 | 函数名 | 方程式 |
|---|---|---|---|
| Identity | $f(x) = x$ | Rectifier Linear Unit (ReLU) | $f(x) = \begin{cases} 0 & \text{for } x < 0 \\ x & \text{for } x \geqslant 0 \end{cases}$ |
| Step Function | $f(x) = \begin{cases} 0 & \text{for } x < 0 \\ 1 & \text{for } x \geqslant 0 \end{cases}$ | Parametric ReLU | $f(\alpha, x) = \begin{cases} \alpha x & \text{for } x < 0 \\ x & \text{for } x \geqslant 0 \end{cases}$ |

（续）

| 函数名 | 方程式 | 函数名 | 方程式 |
|---|---|---|---|
| Logistic (Sigmoid) | $f(x)$ —— | Radial Basis Function | $\phi(x) = e^{-\beta\|x-\mu\|^2}$ |
| Hyperbolic Tangent | $f(x) = \dfrac{e^x - e^{-x}}{e^x + e^{-x}}$ | Exponential Linear Unit (ELU) | $f(\alpha, x) = \begin{cases} \alpha(e^{x-1}) & \text{for } x < 0 \\ x & \text{for } x \geq 0 \end{cases}$ |

# 15.2 全连接神经网络

神经元之间的连接不会形成循环的神经网络，被称为前馈神经网络。该类型神经网络中的一种常见的结构是，某一层中的所有神经元与前一层和后一层中的所有神经元都相连，这就构造了一个全连接神经网络。图 15-1 描述了一个全连接前馈神经网络。

全连接网络适用于较浅的网络，在将更多隐藏层添加到其结构中时，它们会显示出一些问题。一个问题是激励函数的饱和，如前馈神经网络中使用的 sigmoid 函数或双曲正切函数。除了激活函数饱和之外，网络参数的数量也会因为增加额外的隐藏层而迅速增长，这增加了网络训练的计算复杂性，变得对输入中可能并不重要的微小变化也非常敏感。这被称为过拟合问题。在卷积神经网络等其他深度架构中解决了这两个问题。

# 15.3 深度网络 / 卷积神经网络

尽管深度神经网络的概念已经存在了很长时间，但近年来（2006 年以来）它们才通过使用 GPU 的计算能力而得到普及。深度神经网络的一种形式是卷积神经网络（CNN），它可以接受多维数据作为输入。其主要特征是它们的层并不是全连接，并且层中的每个神经元只与前一层中的邻近神经元连接。这有助于识别局部特征并在其神经元中使用几乎不受限制的激活函数。与全连接网络的这些差异使得对深度卷积神经网络中的训练成为可能。CNN 已经证明自己是处理图像分类应用的理想人选。

每个 CNN 由依次连接的多个不同类型的层构建而成。假设网络以二维图像作为输入，CNN 使用的层的主要类型如下：

❏ **卷积层**：这是一个二维层，该层中的每个像素（神经元）接受前一层中某个区域（例如，一个 3 × 3 的正方形区域）内的像素值，将每个像素与一个权重系数相乘，并将这些值相加以产生其输出。卷积层能够获得输入数据的局部特征，并将这些特征传递给网络后续的层。

❏ **池化层**：也称为下采样层，是一个有多个过滤选项的过滤层，其中最大池化（maxpooling）是使用最广泛的一个。最大池化操作以上一层的一个区域（例如，一个 2 × 2 区域）内的像素为输入，并将这些像素中的最大值作为其输出。该区域的大小被称为步幅（在本例中，步幅等于 2）。这意味着如果一个 6×6 的数据被输入到一个使用 2×2 大小的最大池化函数的池化层，将产生一个 3×3 输出。

❏ **激活层**：在激活层中，每个神经元接收一个输入并通过激活函数产生其输出。从某种意义上说，神经元的激活函数与将各输入累加并送到一个新层中的操作是分离的。CNN 中最常使用的激活函数是 ReLU，因为其他激活函数因具有严格的限制而容易饱和。

❏ **全连接层**：CNN 的大部分阶段只使用卷积层、激活层和池化层，它们可以检测到输入中的局部特征。在最后阶段需要收集所有局部数据并建立一个全局网络对输入做出最终决定。这时需要几个全连接层将来自不同局部特征检测器的结果"混合"成最终的全局结果。

❏ **softmax 层**：softmax 层通常是卷积神经网络的最后一层，用于对输出结果进行归一化处理。假定网络需要进行有 n 个互斥对象的图像分类。这意味着可以使用 softmax 函数（公式 15.1）创建 n 个输出，每个输出表示该输入图像被分为某一类的概率。请注意，softmax 函数的所有输出的和总为 1，并且 softmax 函数是可微的，这有助于网络的训练。

$$f(v_i) = \frac{e^{v_i}}{\sum\limits_j e^{v_j}} \tag{15.1}$$

## 15.4　训练网络

人工神经网络主要用于回归或分类等目的。像其他机器智能算法一样，人工神经网络需要在一组输入数据上进行训练。对网络进行训练意味着必须调整内部参数（包括分配给神经元输入值的权重系数或神经元的偏差）来最小化网络错误。神经网络训练是通过一个称为"反向传播"的过程完成的。使用随机参数进行网络的初始化，然后向网络发送一个输入。该输入通过所有层，并计算输出结果的错误。通过反向传播，计算每个参数对整个结果贡献的误差大小，然后将这些参数进行小幅调整以减少误差。参数调整好后，新的输入通过网络传递和反向传播，再次调整参数以减少错误。这个过程一直持续，直到得到误差的最小值。

## 15.5　cuDNN 深度学习库

cuDNN 是一个为在 GPU 上实现深度网络提供支持的库。尽管使用 GPU 取代 CPU 来训练网络已经提供了显著的加速，但使用 cuDNN 可以获得进一步的提升。

cuDNN 可以从 https://developer.nvidia.com/cudnn[4] 下载。下载 cuDNN 文件后，确保按照安装手册完全安装库。这个库是主机端调用的 C 语言 API，与 cuBLAS 类似，它要求输入和输出数据驻留在 GPU 上。在 cuDNN 中广泛使用的 CNN 操作（针对向前和向后传播都进行了优化）有：

- ❏ 卷积
- ❏ 池化
- ❏ Softmax
- ❏ 神经元激活函数

  整流线性（ReLU）

  Sigmoid

  双曲正切（tanh）

  指数线性单元（ELU）
- ❏ 张量变换函数

## 15.5.1  创建一个层

不同类型的层可以用不同的 struct 语句来描述，如下所示。请注意，这不是实现这些层的唯一方法。可以使用一个简单的 struct 描述多个不同的层。

```cpp
struct Conv_Layer
{
  int inputs, outputs, kernelSize;
  int inputWidth, inputHeight, outputWidth, outputHeight;
  std::vector<float> convV;
  std::vector<float> biasV;
  ...
};

struct Maxpool_Layer
{
  int size, stride;
  ...
};

struct Fully_Connected_Layer
{
  int inputs, outputs;
  std::vector<float> neuronsV;
  std::vector<float> biasV;
  ...
};
```

在层的描述中包含与该层相关的数据和值。例如，卷积层需要存储输入和输出的大小，输入和输出的数量（因为卷积层可能需要创建多个输出或接受多个输入），偏差向量和神经元的权重。根据应用程序的需要，你可能希望实现一个从预训练的网络（保存在文件中）读取这些值的函数，或者在训练阶段结束时将训练结果写入新文件。

### 15.5.2 创建一个网络

可以使用一个结构来创建网络。这也是设置用于将数据从一个层传递到下一个层的张量的地方。

```
struct My_Network
{
    cudnnTensorDescriptor_t dataTensorDesc, convTensorDesc;
    cudnnConvolutionDescriptor_t convDesc;
    cudnnActivationDescriptor_t lastLayerActDesc;
    cudnnFilterDescriptor_t filterDesc;
    cudnnPoolingDescriptor_t poolDesc;

    void createHandles()
    {
        // 网络中使用的通用张量和层
        // 需要用一个描述符来初始化
        cudnnCreateTensorDescriptor(&dataTensorDesc);
        cudnnCreateTensorDescriptor(&convTensorDesc);
        cudnnCreateConvolutionDescriptor(&convDesc);
        cudnnCreateActivationDescriptor(&lastLayerActDesc);
        cudnnCreateFilterDescriptor(&filterDesc);
        cudnnCreatePoolingDescriptor(&poolDesc);
    }

    void destroyHandles()
    {
        cudnnDestroyTensorDescriptor(&dataTensorDesc);
        cudnnDestroyTensorDescriptor(&convTensorDesc);
        cudnnDestroyConvolutionDescriptor(&convDesc);
        cudnnDestroyActivationDescriptor(&lastLayerActDesc);
        cudnnDestroyFilterDescriptor(&filterDesc);
        cudnnDestroyPoolingDescriptor(&poolDesc);
    }
    ...
};
```

这是使用描述符来描述张量和层以及创建张量和层。

### 15.5.3 前向传播

无论是使用还是训练网络，都必须通过网络层传递数据。下面显示了用于卷积网络前向传播的一些方法：

```
convoluteForward(...)
{
    cudnnSetTensor4dDescriptor(dataTensorDesc, ...);
    cudnnSetFilter4dDescriptor(filterDesc, ...);
    cudnnSetConvolution2dDescriptor(convDesc, ...);
    cudnnConvolutionForward(...);
}
```

　　请注意，所有这些函数都需要多个输入参数，但这里没有给出。这些输入根据函数的不同而有所不同，但常见的输入是 cuDNN 句柄、输入和输出张量的描述符、数据大小和数据类型。

### 15.5.4　反向传播

　　在训练阶段，反向传播用于调整网络中的权重和参数。

```
cudnnActivationBackward(...)
cudnnPoolingBackward(...)
cudnnConvolutionBackwardBias(...)
cudnnConvolutionBackwardFilter(...)
```

### 15.5.5　在网络中使用 cuBLAS

　　网络的全连接层通常使用 cuBLAS 库而非 cuDNN 库来实现。因为全连接层只需要线性代数和简单的矩阵乘法就足够了，而 cuBLAS 库支持这些功能。一个全连接的正向传播如下所示：

```
fullyConenctedForward(...)
{
    ...
    cublasSgemv(...);
    ...
}
```

　　cublasSgemv 的参数包括 cuBLAS 句柄、源数据、目的数据、数据维度等。

## 15.6　Keras

　　如前所示，使用 cuDNN 创建 CNN 是一项耗时且令人困惑的任务。为了快速创建和测试原型，仅使用 cuDNN 并不是一个好的解决方案。许多深度学习框架利用 GPU 处理能力和 cuDNN 库提供易于开发且性能可接受的网络。可以使用 Caffe、TensorFlow、Theano、Torch 和 Microsoft Cognitive Toolkit（CNTK）等框架轻松实现深度神经网络并获得高性能。

　　这里给出一个在 Kerns 框架中如何创建神经网络的例子。Keras 是一个深度学习的 Python 库。它可以运行在 TensorFlow、CNTK 或 Theano 之上。Keras 网络的所有组成部分保持独立，这使得添加或删除很容易。Keras 是完全基于 Python 的，所以不需要其他外部文件格式。

　　Keras 支持不同类型的层，甚至比本章前面介绍过的层还要多。它甚至可以在网络中定义和编写自己的层结构。它还提供了许多损失函数和性能评估机制以及其他支持工具，如目前存在并广泛使用的数据集、可视化支持和优化程序。下面的 Keras 代码示例给出了创建简单网络的主要步骤：

```python
from keras.models import Sequential
from keras.layers import Dense, Activation, Conv2D, MaxPooling2D
from keras import losses

model = Sequential()

model.add(Dense(units=..., input_dim=...))
model.add(Activation('relu'))
model.add(Conv2D(..., activation='relu'))
model.add(MaxPooling2D(pool_size=(2, 2)))
model.add(Dense(..., activation='softmax'))

model.compile(loss=losses.mean_squared_error,
              optimizer='sgd',
              metrics=['accuracy'])

model.fit([training data input], [training data output],
          batch_size=...,
          epochs=...)

score = model.evaluate([test data input], [test data output])
```

上面的代码创建了一个顺序网络，这意味着这些层通过线性堆叠进行连接。通过使用 add 方法可以在网络中创建不同的层并相互连接。Keras 实现了多种网络层，接受的输入参数包括输出的维度、激活类型、输入的维度等。

compile 方法在训练阶段之前使用，主要用于配置学习过程。它的参数包括优化器，如随机梯度下降（sgd）、损失函数和指标列表来设置网络。

编译完成后，使用 fit 方法来训练网络。它需要输入训练数据和标签，在训练过程中训练数据需要被切分的大小，验证集输入和输出（如果可用）等。

最后一步是用 evaluate 方法评估网络，评估方法接收输入和输出的测试数据并检查网络在这些数据上的性能。

其他有用的方法包括 predict，它会处理给定的输入并生成输出，get_layer 用于返回网络中的层，train_on_batch 和 test_on_batch 仅使用一个 batch 的输入数据来训练和测试网络。

请注意，如果 Keras 正在 TensorFlow 或 CNTK 上运行，则在检测到任何 GPU 时它会自动在 GPU 上运行。如果后端是 Theano，则有多种使用 GPU 的方法。一种方法是手动设置 Theano 配置的设备，如下所示：

```python
import theano
theano.config.device = 'gpu'
theano.config.floatX = 'float32'
```

# 参 考 文 献

[1] Apple: Metal Programming Language. https://developer.apple.com/metal/.

[2] Apple: Swift Programming Language. https://developer.apple.com/swift/.

[3] cuBLAS: CUDA Implementation of BLAS. http://docs.nvidia.com/cuda/cublas/index.html#axzz4reNqlFkR.

[4] cuDNN: Nvidia Deep Learning Library. https://developer.nvidia.com/cudnn.

[5] Cygwin Project. http://www.cygwin.com/.

[6] Free GLUT. http://freeglut.sourceforge.net/.

[7] INTEL DX79SR Motherboard. http://ark.intel.com/products/65143/Intel-Desktop-Board-DX79SR.

[8] INTEL i7-3820 4 Core Processor. https://ark.intel.com/products/63698/Intel-Core-i7-3820-Processor-10M-Cache-up-to-3_80-GHz.

[9] INTEL i7-4770K Quad Core Processor. http://ark.intel.com/products/75123/Intel-Core-i7-4770K-Processor-8M-Cache-up-to-3_90-GHz.

[10] INTEL i7-5930K Six Core Processor. https://ark.intel.com/products/82931/Intel-Core-i7-5930K-Processor-15M-Cache-up-to-3_70-GHz.

[11] INTEL i7-5960X 8 Core Extreme Processor. http://ark.intel.com/products/82930/Intel-Core-i7-5960X-Processor-Extreme-Edition-20M-Cache-up-to-3_50-GHz.

[12] INTEL Xeon E5-2680v4 Processor. https://ark.intel.com/products/91754/Intel-Xeon-Processor-E5-2680-v4-35M-Cache-2_40-GHz.

[13] INTEL Xeon E5-2690 8-Core Processor. https://ark.intel.com/products/64596/Intel-Xeon-Processor-E5-2690-20M-Cache-2_90-GHz-8_00-GTs-Intel-QPI.

[14] INTEL Xeon E7-8870 Processor. http://ark.intel.com/products/53580/Intel-Xeon-Processor-E7-8870-30M-Cache-2_40-GHz-6_40-GTs-Intel-QPI.

[15] INTEL Xeon W-3690 Six Core Processor. https://ark.intel.com/products/52586/Intel-Xeon-Processor-W3690-12M-Cache-3_46-GHz-6_40-GTs-Intel-QPI.

[16] Mobility Meets Performance: NvidiaOptimus Technology. http://www.nvidia.com/object/optimus_technology.html.

[17] Notepad++ Editor. https://notepad-plus-plus.org/.

[18] Nvidia CUDA Installation Guide for Mac OSX. `http://docs.nvidia.com/cuda/pdf/CUDA_Installation_Guide_Mac.pdf`.

[19] Nvidia Profiler Metrics Reference. `http://docs.nvidia.com/cuda/profiler-users-guide/index.html#metrics-reference`.

[20] Nvidia Visual Profiler User's Guide: Settings Options. `http://docs.nvidia.com/cuda/profiler-users-guide/index.html#settings-view`.

[21] Nvidia Visual Profiler User's Guide: Timeline Options. `http://docs.nvidia.com/cuda/profiler-users-guide/index.html#timeline-view`.

[22] OpenCV Library. `http://opencv.org/`.

[23] OpenGL 4.0 Specification. `https://www.khronos.org/registry/OpenGL/specs/gl/glspec40.core.pdf`.

[24] OpenGL ES. `https://www.khronos.org/opengles/`.

[25] PyCUDA Reference. `https://documen.tician.de/pycuda/`.

[26] PyOpenCL Reference. `https://documen.tician.de/pyopencl/`.

[27] Vulkan 1.0.59 Specification. `https://www.khronos.org/registry/vulkan/specs/1.0/html/vkspec.html`.

[28] A. Alling, N. Powers, and T. Soyata. Face Recognition: A Tutorial on Computational Aspects. In *Emerging research surrounding power consumption and performance issues in utility computing*, chapter 20, pages 405–425. IGI Global, 2016.

[29] Susan Blackmore. *Consciousness: an introduction*. Routledge, 2013.

[30] Daniel Kahneman. *Thinking, fast and slow*. Macmillan, 2011.

[31] Andreas Klckner, Nicolas Pinto, Yunsup Lee, B. Catanzaro, Paul Ivanov, and Ahmed Fasih. PyCUDA and PyOpenCL: A Scripting-Based Approach to GPU Run-Time Code Generation. *Parallel Computing*, 38(3):157–174, 2012.

[32] Nvidia. GTX 1080 White Paper. `http://international.download.nvidia.com/geforce-com/international/pdfs/GeForce_GTX_1080_Whitepaper_FINAL.pdf`.

[33] N. Powers, A. Alling, K. Osolinsky, T. Soyata, M. Zhu, H. Wang, H. Ba, W. Heinzelman, J. Shi, and M. Kwon. The Cloudlet Accelerator: Bringing Mobile-Cloud Face Recognition into Real-Time. In *Globecom Workshops (GC Wkshps)*, pages 1–7, San Diego, CA, Dec 2015.

[34] N. Powers and T. Soyata. AXaaS (Acceleration as a Service): Can the Telecom Service Provider Rent a Cloudlet? In *Proceedings of the 4th IEEE International Conference on Cloud Networking (CNET)*, pages 232–238, Niagara Falls, Canada, Oct 2015.

[35] N. Powers and T. Soyata. Selling FLOPs: Telecom Service Providers Can Rent a Cloudlet via Acceleration as a Service (AXaaS). In T. Soyata, editor, *Enabling real-time mobile cloud computing through emerging technologies*, chapter 6, pages 182–212. IGI Global, 2015.

[36] T. Soyata, H. Ba, W. Heinzelman, M. Kwon, and J. Shi. Accelerating Mobile Cloud Computing: A Survey. In H. T. Mouftah and B. Kantarci, editors, *Communication infrastructures for cloud computing*, chapter 8, pages 175–197. IGI Global, Sep 2013.

[37] T. Soyata, R. Muraleedharan, S. Ames, J. H. Langdon, C. Funai, M. Kwon, and W. B. Heinzelman. COMBAT: mobile Cloud-based cOmpute/coMmunications infrastructure for BATtlefield applications. In *Proceedings of SPIE*, volume 8403, pages 84030K–84030K, May 2012.

[38] T. Soyata, R. Muraleedharan, C. Funai, M. Kwon, and W. Heinzelman. Cloud-Vision: Real-Time Face Recognition Using a Mobile-Cloudlet-Cloud Acceleration Architecture. In *Proceedings of the 17th IEEE Symposium on Computers and Communications (ISCC)*, pages 59–66, Cappadocia, Turkey, Jul 2012.

[39] Jane Vanderkooi. *Your inner engine: An introductory course on human metabolism.* CreateSpace, 2014.

# 术 语 表

## 现代CPU性能分析与优化

我们生活在充满数据的世界，每日都会生成大量数据。日益频繁的信息交换催生了人们对快速软件和快速硬件的需求。遗憾的是，现代CPU无法像以往那样在单核性能方面有很大的提高。以往40多年来，性能调优变得越来越重要，软件调优是未来提高性能的关键因素之一。作为软件开发者，我们必须能够优化自己的应用程序代码。

本书融合了谷歌、Facebook等多位行业专家的知识，是从事性能关键型应用程序开发和系统底层优化的技术人员必备的参考书，可以帮助开发者理解所开发的应用程序的性能表现，学会寻找并去除低效代码。